火电机组
事故隐患重点排查手册

华能山东发电有限公司
西安热工研究院有限公司 组编

中国电力出版社
CHINA ELECTRIC POWER PRESS

内容提要

本书以火力发电机组各专业技术管理为对象，从运行维护的多角度对隐患排查进行分析总结。本书收集整理了大量火力发电机组各类设备故障以及不安全事件，参照了火力发电行业各项标准规范与防止事故技术措施，提出了各专业技术管理人员开展安全隐患排查关注的重点内容，并对此进行了分析和总结，形成隐患排查条款。本书共分为 8 章，分别从电气一次、电气二次、锅炉、汽轮机（含供热）、热工、金属、环保、化学八个专业入手，详细介绍了生产现场典型案例的事件经过、原因分析及隐患排查条款。

本书可供火力发电机组运行、维护、检修及管理人员学习参考，也可作为相关专业技术、管理人员隐患排查及故障整改的参考资料和安全生产学习用书使用。

图书在版编目（CIP）数据

火电机组事故隐患重点排查手册 / 华能山东发电有限公司，西安热工研究院有限公司组编 . —北京：中国电力出版社，2023.2

ISBN 978-7-5198-7427-8

Ⅰ . ①火… Ⅱ . ①华… ②西… Ⅲ . ①火力发电－发电机组－安全隐患－安全检查－手册 Ⅳ . ① TM621.3-62

中国国家版本馆 CIP 数据核字（2023）第 004573 号

出版发行：中国电力出版社

地　　　址：北京市东城区北京站西街 19 号（邮政编码 100005）

网　　　址：http://www.cepp.sgcc.com.cn

责任编辑：孙　芳（010-63412381）

责任校对：黄　蓓　李　楠　王海南　常燕昆

装帧设计：赵姗姗

责任印制：吴　迪

印　　　刷：北京瑞禾彩色印刷有限公司

版　　　次：2023 年 2 月第一版

印　　　次：2023 年 2 月北京第一次印刷

开　　　本：787 毫米 × 1092 毫米　16 开本

印　　　张：36

字　　　数：806 千字

印　　　数：0001—1500 册

定　　　价：268.00 元

编 委 会

▼

主 任　　王 栩　　高 冰

副主任　　王 垚　　李 杰　　郭俊文

委 员　　刘增瑞　杨新宇　马剑民　都劲松　史本天

　　　　　吴建国　陈 仓　曹浩军　柯于进　安 欣

　　　　　谢云明　张华东　冷述文　马东森

主 编　　王 垚

副主编　　李 杰　　郭俊文　刘增瑞　杨新宇

编 委　　安 欣　　谢云明　冷述文　张开鹏　张华东

　　　　　杨 勇　　曹红梅　李 杰　　孙 鹏　　王晓磊

　　　　　丁光辉　魏天亮　任建永　王 伦

专业编写人员（按专业列出）

▼

┃ **电气一次** ┃

冷述文　唐 伟　赵 峰　张建忠

吕尚霖　朱静海　牛利涛

┃ **电气二次** ┃

冷述文　吴 晋　赵 峰　白艳梅

彭金宁　王 栋　李泽财

| 汽 轮 机 |

孙 鹏 李 钊 孙 明 安 欣

李继福 刘丽春 崔来建 贾明祥

| 锅 炉 |

张华东 张开鹏 张海龙 张富春

刘 超 丁新盛 师建斌

| 化 学 |

曹红梅 刘炎伟 张美英

曹松彦 宋 飞

| 热 工 |

李 杰 曲广浩 于信波 王邦行

刘孝国 杨 春 孙广庆

| 金 属 |

张华东 杨光锐 王勇刚 张志博

马翼超 任建永

| 环 保 |

曹红梅 何未雨 丁海涛 赵凤臣 高沛荣

| 供 热 |

魏天亮 曹 勇 吴 猛 杨明强

孙 鹏 徐 睿

前　言

　　为了贯彻"安全第一、预防为主、综合治理"的方针，根据国家、行业相关标准，集团公司的有关管理制度和规定以及二十五项反措相关内容，在汲取国内有关事故案例教训的基础上，本书从问题出发，分析事故发生的原因，总结隐患排查重点，以期指导火力发电基层企业有效开展安全风险隐患排查工作，完善电力生产事故预防措施，从源头切断异常事件发生的链条，切实提升电力安全生产管理水平。

　　本书选编的案例均来源于生产现场，覆盖火力发电企业电气一次、电气二次、锅炉、汽轮机（含供热）、热工、金属、环保、化学等八个专业。全书共8章，每类重点事故均从案例事件描述、原因分析及隐患排查三个方面进行阐述。各火力发电企业可将本书中的隐患排查条款要求纳入日常管理工作，切实保障生产安全，消除事故隐患。

　　本书第1章为电气一次系统设备故障及隐患排查，分别按照发电机、变压器、封闭母线、变电站等设备进行了阐述；第2章为电气二次系统设备故障及隐患排查，分别从二次回路缺陷、保护定值误整定事故、装置及元器件故障、直流及蓄电池系统事故、励磁系统事故、UPS故障、变频器故障、厂用低压侧事故、非同期事故、人员误操作事故等方面进行了阐述；第3章为锅炉专业设备故障及隐患排查，分别从锅炉汽水系统、锅炉燃烧系统、制粉系统、风烟系统、燃料系统、灰渣系统、运行操作事故等方面进行了阐述；第4章为汽轮机专业设备故障及隐患排查，分别从汽轮机本体、润滑油系统、汽轮机调速系统、给水系统、蒸汽疏水系统、凝结水系统、循环水系统、发电机氢油水系统、闭式水系统、真空系统、供热事故等方面进行了阐述；第 5 章为热工专业设备故障及隐患排查，分别从 DCS 硬件系统、DCS 软件系统、热控保护系统、热控独立装置事故、热控就地设备事故、热控线缆及管路事故、热控电源 / 气源系统、热控系统检修维护事故等方面进行了阐述；第 6 章为金属专业设备故障及隐患排查，分别从锅炉金属部件、汽轮机金属部件、发电机金属部件、压力容器事故等方面进行了阐述；第 7 章为环保专业设备故障及隐患排查，分别从除尘器及输灰系统、脱硫系统、脱硝系统、废水系统、烟气在线连续监测系统及其他环保事件等方面进行了阐述；第 8 章为化学专业设备故障及隐患排查，分别从水汽品质恶化事故、油气品质恶化事故、补给水处理系统、精处理系统、内冷水系统、氢气系统、在线化学仪表事故、机组停炉保护事故、化学清洗异常事故等方面进行了阐述。附录 A 对各专业各类事故的隐患排查条款进行了摘录，形成《重点事故隐患排查评价表》。附录 B 为引用法律法规及标准规范文件。

本书由华能山东发电有限公司及西安热工研究院有限公司共同编写，主要参考了国家及行业相关标准、华能集团有关管理制度及规定、二十五项反措相关内容，以及电力同行们的技术资料等素材。在此，对关心火力发电行业发展，提供相关素材的专业人员表示衷心的感谢，对参与本书策划和幕后工作的人员也一并表示诚挚谢意。

限于编者水平，书中难免存在不足和疏漏之处，敬请读者批评指正。

编　者

2023 年 1 月

目 录

01

电气一次专业重点事故隐患排查

1.1 ▶ 发电机及其系统事故隐患排查

1.1.1 发电机本体异常事故案例及重点要求

1.1.1.1 发电机定子水内冷绕组漏水

▶ **事故案例及原因分析**

某发电机冷却方式为双水内冷，定子绕组水电接头处漏水，致使发电机出线 B、C 相发生相间短路，发电机跳闸。发电机比率差动保护动作，发电机—变压器组差动速断保护、发电机差动速断动作，发电机—变压器组比率差动保护动作，发电机工频变化量差动动作，发电机—变压器组出线开关跳闸，判定为发电机发生相间短路，保护正确动作停机。

发电机空冷器室出线侧有水流出，检查风冷器室发现发电机出线侧 1 根定子冷水管密封衬套漏水，发电机出线软连接下部相间有短路放电痕迹。对发电机大修，对漏水的水电接头更换。水电接头漏水部位如图 1-1 所示。

图 1-1 水电接头漏水部位

发电机出线短路烧损情况如图 1-2 所示。

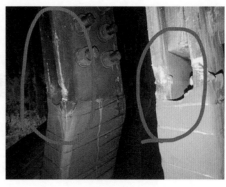

图 1-2　发电机出线短路烧损情况

该案例具体原因分析如下：

发电机定子出线处冷却水管漏水，冷却水漏至发电机出线，导致发电机出线相间短路。机组运行达 23 年，冷水管老化，机组振动导致其漏水。

▶ 隐患排查重点

（1）设备维护。

1）检修时重点检查发电机定子线棒接头封焊处无虚焊、砂眼，引水管和金属压接头处无缺陷。

2）绝缘引水管外表应无伤痕，相互间不得交叉接触，引水管之间、引水管与端罩之间应保持足够的绝缘距离。

3）发电机大修时，按照 DL/T 596《电力设备预防性试验规程》要求开展定子绕组端部模态、定子绕组水流量、定子绕组表面电位测量等试验，结果符合标准要求，否则应进行处理。

4）水内冷发电机大修时应进行水压试验，当水压试验不合格时可进行气密试验。以上试验均不合格时可采用气体查漏法确认渗漏点并处理，直至水压（或气密）试验合格。

5）水内冷发电机的内冷水质应按照 DL/T 801《大型发电机内冷却水质及系统技术要求》进行优化控制，长期不能达标的发电机宜对水内冷系统进行设备改造。

6）认真做好漏水报警装置调试、维护和定期检验工作，确保装置反应灵敏、动作可靠，同时对管路进行疏通检查，确保管路畅通。

（2）运行调整。

1）安装发电机定子内冷水反冲洗系统，宜使用激光打孔的不锈钢板新型滤网，反冲洗回路不锈钢滤网应达到 200 目，定期对定子线棒进行反冲洗，定期检查和清洗滤网。

2）严密监视发电机定子绕组温度，按照设备厂家及标准要求调整发电机定子内冷水压，严禁内冷水超压运行。

1.1.1.2　端部固定螺栓脱落造成发电机定子线棒损伤

▶ 　事故案例及原因分析

某发电机冷却方式水氢氢,励侧定子绕组端部支架固定螺栓脱落造成线棒绝缘损坏,导致发电机对地和相间短路故障。通过故障录波图分析,此次故障由发电机定子C相接地发展为C-B相间短路,最后发展为三相短路。

发电机励侧端部两点半位置中间靠近槽口区域部分线棒烧断,线棒受损位置附近的铜屏蔽也被局部烧坏。发电机受损情况如图1-3所示。

图1-3　发电机受损情况

同步仔细检查发现励侧端部故障点对应的绝缘支架缺失两个紧固螺栓。在发电机励侧下部七点钟位置找到一只脱落的螺栓,螺栓原为M24×70规格,检查发现该螺栓的螺纹存在严重磨损,与缺失螺栓材质尺寸匹配,正常螺栓与受损螺栓对比如图1-4所示,除了找到一只螺栓外,未能找到两只螺栓对应的止动锁片和一只螺栓的头部。正常安装的螺栓如图1-5所示。

图1-4　正常与受损螺栓对比　　　图1-5　螺栓正常安装工艺

同步检查发电机汽侧、励侧端部绝缘支架位置固定螺栓及锁片状态,发现励端、汽端各有一个紧固螺栓的止动锁片未锁,螺栓处于未锁定状态。现场安装如图1-6所示。

图 1-6　螺栓现场安装情况

该案例具体原因分析如下：

发电机励侧端部支架固定螺栓的止动锁片未锁好，机组运行中该固定螺栓及止动锁片掉落在发电机底部，止动锁片卡在线棒之间。运行过程中止动锁片逐步切割线棒主绝缘，导致线棒之间绝缘水平大幅下降，在相电压的作用下发生绝缘击穿接地，并迅速发展成 B、C 两相短路，最终发展成发电机 A、B、C 三相短路故障。

发电机制造工艺不良，部分端部绕组固定螺栓缺失止动锁片是造成本次事件的直接原因。同时，发电机运行一年后未按照厂家技术要求开展检查性大修，未能及时发现设备制造存在的缺陷。

▶ 　隐患排查重点

（1）设备维护。

1）对于新投产的发电机，应重视首次检查性大修，按照制造厂产品说明的要求，在规定时间内开展检查性大修工作。检修时重点关注定子端部绕组、螺栓紧固件及止动锁片、槽楔、绑环、支架、引线压板等，如发现有过热变色、油泥、松动、环氧粉末等现象应及时分析和处理，并做好记录。

2）200MW 及以上容量发电机交接、新投运 1 年后及每次大修时，都应检查定子绕组端部的紧固、磨损情况，并按照 GB/T 20140《隐极同步发电机定子绕组端部动态特性和振动测量方法及评定》和 DL/T 735《大型汽轮发电机定子绕组端部动态特性的测量及评定》进行模态试验，试验不合格或存在松动、磨损情况应及时处理。有条件时可增加对绝缘盒，分支引线，主引线的轴向、径向及切向的局部测试。多次出现松动、磨损情况应重新对发电机定子绕组端部进行整体绑扎；出现大范围松动、磨损情况应对发电机定子绕组端部结构进行改造。

3）每三年结合检修开展定子内窥镜检查。发电机在不抽转子情况下，可从定子铁芯背部沿径向通风孔插入内窥镜检查；转子抽出情况下，可从定子腔内沿径向通风孔插入内窥镜检查。线棒存在大面积的槽内放电缺陷时，可考虑结合大修测量定子绕组接触系数，检查定子槽内上、下层线棒与铁芯的接触状态。

4）严格按照 DL/T 596《电力设备预防性试验规程》的相关要求，严格开展发电机相关试验，并加强试验数据管理，试验报告应逐级审核验收签字并妥善留存。

（2）运行调整。

1）密切关注发电机电气运行参数，发现异常及时分析和处理；

2）发电机各保护定值应正确并正确投入；

3）加强发电机在线检测装置的运行维护和数据分析，当在线监测装置数据异常时应立即组织人员分析，确定原因并处理。

1.1.1.3 发电机定子线棒局部高温引起绝缘损坏

▶ **事故案例及原因分析**

某水内冷发电机（冷却方式水氢氢）定子线圈异物堵塞，局部超温引起线圈绝缘损坏，导致发电机对地短路故障。

整套启动进行发电机出口短路试验时发现 13、14、39、40 号线圈温度异常，经处理后只有 13 号线圈温度异常。经检查发现 13 号线圈内部有异物阻塞，清理异物后做水流量试验合格，水压试验合格。进行发电机定子绕组直流耐压试验，当试验电压升高至 30kV 时 C 相绕组绝缘击穿。

检查发现 13、14 号上层线棒在汽励两端出槽口约 200mm（近 R 角）处，出现可见的明显裂纹，受损线棒情况如图 1-7 所示。

图 1-7　线棒受损情况

14、15 号上层线棒的绑绳处有一直径约 40mm 碳化物溅区；13～15、39、40 号上层汽、励两端下垫块适型层均有 3～5mm 宽的不可逆的移位，方向为逆时针；14 号上层两侧的间隔块有约 6mm 宽度的移位，39 号上层线棒两侧的间隔垫块约有 4mm 的移位。

结合现场情况并经过相关电气试验确认，13、14 号线棒绝缘已受损，决定更换 13、14 号上层线棒。更换后，发电机绕组绝缘恢复正常，投运后运行正常。

该案例具体原因分析如下：

发电机 C 相绕组部分线圈内部异物堵塞，机组带负荷造成部分线圈温度异常升高，异常膨胀应力造成线圈绝缘损伤；发电机制造工艺不良，线棒内冷水通道有异物，试运期间造成聚集堵塞；发电机绕组温度异常未及时查明原因和处理。

▶ **隐患排查重点**

（1）设备维护。

1）加强发电机监造，严格控制设备制造工艺和质量。

2）重视发电机交接试验工作，严格按照 GB 50150《电气装置安装工程 电气设备交接试验标准》的要求开展发电机交接试验。

3）机组调试期间应进行发电机热水流试验，同步进行水流量试验留存数据。

4）按照 DL/T 1164《汽轮发电机运行导则》要求，加强监视发电机各部位温度。对于水内冷定子线棒层间测温元件的温差达 8℃或定子线棒引水管同层出水温差达 8℃报警时，应立即查明原因并处理。当定子线棒温差达 14℃或定子引水管出水温差达 12℃，或任一定子槽内层间测温元件温度超过 90℃或出水温度超过 85℃时，应立即降低负荷，在确认测温元件无误后，应立即停机，进行反冲洗及有关检查处理。

（2）运行调整。

1）密切关注发电机运行参数，发现绕组温度异常及时分析和处理。

2）定期对水内冷机组内冷水系统的反冲洗。

1.1.1.4 发电机定子铁芯松动磨损定子线棒绝缘

▶ **事故案例及原因分析**

某发电机冷却方式水氢氢，定子铁芯松动，硅钢片倾斜切割定子线棒，导致发电机对地短路故障。机组负荷 202MW，发定子接地故障信号，机组跳闸。

发电机定子接地故障瞬间，机端三相电压分别为 21.64、82.69、76.23V，机端和中性点基波零序电压约为 61.3V 和 46.28V，达到定子接地保护高段定值（高段定值：20V 跳闸）保护动作于停机。测量发电机三相绕组绝缘电阻：A 相对地为 0MΩ，B/C 相对地 690MΩ，确认发电机跳闸原因由 A 相绕组绝缘击穿接地引起。

用 2500V 绝缘电阻表对 2μF/40kV 电容充电后对发电机 A 相绕组放电，发现励端 36 槽槽口部位发出电弧光，且伴有放电声音，确定大致位置。打掉定子槽楔检查情况。发电机定子线棒受损情况如图 1-8 所示，硅钢片磨损情况如图 1-9 所示。

图 1-8　磨损的线棒　　　　　图 1-9　磨损的硅钢片

该案例具体原因分析如下：

发电机定子端部铁芯松动，硅钢片在电磁力的作用下振动断裂并发生倾斜，倾斜的硅钢断片切割定子线棒造成主绝缘损伤最终导致绕组接地故障。

一方面，发电机制造工艺不良，硅钢片平整度不够，压紧力不足；另一方面，发电机运行维护不良，检修期间对铁芯的检查不到位是本次事件发生的主要原因。

▶ **隐患排查重点**

（1）设备维护。

1）加强发电机驻厂监造，严格把控设备制造工艺和质量。

2）发电机 A 修时，应检查定子铁芯是否松动、锈蚀、过热、断齿等，对铁芯穿心螺杆的紧力进行校对。具体参照 DL/T 1766.2《水氢氢冷汽轮发电机检修导则　第 3 部分：定子检修》和发电机制造厂技术说明等。

3）发电机 A 修开展定子铁芯相关检修工作时，应开展铁芯损耗试验，对温升超过 15K 的点进行处理；铁芯整体损耗增加时应分析原因并处理。

（2）运行调整。

1）巡视发电机时应注意其噪声的变化，松动的铁芯将会使发电机噪声增大；密切关注发电机运行参数，发现铁芯温度异常及时分析和处理。

2）对氢冷发电机组应提高氢气运行品质，机组运行时控制氢气湿度露点温度 $-25° \leqslant t_d \leqslant 0°$，防止氢气湿度大引起铁芯锈蚀。

1.1.1.5　发电机转子绕组匝间绝缘损坏

▶ **事故案例及原因分析**

某发电机装有转子匝间绝缘在线监测装置。发电机转子共有 32 个线槽，每个大齿对应 1 组绕组，每组绕组由大小不同的 8 套同心式线圈组成，每槽线圈的匝数分别为 6、8、8、8、8、8、8、8 匝，转子绕组结构如图 1-10 所示。

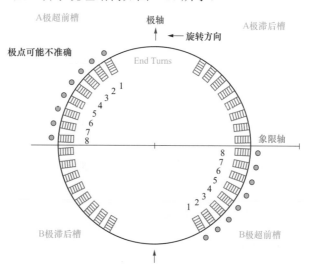

图 1-10　转子绕组结构图

机组运行期间转子匝间绝缘在线监测装置多次报警,通过在线波形和数据分析表明,发电机转子绕组 N 极或 S 极沿旋转方向第六槽漏磁通差别较大,怀疑存在匝间短路。发电机抽转子,油污较为严重,主要集中在转子汽、励两端转子护环以及紧邻护环的一组出风口部位;转子风扇座内有较多的絮状附着物,初步检测存在铁质物质;发电机转子端部绕组无移位现象,整体性良好。进行电气试验查找确认故障点。离线 RSO 试验:合成曲线有明显峰值,存在匝间短路;绝缘电阻:550MΩ,尚未发生对地绝缘损坏;极平衡电压:两极间交流电压 150V、PI 极电压 80.2V、PII 极电压 70.6V,两极电压不平衡,PII 极侧存在匝间短路;分布电压测量:确认故障点励侧、PII 极、6 号槽、3-4 匝间绝缘击穿。转子绕组匝间绝缘损坏情况如图 1-11 所示。

图 1-11　绕组匝间绝缘损坏

该案例具体原因分析如下:

铁质碎屑在油污作用下,易在发电机转子绕组 R 角绝缘跟绕组直线段绝缘接缝处存留,转子绕组匝间绝缘能力降低,长期过热最终击穿。

▶ 隐患排查重点

(1) 设备维护。

1) 加强发电机驻厂监造,严格把控设备制造工艺和质量,宜对同类型的发电机转子绕组匝间绝缘型式进行改造。

2) 发电机定子膛进行彻底清理,确保膛内清洁,无杂物和杂质、碎屑等。

3) 提高发电机安装及检修质量,密封瓦内油挡安装规范,防止发电机漏油。

(2) 运行调整。

1) 加强发电机转子匝间绝缘在线监测装置的巡视,发现异常及时分析和处理。

2) 加强运行调整,确保发电机氢、油差压阀运行良好,防止发电机进油。

1.1.1.6　发电机转子穿心螺杆绝缘损坏

▶ 事故案例及原因分析

某燃机发电机主机转子穿心螺杆绝缘磨损,发电机转子接地故障,机组跳闸。发电机转子接地保护引出线滑环和导电杆联接处烧损情况如图 1-12 所示。

图 1-12 烧损的导电杆连接

拆除转子旋转整流盘外观检查无异常，将快速熔丝及二极管逐一检查未见异常；发电机转子正负极励磁导电杆未见异常；测量发电机转子正负极对地绝缘电阻为 500MΩ，测量励磁机电枢对地绝缘电阻为 550MΩ，测量励磁机电枢绕组三相直流电阻值分别为 3.302、3.299、3.296mΩ，各测量数据值均在合格范围内，励磁机未受损。

发电机转子接地保护引出线的滑环上穿心固定螺杆绝缘磨损。原滑环的结构型式 08 型，如图 1-13 所示，此型式滑环的螺杆易发生绝缘事故。现生产厂家进行了技术改造，将滑环结构型式改为 10 型，如图 1-14 所示。

图 1-13 原滑环结构 08 型   图 1-14 改进后的滑环结构 10 型

该案例具体原因分析如下：

发电机转子接地保护引出线的滑环上穿心固定螺杆绝缘磨损，引出线及滑环正负极发生短路。产品存在设计和制造上的缺陷，发电机转子接地保护引出线的滑环上穿心固定螺杆长期运行易因松动摩擦造成绝缘损坏。

▶ 隐患排查重点

（1）设备维护。

1）严格把控设备制造工艺和质量，对存在设计和制造缺陷的产品及时改造。

2）关于加强发电机转子接地保护装置滑环维护。每次停机后对转子电压引出线滑环及绝缘件进行清理，并检查绝缘有无磨损情况。

（2）运行调整。

1）对转子电压引出线滑环使用红外热成像仪进行测温检查。

2）加强运行巡视、监控，开展相关电气运行参数定期分析。

1.1.1.7 发电机励磁母线接地

▶ **事故案例及原因分析**

某发电机额定功率 600MW，额定电压 20kV，静态励磁，励磁母线的连线断裂，碰触励磁机底座，造成励磁直流负母线接地，机组跳闸。

汽轮机组盘车、静止状态下，测量励磁直流侧母线绝缘值为 20GΩ；发电机转子绕组绝缘 1.1GΩ，绝缘合格。发电机低速和静止状态下绝缘合格。

在发电机无励磁、不同转速下测量励磁系统绝缘，当汽轮机转速超过 2000r/min 后，励磁母线直流侧绝缘报警发出（测试绝缘值为 0M）；当汽轮机转速下降到 2000r/min 以下后，励磁母线绝缘报警消失，绝缘电阻恢复至 400MΩ。排除发电机转子内部故障，将故障点锁定在励磁母线上。

通过检查发现励磁机负极与励磁负母线的连线（连线由紫铜皮叠加整形制成）最上面一层的铜皮在靠母线侧接头处断裂，断裂的铜皮在转子集电环散热风扇作用下上下起伏，碰触到励磁机底座，造成励磁直流母线接地。现场断裂的铜片情况如图 1-15 所示。

图 1-15 断裂的铜片

该案例具体原因分析如下：

励磁机负极与励磁负母线的连线触碰励磁机底座造成接地。励磁连线存在设计和安装缺陷且运行维护不到位是主要原因。

▶ **隐患排查重点**

（1）设备维护。

1）严格把控设备制造工艺和质量，对存在设计和制造缺陷的产品及时改造，将裸露的励磁母线进行改造，加装绝缘。

2）排查设备隐患，对隐蔽不易巡视的设备进行技术改造，扩大电气设备红外测温范围。

3）提高检修质量，对运行期间不宜巡视的设备隐蔽部位重点检查，发现问题及时处理。

4）检修期间对励磁系统及其回路进行全面检查和试验。

（2）运行调整。

1）梳理电气设备巡视的重点和范围，加大巡视力度，提高运行巡视质量。

2）加强运行巡视、监控，开展相关电气运行参数定期分析。

1.1.1.8 水内冷发电机转子绕组漏水

▶ 事故案例及原因分析

某发电机额定功率 150MW，额定电压 13.8kV，双水内冷冷却，转子线圈漏水，紧急停机。巡视发现发电机窥视孔有水珠，风冷室内有积水，随即申请停机转检修。发电机抽转子，通过水压试验，发现转子汽侧漏水。打开发电机转子汽侧护环，发现 1 号线圈汽侧直线段有一米粒大小的孔洞，线圈漏点如图 1-16 所示。

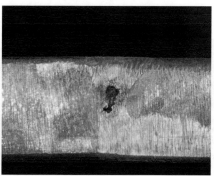

图 1-16　线圈漏点

敲出钢丝编织管槽楔和 1 号线圈拐角槽楔，再敲出 1 号线圈漏水处的槽楔和楔下垫条，抬起 1 号线圈的大圈，拨去拐角和线圈焊接点处的绝缘发漏水点。将此段铜线锯下，用新铜线与拐角和线圈焊接。修后水压试验、电气试验合格。

该案例具体原因分析如下：

发电机转子汽侧 1 号线圈直线段焊缝处有砂眼。产品制造工艺执行不严格，焊缝质量不良。

▶ 隐患排查重点

（1）设备维护。

1）机组大修期间，应按照有关技术要求，进行定、转子绕组水压试验。双水内冷发电机宜用气密试验代替水压试验，以便更准确地发现泄漏问题。

2）转子绕组钢丝编织护套复合绝缘引水管必要时进行更换，防止出现漏水故障。

（2）运行调整。

1）梳理电气设备巡视的重点和范围，加大巡视力度，提高运行巡视质量。

2）加强运行巡视、监控，开展相关电气运行参数定期分析。

1.1.2 发电机附属设备异常事故案例及重点要求

1.1.2.1 发电机励磁变（励磁变压器）绕组匝间短路

▶ **事故案例及原因分析**

某发电机励磁变低压侧匝间短路，励磁变损坏，机组跳闸。某汽轮发电机，额定功率 680MW，额定电压 20kV，机端自并励静态励磁系统。励磁变为三相分体结构，容量 3×2400kVA，一次额定电压 20kV，额定电流 208A，二次额定电压 1000V，额定电流 4157A，F 级绝缘，Y/D-01 接线。

发电机正常运行中，220kV 开关跳闸，CRT 光字牌发"励磁变后备保护跳闸"。保护室就地检查发电机—变压器组保护 A、B 保护柜发"励磁过流Ⅰ段""励磁过流Ⅱ段"动作，"发电机接地保护"启动发信号。励磁变就地检查，B 相东侧励磁变低压线圈烧损严重（更换损坏的励磁变），损坏线圈如图 1-17 所示。

图 1-17 损坏的线圈

该案例具体原因分析如下：

励磁变 B 相匝间短路，励磁变过流Ⅰ段（速断）保护动作跳发电机。

产品设计和制造有缺陷；设备运行维护不到位，未将存在设计缺陷问题设备及时换型并加强检修和维护力度是发生本次事件的主要原因。

▶ **隐患排查重点**

（1）设备维护。

1）投入励磁变差动保护。

2）高温季节将冷却风扇改为手动运行，必要时采取附加冷却措施。

3）励磁变所处环境油、水管道较多，根据现场实际情况采取防止突发油、水污染的措施。

4）将励磁变清扫检查列入检修重点监督项目。

（2）运行调整。

1）加大巡视力度，开展励磁变红外测温。

2）密切关注励磁变电气参数，发现异常及时分析和处理。

1.1.2.2 发电机励磁变高压侧相间短路

▶ 事故案例及原因分析

某发电机励磁变高压侧相间短路，励磁变损坏，发电机定子绕组损伤。某汽轮发电机，额定功率 330MW，额定电压 20kV，机端自并励静态励磁系统。励磁变为三相分体结构，户内式树脂浇注干式变压器，F 级绝缘，Y/D-11 接线。机组有功功率 160MW，无功功率 91Mvar，运行中机组跳闸，ETS 首出"励磁变电流速断"动作。

发电机正常运行中，220kV 开关跳闸，CRT 光字牌发"励磁变后备保护跳闸"。保护室就地检查发电机—变压器组保护 A、B 保护柜发"励磁过流Ⅰ段""励磁过流Ⅱ段"动作，"发电机接地保护"启动发信号。励磁变就地检查，励磁变小间外罩炸开，励磁变高压侧三相 TA 碎裂并且脱落，现场情况如图 1-18 所示。

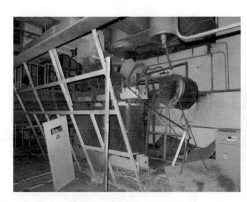

图 1-18 励磁变现场

励磁变高压侧 B 相 TA 上部封母连接盘式绝缘子处烧黑严重，C 相次之，A 相较轻微。TA 上部连接引线烧黑，B 相严重，C 相次之，A 相较轻微，各相烧损情况如图 1-19 所示。

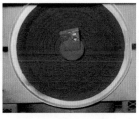

图 1-19 TA 上部封母连接盘式绝缘子及引线 C、B、A 相（从左至右）

发电机定子线棒变形严重，部分线棒绝缘破损，铜导线露出，端部压板下部可见线棒明显位移痕迹。定子线圈上层绑绳断裂，上、下层间垫条散开。定子端部水盒根部有裂纹。端部压板内圈 1 个绝缘螺栓断裂。发电机绕组损坏情况如图 1-20 所示。

图 1-20 发电机定子绕组受损

励磁变高压线圈有弧光烧黑痕迹，但无明显变形。现场对励磁变进行试验，励磁变高压侧绕组三相绝缘全部合格，低压侧绕组 A、C 相绝缘良好，B 相绝缘偏低。励磁变高、低压之间的绝缘筒出现烧融现象。低压线圈温度测点烧损，屏蔽层引线断裂，励磁变损坏情况如图 1-21 所示。

图 1-21 励磁变损坏情况

更换损坏的励磁变及其高压侧 TA，发电机更换线棒。

该案例具体原因分析如下：

励磁变高压侧 B 相 TA 位置发生接地故障引发三相短路，发电机受近口短路冲击定子绕组损伤。发电机端部结构为"花绑"式，此种垫环结构容易松散。本次励磁变高压侧短路为发电机进口短路，短路电流大，持续时间长。

▶ 隐患排查重点

（1）设备维护。

1）励磁变高压侧 TA 由整体浇注式换为穿心式，降低引线连接断线的风险。

2）励磁变引线与 TA 或励磁变之间的连接固定件采用止动设计，防止螺钉因长期持续振动而发生松动甚至脱落。检修时将励磁变各连接部位的紧固重点检查，此检查工作应"逢停即检"。

3）投入励磁变差动保护。

4）对同类型发电机加强技术管理。一方面检修时应重点检查发电机端部绑扎及固定情况，有松动时及时处理；另一方面协调电机厂，改善发电机端部绑扎方式，可考虑加强发电机层间及上层线圈绑扎，提高抗短路冲击能力。

（2）运行调整。

对于采用电缆引线及螺栓固定连接结构的励磁变，运行中重点开展红外成像检测，监视连接情况。

1.1.2.3 发电机励磁变附属设备故障

事故案例及原因分析

某发电机组励磁变测温回路发生故障，零序电压保护动作，机组跳闸。某汽轮发电机，额定功率 330MW，额定电压 20kV，机端自并励静态励磁系统。励磁变为三相分体结构，户内式树脂浇注干式变压器，F 级绝缘，Y/D-11 接线。

发电机—变压器组保护 A、B 柜零序电压保护定值：发电机出口零序电压闭锁中性点零序电压 10V、1s，发电机中性点零序电压 25V、1s（或关系）。

发电机—变压器组保护 A、B 柜分别显示零序电压保护动作，保护动作至主开关跳开时间为 1200ms。发电机—变压器组保护 A、B 柜及故障录波器分别显示发电机出口 7-91TV、7-92TV 二次相电压由 59V 下降至 25V 左右；发电机出口 7-91TV、7-92TV、发电机中性 7-90TV 二次零序电压均约为 65V，机组跳闸后逐渐衰减至零，三组 TV 测量值基本相同。

检查励磁变，测温线 C 相探头处有明显烧痕，温控器线路板有烧痕（更换测温线和温控器），烧损情况如图 1-22 所示。温控器电路板烧损情况如图 1-23 所示。

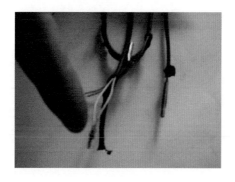

图 1-22　测温探头烧损图

图 1-23　温控器电路板烧损

该案例具体原因分析如下：

励磁变温控器故障引起绝缘能力降低，励磁变接地故障，造成发电机—变压器组零序电压保护动作。温控器应按照产品技术要求开展维护和检验工作。

▶ **隐患排查重点**

（1）设备维护。

1）励磁变温控器装置定期检修和试验。

2）取消发电机—变压器组保护励磁变温度高信号，回路断开；保留温控器至 DCS 温度异常报警信号。

3）投入励磁变差动保护。

（2）运行调整。

对励磁变开展红外测温，对数据收存并分析。

1.1.2.4　发电机出口 TV 故障引起机组非停

▶ **事故案例及原因分析**

某发电机出口 TV 匝间绝缘击穿接地，导致发电机定子接地，机组跳闸。

某汽轮发电机出口 TV 型号 JDZX3-20。发电机运行有功功率 294MW，无功功率 85Mvar，发电机定子零序电压保护启动，499ms 后零序电压保护动作跳发电机—变压器组高压侧开关、跳灭磁开关、关主汽门、自动切换厂用电，机组跳闸。

发变电机定子零序电压保护动作。

发电机出线 B 相 1TV 底部存在烧熔黑色胶体，同时本体温度较其他相 TV 明显升高。本体损坏情况如图 1-24 所示，发电机保护动作报告如图 1-25 所示。

PCS-985B-H2 发电机变压器组保护装置-整组动作报告

一次设备名称：7号机组　版本号：2.36　管理序号：00427913　打印时间：2021-07-07 10:42:03

序号	启动时间	相对时间	动作识别	动作元件
0095	2021-07-08 22:37:08:345	0000ms	保护启动	
		0488ms	定子零序电子保护	
			跳高压侧断路器	
			跳灭磁开关	
			关主汽门	
			跳厂变A分支	
			跳厂变B分支	
			启动A厂变分支切换	
			启动B厂变分支切换	
			启动失灵	

启动时自检状态

序号	描述	实际值	序号	描述	实际值
01	主变压器启动风冷1	1	02	A厂变启动风冷	1

启动时开关量状态

序号	描述	实际值	序号	描述	实际值
01	远方修改定值	0	48	断路器A位置接点	0
02	远方控制压板	0	49	断路器B位置接点	0
03	远方切换定值区	0	50	主汽门位置接点	0
04	复归	0	51	转子一点接地开入	0
05	主变压器**变组差动保护投入	1	52	保护动作开入	0

图 1-24　发电机出口 TV 本体损坏　　　　图 1-25　发电机保护动作报告

测量 B 相 1TV 绝缘电阻为 13MΩ，测量 A 相 1TV 一次绕组电阻为 2.15kΩ、测量 B 相 1TV 一次绕组电阻为 1.8kΩ、测量 C 相 1TV 一次绕组电阻为 2.09kΩ。判断 B 相 1TV 一次绕组存在匝间短路和绝缘损坏故障。

检查发电机正常，临时拆除 1TV 二次线，将 1TV 隔离，将 3TV 和 1TV 二次侧并接，由 3TV 接带 1TV 二次负载，择机更换备品。

该案例具体原因分析如下：

发电机出口 TV 一次绕组匝间绝缘故障击穿，引起与其直接连接的发电机出线接地，零序电压超过保护定值，发电机定子接地保护动作发电机跳闸。

查阅 DCS 事件记录，发电机零序电压自出现异常波动直至达到保护动作定值大约有 4min 时间。由此分析，发电机出口 TV 一次绕组绝缘击穿是引起发电机定子保护动作跳闸的直接原因。TV 运行时间长，性能劣化；使用单位对发电机出口 TV 维护、检修没按照标准要求进行是另一方面原因。

▶ **隐患排查重点**

（1）设备维护。

1）对运行时限超过 15 年的产品发现异常应及时进行更换。

2）机组 D 级及其以上检修时，开展发电机出口 TV 一、二次绕组直流电阻及一次熔断器直流电阻测试，一、二次回路接线检查等检修项目，尽早发现设备隐患。

3）发电机出口环氧树脂浇注式 TV 每三年进行感应耐压及局部放电测量。

4）研究 TV 本体安装在线红外监测装置并上传至 DCS 方案，实时监测 TV 温度变化，发现异常及时隔离。

（2）运行调整。

1）对发电机出口 TV 开展红外测温。

2）密切监视电气运行参数，发电机零序电压异常变化时应立即组织分析和处理。

1.1.2.5 发电机出口 TA 故障引起机组非停

▶ **事故案例及原因分析**

某发电机中性点 TA 二次线断线，发电机功率异常机组负荷异常变动，紧急停机。

某汽轮发电机，额定功率 660MW，额定电压 20kV，机组使用 3 台高精度发电机智能变送装置（有功功率变送器），将计算的发电机有功功率送至 DEH，参与机组有功功率调节。发电机运行有功 651MW，CCS 方式运行，出口有功功率 1、2、3 突然在 450～666MW 之间跳变波动。汽轮机阀位总指令随之自动变化，在 74.6%～101% 之间波动，汽轮机高压主调门在 22.6%～99.9% 之间波动，手动紧急停机。

查阅发电机—变压器组保护装置无任何报警及启动报文；故障录波器发电机中性点侧 C 相电流波形异常情况，判断 T1-3C TA 回路存在故障。

TA 本体二次回路直流电阻：A 相 6.258Ω；B 相 6.027Ω；C 相 0.181Ω，C 相测量阻值远低于其他两相。TA 本体至端子箱回路绝缘，C 相绝缘值为 0.1MΩ，A、B 相绝缘均大于 550MΩ，由此确定故障点在 T1-3C TA 本体与端子箱之间。

检查 T1-3C TA 根部端子接线盒，发现其外表面出现烧蚀情况。TA 本体引出线 S1 至接线柱熔断，引出线 S2 至接线柱完好，TA 绕组引出线处本体部分烧损如图 1-26 所示。

图 1-26　TA 绕组引出线处本体部分烧损

对 T1-3C TA 拆解检查，未发现内部的线圈和铁芯有烧损痕迹，TA 拆解内部如图 1-27 所示。

图 1-27　TA 拆解内部

拆除损坏的发电机中性点 TA，更换经试验合格的备品。

该案例具体原因分析如下：

发电机中性点 TA 根部二次引线断线。断线的二次绕组为机组故障录波器及高精度有功功率变送器提供电流采样。根据智能变送器切换逻辑，当 5P30 级 TA 最大相电流超过 $1.1I_e$ 时，变送器电流通道由 0.2A 级 TA 切换至 5P30 级 TA。同时，电流采样谐波分量也将导致 TA 通道切换。本次事件中，在 5min 时间内 5P30 级 TA C 相电流瞬时值多次达到 $1.1I_e$ 启动切换条件并回落，造成有功功率变送器 TA 采样通道频繁切换（切换延时为 10s），智能变送器计算后的输出功率亦随之波动，是造成本次机组功率异常波动的原因。

由此分析，发电机中性点 TA 根部二次引线断线，引起发电机智能变送器计算功率大幅波动，机组负荷随功率误调整，锅炉主蒸汽压力升高，锅炉 PVC 阀动作，紧急停机。

TV 运行时间长，性能劣化；使用单位设备隐患排查不到位，对发电机电流互感器（TA）、电压互感器（TV）等重要设备长期处于高负荷、高温、振动等恶劣工况下运行的风险预估不足，未发现中性点 TA 二次引线断线隐患是此次事件发生的另一原因。

▶ **隐患排查重点**

（1）设备维护。

1）将发电机出口 TV、TA 等附属设备列入"逢停必查、逢停必检"项目，在年度状态检修及计划检修中增加发电机 TA 专项检查，对 TA 引线部分、接线盒底部、二次回路接线紧固情况进行检查，严格按照相关标准做好各项试验和分析评估工作，及时发现并消除设备潜在隐患。

2）升级和完善发电机智能功率变送器电流通道切换逻辑。

（2）运行调整。

将机组有功功率、定子电流、汽轮机高调门开度等重要参数做出 DCS 曲线加强监视。

1.1.2.6　发电机出口开关故障引起机组非停

▶ **事故案例及原因分析**

某发电机出口断路器 B 相内部接地短路，机组跳闸。

某汽轮发电机，额定功率 1036MW，额定电压 27.3kV。发电机运行有功功率 964MW，机组发电机—变压器组保护"定子接地零序过流"跳闸出口，发电机—变压器组保护"定子零序电压高段"跳闸出口，机组解列停运。

查看发电机—变压器组故障录波判断为发电机 B 相定子接地故障，故障录波如图 1-28 所示。

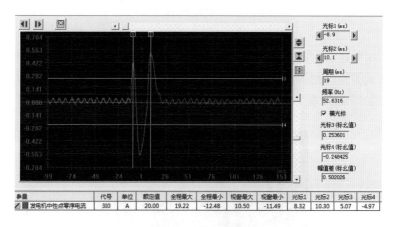

图 1-28　故障录波图

对一次系统检查，发电机出口断路器附近有焦味，对发电机出口断路器进行内部检查，发现 B 相断路器内部隔离开关动、静触头有比较严重烧损，动静触头损坏情况如图 1-29 所示。

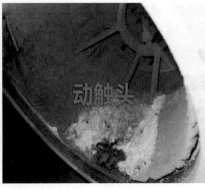

图 1-29　烧损的动静触头

断路器隔离开关底部有触头金属熔化物，如图 1-30 所示。

图 1-30　触头金属熔化物

对 A、C 相断路器内部隔离开关的静触头弹性接触面及移动触头进行检查，发现有部分"表带"式弹性接触面存在局部变色现象，C 相比较严重，A 相比较轻一些，静触头接触面变色如图 1-31 所示。

图 1-31　静触头接触面变色

查阅该型号的断路器设计额定电流 28000A，现场实际使用断路器额定电流 24000A；现场找到的原始厂家型式试验报告，断路器额定电流 24000A。"只在原型断路器的基础上增加了冷却风机"，其他部位并没有改变，特别是隔离开关部位基本没有改变。因此这种断路器使用在额定电流高达 28000A 的百万千万机组发电机出口，可能存在容量偏小没有裕度的问题

该案例过程及原因分析如下：

通过以上检查情况，结合发电机出口断路器隔离开关严重烧坏及组部件损坏的特征看，断路器额定电流偏小，同时，断路器动静触头触指长时间高负荷、高温状态下运行存在接触部位劣化、弹性变差现象。发电机动静触头接触电阻增大，大负荷下过热烧熔，游离的金属离子引起电弧，导致发电机母线对封闭母线外壳接地放电，定子接地保护动作。这是一次比较典型的触头接触不良，出现温度升高，最后形成热崩溃金属融化，产生电弧发展成接地故障的案例。

直接原因：发电机 B 相隔离开关动静触头过热烧熔，金属热游离导致对封闭母线外壳接地放电，发电机定子接地保护动作，机组跳闸。

主要原因：断路器设计容量偏小；隔离开关动、静触头表带式弹性接触带长期运行弹性变差，接触不良；断路器正常分、合闸操作产生的振动对隔离开关接触部位造成冲击位移，对接触表带的弹性造成影响。

▶ **隐患排查重点**

设备维护具体要求如下：

（1）加强设备红外测温管理。

（2）缩短发电机出口断路器检修周期，检测能够满足每年一次，若因停机等原因，建议最长不要超过两年。

（3）加强技术监督管理，严格遵守设备设计、选型相关标准要求。

1.1.2.7 发电机励磁碳刷烧损引起机组非停

▶ **事故案例及原因分析**

某发电机励磁碳刷烧损紧急打闸停机。某汽轮发电机运行中发"励磁电压高"报警（> 438V 高报警），发电机励磁电压在 325V 到 409V 之间波动，励磁电流正常且稳定，报警自动消失。7min 后发电机励磁电压再次波动，手动降低发电机无功效果不明显，励磁电压波动较大（最大到 593V），励磁电流仍然正常且稳定。检查发电机端的励磁机罩内冒烟严重，立即打闸停机。

现场查看发现：发电机励端内侧集电环因过热造成表面损坏，绝缘只有 0.1Ω，绝缘套筒损坏；内侧刷盒共 10 个全部损坏；内侧导电环损坏；内侧端板过热明显，滑环损坏情况如图 1-32 所示。

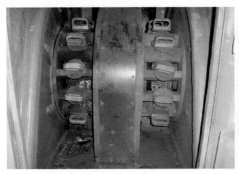

图 1-32　损坏的滑环

检查发现烧损的滑环上 10 组碳刷品牌混用。

拆除更换绝缘套筒；抛光烧损的集电环；更换烧损的刷架、刷握；全部更换为同一品牌的碳刷。

该案例过程及原因分析如下：

通过以上检查情况，结合机组运行中励磁电流稳定励磁电压波动较大的情况分析认为，由于发电机励磁碳刷品牌不一，弹簧压力不均，碳刷卡涩等造成碳刷分布电流不均。大的分布电流将引起滑环局部高温而损坏。

直接原因：碳刷分布电流不均，滑环局部高温损坏。

主要原因：不同品牌的碳刷混用；碳刷压紧弹簧压力不均；碳刷卡涩等。

▶　**隐患排查重点**

（1）设备维护。

1）定期对集电环与碳刷进行专项检查维护，包括用红外成像仪测量集电环和碳刷的温度，用钳形表监测碳刷电流分配情况；重点检查碳刷磨损情况，磨损量达到厂家规定值或超过 2/3 应进行更换，碳刷顶端低于刷握顶端 3mm 时应立即更换，对位置不正、滑动受阻的碳刷进行调整。

2）集电环表面最高温度不得超过 120℃，各碳刷之间的温度不应有明显差异。

3）加强新购进碳刷的验收。测定碳刷固有电阻值，测量碳刷引线接触电阻，阻值要符合制造厂和国家标准，购置同一品牌的碳刷，不同品牌的碳刷严禁混用。

（2）运行调整。

1）加强发电机集电环与碳刷巡视，运行中发生碳刷打火应及时采取措施消除，不能消除的要停机处理，一旦形成环火必须立即停机。

2）加强发电机运行参数监视，特别是发电机无功、励磁电流、励磁电压等重要参数的监视，发现发电机无功、励磁电流、励磁电压非正常波动时，应立即采取措施，并进行检查处理。

1.2 ▶ 变压器及其部件事故隐患排查

1.2.1 变压器本体事故案例及重点要求

1.2.1.1 变压器本体故障引起机组非停

▶ **事故案例及原因分析**

某电厂高厂变（高压厂用变压器）运行中发生内部短路，两侧压力释放阀动作，大量变压器油喷出，发电机—变压器组保护"高厂变比率差动保护"动作、"重瓦斯保护"动作、"压力释放保护"动作、"轻瓦斯保护"动作，机组跳闸。

返设备厂家解体检查，将故障点 C 相高、低压侧线圈分开，未见明显损坏，排除引线部位绝缘薄弱导致短路故障。A、B 相高、低压线圈吊出未见明显损坏，排除相间短路故障。变压器铁芯检查未见明显烧损情况，排除绕组对铁芯短路故障。

C 相高压侧绕组中、下部有严重烧损情况，从烧损痕迹可确定击穿由内至外（因高压内护板低压侧线圈未损坏），判断为变压器 C 相高压绕组匝间短路故障，损坏情况如图 1-33 所示。

图 1-33　变压器 C 相高压绕组损坏

C 相低压侧绕组吊出过程中发现绕组缠绕铜芯的绝缘纸有多处磨损，严重处存在漏铜现象，经判断为旧伤，分析认为是变压器制造组装过程中工艺不良所致，绝缘磨损如图 1-34 所示。

查阅变压器运行维护记录，在故障发生前变压器油色谱及电气预防性试验数据未见异常、运行方式未发生变化、变压器未受近区短路冲击等异常情况。油色谱及微水试验数据如图 1-35 所示。

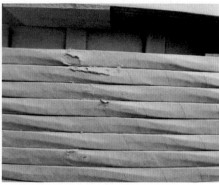

图 1-34　磨损的绝缘

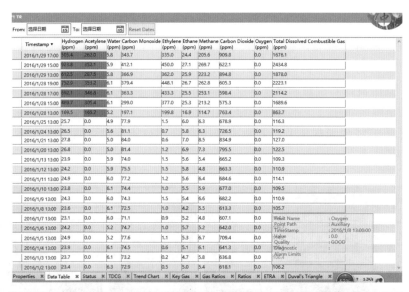

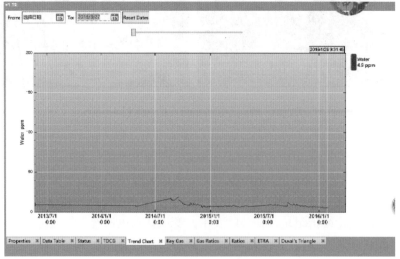

图 1-35　油色谱及微水试验数据

该案例具体原因分析如下：

故障前变压器各项运行参数、油色谱分析数据及历次电气预防性试验报告等数据未见异常，未发生过电压及近区短路冲击等异常运行工况；通过变压器解体检修发现变压器存在匝间绝缘陈旧损伤。

分析认为此次故障为突发性的匝间短路故障，发生匝间短路的原因与变压器制造工艺不良存在直接关系。所以，变压器运行中高压侧 C 相绕组发生匝间短路，发电机—变压器组差动保护动作是直接原因；变压器制造工艺不良，绕组存在绝缘薄弱环节且固定不牢存在松动现象，使用单位在设备监造期间质量验收不严格是根本原因。

▶ **隐患排查重点**

（1）设备维护。

1）注重设备生产过程的建造，严格控制产品质量。

2）定期开展变压器油质化验，注重油色谱、微水、油介损、油击穿电压等各项试验数据的整理和分析。

（2）运行调整。

加强变压器运行巡检。关注变压器振动、噪声、红外测温等异常工况的分析和处理。

1.2.1.2 变压器连接设备故障引起变压器损坏

▶ **事故案例及原因分析**

某高厂变，额定容量 50-27-27MVA、额定电压 24/6.3/6.3kV、冷却方式 ONAN/ONAF、连接方式 Dyn1yn1。机组运行，厂用 6kV B 分支进线三相电压大幅度波动，期间高厂变 B 分支三相电流均为 770A 左右，无明显异常。3min 后，高厂变分支过流保护、重瓦斯保护动作，机组跳闸，同时机组 6kV 厂用电失电。

查阅运维记录，高厂变 2009 年 4 月进行大修，同年 7 月投入运行，12 月 28 日故障。

现场查看，高厂变 6kV 低压侧 B 分支进线开关柜后进线仓大面积飞弧，顶部仓盖炸飞一块，后盘门炸开，进线开关间隔左右金属隔板烧穿，故障现场如图 1-36 所示。

图 1-36 故障现场

母线仓内有 5 个异型支撑绝缘子及 9 个圆柱形支撑绝缘表面绝缘损坏。高厂变瓦斯继电器玻璃孔损坏，压力释放装置未动作，高厂变低压侧 B 分支相间直阻差达 12%，高厂变油色谱分析氢气、乙炔含量剧增，总烃增加，分析认为高厂变内部发生故障。

该案例过程及原因分析如下：

故障前 3min，机组 6kV B 段进线电压 AB：4.1kV、BC：4.1kV、CA：5.9kV，说明 B 相 TV 内部已出线现故障，3min 后 TV 爆炸。

通过故障录波曲线分析，高厂变 6kV 低压侧 B 分支进线发生三相短路。由于该短路点在进线 TA 与开关间，位于高厂变差动保护范围外（该处为高厂变差动保护死区），所以当发生短路时，高厂变差动视其为区外故障未启动。由于该发电机—变压器组保护使用比率制动差动，短路期间未能启动发电机—变压器组保护迅速切除故障。6kV B 分支进线开关配置了带延时的过流保护而不是速断保护，同时，本次故障的短路点在进线开关的上口，且短路燃烧的电弧破坏了二次回路，所以故障期间 6kV B 分支进线开关过流保护未动作；高厂变后备高压侧过流保护（定值：动作电流 5.6A，时间 1.7s）动作时间长未动作；由于短路电流不能立即切除，在大电流和电动力作用下，高厂变内部发生故障，重瓦斯保护动作，发电机—变压器组非电量保护动作，发电机灭磁，机组跳闸。

通过以上分析认为本次事件发生的原因：厂用 6kV B 段母线 TV 故障引起母线三相短路，故障电流冲击导致高厂变损坏，机组跳闸，其根本原因是母线 TV 设计安装在母线仓内存在隐患，母线 TV 绝缘监督项目不全，保护配置不合理存在保护死区。

▶ **隐患排查重点**

（1）设备维护。

1）厂用 6kV 母线 TV 安装在母线仓的设计进行技改；

2）6kV TV 应定期开展感应耐压及局部放电测量；

3）优化变压器保护配置，消除设备保护死区；

4）6kV 厂用母线仓内配置弧光保护；

5）变压器大修时校验压力释放装置。

（2）运行调整。

1）加强电气运行参数监视，发现异常及时分析和处理；

2）加强设备巡检和开展开关柜带电局部放电监测。

1.2.2 变压器部件事故案例及重点要求

1.2.2.1 变压器高压侧套管故障引起变压器损坏

▶ **事故案例及原因分析**

某电厂主变压器高压侧套管爆炸，发电机—变压器组差动保护动作，主变压器高压侧断路器跳闸，机组停运。

主变压器压器容量为 435MVA，冷却方式 ODAF。

现场检查情况：发电机—变压器组差动保护动作，主变压器重瓦斯、主变压器压力释放装置动作，主变压器高压侧断路器跳闸，机组停运。现场发现主变压器 A 相套管发生爆裂。故障变压器现场情况如图 1-37 所示。

图 1-37　变压器引线套管凝露

检查 A 相套管外瓷套在法兰以上部位全部破碎并散落，主变压器套管升高座以上油位变压器油经套管破损处泄漏。在 A 相套管、B 相套管头部导电部分均有明显短路电弧烧灼痕迹，同时在 A 相套管瓷套固定压指处发现明显电弧烧灼痕迹。符合 A 相套管单相接地短路后 A、B 相之间相间短路的故障过程。A 相套管头部烧灼情况如图 1-38 所示，B 相套管头部烧灼情况如图 1-39 所示。

图 1-38　A 相套管头部烧灼　　　　图 1-39　B 相套管头部烧灼

故障发生后，对故障主变压器取油样化验，油样清澈透明，油耐压试验 53.5kV，微水试验为 14μL/L，油色谱分析数据：乙炔 75μL/L、乙烯 79μL/L、乙烷 11μL/L、氧气 4200μL/L、一氧化碳 33μL/L、二氧化碳 830μL/L、氢气 163μL/L、甲烷 83μL/L、总烃 248μL/L，乙炔含量超标。

将受损的 A 相套管吊出，现场检查 A 相套管底部（变压器内）外部瓷套已经碎裂并掉入变压器油箱。套管下部没有发现接地短路故障点，根据检查情况确认首先发生单相接地故障点位于套管中上部位（距套管顶端 950mm）。套管法兰下部（外部瓷套已经碎裂），检查电容芯只有外表及浅层电容层受伤，电容芯及导电杆未发现绝缘击穿和放电痕迹。解体套管头部压紧弹簧，没有发现锈蚀和异常。现场拆下套管注油孔，螺丝及密封良好，没有发现泄漏痕迹。A 相套管端部部件拆解情况如图 1-40 所示。

图 1-40　A 相套管端部部件拆解

故障发生时，该区域处于强雷电气候，主变压器区域降雨逐步加强变大至大暴雨，同时伴随强雷电活动。

该案例过程原因分析如下：

极端恶劣天气，强降雨在故障套管瓷套表面形成连续水流，沿套管放电导致套管电场严重畸变，局部场强增大超过套管绝缘强度，套管击穿放电，A 相套管单相接地短路，单相接地处位于套管瓷套压指部位，接地短路电弧引发 A、B 两相发生相间短路，在短路电流及发电机剩余能量的共同作用下，A 相套管发生爆裂。

极端天气是导致本次故障的外部直接原因；套管瓷套为等直伞裙，不利于分散水流是造成强降雨极端天气套管故障的主要原因。

▶ **隐患排查重点**

（1）设备维护。

1）改进变压器套管外瓷裙选型，选择具有增爬裙结构的套管，提高雨水和污闪情况下抗闪络能力；

2）提高电气设备外绝缘运行水平，推进新技术在外绝缘上运用，涂敷 PRTV、外置伞裙增爬等；

3）运行超过 15 年的高压套管，缩短设备预防性试验周期，每 1～2 年进行电气预防性试验，发现异常应取油（油质电容型套管）进行色谱分析。

（2）运行调整。

1）定期检测设备运行区域污秽等级并核算设备外绝缘爬电比距，不符合防污闪要求时及时整改；

2）统计区域气象数据，根据气象条件确定设备选型。

1.3 ▶ 封闭母线事故隐患排查

1.3.1 发电机封闭母线凝露

▶ **事故案例及原因分析**

某发电机封闭母线凝露，致使发电机出线绝缘能力降低，三相电压不平衡定子接地保护动作，发电机跳闸。

现场检查情况：检查跳闸发电机—变压器组一、二次发电机机端，中性点 TV 二次回路对地、相间绝缘正常；检查保护装置及通道正确；检查封闭母线绝缘电阻 0.5MΩ。

拆开出线侧主变压器、厂用变压器封闭母线胶皮密封套，发现主变压器低压侧 B 相及厂用变压器高压侧 A、B、C 相封闭母线内均有不同程度结露，变压器引线套管凝露情况如图 1-41 所示。

图 1-41 变压器引线套管凝露

该案例具体原因分析如下：

发电机—变压器组封闭母线密封不严，同时遭遇连续多日降雨，造成主变压器低压侧及厂用变压器高压侧封闭母线内结露，导致发电机引出线一次系统绝缘能力降低，不平衡电压增大：机端 $3U_{0t}$=9.1494V（定值 9V），中性点 $3U_{0n}$=5.1585V（定值 5V），满足发电机定子接地保护动作逻辑，延时 7s 保护动作跳闸。

直接原因：封母及其连接变压器引线绝缘子表面凝露，发电机出线绝缘能力降低，电压不平衡导致发电机定子接地保护动作，机组跳闸。

根本原因：封闭母线密封不严；封闭母线微正压装置设计缺陷，非全通道气路。

▶ **隐患排查重点**

（1）设备维护。

1）检修时重点检查发电机封闭母线密封良好并定期进行保压试验和电气预防性试验；

2）微正压装置改造，气路扩展至全段封闭母线；

3）封闭母线定期排污，雨雪天气加强巡检力度和排污频次。

（2）运行调整。

1）加强微正压装置运行维护，对装置运行状态评估和分析，确保微正压装置运行良好；

2）加强运行电气参数监测，发现发电机出线电压异常及时分析和处理。

1.3.2 厂用共厢封闭母线内异物引起故障

▶ **事故案例及原因分析**

某发电机—变压器组厂用共箱封闭母线密封不严，飞鸟进入致使母线相间短路，发电机跳闸，机组停运。

机组为发电机—变压器组单元接线，厂用母线采用共厢封闭母线，防护等级为IP55。机组运行中高厂变差动保护动作，发电机跳闸，机组停运。

现场检查情况：查看发电机—变压器组故障录波器波形：18时0分39秒301毫秒启动故障录波，高厂变低压侧A分支B、C两相接地短路；10ms后发展为三相短路，60ms后差动速断动作机组跳闸。机组跳闸后仍有25MW负荷，后经时约8s衰减至零。

打开机组厂用10kV A段工作进线柜及进线TV柜后柜门发现进线柜与共箱母线间隔板烧熔，共箱母线母排软连接头上部铜排有放电烧损的缺口，穿墙套管南侧有烧损缺口，母排软连有轻微烧损，故障现场如图1-42所示。

图1-42　故障现场

在共箱母线转角底部发现有烧焦的飞鸟躯体。判断因飞鸟进入共箱封闭母线内部，造成母线短路。飞鸟躯体如图 1-43 所示。

图 1-43 飞鸟躯体

该案例具体原因分析如下：

飞鸟进入共箱母线造成高厂变低压侧 A 分支 B、C 两相接地短路；10ms 后发展为三相短路，60ms 后高厂变差动速断动作机组跳闸。机组跳闸后由于故障点短路电流大，产生电游离介质，发电机绕组、高厂变绕组与故障点电游离介质构成回路；同时，因发电机励磁系统灭磁时间常数为 8.6s，发电机机端存在残压造成高厂变高压侧电流持续存在，高厂变比率差动、高厂变高压侧后备保护相继动作（达到定值动作值），大约 8s 负荷衰减至零。

直接原因：发电机—变压器组厂用共厢母线密封不严飞鸟进入造成母线短路，高厂变差动速断动作，发电机跳闸，机组停运。

运维原因：共厢封闭母线密封不严，检修及运行维护不严格，未发现封母缺陷。

> **隐患排查重点**

（1）设备维护。

1）定期开展厂用共厢封闭母线检修，将共箱封闭母线密封、清洁扫等作为重点工作；

2）加强共厢封闭巡视检查，发现密封不良及时处理；

3）共厢母线内三相母线做好绝缘隔离；

4）新投产机组加强质量监督，严格控制安装质量。

（2）运行调整。

1）加强现场巡视，及时发现共箱母线存在的隐患；

2）新投运机组重视设备第一次检修工作，加大力度排查设备隐患。

1.3.3 厂用共厢封闭母线脏污、受潮引起故障

> **事故案例及原因分析**

厂用共厢封闭母线密封不良，长期积尘、潮湿造成母线铜排放电，弧光导致三相短路。

机组为发电机—变压器组单元接线，厂用母线采用共厢封闭母线，机组运行中高厂变差动保护动作，发电机跳闸，机组停运。

现场检查情况：高厂变 10kV A 分支共箱封闭母线 C 相绝缘护皮脱落，A、B 相绝缘护皮烧损，支撑绝缘子积尘多，封闭母线内无水迹，放电处无杂物掉落的残迹，见图 1-44。

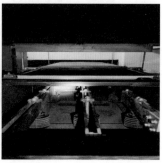

图 1-44　封闭母线内损坏情况

查阅故障录波，故障瞬间 U_a=97.73V，U_b=98.432V，U_c=3.494V，高厂变 10kV 段 U_n=95.215V，判断此时发生 C 相接地短路，25ms 后发展为三相短路（I_a=5.965×2000=11930A，I_b=5.65×2000=11300A，I_c=5.85×2000=11700A），此后 20ms 高厂变差动保护动作，机组跳闸，见图 1-45。

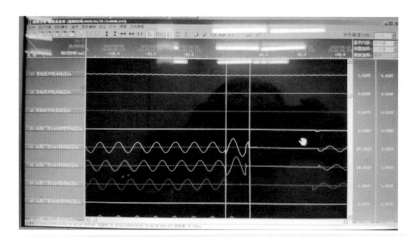

图 1-45　故障录波图

对发电机及其附属设备、主变、高厂变进行了相关检查和试验，未发现异常。

该案例具体原因分析如下：

厂用共厢封闭母线密封不良，长期积尘、潮湿造成 C 相靠近软连接处裸露母线铜排电离空气，对外壳接地放电，25ms 后放电产生弧光导致三相短路，短路 20ms 后高厂变差动保护动作，机组跳闸。

直接原因：厂用共厢封闭母线密封不良，长期积尘、潮湿造成母线短路，高厂变差动速断动作，发电机跳闸，机组停运。

运维原因：共厢封闭母线密封不严；检修及运行维护标准执行不严格，未发现封母缺陷。

▶ **隐患排查重点**

（1）设备维护。

1）定期开展厂用共厢封闭母线检修，将共箱封闭母线密封、清洁打扫等作为重点工作。

2）加强共厢封闭母线电气试验，及时发现设备绝缘隐患。

3）共厢母线内三相母线做好绝缘隔离。

（2）运行调整。

1）加强设备巡视检查，发现共厢母线移位、变形等异常情况及时处理。

2）共厢母线定期排污，雨雪天气加大巡检力度和排污频次。

1.4 ▶ 变电站设备事故隐患排查

1.4.1　500kV SF$_6$ 高压断路器灭弧室套管爆裂事故

▶ **事故案例及原因分析**

某变电站高压断路器灭弧室套管存在严重的质量问题，套管根部与中间操作仓的金属结合面部分工艺不良发生断裂，套管爆裂跌落过程中对接地开关放电造成母线接地，母线差动保护动作。

某高压断路器额定电压 500kV，双端口，配置并联电容器，"T"型结构。500kV高压断路器现场安装情况如图 1-46 所示。

图 1-46　500kV 高压断路器现场安装图

某变电站运行中 500kV 母线差动保护 A、B 柜发出"C 相 I 母线动作"，发电机—变压器组保护 A、B 柜发出"主变压器后备保护启动"，I 母线连接设备包括发电机—变压器组、线路及母联开关跳闸。

保护动作情况：检查故障录波器，某线路 C 相电流在 7:53:50.359 电流消失，7:53:52.124 出现零序电流、零序电压，此时发生一点接地故障，I 母线差动保护动作，50ms 故障切除。

现场检查情况：故障高压断路器倒伏，断路器 TA 侧灭弧室及并联电容器有爆裂状态，爆裂碎片最远近 40m。断路器刀闸侧灭弧室及并联电容相对完整，碎裂状态分析认为是跌落时外力所致，无爆裂状，如图 1-47 所示。

图 1-47　刀闸侧断路器及其并联电容损坏情况

对爆裂的断路器灭弧室内部组件检查发现，灭弧室内部清洁，无电弧灼伤、绝缘击穿现象，如图 1-48 所示。

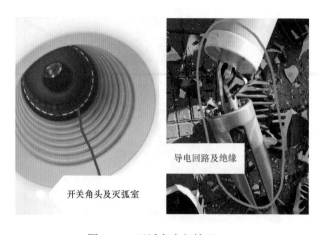

图 1-48　灭弧室内部情况

该案例过程及原因分析如下：

断路器配套的灭弧室套管存在严重的质量问题，尤其是套管根部与中间操作仓的金属结合面部分存在浇筑材料不合格或工艺不良的情况，寒冷冬季气温较低，并在开关自身重量的作用下极易发生断裂。当灭弧室瓷套产生裂纹时，由于其内部充有大约 0.7 MPa 压力的 SF_6 气体（约为 0.7MPa），套管极易产生爆裂。

本次事件中断路器 C 相 TA 侧套管先发生爆裂脱落使开关主回路断线，此时线路 C 相电流在 7:53:50.359 消失。TA 侧套管脱落后在 TA 外绝缘的作用下引线并未发生对地放电。此时，由于断路器 TA 侧套管脱落引起的重心偏移使刀闸侧套管连同断路器支柱绝缘子倒向线路刀闸侧（母线侧，此时母线仍然带电），在跌落过程中对接地开关发生放电（7:53:52.124，出现零序电流、零序电压，发生一点接地故障），从而引起母线 C 相接地，母线差动保护动作。此过程大约持续 1.7s。

分析结论：直接原因，断路器灭弧室套管爆裂，断路器倒伏过程中高压引线对接地装置放电，母线差动保护动作；根本原因，此型号断路器存在质量问题；另一方面设备使用单位技术监督管理不到位，未及时收集同类型设备的故障信息并制定应对措施。

▶ **隐患排查重点**

（1）设备维护。

1）及时收集和关注设备的故障信息，对存在质量问题的设备及时制定监督措施；

2）梳理和排查设备，对同类型设备宜更换；

3）对断路器灭弧室套管开展机械探伤。

（2）运行调整。

定期开展高压断路器红外测温。

1.4.2 电压互感器故障

▶ **事故案例及原因分析**

一组 500kV 线路用 TV，CVT 的型号：TYD500/$\sqrt{3}$ -0.005GH。运行中发现 B 相电压明显高于 A、C 两相，具体数值为 U_A 303kV、U_B 310kV、U_C 303kV。测量 A、B、C 相 CVT 二次侧电压分别为 U_A 60.1V、U_B 61.9V、U_C 60.1V。B 相 CVT 所有二次端子测量值均为 61.9V 确定线路对侧运行电压正常。

该 CVT 由 3 节瓷套外壳的电容分压器和安装在下部油箱的电磁单元两部分构成，其中 C1 分别安装在 1～3 节瓷套内，分压电容 C2 及电磁单元安装在底部油箱内。C2 两端的电压通过中间变压器变为用户所需的二次电压，分压电容器 C2 和油箱电磁单元正常运行状态下，承受的额定电压为 13kV，而整个 CVT 所承受的电压为 $500/\sqrt{3}$ kV。组织人员对 B 相 CVT 二次回路及所带负荷进行检查，未发现造成电压升高的原因，判断内部故障，CVT 结构原理见图 1-49。

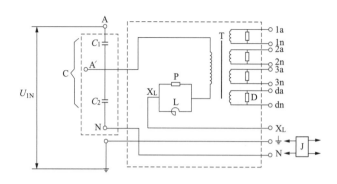

图 1-49　CVT 原理接线图

C—载波耦合电容；C_1—高压电容；C_2—中压电容；U_{1N}—额定一次电压；A′—中间电压端子(用户需要时引出)；T—中间电压变压器；
L—补偿电抗器；P—保护装置；1a1n—主二次绕组1号接线端子；2a2n—主二次绕组2号接线端子；3a3n—主二次绕组3号接线端子；
dadn—剩余电压绕组接线端子；X_L—补偿电抗器低压端；⏚—接地端子；N—载波通信端子；D—阻尼装置；
J—带有避雷器的结合滤波器(用户自备)

对故障 CVT 进行了相关试验，试验所得数据及交接试验数据如表 1-1 所示。

表 1-1　　　　　　　　　　电气试验数据

试验项目		CVT 上节	CVT 中节	CVT 下节
交接值	电容量（pF）	15780	15780	18900
	介质损耗（%）	0.055	0.055	0.054
故障后试验值	电容量（pF）	15740	16910	18870
	介质损耗（%）	0.067	0.125	0.072

试验结果表明，中节分压器电容量超出交接值 7.1%，介损也有明显上升。中节电容器可能存在内部故障。但按照 DL/T 596 相关规定：每节电容值偏差不超出额定值的 -5% ～ +10%。膜纸复合绝缘介质损耗不超过 0.002。试验结果虽较交接时数值在合格范围内，但介损及电容量变化明显，决定更换。在对故障 CVT 进行拆卸时发现中节分压器顶部的膨胀器已达到膨胀极限。膨胀器如图 1-50 所示。

CVT 返厂后进行了分解，分压电容芯子层间存在击穿现象，拆解后电容屏如图 1-51 所示。

该案例过程及原因分析如下：

CVT 电容击穿造成分压器内部绝缘油分解，产生大量气体，造成了膨胀器严重变形。

由 CVT 原理图并通过计算得出运行时线路 B 相电压升高的原因：

电容器 C1 两端电压：$U_{C1}=U \times C_2/（C_1+C_2）$；

电容器 C2 两端电压：$U_{C2}=U \times C_1/（C_1+C_2）$；

图 1-50　膨胀器

图 1-51　电容屏

中间变压器二次侧电压为

$$U_B=U_{C2}N_2/N_1=U\times C_1\times N_2/（C_1+C_2）\times N_1$$

式中　N_1/N_2——中间变压器一、二次侧线圈匝数；

　　　　U——系统电压；

　　　　U_B——中间变压器二次侧电压（CVT 二次输出电压）。

通过上述计算，可以得出中间变压器二次侧电压也就是故障 CVT 的二次侧电压为

$$U_B=U_{C2}N_2/N_1=U\times C_1\times N_2/（C_1+C_2）\times N_1$$

可见，系统电压 U 未发生任何改变，中间变压二次侧电压也就是 CVT 输出电压正比于中间变压器二次侧线圈匝数 N_2 及分压电容 C_1，反比于 C_1 及 N_1。

原因分析：综合以上分析认为，导致 B 相 CVT 二次电压升高的原因是分压电容器 C1 串联电容运行中部分击穿，内部绝缘油分解产生气体，膨胀器动作后变形。

分析结论：直接原因，CVT 电容器电容击穿，电容量减小，分压升高；主要原因，CVT 存在制造缺陷，并且设备使用单位技术监督管理不到位，未及时收集同类型设备的故障信息并及时分析和制定应对措施。

▶ 隐患排查重点

（1）设备维护。

1）CVT运行期间及时收集和关注设备的运行参数和信息，发现异常及时分析原因并处理；

2）加强对高压电气设备的红外测温工作管理，收存并分析测量数据；

3）积极利用检修停电机会进行设备的相关电气预防性试验工作。

（2）运行调整。

1）加强电气运行参数监测，发现异常及时分析和处理；

2）加强CVT红外精确测温，对数据分析，及时发现电压致热性故障。

1.4.3 220kV高压电缆终端头绝缘击穿

▶ 事故案例及原因分析

某发电机—变压器组出线高压断路器侧电缆终端内部绝缘故障，运行中电缆终端头部位对地绝缘击穿，主变压器差动保护动作，发电机—变压器组出线高压断路器跳闸，机组停运。

发电机—变压器组出线使用220kV高压交联聚乙烯电缆，断路器与主变压器高压侧间电缆长度约200m。机组运行中发电机—变压器组出线高压断路器跳闸，检查保护动作情况，发电机—变压器组保护A、B柜发"主变压器差动保"动作，就地检查发现发电机—变压器组出线C相高压断路器侧电缆终端内部绝缘故障，运行中电缆终端头部位对地绝缘击穿，电缆终端击穿如图1-52所示。

图1-52 220kV高压电缆终端击穿

此发电机—变压器组出线电缆曾发生过故障。历史故障信息：A相电缆故障，更换电缆及其两侧套管。C相变压器侧电缆套管故障，更换C、B相电缆及其两侧套管。本次 C 相电缆终端故障时间据上次 C 相变压器侧电缆套管故障时间 12 年。

该案例过程及原因分析如下：

发电机—变压器组出线高压断路器侧电缆终端内部绝缘故障，电缆终端部位在运行中对地绝缘击穿，造成主变压器高压侧接地故障，主变压器差动保护正确动作。

高压电缆终端绝缘故障是本次事件的直接原因，另外，还包括使用单位技术监督管理不到位，对高压电缆运行检测标准执行不严格，未能及时发现异常。

隐患排查重点

（1）设备维护。

1）加强升压站设备的运行巡视和检测，对高压电缆定期检查，迎峰度夏期间每周至少进行一次红外测温；

2）严格控制电缆设备的质量和安装工艺，确保设备健康水平；

3）每两年开展一次高压电缆带电局部放电测量。

（2）运行调整。

1）定期开展高压电缆红外测温，重点检测终端头及中间接头等部位；

2）定期测量高压电缆屏蔽层接地电流，发现异常及时分析和处理。

1.4.4 MOA 避雷器绝缘击穿

事故案例及原因分析

某单位 500kV 主变压器出线避雷器内部绝缘故障，运行中对地绝缘击穿，主变压器差动保护动作，发电机—变压器组差动保护动作，机组停运。

避雷器型号 Y20W-420/960，无间隙氧化锌避雷器，安装在发电机—变压器组出线，主变压器中性点直接接地运行方式。

就地检查主变压器高压侧 C 相避雷器有火光、冒烟现象。C 相避雷器防爆膜破损，上节避雷器上部阀片碎裂、内部绝缘树脂碳化，下部阀片边缘烧损，密封圈螺栓孔有烟尘喷出痕迹，中、下两节阀片本体存在击穿、外表面存在烧伤碳化现象，避雷器损坏情况如图 1-53 所示。

图 1-53　C 相避雷器损坏情况

机组跳闸后全面检查发电机—变压器组及其系统未见其他异常，更换 500kV 主变压器 C 相避雷器后机组恢复系统并列。

该案例过程及原因分析如下：

该型号避雷器分上、中、下三节，内部采用氧化锌片无间隙单柱串联结构，其上、中两节装设并联电容。对故障避雷器进行外部检查，避雷器防爆膜破损，防爆出口处伞裙存在烧痕；进一步解体检查发现，上节避雷器上部阀片碎裂、内部绝缘树脂碳化，下部阀片边缘烧损，密封圈螺栓孔有烟尘喷出痕迹，中、下两节阀片本体击穿烧损，外表面存在烧伤碳化现象。根据以上现象，分析认为上节避雷器密封圈老化导致受潮、内壁侧向爬电，中、下两节避雷器阀片不能承受正常运行电压而相继发生击穿。

避雷器上节密封圈密封不良是避雷器受潮主要原因。无间隙金属氧化物避雷器采用内部充氮气正压密封，在温度变化较大或运行时间过长时，容易造成密封不良，一旦潮气或水分浸入，将造成内部绝缘损坏、阀片闪络。

主变压器 C 相上节避雷器内壁侧向爬电，造成避雷器上、中、下三节击穿接地短路是本次事件的直接原因；避雷器密封不良，受潮是造成避雷器爬电击穿的根本原因。

▶ **隐患排查重点**

（1）设备维护。

1）定期开展避雷器停电检修，对避雷器密封性进行重点检查；

2）加强避雷器电气试验数据管理，对试验数据进行分析，发现异常及时处理；

3）每年雷雨季节前后进行避雷器带电测量，对测量数据进行分析，当阻性电流增加 1 倍时，应停电处理；

4）更换新型避雷器，以便能够检测避雷器密封状态并实现补压充气，同时提高外绝缘污秽等级。

（2）运行调整。

1）定期开展避雷器红外测温，相间温度超过 2 ～ 3℃时开展跟踪检测，及时安排停电处理；

2）加强避雷器运行巡检，记录避雷器动作次数和全电流数值，发现异常及时分析和处理。

1.5 ▶ 其他设备事故隐患排查

1.5.1 异物搭接变压器高压侧出线

▶ **事故案例及原因分析**

某发电机—变压器组主变压器高压侧出线异物搭接，发电机跳闸，机组异常停运。

某发电厂主变压器分体式结构，三组单相无励磁调压变压器组成。现场突发极端天气，机组运行中发"主变压器保护启动""主变压器差动速断保 2 护动作"，发电机跳闸，机组停运。

现场检查情况：主变压器 A 相 500kV 高压侧套管至龙门架出线搭接一彩钢瓦。对 A 相变压器进行电气试验，油样色谱分析数据无异常。

事件过程及原因分析：极端天气造成汽轮机主厂房屋顶掀起吹坏，极端天气实际风力已超过现场建构筑物设计承受的基本风压值（设计值：0.55kN/m²），汽轮机主厂房西北部及锅炉本体北面无遮挡物为直接迎风受力面，所以造成现场建构筑物损坏严重，盖板、保温材料和炉顶大罩多处大面积吹落，汽机房顶盖板损坏现场情况如图 1-54 所示。其中一片彩钢瓦搭接在主变压器 A 相 500kV 高压侧套管至龙门架出线上，致使 A 相出线与门型支架放电。彩钢瓦搭接母线现场如图 1-55 所示。

 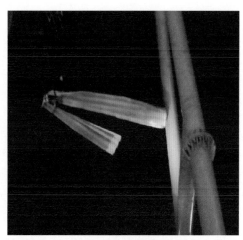

图 1-54　汽机房顶盖板损坏现场　　　　图 1-55　彩钢瓦搭接母线

该案例具体原因分析如下：

直接原因，异物搭接主变压器 A 相高压侧出线引起接地，发电机—变压器组差动保护动作，发电机跳闸。根本原因，极端天气造成建筑材料吹落；单位对极端天气的认识不足，防范措施不完善。

▶　**隐患排查重点**

设备维护具体要求：评估极端天气对建筑设施的影响，对安装不牢和年久老旧设施重新加固，防止脱落。

1.5.2　电气试验引起发电机定子绕组损伤

▶　**事故案例及原因分析**

某发电机水氢氢冷却方式，检修处理端部引水管漏水问题后进行交流耐压试验出现端部绕组起火燃烧。

现场检查情况：更换了全部定子线棒，对更换下的线棒进行起晕试验，电压加至 23kV 时端部"R"角处发生起火燃烧，绝缘烧损如图 1-56 所示。

图 1-56　绝缘烧损

针对此事件进行调研，同类型发电机（共 8 台机组）有三台机组进行交流耐压试验时绕组起火燃烧。

该案例事件过程及原因分析如下：

发电机定子绕组端部表面绑扎和涂漆过程中工艺不良，存在毛刺或拉丝，所采用的材料不阻燃。交流耐压试验时出现局部放电形成电火花则引起燃烧。通过历次试验数据分析，本类型的发电机端部起晕电压很低，在额定相电压下已出现电晕放电，端部出现局部电火花引起燃烧的概率很高。

事件原因：直接原因，进行交流耐压试验时发生局部放电，电火花引燃端部绕组；根本原因，绕组绝缘材料选用不当，为易燃材料，同时发电机运行维护不良，油污较为严重。

▶ 隐患排查重点

（1）设备维护。

1）对同类型的发电机组开展缺陷排查，对绕组绝缘材料与发电机生产厂家确认，存在问题应评估换型。

2）发电机进行交流耐压试验时应在停运后额定状态，即额定氢压、水压、氢气纯度不小于 96% 工况下进行；或者在发电机端部绕组可视的自然状态，即发电机转子抽出状态下进行。

3）加强发电机检修质量管理，对发电机定子腔内部尤其端部绕组的油污进行清理。

4）对于主设备交直流耐压等重要电气试验，工作前编制技术方案。

（2）运行调整。

运行调整具体要求为：

加强发电机运行监视和调整，防止发电机内部进油。

1.5.3 厂用中压断路器接地故障

> **事故案例及原因分析**

某厂用中压断路器动触头固定弹簧脱落与外挡板搭接，造成厂用母线接地，高厂变跳闸，机组异常停运。

某厂用中压断路器额定电压运行 6kV，型号 10-VPR-40C（D），额定电压 12kV，额定电流 3150A，额定短路开断电流 40kA。

发电机—变压器组保护 A、B 柜同时发出"A2 分支（2B 段）零序过流 I 段"保护动作，跳开 2B 段工作进线开关并同时闭锁快切动作，6kV 2B 段母线失电，接在 2B 段的引风机、2B、2D 磨煤机失电，锅炉总风量低 MFT 动作，联关主汽门，发电机—变压器组程跳逆功率保护动作，机组解列。

现场检查情况：工作电源进线开关 A 相母线侧动触头在运行中脱落，动触头紧固弹簧烧断后搭接在静触头与挡板之间，开关 A 相动、静触头上均有明显的过热痕迹，其他设备检查无异常，触头烧损情况如图 1-57 所示。

图 1-57　触头烧损情况

本单位此类型断路器检修中多次发现和处理弹簧过热、弹簧断裂等异常情况。

该案例原因分析及结论如下：

6kV 2B 段工作电源进线开关母线侧 A 相动触头固定弹簧发生断裂脱落，脱落的弹簧与外挡板发生搭接造成 6kV 母线 A 相接地，高厂变"A2 分支零序过流 I 段"保护动作，6kV 2B 段工作进线开关跳闸，6kV 2B 段失电造成其连接动力负荷停运，锅炉"MFT"动作，机组解列。

直接原因：6kV 2B 段工作电源进线开关故障造成 6kV 2B 段母线失电，其所连接的动力负荷停运，导致锅炉 MFT 动作。

根本原因：一方面此型号断路器存在共性缺陷；另一方面设备使用单位技术监督管理不到位，未及时收集和分析同类型设备的故障信息并制定应对措施。

▶ 隐患排查重点

（1）设备维护。

1）检修时对同类型紧力检查并及时更换。

2）同类型断路器动触头触指进行换型。

3）对重复发生的设备缺陷进行分析，若判定是设备家族缺陷则应进行技术改造或换型。

（2）运行调整。

1）定期开展开关柜超声波局放检测试验。

2）开关柜改造加装红外测温窗口，定期开展红外测温。

1.5.4　厂用低压电动机接地故障

▶ 事故案例及原因分析

某厂用低压电机故障，开关接点粘连越级跳闸，机组异常停运。

某厂用低压电机电源接线为热偶、接触器方式。启动该电机时电流异常波动，随即远方停运该电机，发现远方无法操作。随后工业水监控系统画面失去监视，该电机所连接的水工变压器ⅠA、ⅠB段均失电，机组跳闸。

解体发现，低压电机端部线圈烧损，通过对2号工业水泵电机启动时电流波形分析，电流摆动较大，综合判断为电机线圈绝缘受损，所处环境潮湿造成绝缘受潮降低，启动时发生线圈接地故障。电机绝缘损坏情况如图1-58所示。

图1-58　电机绝缘损坏情况

由于电机故障无法切除，造成水工段ⅠA、ⅠB失电，其连接的负荷均失电。水工段ⅠA、ⅠB一次系统如图1-59所示。

该案例过程及原因分析如下：

现场检查电动机电源，热偶动作，接触器接点粘连。由此判断该电动机不能远方停运的原因是电动机故障，启动时电流过大，接触器接点粘连，远方无法将电动机停运。

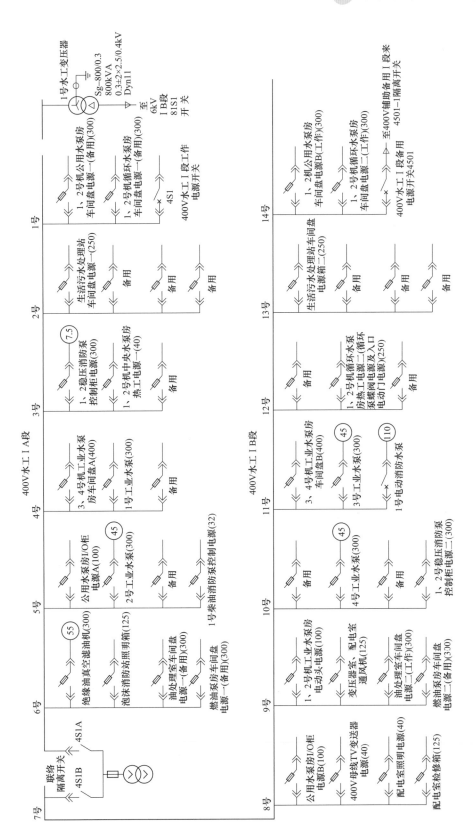

图1-59 水工段 I A、I B一次系统图

水工变压器ⅠA、ⅠB段均失电原因。由于故障电动机无法停运，故障点无法切除，所以其连接的母线段水工变压器ⅠA、ⅠB一直存在接地点，接地保护动作跳闸。同样，由于故障点一直存在，备用电源切入后随即跳闸，水工变压器400V水工ⅠA、ⅠB段失电，其所带负荷均失去电源，其中运行的循环水泵出口蝶阀失电切换至UPS供电。由于DCS远程站电源同样取自水工变ⅠA段、ⅠB段，失电后，控制柜内的直流变压器（供电电磁阀YV1/YV2）输出开始下降，蝶阀泄油导致蝶阀关闭，联停循环水泵，汽轮机真空急速下降。

综合以上看出，直接原因时由于低压电机绝缘故障造成连接的水工段失电，循环水泵停运，机组真空下降，异常停运。设备使用单位技术监督管理不到位，设备检修维护质量不高是发生此次事件的主要原因。

▶ **隐患排查重点**

（1）设备维护。

1）提高电机检修质量，检修后进行电气预防性试验。

2）对低压设备电源定期检修，提高检修质量，对开关解体检修，各处连接紧固良好，开关传动试验正常。

3）合理布置远程DCS控制站电源，电源不取自同一母线并配设备用电源。

4）加强技术管理，细化检修项目和验收标准，做好设备质量全过程管理，有针对性地加强辅机设备的检修策划和管理。

（2）运行调整。

1）定期开展设备定期切换试验，发现问题及时处理。

2）加强设备缺陷管理工作，对设备缺陷实行闭环管理。

02

电气二次专业重点事故隐患排查

2.1 ▶ 二次回路缺陷事故隐患排查

2.1.1 跳闸回路短接事故案例及隐患排查

▶ 事故案例及原因分析

（1）2018 年 1 月 2 日，某电厂处理柴油发电机室 B4805 开关红绿灯均亮缺陷时，因 B4805 开关合闸线与柜门长期碰磨造成绝缘损坏，在开柜门操作时合闸回路短路导致 B4805 开关误合闸，柴油发电机误上电，柴油发电机接入锅炉保安段引起系统冲击，工、备电源均跳闸。锅炉保安段失电引起 1、2 号送风机油站电源消失造成送风机全停，最终导致锅炉 MFT 动作停机。

该案例具体原因分析如下：

柴油发电机开关合闸线与柜门长期接触，导线绝缘层磨损导致柴油发电机启动，保安段引起系统冲击导致重要辅机工作异常，最终引起停机。

（2）2019 年 7 月 5 日，某电厂 2 号发电机失磁保护Ⅲ段动作，2 号主变压器高压侧 5022、5023 开关跳闸，2 号发电机灭磁开关跳闸（2 号发电机出口 02 开关在合位，失磁保护动作跳 2 号主变压器高压侧 5022、5023 开关），6kV 厂用 2BA、2BB 段工作进线开关跳闸、备用进线开关切换正常，各参数归零。

检查 2 号发电机本体、碳刷装置及励磁间一次系统外观未见明显异常现象。检查 2 号机组发电机—变压器组保护 A、B 套均有"失磁保护Ⅲ段"保护动作报文，发电机励磁调节器控制柜有"灭磁开关负荷跳闸""无功低励限制""低励保护"报文。同轴励磁机励磁调节器控制柜有"灭磁开关负荷跳闸"报文。

该案例具体原因分析如下：

检查励磁调节器灭磁开关跳闸回路，对灭磁开关分闸二次电缆绝缘进行测试，发现 2 号发电机—变压器组保护 C 屏跳灭磁开关二次电缆 FBZMC02-LC101 与 FBZMC02-LC133 间绝缘为 2.9Ω，进一步检查发现此线芯存在铰接点，铰接工艺较差，绝缘胶布老化破损，造成线芯间短路，导致灭磁开关跳闸。

（3）2011 年 4 月 21 日，某电厂一条线路跳闸，2s 后 1 号机组跳闸。线路发"电抗器 C 相重瓦斯"保护动作，RCS-902 保护发信启动，500kV 升压站相邻的 5023、5022

47

断路器 A、B、C 三相跳闸；1 号发电机—变压器组协调切机保护动作，500kV 升压站 5021 断路器 A、B、C 三相跳闸，1 号机组解列。

检查线路电抗器非电量保护，其自检报告显示"本体 C 相重瓦斯动作"，电抗器 C 相重瓦斯动作指示灯亮，现场检查电抗器本体未见异常，化学专业进行油样化验，化验结果未见异常。停用线路电抗器非电量保护电源，在保护屏解开相应的电抗器重瓦斯跳闸二次线，使用 1000V 绝缘电阻表测试电抗器 C 相重瓦斯两根跳闸线对地绝缘，阻值为 50MΩ 和 20MΩ，测试两线间绝缘，仅有 0.2MΩ，对比测试 A、B 两相重瓦斯跳闸线之间绝缘，其阻值均在 100MΩ 以上。在 C 相电抗器本体瓦斯继电器处解开公共端二次线，使用 1000V 绝缘电阻表测试瓦斯继电器接点间绝缘，大于 100MΩ。

该案例具体原因分析如下：

线路跳闸应是电抗器 C 相瓦斯保护接线发生芯线间短路，造成线路电抗器 C 相重瓦斯保护误动出口。线路跳闸后，1 号机组 TSR（扭振保护）发散保护动作正常切机。

（4）2012 年 6 月 25 日，某电厂网控发："2200 乙保护动作跳闸""故障录波器启动"光字牌报警。故障录波器显示"2212x 线路电流变差启动""2 号启备变高压侧电流 $3I_0$ 变差启动"，2 号启备变高、低压侧开关跳闸，5 号机组 2205 开关联跳，2 号启备变保护柜发"CPU1 调压重瓦斯保护动作"。跳闸后，对 2 号启备变调压重瓦斯保护回路进行了检查，发现重瓦斯保护回路电缆线芯短接，更换重瓦斯保护回路电缆后，传动正常，机组当日并网成功，运行正常。

该案例具体原因分析如下：

检修人员检查重瓦斯保护回路电缆线芯短接，原因为有载重调压重瓦斯保护控制电缆接头制作工艺不良，线芯破损，因下雨导致电缆绝缘能力降低，线芯短路，触发"调压重瓦斯保护"跳闸保护，导致 2 号启备变及机组跳闸。

（5）2012 年 1 月 17、19 日，某电厂 6 号发电机组 206 断路器先后两次跳闸导致机组停运。相关人员分别于 4 月 10 日、4 月 26 日、5 月 12 日先后对 6 号机组保护控制回路进行全面排查，包括保护测控装置工作情况、电缆绝缘、二次回路屏蔽情况、保护测控屏接地电阻、非电量保护加装的大功率继电器情况以及操作箱出口继电器动作功率等方面进行了排查，最终发现灭磁开关联跳 206 开关 -181 电缆的 101、143 芯异常，每次测量绝缘电阻数据均有变化且不稳定。5 月 12 日进一步对该电缆进行重点检查，将电缆从端子排上拆下，发现此电缆保护屏侧屏蔽层没有接地，拆开电缆封头，发现屏蔽线被包在封头处，且电缆芯 101、143 在封头处有明显被电缆刀划破的地方，拿开屏蔽线，并进行绝缘处理后，再次测量绝缘，绝缘电阻合格并且稳定，同时扩大检查范围，对其他回路电缆进行绝缘检查，测量结果全部合格。

该案例具体原因分析如下：

编号为 -181 的电缆（FMK 联跳 206）存在施工安全隐患，电缆头的处理不合格，违反相关规定的要求，是造成 206 开关误跳闸的原因。

（6）2013 年 7 月 30 日，某电厂 6 号机组增压风机跳闸，6 号炉 MFT 动作，汽轮机、发电机联跳正常，汽轮机主汽门关闭，电气主开关、灭磁开关跳闸正常，6kV 厂用电切换成功。MFT 首出原因为"增压风机跳闸"。热工人员检查脱硫 DCS 中无增压风机分闸指令发出，DCS 中无增压风机电气保护动作信号，DCS 报警历史显示增压风机运行信号消失，跳闸信号为 1。电气人员检查 6kV 开关室增压风机确已跳闸，增压风机综合保护与差动保护装置均无保护动作信号，开关柜面板上事故按钮信号继电器未动作，测量增压风机开关分闸回路脱硫 DCS 来跳闸电缆 133 回路对地电压为 +116V，解开脱硫 DCS 至 6kV 开关分闸回路 133 后，在开关端子排上测量 133 端子对地为 0V，解开 DCS 至开关分闸回路编号为 101、133 两根电缆线芯后，用兆欧表测量两根线芯对地绝缘均为 1.5Ω，两根线芯间绝缘为 0Ω，判断为脱硫 DCS 至增压风机开关分闸指令 101、133 回路电缆线芯间短路引起增压风机跳闸。因现场无法准确定位电缆具体故障点，重新敷设脱硫 DCS 至开关分合闸回路控制电缆，经远方传动开关试验正常后机组恢复并网。

该案例具体原因分析如下：

本次增压风机跳闸原因为增压风机开关分闸回路控制电缆线间短路，开关分闸回路导通，增压风机跳闸。

（7）2014 年 7 月 8 日，某电厂 9 号机组突然跳闸，发电机—变压器组 C 柜"保护 I 跳""保护 II 跳"灯亮，"热工保护"信号发出，全部磨煤机、一次风机联跳正常，厂用电系统联动均正常。检查发电机—变压器组保护 C 柜显示记录为热工保护动作，无其他电气量或非电量启动出口记录，而热工 SOE 动作记录跳闸首出为发电机—变压器组开关出口跳闸（即 209 先跳开），查机组故障录波器报告比对，因热工保护来跳发变组原始接点在设计院初设时未引入录波器监视，而采用 C 柜热工保护动作后非电量信号扩展接点监视，难以判断电气保护与热工保护动作的先后顺序。209 分位时模拟外部开入导通，动作现象一致。初步怀疑热工保护至 C 柜非电量开入接线受外来干扰或与公共端之间绝缘能力降低，检查屏蔽及测绝缘后基本排除。在解除热工保护开入拉开刀闸人为合上 209 开关欲再行模拟时多次合后即跳开，故将排查重点移至 C 柜操作箱及就地断路器控制箱之间第一组、第二组跳闸回路上。多次试验测量后发现跳闸 II 圈 137 II 回路与其正电源 101 II 之间绝缘极低，且电缆两端同回路线色不一致，怀疑施工过程有中间对接可能，最终在 C 柜后横向布线槽盒内发现多芯对接点且外包绝缘破损处，确定故障点，应是对接工艺不合格，线头毛刺在盒盖扣紧外力作用下久而久之穿破外包绝缘层，使正电位窜入跳闸回路引起跳闸。

该案例具体原因分析如下：

9 号机组基建遗留问题，电缆长度不够情况下施工单位未通知业主而采取对接方法（对接头隐蔽在槽盒中），且采用对接方法工艺不合格致使外包绝缘破损导致线间短接，正电位窜入跳闸回路引起跳闸。

（8）2017 年 3 月 8 日，某电厂 1 号发电机出口 221 开关跳闸，光字牌报"1 号发电机—变压器组 B 柜发电机—变压器组差动保护跳闸"信号。同时汽轮机首出"发电机故障"跳闸，汽轮机主汽门、各抽汽逆止门关闭正常。检查电子间保护动作情况，发电机—变压器组保护 B 柜显示"发电机—变压器组比率差动保护动作"和"主变压器比率差动保护动作",保护动作报告显示脱硫变高压侧 B 相差流增大,保护 A 柜无动作记录。根据发电机—变压器组动作报告波形,排查脱硫变高压侧 TA 二次回路绝缘,并检查 TA 伏安特性。经测量脱硫变高压侧 TA 二次电缆 ABC4741 对地绝缘为 1500MΩ,重做脱硫变高压侧 TA 伏安特性测试,伏安特性曲线正常并在脱硫变高压侧 TA 接线箱处做二次通流试验,保护装置采样正常。排查一次设备无异常。对发电机—变压器组差动保护二次回路检查,发现发电机—变压器组保护 B 柜内,发电机—变压器组差动保护二次电缆在穿盘柜防火堵料处发生电缆外皮及线芯外皮破损(该电缆为本次超净改造新增脱硫变工作时新铺设的脱硫变高压侧 B 相 TA 至发电机—变压器组保护的二次电缆)将破损的电缆进行绝缘包扎处理完毕,并对发电机—变压器组保护柜全部电缆进行检查未见异常。随后 1 号汽轮机冲转,发电机并网。

该案例具体原因分析如下:

根据发电机—变压器组故障报告波形图,机组跳闸时发电机—变压器组差动保护 B 相出现差流,同时,故障期间有施工人员正在发电机—变压器组 B 柜进行电缆挂牌工作,由于脱硫变 B 相 TA 二次电缆发生破损,铺设于同一位置的脱硫变低压 TV 二次回路线芯绝缘也发生破损并铜芯裸露。初步分析由于整理电缆期间扯动电缆,导致脱硫变 TA 回路与低压 TV 二次电压回路发生了短接,TV 二次电压窜入脱硫变高压侧 TA 二次 B 相回路,导致发电机—变压器组差动及主变压器差动保护动作。具体过程分析如下:根据发电机—变压器组保护和故障录波器记录,脱硫变高压侧 TA B 相二次电流产生时(即故障启动时),该电流为标准 50Hz 正弦波,电流值为 $3.94I_e$(发电机—变压器组、主变压器差动启动定值为 $0.4I_e$,差动比率制动起始斜率 $0.1I_e$,差动比率制动最大斜率 $0.7I_e$),电流存在 649.035ms 后,突然消失,脱硫变 6kV AB、BC 相间电压明显下降,并于故障后 669.035ms 电流消失时,AB、BC 相间电压恢复正常。该现象可以判断为故障发生时刻因 B1 分支(该分支为脱硫 6kV 段)B 相 TV 二次电压(相电压 57.7V)窜入脱硫变高压侧 TA B 相二次电流回路,经 TA 接地点构成回路,TV 短路放电导致电流突然增大,造成保护动作。故障发生前发电机—变压器组差流及脱硫变二次电压、电流采样值,故障后发电机—变压器组差流及脱硫变二次电压、电流采样值。

(9)2012 年 7 月 11 日,某电厂 2 号机组跳闸。炉侧 FSSS 的首出原因显示为机跳闸,机侧 ETS 面板的首出画面上遥控 3 指示灯变红,遥控 3 来自电气信号,电气专业查看电气 A、B、C 三个保护柜只有 A、B 柜有一个热工保护信号指示灯亮。热工保护信号的条件为主气门全关或发电机断水。热控、电气专业同时进行查找,热控专业调取了 SOE 记录及历史趋势。从历史趋势看发电机定子、转子冷却水压力流量均未变化。由 SOE 记录初步判断电气保护柜的热工保护信号是因汽轮机跳闸后主气门关闭引发的。机组跳闸的首出原因应为电气跳闸。电气专业对保护回路进行检查,对跳闸回路的电缆进线测绝缘均未发现异常。检查完 C 保护柜内接线重新送电后,柜内主变压器压力释放保护出口灯亮,对主变压器上的两个压力释放器检查发现主变压器东侧的一个压力释放器电缆线间绝缘到零。主变压器压力释放是电气保护跳机条件之一,更换该绝缘损坏的控制电缆并经咨询电科院将该压力释放保护改为报警,机组重新升压冲转并列。

该案例具体原因分析如下:

经过现场查看,认为本次跳机可能是主变压器压力释放电缆绝缘损坏导致误跳。结合其他电厂出现的类似情况分析也可能存在出口继电器功率过小、电缆过长杂散电容过大造成保护误动。

▶ **隐患排查重点**

设备维护具体要求如下:

(1)在发电机机端、高压电动机等持续振动的地方,应采取防止导线绝缘层磨损、接头松脱导致继电器、装置不正确动作的措施,电流互感器本体至就地端子箱的二次回路引线宜采用多股导线。

(2)二次电缆终端及接头制作时,应严格遵守制作工艺流程。剥切电缆时不应损伤线芯和保留的绝缘层,禁止将屏蔽线丝卷入线芯内。

(3)电缆芯线不应有伤痕。单股线芯弯圈接线时,其弯曲方向应与螺栓紧固方向一致;多股软线芯与端子连接时,线芯应搪锡后压接与芯线规格相应的终端附件,并用规格相同的压接钳压接。芯线与端子接触应良好,螺栓压接应牢固。引出的屏蔽线应可靠焊接。

(4)电流回路端子的一个连接点不应压两根导线,也不应将两根导线压入同一个接头再接至端子。其他回路每个端子的一个连接点上宜接入一根导线,不应超过两根。电流互感器二次回路短接时应采用专用连接片。对于插接式端子,不同截面的两根导线不应接在同一端子;对于螺栓连接端子,当接两根导线时,中间应加平垫片。

(5)高低压配电装置开关柜柜体与柜门等可动部位间的导线应采用多股软导线,并留有一定长度裕量。线束应有外套塑料管等材料强化绝缘层,避免导线产生任何机械损伤,同时还应有固定线束的措施。

(6)跳闸回路、电压回路、电流回路等重要回路的线缆不应存在铰接点。如存在铰接点应尽快更换线缆。检修期间应检查主要回路的线芯间绝缘及对地绝缘,对值阻进行记录后与上一次记录值进行对比。

2.1.2 互感器回路事故案例及隐患排查

▶ **事故案例及原因分析**

(1)2021年1月8日,某电厂500kV Ⅰ母线差动保护动作,500kV Ⅰ母线5011断路器、5021断路器、5031断路器跳闸,3号机组送出受限,3号机组手动打闸。

该案例事件过程如下:

1)1月6日,计划检修开始,工作内容为:"① 500kV 5011、5012断路器预防性试验及清污检查。② 500kV1号主变压器本体、1号高压厂用变压器、1号脱硫变压器、1号励磁变压器预防性试验及清污检查。③ 1号发电机励磁系统静态试验。④ 500kV 5011、5012断路器保护装置全检及带5011、5012断路器传动试验。⑤ 500kV 5011、5012断路器测控装置更换及更换后信号核对。⑥1号发电机—变压器组保护(A、B、C柜)装置全检及带5011、5012断路器传动试验。"

2）1月7日9:10，工作内容为："500kV升压站500kV 5011、5012断路器间隔电气设备预防性试验及清扫"。

3）1月8日8:10，工作人员布置工作任务时，交代工作联系人及试验人员须注意5011断路器预防性试验的隔离措施，要求其断开5011断路器TA根部二次回路，防止保护误动。9:00工作联系人向集控室借钥匙并带领试验成员到5011断路器本体处开展工作。9:40左右，工作联系人交待试验人员先开展断路器的微水试验后离开现场。10:00准备开展5011断路器回路电阻测试，试验人员先进行了5011断路器试验的隔离措施，分别将TA二次回路短接片划开，并将TA二次外回路依次短接接地。

4）保护动作情况：① 10:01:31.426 500kV Ⅰ母线差动B套保护启动。② 153ms后母线差动保护动作，500kV滇罗Ⅱ线5021断路器、3号主变压器5031断路器、5号主变压器5041断路器跳闸。③ 500kV Ⅰ母线差动B套保护动作情况见图2-1。④ 10:01:36.500 500kV Ⅰ母线差动B套保护启动。⑤ 500kV Ⅰ母线差动A套保护启动情况见图2-2。⑥ 10:02:22汽包水位低低触发锅炉MFT，3号机组有功无法送出，手动打闸汽轮机，发电机联跳正常。

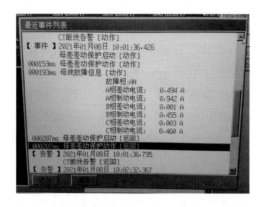

图2-1　500kV Ⅰ母线差动B套保护装置（南自SGB750N）动作情况

图2-2　500kV Ⅰ母线差动A套保护装置（南瑞PCS-915ND）启动情况

该案例具体原因分析如下：

1）核对500kV Ⅰ母线差动A、B套保护定值，确认定值按照调度下发定值单执行。

2）检查工作票执行情况：工作票由运行人员执行的一次设备措施完整，应由检修人员执行的二次措施未填写。现场 5011 断路器 TA 二次回路临时短接接地线接线错误（见图 2-3 和图 2-4）。

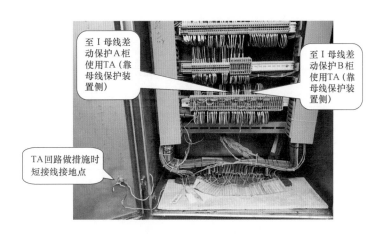

图 2-3　端子箱接线情况情况

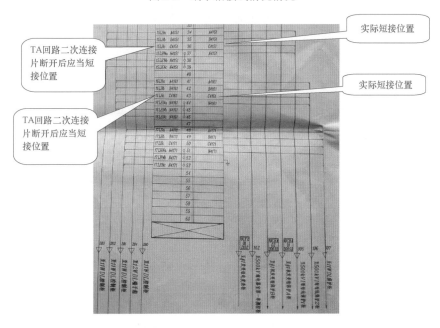

图 2-4　接线图接线情况

3）500kV Ⅰ 母线差动保护 TA 二次回路按照规范要求在 500kV 保护室母线保护柜内端子排上为一点接地（见图 2-5）。1 月 8 日 10:00，电气试验人员在 5011 断路器就地 TA 端子箱中做二次回路隔离措施时，在 5011 断路器就地端子箱内将 TA 二次回路连接片断开，使用短接线将靠母线保护装置侧 A、C 相 TA 回路短接并接地，和母线保护屏柜内的 TA 二次回路接地点形成两点接地（见图 2-6，两个接地点之间有约 30m 直线距离），产生电压差，在 TA 二次回路中产生环流，导致 500kV Ⅰ 母线差动保护动作。

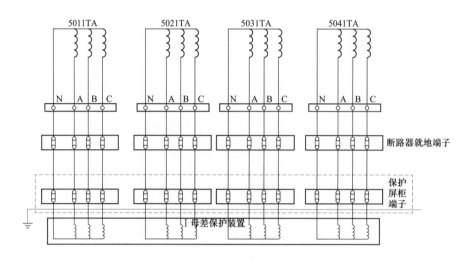

图 2-5　500kV 母差保护装置 TA 二次接线示意图

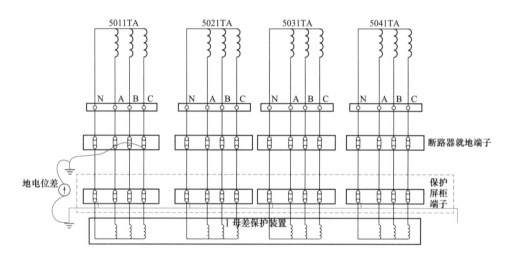

图 2-6　500kV 母差保护 TA 二次接线二次措施示意图

4）结合 500kV 升压站故障录波和 3 号机组故障录波得出动作前各支路电流如表 2-1 所示。

表 2-1　　　　　　　　　　　　动作前各支路电流

支路	A	B	C
5011	0	0	0
5021	+0.218	+0.222	+0.226
5031	−0.221	−0.225	−0.228
5041	+0.016	+0.016	+0.013
制动电流（计算值）	0.455	0.463	0.467
差流（计算值）	0.013	0.013	0.011

根据 B 套保护装置动作信息分析可知：

A 相差动电流，0.494A；A 相制动电流，0.942A；B 相差动电流，0.001A；B 相制动电流，0.455A；C 相差动电流，0.003A；C 相制动电流，0.460A。

综合动作前各运行间隔电流及动作报告，事故前后的 B、C 相制动电流一致，保护装置正确。由于 A 相窜入外部电流 0.494A 保护装置启动。

5）就地执行安全措施时错误将地线与柜门接地，接地点与保护室接地点有压差，事后用万用表测得有 800mV。根据 B 套保护装置记录波形记录计算，两点接地低电位不同所产生的电流约 0.56A（0.8/1.414=0.56A）；根据 A 套保护装置记录波形记录计算，两点接地低电位不同所产生的电流约 0.5A（2×0.36/1.414=0.509A），与保护动作电流基本一致。

（2）2019 年 11 月 13 日某电厂 6 号机组发电机—变压器组保护 A 屏发电机差动保护误动。电厂 6 号机组发电机—变压器组保护 A、B 套装置采用 RCS-985A 型号保护装置，保护装置于 2006 年 3 月投运。

该案例事件经过如下：

2019 年 11 月 13 日 1 时 32 分，6 号机组锅炉 MFT 动作（首出汽轮机跳闸），ETS 保护动作（首出电气跳闸），发电机—变压器组保护柜 "发电机比率差动"保护动作，6 号发电机跳闸。检查发电机—变压器组保护装置，发电机—变压器组保护 A 柜"发电机差动保护"动作，发电机—变压器组保护 B 柜无保护动作信号。

该案例具体原因分析如下：

查看发电机—变压器组保护装置 A 套录波图，发现 A 柜"发电机差动保护"A 相机端 TA 电流下降导致差流增大，引起保护动作。检查发电机差动保护用机端 A 相 TA 二次电缆，发现机端 A 相 TA 本体接线盒穿线孔处二次电缆绝缘层磨破，并与接线盒接触发生接地引起分流，导致发电机差动保护用 A 相机端电流减小，A 相差流增大，致使发电机—变压器组保护 A 柜装置"发电机差动保护"误动作。

（3）2019 年 11 月 25 日某电厂 2 号机组发电机—变压器组保护 B 屏"发电机差动保护"误动。

该案例事件经过如下：

2019 年 11 月 25 日 16 时 35 分，2 号发电机—变压器组保护 B 柜报"发电机差动保护动作"，2 号机组解列。检查发电机—变压器组保护装置，发电机—变压器组保护 B 柜发电机差动保护动作，发电机—变压器组保护 A 柜无保护动作信号。查看发电机—变压器组保护 B 柜装置录波图（见图 2-7 和图 2-8），发现发电机机端 B 相电流减小且发生畸变。对机端三相 TA 进行伏安特性试验，三相 TA 均正常，对机端 B 相 TA 二次电缆进行绝缘测试，绝缘正常。通过仿真软件模拟 TA 二次负载增大观察波形变换情况，发现 TA 二次负载增大至 TA 饱和时，电流波形与故障波性具有相同特征（见图 2-9）。

该案例具体原因分析如下：

2 号发电机—变压器组保护 B 屏"发电机差动保护"用发电机机端 B 相 TA 二次回路接触不良，导致机端 B 相 TA 出现饱和，引起机端 B 相 TA 二次电流发生畸变，进而发电机 B 相差流增大，最终致使发电机差动保护误动作。

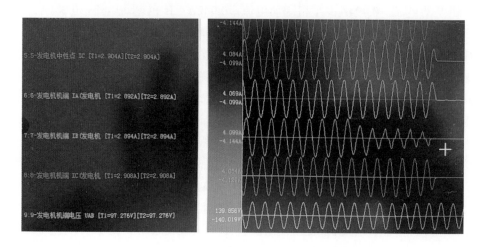

图 2-7　发电机—变压器组保护 B 屏发电机机端 B 相电流幅值降低且畸变

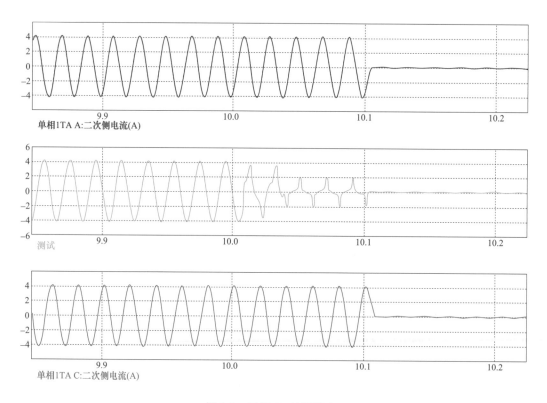

图 2-8　三相 TA 波形放大

（4）某电厂 2 号机组额定功率 660MW，采用发电机—变压器组单元接线，发电机—变压器组保护采用双重配置，保护型号为 RCS-985A。2013 年 6 月 7 日，发电机—变压器组保护 A 柜发电机—变压器组比率差动、主变压器比率差动保护动作，主变压器高压侧开关跳闸，汽轮机跳闸，锅炉 MFT，电气主接线如图 2-10 所示。

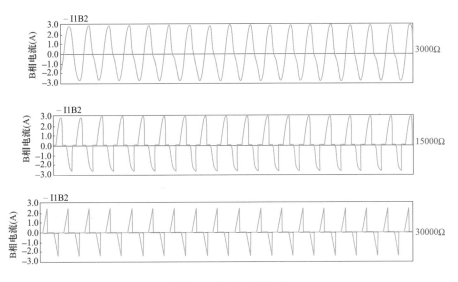

图 2-9　仿真试验波形

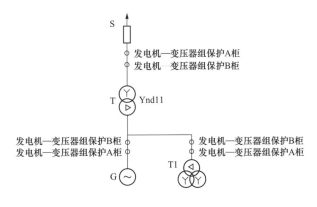

图 2-10　主接线图

对保护范围内的一次设备进行外观检查，无短路放电痕迹，系统无任何操作。故障前后机组及线路故障录波器中各电流、电压都无异常变化，且发电机—变压器组保护 B 柜也无任何保护启动及报警，可以判定跳闸不是由于一次系统故障造成。对发电机—变压器组保护 A 柜进行测试，采样及动作情况都正确无误，可以排除保护装置本身误动可能性。由于造成比率差动动作的 C 相电流几乎没有非周分量、幅值较大、波形平滑、无毛刺，可以排除回路受电磁干扰的可能性。对发电机—变压器组 A 柜各侧电流回路进行绝缘测试，发现主变压器高压侧电流绝缘为零，分相分段测试，升压站电流互感器本体 C 相绝缘为零，进一步排查，本体接线盒处电缆破损，刀伤明显。综合以上判断为电流二次回路故障造成保护装置误动。

该案例具体原因分析如下：

升压站主变压器高压侧 C 相电流互感器本体出线电缆绝缘层破损，电缆铜芯接地，由于保护室和升压站地网电位不同，在 C 相产生了附加电流，造成 C 相电流增大，引发差动保护误动。

（5）2012年5月27日，某电厂1号机发电机—变压器组A套发电机比率差动保护动作，A套保护动作报文："发电机比率差动保护动作，动作时间2012年5月27日06:22:12:288；发电机TA断线；主变压器TA断线"（注：发电机差动与主变压器差动共用此电流互感器）。

继保人员检查发现，1号发电机机端电流互感器B相接线盒内接线柱二次线弯圈、螺丝压接处折断，有明显断开点，电流二次线为4m² 单股铜线。

继保人员将该二次线头剥皮、弯圈重新接好，测绝缘和测电流二次回路直阻。绝缘测量合格，该组电流互感器A相、B相、C相直阻均为9.1Ω，为合格值。立即向值长上报书面材料，交代保护可以投入运行。

值长将书面材料报厂领导审批后向调度汇报，经调度同意，1号机组于10:03重新并网。

该案例具体原因分析如下：

1号发电机机端差动电流互感器（第8组）B相本体接线端子处二次线因原始接线工艺和发电机运行震动影响折断，是造成发电机差动保护二次回路开路，发电机比率差动保护动作停机的直接原因。造成事故的主要原因为电流互感器二次线接线端子处原始接线工艺差，布线不规范。断线处为端子排的上端子，二次线应该从端子排的上部接入却从下部接入，未能避开上下端子间的绝缘隔板高度，使二次线向上弯曲，在紧压螺丝和发电机震动影响有使线芯受损的可能。

（6）2012年7月9日04:55，某电厂4号"主变压器差动保护动作"信号发出，4号主变压器204断路器跳闸，发电机灭磁开关跳闸，4号机组主汽门关闭，4号锅炉MFT动作。首出原因为4号主变压器"主变差动保护动作"。经现场检查、测量4号主变压器TA二次回路直流电阻，发现4号主变压器低压侧、4号发电机出口（封闭母线内）TA二次回路C相断线。07:30故障处理结束，经调度部门许可，4号机组启动，7月10日17:52，4号机组用204断路器与系统并网。

该案例具体原因分析如下：

经现场检查4号发电机出口封闭母线内电流互感器二次接线处电缆有损伤、断股现象。运行中由于长期、高频次振动，致使接线疲劳断裂。事故后对所有二次回路多股电缆接线进行了焊接处理，利用设备停电机会进行检查。主变压器差动保护定值：最小动作电流1.9A，最小制动电流4.0A，斜率0.45，二次谐波制动系数0.20，TA断线闭锁方式：不闭锁；二次额定电流4.12A。故障前主变压器二次额定电流3.16A，故障后C相差动电流3.07A，在动作区内，保护装置本身属动作正常。

（7）2012年8月26日22:40，某电厂5号发电机有功负荷282MW，无功负荷112Mvar，DCS报警盘发"主变压器差动动作"信号，5号机组跳闸。检查5号发电机—变压器组保护屏，B柜未动作，A柜有保护动作记录，事故信号记录为："主变压器差动TA断线动作""主变压器差动动作"。对5号主变压器、封母等一次设备进行检查，未发现异常。对比发电机—变压器组录波器故障前后电压、电流值基本未变化，与 DCS 记录值一致，因此判断一次设备无故障。对 5 号发电机—变压器组 A 柜保护相关 TA 回路进行检查，从 A 柜端子排处测量直阻时发现 5 号发电机、主变压器差动用发电机出口 TA-A 相 A231 - N231 直阻偏小为 0.691Ω，B231-N231/C231-N231 分别为 5.19/5.90Ω，遂从保护室到就地逐级将 A 相 TA 回路拆线测量，发现发电机出口 A 相 TA 本体到就地端子箱之间电缆芯线 A231 对地绝缘到零，因检修处理时间短，只将损坏的本组 TA 电缆芯线 A231、N231 更换为新电缆，测量绝缘、直阻合格，机组并网后测量相位正确。

该案例具体原因分析如下：

发电机出口 TA-A 相电缆芯线在基建施工时绝缘受损，并与外侧电缆保护套管长期振动摩擦，致使芯线内导体与穿线管发生短路，与保护屏主变压器差动回路接地点形成回路，将 A 相电流回路短路，大部分电流通过两个接地点回到 TA，造成进保护屏主变压器差动保护回路的电流减少，形成差流，达到差动保护定值，保护动作跳闸。

（8）2012 年 9 月 4 日，某电厂报"脱硫变差动及 TA 断线""脱硫变联跳发电机—变压器组""MK 联跳""主气门关闭""6kVA 快切切换完毕""6kVB 快切切换完毕""发电机—变压器组联跳脱硫变组""调节器灭磁输出"信号，发电机主油开关 204、1K、2K、FMK、664A、664B、671A、671B 开关跳闸，脱硫变保护 B 柜脱硫变差动保护动作联跳发电机—变压器组，使 4 号机组解列。经就地检查为脱硫变低压侧 B 分支 A 相 TA 二次接线端子（差动保护用 TA）烧焦，造成 A 相 TA 开路，使其差动保护动作跳闸。重新更换 A/B/C 三相 TA 端子后，4 号机组于 09:25 重新并网发电。

该案例具体原因分析如下：

在 4 号机组 6kV B 段检查脱硫变低压侧开关二次回路和卫生清扫时，由于 TA 端子质量问题（滑片与两端接触面积太小），人员用力过大导致 B 分支 A 相 TA 端子滑动片稍有脱开。投 4 号机组脱硫系统、启动增压风机时，电流猛增，接触面发热，产生电弧，致使其接触面烧断造成脱硫变低压侧 B 分支 A 相 TA 开路，使其差动保护动作机组跳闸。

（9）2015 年 8 月 10 日，某电厂 4 号机组跳闸，SOE 报发电机内部故障，经检查发电机—变压器组保护"发电机—变压器组差动""主变压器差动"动作，厂用切换成功。09:04 并网发电运行。经查为 4 号发电机—变压器组出口 204 开关高压侧 C 相 TA 根部开路。

该案例具体原因分析如下：

原 4 号机主变压器差动由 204 开关高压侧 14TA 带，2013 年 4 号机停机检修中发现 C 相 14TA 二次线圈直阻超标，临时处理方法将该相主变压器差动与发电机—变压器组差动保护串接由 C 相 17TA/18TA（17TA 与 18TA 二次绕组串联）共同接带。此次保护动作后经检查发现由于 204 开关高压侧 C 相 17TA 根部开路，造成 4 号机发电机—变压器组差动、主变压器差动保护误动。

（10）2013 年 3 月 26 日，某电厂 1 号机组突发"Unit protection TRIP"（单元保护跳闸）、"GEN PROT GRP 1 TRIP"（发电机保护柜 1 跳闸），天然气 ESV 阀关闭，发电机解列。查看相关记录，发电机第一套保护显示发电机差动保护动作，发电机第二套保护无保护动作信号，调取了跳闸时 1 号发电机—变压器组故障录波波形和发电机保护柜相关事件记录：跳闸时刻，发电机第一套保护柜显示差动保护中性点 A 相电流波形有一个周波的缺口，发电机—变压器组故障录波器记录各相波形正常，由以上检查情况初步认为中性点侧 A 相电流回路存在故障。检查中性点 TA 端子箱二次接线及电流回路，随后打开中性点罩壳对 A 相 TA 绕组进行检查，发现接线盒内固定接线柱的胶木板烧穿，S1、S3 绕组二次引出线已烧焦，铜塑线外层的绝缘皮及所套黄腊管都已烧焦，露出裸铜线，S1、S3 绕组外部引线烧焦后搭接在一起。由于 A 相 TA 安装在发电机中性点罩壳内，位置狭小，无法观察 TA 接线盒背部接线情况，随后向网调申请 1 号发电机转检修，将中性点 A 相 TA 吊出，检查发现：在 A 相 TA 内部（接线盒背部），S3 绕组引出线断线。随后，对各绕组进行伏安特性变比和绝缘电阻测试，数据指标符合要求；安排重新加工接线盒，并将新接线盒尺寸放大长宽各放大 80mm，对 A 相 TA 各绕组二次侧接线重新进行处理，并按原接线位置压接牢固，将 TA 恢复。

该案例具体原因分析如下：

发电机中性点侧电流互感器每相二次有 4 组绕组，即 1S1 与 1S2、2S1 与 2S2、3S1 与 3S2、4S1 与 4S2，分别用于发电机保护 1、故障录波、测量、发电机保护 2，由于接线盒狭小，接线柱相邻，接线难免有交叉，一组绕组有问题，会影响到其他绕组。从检查情况看，接线盒内 S1、S2、S4 绕组引出线虽然部分绝缘层烧焦，但接线牢固完好，无松动痕迹，只有 S3 绕组引出线在接线盒背部断裂，并且放电烧焦痕迹非常明显，此处铜线上附着有铜颗粒。而紧固螺母处导线并无发热放电痕迹，排除了接线松动发热造成 TA 断线的可能。S3 绕组接至励磁控制器通道 2，从机组跳闸前励磁控制柜上显示有功功率和无功功率波动较大看，故障应该首先发生在 S3 绕组，放电发热造成 S1 绕组电流波动，S1 绕组用于差动保护回路，对电流波动非常敏感，进而跳闸。所以，从上述现象可以判断出故障发展过程是：运行中 S3 绕组至接线盒背部的引线因震动疲劳断裂（该引线为 $4mm^2$ 单股铜线，制造过程中因为压接线鼻子可能存在伤痕），放电发热引起相邻的 S1 绕组引线绝缘损坏，由于 S1 绕组应用于第一套发电机保护，达到发电机差动保护整定值（$0.2I_e$，I_e 发电机额定电流），机组跳闸。

（11）2013 年 10 月 18 日，某电厂 3 号机组发生 MFT。SOE 显示跳闸首出原因为 3 号机组厂总变 B 第二套差动保护动作引起机组 MFT。在查看 3 号机组厂总变 B 第二套差动保护装置和 3 号机组故障录波器时，发现 3 号厂总变 B 低压侧 A 相电流与 B、C 相电流相比偏小，A 相二次电流为 0.1A，B、C 相二次电流为 0.9A，此三相电流取自 6kV 3C 母线进线电源开关的 TA。检修人员在 6kV 3C 母线进线电源开关仓中保护端子上对 3 号机组厂总变 B 第二套差动保护三相电流回路的进行负载及伏安特性试验，发现 A 相电流回路短路，B、C 相电流回路正常。打开 6kV 3C 母线进线电源开关后仓，查看 A 相 TA 及二次电缆线，外观没有发现问题，拆下 A 相 TA 二次线，对 A 相 TA 做伏安特性试验，符合要求。对 A 相二次电缆线进行绝缘测试，发现绝缘电阻为零，由此判断 6kV 3C 母线进线电源开关的 A 相电流端子至 TA 本体二次电缆绝缘损坏造成 3 号厂总变 B 第二套差动保护动作，使 3 号机组 MFT。

该案例具体原因分析如下：

在 2014 年初利用 3 号机组调停机会，对引起非停的 6kV 3C 母线进线电源开关的 A 相交流二次电缆故障点进行查找。在抽取此故障电缆过程中，发现该电缆在开关柜底部走线时有一处卡在了开关柜的接地铜排和柜内的侧板之间，并且电缆表皮有破损痕迹。由此判断该开关柜在厂家内部整体安装时走线和安装接地铜排的工艺不到位，致使该导线压在了铜排和柜板之间，绝缘层变薄。因为当时导线并未破损，所以基建验收试验和后面检修定期试验时该电缆绝缘均合格。随着汽机房振动和母线上开关分合振动对其电缆持续作用影响，使得电缆表皮最终致破损而造成电缆接地（现破口太大是拉出时用力所致，振动磨损可能只是一小点），引起了 2013 年 10 月 18 日 3 号机组厂总变 B 第二套差动保护动作跳机情况发生。

（12）2014 年 4 月 2 日，某电厂 4 号机组发电机—变压器组控制屏间接性发"发电机—变压器组保护 A 柜 TA 断线"信号，4 号发电机—变压器组保护 A 柜主变压器差动、发电机—变压器组差动、发电机内部故障信号启动，间歇性持续 5min，随后再未发报警。检查确认，4 号机 CRT 画面、4 号发电机—变压器组控制屏分别发"发电机—变压器组保护 A 柜 TA 断线"告警，检查发电机—变压器组保护 A、B 柜及 4 号发电机—变压器组故障录波器柜，发现保护 A 柜从 13:01 至 13:06 频繁发"主变压器差流长期启动""发电机内部故障启动"动作信号；而发电机—变压器组保护 B 柜、故障录波器柜均运行正常。退出 4 号发电机—变压器组保护 A 柜保护，对发电机—变压器组保护柜、TA 端子箱、TA 本体接线盒全面检查，发现 5Lha 电流互感器本体接线盒二次引出线与外接电缆连接接头处（绝缘包扎）有发热痕迹且有间隙性放电声。通过调取 4 号发电机—变压器组保护 A 柜相关故障参数，发现发电机、主变压器差动 A 相均有差流，通过分析保护配置图，初步判断为 4 号发电机机端 5Lha 电流互感器及相应回路存在缺陷隐患。

该案例具体原因分析如下：

4 号发电机 5Lha 电流互感器二次引线鼻处导线松动，接触不良，出现间歇性放电，4 号发电机—变压器组保护 A 柜发电机、主变压器 A 相出现差流信号，启动保护，发出 TA 断线信号。

（13）2015 年 12 月 1 日，某电厂 1 号机 DCS 画面来"故障录波器启动""发电机—变压器组保护动作""非电量保护装置告警"，网控画面来"5011、5012 开关跳闸"光字，检查 5011、5012 开关跳闸，1 号发电机逆变灭磁，厂用电联合正常。现场检查发电机—变压器组保护装置 B 套有保护动作报文，A 套无动作报文，发电机—变压器组保护装置 A 套主变压器零序电流取自主变压器三相中性点电流互感器 1（TA 变比为 600/1）二次合流，发电机—变压器组保护装置 B 套主变压器零序电流取自主变压器三相中性点电流互感器 2（TA 变比为 2500/1）二次合流，通过保护现象分析，判断不是主变压器一次设备故障。现场重点对发电机—变压器组保护 A、B 套零序保护的主变压器三相中性点电流互感器及二次回路进行了检查，在电流互感器转接箱测试发现转接箱至主变压器 B 相中性点电流互感器侧电缆所有线芯均断路（A、B 套保护共用一根电缆），测试此段电缆线芯对地绝缘电阻为 0Ω。由于 B 相线芯断路导致三相合流不为 0，产生零序电流，导致保护启动跳闸。因主变压器零序电流未接入机组故障录波器，只能通过发电机—变压器组保护 B 套故障动作报告进行分析，通过测量波形刻度，发电机—变压器组 B 套保护动作时零序电流故障前期约为 0.27A，发展到后期约为 0.67A（主变压器零序二段保护定值为 0.24A，5s，投跳），达到动作时间 5s 后，保护动作跳闸。通过发电机—变压器组保护 B 套故障动作报告波形分析，主变压器三相中性点电流互感器 2 中的主变压器零序电流与主变压器高压侧电流 B 相幅值和相位基本相同，经就地检查发现主变压器三相中性点电流互感器与主变压器高压侧电流互感器极性相反，所以当主变压器零序电流 B 相断线后，A、C 相合成的零序电流与主变压器高压侧 B 相电流相位相同，幅值达到保护启动定值。由于发电机—变压器组保护 A、B 屏主变压器零序电流 B 相共用一根电缆，当发电机—变压器组保护 B 屏 B 相零序电流回路断线后产生过电压，当电缆线芯由于过电压放电短接时，进一步破坏电缆绝缘，造成发电机—变压器组保护 A 屏中的主变压器零序电流 B 相也随之断线，当时主变压器高压侧运行电流约为 0.19A（TA 变比为 1250/1），一次电流为 238A，折算到接入发电机—变压器组保护 A 屏的主变压器三相中性点电流互感器 1（TA 变比为 600/1）二次电流约为 0.4A。经过分析，发电机—变压器组保护 A 屏中的主变压器零序电流 B 相在断线后的发展过程中零序电流叠加到发电机—变压器组保护 B 屏零序回路中，使 B 相零序电流达到 0.67A（0.27A+0.4A）左右。将此波形导出发给保护厂家专业技术人员分析，反馈同意电厂分析结果，在变比无误的情况下，如有外部电流窜入此回路中，就会导致电流增大较严重，与此现象相符。

该案例具体原因分析如下：

通过现场对故障电缆的线芯进行绝缘测试，此电缆线芯间及对地绝缘全部为零，将电缆抽出检查，发现绝缘已经破损严重。分析电缆线芯的断路原因：①经对原有的地埋电缆保护管进行检查，发现其制作工艺较差，且弯制成浅"L"形布置，且焊口工艺较差，过度的弯曲易造成电缆绝缘护套被划伤等问题的出现。②将电缆抽出后检查故障点的电缆线径明显较正常线径细很多，判断为在进行电缆敷设安装过程中，由于操作过程的不规范，机械牵引力过大造成电缆的拉伤。③由于电缆管至变压器本体接线箱有电缆软管，此软管及电缆使用近 20 年，存在封堵不严的情况，雨季会有雨水流入，使电缆长期浸泡在水中，加剧对电缆绝缘及线芯的腐蚀。并且本地区处高寒地区，冬季户外最低温度在 -40℃左右，夏季最高气温在 40℃左右，温差很大，电缆绝缘外皮冬季急剧冷缩，夏季管内潮气也得不到挥发，电缆外绝缘长期热胀冷缩，最终导致绝缘能力全面降低，电缆线芯腐蚀严重的情况下，遇严寒天气结冰膨胀，将电缆强行拉断，引发保护动作跳闸。

（14）2016 年 12 月 13 日，某电厂 1 号机组 B 引风机跳闸，联跳 B 送风机，RB 动作，运行人员迅速调整燃烧，稳定汽包水位；06:32:48，A 引风机跳闸，1 号炉 MFT 动作，1 号机组跳闸，MFT 首出原因"两台引风机全停"。机组跳闸后检查发现，A、B 引风机跳闸首出原因"综合故障"，进一步检查确认电机比率差动保护动作。就地检查引风机电机无异常，测试电机绝缘电阻三相对地均达 3.0GΩ；A 引风机电机绕组直流电阻 AB 相 131.73mΩ、BC 相 131.60mΩ、CA 相 131.57mΩ，B 引风机电机绕组直流电阻 AB 相 126.36mΩ、BC 相 126.30 mΩ、CA 相 126.27 mΩ，均合格。检查 6kV 电动机差动保护装置，A 引风机电机 B 相差动电流 2.60A，B 引风机电机 A、C 相差动电流分别为

2.18A、2.12A，均大于差动保护定值，差动保护动作正确。检查两台引风机电机 TA 接线正确，通过短接 A、B 引风机电机 6 Ⅰ A/B-11 开关柜内 TA 二次线，测量电机中性点 TA 侧 A、B、C 相分别对 N 相间绝缘无穷大，判定 A、B 引风机电机中性点 TA 至开关柜间二次电缆均开路。检查电机电流速断、过流保护、接地保护投入正确，将 A、B 引风机电机处中性点 TA 二次侧短接，退出电动机差动保护。重新投运 A、B 引风机，1 号机组恢复并网。

该案例具体原因分析如下：

经排查发现，灰库西北角电缆桥架拐角处有两根电缆被割断，进一步测试核对，割断的电缆即为 A、B 引风机电机中性点 TA 至开关柜间二次电缆。经分析，B 引风机电机 TA 二次电缆首先被割断，差动保护动作跳闸；因炉膛负压降低，A 引风机动叶开度由 66% 自动开至 100%，电机电流由 258A 升至 451A；随后，A 引风机电机 TA 二次电缆被割断，差动保护动作，两台引风机全停，锅炉 MFT 动作，1 号机组跳闸。

▶ **隐患排查重点**

设备维护具体要求如下：

（1）检查电流互感器二次绕组所有二次接线的正确性及端子排引线螺钉压接的可靠性。

（2）电流互感器二次回路均必须且只能有一个接地点。当两个及以上电流互感器二次回路间有直接电气联系（如：和电流）时，其二次回路接地点设置应便于运行中的检修维护，同时互感器或保护设备的故障、异常、停运、检修、更换等均不得造成运行中的互感器二次回路失去接地。

（3）在发电机机端、高压电动机等持续振动的地方，应采取防止导线绝缘层磨损、接头松脱导致继电器、装置不正确动作的措施，电流互感器本体至就地端子箱的二次回路引线宜采用多股导线。

（4）二次电缆终端及接头制作时，应严格遵守制作工艺流程。剥切电缆时不应损伤线芯和保留的绝缘层，禁止将屏蔽线丝卷入线芯内。

（5）电缆芯线不应有伤痕。单股线芯弯圈接线时，其弯曲方向应与螺栓紧固方向一致；多股软线芯与端子连接时，线芯应搪锡后压接与芯线规格相应的终端附件，并用规格相同的压接钳压接。芯线与端子接触应良好，螺栓压接应牢固。引出的屏蔽线应可靠焊接。

（6）电流回路端子的一个连接点不应压两根导线，也不应将两根导线压入同一个接头再接至端子。其他回路每个端子的一个连接点上宜接入一根导线，不应超过两根。电流互感器二次回路短接时应采用专用连接片。对于插接式端子，不同截面的两根导线不应接在同一端子；对于螺栓连接端子，当接两根导线时，中间应加平垫片。

（7）高低压配电装置开关柜柜体与柜门等可动部位间的导线应采用多股软导线，并留有一定长度裕量。线束应有外套塑料管等材料强化绝缘层，避免导线产生任何机械损伤，同时还应有固定线束的措施。

2.1.3 设计及接线错误事故案例及隐患排查

▶ 事故案例及原因分析

（1）2011年11月22日，某电厂4号机组运行中跳闸，4号机组停机。DCS画面来"发电机内部故障、4号发电机—变压器组保护A、B柜"均来"厂变B分支零序过流一段、二段"保护动作报文；2号启备变来"A分支零序过流一段"保护动作报文。

该案例具体原因分析如下：

综合现场保护动作现象，分析本次故障的主要原因为：

1）4号机组47磨煤机接至6kV厂用IVA段，11:11:36:332，运行人员启动47磨煤机，在启动过程中定子线圈A相接地，故障引发了机组跳闸，经测试47磨煤机电机定子绝缘为零，零序TA为开口式零序电流互感器，因未将一侧短接，导致TA开路，使47磨煤机电机零序保护无法动作跳开本开关。

2）由于47磨煤机电机零序保护未动作，造成保护越级至A分支进线开关，应由IVA厂用段进线开关跳闸，但由于4号高厂变A、B分支套管零序TA根部至端子箱处二次线相互接反，造成4号发电机—变压器组B分支零序过流一段延时600ms动作，6kV厂用IVB段工作进线开关跳闸，同时闭锁分支切换，6kV厂用IVB段备用进线开关未合闸，造成6kV厂用IVB段失电。

3）6kV厂用IVA段47磨故障仍未消除，因A、B分支套管零序TA接反，4号发电机—变压器组"厂变B分支零序过流二段"延时1000ms动作，4号机组跳闸，启动厂用A、B分支切换。6kV厂用IVA段备用进线开关延时105ms合闸，6kV厂用IVB段备用进线开关因快切闭锁切换，未合闸。

4）此时47磨接地故障仍然存在，11:11:37:886 2号启备变A分支零序一段保护动作，4号机6kV IVA段备用进线开关跳闸。

5）由于4号机组跳闸后，锅炉MFT全炉膛灭火保护动作，跳开47磨煤机。查看事故追忆及故障录波文件，锅炉MFT保护动作时间滞后于2号启备变A分支零序一段保护动作时间，导致6kV IVA段备用进线开关跳闸。

（2）2011年4月28日，某电厂1号机组1A引风机电机B相接地，电机开关未跳闸。6kV1A段失电。1号机组跳闸，汽轮机跳闸、锅炉MFT；检查发现1号发电机—变压器组A、B屏来B分支零序二段保护动作出口跳开发电机开关。

该案例具体原因分析如下：

1）1号机组6kV A段1A引风机电机B相接地，引风机接地保护装置动作，但未出口，经对保护装置及二次回路检查发现差动保护压板与综合保护压板二次线接反，（即差动压板实际上是综保压板、综保压板是差动压板）恰逢差动保护压板于3月19日临时退出，即相当于综保压板退出，导致保护装置动作未出口，现已改正并接线良好。

2）6kV A段1A引风机电机开关未跳闸，6kV 1A段零序保护越级至高厂变B分支零序保护动作。经与设计图纸就地检查发现高厂变A、B分支中性点零序TA接反，导致1A段故障时A分支保护未动作，而B分支零序一段保护动作跳开B分支工作电源进线开关后，故障点仍然存在，B 分支零序二段动作跳开 1 号发电机组。

▶ 隐患排查重点

设备维护具体要求如下：

（1）电厂投产以后，应查阅竣工图，确认是否存在设计不合理之处，并根据竣工图，编制本厂电气二次图册。

（2）应根据本场电气二次图册，对全厂接线进行核对，包括电流回路、电压回路、跳闸回路、信号回路等。

（3）新安装装置投运后一年内必须进行第一次全部检验，检验时应对每一路跳闸出口带开关逐个检验，确保保护装置出口、压板和实际开关一一对应。

2.2 ▶ 保护定值误整定事故隐患排查

2.2.1 保护定值计算错误事故案例及隐患排查

▶ 事故案例及原因分析

（1）2012 年 7 月 5 日，某电厂 1 号机组跳闸，1 号发电机—变压器组出口 5012、5013 开关、灭磁开关跳闸，1 号机组负荷到零。主汽门关闭光字牌发出，A、B 磨煤机故障光字牌发出，锅炉辅机光字牌发出，"A 分支零序过流"光子牌发出。同时 1 号机、炉 2 台 DCS 监控微机变为蓝屏，程序重新启动。6kV 厂用Ⅰ A 段电源开关 6ⅠA-02、6ⅠA-04 开关跳闸，6kV 厂用Ⅰ B 段电源开关 6ⅠB-02、6ⅠB-04 开关跳闸，01 号备变高压侧 111 开关跳闸，检查 01 号备变保护柜"B 分支零序过流"t_1 时限、t_2 时限动作信号发。检查 1 号发电机—变压器组保护 A、B 柜高厂变"A 分支零序过流 t_1 时限"动作信号发，保护 C 柜"热工保护、系统联跳保护"动作发出，检查 ETS 屏无任何首出原因，ETS 屏报警栏画面中"MFT""发电机跳闸"灯亮，检查 MFT 首出原因为"汽轮机跳闸"。电检人员测量 6kV 厂用Ⅰ A 工作分支母线绝缘 0.36MΩ，6kV 厂用Ⅰ B 工作分支母线绝缘 0.22MΩ。检查 1 号高厂变低压分支 2 处局部有少量积水，经全面擦拭和热风吹扫，母线绝缘恢复至 3MΩ 以上。当晚恢复机组正常运行方式。

该案例具体原因分析如下：

1 号 A 送风机电机 A 相引线漏雨发生接地短路故障，因保护定值误整定，造成保护越级动作。

1）1 号机组跳闸后检查发现，03:46:12:567，保护 A、B 柜高厂变"A 分支零序过流保护 t_1 时限"动作，跳开 6kV IA 段工作电源 6IA-04 开关；03:46:12:587，6kV IA 段快切启动合上 6kV 备用电源 6IA-02 开关，6kV IA 段由 01 号备变供电。1 号高厂变 A 分支零序电流消失，01 号备变 A 分支零序电流突升幅值与 1 号高厂变 A 分支前期情况基本相同，6kV 母线 A 相电压仍未恢复。03:46:14:181，01 号备变分支零序过流保护 t_1

时限动作，保护出口应跳 6IA-02 开关，因保护接线错误未跳开，接地故障未能切除；03:46:14:600，01 号备变分支零序过流保护 t_2 时限动作，跳开 01 号备用变压器高低压侧开关（111 开关、6IA-02 开关、6IB-02 开关），1 号机组 6kV 厂用Ⅰ A 段失电，6kV 厂用电后备电源丢失。

2）调阅 6kV Ⅰ A 段所有负荷电流趋势图对比发现，在 6kV Ⅰ A 段母线 A 相母线发生接地现象时（电压突降到 1.07kV），1A 号送风机电流由 23A 突然增大超过 100A 量程，持续约 3.5s 时间；经对 1A 号送风机现场检查发现接线盒上部密封条存在老化、密封不严现象，接线盒下部有雨水流过痕迹。7 月 11 日 22:47 利用夜间低负荷停运 A 送风机进行详查发现，电机接线柱内侧 A 相电缆引线穿套管处的电缆及瓷瓶表面有放电烧蚀痕迹，由此以上多种现象判断此处为接地故障点。

3）1 号高厂变分支零序过流和 01 号备变分支零序过流保护整定值为 99.2A（一次电流值），接地故障发生过程中零序电流保护动作记录值为 126A，1A 号送风机零序过流保护实际定值为一次值 41.31A（二次值应为 4.131 倍，0.5s），保护定值误整定，造成保护越级动作。

由于 1A 号送风机综合保护装置无报警记录；送风机停运后电机内部热量烘干了雨水、恢复了绝缘；01 号备用变压器分支零序保护出口误接线，给事故处理和分析造成误区。

（2）2013 年 5 月 11 日 16:31，某电厂 1 号磨煤机启动，28s 后 1 号发电机—变压器组保护 A、B 柜厂用 A 分支零序Ⅱ段保护动作，机组停机。事故发生前，发电机有功功率 320MW，无功功率 83.7Mvar。1 号磨煤机保护未动作，厂用 A 分支零序Ⅰ段保护未动作。调取发电机—变压器组保护录波数据可见，厂用 A 分支零序故障电流为 1.36A（一次值 163A）。厂用 A 分支零序Ⅰ段电流定值为 1.75A（一次 210A）、2.3s，零序Ⅱ段定值为 1.05A（一次 126A）、2.6s；磨煤机零序保护定值为 1.6A、0.3s。厂用分支零序Ⅰ段保护动作于跳开本开关、闭锁本分支快切；厂用分支零序Ⅱ保护动作于全停；厂用分支零序保护范围包括高厂变低压侧绕组、共箱母线、6kV 厂用母线、6kV 高压电缆、高压电动机绕组及低压厂用变压器高压侧绕组。检查发现，1 号磨煤机电动机发生接地故障，电动机烧损；1 号磨煤机电动机零序 TA 损坏，原设计变比为 300/5A，事故后实测变比为 60/0.4A；厂用分支零序保护Ⅰ、Ⅱ段电流定值配合不合理。

该案例具体原因分析如下：

1 号磨煤机发生接地故障，接地电流为 163A，1 号磨煤机零序 TA 二次值约为 1.08A，未到达磨煤机零序保护定值，所以 1 号磨煤机零序保护未动作；该电流未达到发电机—变压器组保护 A、B 柜的厂用零序Ⅰ段保护定值，所以厂用零序Ⅰ段保护未动作；该电流达到厂用零序Ⅱ段定值，所以厂用零序Ⅱ段保护动作跳闸。考虑厂用分支零序电流Ⅱ段定值（1.05A）能与所有负荷零序保护动作电流配合，且厂用分支零序Ⅰ、Ⅱ段保护采样及出口均为相同回路，为保证非金属性接地故障时保护动作的灵敏度，对厂用分支零序Ⅰ段电流定值调整如下：①1 号、2 号发电机—变压器组保护厂用零序Ⅰ段保护电流定值，从 1.75A 改为 1.05A；②调整起备变低压侧零序Ⅰ段保护定值，从 1.75A 改为 1.05A。

（3）2014 年 11 月 20 日，某电厂执行 6 号主变压器送电任务。20:21，在合上 5061

开关对 6 号主变压器充电时，5061 开关跳闸，Ⅱ回线 5063 开关 A 相单跳并重合成功，同时 1 号发电机跳闸。就地发现 5062 开关 A 相 TA 接地故障。

电气二次系统检查情况如下：

1）6 号发电机—变压器组保护：6 号发电机—变压器组保护 C、D 柜主变压器差动速断保护同时动作，保护动作相对时间为 10ms，故障瞬间 6 号主变压器高压侧三相电压分别为 0.80V、54.12V、52.12V，零序电压 76.35V，故障持续时间约 60ms，三相差流分别为 17.04I_e、1.28I_e、17.08I_e。高压侧 A 相接地故障特征明显，保护动作正确。

2）500kV Ⅱ回线保护：双套光纤差动保护同时跳闸，动作于 5062 开关和 5063 开关 A 相单跳。其中 5062 开关原本处于分闸状态而无变化，5063 开关 A 相单跳单重，重合成功。故障瞬间线路三相电流分别为：I_A=3.656A、I_B=0.027A、I_C=0.016A；三相差动电流为：I_{dA}=2.375A、I_{dB}=0.016A、I_{dC}=0.027A；三相制动电流为：I_{rA}=2.047A、I_{rB}=2.172A、I_{rC}=0.8047A。A 相接地故障特征明显，保护动作正确。

3）1 号发电机过流保护：1 号发电机—变压器组保护 A、B 柜"发电机过流保护二段"同时动作，保护动作相对时间为 6505ms。故障瞬间 1 号发电机三相电压分别为38.53V、52.23V、35.21V，三相电流增大到 5.61A、3.17A、8.68A，故障电流持续时间约 3 个周波 60ms，在 500kV 系统接地故障切除后，1 号发电机—变压器组运行电流及电压均恢复正常值。判断保护为区外故障误动。

该案例具体原因分析如下：

1）5061 开关合闸对 6 号主变压器充电时，5062 开关 A 相 TA 发生接地故障。

2）一期（1、2 号）发电机保护装置软件为 2004 版本，发电机过流保护软件内部电流记忆逻辑设计考虑不周全，在复合电压不投的情况下，发电机记忆过流保护的"电流记忆功能"不能自动退出。保护定值中发电机相间后备保护定值中过流Ⅱ段经复合电压闭锁控制字为"0"，本次事件发现正确的保护定值控制字实际应设置为"1"。

▶ 隐患排查重点

设备维护具体要求如下：

（1）定值计算应以 DL/T 684《大型发电机变压器继电保护整定计算导则》、DL/T 1502《厂用电继电保护整定计算导则》《国家电网公司十八项反措》、国能安全〔2014〕161 号《防止电力生产事故的二十五项重点要求》等国家及行业标准为依据。

（2）定值计算应参考保护装置厂家技术说明书的要求。尤其应关注说明书中对于控制字的解释。

（3）保护定值的整定应遵循逐级配合的原则。

2.2.2 保护定值输入错误事故案例及隐患排查

▶ 事故案例及原因分析

（1）2021 年 6 月 30 日 16 时 20 分，某新投产电厂唯一一台机组（发电机—变压器组接线方式，即发电机—变压器组直接通过线路接入对侧变电站）"变压器高压侧接地后备保护"（保护不带方向）动作后，机组跳闸，发电机开关、出线开关跳闸，全厂失电，锅炉灭火。当地为雷雨大风天气，雨势较大，但未在站内找到接地点。

该案例具体原因分析如下：

由于该厂未配备专用故障录波装置，只能依赖保护录波。检查保护装置录波图，发现高压侧接地后备保护 0s 即动作，未和线路保护延时配合。根据主变高压侧零序电压和零序电流夹角，判断此故障为区外故障。区外故障原本应由线路保护动作，由于该厂未对高压侧接地后备保护设置延时，导致高压侧接地后备保护先于线路保护动作。

（2）2011 年 11 月 8 日，某电厂 1 号发电机有功 128.48MW，无功 19.03Mvar；定子电流：I_a：4050A、I_b：4104A、I_c：4152A；定子电压：U_{ab}：18120V、U_{bc}：18126V、U_{ca}：18080V；励磁电压：103.02V；励磁电流：890A；主变压器高压侧 A 相电流：292A；主变高压侧 B 相电流：289A；主变压器高压侧 C 相电流：298A。07:04，系统冲击 1 号发电机 201 开关跳闸，母联 212 开关跳闸，厂用电切换成功，机炉电大联锁保护动作，NCS 画面来"发电机—变压器组保护 A 柜异常保护动作""发电机—变压器组保护 A 柜保护动作信号""发电机—变压器组保护 B 柜异常保护动作""发电机—变压器组保护 B 柜保护动作信号""发电机—变压器组保护 B 柜后备保护（负序过流）动作""母联保护出口跳闸"报警信号。机组跳闸后对 1 号机组主要设备及发电机—变压器组、线路、母联保护进行全面检查，检查发现 1 号机组负序过流保护时限整定为 0.00s，定值单为 4.5s，重新整定后于当日并网。

该案例具体原因分析如下：

1）跳闸后检查发电机—变压器组、线路、母线保护定值情况。发电机—变压器组故障录波器波形：发电机 B 相接地 58ms，发电机 $3U_0$ 58ms 线电压有波形，发电机—变压器组 B 柜动作报告显示发电机—变压器组 B 柜后备保护启动，负序过流出 T_1、负序过流 T_2 出口跳闸。负序动作电流 3.125A、过流动作电流 6.656A，定值为负序 1.57A，过流 4.0，延时 T_1=4.0s 跳母联开关 212，T_2=4.5s 跳发电机。发电机—变压器组 B 柜负序过流 T_1、负序过流 T_2 实际整定为 0.00s、0.00s，与定值单不相符，没有躲过系统冲击造成机组跳闸。

2）机组检修中，继电保护人员在保护检验过程中对保护定值进行了调整，检验完成后没有及时恢复，工作程序不规范，危险点分析不足，安全措施不完善。

3）在对发电机—变压器组保护定值校验后，检查、核对定值时没有查出发电机负序过电流保护延时数据与定值单数据存在的不同。

（3）2012 年 8 月 20 日，某电厂 3 号机组运行中跳闸，500kV 5031、5032 开关跳闸，发电机解列，锅炉 MFT。检查发电机—变压器组保护 A 柜主变压器过激磁保护动作，随即打印保护动作报告，故障录波图及保护定值单。检查发现主变压器过激磁保护定值中，反时限下限动作值为 1.07，动作时间 3000s，主变压器过激磁保护反时限下限动作值设置偏低。

该案例具体原因分析如下：

该电厂主变压器过激磁反时限下限动作值起初计算为 1.07。经厂内讨论认为此值偏低，2011 年 12 月 29 日对发电机—变压器组定值单部分定值进行调整，主变压器过激磁反时限下限动作值更改为 1.13。

2012 年 5 月在 3 号机 A 级检修中，继电保护人员没有按照调整后的发电机—变压器组定值进行更改，而按照调整前的 1.07 进行了更改。机组检修完成后 3 号主变压器投运，在 3 号主变压器运行中，由于主变压器高压侧电压达到 535kV，由于 $U=U/U_e=535kV/500kV=1.07$，$F=F/F_e=50Hz/50Hz=1$，$U/F=1.07/1=1.07$，该值已经达到了主变压器过激磁保护的反时限下限动作值，反时限动作时间开始积累，长时间累计达到保护动作条件，反时限下限值对应时间为 3000s，从而 3 号主变压器过激磁保护动作，3 号机组跳闸。

（4）2015 年 11 月 27 日，某电厂 3 号机组发电机—变压器组保护动作，机组跳闸，厂用电切换正常，3 号机组发电机—变压器组保护屏 A1 上发出"励磁系统故障（Ⅰ）""励磁系统故障（Ⅱ）"保护动作信号；A2 柜发出"励磁变过负荷定时限"保护动作信号，B1 柜发出"励磁系统故障（Ⅰ）""励磁系统故障（Ⅱ）"保护动作信号，B2 柜发出"励磁变过负荷定时限""励磁变过负荷反时限"保护动作信号。现场检查核实发现发电机—变压器组保护中"励磁变过负荷保护"定值错误，导致保护误动引起机组停运。

该案例具体原因分析如下：

在定值复核和录入过程中，由于 DGT-801 微机型发电机—变压器组保护装置定值输入界面上，"励磁变过负荷保护"实际显示为"励磁过负荷保护"，继电保护工作人员在定值复核时，误将保护装置显示的"励磁过负荷保护"理解为定值单上的"发电机反时限励磁过负荷"保护，故在定值复核时误将"发电机反时限励磁过负荷"定值（定值为 $I_{g1}=2.56A$、$t_{11}=11s$、$I_s=2.69A$、$t_s=100s$、$I_{up}=44.41A$、$t_{up}=0.2s$）输入到"励磁变过负荷保护"中（原定值为：$I_{g1}=3.46A$、$t_{11}=0.5s$、$I_s=3.62A$、$t_s=176s$、$I_{up}=6.25A$、$t_{up}=10s$），监护人员、复核人员也未能及时发现错误，导致"励磁变过负荷"定值输入错误。由于"励磁变过负荷"定值错误，3 号机组在加负荷过程时"励磁变过负荷"保护动作，机组跳闸。

▶ **隐患排查重点**

设备维护具体要求如下：

（1）当接地后备方向指向本侧系统时，可以以线路保护动作时间 t_1+ 时间级差 $\Delta t=t_2$ 跳开本侧分段、母联断路器，再以 t_2+ 时间级差 $\Delta t=t_3$ 跳开本侧断路器，最后以 t_3+ 时间级差 $\Delta t=t_4$ 跳开各侧断路器。

（2）当接地后备保护不带方向时，可以以馈线保护动作时间 t_1+ 时间级差 $\Delta t=t_2$ 跳开本侧断路器，再以 t_2+ 时间级差 $\Delta t=t_3$ 跳开各侧断路器。

2.2.3 保护功能投入错误事故案例及隐患排查

▶ **事故案例及原因分析**

（1）2018 年 3 月 2 日，某电厂因汽轮机变温度测点故障导致温度保护误动作，4 号机组保安 PC4A 段失电，润滑油泵联启失败，最终导致锅炉 MFT 动作停机。

该案例具体原因分析如下:

近年来,干式变压器因温度测点故障,导致温度保护误动作,引发非停的案例屡见不鲜。大多数发电企业已对此做出明确要求,干式变压器超温保护动作只能动作于发信。

(2)2020 年 8 月 16 日,某电厂所在地区因暴雨天气发生 110kV 线路接地故障,该电厂 5 号主变压器高压侧(110kV)中性点为直接接地运行。期间 5 号机组 CSC-300 发电机—变压器组保护装置"主变压器高压侧间隙零序电流保护"因主变压器高压侧中性点接地开关辅助触点接触不良及"间隙接地受接地开关控制字"设置问题,造成间隙零序电流保护误动作。

该案例具体原因分析如下:

CSC-300 发电机—变压器组保护装置原理图见图 2-11。"主变压器间隙零流零压保护"的"间隙接地受接地开关控制"控制字整定为"1"时,则间隙零流保护选用中性点零序 TA。如果主变压器高压侧中性点直接接地(主变压器高压侧中性点接地方式会随机组运行情况调整),当接地开关常开位置接点状态异常且系统发生接地故障时,"间隙零流保护"可能因选用中性点零序 TA 而存在保护误动的风险。

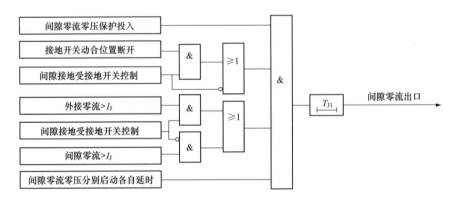

图 2-11 CSC-300 发电机—变压器组保护装置"主变间隙零流零压保护"原理图

(3)2020 年 3 月 29 日 13:45,某电厂 6 号机发电机—变压器组跳闸,6kV 厂用备用电源联动成功,保护首出"发电机定子接地保护动作"。检查 6 号机发电机—变压器组 A、B 屏保护均为基波定子接地保护动作。经检查发现,6 号机组励磁变小间外罩炸开,励磁变高压侧二相 TA 碎裂并且脱落。B 相 TA 上部封母连接处烧黑严重,C 相次之,A 相较轻微。励磁变高压引线全部熔断。励磁变高压线圈有弧光烧黑痕迹,但无明显变形。励磁变高、低压之间的绝缘筒出现烧融现象。低压线圈温度测点烧损,屏蔽层引线断裂。

该案例具体原因分析如下:

1)根据录波图,判断初始故障点在励磁变低压侧,最终解体检查结果发现励磁变低压侧存在匝间短路痕迹。

2)励磁变速断保护对低压侧故障反应不够灵敏,励磁变过流保护延时过长,均未能第一时间切除故障点。

(4)2015 年 7 月 3 日 18:14,某电厂 2 号发电机—变压器组出口 202 开关跳闸,2

号发电机与系统解列，DCS 发"主变压器绕组温度高全停"报警信号，2 号发电机—变压器组保护 C 柜"主变压器绕组温度高全停"保护动作。检查发现：①7 月 3 日 18:14，2 号主变压器绕组温度 DCS 画面显示达到 75.9℃，保护动作及报警定值为 75℃，故 2 号发电机—变压器组保护装置动作并发报警信号。②2 号发电机—变压器组保护 C 柜中"主变压器绕组温度高全停"保护压板处于投入位置，而保护定值单中要求将此压板退出。

该案例具体原因分析如下：

运行人员在 2 号发电机启机过程中误将"主变压器绕组温度高全停"保护压板投入（保护定值中要求将此压板退出），2015 年 7 月 3 日 18:14 分 2 号主变压器绕组温度达到 75.9℃，2 号发电机—变压器组保护 C 柜主变压器绕组温度保护动作造成 2 号发电机解列。

（5）2012 年 4 月 23 日，某电厂 4 号机机组负荷 190MW、B、D、E 号磨煤机运行。18:42，4 号机组发"发电机定冷水中断"，发电机跳闸，汽轮机跳闸，锅炉 MFT 动作，厂用电自投成功。19:30 经检查，发现 4 号机组 380V 汽轮机 PCA 段、PCB 段失电，4 号汽轮机变压器 B 高低压侧开关跳闸，4 号汽轮机变压器 A 低压侧开关跳闸。

该案例具体原因分析如下：

4 号机组 4 号汽轮机变压器 B 温控器误发超温跳闸信号，使 4 号汽轮机变压器 B 高压侧开关跳闸联跳低压侧开关，导致 4 号机组 380V 汽轮机 PCB 段失电，随后母联开关启动合闸，由 4 号机组 380V 汽轮机 PCA 段同时带 A、B 两段负荷，母联开关合闸 1s 后 A 段电源进线 44QJ1 开关 B 相过载跳闸，过载电流为 5640A，致使 4 号机组 380V 汽轮机 PCA、PCB 段失电，发电机断水保护动作跳闸。

（6）2014 年 8 月 28 日 17:11，某电厂 1 号机组侧立盘发"转机跳闸"报警，空、氢侧交流密封油泵跳闸，直流密封油泵联起启正常。2 号 EH 油泵跳闸，1 号 EH 油泵联启失败。同时，炉侧立盘发"空气预热器跳闸"报警，A、B 空气预热器主电机均跳闸并显示失电状态，就地检查 41691 开关跳闸、41690 开关跳闸、保安变高压侧开关 63105 开关跳闸，1 号机组保安段失电。17:14 1 号机 EH 油压降至 9.8MPa，保护动作，汽轮机跳闸，锅炉灭火，发电机程序逆功率动作跳闸。

1）查 8 月 28 日热控 SOE 事故追忆：17:11:25:320，41690 开关合闸，17:11:26:405，41691 开关跳闸，17:11:409，41690 开关跳闸。

2）查 8 月 28 日热控 DCS 事故追忆及曲线：41691 开关跳闸、41690 开关跳闸、1 号保安段 41691 开关过流保护动作、41690 开关电流由 70A 突增至 560A，41690 及 41691 均未从 DCS 操作系统中发出跳、合闸指令。

3）检查发现保安变温控器超温跳保安变 63105 开关的接点接通，保安变超温报警定值为 130℃、跳闸定值为 150℃，保安变实际温度为 50℃左右。

4）查现场电气保护动作情况：

程序跳闸逆功率、FMK 事故跳闸、DL 事故跳闸、主变压器冷却器全体、失磁联跳、发电机断水、控制回路断线、1 号保安段工作分支过流、1 号保安段备用分支过流。

5）查 8 月 29 日热控 DCS 事故追忆曲线：41690 开关连续跳合三次 41690 开关

DCS 均无跳合闸指令。

6）8 月 28 日 17:00 左右，电气检修人员在工作中发现 1 号、2 号机直流系统正极接地，正极对地 10V，负极对地 220V。

检查发现 1 号、2 号机组直流控制电源合环运，直流控制电源共有四台绝缘监测装置，其中集控室保护小间安装两台，直流室安装两台，经检查这四套绝缘监测装置只有直流室内的一台正常运行，其余三台均因故障无法使用。直流接地信号未接入集控室中央信号系统，因此运行人员未及时发现直流系统接地。8 月 29 日 11:00 左右，直流系统恢复正常，直流接地故障点为启备变保护回路。

7）1 号、2 号机组每台机组的保安段均是两路电源，即由工作变接入工作电源，由 350MW 机组 6kV Ⅲ段的 63105 开关接入保安变高压侧，因此运行规程上明确规定保安段禁止合环运行，即 41691 开关与 41690 开关应具备合闸互相闭锁功能。

现场将 63105 开关、41961 开关、41690 开关拉至试验位置，进行试验：

模拟 1 号保安段正常运行方式，即 63105 开关合闸、41691 开关合闸、41690 开关备用。

1）检查备用电源自投回路是否正常：从 DCS 发跳 41691 开关指令，41691 开关跳闸，41690 开关合闸，判定备用电源自投回路正常；

2）检查工作开关与备用开关互锁回路是否正常：①合 41691 开关，从 DCS 发合 41690 开关指令，DCS 画面禁止操作；合上 41690 开关，从 DCS 发合 41691 开关指令，DCS 画面禁止操作；判断 DCS 远方操作工作开关与备用开关互锁回路正常；②合 41691 开关，分别按 41690 开关就地合、跳闸按钮，41690 开关均能正常合跳，判定 41690 开关就地合闸按钮合闸与 41691 开关无互锁，与控制回路图一致；③合 41691 开关，分别短接热控 DCS 41690 开关合闸指令、跳闸指令出口继电器接点，41690 开关均能正常合、跳，判定 DCS 出口继电器短接可以正常合跳 41690 开关，与 41691 开关无闭锁。

3）模拟两点接地试验：将直流系统模拟正接地，模拟 41690 开关合闸回路 103 点接地，41690 开关被合上；模拟 41690 开关跳闸回路 133 点接地，41690 开关被跳开。判定在直流正极接地，同时合、跳闸控制回路中 103、133 点接地形成两点接地可以造成开关的合跳闸。

4）分别对 41690 开关的控制回路电缆进行绝缘测量，各电缆对地、电缆之间绝缘均良好。分析在 41690 开关控制回路中只有 DCS 出口合跳闸的电缆是新敷设电缆，将此电缆抽出检查，打开电缆头后发现该电缆绝缘外皮有多处破损。

5）41690 开关 DCS 控制柜的电缆屏蔽线均汇集在一起，放在控制柜箱体上。

该案例具体原因分析如下：

从上述事故现象分析，在 1 号机系统直流接地的情况下，DCS 出口跳合 41690 开关的电缆存在破损，若与屏蔽层虚接，均能造成 41690 开关自行跳合闸。但处于热备用状态的 41690 开关合上后，1 号机保安段合环运行，导致过流保护动作，41691 开关跳闸、41690 开关跳闸；保安变受系统冲击，温控器故障，温度高跳闸接点接通，跳开 63105 开关，使保安变失电。

设备维护具体要求如下：

（1）干式变压器的温度保护应动作于信号，温度测点接入机组 DCS 并合理设定报警值。

（2）变压器非电量保护除重瓦斯保护、冷却器全停保护动作于跳闸外，其余非电量保护均宜动作于信号，低压厂用变压器、励磁变压器的温度保护出口方式均应设置为发信。

（3）GB/T 14285《继电保护和安全自动装置技术规程》4.2.23"励磁变压器宜采用电流速断保护作为主保护"。此条要求主要针对励磁变波形畸变可能会造成差动误动考虑。长期运行经验表明，未见励磁变压器差动保护误动的案例，而其灵敏性远大于电流速断保护，差动投入可减轻励磁变压器故障所造成的危害。14285 规程的励磁变宜投速断保护，基于早期某进口保护装置励磁变差动误动，后经分析误动原因可能由于装置 AD 采样异常所致，而与保护原理无明确关系。基于以上考虑，建议励磁变压器差动保护投入，为防止波形畸变造成的误动，差动启动值可提高至 0.8 ~ 1 倍额定电流。

2.3 ▶ 装置及元器件故障事故隐患排查

2.3.1 装置原理缺陷事故案例及隐患排查

（1）2018 年 5 月 15 日，某电厂 6kV 脱硫 II 段 2C 氧化风机电动机定子绕组发生接地故障，WDZ-430EX 综合保护测控装置单相接地保护拒动，导致 6kV 脱硫 II 段电源进线一开关和电源进线二开关的单相接地保护动作越级跳闸，2 号机组 6kV 脱硫 II 段失电。该段 2 台增压风机全跳，联锁 2 台引风机跳闸，触发 2 号锅炉 MFT。

该案例具体原因分析如下：

1）保护拒动的主要原因为 WDZ-430EX 采用最大相电流制动特性，该特性存在拒动隐患。

2）WDZ-430EX 零序电流回路量程选择错误。金智科技 WDZ-400 系列综合保护测控装置零序电流回路量程需要正确选择，该装置零序电流量程为 0.2 量程和 0.02 量程可选，电厂需要根据本厂高压厂用系统中性点接地方式选择相应量程。

3）6kV 电缆屏蔽层穿过零序电流互感器后未"回穿"，正确的"回穿"方式见图 2-12。

（2）2015 年 3 月 7 日，某电厂 6 号机光字牌发"发电机转子一点接地报警"信号。运行人员在检查过程中，06:06 发"发电机接地跳闸"信号，6 号发电机程序逆功率跳闸，机组解列。跳机后，运行和检修人员随即对励磁回路绝缘情况进行测量，发电机在 300r 左右时测励磁回路对地绝缘为 0MΩ（500V 绝缘电阻表），在 100r 左右和盘车转速时分别用 500V 和 1000V 绝缘电阻表测量励磁回路对地绝缘为 200MΩ 和 0MΩ，拆除电刷，测量发电机滑环对地绝缘阻值良好，刷架正极对地绝缘阻值 3.7MΩ，负极对地绝缘阻值 0 MΩ，进一步对励磁回路检查，发现 6 号发电机刷架至励磁小间封闭母线箱内有一金属异物（铁丝）与直流母线搭接，移除后查看铁丝两端有放电痕迹，并测量励磁回路对地绝缘恢复正常（3970MΩ）。

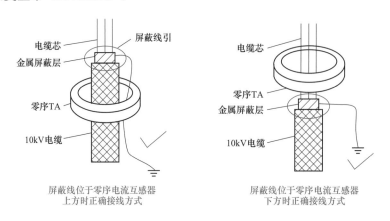

图 2-12　6kV 电缆屏蔽层穿过零序电流互感器后正确的"回穿"方式

该案例具体原因分析如下：

1）转子接地分析：现场检查，励磁封母箱内遗留的铁丝相对完整，负极对地绝缘为零，在机组运行振动下铁丝发生了位移与负极母线搭接，引起"发电机转子一点接地报警"信号动作，从对地绝缘阻值随转速和绝缘电阻表电压不同而变化的情况看，铁丝在封母箱内与负极母线处于一种非稳定性的接触状态。

2）两点接地保护动作分析：联系电科院和保护厂家，通过对录波参数和现场情况的分析，一致认为两点接地的特征量未出现，发生两点接地的可能性小。同时电科院和保护厂家承认现在的转子两点接地保护设计原理不完善，当转子一点接地后如一点接地不稳定或者励磁电压变化较大等情况时，有两点接地保护误动的可能，且从目前的技术包括其他保护厂家也无法对两点接地保护误动进行预防和改进，由此可推断铁丝在封母箱内一点不稳定接地造成了发电机—变压器组两点接地保护误动，引起机组跳闸停机。

▶ **隐患排查重点**

设备维护具体要求如下：

（1）金智科技 WDZ-400 系列综合保护测控装置接地保护功能采用最大相电流制动特性欠合理问题，各电厂应积极联系厂家考虑软件升级，取消相电流制动特性，改为纯零序过流保护。

（2）为防止 6kV 或 10kV 高压厂用负载电缆屏蔽层接线错误，造成保护不正确动作，应确认电缆屏蔽层和零序 TA 之间的位置关系。电缆屏蔽层位于零序电流互感器上方时屏蔽线应回穿，电缆屏蔽层位于零序电流互感器下方时屏蔽线不用回穿。

（3）低压电动机应投入综保装置中的"欠压重启动功能"或采取其他抗晃电措施。

外部瞬时故障或短时电压扰动造成交流接触器欠压脱扣后，系统电压恢复时，重要电动机应能在允许时间内再次启动。

2.3.2 装置元器件故障事故案例及隐患排查

▶ **事故案例及原因分析**

（1）2018 年 3 月 26 日，某电厂 2 号机组炉 PC A 段至炉保安 MCC 段电源开关的电子脱扣器因自身原因故障跳闸，导致炉保安 MCC 段失去工作电源。在切换备用电源过程中，炉保安 MCC 段 2 ~ 6 号磨煤机油泵均跳闸，油泵欠压重启动功能未正常动作，最终失去所有燃料，MFT 动作，汽轮机跳闸，程序逆功率保护动作。

该案例具体原因分析如下：

1）脱扣器运行近 13 年且维护手段有限，不能够及时发现存在的隐患，造成脱扣器误动。

2）炉保安 MCC 在切换至备用电源过程中存在瞬时电压降低的现象（俗称"晃电"），所有运行磨煤机油泵电源开关综保装置失压重启动功能未动作。暴露出电厂对重要的厂用电源带负荷切换工作未有效开展，重要负荷综保装置失压重启动功能的可靠性未进行校验和整改。

3）6 台磨煤机油泵电机电源均由炉保安 MCC 供电，早期系统设计不合理。

（2）2018 年 9 月 5 日，某电厂 5 号机组因工作变 A 综保装置采样板元器件老化引发保护误动，造成 400V 工作 V 段 A 母线失电，EH 油泵 A 失电跳闸，EH 油泵 B 联启失败，EH 油压低保护动作，机组跳闸。

检查发现，开关摇至试验位置后，综保装置高压侧零序电流显示 0.14A、低压侧零序电流采样显示 0.64A，明显超出正常零漂范围。随后使用保护校验仪对综保装置加量进行试验，发现高压侧零序电流及低压侧零序电流显示值无规律波动。

该案例具体原因分析如下：

综保装置采样板元器件老化引起采样异常，导致 5 号机工作变 A 低压侧零序 Ⅱ 段保护动作。

（3）2020 年 12 月 4 日 14:49，某燃机电厂 2 号机组燃机发电机 G60 发电机保护装置的"M8F"模块（即 TA/TV 交流采样模块）因偶发故障信号触发"发电机保护跳闸继电器"动作跳闸。

该案例具体原因分析如下：

G60 发电机保护装置为单套配置。按保护设计思路，如保护装置采用单套配置，其关键模块和设备触发故障信号时（即硬件故障时）将造成发电机失去保护，必须触发发电机保护跳闸继电器动作跳闸。实际国产发电机—变压器组保护装置当 CPU 检测到装置本身硬件故障时（包括采样异常、跳闸出口异常、定值出错等），也是发装置闭锁信号，闭锁整套保护，装置退出运行。由于 100MW 以上机组的发电机—变压器组保护都是双重化配置，一套装置退出运行后，还有另一套装置正常运行，所以发电机无需跳闸。如果发电机—变压器组保护也是单套配置的话，一旦该套发电机—变压器组保护装置退出运行，发电机也必须跳闸停机。

（4）2019年12月4日，某热电厂1号机组发电机过激磁保护动作，机组跳闸。

该案例具体原因分析如下：

因AVC装置增减磁指令动作频繁，导致AVC装置增磁继电器接点发生粘连，持续发出增磁指令，励磁调节器V/Hz限制无法发挥作用。

（5）2021年8月7日，某电厂3号机组2203断路器发生"偷跳"，机组异常停运，故障无法复现。

该案例具体原因分析如下：

由于当晚雷雨天气，环境湿度大，后半夜温差大，垂直安装的断路器本体三相不一致中间继电器触点金属片凝露，重力作用下在触头部位形成水珠使触点间隙接通，触发断路器三相跳闸，该信号保护装置无跳闸记录。

（6）2021年10月25日，某电厂2号机发电机—变压器组保护装置B柜电压采样板故障。6kV给水泵启动时，高厂变A分支复压过流保护动作，6kV-2A段母线失电，空冷风机跳闸，汽轮机低真空保护动作，汽轮机跳闸，发电机程序逆功率保护动作。

该案例具体原因分析如下：

保护装置运行年限过久，采样板元器件老化，导致采样异常，引起保护误动。

（7）2014年4月23日，某电厂7号机组突然跳闸，"7号机207开关跳闸""主汽门关闭"信号发出，全部磨煤机、一次风机联跳正常，厂用电系统联动均正常。检查发电机—变压器组保护C柜操作箱面板"保护跳闸Ⅰ"灯亮，与此前4月5日7号机组非停时现象相同。检查机组故障录波器文件显示，上次非停后作为防范监视措施接入录波器的"207开关保护跳闸Ⅰ"开入信号同时启动，随后207开关变位引起热工主汽门关闭等一系列动作，启动变位前40ms接207开关Ⅰ跳圈的直流Ⅰ母线电压有瞬时正接地情况，正对地电压到零后500ms左右恢复正常。保护A、B、C柜均无电气量或非电量保护动作引起207开关跳闸的动作文件记录。以上现象与之前4月5日的7号机组非停表征基本一致。测量Ⅰ、Ⅱ跳圈回路（包括各保护屏出口回路、双套母差跳207开关两跳圈回路）对地、线间绝缘均合格，检查207开关就地控制箱强弱电回路间绝缘亦正常，进行了断路器机构分合闸电压试验正常。C柜操作箱（许继FCZ-812三相双跳型）各电路板自操作箱前部抽出检查，无积灰严重或继电器过热现象。电科院专家赶到现场后，指导进行了前期加装的大功率重动继电器测试，及207开关合位状态下控制回路绝缘测试、主变压器瓦斯等外部直跳开入量跳闸试验，结果均合格。遂将故障疑点逐步缩小至207第Ⅰ跳圈跳闸指令输入端子与防跳继电器之间回路范围内。在打开检查操作箱背部端子接线时，发现背部挡板（铝质非绝缘）有积灰放电痕迹，对应位置操作箱背部母板接线针积灰严重且距离挡板很近（间隙1～2mm），基本确定此位置即造成直流瞬时接地，通过跳闸回路长电缆电容放电恢复过程中引起207开关跳圈动作导致7号机组解列的故障点。

该案例具体原因分析如下：

操作箱背板设计不合理：背板与母板接线针距离过近易造成积灰后背板与接线针绝缘击穿，放电后瞬间恢复很有隐蔽性，致使故障难以再现，具有极大的隐蔽性。

（8）2013年7月29日11:38:58，某电厂5号机组670MW，机组协调方式运行，MRkV发86（5G1）动作报警。500kV 5031、5032开关跳闸，发电机解列，汽轮机跳闸、锅炉灭火。检查5号机组故障录波器录波图，未发现电流、电压异常；检查500kV线路故障录波器录波图，未发现电流、电压异常；检查500kV 5031、5032断路器保护录波图未发现异常。检查5号发电机差动保护M3425保护，未发现模拟量保护动作。检查发电机M3425的开关量保护：主汽门关闭输入接点XLG9/10和发电机在线XLG7/8接点绝缘及回路对地绝缘正常，开关量保护没有动作。检查启动5号发电机—变压器组主保护跳闸出口继电器86（5G1）的保护装置跳闸出口接点：发电机差动保护M3425保护装置、励磁变压器差动保护DTP保护装置、发电机封母差动保护REB103保护装置、主变压器差动保护M3310保护装置、5号机启停机MIF/TOV保护装置输出接点绝缘及回路对地绝缘正常。

该案例具体原因分析如下：

根据保护检查情况和5号发电机录波器录波分析，5号机主保护误动作导致5号机非停，但发电机差动保护M3425、励磁变压器差动DTP、封母差动REB103、主变压器差动M3310、启停机MIF/TOV保护误动出口都能导致继电器86动作，以上保护该国外厂家没有设计独立的保护动作开关量录波通道。

（9）2013年11月25日，某电厂2号机组锅炉MFT。SOE显示跳闸首出原因为2号机组厂总变第二套差动保护动作。对2号机组厂总变第二套保护装置和2号机组故障录波器进行查看，发现厂总变第二套保护装置面板显示C相差动保护动作，观察2号厂总变高压侧、低压A侧和B侧的A、B、C三相电流均大小相等、相位对称，A、B相差流回路均为0，只有C相差流回路为1.09p.u.（大于整定0.73p.u.）。检修人员对2号厂总变第二套差动保护的高压侧和低压B侧TA进行绝缘试验、负载及伏安特性试验，均符合要求，排除了保护装置以外设备故障的可能性。然后对2号厂总变第二套保护装置进行模拟实际工况通流试验，在保护装置高低压侧电流回路中同时通A、B、C三相电流1p.u.，正常情况应A、B、C相差流回路为0，但查看保护装置上显示A、B相差流回路为0，C相有差流0.997p.u.，由此判断是2号厂总变第二套保护装置本体发生了故障，国外保护厂家也派出技术人员到现场确认了此故障原因。

该案例具体原因分析如下：

采样板出现短时故障，造成在高厂变正常运行时，保护装置在C相差流计算时产生错误，导致C相差流超过定值，造成保护误动作。

（10）2016年6月6日02:44:20至2016年6月6日03:16:00，某电厂多次报3号发电机—变压器组保护装置故障，并1s内恢复正常。03:21:26 110kV Ⅰ、Ⅱ段母线分段开关1103、110kV3号主变压器开关1105跳闸。10kV Ⅲ段母线切换至备用电源正常。就地检查3号主变保护装置无信号报警，检查3号主变压器保护装置事件记录发现03:36:33（事件记录时间与装置时间不一致，记录时间已混乱）主变复压过流保护动作，进一步查看CPUB保护动作报告（未发现CPUA保护动作报告），报告显故障量（电流0.003A、正序电压106.59V，负序电压5.812V）未达到动作条件（电流大于2.8A，正序电压小于 70V 或负序电压大于 6V），查看保护装置故障录波文件无该时段录波文件，同时查看全厂故障录波装置记录没有突变量启动的故障记录，仅有 110kV 3 号主变压器开关 1105 跳闸启动的故障记录，查看该故障记录显示 1105 跳闸前 110kV 母线电压正常，110kV 开关隔间电流正常，初步判断保护装置误动。

该案例具体原因分析如下：

1）通过保护装置调试软件读取 CPUA、CPUB 故障录波文件时均无该故障时段的故障录波文件。

2）技术人员完成更换 CPUA、CPUB 板卡，加量试验时报 CPUA 装置故障，检查硬件自检记录显示 CPUA 使能故障，怀疑主变压器保护使能板故障，更换主变压器保护使能板，加量试验，仍报 CPUA 使能故障，排除使能板故障的可能。

3）怀疑主变压器保护电源板故障使 CPUA 无法检查到使能板，更换主变压器保护电源板，加量试验正常，判断为主变压器保护电源板故障。

4）保持新主变压器电源板运行，将原 CPUA、CPUB 板卡恢复运行，此时报 CPUA 装置故障，检查硬件自检记录显示 CPUA 与其他板卡通信故障。原 CPUA、CPUB 位置对调，故障随板卡对调转移，判断原 CPUA 板卡故障。

5）结合 2016 年 6 月 6 日误动时的 CPUB 报文情况分析（动作保护名称：主变压器复压过流，动作信号名称：主变压器差动，正常报文这两项是一致的，但本次报文这两项不一致）判断 CPUB 板误动。

（11）2016 年 10 月 24 日，某电厂 7 号机负荷 295MW，试转中心换热站 B 热网电动给水泵电机（电源取自 6kV Ⅶ段乙母线），合闸约 5s 后接线盒就地短路，6kV Ⅶ段乙母线失电，炉 RB 动作，迅速投入 AB-1、3、4 油枪稳燃。乙循环水泵跳闸，甲循环水泵联启正常，丙循环水泵失电启动失败，但其出口电动门联开，立即迅速手动关闭。1min 后大机真空低，机组跳闸，机炉电按事故跳机处理。

该案例具体原因分析如下：

1）电机检查分析。此电机原为 9 号、10 机组供热首站 B 热网循环泵电机。因中心站改造将此电机移至中心站后，做电气试验：试验合格。电机电缆为新放电缆，做电缆头后，电气试验合格。打开接线盒后发现三项电缆头及电机引出线接线柱、绝缘支撑套管均有过热现象。拆除接线盒及绝缘支撑套管后，发现有两相电机引出线在与接线柱压接处断开并有放电灼烧痕迹，怀疑本身工艺质量瑕疵经长期运行过热最终绝缘破坏放电造成。拨开电机引线头部对电机做电气试验，绝缘直阻合格。

2）保护检查分析。检查 7 号发电机—变压器组保护动作信息，A、B 柜"厂用乙分支限时速断"保护均动作（报告显示动作电流 29A 左右，TA 变比 3000A/5A），跳开高厂变乙分支厂 71 乙开关联跳厂 72 乙开关，同时闭锁乙分支快切出口，6kV Ⅶ段乙母线失电，机组跳闸。故障录波器中波形信息显示，6kV 乙母线三相电压同时降低后 0.4s，分支限时速断动作出口，与发电机—变压器组保护记录一致。结合 7 号机组厂用乙分支限时速断保护动作时刻与 B 热网电动给水泵电机试转时刻几乎同时，且电机试转时有短路现象，因而将 B 热网电动给水泵保护作为重点对象进行检查。该保护及开关柜均为原备用设备,送电前均校验试验正常。母线及开关柜检查无异常,就地检查 B 热网电动给水泵保护装置发现本次试转并无动作跳闸记录。用保护校验仪对其通流测试,采样已不正常,将保护装置停电并抽出板卡检查,发现保护装置内部交流采样板已出现元件严重烧损、断线现象。结合电机分析,由于 B 热网电动给水泵试转时有相间短路故障,短路电流过大,二次电流严重超过额定值(保护额定二次电流 5A,故障时根据换算二次电流达到 225A),从而使得保护装置交流采样板原有薄弱点受损,无法正确采样,进而导致保护装置拒动及保护越级跳闸。

3)本次机组跳闸的直接原因为:B 热网电动给水泵试转时二次电流过大,使得保护装置内部交流采样板元件出现烧损和断线现象,从而使得保护装置无法正确采样,进而导致保护装置拒动及保护越级跳闸。

(12)2017 年 7 月 5 日,某电厂运行监盘人员发现,2 号工业水泵电流异常波动,远方操作无法停止,随即工业水监控系统画面失去监视(画面所有数字变为粉色),2 号机组和 1 号机组相继跳闸,FSSS 首出记忆"汽轮机跳闸",ETS 首出记忆"真空低"。1、2 号机组厂用电切换成功。经检查,水工 IA 段母线失电,工作电源 4S1、备用电源 4S01 开关脱扣分闸,拉开全部负荷,测母线绝缘后送电正常。逐一测动力绝缘,2 号工业水泵绝缘到 0,其余设备测绝缘正常。

该案例具体原因分析如下:

1)经就地检查,2 号工业水泵电机运行中发生线圈接地故障,热偶动作,但因接触器粘连断不开,造成水工 400V 工作电源开关 4S1 接地跳闸,工作开关动作值为 534A,备用电源自动合闸,由于故障点未切除,备用电源开关 4S01 合闸后跳闸,动作值 518A,水工 400V 失电。此为发生此次事件的诱因。

2)1、2 号机组 A、B 循环水泵出口蝶阀工作电源取自水工 I 段,失电后通过 KA5 继电器切换至 2 号机组 UPS 供电。随后 2 号机组 A 循环水泵因"蝶阀直流电源消失",YV1、YV2 电磁阀失电,蝶阀关闭,停泵指令发出。04:24:03,1 号机组 A 循环水泵因相同原因跳闸。04:24:04,两台机组 B 循环水泵联启指令虽然发出,但因"蝶阀直流电源消失",蝶阀未开启,造成备用泵联启不成功。

3)经查,400V 水工段进线 4S1 开关跳闸,备用 4S01 开关备自投后因接地保护动作跳闸,造成 UPS 电源切换回路中 KA5 继电器动作异常、UPS 切换滞后,1、2 号机组循环水泵出口蝶阀 YV1、YV2 电磁阀失电,出口蝶阀关闭。汽轮机真空快速下降,2、1 号机组因真空低保护动作先后跳闸,锅炉 MFT,发电机解列。此为发生此次跳机事件的直接原因。

▶ **隐患排查重点**

(1)检修维护。

1)重要低压辅机设备应尽量接入不同段电源,以防一段电源电压波动导致低压辅机失电的情况。

2)加强对运行时间较长保护装置的管理,按照标准要求继电保护装置的合理使用年限一般不低于 12 年，对于运行不稳定、工作环境恶劣的微机型继电保护可根据运行情况适当缩短年限。发电厂应根据设备合理使用年限做好改造方案。

3）电厂应重视 400V 马达保护器或控制装置的周期检验工作，严格按照检验规程要求的周期及项目开展检验工作，运行超过 10 年的综保装置应缩短检验周期。

4）100MW 及以上容量发电机—变压器组的保护应按双重化原则配置（非电气量保护除外），对于 600MW 及以上容量发电机—变压器组的非电气量保护可根据主设备配套情况进行双重化配置。

5）各电厂应重视 AVC 子站功能的安全性设计问题，加强 AVC 子站相关控制参数及定值的管理，掌握 AVC 子站"增磁、减磁"指令继电器的型号及其电气、机械使用寿命等性能指标。各电厂应利用 AVC 系统后台工作站等，统计 AVC 子站"增磁、减磁"指令的动作次数，联系设备制造厂家评估 AVC"增磁、减磁"指令继电器是否达到电气和机械使用寿命，是否需要更换相关板件或继电器，确保 AVC 子站"增磁、减磁"指令继电器的可靠性。

6）加强断路器本体跳闸回路的检查工作，为断路器本体三相不一致跳闸回路正电源增加非全相位置闭锁，避免单一继电器触点故障引起断路器跳闸。

7）将反映断路器本体跳闸以及手动跳闸的信号接入故障录波器进行监视，便于故障定位。

（2）运行调整。

定期开展厂用电源带负荷切换工作。

2.4 ▶ 直流及蓄电池系统事故隐患排查

2.4.1 交流窜入直流事故案例及隐患排查

▶ **事故案例及原因分析**

（1）2012 年 1 月 19 日，某电厂 2 号发电机失磁保护动作，励磁调节报警，2 号机跳闸，2EE02 直流报警，2 号机跳闸，就地检查，励磁调节器发电 FCB external off（外部灭磁），发电机—变压器组保护 A、D 屏"失磁保护Ⅲ段"保护动作。

该案例具体原因分析如下：

1）失磁保护动作原因。根据发电机录波装置、发电机—变压器组保护、励调节器跳闸记录信息分析，煤料部工作人员在查找直流接地时，误将交流电源窜入 2 号机直流控制电源 2EE02 中，励磁调节器控制电源 1 刚好取自这一段，因交流电窜入励磁调节器直流控制回路，通过导线对地电容（C1）接通励磁外部跳闸继电器 K03 动作，调节器灭磁，造成发电机失磁保护动作，跳开发电机出口开关 802 及灭磁开关—Q02［详见图 2-13：输煤交流电源 E 串入，通过 K03 负极端进入 A2——K03 正极端 A1——导线对地电容（C1）——通过地构成回路使 K03 动作。路线图见红色虚线］。

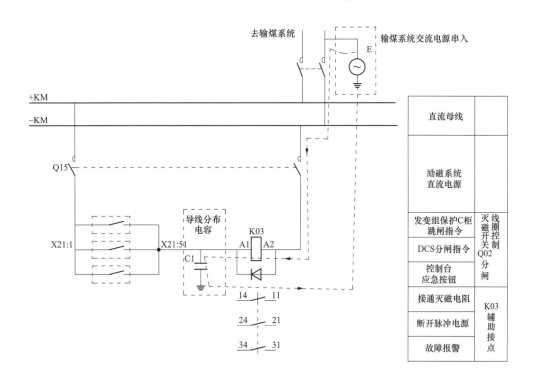

图 2-13　1 号、2 号机组 110V 直流系统与输煤直流分屏联络结线示意图

2）交流电源串入直流控制电源原因。煤料部 6kV 负荷直流控制电源都取自 6kV 输煤直流电源分电屏，6kV 输煤直流电源分电屏双路电源分别取 1EE02 和 2EE02 段，通过 ASCO 切换装置（ASCO 开关切换功能为自动 / 手动）互为供电，1EE02（1 号机）作为该屏的工作电源，2EE02（2 号机）作为该屏的备用电源（见图 2-14）。6kV C9B 皮带机有一根连接 C9B 皮带机 6kV 接触器开关与就地动力控制箱的电缆，这根控制电缆其中 6 芯接直流，2 芯接交流，由于电缆损伤，引起交流电源窜入直流控制电源系统，造成 1EE02（1 号机）直流系统接地，为了查找接地点，煤料部用瞬时隔离法断开 6kV 输煤直流电源分电屏工作电源 1EE02（1 号机），使 ASCO 供电电源从工作电源 1EE02 瞬间切换至备用电源 2EE02 供电（以便区分接地在主机系统与输煤系统），造成原接地故障在未排除情况下通转移至 2 号机 2EE02 直流母线，使 2 号机励磁调节器控制电源（一）瞬间串入交流电，造成通励磁外部跳闸继电器 K03 误动作跳开励磁开关，引起发电机失磁。

（2）2014 年 1 月 3 日，某电厂 2 号发电机组突然跳闸。状态显示：2 号机组主变压器出口开关 2202 跳闸，6kV 3 段工作电源进线开关 6123 跳闸，6kV 4 段工作电源进线开关 6124 跳闸，汽轮机主汽门关闭，锅炉灭火。6kV 3 段、6kV 4 段电源快速切换装置动作（开关量变化启动）——6kV 3 段备用电源进线开关 6103 合闸，6kV 4 段备用电源进线开关 6104 合闸。2014 年 1 月 5 日 17:13、2014 年 1 月 9 日 02:16，2 号机组又分别跳闸。故障现象与 1 月 3 日的情况基本相同。

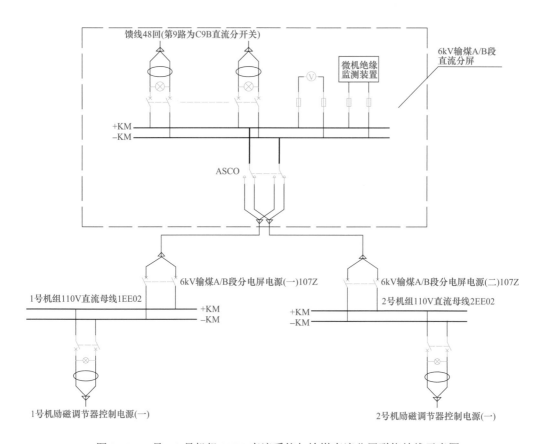

图 2-14 1 号、2 号机组 110V 直流系统与输煤直流分屏联络结线示意图

1）1 月 3 日停机后的排查情况：1 月 3 日停机后，分别对 DCS、主变压器出口 2202 开关的控制回路、220kV 系统保护、2 号机组发电机—变压器组保护及励磁系统、6kV 系统进行了全面排查，确认各系统无报警，保护无动作，回路接线正确，端子无松动，直流系统正常，2202 开关以及 6123、6124 开关机构动作无异常。根据 2202 开关、6123 开关、6124 开关的动作逻辑分析，只有发电机—变压器组保护动作的出口逻辑以及 2202 开关的手动控制逻辑才有同时动作于上述三个开关的可能。结合 2 号机组检修期间进行立盘改造及相关检查情况，初步认为可能是 2202 开关手动控制回路存在不稳定的故障点。因此，在汇控柜、发电机—变压器组保护 D 柜将 2202 开关手动控制回路断开，同时加装监视继电器。2 号机组于 1 月 3 日 23:31 并网。

2）1 月 5 日停机后排查情况：2014 年 1 月 5 日 17:13，2 号机组再次跳闸。故障现象与 1 月 3 日基本相同。2202 开关手动控制回路加装的监视继电器未动作。对 2 号主变压器、厂高变的保护控制回路检查，未发现可以引发故障的异常。对 6kV 系统的各个间隔的控制回路进行全面检查，对保护的 TA 极性、变比确认，对连锁逻辑进行了试验，均未发现异常。对 2 号发电机—变压器组保护进行全面的检查：直流电源未见异常，外部电缆绝缘良好，保护装置内部回路绝缘良好，开入继电器动作电压符合要求。在检查试验过程中，有 3 块电源插件先后故障，重新进行了更换。进行常规的保护动作试验，无法获得符合故障现象的结果。但在开入端模拟瞬时短路时，保护全停二动作出现了与故障现象相吻合的结果。在检查中发现保护装置 A、B、C 柜的信号接入回路存在原始接线错误，致使保护的抗干扰能力降低，当时将寄生回路拆除。根据上述情况分析：可能存在某种扰动侵入保护装置回路中，导致保护装置错误发出跳闸信号。为此，技术人员将保护装置 A、B、C、D 柜全停一、全停二动作接点引入 SOE，6123、6124 开关跳闸回路接入监视继电器，安装便携式录波器监视保护装置直流波形。考虑到扰动因素是动态的，在机组停机状态难以捕捉，且电厂供热管网回水温度降到 40℃ 以下，2 号机组于 1 月 7 日 18:21 并网。

3）1 月 9 日停机后排查情况：1 月 9 日，2 号机组跳闸后立即对在 SOE 中布控监视的测点进行检查，确认发电机—变压器组保护 D 柜全停二动作，发现其跳闸出口脉冲宽度为 10ms 左右并持续 1s，与工频交流电源同直流叠加的现象类似；6123、6124 开关监控继电器动作；监视直流的便携式录波器因跳闸时厂用电切换过程中失电未保存记录，但根据运行人员回忆确实看到扰动波形。同时，发现 D 柜第一层电源插件损坏，主控报警"发电机—变压器组保护电源消失"。根据上述现象，技术分析认为存在不稳定的交流干扰窜入保护直流系统的可能。为此，人为模拟在发电机—变压器组保护 C、D 柜直流电源侧加入 235V 交流电源脉冲，SOE 记录发电机—变压器组保护 D 柜全停二动作。但其后又进行了三次试验，虽有继电器动作声音，但保护未出口。对 D 柜的直流滤波器进行交流耐压试验时，有放电声音，对其进行了更换。综合故障现象及试验情况，将发电机—变压器组保护的全部电源插件更换，将发电机—变压器组保护的直流电源由负荷分支较多的 II 段转移到负荷分支较少的 I 段，将电缆相对较长的主变重瓦斯、轻瓦斯、开关失灵保护、厂高变重瓦斯保护启动继电器线圈并接电阻，以提高继电器动作功率。同时继续保持原来的监控设置。1 月 10 日 05:15，2 号机组并网。

4）1 月 10 日 2 号机组启动后的排查情况：1 月 10 日 2 号机组启动后，技术人员继续对发电机—变压器组保护控制回路进行梳理，分析交流电窜入保护柜的各种可能性。通过对回路的细致排查，发现发电机—变压器组保护控制回路中，有厂高变风扇启动控制回路，与厂高变就地控制电源（交流）存在联系。1 月 12 日，对厂高变就地控制柜进行彻底检查，发现由发电机—变压器组保护 D 柜来的厂高变风扇启动指令电缆与厂高变瓦斯动作回路（直流），在转接端子排被错误的环接。当厂高变负荷达到额定负荷的 60% 时，发电机—变压器组保护 D 柜发出厂高变风扇启动指令，接点闭合，则将厂高变启动控制电源（交流）与瓦斯动作回路（直流）连接，从而将交流电源加入发电机—变压器组保护 D 柜的直流回路，致使发电机—变压器组保护 D 柜全停 2 误动，出口跳闸。

该案例具体原因分析如下：

1 月 3 日、5 日、9 日 2 号机组跳闸时的工况，跳闸时分别伴有输煤系统上煤、浆液循环泵启动、4 号磨煤机启动，这些负载启动电流可以达到其额定电流的 5 倍以上，在瞬间使厂高变负载达到风扇启动值，发电机—变压器组保护 D 柜发出风扇启动指令，将风扇启动控制回路的交流电加入发电机—变压器组保护的直流回路，导致发电机—变压器组保护 D 柜全停 2 误动。而后，启动电流下降至正常工作电流，厂高变启动指令返回，切断交流窜入直流的回路，使后续的故障排除无迹可寻。

（4）2015 年 7 月 22 日，某电厂 1 号发电机 500kV 出口断路器跳闸，1 号发电机遮断停机输出，6kV 厂用工作 1A 段进线开关 61A 跳闸，启动快切装置正常，备用进线开关 601A 合闸正确，6kV 厂用工作 1A 段母线运行正常。6kV 厂用工作 1B 段进线开关 61B 跳闸，启动快切装置正常，备用进线开关 601B 合闸正确，6kV 厂用工作 1B 段母线运行正常，厂用电源切换成功。同时，1 号汽轮机 DEH 发出跳闸停机信号，1 号锅炉 MFT 动作，机组全停。电厂对 1 号机组跳闸情况进行检查，发现 1 号发电机—变压器组保护 A 屏发出"500kV 断路器失灵保护跳闸"信号。从 500kV 断路器保护屏调不出当时失灵保护动作的事件记录，只有在机组跳闸后，失灵保护显示开关量变位的信号，说明 1 号发电机 500kV 断路器由合闸状态变换到分闸位置。在 1 号发电机—变压器组保护 A 屏的保护装置动作记录显示，失灵保护多次动作，其中机组跳闸后，500kV 断路器断开的状态下，还出现失灵保护动作信号，这显然与设备实际运行情况不符。检查 1 号发电机故障录波器，发现 1 号发电机—变压器组保护屏 A 屏发出断路器跳闸命令前，1 号机组的直流电源上叠加了干扰信号。

该案例具体原因分析如下：

电厂 1 号机组的发电机—变压器组保护：第一套保护（A 屏）与第二套保护（B 屏）配置不同，采用不同厂家的保护装置。

1 号机组发生跳闸时，只有第一套保护装置 A 屏有动作信号，第二套保护装置没有动作信号，500kV 断路器失灵保护也没有动作信号，说明失灵保护没有发出动作信号。为了检查故障原因，电厂对 500kV 断路器失灵保护屏至 1 号机发电机—变压器组保护屏的二次电缆用 1000V 绝缘电阻表进行绝缘电阻测量，测量的绝缘电阻值为无穷大，说明二次电缆绝缘良好。而该动作跳闸信号的出现是在直流电源出现干扰信号的情况下发生，分析原因应与发电机—变压器组保护 A 屏的装置抗干扰性能较弱有关，在直流电源出现干扰信号的情况下，保护装置发生了误动。

为了尽快恢复机组运行，电厂将第一套保护装置暂时由投跳闸改投信号状态运行，及时恢复了 1 号机组的并网运行。

1 号机组在停机和并网运行中，电厂直流系统又发生多次干扰信号，发电机—变压器组保护 A 屏又出现了失灵保护动作信号，尤其当 1 号机组停机、500kV 断路器分闸时，发电机—变压器组保护 A 屏也会出现失灵保护动作信号。而发电机—变压器组保护 B 屏的保护装置始终没有出现任何信号，进一步说明 A 屏保护装置在直流电源出现干扰信号时，保护装置容易发生误动的情况，保护装置的抗干扰信号能力低。

厂家解释，该型号的保护装置作为早期产品，在抗干扰方面考虑比较少，对保护装置的开入量没有把它提升到跳闸的层面考虑，采用普通继电器，没有固化抗干扰的时间，由此造成发电机—变压器组保护装置的抗干扰能力低下。厂家要求对保护装置开入量更换抗干扰性能的大功率继电器，修改部分逻辑，增设短延时等措施，提高抗干扰能力。同时为了提高保护装置的抗干扰能力，要求对保护的开入量进行改进，增加抗干扰继电器进行转换。

综上所述，电厂 1 号机组跳闸原因：由于电厂的直流电源窜入了周期性 20ms 干扰信号，而发电机—变压器组保护装置的抗干扰性能比较弱，在干扰信号的作用下，发电机—变压器组保护装置误动所为。

▶ 隐患排查重点

（1）检修维护。

1）新建或改造的发电厂，直流系统绝缘监测装置应具备交流窜直流故障的监测和报警功能。原有的直流系统绝缘监测装置应逐步进行改造，使其具备交流窜直流故障的监测和报警功能。

2）现场端子箱不应交、直流混装，现场机构箱内应避免交、直流接线出现在同一段或串端子排上。

（2）运行调整。

加强现场端子箱、机构箱封堵措施的巡视，及时消除封堵不严和封堵设施脱落缺陷。

2.4.2 直流系统接地事故案例及隐患排查

▶ 事故案例及原因分析

5 月 19 日，某电厂 1 号机组出口开关 5012、5013 跳闸，灭磁开关跳闸，6kV 厂用电快切至 01 号启备用变压器，ETS 首出跳闸原因为"电气保护动作"。后汽轮机跳闸、锅炉 MFT。DCS 显示"直流故障""热工、保护""系统保护"报警信号。检查 1 号发电机—变压器组保护 A、B 柜无动作信号发出，1 号发电机—变压器组保护 C 柜"热工保护""系统保护"动作信号发出，网控楼发"稳控切机保护动作""出线全跳"报警信号。

该案例具体原因分析如下：

1）经检查 1 号机组 5 月 19 日 SOE 记录：

14:55:39:450，1 号机出口开关 5013 跳闸；

14:55:39:454，出口开关 5012 跳闸；

14:55:39:485，ETS 发电机遮断动作；

14:55:39:532，1 号机灭磁开关跳闸；

14:55:39:561，系统保护联跳动作；

14:55:39:660，发电机热工保护动作；

14:55:39:898、992，1 号机右侧、左侧高压主汽门关闭；

14:55:40:382，MFT 动作锅炉灭火。

从录波装置记录信息看：1 号发电机—变压器组出口开关 5012、5013 开关运行中误跳闸，电量突变量启动机组录波，时间为 14:55:39:271，推后 3 个周波 60ms 为 331ms，录波器记录时间 5012、5013 开关闭点分别为 499ms 和 495ms，中间含有开关分闸和继电器发信时间之和最长为 168ms，时间合理。"系统保护连跳"录波记录时间为 606ms，与 5012、5013 开关跳闸录波记录时间最晚时间 499ms 差值为 107ms，中间为 2 台开关闭点串接和信号继电器启动时间，也存在合理情况。录波器中记录的"发电机热工"时间为705ms，与故障发生时间331ms间隔374ms，分析认为：直跳继电器充电励磁出口作用于机组全停，发电机—变压器组保护装置以"关闭主汽门"方式出口至热工ETS装置，动作于关闭主汽门，发信"发电机热工"至发电机—变压器组保护C柜，由C柜信号继电器发信至录波装置、保护装置和SOE追忆装置，信息转换存在3只继电器励磁闭合时间，存在合理性。

邀请电力研究院专家共同分析认为：直流系统接地带来系统暂态扰动，电缆分布电容对发电机—变压器组C柜（非电量保护柜）直跳继电器充电励磁，导致直跳继电器瞬时动作发出指令致使1号机组跳闸。

2）1号机组保护C柜跳闸继电器误动作原因分析：①在直流控制系统中，满足三个条件，跳闸继电器有可能误动作：控制电缆过长（大于100m）造成的分布电容过大；跳闸继电器启动功率过小（低于1W）；存在干扰信号。跳闸继电器启动功率低极易因暂态电量启动，类似情况在山东电力系统曾多次发生。②1号机组保护C柜中长距离接入的非电量保护开入量有：系统保护联跳、主变压器重瓦斯、高压厂用变压器重瓦斯。主变压器重瓦斯、高厂变重瓦斯控制电缆长度约为160m、系统保护联跳控制电缆长度约为350m，均存在分布电容过大的安全隐患。③因1号机组已经并网运行，特对2号机组保护C柜跳闸继电器测试启动功率，系统保护联跳为1.08W、主变压器重瓦斯为1.22W，均属于启动功率偏低情况。1号、2号发电机—变压器组保护柜均为建厂初期采购，跳闸继电器启动功率部分存在不符合《继电保护及安全自动装置反事故技术措施要点》的有关要求。④2013年5月12日，检修人员为进行电能采集装置屏通信线接入及安装调试工作，办理W124DQ2013050034工作票，在1号机继电器室进行相关工作。由于工作人员对作业现场设备情况熟悉程度不够，危险点分析不全，防范措施不到位，工作中造成1号运行机组直流系统负极接地故障，直流系统产生干扰信号。⑤因三个条件同时具备，1号机组保护C柜非电量保护跳闸继电器瞬间误动作，发出跳闸指令：出口开关5012、5013跳闸，关闭主汽门，FMK开关跳闸，厂用电6ⅠA-04、6ⅠB-04开关跳闸，启动A/B分支快切装置。同时，由于电缆分布电容产生的杂散电流衰减极快，跳闸继电器瞬间启动后即复归，需由其常开辅助接点接通启动的信号继电器不足以动作，该保护信号未发出，给事故分析造成困难。

▶ **隐患排查重点**

设备维护具体要求如下：

（1）直流主屏宜布置在蓄电池室附近单独的电源室内或继电保护室内。充电设备宜与直流主屏同室布置。直流分电柜宜布置在相应负荷中心处。

（2）直流系统的电缆应采用阻燃电缆，两组蓄电池的电缆应分别铺设在各自独立的通道内，尽量避免与交流电缆并排铺设，在穿越电缆竖井时，两组蓄电池电缆应加穿金属套管。

（3）发电厂的直流网络应采用辐射状供电方式，严禁采用环状供电方式。高压配电装置断路器电机储能回路及隔离开关电机电源如采用直流电源宜采用环形供电，间隔内采用辐射供电。

（4）作用于跳闸的非电量保护，启动功率应大于 5W，动作电压在额定直流电源电压的 55%～70% 范围内，额定直流电源电压下动作时间为 10～35ms，加入 220V 工频交流电压不动作。

2.4.3　蓄电池故障事故案例及隐患排查

▶ **事故案例及原因分析**

（1）2014 年 8 月 15 日 11:26，某电厂汽轮机值班员启动 1 号给水泵，6kV A 段母线电压 6.5kV，控制 I 母 0V，控制 II 母 234V。11:26 控制 I 母恢复至 230V。11:27 有功为零，6kV 快切动作成功，5031、5032、FMK、665A、665B 跳闸，605A，605B 联动成功，发：高压厂用变压器差动、发电机失磁、转子两点接地、过激磁、失磁联跳、发电机过负荷、主变零序、励磁变过负荷、6kV A、B 段快切闭锁光字。氖灯亮的有：A 柜，定子过负荷、发电机失磁 T0、T1、高压厂用变压器差动、强励 T1、T2、主变压器零序 1T2、过激磁定时限；B 柜，转子两点接地、发电机失磁 T1、定子过负荷反时限、过激磁定时限；C 柜，失磁联跳。查 5 号发电机—变压器组系统未见异常。

该案例具体原因分析如下：

汽轮机值班员启动 1 号给水泵，将 6kV 电压拉低，随之 380V 电压降低，达到控制直流系统充电柜低电压动作值，直流充电柜保护动作无直流电压输出，同时 5 号机蓄电池故障导致控制直流系统失电，造成 5 号机励磁调节器电源模块无输入电源，1 号、2 号调节器工作异常导致发电机—变压器组失磁保护动作机组跳闸。

（2）2016 年 12 月 8 日，某电厂 1 号机组正常运行，负荷为 454MW，汽轮机直流事故油泵进行定期启动试验（每月一次），10:30:26 油泵在启动过程中，220V 直流母线电压降低至零，10:30:27，AST 电磁阀失电、主汽门关闭、锅炉 MFT 动作、汽轮机跳闸、发电机—变压器组逆功率保护动作，机组解列。检查发现 AST 电磁阀两路电源均取自同一段母线；调取 DCS 历史曲线，事故油泵启动时，直流母线电压由 231V 降为 0；机组正常运行时 1 号充电装置和 1 号蓄电池组并列运行，1 号、2 号母联开关因与蓄电池组开关联动而分列运行。事故后对 1 号机蓄电池组（103 个电池串联运行）所有电池进行试验，29 号蓄电池端电压为 5.231V，远大于其他蓄电池的端电压。

该案例具体原因分析如下：

查阅说明书并咨询设备厂家得知直流事故油泵额定电流为 284A，启动电流为 1420A；直流充电机最大输出电流为 200A。咨询蓄电池厂家技术人员得知，当启动大功率直流电机时，直流母线电压的稳定性主要由蓄电池组来保证，一旦蓄电池组发生故障，直流母线电压将会大幅度降低。直流事故油泵启动过程中，第 2 号蓄电池故障，导致 220V 直流母线电压降低至 0，AST 电磁阀失电，主汽门关闭、锅炉 MFT 动作、汽轮机跳闸、发电机—变压器组逆功率保护动作，机组解列。

（3）2013 年 12 月 15 日，某电厂 4 号机组跳闸，锅炉熄火。报警窗首出为"燃料中断"。现场检查发现 4 号机给粉机充电器蓄电池组的 2 号蓄电池组短路造成给粉机电源丢失。

将4号机充电器蓄电池组隔离后，14:09，4号炉重新点火。15:33，4号机重新并网。事故发生后，运行人员就地检查发现4号机2号给粉机蓄电池组上部两只蓄电池有明火，立即用灭火器扑灭。检修人员到场后确认4号机2号给粉机蓄电池组烧损蓄电池接于负极侧，蓄电池极板上部多处已脆化，蓄电池引出线电缆正负极均有燃烧痕迹。2号给粉机蓄电池充电器出口F1负极保险（额定电流20A）撞针弹出；变频器直流侧负极15只保险（额定电流12A）撞针弹出。4号机两台给粉机变频器柜交流电源开关34104J、34104K全部跳闸。在做好隔离措施后，用万用表测4号给粉机蓄电池充电屏内隔离二极管（型号：PRX R6012030 YB）正反向均不导通（正向1.2MΩ，反向158MΩ）。测4号机给粉机变频器柜交流电源负荷侧绝缘合格后，取下所有变频器直流侧保险，将4号机给粉机变频器柜送电，启动给粉机变频器后测变频器直流侧对地电压：正极对地262V，负极对地262V。

该案例具体原因分析如下：

1）4号机给粉机蓄电池组自2004年投运至今，已使用9年，已达使用寿命（厂家推荐年限8～10年）。正常运行时给粉机蓄电池组输送给变频器的直流电源（约490V）通过正极隔离二极管与变频器本体整流器出口的直流（约530V）并接，由于变频器侧直流电压高，蓄电池不参与变频器工作，当变频器交流侧电压降低引起直流侧电压低于蓄电池组输出电压时方由蓄电池组为变频器供电（设计为维持交流中断3s供电），确保在此期间给粉机不跳闸。

2）蓄电池输出连接电缆为截面积50mm²进口原装电缆，电瓶连接端子间距离均大于20cm，现场检查未发现外部异物短路痕迹，且故障后除电缆绝缘层受损外，电缆铜芯完整，无烧熔痕迹。

3）此外，从故障后部分蓄电池内部极板变形、严重脆化可以判断本次故障是由于蓄电池内部极板变形造成短路，使蓄电池温度迅速升高，进而导致相邻极板短路，使温度进一步升高，最终烧坏蓄电池壳体并引起燃烧，使蓄电池引出线电缆烧损引发蓄电池出口电缆正负极弧光短路。

4）蓄电池出口电缆正负极短路后，由于正极隔离二极管D3反向电压突然升高造成击穿形成回路，等同于变频器整流器出口直流短路。短路电流不仅导致充电器与变频器侧保险熔断，同时导致变频器交流侧电流急剧上升，达到交流电源开关跳闸值（额定电流125A）引起交流电源开关跳闸。

5）直流保险的特性是反时限的，要导致保险迅速熔断通常通过电流需达到保险的额定电流10倍以上甚至更高。以每台给粉机变频器柜8只直流保险（额定电流12A）击穿计算，直流侧短路电流至少为$8×12×10=960$（A），换算至交流侧为$530×960/380\sqrt{3}=773$（A）。交流电源开关侧过流保护通常由开关厂家固化为额定电流的6倍，按125A计算，则为$125×6=750$（A），所以给粉机柜电源开关跳闸正常。

▶ **隐患排查重点**

设备维护具体要求如下：

（1）发电机组蓄电池组的配置应与其保护设置相适应。发电厂容量在 100MW 及以上的发电机组应配置两组蓄电池。

（2）变电站直流系统配置应充分考虑设备检修时的冗余，330kV 及以上电压等级变电站及重要的 220 kV 升压站应采用三台充电、浮充电装置，两组蓄电池组的供电方式。每组蓄电池和充电机应分别接于一段直流母线上，第三台充电装置（备用充电装置）可在两段母线之间切换，任一工作充电装置退出运行时，手动投入第三台充电装置。变电站直流电源供电质量应满足微机型保护运行要求。

（3）应定期对蓄电池进行核对性放电试验，确切掌握蓄电池的容量。

1）对于大修中更换过电解液的防酸蓄电池组，在第 1 年内，每半年进行 1 次核对性放电试验。运行 1 年以后的防酸蓄电池组，每隔 1～2 年进行一次核对性放电试验；运行 4 年以后的蓄电池组，每年做一次核对性放电试验。若放充三次均达不到额定容量的 80%，可判此组蓄电池使用年限已到，并安排更换。

2）对于新安装的阀控密封蓄电池组，应进行核对性放电试验。以后每隔 2 年进行一次核对性放电试验。运行 4 年以后的蓄电池组，每年做一次核对性放电试验。若放充三次均达不到额定容量的 80%，可判此组蓄电池使用年限已到，并安排更换。

（4）浮充电运行的蓄电池组，除制造厂有特殊规定外，应采用恒压方式进行浮充电。浮充电时，严格控制单体电池的浮充电压上、下限，每个月至少一次对蓄电池组所有的单体浮充端电压进行测量记录，防止蓄电池因充电电压过高或过低而损坏。每月应进行一次蓄电池浮充电流测试，每季度应进行一次蓄电池内阻测试。

（5）日常巡视检查时，应重点关注单只蓄电池内部开路或短路的问题。当一组蓄电池在离线放电过程中负荷电流接近零值或在线充电过程中单只电池电压过高时，要检查电池内部是否存在开路现象。在浮充状态下，若单只蓄电池电压下降接近零值，要检查电池内部是否存在短路现象。对损坏的蓄电池应及时处理。

2.5 ▶ 励磁系统事故隐患排查

2.5.1 励磁调节器故障事故案例及隐患排查

▶ 事故案例及原因分析

（1）2018 年 7 月 30 日，某热电厂励磁调节器 3 个功率柜相继退出运行，造成机组停运。该案例具体原因分析如下：

励磁调节器通信接口板故障造成 A、B 通道无法正常通信，3 个功率柜因收不到触发脉冲相继退出运行，机组失磁停机。

（2）2018 年 11 月 23 日，某电厂 5 号机组励磁调节器通道一、通道二至 A、B、C 整流柜的同轴通信线缆接触不良，造成三个整流柜同时接收不到触发脉冲，导致励磁电压消失，发电机失磁保护Ⅲ段动作跳闸，机组全停。

该案例具体原因分析如下：

励磁调节器通道一、通道二经一根同轴通信线缆串接至 A、B、C 整流柜。每个板卡通过数据线并接于数据总线上，来实现调节器对整流柜的控制及信息采集。此接线方式的优点是每个柜子的板卡故障均不影响数据总线的通信，但同轴通信线缆插接头一旦发生接触不良会造成整体通信异常。

（3）某热电厂 2019 年 11 月 25 因老鼠进入 1 号机组励磁小间灭磁开关柜内触电，造成发电机转子回路接地，发电机转子接地保护动作，机组跳闸。

该案例具体原因分析如下：

励磁小间及励磁屏柜防止小动物进入的措施不完善。

▶ 隐患排查重点

（1）检修维护。

1）应认真排查励磁调节器与功率整流柜的通信电缆及接头问题，认真梳理励磁调节器通信接口板、通信电缆及接头等的薄弱环节，防范通信问题造成发电机失磁进而引发机组非停。

2）励磁调节器选型时应采用经认证的检测中心入网检测合格（并挂网试运行半年以上，形成入网励磁调节器软件版本）的产品，产品应在电网中广泛使用且生产厂家应具有一定的知名度。

3）根据电网安全稳定运行的需要，200MW 及以上容量的火力发电机组或接入 220kV 电压等级及以上的同步发电机组应配置电力系统稳定器（PSS）。

4）励磁系统应保证良好的工作环境，环境温度不得超过规定要求。励磁调节器与励磁变压器不应置于同一场地内。整流柜冷却通风入口应设置滤网，整流柜超温报警信号应送至 DCS 实现远程监视，必要时应采取防尘降温措施。宜将励磁小室的温度信号送至 DCS，并合理设定报警值。

5）为防止发电机机端电压互感器高压侧熔断器因"慢熔"现象造成电压互感器二次电压缓慢下降时，励磁调节器可能会因电压互感器断线监测灵敏度不够，误判机端电压降低而误增磁，新改造励磁调节器应增加电压互感器慢熔判断功能，或者采取措施提高电压互感器断线判据的灵敏度。此外，也可考虑将机端电压互感器高压侧熔断器更换为新型低阻型高压熔断器。

6）励磁系统的灭磁能力应达到国家标准要求，且灭磁装置应具备独立的灭磁能力。磁场断路器的弧压应满足误强励灭磁的要求。新建及改造的机组磁场断路器应采用独立的双跳闸线圈。

7）励磁功率柜熔断器熔断后，不宜在运行中更换。如需更换，应采取有效的整流柜隔离停电措施，并对功率模块的硅元件进行检查，确认正常后方可投入运行。

8）励磁系统电源模块应定期检查，且备有备件，发现异常时应及时予以更换。电源模块运行不宜超过六年。

9）针对系统内频繁发生故障的同型励磁调节器，电厂应及时主动联系制造厂家进行软件升级或相关硬件更换。若无法彻底解决问题，应积极考虑励磁调节器整体换型改造。

10）励磁系统定期检修期间，应对磁场断路器分合闸控制回路的各元件（合闸位置继电器等）进行检验，确保磁场断路器分合闸控制回路的可靠性。

11）励磁系统定期检修期间，应对励磁调节器主从通道之间、励磁调节器与整流柜之间及其他屏柜之间的通信电缆、光纤及其接口进行检查。

12）无刷励磁系统检修期间，应对旋转二极管整流器的熔断器、二极管、端部铆接部位及其他组件进行检查。

13）结合机组检修，应安排磁场断路器断口触头接触电阻、分合闸线圈直流电阻、分合闸动作电压、分合闸时间测试，以及非线性电阻特性测试。对于三机励磁系统，应注意检查励磁母线与励磁机碳刷架柔性连接铜排的绝缘性能。

14）应向励磁厂家确认机组正常停机与事故停机时励磁装置的灭磁控制顺序，宜结合机组检修实测励磁装置的灭磁控制时序。

15）机组基建投产及励磁系统设备改造后，应进行阶跃扰动性试验和各种限制环节、PSS 功能的试验，确认励磁系统工作正常，满足标准的要求。励磁调节器控制程序更新升级前，对旧的控制程序和参数进行备份，升级后进行空载试验及新增功能或改动部分功能的测试，确认程序更新后励磁系统功能正常。做好励磁系统改造或程序更新前后的试验记录并备案。

16）励磁系统大修后，应进行发电机空载和负载阶跃扰动性试验，检查励磁系统动态指标是否达到标准要求。试验前应编写包括试验项目、安全措施和危险点分析等内容的试验方案并履行审批程序。

17）赛雪龙公司 HPB 45 型、HPB 60 型磁场断路器应按照产品使用手册要求，更换长期经受机械磨损的部件，应特别注意 5400 部件（复合材料固定导轨）的开裂问题，每（8±1）年或每 50000 次操作更换该部件。

18）加强并网发电机组涉及电网安全稳定运行的励磁系统及 PSS 的运行管理，其性能、参数设置、设备投停等应满足接入电网安全稳定运行要求。

（2）运行巡检。

加强励磁系统设备的日常巡视，检查内容至少包括：励磁变压器各部件温度应在允许范围内；整流柜的均流系数应不低于 0.9，温度无异常，通风孔滤网无堵塞；励磁小室空调运行正常，温度不超过 30℃；发电机或励磁机转子碳刷磨损情况在允许范围内等。机组停机后励磁小室空调应停止工作。

2.5.2　励磁定值整定错误事故案例及隐患排查

▶ 事故案例及原因分析

2018 年 8 月 25 日，某电厂 1 号机组由于有功功率突升较快，而 PSS 参数（电网提供）采用非推荐参数造成 PSS 输出较大负值，其叠加在 PID 主环和 PID 限制环的输出上，削弱了主环和限制环的控制量，使得触发角维持在较大的值，励磁电流接近于 0，导致发电机失磁保护动作，机组跳闸。

该案例具体原因分析如下：

PCS-9410C 励磁调节器 PSS 参数 T_8、T_9（斜坡跟踪滤波器时间常数）如果设置不当，在受到有功功率突升扰动时，PSS 会出现无功"反调"，可能导致发电机失磁保护动作。

▶ **隐患排查重点**

设备维护具体要求如下：

（1）使用南瑞继保 PCS-9410 型励磁调节器的电厂应核查励磁调节器 PSS 参数 T_8、T_9 现场设置情况，应按中国电科院推荐参数设置（推荐参数 T_8=0.6、T_9=0.12 或 T_8=0.5、T_9=0.1），未按照该推荐参数设置的电厂应积极与当地电科院及电网调度部门进行沟通、修改。

（2）PSS 的定值设定和调整应由具备资质的科研单位或认可的技术监督单位按照相关行业标准进行。试验前应制定完善的技术方案和安全措施上报相关管理部门备案，试验后 PSS 的传递函数及自动电压调节器最终整定参数应书面报告相关调度部门。机组正常运行中，应根据电网调度机构的要求，正确投退 PSS。

（3）励磁调节器保护、限制、电力系统稳定器等控制参数及控制软件应按照继电保护定值及软件版本管理要求实施。调节器程序、保护及控制参数等应做好备份。

（4）当励磁系统中过励限制、低励限制、定子过压或过流限制的控制失效后，相应的发电机保护应完成停机。

（5）励磁系统 V/Hz 限制环节的特性应与发电机或变压器过励磁能力低者相匹配，无论使用定时限还是反时限特性，均应在发电机组对应继电保护装置动作前进行限制。V/Hz 限制环节在发电机空载和负载工况下均应正确工作。

（6）励磁系统如设有定子过压限制环节，应与发电机过电压保护定值相配合，该限制环节应在机组保护之前动作。

（7）励磁系统低励限制环节动作值的整定应主要考虑发电机定子端部铁芯和结构件发热情况及对系统静态稳定的影响。低励限制的动作曲线应与失磁保护配合，在磁场电流过小或失磁时低励限制应首先动作；如限制无效，则应在失磁保护继电器动作以前自动投入备用通道。当发电机进相运行受到扰动瞬间进入励磁调节器低励限制环节工作区域时，不允许发电机组进入不稳定工作状态。

（8）励磁系统过励限制（即过励磁电流反时限限制和强励电流瞬时限制）环节的特性应与发电机转子过负荷能力相一致，并与发电机保护中转子过负荷保护定值相配合，在保护之前动作。

（9）励磁系统定子电流限制环节的特性应与发电机定子过电流能力相一致，但是不允许出现定子电流限制环节先于转子过励限制动作从而影响发电机强励能力的情况。

（10）励磁系统应具有无功调差环节和合理的无功调差系数。接入同一母线的发电机的无功调差系数应基本一致。励磁系统无功调差功能应投入运行。

（11）并网机组励磁调节器必须在自动方式下运行。发电机进相运行时励磁调节器应投入自动方式。利用自动电压控制（AVC）对发电机调压时，受控机组励磁调节器应投入自动方式。

（12）励磁系统自动通道发生故障或进行试验需退出自动方式时，应及时报告电网调度部门。严禁发电机在手动励磁调节（含按发电机或交流励磁机的磁场电流的闭环调节）下长期运行。手动励磁调节运行期间，在调节发电机的有功负荷时必须先适当调节发电机的无功负荷，以防止发电机失去静态稳定性。

（13）进相运行的发电机励磁调节器必须投入低励限制器并能在线调整低励限制定值。

（14）并网发电机组的低励限制辅助环节功能参数应按照电网运行的要求进行整定和试验，与电压控制主环合理配合，确保在低励限制动作后发电机组稳定运行。

（15）励磁系统各种限制和保护的定值应在发电机安全运行允许范围内，并定期校验。

（16）具有励磁内部故障跳磁场断路器功能的励磁调节器，应同时将"励磁内部故障信号"开入至发电机—变压器组保护装置，设置"励磁系统故障"非电量保护，动作于机组全停。

（17）自并励发电机的励磁变压器宜采用电流速断保护作为主保护，过电流保护作为后备保护。对交流励磁发电机主励磁机的短路故障宜在中性点侧的电流互感器回路装设电流速断保护作为主保护，过电流保护作为后备保护。

（18）励磁系统中两套励磁调节器的电压回路应相互独立，使用机端不同电压互感器的二次绕组，防止其中一个故障引起发电机误强励。

（19）发电机励磁回路接地保护装置原则上应安装于励磁系统柜。励磁系统至保护柜或故障录波器的转子正、负极电压回路，直接引自励磁回路分流器的转子电流回路等接至励磁直流母线的外部电缆，以及屏柜内端子排至装置背板的屏内配线均应采用高绝缘电缆，且不能与其他信号共用电缆。

2.5.3 励磁变故障事故案例及隐患排查

▶ **事故案例及原因分析**

2018年4月6日，某热电厂2号机组励磁变测温探头错误安装在励磁变高压线圈侧，B相高压线圈与测温电缆之间由于长时间接触，造成测温电缆绝缘电老化击穿放电，导致发电机B相机端接地，发电机—变压器组保护A、B屏"定子接地保护"动作，机组跳闸。

该案例具体原因分析如下：

励磁变压器测温传感器如果布置不合理或固定不牢靠，一旦与高压线圈碰触，可能造成高压线圈与测温元件及其电缆间发生绝缘击穿放电，引起发电机定子接地保护动作。

▶ **隐患排查重点**

设备维护具体要求如下：

（1）励磁变压器测温传感器严禁布置在高压线圈侧，测温电缆、电流互感器二次电缆等电缆严禁与高压线圈及高压母排碰触，应固定牢靠，避免因高电压造成二次电缆绝缘击穿放电，导致发电机定子接地保护动作。

（2）励磁变压器绕组温度应具有有效的监视手段，并控制其温度在设备允许的范围之内。有条件的可装设铁芯温度在线监视装置。

（3）励磁变压器高压侧封闭母线外壳用于各相别之间的安全接地连接应采用大截面金属板，不应采用导线连接，防止不平衡的强磁场感应电流烧毁连接线。

（4）励磁变压器至整流柜的一次电缆，整流柜到集电环一次电缆，宜采用专用电缆架，并设置测温点。

（5）励磁变压器高压侧电流互感器应采用穿心式电流互感器，以保证励磁变高压侧短路时有足够的动热稳定性。

（6）励磁变压器保护定值应与励磁系统强励能力相配合，防止机组强励时保护误动作。

（7）励磁变压器本体不应配置抑制交流过电压的阻容吸收等回路。

2.5.4 励磁回路故障事故案例及隐患排查

> **事故案例及原因分析**

（1）2017年7月13日15:55:35，某电厂2号机组监控画面来电气光字牌"转子一点接地报警"，值班员查看发电机励磁电压、励磁电流、机端电压、定子电流等各项参数无异常。值长令2号机组值班员对控制画面及励磁小间、发电机头部碳刷小间全面进行排查，同时通知电气检修、相关部门负责人到现场检查处理。15:57:37，2号机组监控画面电气光字牌"转子一点接地报警"自动消失。16:00:30，2号机组监控画面来电气光字牌"转子一点接地跳闸"，发电机保护动作跳闸，汽轮机、锅炉联动正常。电气专业对发电机励磁系统进行静态一次、二次设备检查，未发现异常。现场检查发电机大轴接地铜辫，发现未实现可靠接地，加装接地电缆后机组启动。7月14日13:00，2号机组冲转进行动态检查，未见异常。发电机励磁系统动态检查，检测绝缘正常，发电机转子接地保护（两点接地）校验正常。18:16，2号机组并网运行正常。

该案例具体原因分析如下：

经专家及技术人员对发电机滑环及碳刷、励磁直流母线、励磁变压器、整流柜等励磁系统各部分全面排查，除发电机大轴与主接地网没有可靠接地外，其他未见异常。发电机大轴与主接地网没有可靠接地，一是由于发电机大轴接地铜辫与发电机大轴接触不够充分，故在铜辫上方加装了弹性钢板，保证接地铜辫与大轴接触良好，并防止铜辫发生位移；二是由于接地铜辫与主接地网之间阻值较大，故在接地铜辫与主接地网之间可靠连接一根接地电缆，保证发电机大轴可靠接地。

（2）2014年11月30日18:35，某电厂运行巡检发现5号发电机转子电压正负极相差60V，对地阻值降至139kΩ，通知检修人员进行检查，检修人员立即对励磁直流系统进行检查，20:50，5号发电机转子一点接地报警，立即申请调度减负荷。21:13，5号发电机转子两点接地保护动作机组跳闸，发电机转子接地保护装置动作报告中显示 Δα 为 3.39%（保护装置为南瑞公司生产的 RCS-985RE 型注入式转子接地保护，两点接地保护定值为 Δα > 3%，延时 1s 跳闸）。事发当时 5 号机组负荷 865MW、无功功率 4.6Mvar、转子电压 330V、转子电流 3506A。

机组停运后电气检修人员对整个励磁系统及直流母线进行了全面的检查，没有发现渗漏潮湿等异常情况。检查机组跳闸前发电机定子电流、电压均正常，机组振动状况没有发生变化。将全部碳刷取出，测量转子对地绝缘 35MΩ，测量碳刷架及相连的励磁直流母线对地绝缘为 10kΩ。将励磁直流母线与碳刷架之间连接解除，测量碳刷架负极对地绝缘为 10kΩ，碳刷架正极对地绝缘为 10MΩ，测量励磁直流母线对地绝缘为 1MΩ。综合上述测量数据分析判断绝缘薄弱点在负极刷架处，将发电机转子刷架拆除后进行检查。

对负极刷架拆卸后发现刷架绝缘支架板与基座台板间、固定刷架的螺栓处有较多油污，对刷架整体进行了清洗吹扫，清理干净后将刷架回装，用 500V 绝缘电阻表测量刷架正、负对地绝缘均为无穷大，立即申请调度 5 号机组冲转并网。12 月 1 日 05:04，5 号机组并网成功，并网后发电机转子正、负极电压平衡，转子对地绝缘电阻为正常值 300kΩ。

机组并网运行一段时间后，发电机转子绝缘电阻开始下降，偶尔来转子一点接地保护报警，采取临时清洗吹扫措施进行处理，转子绝缘恢复正常值，反复多次后转子绝缘处理效果越来越不明显。生产部门加强巡检及值班力量，对转子正负极电压、绝缘电阻、机组有功功率、无功功率之间的关系进行监视和分析。2014 年 12 月 10 日，5 号发电机滑环绝缘电阻下降，就地测温发现负极滑环温度高达 220℃，正极滑环温度为 120℃，对滑环用压缩空气强制通风，温度无明显下降。检修部电气专业采取酒精逐个给刷握降温措施，负极滑环温度降至 130℃，发电机绝缘电阻恢复正常。此后对 5 号发电机滑环温度加强了监控，每天分时段记录滑环温度、转子正负极压差、绝缘电阻、机组负荷。经观察发现，转子正负极压差随滑环温度升高而逐渐升高、转子绝缘电阻在温度超过 180℃时开始下降。

在发现转子绝缘电阻与滑环温度之间的关系后，电气专业采取多种措施查找滑环温度升高的原因：咨询碳刷厂家与哈电技术人员、调整各碳刷电流平衡度、与同类型机组进行参数对比、更换从其他电厂借用的不同批次碳刷等；12 月 27 日，在拆除碳刷间顶部通风口滤网增大滑环通风量后，滑环温度明显下降（负荷 500MW 时滑环温度 72℃，负荷 800MW 时滑环温度 78℃），绝缘电阻恢复正常值。

该案例具体原因分析如下：

1）5 号发电机碳刷间顶部通风口滤网通风效果差，滑环通风量降低，滑环温度升高，转子绝缘电阻降低，造成转子接地保护动作，是本次事故的主要原因。

2）各级人员对 11 瓦漏油没有引起足够重视，没有及时采取防范措施，导致润滑油逐渐渗漏至 5 号发电机负极刷架部位，影响发电机转子绝缘电阻。

3）5 号发电机转子负极刷架下方存在油污，长期运行造成转子负极对地绝缘下降且接地不稳定。

4）在进行 11 瓦检修工作时没有严格执行检修工艺，运行中出现 11 瓦油挡甩油问题，为本次事件埋下隐患。

▶ 隐患排查重点

（1）检修维护。

1）发电机转子大轴接地应配置两组并联的接地碳刷或铜辫，并通过 50mm² 以上铜线（排）与主地网可靠连接，以保证励磁回路接地保护稳定运行。

2）机组检修时，应对转子大轴接地回路的导通性进行测试，包括接地碳刷（刷辫）、接地线、保护装置回路等；磨损、脏污的碳刷（刷辫）应进行更换。

（2）运行调整。

加强励磁系统设备的日常巡视，检查内容至少包括：励磁变压器各部件温度应在允许范围内；整流柜的均流系数应不低于 0.9，温度无异常，通风孔滤网无堵塞；励磁小室空调运行正常，温度不超过 30℃；发电机或励磁机转子碳刷磨损情况在允许范围内等。机组停机后励磁小室空调应停止工作。

2.6 ▶ 其他系统事故隐患排查

2.6.1 UPS 故障事故案例及隐患排查

▶ 事故案例及原因分析

（1）2019 年 8 月 28 日，某电厂 UPS 故障引发 1 号机组 B、C、D、E 给煤机跳闸，锅炉 MFT 动作，机组跳闸。

电厂 1 号机 UPS 系统采用以色列生产的 GTSI 系列机型，两台同型号 UPS 装置并联，并带旁路柜的运行方式，单机额定容量 60kVA。正常运行时两台 UPS 平均分担负载；一台 UPS 故障时，负载全部转移到另一台 UPS 供电；两台 UPS 全部故障时，负载切至旁路柜运行。6 台给煤机控制电源全部接至 UPS 同一馈线屏内。

电厂 UPS 系统图见图 2-15。

该案例具体原因分析如下：

1 号机组 UPS 系统中并联的两台 UPS 装置环流过大引起 2 号 UPS 装置重启来调整输出电压。在重启过程中，并联的两台 UPS 装置短时间失去同步（因通信中断），导致两台 UPS 装置输出电压幅值和频率不同步，两路电源并列后造成 UPS 系统输出母线电压幅值和频率发生变化（UPS 系统馈线电压频率最低降低到 48.4Hz），导致运行的 B、C、D、E 给煤机控制器失电，致使给煤机运行信号消失，触发锅炉 MFT 动作。

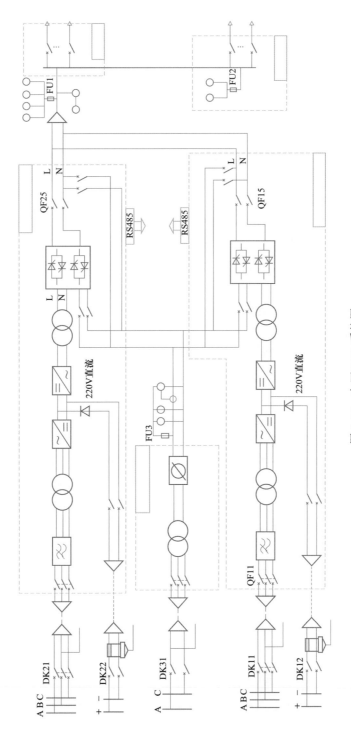

图 2-15 电厂 UPS 系统图

（2）当地时间 2020 年 7 月 11 日 11:14，某境外电厂 A、C、E 给煤机控制器停运，三台磨煤机均跳闸，锅炉失去一半燃料，主汽温度和压力快速下降，主汽温度下降速率超过安全要求，手动停机。

该案例具体原因分析如下：

UPS 制造质量不良，1 号 UPS 静态开关驱动板发生故障，导致 UPS 输出电压大幅波动，连接至 1 号 UPS 的 A、C、E 给煤机控制器停运。

（3）某电厂 2020 年 5 月 30 日，5 号机组 UPS 系统至热控 SIS 系统机房电源电缆一相破损接地，UPS 系统至热控 SIS 系统机房电源开关没有及时断开，引起 UPS 电源出口电压降低，给煤机控制电源降低，A、B、C 给煤机控制装置跳闸，A、B、C 给煤机停运，"全炉膛火焰丧失"保护动作，锅炉 MFT，机组解列。

该案例具体原因分析如下：

5 号机组给煤机控制电源为 UPS 系统单路电源供电，一旦 UPS 电源发生故障，极易造成给煤机控制电源失电，锅炉灭火。

（4）某燃机电厂第二套机组于 2020 年 11 月 30 日，因 UPS 故障，导致负载全部失电，天然气调压站进入口阀电磁阀失电关闭，机组跳闸。根据现场情况判断，UPS 装置交流及蓄电池输入电源均失效，由于 UPS 容量为 6kVA，容量小，无自动交流旁路功能，最终导致负载全部失电。

该案例具体原因分析如下：

24V 直流电源输入设置不合理，双路输入电源均取自同一电源（UPS 输出）。

（5）2021 年 6 月 1 日，某电厂 5 号机 UPS 装置出现故障报警及主电源与直流电源互切现象。6 月 3 日，厂家到厂进行缺陷处理，UPS 装置转为维修旁路运行方式，更换完交流电压模拟量采样板和输入输出接口板后，由维修旁路转自动旁路供电时，静态切换开关因直流电源转换板故障未正确动作，导致 UPS 自动旁路没有电源输出，UPS 母线失电。UPS 所接带的 DCS2 号总电源、热控 220V 总电源等重要热工电源失电，由于 2 号热控 220V 总电源为 UPS 电路电源供电，5 台磨煤机油站控制电源均取自此电源，油站失电跳闸，磨煤机跳闸，锅炉 MFT，最终机组停运。

该案例具体原因分析如下：

5 台磨煤机油站控制电源未分散布置，均来自 UPS 电路电源供电，一旦 UPS 出现故障，所有磨煤机将失去控制电源。

▶ **隐患排查重点**

设备维护具体要求如下：

（1）应重视交流不间断电源故障造成给煤机控制电源降低或波动，导致给煤机跳闸机组非停的可能性。应重点考虑给煤机控制电源分配的合理性，积极推进给煤机控制装置双电源改造。

（2）对于影响机组安全的磨煤机出口煤阀电磁阀、ESD 阀、汽轮机 AST 电磁阀等重要负载电源，在设计时避免取自同一段母线。

（3）现场应重视交流不间断电源系统馈线电缆及各回路电源开关的检修维护工作，建议将交流不间断电源系统相关送出电源回路的检修维护列入定期检修项目。

（4）交流不间断电源装置的交流主输入、交流旁路输入电源应取自不同段的厂用交流母线。对于设置有交流保安电源的发电厂，交流主电源应由保安电源引接。

（5）两套交流不间断电源装置采用单母线分段接线方式时，分段断路器应具有防止两段母线带电时闭合分段断路器的防误操作措施。手动维修旁路断路器应具有防误操作的闭锁措施。

（6）正常运行中，禁止两台不具备并联运行功能的交流不间断电源装置并列运行。

（7）为防止交流不间断电源装置自带蓄电池不具备自动维护管理功能或功能不完善引起事故，新投入的交流不间断电源装置直流电源应取自机组直流系统；现有自带蓄电池的，应定期开展蓄电池核对性放电试验，确切掌握内部蓄电池容量，并结合设备检修逐步进行技术改造。

（8）应定期开展交流不间断电源切换试验，评估交流不间断电源装置电源切换性能。通过故障录波装置记录的输出电压波形检查动态电压瞬变范围，以及冷备用模式、双变换模式、冗余备份模式下的总切换时间，均应符合 DL/T 1074《电力用直流和交流一体化不间断电源设备》要求。

（9）交流不间断电源输出电压应接入故障录波器。

（10）机组检修期间，应将交流不间断电源装置主机柜、逆变器、电容等易故障元器件列入检查项目，发现异常及时更换。

2.6.2 变频器故障事故案例及隐患排查

▶ 事故案例及原因分析

（1）2018 年 1 月 8 日，某电厂 9 号炉 A 一次风机变频器 C1 功率单元控制板重故障跳闸，机组 RB 保护动作，最终锅炉 MFT 保护动作停机。

该案例具体原因分析如下：

事故起因为 9 号炉 A 一次风机高压变频器 C1 单元控制板故障跳闸，机组 RB 动作。一次风机高压变频器自 2011 年投运，元件存在老化现象。

（2）2018 年 9 月 17 日，某热电厂 2 号炉甲乙引风机变频室两台空调故障跳闸，变频室温度升高至 47℃，引起乙引风机和甲引风机变频器过热保护先后动作跳闸，触发锅炉 MFT，机组停运。

该案例具体原因分析如下：

环境温度过高导致变频器过热保护动作跳闸。

（3）2020 年 6 月 20 日，某电厂 6 号机组 B 低压厂变顶部网格板螺钉脱落，导致低压侧母排短路，变压器保护动作跳闸。此期间 6 号机 380V 工作 B 段电压出现 0.5s 左右波动。因两台一次风机变频器控制电源取自 B 段，导致变频器的 UPS 关闭输出，引发控制电源失电，两台一次风机跳闸，10、30 磨跳闸，6 号机组手动打闸。

该案例具体原因分析如下：

变频器控制电源均取自 6 号变频 MCC 电源柜，6 号变频 MCC 电源取自 6 号机 380V 工作 B 段。B 段电压波动导致两台一次风机变频器的 UPS 关闭输出，最终造成控制电源失电。

（4）2020 年 12 月 16 日，某电厂 2 号机组在厂用电异常波动过程中，系统电压降幅接近 15%，2 台变频热网循环泵变频器失电保护动作跳闸，导致凝汽器失去冷却水，汽轮机低真空保护动作跳闸。

该案例具体原因分析如下：

2020 年供热改造中新安装的热网循环泵配套的高压变频器的"失电保护"设定值出厂时内部固化为 85% 额定电压，且没有设置延时，致使系统电压一旦发生大幅波动，高压变频器就会因失电保护动作而停运。由于变频器保护定值设置为错误的固化值，且电压采样模块也存在一定数值偏差，本次故障时刻在系统电压短时波动时，即触发了变频器失电保护动作。

（5）2019 年 6 月 24 日 23:47 分，某电厂 1 号机组 1B 一次风机变频器报"输入保护故障"，1B 一次风机停机，炉膛负压越限，锅炉 MFT。

该案例具体原因分析如下：

一次风机变频器柜顶 2 号冷却风扇机电机轴承故障卡涩，转动受限造成冷却风扇电机过载，使柜顶冷却风机热继电器动作，引发 1B 一次风机变频器"输入保护故障"，引起变频器重故障跳闸，导致 1B 一次风机停机。

（6）2017 年 5 月 8 日 12:18:35，某电厂 3 号机组乙引风机电机变频器 V4 功率单元通信故障，闭锁输出，电流由 138.58A 变为 -3.05A，电流测点变坏点，DCS 发"乙引风机变频器重故障"信号，乙引风机变频器跳闸。

12:20:47，甲引风机变频器输出电流由 134.6A 上升到 296.1A，超额定电流运行，DCS 发"甲引风机变频器重故障"信号，甲引风机变频器跳闸。

12:20:48，锅炉 MFT 动作，机组跳闸，MFT 首出原因为引风机全停。

3 号机组 2017 年 4 月 25 日完成超低改造完成后引风机、挡板门都发生变化，未进行引风机出力、挡板门流量特性试验，从而未修正变切工时机组负荷与挡板门开度的函数关系，导致变切工功能不投入，变频器旁路开关手动运行。

该案例具体原因分析如下：

3 号炉乙引风机电机变频器 V4 功率单元发生通信故障（生产厂家事后检查故障变频器功率单元通信板上光纤座内部树脂出现裂纹，且相同批次光纤座部分也存在裂纹，而其他批次光纤发送器未发现有裂纹，因此确认本项目使用批次有问题）后，发出"乙引风机变频器重故障"信号，变频器跳闸，电流由 138.58A 立刻变为 -3.05A（电流应为 0A，-3.05A 为仪表和 DCS 系统测量误差）。因引风机停止逻辑由旁路开关分闸信号、变频器停运信号、变频器电流低于 10A 三个信号相与得出，变频器电流降为 -3.05A 后，DCS 判断此电流测点为坏点，自动屏蔽，所以乙引风机跳闸信号未发出，RB 功能未启动，乙送风机、排粉机未联跳，乙引风机出、入口挡板也未联锁关闭。

乙引风机变频器跳闸后，炉膛压力升高至 435Pa，此时甲引风机变频器投自动，变频器输出指令自动增加，甲引风机变频器超载运行。12:20:47，甲引风机变频器电流自动由 134.6A 上升到 296.09A，超额定电流，DCS 发"甲引风机变频器重故障"信号，甲引风机变频器跳闸停止运行。引风机运行反馈逻辑由 6kV 引风机电源开关合闸信号和变频器运行相与，或 6kV 引风机电源开关合闸信号和旁路 QF3 合闸信号相与得出。

12:20:48，两台引风机变频器运行信号均消失触发锅炉 MFT。

变频器故障原因分析：本次变频器故障跳机原因是"单元发送通信故障"。生产厂家经过对故障板卡检测分析，发现故障点在单元驱动板上的光纤发送器上。检测步骤如下：

1）给故障板卡上电，轻微触碰光纤发送器，发送器发出的光源时有时无。

2）将光线发送器拆下解剖，用放大镜观察，发现光纤发送器表面有裂纹。

3）检查本项目光纤发送器使用批次，从材料库找到相同批次光纤发送器进行解剖，发现未用的光纤发送器有一部分也有细微裂纹情况。

4）对其他批次光纤发送器进行解剖，未发现有裂纹情况，因此确认本项目使用批次有问题。

▶ **隐患排查重点**

（1）检修维护。

1）高压变频器应置于独立密闭空间，并具备良好的通风和散热条件，应有防雨、防尘、防小动物进入措施，无导电或爆炸尘埃，无腐蚀金属或破坏绝缘的气体。采用空调器密闭式冷却时，应配备事故排烟风机。

2）变频器控制电源应采用双电源供电，应采用可靠的直流电源或 UPS 电源供电。如用变频器采用自身的 UPS 供电，应加强对 UPS 的检修维护，宜 2～4 年对蓄电池进行更换，确保掉电保持时间不小于 5min。

3）高压变频器的冷却系统应有一定裕度。如采用直蒸式空调，其电源应由不同厂用母线供电，负载应均衡分布，保证在一路电源失电时部分空调能正常运行。

4）高压变频器的功率单元、移相变压器的测温信号应接入 DCS，并设置温度报警，便于运行人员监视。当采用空调器密闭式冷却时，室内温度信号也应接入 DCS，并设置温度报警。当发现变频器温度异常时应采取降低辅机负荷和加强通风等措施，严密监视变频器各部位温度和运行参数。如故障短时不能消除或温度上升接近跳闸值，应将变频器手动退出运行。

5）变频器应含有能反应变频器和移相变压器及输出负载故障的保护及报警功能。新投运变频器的本体保护、变频器对电动机的保护应满足 GB/T 34123 的要求。变频器本体保护和报警逻辑应写入运行规程，并在规程中详细说明报警查找和故障处理方法。

6）高压变频器任一功率单元故障时，应能使故障单元自动旁路，实现连续运行。重要辅机的高压变频器应具备故障自动切工频功能，在 DCS 逻辑中对切工频时的参数扰动进行防范和自动调节，并定期进行实际切工频试验。

7）高压变频器如需由变频运行方式切换为工频运行方式，应能正确判断是否存在电动机或出线电缆故障，防止切换操作导致事故扩大。

8）加强高压变频器冷却和通风系统检查维护。包括：①加强对变频器功率柜等内部冷却风扇的运行维护，并按照其寿命周期定期更换。②对强迫风冷高压变频器，应检查散热器、风叶状况良好，定期进行清理检修。③对水冷高压变频器，应检查热交换器及管路，必要时进行清理和水压试验，水路及阀门严密无泄漏，冷却水电导率、压力、温度应正常。④对直蒸式空调冷却高压变频器，应检查空调蒸发器和管路，空调冷却介质压力应正常；空调压缩机运行应正常，空调控制电路，不存在松动、接触不良、过热等情况，温度定值设定应正常，对空调滤网和室外风机定期进行清理维护。⑤对变频器小室的通风滤网定期检查清理，保证小室通风良好，并注意防止异物进入。

9）高压变频器采用"一拖一""一拖二"接线方式的保护配置时，若变频电源回路和工频电源回路由同一高压开关柜供电，宜配置数字式带旁路闭锁的变频器专用综合保护装置，以满足变频工况并兼顾旁路工频运行工况。若变频电源回路和工频电源回路由不同高压开关柜供电，工频电源回路应配置电动机综合保护装置，变频电源回路宜配置数字式变压器综合保护装置或变频器专用综合保护装置。2000kW及以上功率的变频电动机，应配置专用变频电动机差动保护装置。

10）应根据厂用电参数、高压变频器一次设备参数、变频器负载调节性能要求，合理整定高压变频器保护定值及控制参数，并确定控制逻辑。高压变频器保护定值及控制参数应按照继电保护定值管理要求实施。变频器PLC程序、主控参数等应做好备份。

11）引风机、一次风机、给煤机、空气预热器等一类辅机变频器的低电压、高电压穿越区指标应满足DL/T 1648的要求。高压变频器应具有高压失电短时跟踪再启动功能，在外部故障或扰动引起进线电压跌落时，变频器可短时停止输出但不跳闸；若电源电压恢复正常，变频器应能跟踪电动机转速再次启动。

12）高压变频器移相变的测温元件应安装于低压侧，元件及电缆应固定牢靠，严禁与高压线圈及外壳碰触，以避免高压线圈与测温元件及其电缆间发生绝缘击穿放电。移相变温度保护应投告警出口。

13）新投运及检修后，应进行高压变频器保护传动试验，连锁试验，输出电压、频率范围检查试验，加减速特性试验，控制回路双电源切换试验，不间断供电电源试验，电流、电压不平衡度试验，高压短时掉电跟踪再启动试验等，并核对变频器保护定值及控制参数。

14）高压变频器附属的移相变压器、电抗器、电容器、互感器、开关设备、避雷器、电力电缆等一次设备应定期进行红外测温或红外成像检查，高温、大负荷时段应缩短测试周期。

15）高压变频器应随机组同步检修，主要检修项目为功率电路检查清扫、冷却系统检查清扫、测量控制元件和保护报警逻辑检查、预防性试验等。功率电路应外观良好，无过热痕迹，无积灰积尘。电容器无漏液、膨胀等现象，有异常或达到寿命周期的电容器应及时予以更换。功率电路与控制器通信光纤连接应可靠牢固，达到寿命周期的功率器件、熔断器等应进行更换。

16）高压变频器附属的移相变压器、电抗器、电容器、互感器、开关设备、避雷器、电力电缆等一次设备电气预防性试验的项目、周期及试验方法应符合 DL/T 596 的相关规定。

（2）运行巡检。

1）高压变频器运行环境温度应控制在 0 ～ 30℃，相对湿度控制在 5% ～ 85%，防止设备凝露。

2）加强高压变频器的定期巡检。高压变频器所处环境的温度、湿度应正常，无有害气体、烟雾和粉尘；仪表指示状态正常，无报警信号；冷却系统运行正常，通风滤网无堵塞；变频器及其附属设备运行温度正常，无变色、变形、异味、异常振动、噪声、放电火花等情况；变频器的输入电压、输入电流、输出电压、输出电流，输出频率、给定频率，变压器绕组温度、控制柜温度，水冷系统的水压、水电导率、水温等参数应正常。

3）变频器发出告警信号时，运行人员应就地检查，调取报警数据，分析判断故障点，防止故障扩大导致变频器跳闸。变频器发出故障跳闸信号时，运行人员应立即判断变频器是否跳闸。

2.6.3 厂用低压侧事故案例及隐患排查

▶ 　事故案例及原因分析

2015 年 12 月 3 日，某电厂 6 号炉 B、D、F 给煤机跳闸，主蒸汽压力、机组负荷、给水流量迅速下降，A、B 汽动给水泵因供汽压力低出力不足，造成给水流量低，锅炉 MFT 动作，机组解列跳闸。检修排查 6 号炉 B、D、F 给煤机跳闸原因时，发现 6 号炉 B 给煤机控制电源开关上侧接线松动。由于 6 号炉 6 台给煤机控制电源的接线方式为：由 A 到 B、C、D、E、F 给煤机控制电源在空开上侧并接，在 6 号炉 B 给煤机控制电源开关进线侧接线松动，导致 B、C、D、E、F 给煤机控制电源消失，B、D、F 给煤机跳闸。引起 6 号机主蒸汽压力、机组负荷、给水流量迅速下降，A、B 汽动给水泵因供汽压力低出力不足，造成给水流量低，锅炉 MFT 动作，机组解列跳闸。

该案例具体原因分析如下：

1）给煤机控制电源设计不合理，由于 UPS 馈线柜负荷支路空开数量不足，因此原 6 号炉给煤机控制电源原设计方式采取由 UPS 输出一路引入至 A 给煤机控制电源开关上侧后，依次由 A 到 B、C、D、E、F 给煤机控制电源上侧并接，存在安全隐患。

2）对于导线的选择不符合规定要求，按照国家标准及行业标准，控制回路导线对于有电压而无电流的部分要求使用不小于 $1.5mm^2$ 的多股铜芯导线，而实际所用的导线为 $4mm^2$ 单股铜芯线，由于其自身的机械强度较高，并且接线处弯头做的较低，未缓解其张力，在长时间运行中导线和器件自身会发热，最终导致接线松动。

▶ 　隐患排查重点

设备维护具体要求如下：

（1）低压动力中心（PC）进线断路器保护整定值应与高压保护配合，避免低压侧故障时造成越级跳闸。

（2）低压动力中心（PC）进线断路器若配置智能保护器，宜每 2～4 年做 1 次定值试验，保护出口动作试验应结合断路器跳闸进行。智能保护器试验一般分为长时限过流、短时限过流和电流速断保护试验。智能保护器试验一般使用厂家配备的专用试验仪器。

（3）为防止越级跳闸引起重要的低压厂用变压器或 PC、MCC 段失电，低压厂用变压器低压侧、厂用馈线（PC-PC 联络线、PC-MCC 线路、MCC-MCC 联络线）下一级无零序过电流保护时，其单相接地保护的动作电流值应与下一级相电流保护最大动作电流配合；低压厂用系统的 PC 段电源进线、MCC 电源馈线均应退出电子脱扣器中的瞬时保护功能。

（4）为保证低压厂用系统各级短延时保护时间级差不小于 0.2s，宜优先选用电子脱扣器短延时保护最长延时能整定至 0.8s 及以上的框架断路器。

（5）380V 低压厂用框架断路器如配置了欠压脱扣器，应具备带延时整定功能。

（6）低压电动机应投入综保装置中的"欠压重启动功能"或采取其他抗晃电措施。外部瞬时故障或短时电压扰动造成交流接触器欠压脱扣后，系统电压恢复时，重要电动机应能在允许时间内再次启动。

（7）针对低压厂用系统Ⅲ类负荷（交流保安负荷）和Ⅰ类负荷等低压负荷（如汽轮机顶轴油泵、汽轮机交流润滑油泵、发电机氢密封交流油泵、辅机交流润滑油泵、充电装置、不间断电源装置电源、EH 抗燃油泵、发电机定子冷却水泵），应核查不同母线段负荷分配及保护联锁配置的合理性。

（8）电厂的柴油发电机组交流保安电源的配置及设计应符合 GB 50660《大中型火力发电厂设计规范》的要求。核查低压厂用系统重要负荷应分配至不同母线段，保护配置应合理，保安电源切换装置（或联锁回路）切换逻辑及定值应合理。

2.6.4 非同期事故案例及隐患排查

▶ **事故案例及原因分析**

2021 年 5 月 18 日，某电厂 7 号机组电气检修完成，准备启机。主要检修内容为更换机端 TV。在同期装置上对系统电压和待并侧电压测量相序、相位一致后，下令并网。并网后一声巨响，主变损坏。

该案例具体原因分析如下：

调取故障录波图，发现本次并网系统电压和待并侧电压在并网时刻角差为 180° 左右。查阅（录波图）此前并网时刻，系统电压和待并侧电压角差均为 0° 左右。据此判断，本次并网为非同期并网，角差在 180° 左右。根据本次检修工作内容，梳理机端 TV 回路，确认进入同期装置的电压回路两相反接，导致同期装置误判。

▶ **隐患排查重点**

设备维护具体要求如下：

（1）机组微机自动准同期装置出口回路应增设同期鉴定闭锁继电器，微机自动准同期装置合闸输出接点与同期鉴定闭锁继电器常闭接点串联。

（2）微机自动准同期装置、整步表、同期鉴定闭锁继电器及同期二次回路应结合机组检修定期检验与传动。

（3）新投产、大修机组及同期回路（包括交流电压回路、直流控制回路、整步表、自动准同期装置及同期把手等）发生改动或设备更换的机组，在第一次并网前必须进行以下工作：①装置及同期回路全面细致校核与传动。②进行机组同期装置核相试验。对于发电机出口不设断路器的机组，应采用发电机组带空载母线（含母线电压互感器）升压的方式；对于发电机组出口设断路器的机组，应采用发电机带主变侧电压互感器（将主变与电压互感器隔离）升压的方式，或主变压器带发电机出口电压互感器（将发电机与出口电压互感器隔离）倒送电的方式进行核相试验。核相时，需检查同期点两侧的电压互感器二次电压的相位、幅值、相序的对应关系，在同期屏端子排处检查系统电压和待并电压的幅值和相位，还应确认整步表指示在同期点。③进行机组假同期试验，试验应包括断路器的手动准同期及自动准同期合闸试验、同期（继电器）闭锁等内容。

2.7 ▶ 人员误操作事故隐患排查

2.7.1 保护原理认识不足导致事故案例及隐患排查

▶ 事故案例及原因分析

（1）2012年10月15日，某电厂电气检修检查4号发电机励磁系统过程中，灭磁开关跳闸，发电机跳闸，发"励磁开关联跳"，4号汽轮机跳闸，锅炉MFT，厂用电自投成功，汽轮机交流润滑油泵联启正常。

该案例具体原因分析如下：

4号机停机时，通过跳闸双位置继电器来完成，跳闸双位置继电器带电后跳闸回路常开接点闭合，灭磁开关常开接点本身处于闭合状态，跳闸线圈带电，跳闸回路出口，完成灭磁开关跳闸，待停机后，回路及各保护装置应复位，但没有实施此操作，运行人员按照小修工作票填写的安全措施，将灭磁回路2号控制电源断开，此时灭磁开关常开接点带正电，起机时，运行人员未合灭磁开关2号控制电源，此时灭磁开关常开接点仍带正电，一闭合2号控制电源，跳闸双位置继电器跳闸线圈就会带电，灭磁开关就会跳闸，灭磁开关处在跳闸位置，励磁系统就会发起励失败，不允许起励，导致机组起机失败。

（2）2013年1月31日，某电厂1号机组正常运行，1号发电机突然跳闸，联跳机炉。从发电机—变压器组保护屏上未发现动作信号，在故障录波器上发现有"发电机突加电压保护"动作信号。当时保护班人员正在现场处理1号发电机—变压器组保护的"发电机过激磁报警"缺陷，处理过程中进行A柜保护电源的切换时，停B套保护电源后，液晶屏失电，造成1号机停机。1号机停运后，对A柜、B柜的保护电源进行了切换试验，B柜两路电源切换正常；A柜A套电源切B套正常，B套电源无法切至A套，判断A柜的电源切换继电器故障。由于没有该继电器的备品，无法更换，因此A柜暂时带缺陷运行。发电机过激磁报警信号的处理措施：该信号发出的原因是保护柜内交流电压采样的误差较大，在发电机电压较高时启动该保护报警，消除该信号只能停保护电源，而厂家也交代过，正常运行中可以进行单套保护电源的停送电操作，不会对保护造成任何影响。

该案例具体原因分析如下：

A柜的电源切换继电器故障是本次跳闸事件的直接原因。由于电源切换继电器故障，在A柜的B套电源停电时，A柜的开入量及液晶显示无法切换至A套电源，造成A柜的开入量失电，励磁开关及220kV开关的开关位置失电，而"发电机突加电压保护"的判据是发电机有电流、并且励磁开关及220kV开关断开，上述情况正好满足保护的判据，造成保护动作，1号机停机。保护屏无动作信号的原因：A柜开入量电源同时提供给信号回路电源，在电源消失时，A柜控制面板上的信号电源也同时消失，没能启动信号出口及保持，造成A柜无动作信号显示。

▶ **隐患排查重点**

（1）检修维护。

1）新投产的发电机—变压器组、变压器、母线、线路等保护应认真编写启动方案呈报有关主管部门审批，做好事故预想，并采取防止保护不正确动作的有效措施。设备启动正常后应及时恢复为正常运行方式，确保故障能可靠切除。

2）每季度开展对集团公司技术监督季报，监督通信，新颁布的国家、行业标准规范，监督新技术的学习交流。

（2）运行调整：

加强运行人员全能值班培训，尤其是加强电气专业技能知识培训，提高报警时的处理能力。

2.7.2 人员责任心不足事故案例及隐患排查

▶ **事故案例及原因分析**

（1）2016年4月28日，某电厂DCS报"主变压器冷却器全停故障"信号，监盘运行人员发现后误认为是"主变压器辅助冷却器投入"信号，6s后点击确认，未汇报值长，也未通知检修电气人员检查。1h后1号主变压器冷却器全停跳闸保护动作，1号机组跳闸。

该案例具体原因分析如下：

1）1号主变压器冷却器控制PLC内正确设定应为3组工作，1组辅助，1组备用，跳机后就地检查发现，PLC控制设定异常，4组冷却器为辅助状态，1组冷却器为备用状态。当主变压器高压侧电流小于700A时，辅助冷却器退出运行，导致5组冷却器全部停运，PLC发出"主变压器冷却器全停故障"。

2）"主变压器冷却器全停故障"光字牌信号发出后，监盘人员误以为是"主变压器辅助冷却器投入"信号，没有及时汇报和处理。在发出信号后的 1 个小时内，主变压器油温和高压侧电流都没有达到启动辅助冷却器的条件，导致"主变压器冷却器全停跳闸"出口动作，机组跳闸。

3）查阅历史趋势，从 4 月 24 日 1 号机组至本次"主变压器冷却器全停故障"信号发出之前，主变压器高压侧电流也曾多次降到 700A 以下，最近一次为 28 日 00:11，电流降至 700A 以下，满足辅助冷却器停运条件，但没有发出"主变压器冷却器全停故障"，由此判断主变压器冷却器 PLC 控制设定异常发生时段为 28 日 00:11 至跳机前。

4）厂家技术人员到现场进行 PLC 逻辑试验和检查，冷却器工作模式轮换等工作未发现异常，为彻底分析 PLC 异常原因，将 1 号主变压器冷却器控制 PLC 返厂进一步检测。

（2）2015 年 11 月 9 日，某电厂 1 号机组 B 送风机跳闸，触发 RB，同侧引风机、一次风机联跳，机组由协调方式自动切至机跟踪方式运行，C、D 磨跳闸，A、B 磨运行，总煤量 52t/h。A 侧送、引风机和一次风机指令加大，运行人员迅速进行处理。2min 后，A 送风机跳闸，继而触发锅炉 MFT 保护动作，并引发汽轮机、发电机跳闸，厂用电切换正常。

该案例具体原因分析如下：

2 号机组送风机为双速电机，原设计安装高速、低速和中性点三台开关，保护继电器为 CO-151-D 型电磁式反时限过流保护继电器，该继电器为插拔式，同型号可通用。原低速开关过流保护一次定值为 105A，原高速开关过流保护一次定值为 160A。2011年 5 月送风机进行了变频改造，改造后低速运行方式取消，保留高速运行方式。受原电缆出线结构及控制逻辑限制，将原低速开关改作变频器进线电源开关即送风机电源开关，原 6kV 高速开关、中性点开关改作备用开关，改造后的保护定值按原高速开关定值整定，因此将原高速开关的保护继电器替换到送风机电源开关即原低速开关上。2015 年 7 月机组检修期间误将原低速开关保护继电器分别安装到 A、B 送风机电源开关上，工作人员没有检查出继电器安装错误，送电前也没有进行认真检查，使实际过流保护一次定值降低为 105A。当机组升负荷时，B 送风机电流达到 113A 后跳闸；随后 A 送风机变频器指令快速提升至 97%，电流达到 109A 后跳闸。双侧送风机跳闸后触发锅炉 MFT 保护动作，并引发机组跳闸。

（3）2015 年 10 月 13 日，某电厂继保工作人员在 6kV 脱硫四 / 三段联络闸刀仓，用螺丝刀打开 TA 二次电流端子 X4:1 中间滑块时，开关室照明熄灭，然后听到安全门动作声音，3 号机组跳闸。进一步发现 6kV 脱硫三段进线开关微机测控装置有"零序一段动作"动作信号，6kV 脱硫三段进线开关跳闸，6kV 脱硫三段母线失电，母线上增压风机、浆液循环泵、氧化风机等辅机低电压保护动作跳闸。随后发现 6kV 脱硫四 / 三段联络闸刀仓 TA 二次端子（X4:1，X4:2）是 6kV 脱硫三段进线开关 TA 的 A 相电流，该电流进入三 / 四段备自投装置内，作为备自投装置监视 6kV 脱硫三段进线开关是否在运行状态的电流判据，同时，该电流也是 6kV 脱硫三段进线开关保护装置的 A 相保护电流，断开了该端子后引起了 6kV 脱硫三段进线开关保护回路二次电流缺相，致使零序一段保护动作，6kV 脱硫三段进线开关跳闸，母线失电，母线上增压风机、浆液循环泵、氧化风机等开关设备全部低电压跳闸，锅炉 MFT 动作，机组跳闸。

该案例具体原因分析如下：

继保人员开始做 6kV 脱硫四段母线所有开关仓 TA 伏安特性试验，在进行到 6kV 脱硫四/三段联络闸刀仓时，误认为该仓电流回路是由 6kV 脱硫三/四段联络开关过来，在没有核实 TA 回路实际情况，也没有与环保部电气点检人员联系的情况下，打开了 TA 电流端子中间（X4:1，X4:2）滑块，该端子为 6kV 脱硫三段进线开关保护 TA 的 A 相电流回路设备，进入备自投装置作为母线进线开关是否运行的电流判据，因脱硫进线开关没有零序 TA，零序电流保护取自三相输入电流的自产 $3I_0$，因 A 相电流回路开路后，保护装置计算有零序电流，保护启动，经 0.9s 后，零序一段保护动作，6kV 脱硫三段进线开关跳闸，母线失电，锅炉 MFT 动作，机组跳闸。

（4）2012 年 6 月 18 日，某电厂 4 号机组 A 汽动给水泵主油泵跳闸，辅助油泵联动，因油压维持不住，A 汽动给水泵运行中跳闸，跳闸首出"速关油压低"，机组 RB。4min 后，B 汽动给水泵运行中跳闸，跳闸首出"速关油压低"（现象与 A 汽动给水泵一致），随即锅炉 MFT 动作，机组跳闸。经过现场对汽动给水泵油系统及油泵检查未发现异常，对 DCS 逻辑及控制回路检查也未发现异常。在排查至 4 号炉动力母线室时发现有工作人员在此作业，作业内容为"4 号炉渣浆泵 A、B 变频器控制柜及电缆拆除"，现场已拆除了 A、B 渣浆泵变频器侧电源电缆，正在拆除母线侧变频器电源电缆的 N 线，该电缆 N 线与汽动给水泵的主油泵控制电源 N 线接在母线排同一螺栓上。

该案例具体原因分析如下：

A、B 渣浆泵变频器电源电缆的 N 线与 A、B 汽动给水泵的主油泵控制电源 N 线接在同一螺栓上，09:26 当打开 1 号 MCC 动力盘柜内母排上螺栓时，A 汽动给水泵的主油泵控制电源 N 线断线，接触器自保持回路断开，该接触器跳闸，导致主油泵跳闸，辅助油泵联动后，油系统缓冲器维持不住油压，继而 A 汽动给水泵跳闸。09:20，B 汽动给水泵同样原因跳闸，最终 MFT 动作，机组跳闸。

> **隐患排查重点**

（1）检修维护：

1）新投产的发电机—变压器组、变压器、母线、线路等保护应认真编写启动方案呈报有关主管部门审批，做好事故预想，并采取防止保护不正确动作的有效措施。设备启动正常后应及时恢复为正常运行方式，确保故障能可靠切除。

2）每季度开展对集团公司技术监督季报，监督通信，新颁布的国家、行业标准规范，监督新技术的学习交流。

（2）运行调整：

加强运行人员全能值班培训，尤其是加强电气专业技能知识培训，提高报警时的处理能力。

锅炉专业重点事故隐患排查

3.1.1 锅炉满水、缺水事故案例及隐患排查

▶ **事故案例及原因分析**

（1）2002 年 11 月 5 日，某电厂锅炉（1025t/h）电接点水位计一次门泄漏，泄漏水汽喷至邻近两台平衡容器差压水位计，影响两台平衡容器差压水位计指示数值，使其指示偏高，因 DCS 显示数值一直在正常水位波动范围内，未触发水位保护动作，直到监盘人员注意到两只电接点水位计均显示无水，经综合判断锅炉已严重缺水，才立即手动 MFT。

该案例具体原因分析如下：

电接点水位计一次门泄漏使邻近两个差压水位计的平衡容器压力下降以及参比水柱温度升高，导致水位指示不正常升高，给水控制系统接收错误信号，不断减少给水流量，造成锅炉严重缺水。由于汽包水位保护信号也取自这两个差压变送器，因此锅炉低水位保护也拒动。幸亏监盘人员发现 2 个电接点水位计均显示无水，经多方面判别后，确认已缺水，及时手动 MFT，避免一起重大事故。事后检查发现，炉水循环水泵已经汽蚀（炉水循环水泵差压低停炉保护也未动作）。

（2）1997 年 12 月 16 日，某电厂锅炉（1025t/h）高压加热器保护动作，高加旁路门因故障未打开，致使锅炉给水中断，汽包严重缺水，实际水位降至 -400mm 以下。此时，就地双色水位计（量程 +200 ～ -200mm）见不到水位，电接点水位计（量程 +300 ～ -300mm）最后一个灯（-300mm）显示绿色，三台差压水位计显示（量程 +400 ～ -400mm）却停留在 -320 ～ -330mm 之间，因差压水位计输出达不到保护设定值（-384mm），故低水位保护信号一直未发，保护拒动，造成锅炉严重缺水。

该案例具体原因分析如下：

1）汽包双色水位计、电接点水位计量程小和差压水位计测量误差大是造成汽包水位低保护拒动、事故扩大的主要原因。该炉虽有 3 种水位计，但当水位变化到 -300mm 以下时，就地水位计和电接点水位计已失去了监视作用，差压式水位计的量程虽然可以

达到 -400mm，低水位保护定值也在其量程范围内，但由于参比水柱温度变化造成的误差而使实际水位低于 -400mm 后，水位计仍停留在 -328mm 左右小幅度波动。

2）根据 DCS 组态，差压式水位计压力补偿计算是在平衡容器参比水柱温度假设为 50℃ 的情况下进行的，但是由于该厂对参比水柱管采取了不正确的保温伴热措施，致使其温度远高于设定值，经测试约升至 130℃，受此温度影响，可使水位虚高 108mm 左右，因此，当汽包水位降到水位计量程下限值（-400mm）及以下的严重缺水情况下时，水位计始终停留在上述范围内不变化，从而导致水位低保护拒动。

（3）2021 年 10 月 2 日，某电厂锅炉 A 级检修后启动，启动过程中巡检人员发现锅炉 BC 层 2 号角燃烧器根部附近有泄漏声，技术人员到场确认锅炉水冷壁泄漏，锅炉手动停炉。炉膛温度降下来后打开锅炉人孔门，目测燃烧器周边区域部分水冷壁因缺水发生严重过热变形。

该案例具体原因分析如下：

1）本次机组 A 修期间进行了机组 DCS 改造，差压式汽包水位计量程在组态时按 0 ~ 800mm 进行组态，与就地差压变送器实际量程 0 ~ 1360mm 不一致。致使汽包水位产生正向偏高 432mm（汽包压力为 3.8MPa 的工况下），当实际水位低于 -330mm（低三值）时，DCS 显示 102mm，未触发汽包水位保护动作（汽包水位保护定值 -330mm，+240mm）。DCS 画面汽包水位显示数值失准，导致实际水位严重低于画面水位，DCS 显示汽包水位基本不变，导致锅炉严重缺水，水冷壁过热爆管泄漏。

2）监盘人员经验不足，监视和操作不到位，没有对 DCS 汽包水位、电接点水位计、就地双色水位计进行对比分析，未能及时调整给水流量，导致锅炉长时间干锅状态。

（4）2004 年 6 月 1 日，某电厂在检修期间对锅炉原有单室平衡容器水位计进行改进并取消连通管。锅炉检修后启动过程中，电接点水位计和云母水位计显示水位已达 +300mm（实际还要高），汽包已满水，但给水控制系统仍不断增大给水流量，监盘人员发现给水流量比蒸汽流量大 260t/h，并看到电接点水位计和云母水位计均显示满水，手动打闸停机，虽已造成汽包满水，主蒸汽带水和汽温急剧下降，但事故没有进一步扩大。

该案例具体原因分析如下：

在修改 DCS 组态时，对水位测量和压力补偿参数修改有误，导致差压水位计的测量误差随汽包压力升高而加大，电接点水位计和云母水位计显示水位已达 +300mm（实际还要高），汽包已满水，但三个差压水位计显示分别为 -99.5、-82.4、-166mm，满水保护未动作。

隐患排查重点

（1）设备维护。

1）汽包锅炉应至少配置两只彼此独立的就地汽包水位计和两只远传汽包水位计。水位计的配置应采用两种以上工作原理共存的配置方式，汽包水位计就地应配置摄像头，并将图像引至集控室。

2）汽包水位测量系统应采取正确的保温、伴热及防冻措施，应保证伴热温度在正常范围内，避免影响水位测量准确性。

3）锅炉配置的各水位计量程显示范围至少应能包含锅炉高低水位保护动作值。

4）汽包水位应设置有三个差压信号值偏差大报警、汽包水位测点坏质量判断功能。

5）若对锅炉水位 DCS 逻辑组态进行了修改，则当机组启动调试时应对汽包水位校正补偿方法进行校对、验证，并进行汽包水位计的热态调整及校核。新机组验收时应有汽包水位计安装、调试及试运专项报告，列入验收主要项目之一。

6）锅炉高、低水位保护应满足以下要求：①锅炉汽包水位高、低保护应采用独立测量的三取二的逻辑判断方式。②锅炉汽包水位保护所用的 3 个独立的水位测量装置输出的信号均应分别通过 3 个独立的 I/O 模件引入分散控制系统的冗余控制器。

7）控制循环锅炉应设计炉水循环泵差压低停炉保护。直流炉应设计省煤器入口流量低保护，流量低保护应遵循三取二原则。

8）机组 A 修后或给水泵更换后应开展给水泵 RB（辅机故障快速减负荷）试验，进行汽动给水泵 RB 试验时注意负荷下降汽源压力下降的问题，以确保 RB 逻辑和自动调节性能完好。

9）建立锅炉汽包水位、炉水循环泵差压及主给水流量测量系统的维修和设备缺陷档案，对各类设备缺陷进行定期分析，找出原因及处理对策，并实施消缺。

10）给水泵汽轮机除四段抽汽蒸汽供汽外，还应设计有辅汽和冷段再热的备用汽源。

（2）运行调整。

1）汽包锅炉水位保护不完整严禁启动。

2）锅炉水位保护的停退必须严格执行审批制度。

3）锅炉汽包水位保护在锅炉启动前和停炉前应进行实际传动校检。用上水方法进行高水位保护试验、用排污门放水的方法进行低水位保护试验，严禁用信号短接方法进行模拟传动替代。

4）汽包水位计应定期进行零位校验，核对各汽包水位测量装置间的示值偏差，当偏差大于 30mm 时，应立即消除缺陷。当不能保证两种类型水位计正常运行时，必须停炉处理。

5）按要求定期冲洗就地水位计，保证就地水位计清晰。

6）当在运行中无法判断汽包真实水位时，应紧急停炉。

7）当一套水位测量装置因故障退出运行时，应在 8h 内恢复。若不能完成，应制定措施，经总工程师批准，允许延长工期，但最多不能超过 24h，并报上级主管部门备案。任何一套水位计出现缺陷时，应加强其他水位计的监视，对比分析显示水位是否真实正确。

8）给水系统中各备用设备应处于正常备用状态，按规程定期切换。

3.1.2 锅炉超温超压事故案例及隐患排查

▶ **事故案例及原因分析**

（1）1996年3月13日，某电厂机组由于直流控制电源总熔丝熔断，造成直流操作电源消失，机组跳闸，汽轮机主汽门关闭。因"机跳炉"联锁未投入运行，机组甩负荷后燃料没有联动切断，又因安全阀及PCV阀拒动，最高主蒸汽压力达21.3MPa、主蒸汽温度达576℃，而额定过热器出口压力为13.7MPa、汽包压力为15.88MPa、主蒸汽温度为540℃，造成锅炉严重超温超压。

该案例具体原因分析如下：

1）机组"机跳炉"主保护联锁未投入运行，导致汽轮机跳闸后锅炉燃料未及时中断。

2）监盘人员在事故处理过程中，当手动开启脉冲安全门锅炉压力不降时（安全门、PCV阀拒动），没有按规程果断切断制粉系统，致使锅炉承压部件严重超温、超压。

3）安全阀及PCV阀维护及定期校验工作不到位，关键时刻拒动。

（2）1991年3月21日，某电厂锅炉小修结束，汽轮机超速试验完毕准备并网时，突然炉膛一声巨响，汽包水位直线下降无法控制，紧急停炉。检查发现前墙水冷壁爆管一根，爆口在卫燃带附近100cm处，爆口附近同一循环回路共有25根管产生不同程度的变形。经抢修更换爆破的和变形严重的水冷壁管14根。锅炉于24日再次点火，25日03:24带负荷40MW，主蒸汽压力9.3MPa，主蒸汽温度490℃，电接点水位计指示+30mm，炉内又发生一声巨响，汽包水位直线下降无法维持，再次紧急停炉。检查发现后墙水冷壁管一根爆破，爆口在卫燃带上方约80cm处，爆口周围10多根水冷壁管不同程度变形。

该案例具体原因分析如下：

两次爆管的情况基本相同，经检查外观爆口特征和金相分析，断定为短期超温爆管。事故是由于运行人员在锅炉启动过程中，两次未按规定清洗汽包就地水位计，而且未与电接点水位计核对，电接点水位计与就地水位计不符，而出现假水位工况未能及时发现，致使锅炉缺水短时严重超温爆管。

（3）2021年10月17日，某电厂机组C修后并网，17日18:29，负荷195MW，主蒸汽温度529℃。锅炉炉膛负压由-27Pa升至+400Pa，巡检人员立即就地检查，发现后屏过热器区域有明显泄漏声，经技术人员现场检查确认，为后屏过热器泄漏。

该案例具体原因分析如下：

锅炉在检修期间进行了后屏过热器换管工作，电厂在锅炉启动前对后屏过热器进行了上水查漏，启动过程中由于管屏内存水没有充分蒸干，管内形成水塞导致管子过热泄漏。

▶ **隐患排查重点**

（1）设备维护。

1）锅炉应配置必要的炉膛出口或高温受热面两侧烟温测点、高温受热面壁温测点，以加强对炉膛出口烟温及其偏差的监视调整。炉膛出口同一标高烟道两侧对称点间的烟温偏差不宜超过 50℃。

2）锅炉安全阀应每年至少校验一次；锅炉运行中不允许任意提高安全阀的整定压力或者使安全阀失效；检修、更换后安全阀，应校验其整定压力和密封性。

3）机组运行时锅炉主汽，再热冷、热段安全阀，PCV 阀等所有安全阀必须全部投入，严禁随意解列运行系统安全阀，防止系统超压。

4）检修及技术改造时应对要使用的锅炉受热面管材材质进行核查，确保材质耐受温度符合设计及运行要求。

5）高温受热面的壁温报警温度必须合理设定，需要充分考虑合理的高温抗氧化裕量。对出现超温问题的受热面，可适当增加壁温测点，或考虑增加炉内壁温测点对炉外测量值进行修正。

6）要制定防止作业工具、焊渣等异物进入锅炉管道而造成堵塞超温爆管措施。

7）应制定防止氧化皮堵塞超温爆管的措施。

（2）运行调整。

1）锅炉禁止缺水和超温超压运行，严禁在水位表数量不足（指能正确指示水位的水位表数量）、安全阀解列的状况下运行。

2）锅炉启停过程中应严格按厂家要求控制蒸汽温度、蒸汽压力变化速率。

3）锅炉运行中应对烟温偏差和受热面壁温进行监视调整，避免出现烟温偏差过大或受热面壁温超温情况。因燃烧原因造成局部受热面管壁超温时，可通过调整反切风摆角、改变磨煤机投运组合方式等手段消除或缓解受热面管壁超温问题。

4）机组调峰及变负荷运行的最大负荷变化率应经过机组负荷变动试验确定。机组在变负荷运行时，负荷变化率应控制在试验所确定的最大负荷变化率以内；应对燃料的阶跃变化量加以控制，严格控制锅炉蒸汽压力、蒸汽温度变化率在锅炉设计范围内。

5）严格按照规程规定的负荷点进行干湿态转换操作，并避免在该负荷点长时间运行。

6）机组自动方式下，协调控制系统出现异常，或燃料量计量异常导致自动控制系统性能下降，煤种、负荷变化不大的情况下，若煤量、给水量明显偏大，应解除自动，手动控制，防止超温超压。

7）锅炉超压水压试验和热态安全门校验工作应制定专项安全技术措施，防止升压速度过快或压力、温度失控造成超压超温现象。

8）应制定 PCV 阀开关试验计划，确保其可靠备用。运行中锅炉主汽出口压力超过安全门动作压力（含 PCV 阀）而安全门拒动同时手动 PCV 阀又无法打开时，应立即手动停炉。

9）锅炉的过热器、再热器、导汽管等应有完整的管壁温度测点，以便监视各导汽管间的温度偏差，防止超温爆管。在启动时，应监视水平烟道烟温，过热器、再热器管壁温度禁止超过规定值。

10）定期进行锅炉炉膛、烟道蒸汽吹灰，以消除热偏差，防止受热面局部超温。

11）要制定锅炉启动过程中防止受面内水塞造成超温爆管的措施。

12）机组大联锁应可靠投入，机组启动前应开展机组大联锁试验，若大联锁保护拒动时应立即手动停炉。

3.1.3 锅炉氧化皮事故案例及隐患排查

▶ **事故案例及原因分析**

（1）2014 年 4 月 22 日，某电厂锅炉（超超临界参数变压直流炉）正常运行，负荷 667MW，22 日 08:30，监盘人员发现"四管泄漏"光字牌报警，就地检查炉膛及烟道内有异音。技术人员到场确认锅炉高温过热器泄漏，监盘人员快速降压、减负荷，申请停机。

该案例具体原因分析如下：

泄漏点为高过弯头，根据爆口泄漏点表征现象观察，泄漏为短时过热造成。通过割管检查发现 U 型弯内部存在颗粒小、致密性好、容易结成团且不易被蒸汽带走的氧化皮，由于其堆积、堵塞管道，造成蒸汽流量降低，超温爆管。

（2）2018 年 11 月 27 日，某电厂超临界 350MW 机组正常运行中，当机组负荷升至 330MW，DCS 发出"四管泄漏"报警，锅炉专业人员现场倾听锅炉泄漏情况，在锅炉水平烟道左侧有明显的泄漏声，判断为锅炉过热器区域泄漏。

该案例具体原因分析如下：

锅炉泄漏点为锅炉屏式过热器弯头，爆口呈不规则菱形撕裂状，爆口较大，爆口边缘有明显减薄胀粗现象，爆口内壁存在纵向平行裂纹，符合短时过热特征。分析爆管由于管道内有异物堵塞造成短时超温过热，导致管材组织老化最终失效。因锅炉 4 月份进行金属检测时对屏式过热器、末级过热器、高温再热器管屏底部弯头进行了氧化皮剥落检测，发现有 136 个弯头存在氧化皮剥落堆积超标情况，本次停炉后又对屏过、末过、高再弯头进行氧化皮剥落检测，发现个别弯头氧化皮堆积严重，通过以上检查及检测判断爆口原因为氧化皮脱落堵塞弯头导致过热爆管。

▶ **隐患排查重点**

（1）设备维护。

1）高温受热面壁温报警值应依据受热面材质的实际抗蒸汽氧化性能进行设置。

2）对于受热面壁温测点布置不足的机组，应适当增加壁温测点，测点应定期检查校验，确保壁温测点的准确性。

3）减温水系统截止门应能够隔绝严密，防止停炉后减温水漏入高温受热面内引发受热面壁温突变，氧化皮脱落。

4)定期进行氧化皮检查检测清理工作，及时掌握高温受热面氧化皮的生成脱落状况。对于存在氧化皮问题的锅炉应开展过热器的高温段联箱、管排下部弯管和节流圈的检查，以防止由于异物和氧化皮脱落造成的堵管爆破事故。对弯曲半径较小的弯管应进行重点检查。对氧化皮堆积厚度超标的受热面管应进行割管清理。

（2）运行调整。

1）启动前严格按照规定进行系统冲洗，不盲目追求启动速度，各个阶段严控水质。

2）机组启动、停机过程中严格控制受热面温度、压力的变化率，尽量避免机组频繁启停，运行期间适当控制机组的负荷变化率。过热器、再热器减温水手动调整时应平稳操作，避免减温水量大幅度变化导致过热器、再热器管壁温度剧降，引起氧化皮脱落。

3）对于屏间热偏差较明显、个别管屏壁温在高负荷下易超温的锅炉，应通过调整燃尽风风门的开度、摆角等方式控制炉膛出口烟温偏差，降低高温受热面壁温峰值，以减缓氧化皮的生成。

4）对于存在氧化皮堆积问题的锅炉，机组启动并网前宜通过旁路对氧化皮剥落物进行蒸汽吹扫。

5）对于存在氧化皮的锅炉，停炉吹扫完成后，应闷炉密闭72h，严禁停炉后强制立即通风快冷。因抢修需要，闷炉密闭72h后需通风冷却时应控制各处受热面壁温下降速度小于1℃/min。

6）对受热面金属壁温的趋势和超温情况进行统计分析，根据受热面金属温度变化情况安排停炉后受热面内氧化皮的检查工作。

3.1.4 锅炉受热面吹损、磨损案例及隐患排查

事故案例及原因分析

（1）2013年4月15日，某电厂锅炉进行了程序控制吹灰，吹灰流程结束后运行人员巡检时发现锅炉R18吹灰器就地没有退到位，本体45m右侧省煤器出口处有异音及漏水。检修人员将R18吹灰器手动退到位时，省煤器出口处仍有异音、R18吹灰器与炉墙结合处有水汽喷出，判断为省煤器泄漏。

该案例具体原因分析如下：

经对R18半伸缩式吹灰器运行状况进行分析，R18半伸缩式吹灰器在运行过程炉内卡涩约1m。吹灰器由于限位开关故障，吹灰器卡涩未退到位，而巡检人员在吹灰过程中未对吹灰器运行状况进行现场确认，没有及时发现R18吹灰器未退到位，吹灰器长时间吹损省煤器管壁导致泄漏。

（2）2014年1月4日，某电厂运行人员巡检过程中发现锅炉甲侧低温再热器处受热面有漏汽声，经检修确认为锅炉低温再热器泄漏。停炉后检查发现锅炉本体标高约29m处甲侧低温再热器第二段第四排三根弯头泄漏。

该案例具体原因分析如下：

1）再热器泄漏点位于侧墙与后墙夹角处，此处存在烟气涡流，因长期飞灰磨损造成再热器弯头侧面泄漏。

2）因锅炉燃用低热值高灰分烟煤，灰分严重偏离锅炉设计值，导致飞灰磨损加剧，是本次泄漏的次要因素。

（3）2021年10月12日，某电厂运行人员巡检时发现锅炉A侧23m省煤器处有轻微异音，检查盘面各项参数，未发现明显异常。检修部排查人员发现省煤器下部烟道有水滴出，确认省煤器发生泄漏，向省调申请滑停。机组停运后检查发现锅炉西侧包覆墙

耐磨料脱落 $1m^2$，耐磨料北侧包覆的隔墙省煤器西数第一根管有一喇叭形爆口，爆口高度距离联箱引出管管口以上 30cm 左右，边缘锋利，西数第二根管相同高度位置也有明显外部减薄痕迹。

该案例具体原因分析如下：

隔墙省煤器西数第一、二根管正常情况下应被侧墙耐磨料包覆（因泄漏原因已导致耐磨料脱落），从西数第三根开始安装了梳形板，尾部烟道的烟气向下流动到达梳形板后，由于梳形板的存在，导致烟气转向，向侧面横向冲刷，因为侧墙耐磨料和隔墙省煤器第一、二根管之间存在微小缝隙，从而在缝隙中形成了烟气走廊。当烟气挡板处于关闭状态时，烟气携带灰尘长时间冲刷隔墙省煤器第一、二根管，导致隔墙省煤器第一根泄漏。

▶ 隐患排查重点

（1）设备维护。

1）采用螺旋水冷壁的锅炉检修期间重点检查冷灰斗对角磨损情况，宜考虑在鳍片处增加高出管子的填隙块，以控制炉渣沿冷灰斗斜坡下滑时的速度，减缓冲刷磨损。

2）消除炉墙各处的漏风，以防止漏风造成其周围受热面磨损。易出现漏风的区域包括人孔门、观火孔等不严密处，燃烧器墙箱浇注料，冷灰斗斜坡与侧墙交汇处等部位。

3）循环流化床锅炉炉膛宜设置多阶式防磨梁，以降低贴壁流的灰浓度与速度，减缓水冷壁的磨损速率。

4）循环流化床锅炉检修期间应对二次风喷口、给煤口、排渣口等部位浇注料进行检查，发现浇注料有脱落的应采取全面拆除方式，重新敷设浇注料，并在敷设过程中注意对浇注料抓钉、销钉焊接，浇注料浇注施工、浇注料烘干保养等工艺质量全程控制。

5）对于循环流化床锅炉，检修期间重点检查以下区域水冷壁磨损情况：①炉膛下部敷设的高温耐磨、耐火材料与光管水冷壁过渡区域的管壁；②进料口、旋风分离器进出口处水冷壁管；③炉膛密相区浇注料与水冷壁分界四角、让位管部位，密相区炉拱分隔墙前、后墙弯管部位；④布风板水冷壁。

6）布置在尾部烟道的受热面，管排间距应均匀，防止形成烟气走廊。尾部受热面磨损部位主要集中在靠近包墙／中隔墙等易产生烟气走廊的位置，尾部烟道最上排管组烟道前后墙处应装设烟气阻流板，最上组迎烟面第一排直管应全部加装防磨罩，其余各管组迎烟面第一排弯头处加装防磨罩。防磨罩与包墙／中隔墙的间距（膨胀间隙）应符合设计要求，防止热态膨胀造成碰磨。检修期间重点对靠近后包墙受热面弯头、每组受热面上部管子表面的磨损情况进行检查，对防磨罩、阻流板变形、歪斜、烧损进行修复或更换，检查蛇形管排卡子是否脱落、错位或被烧损断裂，必要时修复或更换夹板。

7）检修期间重点对中隔墙过热器下联箱与中隔墙鳍片缝隙进行检查，视其磨损情况加装浇注料，以消除中隔墙下联箱两侧的压力差，防止联箱出现磨损。检修期间重点检查吊挂管与顶棚管穿墙碰磨情况、蛇形管排穿墙管部位（尤其是穿中隔墙处部位）的磨损情况，并对穿墙管部位炉墙耐火保温脱落情况进行检查修复。

8）检修期间重点检查管卡与管子碰磨、管子之间碰磨情况，对设计不合理的管卡进行改型，对存在管子间碰磨的地方增加防磨块或防磨护瓦。

9）蒸汽吹灰器提升阀后吹灰压力应符合制造厂家要求，应定期开展蒸汽吹灰器吹灰压力的整定工作，并保留吹灰压力的整定记录；宜在吹灰器提升阀后加装压力表，一方面吹灰操作时可监督吹灰压力是否正常；另一方面可监视提升阀是否存在内漏。

10）蒸汽吹灰疏水管道坡度应符合设计要求，疏水系统应采取温度自动控制，不应采取时间控制策略。疏水温度的设定应符合制造厂家的要求，并高于吹灰器提升阀后蒸汽吹灰压力对应的饱和温度。

11）短式吹灰器检修后，应手动将喷管伸入炉膛测量喷嘴中心与水冷壁的距离，保证距离符合设计规范；短式吹灰器喷管及内管与水冷壁角度应保持垂直。

12）检修期间应对于燃烧器周围水冷壁管、吹灰器周边管子、曾经发生过涡流冲刷或烟气走廊冲刷磨损的部位进行重点检查。

（2）运行调整。

1）高温受热面存在结渣、搭桥现象时，应及时通过调整吹灰频次、升降负荷扰动、控制结渣特性较强的入炉煤掺烧比例等方式控制结渣情况，必要时限负荷运行，防止高温受热面搭桥形成烟气走廊，局部烟气流速升高造成高温受热面磨损。

2）蒸汽吹灰器应设置电动机过流报警。吹灰器投运及退出应进行现场确认，以便及时发现吹灰器卡涩、进汽门关闭不严等问题。运行中遇有吹灰器卡涩、不能正常退出时，应维持其汽源正常，及时将吹灰器退出并关闭进汽门，避免吹损受热面。

3.2 ▶ 锅炉燃烧系统事故隐患排查

3.2.1 锅炉灭火及内爆事故案例及隐患排查

▶ 事故案例及原因分析

（1）2015年12月17日，某电厂锅炉（WGZ1053-17.5/2型亚临界自然循环锅炉）炉膛掉焦，负压由-68Pa下降至-1484Pa又上升至+3713Pa，锅炉MFT动作，锅炉灭火，首出"炉膛压力高（保护定值：+2000Pa延时2s）"。

该案例具体原因分析如下：

为降低燃料成本，电厂采购了部分高结渣特性原煤替代阳煤火车原煤与煤泥按照2:3的比例掺配加入D原煤仓，加之2013年低氮燃烧器改造后炉膛本身的结渣倾向性会有所增强，煤种改变后未进行燃烧调整试验，导致炉膛结渣、掉焦，引起锅炉燃烧不稳灭火，炉膛负压保护动作。

（2）某电厂机组为 140MW 燃煤发电机组，锅炉为上海锅炉厂制造的 SG-435/13.7-M766 超高压，单炉膛，自然循环，一次中间再热汽包炉。采用切圆燃烧，固态排渣，露天结构布置。原设计煤种为贫瘦煤，2012 年进行了燃烧烟煤改造。2017 年 1 月 24 日，机组负荷 90MW，供热抽汽 30t，氧量 4.4%，燃烧调整无操作，炉膛负压突然由 -50Pa 升至 +320Pa，3s 后降至 -700Pa，"失去全部火焰"信号发出，锅炉 MFT。

该案例具体原因分析如下：

根据煤炭市场变化和煤场存煤情况，锅炉燃烧煤种由挥发分 33% ～ 39% 烟煤逐渐下降为挥发分 19% 左右的贫瘦煤。由于煤质挥发分低，炉膛着火距离拉长，着火不稳，未完全燃烧煤粉产生爆燃，造成锅炉运行时炉膛负压波动。在炉膛负压波动干扰情况下，喷燃器脱火，锅炉无火 MFT 动作。

（3）某电厂机组为 350MW 超临界机组，锅炉型号 HG-1110/25.4-YM3，超临界变压运行直流炉。制粉系统采用中速磨正压冷一次风直吹系统，2018 年 11 月 2 日 11:59，机组负荷 158MW，机组 TF 模式，A1、C2、E4 火检频繁摆动、燃烧不稳。投入 A、B、C 三层等离子稳燃，13:30，C、E 制粉系统间歇断煤，剩余 A、B、D 煤层运行，负荷急剧下降，所有火检频繁摆动，炉膛负压在 -334 ～ 178Pa 之间大幅摆动。13:46，负荷下降至 51MW，锅炉 MFT，首出全炉膛无火。

该案例具体原因分析如下：

1）入炉煤品质恶化，后经化验热值 2700kJ 左右，造成锅炉燃烧不稳定，锅炉重新点火过程中，使用 A、B 煤仓煤点火均未成功，只能将 A、B 煤仓近 200t 煤人工放空，重新上煤点火。

2）电厂燃煤品种较多，配煤掺烧工作经验不足，造成 C、E 制粉间歇断煤，导致燃烧恶化。

（4）2017 年某电厂 660MW 机组在满负荷运行时，因发电机故障跳闸，锅炉 MFT 联锁保护动作，一次风机、磨煤机、给煤机全停，送、引风机维持运行，锅炉 MFT 触发时炉膛负压为 -24Pa，送风机、引风机均在自动控制状态。因引风机静叶开度关小较慢，锅炉 MFT 触发 16s 后，炉膛压力降至 -4000Pa，导致除尘器出口烟箱向内变形、除尘器出口烟道膨胀节处撕裂。

该案例具体原因分析如下：

锅炉引风机自动调节速度过慢，且未设置锅炉负压大联跳引风机联锁逻辑。除尘器烟箱及膨胀节强度未达到锅炉设计要求。

▶ **隐患排查重点**

（1）设备维护。

1）对于折焰角严重积灰的机组，应结合锅炉特性择机在折焰角处加装蒸汽吹灰器、定向吹灰器或风帽吹灰器等清灰装置。机组检修期间应对折焰角积灰进行清理。

2）应完善火焰检测与保护逻辑。发生火焰检测信号晃动时，应进行现场实际看火，对火焰检测信号的准确性进行判断，优化火焰检测参数设置，提高火焰检测可靠性，杜绝漏看和误看现象。

3）100MW 及以上等级机组的锅炉应装设锅炉灭火保护装置。该装置应包括但不限于以下功能：炉膛吹扫、锅炉点火、总燃料跳闸、全炉膛火焰监视和灭火保护功能、总燃料跳闸首出等。

4）炉膛设计瞬态压力不应低于 ±9.8kPa。从送风机出口一直到烟囱所有的风道及烟道，在设计时均应考虑炉膛承受瞬态设计压力时烟道所受到的压力。无论何种原因使引风机选型点超过 -9.8kPa，炉膛设计瞬态负压都应考虑予以增加。

5）对进行脱硫、脱硝、烟气余热利用、分级省煤器等改造的机组，应核算尾部烟道负压承受能力，对强度不足部分应进行重新加固。

6）锅炉防内爆保护系统必须配备的联锁参照热工反事故措施相关章节执行，并应符合 DL/T 435《电站锅炉炉膛防爆规程》防内爆的规定。当所有送风机跳闸时，应触发总燃料跳闸，并触发引风机控制装置超驰动作，所有送风机挡板应在开启位置，但其开度应避免由于风机惰走对风道产生较高的风压，并按紧急停炉的要求处理。当所有引风机事故跳闸时，应触发总燃料跳闸及所有送风机跳闸，缓慢全开所有烟、风道挡板，以建立尽可能大的自然通风。但开挡板时，应避免由于引风机惰走对烟道产生较大的负压，并按紧急停炉的要求处理。

7）机组新投产、锅炉检修、风机执行器及风门挡板有重大检修后，应做好系统传动试验。应开展静态试验检查风机联锁条件、风机调节挡板的执行器动作及快速调节性能，MFT、RB 联锁条件及功能、跳闸条件触发风机控制装置超驰动作功能。

8）冷态试验时，应重点检查机组 RB 等异常工况下引风机挡板、动叶调节性能以及锅炉 MFT 炉膛压力偏差大时的风机控制装置超驰动作功能。

9）当引风机挡板、动叶执行机构调节性能及风机控制装置超驰动作功能不满足防止锅炉内爆要求时，应及时进行改造。在执行机构问题设备改造前，应制定防止锅炉内爆的技术措施，并组织实施预防事故演练。

10）如果引风机压头过高，宜采取在引风机入口烟道增加防爆门或引风机烟气再循环旁路等措施，以应对系统负压过大的问题，确保锅炉系统安全。

（2）运行调整。

1）电厂应结合设备的实际状况，依据 DL/T 435 中有关防止炉膛灭火放炮的规定，制定防止锅炉灭火放炮的措施，措施应包括煤质监督、混配煤、燃烧调整、深度调峰及低负荷运行等内容，相应措施应严格执行。

2）电厂应完善配煤管理和煤质分析，及时将煤质情况通知运行人员，做好调整燃烧的应变措施。

3）配煤时，当不同入厂煤挥发分 V_{daf} 相差大于 15% 时，应进行试烧试验，无烟煤与褐煤不应掺配。燃用混煤造成燃烧不稳或锅炉灭火时，应对混煤的煤源情况进行追溯。

4）新炉投产、锅炉改进性大修后或入炉燃料与设计燃料有较大差异时，应进行燃烧调整试验。

5）应通过试验确定锅炉深度调峰运行稳燃安全边界，并制定可靠的稳燃运行技术措施。当深度调峰运行出现燃烧不稳或达到稳燃安全边界时，应及时调整燃烧或投入稳燃系统。深度调峰工况不应采取煤质特性差异较大的煤种掺烧运行。

6）掺烧劣质煤时，应设置燃烧器稳燃层，稳燃层宜燃用着火特性较好的煤种以提高炉内燃烧稳定性。当稳燃层燃烧器对应磨煤机检修时，应根据其他投运层燃烧器燃烧状况，适时投入稳燃设施。

7）采用水力除渣系统的锅炉，应制定措施防止水封破坏造成冷风大量漏入炉膛。

8）应制定防止原煤仓堵煤措施，完善原煤防堵设施，将给煤机堵煤、断煤报警信号应引至 DCS。

9）锅炉低于最低稳燃负荷运行、入炉煤质变差影响燃烧稳定性、断煤时，应及时投入稳燃系统稳燃。

10）燃油、燃气速断阀应定期试验，确保动作正确、关闭严密；锅炉点火系统应可靠备用。定期开展油枪清理和油枪投入试验、等离子拉弧工作，确保油枪动作可靠、雾化良好，锅炉低负荷或燃烧不稳时能及时投用助燃。

11）重视锅炉掉大渣对燃烧稳定性的影响。通过燃烧器切换、负荷扰动、增加结渣区域吹灰频次等运行调整方式控制锅炉结渣，防止锅炉掉焦造成灭火。

12）锅炉运行中严禁随意退出锅炉灭火保护。因设备缺陷需退出部分锅炉主保护时，应严格履行审批手续，并事先做好安全措施。严禁在锅炉灭火保护装置退出情况下进行锅炉启动。

13）优化自动控制策略。完善协调控制策略，避免变负荷时燃料量、风量大幅扰动；提高自动控制水平，保证机组异常工况下汽包水位、炉膛压力、水煤比等重要参数的自动调节；完善制粉系统 RB 功能，建立利用停机机会开展制粉系统 RB 实际动作试验的机制，确保在给煤机、磨煤机或给粉机跳闸时，自动完成锅炉稳燃和重要参数的调整。

14）完成灵活性改造的锅炉，应通过燃烧调整确认深度调峰工况下主辅机运行方式，并建立相应的风煤比、一次风压、二次风量、直流燃烧器摆角或旋流燃烧器旋流强度等参数的控制策略，完善深度调峰运行措施和应急预案。锅炉所有保护和自动投入率不应因深度调峰运行而降低。

3.2.2 锅炉爆燃事故案例及隐患排查

▶ ▬▬ 事故案例及原因分析 ▬▬

（1）某电厂锅炉为超高压一次中间再热自然循环汽包锅炉，型号为 HG-670/140-HM12 型。锅炉配有 6 套直吹式制粉系统分别对应炉膛一角、六角布置切圆燃烧，每角有 3 层煤粉燃烧器，在 2、5 号角各安装 4 套微油点火装置。2010 年 7 月 13 日锅炉启动过程中，2、5 号角共 8 套微油装置投入，2、5 号磨煤机入口高温炉烟管道微油装置及 5 号角中、下层微油装置运行稳定，其他微油装置运行均不稳定，2 号角下层、5 号角上层共 2 套微油装置因故障退出运行。此时，锅炉主蒸汽压力为 0.42MPa，主蒸汽温度为 150℃，因炉膛燃烧工况差，蒸汽温度、蒸汽压力数分钟未见提升，为加强燃烧，运行人员投入 5 号大油枪时，锅炉发生爆燃，MFT 动作，MFT 首出为"炉膛压力高"。经检查，炉膛压力最高至 3071Pa（炉膛压力保护定值为 1200Pa），爆燃点在 5 号燃烧器至折焰角附近。爆燃造成锅炉后墙水冷壁在标高 37～40m 共 6 根水冷壁管变形（甲侧 2 根、乙侧 4 根）及相应鳍片损伤，标高 40m 有 2 处刚性梁铰连接开裂，省煤器灰斗前侧板开裂。

该案例具体原因分析如下：

1）锅炉启动时采取微油点火，投入 8 套微油装置，由于煤质水分大，煤粉不易引燃，导致多数微油装置运行不稳定，炉膛燃烧工况差。其中，2 号角下层、5 号角上层微油装置频繁停运，最终退出运行。在此工况下，进入炉膛的煤粉燃尽率低，没有燃烧的煤粉积存在炉膛内，为爆燃埋下隐患。

2）锅炉点火启动阶段的炉膛灭火保护功能存在缺陷。炉膛灭火保护功能投入，但没有强制吹扫功能。每次微油灭火保护动作切断燃料后，再启动微油点火之前，对炉膛的吹扫靠人工进行，存在随意性。微油灭火保护功能不能有效发挥灭火保护作用。

3）由于炉膛燃烧工况差，煤粉燃烧不充分，部分时段炉膛已濒临灭火状态，运行人员没有认真检查与判断，没有认识到炉膛存在积粉爆燃的危险，为提高炉膛温度，促进燃烧，投入 5 号大油枪，造成炉膛爆燃。

（2）2015 年 6 月 21 日 15:26，某电厂机组调试过程中，锅炉吹扫后点火，先后启动 4A、4B 磨煤机及等离子点火。18:28，4B 磨煤机异常跳闸报警，炉膛压力为 -900～803Pa，经确认为施工单位人员就地将事故按钮急停（就地漏粉大）。4B 磨煤机跳闸后，炉膛负压频繁波动，调试人员和运行人员加强监视运行。18:53:40，炉膛压力突降至 -2204Pa，引风机动叶自动闭锁，手动调整炉膛压力至正常值，4A 磨煤机等离子火焰电视显示 4 个角无火，调试人员检查火焰电视。18:55～18:56:42，运行人员调整 4A 磨煤量由 66t/h 至 34t/h；18:57:24，炉膛压力突升为 4398Pa（满表），锅炉 MFT 动作。就地检查发现锅炉 SCR 下部烟道左侧墙爆开，前墙变形，内部支撑结构塌落，相邻 A 送风风道保温受冲击受损。

该案例具体原因分析如下：

18:53:40，炉膛压力为 -2122Pa，火焰电视显示无火，4A 磨煤机各角火检模拟量回零，锅炉已经灭火。锅炉灭火后，监盘人员判断错误，没有立即手动 MFT，4A 磨煤机继续向炉膛内连续供粉。18:57:20，4A 磨煤机等离子拉弧着火，导致炉膛及尾部烟道悬浮煤粉发生爆燃。

（3）某电厂机组为 350MW 超临界供热机组，锅炉为哈尔滨锅炉有限责任公司生产的超临界变压直流炉，锅炉型号为 HG-1163/25.4-PM1。锅炉本体型式采用 II 型布置、单炉膛、一次中间再热、平衡通风、露天布置、固态排渣、全钢构架、全悬吊结构、前后墙对冲燃烧方式，5 层燃烧器，每层 4 只三井巴布科克公司引进技术制造的 LNASB 燃烧器，分前三层、后两层布置在炉膛前后墙上，在煤粉燃烧器的上方前后墙各布置 2 层燃烬风。制粉系统为 4 运 1 备，额定出力 44.57t/h。2016 年 2 月 28 日，22:14:41，机组负荷 160MW，按省调负荷指令机组进入深调工况。23:08:04，机组负荷 108MW，炉膛压力 -111 Pa，炉膛氧量持续升高至 7.99%，局部燃烧不充分，火检闪烁。检查风烟系统各风门挡板开度正常，各风机动叶跟踪正常，风压、风量正常，判断入炉煤质变差，手动投入 A1 油枪稳燃，油枪投入正常。23:08:08 炉膛压力 -161Pa，氧量 7.99%，手动投入 A3 油枪稳燃，油枪投入正常。23:08:12 炉膛压力从 -118.68Pa 开始下降，23:08:26 降至 -1339.71Pa。D4、A4、A3、D2、D3、B1、B4、B2、B3 煤火检有火信号逐个消失。23:08:29 手动投入 A4 油枪稳燃，油枪投入正常，A4 煤火检有火信号恢复。23:08:35A2 煤火检有火信号消失。炉膛压力 -988Pa，氧量 7.89%，手动投入 A2 油枪，投入正常。23:08:41 炉膛压力 -317Pa，氧量 7.96%，手动投入 D2 油枪，投入正常。23:08:51 炉膛突冒正压，"炉膛压力高高"保护动作，机组跳闸。

该案例具体原因分析如下：

保护动作前，锅炉运行氧量持续升高、工业电视火焰闪烁，随后相继投入 A1、A3、A4、A2 微油油枪稳燃，但锅炉运行氧量未降低，炉膛负压持续降低至 -1339.71Pa，多个火检相继消失，根据以上现象分析判断有数支燃烧器相继灭火，炉膛内部煤粉不断聚集并在投油助燃过程中局部爆燃，触发"炉膛压力高高"保护动作。

▶ **隐患排查重点**

（1）设备维护。

1）锅炉灭火保护装置投运正常，装置至少应具有炉膛吹扫、锅炉点火、主燃料跳闸、全炉膛火焰监视和灭火保护、主燃料跳闸首出等功能，保护逻辑应符合 DL/T 435 相关要求。

2）锅炉灭火保护装置和就地控制设备电源应可靠，电源应采用两路 220V AC 供电电源，其中一路应为交流不间断电源，另一路电源引自厂用事故保安电源。当设置冗余不间断电源系统时，也可两路均采用不间断电源，但两路进线应分别取自不同的供电母线，防止因瞬间失电造成失去锅炉灭火保护功能。

3）加强锅炉灭火保护装置的维护与管理，防止发生火焰探头烧毁和污染失灵、炉膛负压管堵塞等问题，确保锅炉灭火保护装置可靠投用。

4）油枪及等离子点火设备应能随时正常投用，火检装置灵敏可靠，确保不发生灭火保护误动或拒动。

5）加强点火油、气系统的维护管理，消除泄漏，防止燃油、燃气漏入炉膛发生爆燃。燃油、燃气速断阀要定期试验，确保动作正确、关闭严密。

（2）运行调整。

1）规程应依据 DL/T 435 制定包括但不限于煤质监督、混配煤、燃烧调整、低负荷运行等内容的防止锅炉灭火放炮的措施。

2）运行中严禁随意退出锅炉灭火保护。

3）点火油、气系统的维护管理工作应纳入日常工作计划，定期进行燃油、燃气速断阀试验。

4）锅炉启动点火或锅炉灭火后重新点火前，必须对炉膛及烟道进行充分吹扫。

5）点火初期应确认从主燃烧器喷入炉膛的燃料已点燃。在启动初期炉膛稳燃条件达到之前，禁止将无点火枪支持的不燃烧煤粉送入炉膛。

6）当锅炉已经灭火或全部运行磨煤机的多个火检保护信号频繁闪烁失稳时，严禁投油枪、微油点火枪、等离子点火枪等引燃。当锅炉灭火后，要立即停止燃料（含煤、油、燃气、制粉乏气风）供给，严禁用爆燃法恢复燃烧。

7）油枪投用时应就地严密监视油枪雾化和燃烧情况，发现油枪雾化不良应立即停用，并及时检修消缺。

8）对于循环流化床锅炉，锅炉启动前或总燃料跳闸、锅炉跳闸后应根据床温情况严格进行炉膛冷态或热态吹扫程序，禁止采用降低一次风量至临界流化风量以下的方式点火。

3.2.3 锅炉尾部再燃烧事故案例及隐患排查

▶ **事故案例及原因分析**

（1）2017 年 5 月 26 日 14:46，某电厂机组因锅炉承压部件爆管紧急停机。5 月 27 日 01:10，运行人员打开锅炉各人孔通风冷却。01:40，运行人员在打开二级省煤器人孔时，发现内部有明火，立即汇报并关闭所有已打开的人孔。02:10，打开人孔门检查时烟道内向外冒火无法靠近，要求启动引风机运行。02:23，引风机启动，通过人孔门观察二级省煤器内部燃烧剧烈，且有部分管排烧红变形。02:28，使用消防水进行灭火，此时省煤器管排已有塌落现象，运行人员停止引风机运行。02:40，在场人员继续用消防水进行灭火。灭火过程中，由于烟气及消防水产生的大量蒸汽阻挡视线，且人孔门处向外冒火，人员无法靠近，再次启动引风机。04:15，检查时发现 2 号除尘器内部着火，立即组织进行扑救。05:00，尾部烟道及除尘器内明火全部扑灭。

该案例具体原因分析如下：

5 月 26 日 14:15，炉膛压力突然大幅升高，监盘人员判断锅炉爆管并按下紧急停机按钮。由于 MFT 总联锁保护解除，炉膛压力高保护无法触发 MFT 动作连跳送风机（送风机继续运行 3 分 50 秒后运行人员手动停止）及上给料系统设备，导致炉膛较长时间高压运行，大量燃料进入尾部烟道。停炉后进入尾部烟道的燃料温度逐渐升高，达到燃点后开始自燃，当打开人孔通风后发生剧烈燃烧。

（2）某电厂锅炉空气预热器为哈尔滨锅炉厂配供的三分仓回转式空气预热器，每台锅炉配备 2 台，型号为 33-VI（T）-2200-QMR。2011 年 6 月 8 日锅炉试运点火启动。6 月 9 日 13:31，运行巡检人员发现 B 空气预热器顶部扇形板保温岩棉冒烟，就地值班人员及时进行了灭火。随后，B 空气预热器主电机跳闸并联启辅助电机。其后运行人员进行主、辅电机切换，主电机启动失败；再切至辅助电机运行，辅助电机运行 3min 后跳闸。停炉处理，隔绝 B 空气预热器，开各侧人孔门进行自然冷却；21:30，B 空气预热器从玻璃观察孔内看到火星掉落，确认 B 空气预热器二次风侧内部已着火，立即投入空气预热器吹灰器，并开启二次风热端人孔门向空气预热器内部喷消防水进行灭火。灭火后检查此次 B 空气预热器着火事故共造成传热元件损坏 149 组。

该案例具体原因分析如下：

1）空气预热器换热元件上存有未完全燃烧的燃料附着物是造成本次事故的主要原因。此次点火期间辅助蒸汽压力偏低（0.66 ~ 0.7MPa，设计压力 0.8 ~ 1.2MPa），使得蒸汽雾化油枪的燃油雾化效果降低，燃烧不良，大量未完全燃烧燃料在经过空气预热器换热元件时产生积聚，增加了附着物在高温下自燃的风险。

2）因辅助蒸汽压力低，导致空气预热器吹灰效果差，不能有效清除换热元件上的未完全燃烧物，是本次着火事故的重要原因。

3）扇形板上部保温棉冒烟着火是本次事故的重要诱发因素。施工人员加注润滑油期间未做好注油时的防护和清理工作，致使油渍洒落在保温岩棉上。试运行期间岩棉内的油渍因温升着火导致经过此处的主电机动力电缆和辅助电机控制电缆烧坏，引发主、辅电机故障停运。相继的电机故障使空气预热器在烟气侧加温后不能旋转到空气侧进行换热，引发因受热不均匀导致局部膨胀、变形，最终因力矩过大而手动盘车失败。空气预热器无法换热导致烟气侧温度急剧上升并引燃积聚物。

4）运行人员发现二次风温异常未能引起足够重视，也是造成本次着火事故的原因之一。着火区在二次风侧，空气预热器火灾报警装置未能发出报警信号（报警测点设计安装在烟气侧）；从 DCS 曲线可以看出：锅炉灭火后，B 预热器热二次风出口温度一直缓慢上升，虽然运行人员发现 B 侧空气预热器热二次风温度异常，但未能引起足够的重视。

▶ 隐患排查重点

（1）设备维护。

1）回转式空气预热器应设独立的主辅电机、盘车装置、火灾报警装置、入口烟气挡板、出入口风挡板及相应的联锁保护。基建机组首次点火前或空气预热器检修后应逐项检查传动火灾报警测点和系统，确保火灾报警系统正常投用。

2）回转式空气预热器应设有完善的消防系统，在空气及烟气侧应装设消防水喷淋水管，喷淋面积应覆盖整个受热面。

3）回转式空气预热器应配套设计完善、合理的吹灰系统，冷热端均应设吹灰器。

4）基建或检修期间，不论在炉膛或者烟风道内进行工作后，必须彻底检查清理炉膛、风道和烟道，并经过验收，杜绝风机启动后杂物积聚在空气预热器换热元件表面上或缝隙中。

5）锅炉采用少油/无油点火技术进行设计和改造时，应考虑实际燃用煤质特性，保证锅炉少油/无油点火的可靠性和锅炉启动初期燃尽率以及整体性能。

6）锅炉尾部有非金属防腐内衬的部位，检修时有动火操作，必须有相应的防火措施并严格执行。

（2）运行调整。

1）锅炉启动点火或锅炉灭火后重新点火前必须对炉膛及烟道进行充分吹扫，防止未燃尽物质聚集在尾部烟道，造成再燃烧。火焰监测保护系统点火前应全部投用，严禁退出火焰监测保护系统和随意修改逻辑。

2）采用少油/无油点火方式启动锅炉机组，应保证入炉煤质符合锅炉设计要求，调整煤粉细度和磨煤机通风量在合理范围，控制磨煤机出力和风、粉浓度，使着火稳定和燃烧充分。

3）采用少油/无油方式启动的机组，机组启动初期，锅炉负荷低于25%额定负荷时，空气预热器应连续吹灰；当低负荷煤、油混烧时，空气预热器应连续吹灰；锅炉负荷大于25%额定负荷时至少每8h吹灰一次。

4）若锅炉较长时间低负荷燃油或煤油混烧，可根据具体情况利用停炉机会对回转式空气预热器受热面进行检查，重点是检查中层和下层传热元件，若发现有残留物积存，应及时组织进行水冲洗。

5）采用少油/无油点火方式启动锅炉机组，投入油枪或等离子后应就地确认运行正常，投粉后确认燃烧良好。

6）运行规程应明确省煤器、脱硝装置、空气预热器等部位烟道在不同工况的烟气温度限制值。运行中应加强监视回转式空气预热器出口烟风温度变化情况，当烟气温度超过规定值、有再燃前兆时，应立即停炉，并及时采取消防措施。

7）干排渣系统在低负荷燃油、等离子点火或煤油混烧期间，应安排专人就地监控，防止锅炉未燃尽的物质落入排渣机钢带后发生二次燃烧，损坏钢带。

8）对于安装在锅炉脱硝系统与除尘器间的烟气余热利用装置，在低负荷阶段有少油/无油助燃装置投运或煤油混烧期间，烟气余热利用装置必须加强吹灰，监控装置前后阻力及烟气温度，防止装置管排间有未燃尽物质积存燃烧。对于布置烟气余热利用装置的烟道中容易积灰的位置应设计除灰系统，并及时排灰，防止沉积。

3.2.4 锅炉严重结渣事故案例及隐患排查

▶ 事故案例及原因分析

（1）某电厂锅炉为美国ABB－CE公司（美国燃烧工程公司）生产的亚临界一次再热强制循环汽包锅炉，额定主蒸汽压力17.3MPa，主蒸汽温度540℃，再热蒸汽温度540℃，主蒸汽流量2008t/h。1993年3月6日起该锅炉运行情况出现异常，为降低再热器管壁温度，喷燃器角度由水平改为下摆至下限。3月9日后锅炉运行工况逐渐恶化。3月10日事故前一小时内无较大操作。事故发生时，集中控制室值班人员听到一声闷响，集中控制室备用控制盘上发出声光报警："炉膛压力高高""MFT"（主燃料切断保护）、"汽轮机跳闸""旁路快开"等光字牌亮。就地检查，发现整个锅炉房迷漫着烟、灰、汽雾，人员根本无法进入，经戴防毒面具人员进入现场附近，发现炉底冷灰斗严重损坏，呈开放性破口。事故后对现场设备损坏情况检查后发现：21m层以下损坏情况自上而下趋于严重，冷灰斗向炉后侧例呈开放性破口，侧墙与冷灰斗交界处撕裂水冷壁管31根。

立柱不同程度扭曲，刚性梁拉裂；水冷壁管严重损坏，有 66 根开断，炉右侧 21m 层以下刚性梁严重变形，零米层炉后侧基本被热焦堵至冷灰斗，三台碎渣机及喷射水泵等全部埋没在内。炉前侧设备情况尚好，磨煤机、风机、烟道基本无损坏。事故后，清除的灰渣 934m³。

该案例具体原因分析如下：

事故的主要原因是锅炉严重结渣。事故的主要过程是：严重结积渣造成的静载加上随机落渣造成的动载，致使冷灰斗局部失稳；落渣入水产生的水汽，进入炉膛，在高温堆渣的加热下升温、膨胀，使炉膛压力上升；落渣振动造成继续落渣使冷灰斗失稳扩大，冷灰斗局部塌陷，侧墙与冷灰斗连接处的水冷壁管撕裂；裂口向炉内喷出的水、汽工质与落渣入水产生的水汽，升温膨胀使炉膛压力大增，造成 MFT 动作，并使冷灰斗塌陷扩展；三只角隅包角管先后断裂，喷出的工质量大增，炉膛压力陡升，在渣的静载、动载和工质闪蒸扩容压力的共同作用下，造成锅炉 21m 以下严重破坏和现场人员重大伤亡。因此，这是一起锅炉严重结渣而由落渣诱发的机械热力破坏事故。

（2）2010 年 5 月 5 日，某电厂夜班人员接班后发现锅炉捞渣机几乎无焦拉出，随后检查 3m 层冷灰斗，发现 B 侧冷灰斗较黑无光亮，A 侧及中间冷灰斗光亮暗淡，分析冷灰斗积焦严重且搭桥；04:30 降负荷至 230MW 运行；09:00，打开 6.3m 及 12.6m 人孔门，发现均被焦渣封堵，人工处理无效；13:20，被迫停炉进行人工除焦。

该案例具体原因分析如下：

煤质变化，炉膛温度升高后流稀焦，运行人员没有发现炉膛结渣的异常情况并采取有效的调整措施；随着结渣情况的加重，渣量逐渐减少，直至几乎无渣拉出，但运行人员没有意识到引起渣量减少的真正原因，也没有认真分析，最终导致冷灰斗上方水冷壁收口处四角堆积形成搭桥，将冷灰斗上部封死，造成被迫停炉除焦。

▶ 隐患排查重点

（1）设备维护。

1）在锅炉燃烧器的安装、检修和维护期间，应确认安装角度、燃烧器定位和间隙等尺寸与设计值一致，炉内动力场分布均匀。

2）应做好磨煤机定期检修维护工作，分离器运行正常，保证磨煤机出力和煤粉细度正常。检修期间应检查燃烧器及烟风煤粉管道、调节挡板等设备状况，消除燃烧器及挡板变形、损坏、堵灰等问题。

3）加强氧量计、一氧化碳测量装置、风量测量装置及二次风门等锅炉燃烧监视、调整相关设备的管理与维护，形成定期校验制度，确保其指示准确，动作正确，避免在炉内形成整体还原性气氛，从而加剧炉膛结渣。

（2）运行调整。

1）新炉投产、锅炉改进性大修后或入炉燃料与设计燃料有较大差异时，应进行燃烧调整试验，确定一/二次风量、风速、合理的过剩空气量、主燃烧器风量与燃尽风量比例、炉膛/风箱差压、配风方式、磨煤机投运方式、风煤比、煤粉细度、燃烧器倾角、摆角或旋流强度及不投油最低稳燃负荷等。

2）建立新煤种掺配试烧制度。掺烧新煤种或煤质偏离锅炉设计煤质较大、本厂无燃烧调整经验时，应组织或委托有能力的试验单位进行配煤掺烧试验，确定最佳掺配方案，明确锅炉运行控制指标和操作注意事项，指导运行人员操作调整。

3）入厂煤应提供灰成分分析报告、灰熔点测试报告，进行入炉煤煤质分析，发现易结渣煤质时，应及时通知运行人员。

4）煤质变化时要认真分析炉膛温度等各项参数的变化，及时采取有效的调整措施，防止结渣。

5）建立常态化看火、看焦机制。

6）根据受热面积灰沾污情况制定合理的吹灰器运行管理规定，严格按照吹灰器运行管理规定的要求执行吹灰操作。

7）对于煤灰成分分析中钾、钠金属含量较高的煤种，为避免炉膛出口下游对流受热面结渣，应通过掺烧低钾、低钠煤等措施改善其沾污特性，并通过配煤掺烧试验确定钾、钠金属含量较高的煤种在不同负荷的掺烧比例。

8）对于存在结渣问题的机组，在配煤掺烧控制基础上，应综合运用吹灰、燃烧器切换、缩短负荷扰动周期、峰谷负荷升降等运行措施进行除焦。

9）循环流化床锅炉启动过程中应通过调整一次风量保证锅炉处于临界流化状态以上，运行中应通过风量及循环灰量控制调节床温，及时排渣避免大颗粒物料的堆积结渣。

10）受热面及炉底等部位严重结渣，影响锅炉安全运行时，应立即停炉处理。

3.2.5　锅炉受热面高温腐蚀事故案例及隐患排查

▶ 事故案例及原因分析

某电厂锅炉为哈尔滨锅炉厂生产 HG-1025/17.5-PM32 型锅炉。型式为亚临界自然循环、单炉膛∏型布置、平衡通风、正压直吹四角切圆燃烧、一次中间再热、露天布置固态排渣燃煤炉。炉架采用全钢架结构，燃用晋东南贫煤。2018 年 5 月 13 日 23:29，机组负荷 283 MW，主蒸汽压力锅炉 A、B、C 磨运行，主蒸汽压力 17.1 MPa，主 / 再热汽温度 535.5/535 ℃，23:29:03，炉膛压力开始持续变正，火焰监视电视画面明暗交替，值班人员立即调整风机出力、维持负压。运行人员相继投入 AA1、AA3 油枪，但未检测到火检信号。23:29:42，锅炉 MFT 跳闸发出，汽轮机、发电机跳闸，首出原因"炉膛火焰丧失"。

该案例具体原因分析如下：

锅炉 MFT 跳闸发生时，主给水流量增大至 905 t/h。就地检查，锅炉 14m 层 1 号、2 角看火孔处炉墙内，有明显的泄漏声音，判断水冷壁爆漏导致煤层火焰丧失、无火保护动作。停炉后入炉检查发现水冷壁泄漏点位置为 B 侧墙水冷壁 C 层喷口（标高 25m）南数第 41 根管道泄漏，该区域水冷壁管高温腐蚀痕迹明显。5 月 18 日进入炉内测厚检查，爆口点左右水冷壁管共计 40 根减薄小于 4mm，需更换，最小减薄至 1.3mm。

上次检修防爆防磨检查对该区域进行了检查测厚，管壁腐蚀减薄不超标，判断此区域上次检修后高温腐蚀加剧，原因主要是主燃烧器区域燃烧有偏差，炉内燃烧存在向右墙偏斜情况，导致右墙水冷壁高温腐蚀严重。锅炉泄漏前半年内入炉煤硫分平均值远高于锅炉设计值，加剧水冷壁管道高温腐蚀。

▶ **隐患排查重点**

（1）设备维护。

1）锅炉设计时，应根据煤质特性采取必要的防止锅炉受热面高温腐蚀的技术措施。当设计煤质硫分高于 0.7% 时，需要考虑改善壁面气氛的配风设计。当设计煤质硫分高于 1.2% 时，炉膛水冷壁应设计防腐蚀喷涂层。当燃用煤质硫分较高、灰分的碱金属氧化物含量高于 4% 时，应针对过热器、再热器受热面高温腐蚀问题进行专项设计。

2）在锅炉检修期间应做好水冷壁高温腐蚀情况检查、测厚和记录，及时更换腐蚀减薄超标的管子。

3）存在高温腐蚀的锅炉应对严重腐蚀区域进行防腐喷涂。喷涂施工应选择质量可靠、工艺先进的喷涂服务单位，以保证喷涂质量和使用寿命（至少 3～5 年）。

4）检修期间应加强对燃烧器、所有风门挡板等燃烧系统部件的检查维护工作。条件允许时，应重新定位调整燃烧器及导流筒，确保各部位间隙均匀、符合制造厂要求。

5）对于采用贴壁风技术的锅炉机组，其风源应取自大风箱风门挡板前或一次风。

6）对于腐蚀严重的切圆燃烧锅炉，采取防腐喷涂不能取得预计效果的，宜采取调整二次风射流偏转角度、设置贴壁风、减小切圆直径等技术措施。

7）燃用高钾、钠煤的锅炉应控制其掺烧比例，停机期间注意对高温受热面硫酸盐腐蚀情况进行检查。燃用生物质的锅炉，停机期间应对过热器、再热器腐蚀情况进行检查，及时更换腐蚀严重的受热面。

（2）运行调整。

1）锅炉改燃非设计煤种时，应全面分析新煤种高温腐蚀特性，并采取针对性措施。掺烧高硫煤或煤质硫分偏离锅炉设计值较大时，应进行掺配试验，确定最佳掺配比例及掺烧后对锅炉运行的影响，明确锅炉运行控制的主要指标和操作注意事项。

2）控制入炉煤煤质均匀，具备条件的电厂应控制入炉煤硫分低于 0.7%；掺烧高硫煤时，具备条件的电厂应进行炉外混煤。

3）合理分配主燃烧区域和燃尽风区域风量，避免主燃烧区域过度缺氧燃烧。对于单个旋流燃烧器配风调整，应降低靠近两侧墙燃烧器外二次风旋流强度，改善侧墙处还原性气氛。

4）对于直流燃烧器锅炉，在掺烧硫分较高煤种时，应通过适当加大周界风、偏置二次风风量，以及适当降低空气分级程度等措施，改善水冷壁近壁区域还原性气氛。

5）锅炉采用主燃区过量空气系数低于 1.0 的低氮燃烧技术时应加强贴壁气氛的监视，$O_2 > 2\%$ 且 $CO < 2000\mu L/L$，或者水冷壁附近 H_2S 含量低于 $100\mu L/L$ 时一般不发生水冷壁高温腐蚀。

6）对于直吹式制粉系统机组，如粉量偏差大于25%，应通过增加煤粉分配器等必要的技术措施加以改善。

7）运行人员应根据煤质特性通过改变磨煤机风量、分离器转速、分离器挡板开度等方式控制合适的煤粉细度。

3.3 ▶ 制粉系统事故隐患排查

3.3.1 锅炉制粉系统爆炸事故案例及隐患排查

▶ **事故案例及原因分析**

（1）某电厂制粉系统采用直吹式中速磨，设计煤种挥发分为33.4%烟煤，2012年12月21日，锅炉E磨煤机因缺陷跳闸，磨煤机长时间停运处理缺陷。缺陷处理完毕后启动E磨煤机，磨煤机启动过程中就地巡检汇报E磨煤机风道处有爆破声，监盘人员立即手动停止E磨煤机运行。就地检查发现E磨煤机热一次风气动插板门损坏，磨煤机入口风道处破损漏风。

该案例具体原因分析如下：

E磨煤机故障紧急停运造成磨煤机内部积粉，由于没有及时充惰，磨煤机内部积粉自燃导致磨煤机内部温度较高（磨煤机内部无温度测点），当开启一次风挡板进行磨煤机吹扫启动过程中，可燃气体和煤粉发生自燃爆炸。

（2）2014年3月15日，某电厂3月15日锅炉启动点火，磨煤机全部处于停运状态；14:12开启逐步启动各磨煤机，21:05巡检发现锅炉房内有焦糊味，经检查于22:00发现焦糊味为F磨煤机1号拉杆处散发，拆除保温后发现有煤粉堆积并已开始着火，立即使用消防水进行降温，并清理煤粉，此时F磨煤机还未投运。

该案例具体原因分析如下：

经调查DCS曲线发现，13:06锅炉F磨煤机热一次风调节挡板开度由0%开至30%；21:34，此调节挡板开度又由30%关至0%，同时开启F磨煤机冷一次调节挡板至100%。锅炉启炉过程中，监盘人员未对停运设备进行监控，F磨煤机一直处于停运状态，热一次风调节门在点火之前被运行人员开至在30%的位置，且持续时间为8小时28分钟，运行人员没有发现该异常情况。磨煤机内大量灌入热风，使磨煤机本体温度升高，由于温度过高造成磨煤机1号拉杆上密封损坏，使磨煤机内部残留煤粉顺拉杆上密封处吹出，由于本体表面有保温及铁皮防护，使其在保温处堆积着火。

（3）某电厂锅炉系英国Babcock公司生产的亚临界参数自然循环汽包锅炉，为一次中间再热、单汽包、单炉膛、"W"火焰燃烧方式、平衡通风、露天布置、煤粉锅炉。锅炉配备双进双出磨煤机正压直吹式制粉系统。2020年12月7日22:02:37，锅炉C磨煤机出口温度自动控制，非驱动端出口温度从73.4℃突升至305.7℃，非驱动端混合风压 4.28kPa 无变化。22:03，消防蒸汽自动投入，立即安排巡检人员就地检查磨煤机运行情况，22:04:36，非驱动端出口温度降至 284.4℃，22:04:55，非驱动端出口温度再次上涨并离线。停运 C 磨煤机，机组减负荷至 7MW，打闸停机。就地检查发现 2C 磨煤机非驱动端旁路挡板处管道出粉侧穿孔起火，导致区域内部分电缆烧损。

该案例具体原因分析如下：

1）机组停运原因：C 磨煤机非驱动端旁路挡板管道（出粉侧）穿孔起火，导致区域内部分电缆受高温烧损，致使 DCS 画面汽包水位、给水流量、蒸汽流量参数显示异常，汽包水位无法监视和控制，打闸停运。

2）C 磨煤机非驱动端起火原因：C 磨煤机非驱动端旁路挡板处管道内部水平段存在积粉，加之旁路挡板关闭不严，旁路挡板后的温度升高，导致干燥无灰基挥发分 38% 左右积粉自燃。

（4）2014 年 10 月 6 日，某电厂锅炉制粉系统爆炸，爆炸造成煤粉喷出至磨煤机上方电缆上并引发着火，信号电缆着火短路造成炉膛压力低信号发出，保护动作，锅炉 MFT。

该案例具体原因分析如下：

由于运行人员调整操作不规范，采取关小一次风门调整磨煤机通风出力和长时间降低磨煤机出力的运行方式，造成一次风管中积存煤粉，积粉发生自燃，引起制粉系统爆炸。

隐患排查重点

（1）设备维护。

1）制粉系统设计时，除无烟煤外的其他煤种应采取防爆措施，若设计入炉煤为混煤时，防爆设计按照挥发分较高煤种进行设计。制粉系统防爆措施应包括提高设备的抗爆压力、采用惰性气体、装设爆炸泄压装置等。

2）制粉系统重要监视表计应配置齐全，磨煤机出口温度、通风量、密封风压差、煤量低、磨煤机及给煤机、降负荷等报警和保护齐全合理，中间储仓式制粉系统的粉仓和直吹式制粉系统的磨煤机出口应设置足够的温度测点和温度报警装置，并定期进行校验。

3）防爆门应设置在靠近被保护设备或管道上，其爆破口或门板的位置应便于监视和维修。条件限制导致防爆门安装在磨煤机出口的，应制定防爆门内部积粉自燃的防范措施。

4）检修期间重点检查磨煤机内部是否存在死角，并进行清理修复。

5）燃用高挥发分烟煤或褐煤磨煤机关断风门漏风隐患治理，确保磨煤机跳闸时风门能够可靠切断供风。

6）制粉系统着火时，禁止使用射水流、灭火器或其他可能引起煤粉飞扬的方法消除或扑灭厂房或设备内部的自燃煤粉层，应用干砂掩埋或用喷雾水来熄灭。

7）禁止磨煤机运行时进行动火作业。停运磨煤机进行动火作业时，应有可靠的安全隔离措施并且履行相应手续。

8）煤粉仓投运前应做严密性试验，合格后方可投运。

9）应采取喷雾加湿、机械除尘等方式降低输煤系统煤粉浓度。大量放粉或清理煤粉时，应采用加湿、接粉（给粉机掏粉时）等方式避免扬尘。

10）输煤皮带层应有通风装置，严防煤粉积聚、浓度过高引发爆炸。

11）煤粉仓、制粉系统和输煤系统附近应有消防设施，并备有专用的灭火器材，消防系统水源应充足、水压符合要求。

12）应对煤粉管道、阀门连接、磨煤机顶部等部位漏粉重点检查，避免造成煤粉积聚或自燃。

13）运煤系统各建筑物（输煤栈桥、地下卸煤沟及转运站、碎煤机室、拉紧装置小室、驱动站、圆筒仓、煤仓间带式输送机层等）的地面宜采用水力清扫。煤仓间带式输送机层不宜水冲洗部位的积尘应采用真空清扫，禁止采用压缩空气吹扫积聚的煤粉和将清扫的煤粉直接倒入未运行的皮带。

（2）运行调整。

1）机组启动点火时，制粉系统的充惰系统及消防水系统应可靠备用，机组运行中应定期进行维护和试投。制粉系统因故障跳闸应及时进行充惰并严密监视制粉系统各处温度，防止积粉自燃。

2）制粉系统的联锁保护必须正常投入，特别是当磨煤机跳闸时，必须检查给煤机是否正常联跳。

3）运行人员应及时了解燃煤煤质特性，并根据煤质特性及时进行运行制粉参数调整，特别是磨煤机出口温度应控制在标准范围内。

4）机组运行中应严密监视制粉系统各烟风挡板位置正确，制粉系统各参数在正常范围内。

5）直吹式制粉系统燃用高挥发分烟煤及褐煤时，特别注意预防启停过程中制粉系统爆炸事故。启停磨煤机时应保证吹扫时间不少于规程规定值（一般不少于10min），确保磨煤机内部无残留煤粉。启停磨煤机操作中增减煤量应平稳，禁止煤量大幅度波动。停磨煤机操作中减小煤量的同时注意控制冷热风比例，以保证磨煤机出口温度在规定范围，并对制粉系统进行充分吹扫。磨煤机着火或爆炸时，立即通入灭火蒸汽并停运磨煤机，关闭其所有的出入口风门挡板、密封风门以隔绝空气后续定时，通入蒸汽直至各处温度能降至环境温度。

6）制粉系统运行中应控制适宜的煤粉风速，以防止因风速偏低煤粉管道内积粉着火。对于采用热风送粉系统，在锅炉任何负荷下，从一次风箱到燃烧器和从排粉机到乏气燃烧器之间的管道，流速不低于25m/s；对于采用干燥剂送粉系统和直吹式制粉系统，在锅炉任何负荷下，煤粉管道流速不低于18m/s。

7）巡检时注意对磨煤机本体、防爆门、风粉管道、膨胀节等区域漏粉情况进行检查，及时消除漏粉点，并对相应区域的管道保温进行更换。

8）磨煤机大修前应烧空煤仓，内部存粉全部清出。

9）严格执行定期降粉制度和停炉前煤粉仓空仓制度。

10）定期进行煤场测温工作，有煤堆自燃时应及时处理，禁止将自燃煤通过输煤系统送至原煤仓。

11）磨煤机运行及启停过程中应严格控制磨煤机出口温度不超过规定值。

3.3.2　锅炉断煤断粉事故案例及隐患排查

▶　**事故案例及原因分析**

（1）某电厂机组负荷 153MW，B、C、D、E 4 套制粉系统运行，送风引、引风机、一次风机运行，23:01 B 制粉系统突然断煤，立即投入给煤机振打装置，但仍不下煤，立即通知检修处理。启动 B 层、C 层等离子稳燃（C2、C3 拉弧失败），此时 C 制粉系统也发生断煤。给煤机转速自动快速增加。将 A 制粉系统通风，准备启动 A 制粉系统。23:03，B、C、D、E 火检开始大幅度摆动。23:04，锅炉 MFT，首出"全炉膛无火"。

该案例具体原因分析如下：

由于煤炭资源紧张，为保证机组稳定及经济效益，电厂对国煤、褐煤、地煤、煤泥等经济煤种进行有效掺烧，但由于电厂处于高寒地区，冬季温度很低，造成入炉煤冻结严重，中心给料机断煤。虽然有煤斗振打等防堵煤措施，但上 4 层粉运行时，B、C 磨同时发生断煤，导致炉膛燃烧不稳，造成火检摆动，触发全炉膛无火，锅炉 MFT。

（2）2019 年 2 月 15 日，某电厂因降雪造成入炉煤湿度较大，下煤不畅导致锅炉 4、5、6 号制粉系统燃烧不稳失去火焰检测跳闸，汽包水位快速下降，处理过程中汽包水位上升至 +300mm，"汽包水位高高"保护动作，锅炉 MFT。

该案例具体原因分析如下：

1）因降雪导致入炉煤下煤不畅，部分制粉系统因火检失去而跳闸。

2）运行人员事故处理经验不足，快速降负荷过程中因锅炉水位高导致 MFT。

（3）2019 年 3 月 20 日，某电厂机组负荷为 215MW，稳定运行，因 C 原煤仓中落入防尘网，造成 C 给煤机下降管堵煤跳闸，C 磨煤机出力迅速下降。事故处理期间，汽包水位调整不及时，造成水位高保护动作，机组跳闸。

该案例具体原因分析如下：

1）煤仓中因有异物造成一台制粉系统堵煤，出力大幅下降。

2）运行人员事故处理经验不足，汽包水位调整过程中因锅炉水位高导致 MFT。

▶　**隐患排查重点**

（1）设备维护。

1）对黏性大、有悬挂结拱倾向的煤，原煤仓的出口段宜采用内衬不锈钢板、光滑阻燃型耐磨材料或不锈钢复合钢板；宜装设预防和破除堵塞的装置。对于频繁发生蓬煤堵煤的机组，宜进行相关改造，如可选择扩大落煤口的小煤斗设计、中心给料机以及回转式清堵机。

2）冬季应对原煤仓做好防风防寒措施，防止掺烧高水分煤种时原煤冻结，导致下煤不畅。

3）注意对输煤系统防尘网、原煤仓内衬板牢固性进行检查，防止松脱堵塞落煤口造成断煤。

4）定期对煤量信号和断煤信号进行检查，防止信号不准确对控制系统的逻辑判断造成影响，给运行人员操作造成误判。

（2）运行调整。

1）上煤加仓时，针对不同煤质及煤中水分等采取不同加仓方式，如煤中水分较高时，宜采取半仓上煤方式，防止给煤系统堵塞。雨雪天气下上煤时应将煤堆上层湿煤推开或转移，晾晒后再进行上煤。不得将冻硬成块的煤进仓，特别是雨雪天气要尽量使用干煤棚中的煤。巡检时加强给煤机皮带上来煤状况的检查，判断原煤是否潮湿或有无冻硬结块现象。

2）对于掺烧煤泥的电厂应注意对入厂煤泥水分进行监视，根据原煤仓结构特性控制高水分煤泥掺烧比例。对于无晾晒设施的电厂应杜绝高水分黏结性大的煤泥入厂，必要时入厂煤泥最大含水量应经过试验确定。

3）做好锅炉因断煤断粉引起燃烧不稳事故处理相关预案，提高运行人员事故处理能力，避免因燃烧不稳或水位等原因锅炉 MFT。

4）定期进行油枪、等离子维护，检查等离子阴极头、阳极头的运行情况和寿命；定期进行油枪试投及等离子拉弧试验，确保低负荷期间助燃系统能够及时投入。

3.3.3 锅炉制粉系统设备事故案例及隐患排查

▶ 事故案例及原因分析

（1）2018 年 3 月 26 日，某电厂机组负荷为 350MW，炉 PC A 段至炉保安 MCC 段进线开关 B1239 跳闸，炉 PC B 段至炉保安 MCC 断进线开关 B1249 联合，所有磨煤机油泵跳闸未重启，所有运行磨煤机跳闸，锅炉 MFT。

该案例具体原因分析如下：

经检查发现，在电源切换过程中 2、3、4、5、6 磨煤机油泵跳闸，磨煤机油系统电动机保护器设置了失压重启动功能，但由于电动机保护器采集精度低，没有采集到失压，失压重启动没有动作，延时 30s，所有运行磨煤机失去润滑油跳闸，锅炉"失去所有燃料"MFT 动作。

（2）2012 年 4 月 17 日，某电厂机组负荷为 200MW，4 号磨煤机液压油压力由 8.3MPa 降至 5.0MPa，DCS 操作员站液压油系统故障报警发出。就地检查发现 4 号磨煤机液压油管路接口处喷油，磨煤机磨辊不在加载位置，后因主蒸汽、再热蒸汽温度急剧下降，机组被迫打闸停机。

该案例具体原因分析如下：

经解体确认为液压油系统接头 O 型密封圈老化，造成喷油，磨煤机液压油压力低导致制粉系统运行不正常，主再热汽温低，被迫打闸停机。

▶ 隐患排查重点

（1）设备维护。

1）重视制粉系统的磨煤机、给煤机、油站等设备电源、电动机、控制箱的检修维护以及保护逻辑排查，防止电控设备故障导致制粉系统异常。

2）定期抽查磨煤机旋转分离器动叶轮固定螺栓的疲劳情况，对启停频繁的磨煤机，应缩短检查周期。

3）运行中如发现磨煤机电动机电流明显异常，石子煤量较大时，应及时安排磨煤机停运，并重点对磨辊、衬板磨损情况进行检查。

4）定期对磨辊的转动情况进行检查，按照厂家说明书规定的周期要求进行磨煤机磨辊油位、油质检查。

5）定期更换磨煤机液压油系统接头密封圈，防止密封圈老化造成油系统渗漏。

（2）运行调整。

1）应严密监视磨煤机振动状况，如振动异常时应采取及时调整煤量、液压加载力、分离器，如调整后振动仍偏大应及时停磨检查。

2）应定期检查磨煤机油站油箱油位，油位异常时及时进行漏点检查，重点对油管路接头处漏油进行检查。

3）对于钢球低速磨应定期对磨煤机喷油装置进行检查，喷油量和喷油间隔符合要求。

3.4 ▶ 风烟系统事故隐患排查

3.4.1 风机异常事故案例及隐患排查

3.4.1.1 风机油站漏油事故案例及隐患排查

▶ **事故案例及原因分析**

2014年7月21日，某电厂5号机组负荷165MW，19:00，2号引风机控制油系统漏油严重，20:30，油站油位明显下降，大量油从液压控制油管外部顺着油管流出，立即对油站进行加油，油位继续下降，无法维持风机正常运行，23:40，降负荷至165MW，停2号引风机。因2号引风机出口处返烟严重，09:10，继续降负荷至70MW，进行风机揭盖检查发现机壳内有大量油渗漏但是不能确定漏点，15:30，2号引风机动叶控制油管漏油缺陷暂时无法处理，维持单侧引风机带负荷运行，5号机负荷带至165MW，待停机机会进行处理。

该案例具体原因分析如下：

2号引风机油站漏油是由于泄漏油管堵塞导致风机动叶调整控制油液压缸溢油造成，油站内大量控制油溢出，油位下降快无法维持风机正常运行。油管堵塞位置位于油管变径焊口处，管子内部有块状杂物和油泥等将管子堵死，焊口内部有焊瘤，油管通径变细，只有正常管径的一半。由于该泄漏油管在设备安装过程中焊接工艺较差，焊瘤造成油管焊接部位变细，在运行中轴承箱内部杂质通过油循环在此处沉积，最终造成管子堵塞，致使风机机壳内部液压油缸大量溢油。

▶ **隐患排查重点**

（1）设备维护。

1）按照标准要求制定完善的焊接工艺卡，加强对焊接质量的验收，对焊口应开展100%射线探伤。

2）检修期间应对风机润滑油管、液压油管各接头连接可靠性进行检查，按照检修工艺及时更换密封件。

3）应对风机壳内液压油进油管、回油管、泄油管之间碰磨情况进行检查。

（2）运行调整。

1）加强对风机油质监测，定期进行取样化验，如果出现异常应及时滤油或更换。

2）加强对风机油站油位的监视，保证油位在正常范围内，当油位快速下降时，做好单侧风机跳闸的应急预案。

3.4.1.2 风机油站油泵电源配置不合理事故案例及隐患排查

▶ **事故案例及原因分析**

2019年7月11日，某电厂7号机组负荷600MW，引风机、送风机、一次风机、空气预热器、ABCDE磨煤机运行。主蒸汽压力27.88MPa、主蒸汽温度585℃、给水流量1797t/h，总风量2212t/h，送风机润滑油压0.25MPa。锅炉配备一台100%容量电动送风机，配有集中式润滑油站、控制油站，润滑油站配有两台润滑油泵，一运一备。09:38:12，送风机1号润滑油泵跳闸。09:38:15，润滑油供油母管压力由0.25MPa降至0.05MPa。09:38:20，送风机跳闸，锅炉MFT动作，首出"送风机跳闸"。

该案例具体原因分析如下：

两台油泵控制电源由同一路空开控制，并且多级重复配置，回路存在隐患。控制电源总开关"K6"机械特性不可靠，长时间带电运行后发生机械脱扣，造成润滑油站控制电源失电，导致1、2号润滑油泵控制回路同时失电，运行的1号润滑油泵跳闸，备用的2号润滑油泵联启不成功，导致润滑油压低，延时5s送风机跳闸，锅炉MFT动作。

▶ **隐患排查重点**

（1）设备维护。

风机油站两台油泵电源应取自不同的供电母线。

（2）运行调整。

定期开展油泵切换试验，及时发现存在的安全隐患。

3.4.1.3 机出入口挡板门卡涩事故案例及隐患排查

▶ **事故案例及原因分析**

（1）2015年2月17日，某电厂5号机组负荷220MW，AGC、RB正常投入，2、3、4、5号磨煤机运行，1号磨煤机备用。08:25:10，2号密封风机跳闸，1号密封风机联启正常,入口电动挡板未联开,远方手动开启无效,立即投下、中层油枪稳燃,就地手动开启入口电动挡板,但开启过程中机械卡涩;08:26:25,2、3、4、5 号磨煤机全部跳闸,锅炉 MFT 保护动作,锅炉灭火,MFT 首出为"火焰丧失"。

该案例具体原因分析如下:

2 号密封风机跳闸,1 号密封风机联启后入口电动挡板存在机械卡涩导致过力矩保护动作未能联锁开启,致使密封风压降低,火检失去冷却风,磨煤机全部跳闸,锅炉 MFT。

(2) 2020 年 10 月 11 日,某电厂 5 号机组负荷 207MW,05:00:39,"B 一次风机变频器故障"语音报警发出,B 一次风机变频电流、变频器出力参数点显示故障,风机出口挡板门关闭,出口风压下降,风机变频器故障跳闸,切工频不成功。因机组负荷低于 210MW,RB 保护未动作。05:01:02,立即投入 AA 层 1 号、3 号油枪稳燃,A 一次风机自动增加出力至 50Hz,一次风母管压力快速下降,A、B 密封风机联启,关闭 B 一次风机入口调节挡板过程中,火检信号相继丧失,炉膛压力最低降至 -2696Pa。05:02:39,MFT 动作,锅炉灭火、汽轮机跳闸、发电机解列,厂用电切换正常。首出原因"炉膛压力低低"。

该案例具体原因分析如下:

B 一次风机变频器控制柜失电原因为变频器内部 UPS 故障,控制电源失电导致变频器工控机、PLC 均失电,变频器跳闸且无法切工频运行、无法联跳 6kV 开关。DCS 的变频电流、频率、变压器温度反馈均为坏点,风机出力丧失。B 一次风机出口挡板门卡涩未完全关闭,致使一次风母管大量漏风,一次风压力快速下降,各磨煤机一次风管不出粉、火检信号相继丧失,炉膛压力低低保护动作,触发锅炉 MFT。

▶ **隐患排查重点**

(1) 设备维护。

1) 检修期间对风机进 / 出口挡板门进行检查,发现卡涩、开度与指令不一致的及时修复,保证入口挡板门开关灵活、可靠。

2) 应在烟风系统挡板轴端头做好与实际位置相符的永久标识,以便运行巡检时及时发现设备问题。

(2) 运行调整。

1) 严格按照《设备定期切换及轮换管理制度》要求定期开展设备切换工作,及时发现设备存在的缺陷、故障和异常隐患并进行处理。

2) 对于采用变频器的风机,应重点巡视变频器冷却风扇、空调系统工作情况,加强变频器的运行维护,风机变频改造后的机组必须进行相应的 RB 试验。

3.4.1.4 风机振动大事故案例及隐患排查

▶ **事故案例及原因分析**

(1) 2015 年 11 月 13 日,某电厂 2 号机组负荷 167MW,21、22、24、25 号磨煤机运行,21、22 号引风机和 21、22 号送风机运行,21、22 号引风机处于自动状态,

21、22 号引风机电流分别为 90A、89A， 21、22 号引风机变频器开度均为 80%，21、22 号送风机处于手动状态，燃料量 112.2t/h。18:00:16，21 号引风机电动机前轴承振动值突升至 16mm/s，21 号引风机跳闸（引风机振动保护定值：振动值不小于 10mm/s，延时 10s）。22 号引风机变频指令由 80% 升至 100%，输出电流由 90A 升至 143A。18:01:16，22 号引风机电动机前轴承振动值达 12mm/s，22 号引风机跳闸，锅炉 MFT 保护动作，2 号机组停运。

该案例具体原因分析如下：

引风机采用单点保护不可靠，21 号引风机振动探头特性不好，输出异常，导致前轴承振动值突升至 16mm/s，造成 21 号引风机跳闸；22 号引风机未进行满负荷试验，在工频、进出口挡板全开状态下振动严重超标导致 22 号引风机跳闸，引风机全停，锅炉 MFT。

（2）2017 年 10 月 8 日，某电厂 7 号机组负荷为 495MW，A 引风机单侧运行（B 引风机因叶片断裂返厂检修），08:35:04，A 引风机振动突升，保护动作跳闸（风机水平振动最大 22.4mm/s，垂直振动最大 15.5mm/s；保护值 10mm/s 与 6.3mm/s），锅炉 MFT，跳闸首出"引风机全停"。11:20，检查发现 A 引风机第一级叶片有一片断裂，其他叶片有不同程度的受损变形，与 B 引风机叶片断裂情况完全相同。

该案例具体原因分析如下：

叶片质量存在问题，表面存在浅层裂纹，运行中逐渐发展导致断裂，A 引风机叶片断裂造成 A 引风机振动超标、保护动作跳闸，由于当时 B 引风机故障检修，两台风机全停，机组停机。

（3）2018 年 12 月 1 日 12:56:11，某电厂 1 号机组 B 汽动引风机后轴 X、Y 方向振速快速增大。13:00:26，后轴 X、Y 方向振速分别为 4.0mm/s、6.3mm/s，之后振速大幅度波动，13:32:19，后轴 X、Y 方向振速分别达到 10.4mm/s、12.6mm/s，13:33:29，后轴 X、Y 方向振速已达到振速测量量程 20mm/s，随后风机跳闸。由于风机振动保护未投入，导致风机驱动端振动达到跳闸值时，振动保护未动作。风机侧振动突增导致小汽轮机轴承振动大保护动作，汽动引风机跳闸。

该案例具体原因分析如下：

B 引风机为静叶可调轴流式引风机，采用小汽轮机驱动，为增加叶片的固有频率，避免运行过程中叶片共振，引风机每个叶片的中部边缘开设凹槽，凹槽内放置调频环，调频环由圆钢弯曲制成，与叶片组通过焊接固定。引风机调频环与叶片焊接处存在应力集中缺陷，运行中风机转速随负荷波动，叶片缺陷处受交变应力作用发生疲劳断裂，叶片断裂造成风机振动增大。

▶ **隐患排查重点**

（1）设备维护。

1）加强对引风机振动探头的检查维护，提高振动探头的可靠性。

2）完善风机振动保护逻辑，增加振动保护测点数量，采取"三取二"或"二取二"的方式设置保护逻辑，避免出现单点保护。

3）新更换风机叶片验收中除监督厂家提供的原材料质量证明文件外，必要时应增加表面探伤、硬度和金相检测，风机叶片的防磨堆焊层不应有未熔合、裂纹等缺陷。

4）对于汽动静叶可调轴流式引风机，应重视对风机调频环与叶轮处的焊缝检测，发现焊缝异常及时进行处理。

（2）运行调整。

1）日常运行中定期对风机振动进行测量，加强风机振动的监视。

2）风机存在振动异常时及时填写缺陷单，制定防范风机振动异常造成机组非停的应急处理措施。

3.4.1.5　风机液压缸故障事故案例及隐患排查

事故案例及原因分析

2018 年 12 月 13 日，某电厂 4 号机组负荷 640MW，10:23:50，B 一次风机电流为 326A，动叶执行机构反馈 0%。10:23:55，A 一次风机电流为 51A，动叶执行机构指令及反馈均为 0%，一次风母管压力为 11kPa，10:26:13，B 一次风机 6kV 开关反时限保护动作跳闸，10:26:21，手动停运磨煤机 D，10:26:25，磨煤机 A、B 跳闸（一次风量低跳闸），10:26:28，磨煤机 C 跳闸（一次风量低跳闸），10:26:29，锅炉 MFT，首出为"全燃料丧失"。

该案例具体原因分析如下：

一次风机 B 动叶全开，一次风母管压力高，自动调节关小一次风机 A 动叶至 0，一次风机 B 6kV 开关反时限保护动作跳闸，所有磨煤机因一次风流量低跳闸，全燃料丧失导致 MFT。就地操作一次风机 B 动叶执行机构时，电动头及连杆转动正常，但是动叶并不跟随执行机构转动，对一次风机后开缸检查后发现，实际动叶在 100% 全开（厂家机械限位）位置，判断该液压缸故障。进一步对液压缸解体后发现反馈齿条内部轴承损坏，液压缸无自锁功能，由于当时机组在加负荷，风机动叶就一直开大直至全开位置。

隐患排查重点

（1）设备维护。

1）检修期间应重点对反馈杆支撑轴承、密封组件、滑块磨损情况、推杆及铜套磨损情况进行检查、更换，对动叶调节执行机构与液压缸输入轴之间的传动部件进行全面检查，及时安排液压缸返厂检修。

2）检修期间进行风机动叶的全行程开关试验，对动叶角度进行测量校准，检查机械开度与反馈开度的一致性。

3）风机外送检修时，应制定质量控制标准及验收项目，并安排人员进行检修过程的质量监督（现场见证、跟踪及验收）。

（2）运行调整。

1）机组停运期间做好风机停运后的定期试转和保养工作，应定期启动油站、活动风机叶片。

2）加强风机油质监督，定期进行取样化验，防止由于油质变差引起液压缸伺服阀活塞、轴承发生磨损。

3）对风机最大开度进行限位，并做好相应的联锁保护，防止风机电机超额定电流。

3.4.1.6 风机执行器连接机构松脱事故案例及隐患排查

▶ 事故案例及原因分析

2017年3月26日，某电厂1号机组负荷180MW，A、B、E磨煤机运行，17:34:05，一次风机电流由138A突升到391.5A，风压由6.53kPa上升到7.25kPa，17:34:43，风压达14.33kPa，一次风压大幅波动，随后B、A、E磨煤机相继跳闸，17:34:45，一次风机跳闸（单系列布置），锅炉MFT，首出为"失去全部火焰"。

该案例具体原因分析如下：

一次风机动叶执行器拐臂连接锁紧螺母松动，造成拐臂脱落，风机动叶失去牵引动力，动叶产生摆动，风压波动，磨煤机出力不稳，引起锅炉燃烧不稳，B、A、E磨煤机因丧失火焰跳闸，锅炉MFT。

▶ 隐患排查重点

（1）设备维护。

1）风机执行器连接机构检修或更换后，应对螺母、销钉紧固情况进行复查。

2）机组检修期间对风机执行器连接机构处螺母、销钉进行紧固，螺纹旋入长度及锁紧螺母应旋进到位，存在腐蚀的销钉应及时更换成耐磨耐腐蚀材料销钉。

（2）运行调整。

运行中加强对风机执行器连接机构可靠性巡视检查，发现松动时及时对系统进行隔离，对松动部位进行紧固。

3.4.1.7 误碰风机事故按钮事故案例及隐患排查

▶ 事故案例及原因分析

2018年12月18日，某电厂1号机组负荷504MW，协调控制方式，主蒸汽压力25.8MPa，主蒸汽温度561℃，再热器温度555℃，汽动引风机、送风机、一次风机运行，A、B、C、D、E磨煤机运行，给煤量183 t/h，给水流量1384 t/h。14:29，锅炉MFT动作，首出原因"送风机全停"，汽轮机跳闸，机组负荷到0MW，发电机保护动作，发电机201开关跳闸，厂用电切换成功。

该案例具体原因分析如下：

锅炉本体范围内的保温尾工施工人员正在送风机附近，对炉水循环泵事故冷却水管道进行保温施工，移动活动脚手架过程中，放置在脚手架上的蓄电池手电钻坠落，正好砸在送风机事故按钮上，风机停运，因风机为单列布置，锅炉MFT。

▶ **隐患排查重点**

设备维护具体要求如下：

1）强化作业危险点分析和措施落实，加强对外包单位的培训，提高风险辨识能力，制定完善的"三措两案"，认真做好外包施工现场监护。

2）风机就地事故按钮应设置坚固的防误碰防护措施。

3.4.1.8　风机失速喘振事故案例及隐患排查

▶ **事故案例及原因分析**

（1）2015 年 11 月 14 日，某电厂 1 号机组负荷 410MW，13:01，一次风机 A 喘振信号发出，随即 A 一次风机动叶指令突然从 62% 开至 100%，反馈随即由 62% 开至 100%，电流由 82A 下降至 68A，A 一次风机保护动作跳闸（喘振报警延迟 15s 风机保护动作跳闸）。13:02，锅炉 MFT，首出"失去全部火焰"。

该案例具体原因分析如下：

因空气预热器部分蓄热元件堵塞，二次风压、一次风压、炉膛压力呈周期性波动，对应的 A 一次风机动叶因自动投入，其开度也呈周期性波动，低负荷阶段上述现象未消除，且一次风机喘振频繁，A 一次风机喘振跳闸后，一次风压由 7.3kPa 迅速下降至 3.6kPa，入炉燃料量大幅度减少，燃烧恶化，D、E、A、C、B 磨煤机相继失去火焰，造成锅炉 MFT。

（2）2016 年 3 月 17 日 4:00，某电厂 2 号机组负荷为 320MW，A、B、C、D、E 磨煤机运行，总煤量为 165t/h，水煤比为 7.3，氧量为 3.3%，六大风机运行。A 引风机电流为 350A，动叶开度为 77%，B 引风机电流为 330A，动叶开度为 76%；A、B 引风机挡板处于"自动"状态，炉膛压力设定 -80Pa。04:45:43，A 引风机电流为 357A，B 引风机电流为 336A，之后 B 引风机电流开始下降，04:45:49，B 引风机电流降至 316A，A、B 引风机运行电流相差 40A，04:45:51，B 引风机发生失速，电流迅速下降。04:46:05，炉膛压力升至 1544Pa，锅炉 MFT。

该案例具体原因分析如下：

空气预热器和电袋除尘器堵塞造成系统阻力增大，B 引风机全压已达到约 9.5kPa，D 引风机工作点超过失速线，D 引风机发生失速，引发炉膛压力高高，锅炉 MFT 保护动作。

▶ **隐患排查重点**

（1）设备维护。

1）大型锅炉风机应配备轴承振动、温度报警及失速（喘振）保护装置，所有监视仪表均应定期校准。

2）应定期对风机进行维护检查，特别是动叶可调轴流式风机的动叶螺栓连接、叶片积灰磨损和腐蚀情况，调节机构灵活性、叶片动作一致性，以及实际开度与仪表指示的一致性。

3）对烟风系统设备阻力异常部位进行清灰，降低系统阻力。

（2）运行调整。

1）轴流风机的喘振保护应及时投入，对风机动叶的调整应缓慢、间断操作，不允许连续开（关）。严禁在喘振区内运行风机。

2）运行中定时检查各风机轴承油质、油温、油压、油位等运行参数在正常范围，声光报警系统及保护要可靠准确。

3）运行人员应根据风机风量、风压、电流等运行参数分析实际工况点。轴流式风机应避免所有可能的运行工况落入失速区内运行，离心式风机应避免调节门开度在30%以下长期运行。

4）风机一旦出现失速迹象，应果断调整异常风机的出力，尽快将风机工况点拉回稳定区域，必要时机组降负荷处理。严禁长时间在失速区运行，紧急情况下应停风机处理，避免事故扩大。

5）并联风机时，待启动风机的隔离门和入口调节门（或叶片角度）均应关闭，如果由于风门泄漏而造成启动前反转时，应采取制动措施。尽量采用同步调节方式，防止"抢风"现象，两台风机的负荷（电流）偏差不能太大，设置两台风机电流偏差大报警。

6）在任何情况下，当第一台风机运行时的压力高于第二台风机失速临界线的最低压力，禁止启动第二台风机并联。如需并联，则应降低运行风机出力，使其运行点的压力低于失速最低压力点后再启动备用风机进行并联。

3.4.2 空气预热器异常事故案例及隐患排查

3.4.2.1 空气预热器驱动装置故障事故案例及隐患排查

▶ **事故案例及原因分析**

（1）2015年5月15日06:26:22，某电厂5号机组负荷431MW，B空气预热器入口烟温348℃，B空气预热器主电机电流从15.6A突降至13.6A。06:28:08，"B空气预热器主电机停转"报警，06:30:55，确认B空气预热器停转，就地打跳主电机，辅电机联启后随即过载跳闸，就地启动辅电机、气动马达均无效，立即快速降低机组负荷至160MW，由于排烟温度快速上升，最高超过250℃，并持续快速上涨。06:48:44，5号机组手动打闸。

该案例具体原因分析如下：

消缺工作中发现联轴器膜片损坏，但检修中仅对膜片和3根连接螺栓进行了更换，另外3根连接螺栓仍使用旧螺栓，为事件的发生埋下了隐患。机组增减负荷时速率过快导致空气预热器密封片与扇形板摩擦加剧，空气预热器负载增加通过联轴器传递到膜片和连接螺栓上，使之承受较大的交变应力，导致联轴器连接螺栓断裂，空气预热器停转。

（2）2016年5月23日09:43，某电厂2号机组负荷145MW，09:44，B空气预热器出口烟温异常快速升高，09:46，就地检查发现B空气预热器转子停转（电机仍运行），B空气预热器出口烟温升至240℃并继续快速升高，电袋除尘器入口烟温升至194℃以上（电袋除尘器要求不高于 160℃）。经倒负荷无效，为避免电袋除尘器损坏，立即手动 MFT。

该案例具体原因分析如下：

电机与变速箱连接键经长周期运行，键体受剪切应力发生局部破损，加上运行中连续磨损，导致键体自键槽内滑脱，电机与变速箱连接失效，空气预热器停转。

（3）2017 年 1 月 4 日，某电厂 9 号机组负荷 297MW，10:36，A 空气预热器"停转"报警信号发出，检查发现主电机电流由 13.5A 降至 12.3A，A 空气预热器排烟温度由 123℃开始升高，10:38，现场检查主电机仍运行，A 空气预热器已停转。10:39，关闭 A 空气预热器入口烟气挡板，停止 E 磨煤机运行，总煤量减至 80t/h，电负荷降至 288MW，主汽压力降至 23.4MPa，主蒸汽流量降至 900 t/h，A 空气预热器排烟温度升高至 250℃。10:42，机组负荷降至 233MW，主蒸汽流量降至 680t/h。就地手动按掉 A 空气预热器主电机事故按钮，A 空气预热器主电机跳闸后辅电机联锁启动，电流 29.5A（正常 14A 左右），就地检查 A 空气预热器实际未转。10:55，就地停止 A 空气预热器辅电机运行。A 侧引、送风机联跳。11:00，持续减煤至 50t/h 且电负荷降至 170MW，再次分别启动 A 空气预热器主电机、辅电机，但空气预热器实际仍未转动，确认主电机联轴器损坏。11:01，因 A 空气预热器出口烟气温度持续上升至 300℃且无下降趋势，申请停炉。

该案例具体原因分析如下：

A 侧空气预热器因主电机联轴器弹性抗圈老化损坏，造成 A 空气预热器"停转"报警信号发出，由于主电机仍运行且有电流，导致辅助电机未能联锁启动，就地手动停运主电机后辅助电机联锁启动，但 A 空气预热器仍未实际转动，虽然采取了降负荷、就地关闭空气预热器一、二次风出口挡板等措施，但因 A 空气预热器出口烟温持续升高至 300℃，申请停机。

（4）2019 年 12 月 9 日 05:11，某电厂 1 号锅炉 B 空气预热器主电机运行，电流 14.1A，转速 1 探头失速报警；05:17，转速 2 探头失速报警，主电机跳闸，辅电机联启，电流 14.3A；就地检查，辅电机运行，B 空气预热器减速机转动而中心轴不动，B 空气预热器停运，快速减负荷至 20MW。由于 B 空气预热器入口烟气挡板无法实现彻底隔离，致使空气预热器出口烟温达 318℃，申请调度手动解列，机组停运。

该案例具体原因分析如下：

空气预热器减速机与中心轴锁紧盘松动，导致空气预热器转子停运，空气预热器入口烟气挡板关闭不严，导致出口烟温高，被迫停机。

（5）2020 年 3 月 19 日，某电厂 1 号机组负荷 150MW，空气预热器（单台机组配置一台空气预热器）主电机电流由 30.7A 快速上涨至 70A（量程为 70A），空气预热器主电机跳闸，辅助电机联启后瞬间跳闸，空气预热器跳闸，两台引风机联锁跳闸，锅炉 MFT。给煤系统、二次风机、流化风机、一次风机全部跳闸，锅炉停炉。

该案例具体原因分析如下：

空气预热器辅助电机为盘车用，功率与转速较主电机偏小，辅助电机侧超越离合器故障不能将辅助电机脱开，辅助电机跟随主电机超速运行导致辅助电机轴承损坏后发生机械卡涩造成主电机超电流跳闸，锅炉 MFT。

（6）2022 年 1 月 12 日 04:19，某电厂 4 号机组 A 空气预热器转子停转报警，就地查看 A 空气预热器主电机联轴器脱开；辅电机启动后（60s）未及时检测到空气预热器转动信号，同时"空气预热器入口烟温与出口二次风温差高于 100℃"条件满足，触发空气预热器电机断轴保护停止辅电机，主电机已切就地联启失败，主辅电机同时停运导致 A 空气预热器跳闸并触发 RB 动作。机组 RB 后，A 引风机失速报警，运行人员手动操作调整不当，造成炉膛压力低至 -2558Pa，触发炉膛压力低低保护动作，锅炉 MFT。

该案例具体原因分析如下：

空气预热器减速机外送解体检修回装工艺质量差，导致联轴器弹性块磨损，金属部位硬接触磨损，爪齿断裂脱开导致空气预热器停转；在处理 A 引风机失速时，运行人员操作不当（未及时关小引风机动叶开度，反而大幅减小送风机出力）导致炉膛压力持续、迅速降低至保护动作值（-2500Pa）以下，触发炉膛压力低低保护动作，锅炉 MFT。

▶ **隐患排查重点**

（1）设备维护。

1）回转式空气预热器应设有可靠的停转报警装置，停转报警信号应取自空气预热器的主轴信号，而不能取自空气预热器的马达信号，停转检测测点数量应大于 3 只，并将停转信号引入控制逻辑中。

2）检修期间对空气预热器出 / 入口烟气挡板门进行检查，确保分散控制系统显示、就地刻度和挡板实际位置一致，确保其动作灵活，关闭后严密性良好，以便于单侧空气预热器故障停运时能够有效隔离。

3）检修期间对空气预热器电动机与减速箱的联轴器等部件进行重点检查，应按照检修规程和技术规范要求规范联轴器连接螺栓安装工艺。

4）对于采用锁紧盘装置的中心驱动空气预热器，应注意在检修期间检查空气预热器减速机与中心轴锁紧盘，防止锁紧盘紧固螺栓等部件发生松动，造成空气预热器停转。

5）回转式空气预热器应设有独立的主辅电机、盘车装置。空气预热器驱动装置中主电机与辅电机应能够互为备用，主辅电机运行时均应保证空气预热器运行正常。对于空气预热器主辅电机功率与转速不同、电机切换后无法满足空气预热器正常转速的机组，有条件的情况下可考虑进行空气预热器电机更换。

6）检修时应对超越离合器进行检查，发现磨损超标应进行更换；注重对空气预热器漏灰的治理，防止漏灰污染超越离合器轴承油脂，影响轴承润滑效果。

7）加强检修过程质量监督，重要辅机外送检修时应安排专业人员到厂参与解体、回装监督见证；应对检修单位就检修具体项目、质量标准等提出明确要求。对设备返厂检修回装工作应按要求进行质量验收，对可能发生的缺陷应重点检查，做好签证记录。

（2）运行调整。

1）定期开展主、辅电机切换试验，及时发现备用设备存在缺陷，确保辅助电机时刻处于良好备用状态，做好主辅电机的联锁保护试验。

2）空气预热器驱动装置中超越离合器应按照要求定期补充润滑脂，注意对空气预热器驱动装置的巡视检查，尤其应关注主电机工作时，辅电机不应跟转。

3）通过专业知识培训和仿真机事故演练，切实提升运行人员空气预热器异常事故处理能力和团队协作能力。

3.4.2.2 空气预热器卡涩事故案例及隐患排查

▶ 事故案例及原因分析

（1）2015年7月19日，某电厂5号机组A空气预热器发"停转"信号报警，随即手动启动辅助电机，电机启动15s后即跳闸，联跳A侧引、送风机，B引风机动叶由45%自动开至87%、电流由206A快速升至487A，过流跳闸，两台引风机全停信号发出，锅炉MFT，机组跳闸。

该案例具体原因分析如下：

空气预热器一、二次风之间扇形板与径向密封片有明显刮擦，动静摩擦造成预热器停转，A引风机跳闸后，B引风机动叶自动加载，在机组无RB控制功能时超电流跳闸，两台引风机全停，锅炉MFT。

（2）2016年2月7日21:15，某电厂4号机组电负荷195MW，高背压方式运行，2号空气预热器跳闸，辅电机联启，21:17，2号空气预热器辅电机跳闸，乙侧引、送风机跳闸，快速减负荷，21:27，就地启动2号空气预热器主电机后过载跳闸，21:29，负荷降至32MW，乙侧排烟温度上升至250℃，21:33，4号炉手动MFT。

该案例具体原因分析如下：

脱硝催化剂性能下降，喷氨量增加，脱硝系统氨逃逸大，脱硝系统逃逸的氨与H_2O、SO_2反应生成硫酸氢铵，在空气预热器中低温段沉积，不断捕捉飞灰，导致空气预热器冷端堵塞严重，蓄热元件受热不均变形卡涩。

（3）2017年12月26日，某电厂4号机组并网初期A、B侧空气预热器电流有摆动（A侧空气预热器电流8.2～10.3A，B侧空气预热器电流7.8～10.8A），20:28，B侧空气预热器电流突降到7.6A，空气预热器减速机易熔塞熔化，造成空气预热器电机空转，降负荷到20MW，20:42，A侧空气预热器卡涩，A空气预热器电机跳闸，机组停机。

该案例具体原因分析如下：

检修期间对空气预热器三向密封片进行了调整，密封间隙调整过小，动静碰磨造成A、B空气预热器转动不畅造成电流摆动；B侧空气预热器转动不畅，B侧空气预热器电机与减速机连接的液力耦合器易熔塞熔化，造成B空气预热器电机空转，A侧空气预热器因卡涩造成空气预热器电机跳闸，两台空气预热器停转后机组停机。

（4）2018年1月21日10:10，某电厂5号机组A空气预热器主电机电流突增至35A，10:12，A空气预热器主电机跳闸，辅电机联启，辅电机电流也迅速上升到35A跳闸，延时 70s，RB 动作，联跳 A 侧送风机、引风机。就地检查发现 A 侧空气预热器转子卡死，手动盘车无法盘动，减速器支撑变形，打开空气预热器热端二次风人孔门，未发现异常；烟气侧及一次风仓温度高、风量大，人员无法进入进行进一步检查，申请调度于 1 月 22 日 22:29 机组停运进行临修。

该案例具体原因分析如下：

烟道内部撑杆根部防磨角铁脱落，卡涩在空气预热器烟气侧与一次风仓热端扇形板处，空气预热器转子失衡，A 侧空气预热器转子垂直度偏离，减速器支撑变形，主电机驱动端轴承受损抱死，经一级摆线针轮减速机（减速比 1611:1）对转子造成较大制动力，转子停转。

（5）2018 年 12 月 7 日 23:07，4 号机组负荷从 174MW 涨至 184MW，1、2 号空气预热器入口烟温高，主电机电流小幅波动，进行受热面吹灰。23:25，经吹灰无效后，负荷由 185MW 减至 176MW。23:45，2 号空气预热器主电机电流摆动幅度增大，23:47，经采取减煤降负荷措施无效后，停止 4 号磨煤机，快速减负荷。23:48，2 号空气预热器主电机电流摆动至最大达到 23.59A，就地检查发现空气预热器停转，23:50，负荷降至 155 MW，关闭 2 号空气预热器入口烟气挡板，并继续降负荷至 132MW。23:56，启 2 号空气预热器辅电机未成功，同时发现 1 号空气预热器主电机电流摆动加剧，继续减负荷至 108MW，投油助燃。12 月 8 日 00:00，1 号空气预热器主电机电流摆动至最大 21.72A，主电机跳闸，辅电机联启后跳闸，两台空气预热器停转，被迫停机。该案例具体原因分析如下：

炉膛内结渣严重，受入炉煤水分大和带供暖等因素影响，导致相同负荷下炉膛的烟温和烟气量比平时增加很多，2 号空气预热器由于入口烟温高，烟气侧过负荷，空气预热器变形卡涩，运行电机电流摆动幅度逐渐增大，导致 2 号空气预热器停转，2 号空气预热器停转后，关闭 2 号空气预热器入口烟气挡板，此时通过 2 号空气预热器的烟气量全部转移到 1 号空气预热器，造成 1 号空气预热器迅速过负荷变形卡涩（正常情况下，当时 155MW 的电负荷对应的烟气量单台空气预热器能承受，但因炉膛结渣、入炉煤水分大和接带供暖等因素影响，导致相同负荷下烟气量比平时增加很多），运行电机电流摆动幅度逐渐增大，最终导致两台空气预热器相继停运。

▶ **隐患排查重点**

（1）设备维护。

1）回转式空气预热器安装完毕后应在冷态下进行不少于 8h 的试运转，每次大修后应进行不少于 4h 冷态试运转，试运转过程中若空气预热器电动机电流摆动幅度较大、就地有明显碰磨刮擦异音时，应检查空气预热器密封装置并进行必要的调整。

2）加强对空气预热器密封间隙的检查测量。对于采用固定式密封装置的空气预热器，按空气预热器设备技术文件规定的间隙数值进行调整，逐一安装调整密封片，用塞尺多点测量复查密封间隙，密封间隙偏差不大于 ±0.5mm。对于间隙可调的空气预热器密封结构，检修期间应对扇形板位置进行校对，检查扇形板执行机构可靠性，防止运行中扇形板执行机构故障，造成空气预热器卡涩。

3）加强空气预热器入口烟道内支撑构架的防磨检查，对磨损、腐蚀严重的内支撑进行更换，并在易磨损处加装防磨装置。

4）检查空气预热器消防水喷淋管防磨护瓦、内部导向支架轨道是否牢固，对松脱的防磨护瓦、支架轨道进行加固或补焊。

（2）运行调整。

1）机组升降负荷或者暖风器投/退时，应严格控制空气预热器入口烟温/风温的变化速度（必要时应控制机组升降负荷速率），防止因烟温/风温变化过快造成空气预热器局部不均匀膨胀导致空气预热器卡涩。

2）对于露天或半露天布置的回转式空气预热器，应加强对空气预热器保温及防雨措施的巡视维护，外界环境温度骤降或雨雪天气时应加强对空气预热器电流波动趋势的监视，必要时加装防雨棚。

3）运行中注意监视空气预热器电流的变化趋势，如出现空气预热器电流摆动时应暂停升降负荷操作，及时查明原因进行处理。

4）单台空气预热器跳闸后，应迅速将机组负荷降至45%额定负荷，并严密监视运行侧空气预热器电动机电流和排烟温度的变化趋势，防止运行侧空气预热器因入口烟气流量增大、烟气温度升高发生故障。

3.4.2.3 空气预热器轴承损坏事故案例及隐患排查

▶ 事故案例及原因分析

（1）2018年4月18日，某电厂7号锅炉B侧空气预热器跳闸，停机检查发现空气预热器转子存在明显的偏斜，支承轴承内圈、外圈、滚珠存在严重磨损，润滑油中存在大量的铁屑，查看轴承润滑油化验报告发现，最近一次化验时间为2012年7月，轴承润滑油并未进行定期化验，没有及时发现轴承磨损脱落铁屑问题。

该案例具体原因分析如下：

空气预热器蓄热元件腐蚀严重，损坏脱落较多，且蓄热元件倾倒导致空气预热器流通通道受阻，在空气预热器内部产生不平衡力，不平衡力作用在支承轴承上，导致支撑轴承内圈、外圈、滚珠严重磨损，进而导致空气预热器卡涩跳闸。

（2）2020年3月21日05:49:57，某电厂5号机组负荷226MW，B侧空气预热器电流突升，电流过保护主电机跳闸，辅电机联启后电流仍大幅波动，空气预热器停转报警信号发出，联跳B侧送、引风机；06:01:02，负荷减至165MW，A空气预热器主电机电流开始波动，06:12:16，主电机跳闸，辅电机联启。06:14:10，A空气预热器转子停转信号发出，A侧送、引风机跳闸，锅炉MFT。

该案例具体原因分析如下：

5号机组B空气预热器支撑轴承内套断裂导致B空气预热器跳闸，将A侧冷风通入B侧空气预热器对其进行冷却，A侧冷风减少，空气预热器出口烟温高导致A侧空气预热器卡涩停转，两侧空气预热器全停，机组跳闸。

▶ **隐患排查重点**

（1）设备维护。

1）完善空气预热器检修项目和验收标准，大修期间或发现电流波动异常时对空气预热器支撑轴承、导向轴承、转子垂直度进行检查，对存在问题的轴承部件应及时进行修复或更换。

2）对于新采购的轴承，按照技术标准进行严格验收，确保轴承质量。

3）回转式空气预热器主轴与转子垂直度允许偏差应符合要求。采用中心驱动的转子安装应垂直，在主轴上端面测量，水平段允许偏差为 0.05mm。对于直径小于或等于 6.5m 的空气预热器，主轴与转子的垂直度允许偏差小于或等于 1mm，对于直径大于 6.5m 空气预热器，主轴与转子的垂直度允许偏差小于或等于 2mm。

4）对于增加空气预热器蓄热元件面积、改造空气预热器密封装置的机组，应对空气预热器减速箱、支撑轴承进行利旧评估。

（2）运行调整。

1）运行期间加强对空气预热器轴承润滑油油位、轴承温度、电动机电流等参数的监视。

2）定期对轴承润滑油进行取样化验，发现油质指标异常时应采取措施处理。

3）完善机组 RB 逻辑并定期进行试验，完善单侧空气预热器跳闸后的处理措施，加强运行人员技能培训、事故预想演练，提高事故处理能力。

3.4.2.4 误断空气预热器电源事故案例及隐患排查

▶ **事故案例及原因分析**

2018 年 5 月 17 日，某电厂 2 号机组负荷 171MW，A、B 空气预热器主电机处于运行状态，A、B 空气预热器辅电机处于热备用状态。空气预热器主电机动力电源由 2 号机组保安段供电，保安段电源由 2 号机组厂用 PC A 段供电，PC A 段由 2 号机组 6KVA 段供电。空气预热器电机控制电源由热工仪表电源柜供电。11:16:29，A 空气预热器主辅电机控制、动力电源失去，B 空气预热器主辅电机控制、动力电源失去，空气预热器全停，锅炉 MFT。

该案例具体原因分析如下：

空气预热器控制柜未上锁，吹灰工作人员误断电源控制柜内空气开关，导致 2 号机组 A、B 空气预热器控制、动力电源失电，造成 2 台空气预热器同时跳闸，锅炉 MFT。

▶ **隐患排查重点**

设备维护具体要求如下：

1）空气预热器电源就地控制柜本体、柜内空气开关应贴有名称标识且有警示标识。

2）空气预热器就地控制柜柜门应上锁，钥匙由运行人员统一保管，检修人员使用时填写借用记录。

3）加强空气预热器吹灰人员专项安全、技术培训工作，提高人员安全意识，补足专业知识短板。

4）两侧空气预热器动力、控制电源应取自不同的供电母线。

3.4.3 烟气余热利用系统事故案例及隐患排查

▶ 事故案例及原因分析

（1）2018年2月2日09:15，某电厂1号机组负荷240MW，两台引风机出力达到上限，经检查低低温省煤严重堵塞（A侧阻力2.32kPa，B侧阻力2.96kPa），通过与省调沟通，1号机组停机消缺。

该案例具体原因分析如下：

燃煤灰分、硫分偏高，脱硝系统氨逃逸量大，且低低温省煤器烟气出口侧未安装吹灰器，导致低低温省煤器堵塞严重，进而导致局部烟气流速增加，造成管子磨损泄漏，进一步加剧堵塞。

（2）2018年5月，某电厂1号机组在280MW负荷下，A、B侧低低温省煤器阻力分别为3.09、0.64kPa，A侧低低温省煤器存在泄漏，积灰、堵塞较为严重。利用机组临停机会对A侧低低温省煤器进行了高压水冲洗，由于停机时间短，冲洗后没有完全干燥，启机后，在250MW负荷下，A、B侧低低温省煤器阻力分别为3.6、0.72kPa，引风机入口烟气压力达到6.04、5.79kPa，接近引风机失速边缘，存在失速风险，机组最高负荷只能达到260MW（额定负荷350MW），影响机组带负荷能力。

该案例具体原因分析如下：

停机时间短，低低温省煤器冲洗后立即启机，没有进行彻底干燥，低低温省煤器表面附着有大量的水分，启机后携带大量灰分的高温烟气流经低低温省煤器时，灰分遇到低低温省煤器表面的水分黏结，经过高温烟气加热，黏结的灰分板结，导致低低温省煤器堵塞。

▶ 隐患排查重点

（1）设备维护。

1）对损坏失效催化剂进行更换或再生，降低 SO_2/SO_3 转化率，并开展喷氨优化，提高脱硝效率，降低氨逃逸。

2）对堵塞严重的低低温省煤器进行高压水冲洗，彻底清除受热面上的积灰，冲洗后必须正确地进行干燥，避免立即启动送、引风机进行强制通风干燥，防止炉内积灰被金属表面水膜吸附造成二次污染。

3）低低温省煤器烟气进口段必须设计有均流装置，出口段也应保证气流均匀，不应导致受热面中存在烟气偏斜流动和涡流现象。

4）低低温省煤器布置在电除尘器入口水平烟道上时，宜在低低温省煤器出口的底部烟道上设置防水挡板或灰斗，防止泄漏的水流入电除尘器灰斗，避免造成电除尘器故障。

（2）运行调整。

1）控制入炉煤硫分，通过技术经济综合比较，选择合适的入炉煤，并保证煤质掺配均匀，降低燃料的含硫量。

2）烟气换热器受热面管束应布置有一定数量的吹灰器，优化吹灰频次、吹灰蒸汽参数，保证吹灰效果。

3）烟气冷却器及烟气再热器应采取再循环或高、低温凝结水混合或辅助加热等系统设计措施，保证在机组启停及低负荷运行时，其进口水温和出口烟温不低于设计要求。

3.5 ▶ 燃料系统事故隐患排查

3.5.1 输煤系统异常事故案例及隐患排查

▶ **事故案例及原因分析**

（1）2012 年 2 月 22 日 04:45，某电厂运行三班副班长郭某在清理输煤运行交接班室卫生时，看见窗外发红，打开窗户发现 C9A/B 皮带拉紧装置处着火，立即拨打厂内消防报警电话，汇报燃料调度值班孙某和当班值长周某，并要求值长立即停 C9A/B 和 C10A/B 皮带机电源。值长立即向公司领导汇报，并立即通知现场无关人员撤出着火现场。04:50，班长吴某通知炉房 45m 层 C10 皮带机值班员梁某抓紧撤离现场。随即当班班长吴某、郭某进入着火现场进行灭火，同时厂内消防队消防车也赶到现场进行救火。公司总经理、副总经理、总工程师等赶到现场，指挥、组织火灾扑救和救援工作，控制火情扩大，并立即启动一级应急响应预案。05:40，将火势扑灭。

该案例具体原因分析如下：

C9A 皮带导料槽内部除尘器吸粉管内积粉自燃，自燃煤粉落到 C9A 皮带上，引起皮带着火，输煤栈桥消防水幕喷淋系统和预作用水喷淋系统未联动投入。C9A 皮带烧断后滑落至栈桥下部拉紧装置处堆积燃烧，引燃相邻的 C9B 皮带着火。

（2）2018 年 4 月 28 日 04:15，某电厂燃料皮带运行四班班长发现 10 段输煤皮带下部碎煤机室有烟冒出，随即走到 11 段输煤皮带尾部门口查看，发现 11 段尾部室内已充满烟雾，人员无法进入，立即通知燃料程控值班员查看监控视频，确认具体起火部位，但 11 段皮带监控画面已无显示。04:35，程控值班员将起火情况汇报给燃料运行调度员杨某某，杨某某立即向当值值长徐某、燃料分场书记和主任汇报。04:39，燃料分场书记报火警 119；04:57，市消防队到达现场扑救；06:20，现场明火全部扑灭。

该案例具体原因分析如下：

事后查看监控视频发现，4 月 28 日 03:43，11 段甲皮带导料槽处出现着火点；03:51，出现明火；03:56 以后，随着火势逐渐变大，现场充满浓烟，视频画面消失。

▶ 隐患排查重点

（1）设备维护。

1）燃用易自燃煤种的电厂必须采用阻燃输煤皮带。

2）运煤系统各建筑物（输煤栈桥、地下卸煤沟及转运站、碎煤机室、拉紧装置小室、驱动站、圆筒仓、煤仓间带式输送机层等）的地面宜采用水力清扫。煤仓间带式输送机层不宜水冲洗部位的积尘应采用真空清扫，禁止采用压缩空气吹扫积聚的煤粉。

3）煤垛发生自燃现象时应及时扑灭，不得将带有火种的煤送入输煤皮带。

4）煤场、输煤皮带间、输煤栈桥等重点部位配备完善的消防灭火设施，消防喷淋可以实现自动投入。

（2）运行调整。

1）应经常检查清扫输煤系统、辅助设备、电缆排架、控制盘柜、除尘装置等各处的积粉，对输煤皮带间、输煤栈桥及其横梁、取样间、配重间，以及有关建筑小室的积粉情况进行全面检查及清理。

2）输煤皮带停止上煤期间，也应坚持巡视检查，发现积煤、积粉应及时清理。输煤车间积粉清理时，严禁将清理的积粉倒入输煤皮带。

3.5.2 燃油系统异常事故案例及隐患排查

▶ 事故案例及原因分析

（1）2017 年 2 月 8 日，某电厂 1 号机组 2 号渣室流渣不畅，渣室流渣发粘且断断续续，投运 43、24 号油枪进行化焦，半小时后 1 号锅炉发"飞灰复燃系统故障"报警，运行画面显示飞灰复燃系统多个电动门为故障闪黄状态，同时 1 号锅炉 20、40 排 8 个燃烧器风量均显示为零，炉膛负压显示值由 -200Pa 突变至 -2700Pa，20 号磨煤机跳闸，就地检查发现锅炉房内有烟雾，确认着火，联系消防进行灭火，并手动停机。

该案例具体原因分析如下：

23 号油燃烧器供油管道弯头内侧有一长约 25mm 的裂纹，投油时燃油通过此裂纹喷溅至接油盘外，落至下方二次风管道上（二次风管工作温度为 300℃），燃油浸入管道保温后引燃保温材料并使火势蔓延，机组 20、40 侧部分控制电缆被烧损，造成飞灰复燃系统阀门、燃烧器风量、炉膛负压显示异常及 20 号磨煤机跳闸。

（2）2018 年 5 月 13 日，某电厂 5 号机组负荷 607MW，A/B/C/D/E/F 制粉系统运行，变频器控制的三期燃油泵 A 降频运行，炉前油压 0.37MPa。09:35，对燃油滤网进行清洗，10:50，燃油滤网清洗完毕，11:02:02，燃油泵升频升高油压，11:02:20，当压力升至 0.54MPa 时，现场反馈滤网严重漏油（实际滤网的筒形外压盖崩出），立即降频将压力降至最低 0.37MPa，11:03:47，紧急停运 A 燃油泵油压降至 0 MPa 后停止冒油。11:06:10，发现火情，同时紧急降负荷，11:08，紧急停运 A 制粉系统。11:09:32 5 号锅炉 MFT，首出为"全燃料丧失"。厂内消防队赶到现场开展灭火，11:20，现场火情扑灭，现场燃油进油滤网附近捞渣机上方三层电缆槽架内约 4m 宽的电缆烧损，锅炉侧约 4m 宽的保温铝皮烧损。

该案例具体原因分析如下：

外协单位人员野蛮拆卸造成滤网筒形外压盖螺牙损坏，油泵投运后滤网的筒形外压盖崩出，燃油泄漏着火，造成燃油进油滤网附近捞渣机上方三层电缆槽架内约 4m 宽的电缆烧损，其中包含火检信号电缆，引发炉膛全火焰丧失信号出现，造成锅炉 MFT 保护动作。

▶ **隐患排查重点**

（1）设备维护。

1）锅炉燃油操作台区域地面应设计为接油槽结构。

2）燃油操作台及炉前燃油系统的法兰、活接连接面等易发生泄漏部位应增加防飞溅隔离措施。

3）油管道法兰、阀门的周围及下方，如敷设有热力管道或其他热体，这些热体保温必须齐全，保温外面应包铁皮等金属外护板。检修时如发现保温材料内有渗油时，应消除漏油点，并更换保温材料。

4）炉前油系统区域应设置视频监控系统，并加强监控画面的切换监视。

5）炉前油系统区域应有符合消防要求的消防设施，必须备有足够的消防器材，并处于完好的备用状态。炉前油系统区域禁止存放易燃易爆物品。

6）油枪软管、接头垫片、炉前油管道连接软管等燃烧器区域易损件应定期检查维护更换。油系统法兰禁止使用塑料垫、橡皮垫（含耐油橡皮垫）和石棉纸垫。

7）规范燃油系统的检修维护工作，完善燃油系统设备检修工作票的安全措施，燃油系统附件检修时应确保燃油管道内无油压后方可动工作。在炉前燃油系统消缺时，不能损坏连接部件，特别是油系统滤网压盖拆卸时，应防止损坏螺纹，出现损坏应及时更换。检修时应采取燃油防滴漏措施并及时清理滴漏燃油，有条件时，宜将滤网结构改为法兰连接。

8）完善燃油系统设备检修文件包，细化油系统设备的部件、管道、接头、垫片等各个环节的检修工艺要求和标准。检修期间应对燃油系统管道壁厚进行定点测量，以便掌握燃油系统管道腐蚀减薄趋势，并重点检查弯头部位，发现腐蚀减薄超标的管道应进行更换。

（2）运行调整。

1）巡检人员应定期检查炉前油系统平台处、各油枪处渗油漏油情况，油枪投退时应到现场检查确认，发现渗漏点应及时采取隔离措施，并联系检修人员处理。

2）炉前油系统发生泄漏时，应首先隔离系统，必要时停运燃油泵，待漏点隔离或消除后，方可启动燃油泵运行。

3）炉前油系统管道上的设备、测量元件更换时，应先对该区域系统进行隔离、泄压、排油。炉前油系统设备更换后，系统充压、投入应缓慢进行，出现漏油现象时应立即切除系统，并采取措施消除缺陷。

3.6 ▶ 灰渣系统事故隐患排查

3.6.1 捞渣机异常事故案例及隐患排查

▶ **事故案例及原因分析**

（1）2018 年 9 月 17 日，某电厂 1 号机组负荷 280MW，17:20，1 号捞渣机跳闸，就地检查发现链条连接件断裂，刮板倾斜，捞渣机缺陷处理完毕启动正常；由于落入渣池的渣量太大，捞渣机再次跳闸无法启动，降负荷至 140MW，停运 D 磨煤机。22:30，大量炉渣从液压关断门处喷出，为保证冷灰斗安全决定采取放水方式排出炉渣。22:34，在捞渣机放水过程中，捞渣机内炉渣涌出，炉底水封破坏，冷空气窜入炉膛。B、C、A 磨煤机火检相继丧失，锅炉灭火。

该案例具体原因分析如下：

入炉煤质变差，灰分高，除渣系统退出运行后，机组负荷过高，造成炉渣在炉内及渣斗堆积过多，导致除渣系统无法恢复运行。在进行排渣处理过程中，炉底水封破坏，冷空气窜入，三台磨组火检丧失，触发锅炉 MFT 条件"全炉膛无火焰"保护动作。

（2）2019 年 9 月 25 日，某电厂 7 号机组负荷 660MW，引风机、送风机、一次风机、空气预热器、ABCDEF 磨煤机运行。主蒸汽压力 28.5MPa，主蒸汽温度 587℃，再热器压力 5.2MPa，再热汽温 607℃。03:09，捞渣机上槽体水位低报警（报警值不大于2200mm），电动补水门联开；03:20，7 号机组根据 AGC 指令开始减负荷；03:39，炉膛负压波动最高 +220Pa，捞渣机水位 1923mm，发现辅机回用水泵没有运行，立即启动A 辅机排污回用水泵，捞渣机开始补水（辅机回用水泵是捞渣机补水水源）；03:35，AGC 指令 520MW，停 F 磨煤机运行；03:40，捞渣机上槽体液位降至 1840mm，B 磨煤机火检摆动，投入 B 磨煤机等离子，03:42，投入 A 磨等离子；03:43，A、B、C、D、E 磨煤机火检丧失相继跳闸；03:46，锅炉 MFT，首出"失去所有火焰"，发电机解列。

该案例具体原因分析如下：

捞渣机补水的辅机排污回用水泵设计在辅控系统中，由辅控操作控制，捞渣机补水电动门由主控控制；主控减负荷过程中发现"捞渣机水位低"报警后，仅开启补水电动门，没有进一步确认水位回升情况，辅控没有及时启动辅机排污回用水泵；捞渣机槽体水位持续下降后，没有及时安排人员到就地开启备用工业水补水，导致水位继续下降，冷空气进入炉膛，火焰中心温度上移，燃烧恶化。

（3）2021 年 4 月 8 日，某电厂 1 号机组负荷 245MW，11:57，运行人员发现 A1、A3、B5、B6、D1、D4 火检闪烁，紧急投 B5、B6 油枪助燃。同时发现 A、B 引风机动叶自动从 70% 左右逐步开大，主蒸汽温度从 540℃ 开始上升。就地检查，发现锅炉捞渣机西侧中间人孔门崩开，捞渣机水封破坏，紧急就地关闭炉底液压关断门。

12:02，因炉底水封破坏，炉膛火焰中心上移，主蒸汽温度快速上升到566℃，将机组负荷从245MW升至270MW，煤量从123t/h减到92t/h，主蒸汽温度逐步降低至552℃。12:09:09，锅炉炉膛燃烧工况进一步恶化，"黑炉膛"保护动作，锅炉灭火，排烟温度从133℃上升至142℃。12:22:51，主蒸汽温度低至460℃，锅炉MFT且汽轮机"低汽温"保护动作跳闸，发电机"程序逆功率"保护动作，机组解列。

该案例具体原因分析如下：

捞渣机西侧中间人孔门凸肩较短，销钉与人孔门凸肩结合面小，人孔门锁紧不牢固，遇掉大焦冲击，人孔门崩开，捞渣机水封破坏，大量冷空气进入炉膛，锅炉灭火。缺少捞渣机水封在线液位监视装置，集控运行人员无法及时发现捞渣机水封破坏，导致未能及时关闭炉底液压关断门。

▶ **隐患排查重点**

（1）设备维护。

1）加强设备维护，对液压油站、连接件、刮板、张紧轮、清扫链、人孔门定期检查维护，储备重要部件的备品备件。

2）除渣系统故障需要退出运行进行检修时，应降低机组负荷至安全负荷（建议降至机组稳燃负荷），防止炉渣在炉内堆积过多。

3）对于清扫链斜坡处易积灰的除渣系统，应降低清扫链系统提升段坡度，消除干式除渣机清扫链提升处的积灰。

4）加强对捞渣机液位测量元件的校准维护，对捞渣机自动补水逻辑进行梳理和完善，并定期试验；发生上槽体水位低事件时，应就地确认补水泵是否正常联启和水位是否回升至正常。

（2）运行调整。

1）当煤质偏离设计值时，应对除渣系统进行运行安全的分析评估。当入厂煤和入炉煤灰分发生重大变化时，应对除渣系统出力进行校核，根据需要制定防范措施。

2）运行人员应密切关注锅炉燃煤灰分变化和结渣情况，根据除渣系统出力控制机组燃料量和机组负荷，入炉煤灰分过高，出现冷灰斗灰渣堆积苗头时，要及时降低机组负荷。有条件时，应及时调换煤种。

3）完善炉底关断门控制方式，实现各炉底关断门的单独控制。当渣斗及锅炉冷灰斗发生灰渣堆积后，再次投入除渣系统时，应根据除渣系统运行情况，顺序、逐个控制炉底关断门开启，以减少除渣系统再次投入时的炉渣量。

3.6.2 省煤器灰斗异常事故案例及隐患排查

▶ **事故案例及原因分析**

2020年5月20日，某电厂2号机组负荷380MW，主蒸汽压力11.44MPa，炉膛负压-80Pa，煤量222t/h，六台磨煤机运行，2台送风机、引风机和一次风机手动控制方式运行，机组CCS、AGC、AVC投入。22:12，集控室听到异响，火焰电视频闪变黑，

炉膛负压由 -101Pa 突升至 251Pa，立即投入 B4、A1、E3、D3 油枪，调整炉膛负压、汽包水位等主要参数维持机组运行，解除机组 CCS 至 TF 方式运行，22:15:29，两台一次风机跳闸，锅炉 MFT 动作。

该案例具体原因分析如下：

基建安装时未按照安装设计图纸进行施工，灰斗内桁架设计焊接在灰斗内侧厚度为 24mm 的连接板上，实际直接焊接到烟道护板外侧的 HW 型钢上，且 HW 型钢上缘焊缝高度不满足设计图纸要求的 6mm 焊高，无法满足灰斗载荷要求，尾部竖井省煤器灰斗脱开，脱开后高温灰下落，烫坏两台一次风机低油压保护信号电缆，导致两台一次风机跳闸，触发锅炉 MFT。

▶ **隐患排查重点**

（1）设备维护。

1）省煤器灰斗及其支撑和悬吊部件应严格按照设计图纸施工。

2）省煤器灰斗应设置料位计，料位不正常时应有声光报警。

3）灰斗上应设置紧急卸灰口，并保证能够正常打开。

4）检修期间对灰斗的支撑、钢结构、焊缝质量、腐蚀情况进行检查。

（2）运行调整。

1）加强运行监视，根据煤种及负荷变化，及时调整仓泵下料时间。

2）当输灰不畅时，立即进行自动清堵或人工清理，必要时降低机组负荷。

3.6.3　冷渣机异常事故案例及隐患排查

▶ **事故案例及原因分析**

2019 年 4 月 18 日，某电厂 1 号机组负荷 56MW，抽汽 63t/h，2 号机组负荷 49MW，抽汽 43t/h，1 号冷渣机运行，2 号冷渣机备用。01:43，控制室听到锅炉侧突发异声，1 号机组跳闸，首出原因"发电机差动保护"，1 号炉 MFT，首出原因为"1 号炉一次风机跳闸"，2 号炉 MFT，首出原因为"2 号炉一次风机跳闸"。

该案例具体原因分析如下：

1 号冷渣机冲脱，造成 6kV 厂用 I 段、II 段受损，导致 1、2 号机停机。1 号冷渣机冲出安装位置是由于排渣前未及时开启冷渣机冷却水进出水门，冷渣机筒体超温超压，冷却水汽化使内筒压力升高致使筒体爆裂，蒸汽由筒体中部喷出，造成冷渣机移位。系统设计简陋，未设计压力表、安全阀；冷渣机冷却水流量计装设在冷渣机原循环水进水管道上，当冷却水由工业水供给时不能监视流量，且该冷却水系统仅有进水流量表，未设计冷却水进水最小流量保护，运行人员在监盘中对冷渣机断水不能及时发现。

▶ **隐患排查重点**

（1）设备维护。

1）冷渣机冷却水侧应设计安全阀，安全阀与筒体汽水侧之间不应设置隔离门，安全阀应定期校验，保证安全阀动作值准确、泄压管路保持畅通。

2）增加必要的压力表、温度表，完善流量计量系统，设置循环冷却水最小流量保护装置，循环冷却水流量测量应采取性能可靠的元件，并定期校验。投运前应确保各种保护已经正确、有效地投用。

（2）运行调整。

1）完善冷渣机启、停操作卡项目内容，严格执行设备启动前检查程序。

2）冷渣机投入前，应确认冷却水进/回水阀门有效开启，先投入冷却水后排渣，若冷渣机发生异常情况，应及时停止排渣，使冷渣机退出运行。

3.7 ▶ 运行操作事故隐患排查

3.7.1 启停操作异常事故案例及隐患排查

▶ **事故案例及原因分析**

（1）2015年4月12日，某电厂1号机组负荷340MW，C、D、E、F磨煤机运行，A磨煤机例行检查停用，B磨煤机备用。16:01:20，C给煤机由于出口堵煤发生跳闸，炉膛压力向负方向波动，增压风机入口压力下降至-750Pa，运行人员为维持增压风机入口压力，关小增压风机动叶。炉膛压力快速升高，同期引风机A、B变频器频率从21Hz自动增加至38Hz，但因增压风机动叶关闭过小，引风机出口压力超过3.2kPa，炉膛压力仍快速升高，直至超过炉膛压力高保护定值，机组MFT。

该案例具体原因分析如下：

C给煤机堵煤跳闸，导致炉膛压力下降，同时引风机变频往下调节，D、E、F磨煤机自动增加煤量。脱硫侧由于增压风机入口压力降低，超过设定压力偏差值-500Pa，根据机组设置的逻辑关系，增压风机动叶强制手动。值班人员看到增压风机入口负压已快速降至-500Pa以下，为提高增压风机入口压力，赶紧关小增压风机动叶，由于经验不足且过于紧张，导致增压风机动叶过调，动叶开度由54%调节至14%，炉膛压力升高并达到保护定值，锅炉MFT。

（2）2017年6月2日，某电厂6号机组电负荷83MW，工业抽汽38t/h。09:30，6号机组按照负荷滚动曲线加负荷。09:34:16，启动A制粉系统运行。09:34:34，锅炉汽包水位升高至+59mm，1号给水泵勺管指令与反馈为45%，给水流量285t/h，汽包水位自动调节设定值与实际值偏差大于50mm，1号给水泵控制由"自动"自动切换为"手动"状态，DCS左上角弹出"1号给水泵控制手动"提示条，运行人员未发现。09:36:58，"汽包水位低一值"（-100mm）硬光字牌报警（并有声音），运行人员未发现，汽包水位持续下降，09:37:32，汽包水位下降至-150mm，DCS下方"汽包水位低二值（-150mm）"滚动条报警（无声音），运行人员仍未发现，09:38:51汽包水位低至-230mm，"汽包水位低三值（-230mm）"报警，锅炉MFT保护动作，首出原因

"汽包水位低"保护动作。

该案例具体原因分析如下：

机组加负荷期间水位波动造成给水自动设定值与实际值偏差大，给水自动切除为手动。运行人员未及时发现 1 号给水泵控制由"自动"切换为"手动"状态和汽包水位低报警，未监视到汽包水位持续下降，锅炉汽包水位低保护动作。

（3）2017 年 9 月 11 日，某电厂 3 号机组负荷 317MW，接省调调令，要求负荷降 100MW，运行人员进行降负荷操作，并计划停运 C 磨煤机。3 号机组 DCS 改造及环保燃烧器改造后，协调品质不良，机组在切磨操作过程中需将机组协调运行方式切为手动方式，运行人员在降负荷操作时手动调节给煤量调节偏快，造成主蒸汽压力下降偏快，造成汽包水位 3 个模拟量的测量值波动较大，两 - 两偏差大，汽包水位三选后值无法正常判断实际水位，造成有近 18s 时间汽包水位修正值保持为故障前最后一次正常值不变，给水流量也随之保持稳定无变化。运行人员未及时观察到汽包水位 3 个模拟量测点偏差大及汽包水位修正值显示不正常的情况，未及时采取有效的应急操作措施，当汽包水位恢复正常修正值后，发生汽包水位高保护动作，锅炉 MFT。

该案例具体原因分析如下：

机组协调品质不良，切磨操作需要将机组协调运行方式切为手动方式，降负荷过程中给煤量调节过快，造成主蒸汽压力快速下降，汽包出现虚假水位，无法准确判断汽包水位，未及时采取有效的应急操作措施，当汽包水位恢复正常修正值后，发生汽包水位高保护动作，锅炉 MFT。

（4）2018 年 2 月 2 日，某电厂 3 号机组负荷 242MW，19:20，巡操员到达锅炉 62.4m B 侧检查主蒸汽 B 压力表一次门（至变送器）在开启位置，误认为此压力表一次门就是需要检查关闭的就地压力表一次门，于是进行关闭操作，之后又来到 62.4mA 侧同样对主蒸汽 A 压力表一次门（至变送器）进行关闭操作。19:34:44，锅炉发生 MFT，锅炉 MFT 首出信号为锅炉主蒸汽压力高（18.2MPa）保护动作。

该案例具体原因分析如下：

运行巡操员将锅炉 62.4mA、B 侧主蒸汽压力表一次门（至变送器）误关，运行人员看到炉侧主蒸汽压力（DCS 内显示值）下降，认为高旁误开，随即手动关闭高旁，导致主蒸汽压力上升至保护动作值。

（5）2018 年 4 月 21 日 20:03:55，某电厂 2 号机组负荷 655MW，机组自动执行降负荷指令，值班员准备投送风机自动，误将引风机静叶自动投入。20:04:15，2 号 A、2 号 B 引风机静叶开度分别由 98%、88%，快速自动关回至 51%、38%，发现误投引风机静叶自动后，值班员解除引风机静叶自动，紧急手动开启引风机静叶，20:04:23，炉膛负压达到 +1534.534Pa，触发"炉膛压力高高"，保护动作，锅炉 MFT。

该案例具体原因分析如下：

值班员误把引风机静叶自动当成送风机自动投入，引风机静叶自动投入后，引风机静叶自动失灵快速滑回，负压降低，发现操作错误后，立刻纠正，随即开启引风机静叶，由于负荷高，锅炉送风量大，造成炉膛压力高，导致 MFT 保护动作。

（6）2018 年 5 月 27 日，某电厂 2 号机组 205MW，B、C、D、E 磨煤机运行，运行人员发现 A、B 侧空气预热器出口烟温偏差大，对二次风门及风机动叶进行调整，通过减少同侧送风机风量的方式来提高空气预热器出口烟温，减少两侧空气预热器出口烟温偏差，进行 B 送风机动叶调整操作 4 次，B 送风机动叶开度由 12% 逐渐关小至 9%，锅炉总风量由 537 t/h 减低至 315 t/h，23:15，锅炉 MFT。

该案例具体原因分析如下：

运行人员发现 A、B 侧空气预热器出口烟温偏差大，对二次风门及风机动叶进行调整，通过减少同侧送风机风量的方式来提高空气预热器出口烟温，减少两侧空气预热器出口烟温偏差，从 22:58 至 23:15 进行 B 送风机动叶调整操作 4 次，B 送风机动叶开度由 12% 逐渐关小至 9%，锅炉总风量由 537t/h 降低至 350t/h，期间锅炉总风量低、低低报警已发出，运行人员未能进行查看查找问题，并盲目复位，造成锅炉总风量低于保护动作值（低于 350 t/h 延时 180s），锅炉 MFT 保护动作。

（7）2019 年 8 月 8 日 05:17，某电厂 5 号机组备用后开机并列，07:15，机组负荷 100MW，汽包压力 10.33MPa，汽动给水泵转速 3724r/min，给水压力与汽包压力压差 2.42MPa，准备进行给水管道主、旁路切换操作。07:22，旁路给水调整门全开，点击开启主给水电动门后，显示故障未打开；此时给水旁路调整门、前后电动隔绝门在全开位置。07:25，运行人员为降低主给水电动门前后差压，逐渐提高主蒸汽压力，给水压力与汽包压力压差逐渐下降，07:36，给水与汽包压力压差降至 0.4MPa，锅炉 MFT，首出"炉水循环不良"。

该案例具体原因分析如下：

运行人员在降低主给水电动门前后压差的操作过程中，未及时调整汽动给水泵转速，造成给水与汽包压差减小，给水流量逐渐降低，炉水循环不良（三台炉水泵进出口压差小于 102kPa 延时 5s），锅炉 MFT。

▶ **隐患排查重点**

运行调整具体要求如下：

1）强化作业危险点分析和措施落实。完善作业危险点分析管理制度，明确各级人员的职责；值长、主值班员要把好关，部署、安排工作时要选用胜任的人做相应的工作。操作时认真核对操作项目，确认无误后再操作，对应的操作要依据权限且及时向机长、值长进行汇报。运行人员当班时要集中精力，尤其在交接班时有序交接。

2）严格执行"两票三制"制度，加强《电力安全工作规程》《运行规程》《反事故措施》及非停事故案例等的培训、考核，通过仿真模拟等方式切实提高运行人员对于事故应急处理能力，消除实操盲区，完善培训考核体系，细化"师徒协议"职责，明确连带责任。

3）机组在进行设备改造后，应及时对运行规程等进行修订。针对设备改造后的运行特性，制定并完善相应的技术措施，开展相关的技能培训，提高运行人员操作水平。

4）锅炉启动前，应逐项梳理并投入相关仪表、各种联锁及保护。大、小修后或锅炉停运一个月以上的锅炉启动前应进行联锁及保护试验（含静态、动态试验），联锁及保护试验动作应准确、可靠。严禁无故退出联锁及保护，若因故障需退出时，应履行审批手续，并限期恢复，退出时间一般不超过 8h。联锁及保护退出期间，应采取防护措施，运行人员必须知晓并有预案。

5）给水系统运行操作中，应根据锅炉升负荷需要确定适宜的给水旁路切换至主路的时机（一般在锅炉负荷 20%BMCR 前切换），防止切换时机不当造成汽包水位或给水流量大幅波动。

6）锅炉机组负荷达到 20%BMCR 前，宜投入高压加热器，以提高给水温度，防止锅炉在湿态转干态运行时水煤比严重失调，造成水冷壁超温。

7）机组升降负荷时应严格按照运行规程的要求进行操作，控制机组升降负荷速率，控制增、减煤量操作幅度，避免机组参数出现过大波动。机组升降负荷时应尤其注意汽包水位、主蒸汽压力、汽温、氧量等重要参数的变化情况，如出现汽包水位模拟量测量值波动较大、测量值偏差较大时应暂停增减煤量操作，并注意综合主蒸汽压力、给水流量、蒸汽流量、总煤量等参数判断水位变化情况，稳步操作。投退磨等重要操作应避免煤量过大起伏。

8）开展机组协调控制优化，提高机组自动化水平，减少人员手动操作。

3.7.2 锅炉水塞异常事故案例及隐患排查

> **事故案例及原因分析**

（1）2015 年 1 月 11 日 8:18，某电厂 8 号机组负荷 330MW，炉膛压力由 -93Pa，突增至 +361Pa，之后 A、B 引风机动叶开度及电流增大，锅炉排烟温度上升，给水流量和主蒸汽流量偏差增大至 50t/h。检查发现锅炉东侧分隔屏至末级过热器部位有较大的蒸汽泄漏声音，炉管泄漏报警装置 1 点、7 点、17 点泄漏报警，判断为锅炉受热面泄漏，申请调度停机。

该案例具体原因分析如下：

泄漏点为末过右数 25 屏炉从前往后数第 6 根管。机组检修后点火启动过程中，由于高压旁路及减温水操作不当，致使二级减温水流量 4min 内从 11t/h 上升到 39t/h、主蒸汽温度 3min 内从 380℃下降至 266℃、机组负荷从 15MW 突升至 40MW。大量喷入的减温水未能完全汽化，积水在末过 U 型管内形成水塞，造成过热器管束内介质停滞，使得过热器管束管壁温急剧上升，发生超温，导致过热爆管。

（2）2021 年 10 月 17 日 14:30，某电厂 8 号机组 C 修后并网，18:29，负荷 195MW，主蒸汽温度 529℃。锅炉炉膛压力由 18:29 的 -27Pa 升至 18:30 的 +400Pa，运行人员立即就地检查，发现后屏过热器区域有明显泄漏声，经现场检查确认，后屏过热器泄漏。联系调度停机，经调度同意，机组于 21:30 解列。

该案例具体原因分析如下：

后屏过热器泄漏原始爆口为右数第 2 排外数第 12 圈管子向火侧弯头，爆口张开程度较大，呈喇叭状，爆口长 85mm，最大张口宽度 65mm，爆口边缘明显减薄，最小厚度 2mm，形态符合短时过热引起的爆口形态特征，检修期间后屏过热器进行了换管并上水查漏，由于启动速度过快，管屏内存水没有充分蒸干，管内形成水塞导致管子过热爆管。

▶ **隐患排查重点**

（1）设备维护。

1）每隔 1.5 万～3 万 h 对减温器进行内部检查，喷头应无脱落、喷孔无扩大，联箱内衬套应无裂纹、腐蚀和断裂，发现喷孔堵塞或喷头断裂等异常情况及时消除。

2）日常做好减温水阀门内漏缺陷的排查，检修期间对存在内漏、调节线性差的减温水调节门进行修复或更换。

（2）运行调整。

1）从检修及运行两方面制定启动过程中防止受热面水塞的专项技术措施并严格执行。

2）锅炉停炉时应利用余热、热风将积水烘干。正常停炉或事故停炉冷却采用热炉带压放水方式，汽包压力 0.8～1.6MPa 开始放水，将炉水迅速放尽，利用停炉后的余热烘干对流过热器管束内的积水，待空气门无白汽冒出 4h 后，方可进行自然冷却。

3）锅炉启动过程中应严格按照运行规程和启动曲线的要求控制升温、升压速率，逐步增加燃料量，使炉膛均匀受热。锅炉点火期间启动分离器出口汽温、汽压变化速率控制在制造厂规定范围内。

4）锅炉点火过程中，应以保证炉内热偏差最小为原则，对称投运点火器。一般角式布置的燃烧器宜对角成对投入，前后墙布置的燃烧器宜按炉膛左右对称投入。

5）锅炉启动过程中，应加强过热器、再热器受热面排空、疏水，确保暖管效果，直至各受热面金属壁温均匀，避免水塞。Π 型锅炉水压试验后启动时，为烘干受热面内的积水，应延长点火至汽轮机冲转之间温升时间，控制汽温温升率在 0.5℃ /min，最大不超 1℃ /min。

6）减温水总门、调节阀应严密。锅炉启动初期减温水未投用时，如发现减温水管道电动截止阀内漏时，应采取就地手动关闭该阀门或临时关闭阀前手动截止阀的方式进行隔离，防止减温水漏入喷水减温器。

7）锅炉启动初期，应开启旁路。汽轮机冲转前，应通过增加旁路蒸汽流量等方式控制受热面管壁温度，尽量避免采取喷水减温的调节手段控制壁温。如因锅炉主蒸汽温度高，需投减温水时，优先投用一级减温水，机组 10%BMCR 负荷以下时尽量不用（或少用）过热器二级减温水，减温后的蒸汽温度应至少高于对应压力下的饱和温度 20℃。运行中注意监视减温水流量、减温器出口蒸汽温度（不允许接近或低于相同压力下的饱和蒸汽温度）。启动或低负荷运行时，不得投入再热蒸汽减温器喷水。

8）低负荷投运减温水后应密切监视受热面壁温，壁温变化不宜超过 5℃/min。

3.7.3 锅炉系统监视及切换异常事故案例及隐患排查

▶ 事故案例及原因分析

（1）2015 年 11 月 11 日，某电厂 4 号锅炉进行 B、C 磨煤机润滑油双联滤网切换，09:12:18，4 号炉 B 磨润滑油压力从 0.28MPa 突降至 0.08MPa，09:12:26，4 号炉 B 磨润滑油压力低跳闸（0.08MPa 延时 5s），炉膛负压最大到 −189Pa，立即投入 C2、C3、C5、C6 油枪稳燃；09:12:31，C 磨润滑油压力从 0.36MPa 突降至 0.08MPa，09:13:47，C 磨因润滑油压力低跳闸，炉膛负压最大达 −693Pa，立即增投 B3、B5 油枪运行，机组控制方式切为 TF（汽轮机跟随方式）减负荷，负荷最低减至 24MW。09:14:23，因机组负荷下降至 24MW，四段抽汽压力低至 0.08MPa，汽动给水泵无出力，小汽轮机转速下降至 2387r/min，立即启动电动给水泵，控制汽包水位；机组负荷 24MW，汽包水位 +18mm，由于主汽压力持续下降，09:19:01，启动 C 磨煤机运行，汽包水位呈上升趋势，立即关闭主给水调门，此时给水流量为 0，汽包水位仍急剧上升至高 I 值（130mm），事故放水电动门 1 自动开启，水位高 II 值（205mm），事故放水电动门 2 自动开启，汽包水位继续上升至 280mm。09:20:29，汽包水位高保护动作，锅炉 MFT 动作，机组跳闸。

该案例具体原因分析如下：

B、C 磨煤机润滑油双联滤网切换速度不当，导致磨煤机因润滑油压力低跳闸，磨煤机跳闸后炉膛热负荷突降，虚假水位严重，导致汽包水位高至 280mm 延时 2s，汽包水位高保护动作，锅炉 MFT。

（2）2019 年 6 月 21 日 13:13:50，某电厂 6 号机组 B 磨煤机 A 润滑油泵运行，油泵母管压力 0.27MPa，运行人员执行磨煤机油站油泵定期切换工作，启动 B 润滑油泵后母管压力无变化，现场检查油泵无明显异常，因逻辑设计及电气回路设计原因，远方/就地均无法停止油泵，且引风机有重大操作，维持两台泵运行。14:06:50，B 磨煤机跳闸，首出"加载油泵全停"，总燃料量由 197t/h 降至 128t/h，给水流量设定值从 1347t/h 开始下降，14:07:11，单台汽动给水泵入口流量低于 620t/h，给水再循环门开启，14:07:32，"给水流量低低"保护动作（动作值 481.8t/h，延时 3s），锅炉 MFT。

该案例具体原因分析如下：

B 磨煤机因润滑油泵切换异常处理不当跳闸后，运行人员解除燃料主控自动，给水自动联锁解除，给水泵转速下降至 3480r/min 保持不变，锅炉给水压差降至 0.7MPa（正常值不低于 1.2MPa），导致给水流量继续下降，两台给水泵流量低，再循环调整门开启，运行人员给水调节不及时，造成给水流量低，锅炉 MFT。

（3）2020 年 1 月 13 日 09:00，3 号机组负荷 84MW，09:09，开始 3 号机组给水泵定期切换工作，计划由 A 给水泵切换为 B 给水泵运行。09:20:52，切除 B 给水泵联锁开关，启动 B 给水泵，勺管开度为 0%，再循环调节阀开度 100%。09:24:05，B 给水泵再循环阀门开始关闭，指令 73%，阀位反馈为 79%。09:25:36，A 给水泵勺管开度由 58% 关至 37.5%，同时开启 A 给水泵再循环调门。09:25:53，关 B 给水泵再循环调节阀门，指令 18%，阀位反馈仍为 79%，再循环调节阀卡涩，准备切回 A 给水泵运行，主蒸汽量 306.61t/h，主给水流量 113.72t/h，汽包水位 29.21mm。09:26:06，汽包水位降至 -40.81mm，A 给水泵勺管开度 37.5%，给水泵转速 3016.1r/min，流量 47.06t/h，主给水流量下降较快，连续增加 A 给水泵勺管开度由 37.4% 开始上升，主蒸汽量 330.78t/h，主给水流量 111.62t/h，汽包水位 10.33mm。09:26:20，A 给水泵勺管开至 99.05%，A 给水泵再循环调节阀 76%，主给水流量 205.68t/h，主蒸汽量 310.19t/h，汽包水位 -10.23mm。09:26:44，汽包水位 24.94mm，主蒸汽量 330.78t/h，主给水流量 205.68t/h，事故放水门自动开启。09:26:49，A 给水泵勺管开度至 100%，主蒸汽量 331.81t/h，主给水流量 205.68t/h，汽包水位 48.58mm。09:26:58，汽包水位快速升至 345.58mm，主蒸汽量 333t/h，主给水流量 205.78t/h。09:27:01，汽包水位高三值（280mm）保护动作，锅炉 MFT 动作，09:27:03，汽轮机 ETS 首出跳闸。

该案例具体原因分析如下：

给水泵切换（由 A 泵切换至 B 泵），在 A 给水泵勺管开度关闭过快、B 泵调出力增加的过程中，发现 B 给水泵再循环调门无法关回，汽包水位快速下降，运行人员调整 A 泵勺管开度至 100%，因双泵运行，调整不当、幅度过大，汽包水位迅速升高，导致汽包水位高高（280mm）保护动作，锅炉 MFT。

> **隐患排查重点**

运行调整具体要求如下：

1）锅炉设备定期轮换试验工作应执行分级管理制度，应提高对锅炉重要设备定期试验工作的监护等级。

2）设备切换应征求值长同意，与相关部门联系妥当，并向设备切换执行人交代清楚任务及安全措施，做好危险点分析及预控措施。

3）设备切换必须填写操作票，认真执行设备运行规程规定，严格遵守操作监护制度，确保设备切换工作顺利进行。

4）设备切换时主控与就地值班员应保持联系畅通，接到值班员的许可后方可下令操作；操作前主控和就地值班员必须核对停止设备的双重编号，防止人为误操作。

5）设备切换过程中，发现设备存在缺陷应立即停止切换并保持原设备运行，及时联系检修人员处理；若短时不能消除，不得强行切换，应采取必要的安全措施并加强监视，做好记录。

6）设备切换时，如果出现机组异常情况，应立即停止切换操作。

7）具有远方启停功能的设备定期轮换试验工作，必须派人到现场确认设备的启停状态正常，同时必须与控制室保持通信畅通。

8）切换前检查待启设备系统正常、阀门状态正确，切换后应对设备状态认真分析、定时复查，若发现异常应及时切换回正常设备，待原因分析清楚、异常消除后再执行。

9）进行辅机切换时，启动备用设备后确认设备系统运行正常，方可停运原运行设备，并尽快投入备用联锁。

10）对机组 RB 动作的逻辑组态进行排查梳理和优化，择机进行机组 RB 试验，做好单侧辅机跳闸后的事故预想，完善单侧辅机跳闸的处理措施。

04

汽轮机专业重点事故隐患排查

4.1 ▶ 汽轮机本体事故隐患排查

4.1.1 汽轮机振动异常事故案例及隐患排查

4.1.1.1 汽轮机缸内动静碰磨导致振动事故案例及隐患排查

▶ **事故案例及原因分析**

（1）2021 年 10 月 2 日，某电厂 2 号机组运行过程中，4 号轴承相对振动突增，其他各轴承转子相对振动同步增大，在快速降负荷过程中 4 号轴承转子相对振动达到保护动作值（X 向振动值达到跳闸值 254μm 且 Y 向振动达到报警值 125μm），触发汽轮机轴承振动大保护，机组停机。

该案例具体原因分析如下：

机组检修期间对汽轮机端部轴封进行了调整，调整后轴封间隙过小，低压缸励端（4 号轴承）轴封发生碰磨引起机组振动大停机。

（2）2018 年 6 月 11 日，某电厂 2 号机组检修后启动，冲转过程中机组振动正常。18:05 机组并网带 70MW 负荷进行低负荷暖机，随后降负荷过程中 1 号和 3 号轴承转子相对振动增加，机组负荷 38MW，汽轮机 1 号轴承转子水平相对振动 278μm，1 号轴承转子垂直相对振动 168μm；3 号轴承转子水平相对振动 127μm，3 号轴承转子垂直相对振动 101μm，因转子相对振动大，为防止设备损坏，手动停机。6 月 12 日机组再次冲转，升速至 1200r/min。由于 1 ～ 4 号轴承转子相对振动持续增加，再次停机进行盘车。第三次启动，汽轮机升速至 3000r/min，发电机并网，机组负荷 20MW 时，汽轮机 1 号轴承转子水平相对振动达 240μm，垂直相对振动达 190μm，手动停机。

该案例具体原因分析如下：

2 号机组两次停机原因为汽轮机 1 号轴承转子相对振动大。机组检修中，为保证机组经济性，汽轮机高压转子汽封间隙调整后间隙过小，结合现场冲转及带载情况综合分析，汽轮机转子相对振动大原因为汽封局部碰磨，导致机组振动升高，多次手动停机。

（3）2018 年 6 月 12 日，某电厂 6 号机组 B 级检修后首次启动。机组冲转过程中振动正常，并网后当机组负荷 145MW 时，发现汽轮机 4 号轴承转子相对振动上涨至 155μm，5 号轴承转子相对振动上涨至 142μm，4 号轴承轴瓦振动上涨至 83μm、6 号轴承轴瓦振动上涨至 64μm，6 号机组手动停机。随后 6 号机组再次启动并网成功，6 月 13 日 00:50 运行人员监盘发现 4 号 /5 号轴承转子相对振动、4 号 /6 号轴承轴瓦振动均缓慢上涨。下令机组立即减负荷运行，但振动仍然呈上涨趋势。6 号机组负荷 50MW，4 号轴承 X/Y 方向转子相对振动分别上涨至 91.6μm 和 128μm，5 号轴承 X/Y 方向转子相对振动分别上涨至 125μm 和 92.9μm，4 号轴承轴瓦振动上涨至 81μm，6 号轴承轴瓦振动上涨至 54μm，机组手动停机。

该案例具体原因分析如下：

分析认为机组并网前停机原因为 6 号机组 1/2 号低压缸滑销系统异常，造成汽轮机膨胀不畅，产生动静碰磨，转子局部受热，振动突变。机组并网后停机原因为汽轮机磨汽封试验中，转子、缸体受热不均，加剧膨胀受阻现象，产生动静碰磨，导致机组振动升高，手动停机。

（4）2019 年 4 月 9 日，某电厂 1 号机组汽轮机运行中低压缸两端 5 号、6 号轴承转子相对振动、轴瓦振动逐步上升，相邻轴承转子相对振动升高。其中 6 号轴承左侧转子相对振动 281μm，右侧转子相对振动 93μm，轴瓦振动 135μm，5 号轴承左侧转子相对振动 242μm，右侧转子相对振动 162μm，轴瓦振动 178μm，汽轮机振动高保护动作，机组停机。惰走过程中振动继续上升，6 号轴承左侧转子相对振动最大 353μm，右侧转子相对振动最大 138μm，轴瓦振动最大 228μm，5 号轴承左侧轴振最大 281μm，右侧轴振最大 213μm，轴瓦振动最大 183μm。

该案例具体原因分析如下：

该机组振动异常过程中，5 号、6 号轴承转子相对振动、轴瓦振动通频幅值增加值较大，主要为一倍频分量，且有明显的相位波动。综合振动特征参数进行分析后，排除汽轮机转子部件甩脱的可能性，振动主要为动静碰磨引起。动静碰磨发生的部位为汽轮机低压缸前后 5 号、6 号轴承油挡及轴端汽封等。

（5）2018 年 8 月 12 日，某电厂 2 号机组运行中，02:18，中压胀差从 0.55mm 开始增加，停机前达到 1.40mm，03:08，低压胀差从 0.84mm 开始增加，停机前达到 2.56mm，部分推力瓦温度下降，1 ~ 6 号轴承转子相对振动和轴瓦振动值逐渐升高，其中 3 号轴瓦 X、Y 方向转子相对振动最大分别达到 389μm 和 370μm，机组由于 5 号轴承轴瓦振动达到保护动作值 80μm，4 号轴承轴瓦振动到报警值 50μm，满足"振动大"动作条件，机组停机。停机惰走过程中，2、3 号轴承瓦温明显升高，最大达到 110℃，且 1 ~ 5 号轴承在过临界时振动也有明显上升，最大轴瓦振动达到 200μm。

停机后对轴承进行检查，发现 3 ~ 5 号轴承轴瓦存在明显磨损，且部分瓦枕定位销发生变形、断裂。

该案例具体原因分析如下：

由于中压转子胀差首先发生变化，约 50min 后，低压胀差也开始增大，分析认为，事故主要原因为中压轴承箱膨胀不畅，导致动静碰磨，转子剧烈的振动作用在轴承上，使得轴承振动迅速增大，急剧变化的振动以致影响轴承定位部件出现异常，机组振动大幅度增加，最后轴瓦振动保护动作，机组停机。

（6）2020年1月16日，某电厂3号机组在升负荷过程中，1号轴承X方向转子相对振动升高，运行人员立即降负荷，并减少工业抽汽和热网抽汽，但机组振动仍无法控制，1号轴承X、Y方向转子相对振动最大为195μm和233μm，2号轴承X、Y方向转子相对振动最大为209μm和242μm，2号轴承金属温度由80℃涨至91℃，运行人员手动停机。

该案例具体原因分析如下：

该机组在2018年A修过程中对汽封进行改造，由原来布莱登汽封、梳齿形式汽封改造为DAS汽封、刷式汽封；机组启动后多次发生振动突然增加现象，根据振动特征分析，是由于高、中压缸局部动静间隙小，导致动静发生碰磨，之前通过降低负荷、均匀进汽来抑制振动爬升。但本次由于降低负荷后振动依然无法控制，为保护设备，运行人员手动停机。

（7）2020年12月14日，某电厂3号机组运行中振动大报警，同时1号轴承X、Y方向转子相对振动在30s内快速上升至125.90μm和128.40μm，并继续波动上升，其他轴承振动升高约20μm。约100s后，X、Y方向转子相对振动上升至267μm和215μm，汽轮机振动保护动作停机。

该案例具体原因分析如下：

该机组在2020年11月结束的C+修中，高、中压缸进行揭缸检修，对汽封间隙进行调整，按照标准下限进行调整。根据TDM系统振动数据分析认为，本次振动突增是由于偶发的汽流力引起的汽流激振，同时由于汽封间隙预留较小，导致动静碰磨情况进一步加剧，最终导致振动快速增大，振动保护动作停机。

（8）2018年5月17日，某电厂1号机组进行热态启动。07:03，在机组冲转之前，高压内缸外壁上、下缸温差最大达到147℃，外缸内壁上、下缸温差最大达到106℃。12:18，冲转500r/min，高压内缸上下缸温差至113.5℃，外缸上、下缸温差80.1℃，偏心、振动参数正常。12:24，转速升至1500r/min，高压内缸上、下缸温差117.6℃，外缸上下缸温差79.1℃，2号轴承X向转子相对振动达到220μm，偏心超过100μm，为保证机组安全，手动停机。停机过程中1号轴承和2号轴承X、Y方向振动均超过400μm。停机盘车状态转子偏心一直保持100μm。15:26，机组再次冲转，转速升至100r/min时，2号轴承X方向振动达到220μm，为保证机组安全手动停机，并进行闷缸处理。第二次停机后盘车状态手动测量转子晃度为580μm，确认转子已经永久弯曲。

该案例具体原因分析如下：

分析认为本次启动过程中振动突然增大，且导致转子弯曲的主要原因为机组第一次冲转前和冲转过程中高压缸上、下缸温差控制严重超标，部分汽封间隙变小甚至消失，造成转子严重动静碰磨，转子局部应力超过材料的屈服极限，导致转子永久性弯曲。

▶ 隐患排查重点

（1）设备维护。

1）检修或汽封改造时，应将端部汽封间隙调整均匀，间隙不得小于 0.25mm。

注意：在机组检修及通流部分和局部汽封改造时，加强汽封选型和工艺控制，汽封间隙应严格按照设计指标调整，并充分考虑深度调峰对振动的影响，防止出现过度追求热耗造成间隙过小，以及因调整不当造成启动困难与轴系振动大等问题。

2）检查低压轴封供汽母管温度测点与喷水减温器的距离是否符合 DL 5190.4《电力建设施工技术规范　第 4 部分：热控仪表及控制装置》的要求。

3）规范轴系中心调整，转子中心和组合晃度应严格按照制造厂规定的标准验收。

4）对轮螺栓连接时，记录对轮螺栓重量、螺栓与螺栓孔配合尺寸、螺栓冷紧弧长，符合制造厂要求。

5）汽轮机通流间隙应采取全实缸的办法进行调整和验收，对于低压缸轴承箱采取一体式布置在排汽装置的机组必须采用全实缸的方法对整体通流间隙进行验收。

6）汽轮机滑销系统应建立台账并纳入滚动维护计划。高、中压缸滑销系统维护项目应结合机组检修以及机组膨胀情况综合确定，需要定期加注润滑脂的滑销系统以及低压缸滑销系统应在 C 级检修中进行检查。

7）检查滑销系统各个滑动部件、止动部件是否被保温覆盖，应确保滑销系统滑动部件和止动部件具备目视检查条件。

8）抽汽逆止门应列入检修滚动计划，保证开关灵活、关闭严密。

9）轴封减温水雾化喷嘴应在 C 级检修中进行检查，保证轴封减温水喷嘴雾化效果良好，避免轴封蒸汽带水，轴封套变形引起碰磨。

（2）运行调整。

1）启停机过程中应细化运行操作：①启动或低负荷工况，再热器喷水减温操作，应制订技术措施，明确投入条件和参数限制条件；②锅炉灭火或汽轮机甩负荷、停机时立即切断主再热汽减温水；③根据机组实际情况，制定汽轮机闷缸措施，运行人员应熟悉和掌握并定期演练；④启动过程中定时记录机组缸胀、差胀以及轴位移等涉及汽轮机保护的重要参数，建立参数台账并进行历次启动过程的比对；⑤停机后定时记录汽缸金属温度、大轴弯曲、盘车电流、汽缸膨胀等重要参数，直到机组下一次热态启动或汽缸金属温度低于 150℃ 为止。

2）机组运行中应保证轴封运行正常：①保证低压轴封蒸汽有足够的过热度；②机组低负荷或深度调峰时段，凝结水泵出口压力应满足轴封减温水雾化的要求；③轴封系统运行过程中应保证供汽、回汽管路疏水畅通。

3）运行巡检定期检查滑销系统滑动部件、止动部件正常。

4）重点监视停机过程中振动变化，如振动持续上升，应破坏真空、缩短机组停机时间。

5）运行中曾经出现过动静碰磨现象的机组，运行人员应熟悉机组的振动特征，并制定相应的技术措施。

6）设置有转子相对振动监视的机组，应优先设置转子相对振动报警和保护。

7）严格控制机组汽轮机上、下缸温差，外缸上、下缸温差不超过 50℃，内缸上、下缸温差不超过 35℃。上、下缸温差存在异常时应分析原因并制定防范措施。

4.1.1.2　汽轮机缸外动静碰磨导致振动事故案例及隐患排查

▶ **事故案例及原因分析**

（1）2017 年 10 月 10 日，某电厂 6 号机组运行中，23:34，1、2 号轴承转子相对振动上涨较快，随即进行负荷调整，调整后振动没有减缓趋势，23:53，1 号轴承振动保护动作停机。停机后，1、2 号轴承振动下降到 25μm，再次启动过程中 1、2 号轴承转子相对振动再次增大，且 1 号轴承轴瓦振动也达到报警，运行人员手动停机。

该案例具体原因分析如下：

该机组自 2014 年 A 修后投入运行，累计运行时间较长，停机后发现在 1 号轴承油挡处产生积碳，积碳颗粒与转子发生碰磨，造成机组 1、2 号轴承振动急剧上涨，机组停机。

（2）2017 年 12 月 17 日，某燃机电厂 2 号机组运行中，17:14，7 号轴承转子相对振动和轴瓦振动异常升高，轴瓦振动达到 4.3mm/s 和 4.25mm/s，转子相对振动达到 60μm。运行人员立即降低负荷，6 ～ 8 号轴承振动依然继续上升。17:34，7 号轴承转子相对振动达到 175μm，轴瓦振动 15.1mm/s 和 14.8mm/s，振动保护动作停机。

该案例具体原因分析如下：

2 号主励磁机出风挡风隔板与转子间的间隙偏小，运行中主励磁机转子与挡风隔板的环氧板碰磨，主励磁机挡风隔板紧邻 7 号轴承，直接导致 7 号轴瓦振动上升，振动大保护动作，发电机解列。

（3）2019 年 7 月 18 日，某电厂 2 号机组负荷 253MW，20:28，3 号轴承轴瓦振动上升至 82μm 和 73μm，20:50，负荷降低至 220MW，3 号轴承轴瓦振动突升到 145μm 和 152μm，汽轮机振动保护动作。惰走过程中 3 号轴承轴瓦振动继续上升，最大达到 177μm 和 156μm。

该案例具体原因分析如下：

2 号机组 2、3 号轴承在 2019 年 2 月和 5 月发生过振动波动现象，未引起相关人员的重视。根据之前发生的振动波动情况，以及本次振动特征，分析认为本次振动异常主要是由于油挡积碳导致动静摩擦，进而引起振动上升，振动保护动作停机。

▶ **隐患排查重点**

（1）设备维护。

1）轴封漏汽量大、油挡存在渗油痕迹，轴瓦振动异常的机组，应在 C 级检修时检查、清理油挡，治理轴封漏汽，防止油挡部位积碳；

2）检修应检查对轮护罩与对轮之间间隙、焊缝及连接螺栓牢固性，防止护罩与对轮发生碰摩。

（2）运行调整。

提前制定防范异常振动措施，振动异常变化时进行原因分析，并迅速执行措施预案。

4.1.1.3　汽轮机油膜振荡导致振动事故案例及隐患排查

▶　**事故案例及原因分析**

（1）2017年3月21日，某电厂8号机组停备后启动，3月22日机组负荷达到150MW，6:59，3号轴承Y向轴振突升，机组振动大保护动作，机组跳闸。

该案例具体原因分析如下：

综合分析停机时3号轴承的振动特征数据，认为振动异常原因为油膜涡动，3号轴承顶部间隙变大后，造成油膜不稳定，产生油膜涡动。

（2）2018年12月7日，某电厂5号机组高背压方式运行，负荷99MW。0:17，4号轴承X、Y方向转子相对振动由78μm和58μm开始升高，0:19，4号轴承振动大报警，运行人员检查真空、润滑油温、轴承温度等参数正常。0:20，4号轴承X、Y方向转子相对振动分别达到254μm和134μm，机组振动大保护动作停机。

该案例具体原因分析如下：

机组4号轴承在短时间内振动突然升高到保护动作值，且在惰走过程中振动快速下降到正常值，汽轮机无其他异音，排除动静碰磨可能；热工专业排除热工测量元件问题；电气专业对转子直流电阻进行测量无异常，排除电气原因导致振动升高。最终查看机组润滑油冷油器出口温度偏低，仅为37.6℃和36.5℃，分析油温与振动参数认为，润滑油温度降低，导致轴瓦油膜稳定性下降，引起油膜涡动，轴瓦振动大保护动作停机。

▶　**隐患排查重点**

（1）设备维护。

1）轴瓦回装应检查并记录轴瓦紧力、间隙，防止瓦盖松动导致振动异常；

2）轴承检修应重点检查轴瓦接触角和瓦枕底部垫铁接触面积，超过标准要求及时进行处理；

3）汽轮机润滑油系统应确保油温油压测点准确，确保冷油器清洁无泄漏，确保冷却水门操作灵活。

（2）运行调整。

1）根据油温和轴振之间的变化趋势，明确润滑油温度控制上限和下限；

2）设置油温低限声光报警，防止润滑油温低造成油膜涡动。

4.1.1.4 汽轮机汽流激振导致振动事故案例及隐患排查

▶ **事故案例及原因分析**

2018年3月15日，某电厂2号机组从316MW开始降负荷，09:33，1号轴承X、Y方向转子相对振动分别为35μm和45μm。09:36 GV2开度降为0，GV1开度下降到21.6%，1号轴承振动快速爬升，运行人员立即降低负荷。09:39，机组负荷降低到258MW，1号轴承X、Y方向转子相对振动分别为240μm和263μm，轴瓦振动21μm，振动保护动作停机。机组惰走过程中1号轴承转子相对振动比正常惰走经验值增大约50μm。

该案例具体原因分析如下：

根据TDM在线诊断系统分析，本次振动突升属于典型的非线性动静碰磨。机组跳闸前主蒸汽压力、温度、真空、润滑油温、油压均处于正常范围，跳闸后惰走过程中振动比以往稍有增加，表明转子存在碰磨引起的暂态热弯曲。综合以上现象判断动静碰磨的原因为汽流扰动。根据跳闸过程曲线图，在GV2调节关至0，GV1从100%关至44%这一阀门动作过程前，1号轴承振动正常，此后振动开始迅速爬升，汽流扰动可能为阀门开度变化引起。

▶ **隐患排查重点**

（1）设备维护。

1）高、中压前三级和过桥汽封通流间隙不宜过小，防止转子因汽流扰动出现异常激振力。端部轴封间隙不宜过小，避免动静摩擦出现后故障状态恶化。

2）负荷变化过程中，高、中压转子轴振与汽门开度存在一定关联的机组，应委托有资质的单位开展汽轮机调节汽门阀序优化试验。

（2）运行调整。

机组振动发生异常（特别是1、2号轴承），应迅速降负荷至振动稳定工况下，防止汽流激振加剧振动。

4.1.1.5 汽轮机转子部件脱落导致振动事故案例及隐患排查

▶ **事故案例及原因分析**

（1）2021年11月19日，某电厂3号机组启动过程中，09:08:35，转速达到2976r/min时，机组轴瓦振动、胀差、轴向位移、润滑油压、密封油压、氢压等参数正常。1号轴承X向转子相对振动突然从79μm升至159μm，Y向转子相对振动突然从64μm升至263μm，2号轴承X向转子相对振动突然从85μm升至247μm，Y向转子相对振动突然从93μm升至293μm，3～9号轴承X、Y方向振动均为坏点，现场机组剧烈振动。09:08:39，汽轮机振动护动作跳闸，就地汽轮机有异响，6号轴瓦处冒出浓烟。

该案例具体原因分析如下：

停机后汽轮机揭缸检查，发现 2 号低压缸末级叶片断裂、排汽导流环脱落，导致轴系产生严重的质量不平衡，振动迅速升高，机组振动保护动作停机。

（2）2019 年 7 月 25 日，某电厂 3 号机组负荷 125MW。13:06，3 号轴承 X、Y 方向转子相对振动值突然升高到 252μm 和 320μm，3 号轴承瓦振达到 124μm，机组振动保护动作停机。

该案例具体原因分析如下：

查看 DCS 历史数据，事故过程中，4、5 号轴承振动瞬间变大并超出工作范围，变为坏点，3 号轴承振动大，保护动作。停机后进入低压排汽腔室查看，发现低压转子末级叶片（电测）有断裂。随后揭缸发现末级叶片有一片从根部断裂，叶片断裂后损伤其他 26 只末级动叶片。查看机组投产后检修记录发现，2017 年扩大性 C 修时发现末级叶片围带存在脱落现象，共计更换 34 只顶部围带，围带损伤后叶片振动频率、振型及叶身的受力情况均会发生改变。叶顶围带损伤使叶片在非设计状态下运行，同时机组运行时间已经超过 10 万 h，会使叶片断裂部位逐步造成疲劳损伤，在应力集中部位（叶片端面起始变截面处）优先形成裂纹并逐步扩展，进而造成叶片断裂。分析认为由于低压转子末级叶片发生断裂，导致轴系产生严重的质量不平衡，振动大保护动作停机。

（3）2019 年 4 月 15 日，某燃机 6 号机组 08:00 启动点火，09:27，机组并网。09:30，汽轮机负荷 38MW，3 号轴振 X、Y 方向转子相对振动分别为 128μm 和 141.7μm，4s 内上升至轴瓦振动保护动作值（254μm），机组保护动作停机。其中 3 号轴承转子相对振动最大达 285.8μm。

该案例具体原因分析如下：

查看 TDM 系统数据，发现机组并网前后，已经存在动静碰磨的迹象，并网 3min 后机组振动突增，振动数据则明显表现出在机组跳机瞬间存在很大的不平衡量，分析可能是有通流部件发生脱落。低压缸揭缸后发现，机组励端末级叶片编号 50 叶片发生断裂，断裂位置距离叶顶约 245mm，并在末级动叶和静叶之间发现叶片残骸。同时发现编号 50、49 叶片轴向锁紧片已经全部磨损失效，叶片发生轴向窜动。从断裂叶片的断口以及断裂叶片的初步金属分析可知，叶片属于疲劳断裂，其原因是叶根磨损，松动叶片的叶顶围带以及拉筋发生撞击，长期运行造成叶片在其受力集中部位部位产出疲劳损伤，最终造成叶片断裂。

▶ 隐患排查重点

设备维护具体要求如下：

（1）机组大修中必须检查平衡块固定螺栓、各轴承和轴承座螺栓的紧固情况，保证各联轴器螺栓的紧固和配合间隙完好，并有完善的防松措施。

（2）检修中，开展与检修级别相对应的通流部件检查和金属检验工作，重点对高、中压转子前两级动叶和末级动叶、低压转子末三级动叶的叶根、叶身、轴向键槽、围带等进行无损检测，对隔板、隔板套、喷嘴等部位进行表面检验，对低压末三级叶片进行静频率测试。供热机组和深度调峰机组应增加对汽轮机末级叶片、排汽导流环的检查频率。

（3）机组检修时，应检查对轮护罩与对轮的间隙及焊接焊缝、连接螺栓牢固性，防止护罩与对轮发生碰摩。

4.1.2　汽轮机轴向位移异常事故案例及隐患排查

▶ ■ 事故案例及原因分析 ■

（1）2017年7月20日，某电厂2号机组为满足电网迎峰度夏要求，计划开启补汽阀进行满负荷试验。13:20，机组负荷924MW，补汽阀关闭，轴向位移3个测点分别为0.031、0.074和0.100mm；13:44，补汽阀开启，机组负荷升至1000MW，轴向位移稳定；13:53，汽轮机ETS保护动作，首出为汽轮机轴向位移大保护动作。查看发现轴向位移瞬间跳变至-0.719、-1.26、-1.74mm，同时机组停机前，1号轴承复合轴振由30μm突升至65μm，2号轴承复合轴振由65μm突升至132μm，然后迅速下降。同时汽侧30°方向推力瓦温上升3℃（由68℃升至71℃）。停机后现场检查3支轴向位移探头、1支键相探头端部均有轻微磨损，探头安装支架无松动。

该案例具体原因分析如下：

机组上次检修中推力瓦块回装时，未认真核对安装图纸，错将两侧推力瓦块旋转180°后装复。在推力瓦块朝向错误状态下，推力盘与瓦块之间油膜不稳定，推力轴承承载力下降，推力瓦块严重磨损。最终导致轴向位移测点数据突变，机组轴向位移大保护动作。

（2）2018年12月31日，某热电厂1号机组需要关闭二级旁路进行消缺。08:16，二级旁路阀门从50%开始关小，08:40，级旁路调节门关至37.7%；08:41，二级旁路关闭至32%时，3、4号轴承振动开始上升，轴向推力开始增大。08:43，二级旁路阀门全关，3、4号振动和轴向推力仍然升高，08:48，4号轴承振动大保护动作停机。

该案例具体原因分析如下：

二级旁路阀门从50%开度到37.7%用时24min，从37.7%开度到全关用时3min，从37.7%到全关速度过快，导致机组轴向推力快速增加，轴向位移瞬间变化，转子发生窜动，造成低压缸内动静轻微碰摩现象，引起低压缸两侧轴承振动增大，最终导致机组振动大保护动作停机。

（3）2019年10月23日，某热电厂1号机组负荷221MW，01:45，推力轴承工作面右侧温度P2点、P4点温度由63℃、76℃异常上升至73℃、82℃，并且持续上升，运行人员立即减负荷，01:46，轴向位移1、2、3、4点分别达到1.81、1.68、1.64、1.62mm，轴向位移大保护动作停机。同时推力轴承工作面右侧P2点、P4点温度分别为88.56℃、90.44℃。

该案例具体原因分析如下：

该机组投产后从未发生过轴向推力大的问题，但同类型同期投产机组大部分均发生轴向推力大、推力轴承温度高（>80℃）的问题，与厂家进行技术咨询，厂家确认存在汽轮机因设计原因不能有效平衡轴向推力；同时由于在2019年9月A修中，对高中压平衡盘汽封间隙进行调整，导致平衡盘漏汽量减少，轴向推力增大，引起轴向位移保护动作停机。

▶ 隐患排查重点

（1）设备维护。

1）新建机组应与制造厂核实轴系轴向推力计算值，防止调速汽门卡涩或补汽阀开启时导致轴向推力增大，严防推力轴承损坏。

2）轴承解体工作过程中应做好标记，防止回装错误造成轴瓦损坏。

3）高、中压平衡盘汽封调整应考虑对机组振动和轴向推力的影响，汽封间隙不宜过小。

（2）运行调整。

1）旁路调整应避免短时间内大幅度调整，防止发生转子轴向状态突然变化。

2）机组启动、停机和运行中要严密监视推力瓦、支承瓦钨金温度和回油温度。温度超过标准要求应按规程果断处理。

4.1.3 汽轮机本体其他异常事故案例及隐患排查

▶ 事故案例及原因分析

（1）2018年1月3日，某电厂5号机组点火启动，14:05，汽轮机转速1200r/min，发现高压前汽封南侧有漏汽。17:21，机组负荷70MW，法兰螺栓加热装置手动门呲汽。21:10，检查发现高压外缸前南侧一螺栓断裂。查阅历史曲线夹层加热联箱温度、高压外缸上半外壁温度、左右螺栓温度、左右法兰温度等均在规定范围内，为防止事故进一步扩大，手动停机检查。

该案例具体原因分析如下：

根据螺栓断口分析是先产生裂纹，然后发生脆断。断裂失效的主要原因是因螺扣处应力集中大，从而导致断裂。

（2）2019年11月9日，某电厂4号机组负荷205MW，运行人员巡检发现4号机组1号电动主汽门处有较大漏汽声，检查发现1号电动主汽门盘根漏汽，手动停机处理。

该案例具体原因分析如下：

该机组于2013年大修时，对主汽门进行解体检修，2017年后为长期备用，由于运行小时数未达到大修要求，因此自2013年后再未进行大修。由于1号电动主汽门内部盘根年限过长，导致变形已经起不到密封作用，致使蒸汽泄漏。

▶ 隐患排查重点

设备维护具体要求如下：

（1）规范螺栓紧固和拆卸工艺，使螺栓紧力偏差尽可能分布均匀。

（2）机组A修时，应对高、中压缸中分面螺栓进行100%金属检验。

（3）长期停备机组检修维护周期除了应考虑运行小时数之外，也应考虑易损部件的寿命周期。

4.2 ▶ 润滑油系统事故隐患排查

4.2.1 润滑油系统管道阀门异常事故案例及隐患排查

▶ **事故案例及原因分析**

（1）2016 年 3 月 14 日，某热电厂 2 号机组负荷 294MW，14:08 汽轮机突然跳闸，首出为 AST 油压低，汽轮机惰走过程中检查发现套装油管上部至密封油高压备用油管大小头焊缝漏油。

该案例具体原因分析如下：

高压备用油泵接在润滑油至危急遮断系统管道上，当密封油高压备用油管道发生泄漏时，导致危急遮断系统安全油压下降，最终引起隔膜阀动作，AST 油压低保护动作停机。

（2）2017 年 1 月 1 日，某热电厂 1 号机组按定期工作计划进行润滑油交、直流油泵联启试验，10:30，运行操作盘台硬手操停止交流油泵运行，直流油泵联启正常。操作 DCS 软手操停止直流油泵运行，润滑油压降低到 0.06MPa，ETS 保护动作，首出为"润滑油压低"。

该案例具体原因分析如下：

检查发现直流润滑油泵出口逆止门卡涩未关闭，直流油泵停运后润滑油通过直流油泵倒流回油箱，导致润滑油压异常降低，润滑油压力低保护动作停机。

（3）2017 年 7 月 4 日，某电厂 5 号机组启动后发现高压启动油泵出现渗漏，手动停机。

该案例具体原因分析如下：

检查发现汽轮机前轴承箱下高压油泵出口管连接处焊缝存在 40mm 裂纹。高压启动油泵出口管安装在汽轮机前轴承箱下部，管路安装布置不合理，未考虑前轴承箱膨胀位移产生的应力，长期运行造成焊口疲劳拉裂。

（4）2018 年 5 月 10 日，某电厂 1 号机组负荷 166MW，06:25，"交流油泵 1 号自启试验压力低"报警，机组联锁启动主机交流润滑油泵、高压备用密封油泵。现场查看 1 号轴承处低油压试验模块压力 0.08MPa（正常运行值为 0.12MPa），交流油泵启动运行正常，高压备用密封油泵出口压力 0MPa 且有明显异音，主油泵出口压力和润滑油末端压力正常。06:32，停运高压备用密封油泵后，又再次自启，启动后高压备用密封油泵就地出口压力表在 0～1.5MPa 之间大幅波动，再次停运高压备用密封油泵。期间盘前"交流油泵 1 号自启试验压力低"报警信号持续闪烁。06:35，汽轮机停机，首出原因为"就地打闸"。

该案例具体原因分析如下：

1 号轴承低油压试验模块油路堵塞，油压降低引发报警，反复联启高压备用密封油泵，导致泵出口逆止阀、润滑油至隔膜阀油路中溢流阀受系统油压冲击开启。溢流阀未及时回座，造成隔膜阀上部安全油压力下降，达到保护动作定值，导致汽轮机停机。

▶ **隐患排查重点**

（1）设备维护。

1）定期检查汽轮机主油箱内部管道焊口、支吊架状态、管道法兰紧固情况；定期检查润滑油、密封油冷却器油侧、水侧密封胶条，必要时更换。

2）主油箱内部管道焊缝、射油器管道法兰焊口探伤检测列入技术监督工作计划，同时对支吊架进行检查调整。

3）润滑油系统中的泄油螺钉、堵丝、堵帽等，应有可靠的防松脱措施。

4）油系统管道应能保证各种运行工况下自由膨胀，应定期检查和维修油管道支吊架。

5）润滑油系统和密封油系统检修应检查各油泵出口逆止门，管道溢流阀和油系统试验模块。

6）润滑油系统阀门应采用明杆门，并有开、关指示。

（2）运行调整。

1）机组启动、停机和运行中要严密监视推力瓦、轴瓦钨金温度和回油温度。当温度超过标准要求时，应按规程规定果断处理。

2）润滑油过滤器切换操作应有防止漏油的风险预控措施。

3）润滑油系统异常应及时进行检查，必要时扩大检查范围谨慎进行油泵操作，防止事故进一步扩大。

4.2.2 润滑油泵异常事故案例及隐患排查

▶ **事故案例及原因分析**

（1）2016 年 12 月 31 日，某热电 2 号机组负荷 52MW，主油泵进口压力 0.07 MPa 下降至 0.03MPa；油泵出口油压由 1.07MPa 下降至 0.75MPa；安全油压由 1.01MPa 下降至 0.75MPa；主汽门二次油压由 0.35MPa 下降至 0.33MPa，1s 内下降到 0.3MPa，主汽门关闭，触发 2 号发电机—变压器组保护柜热工保护动作停机。

该案例具体原因分析如下：

检查发现 1 号注油器被异物堵塞，导致主油泵工作异常，油压下降，主汽门关闭触发发电机—变压器组保护动作，机组跳闸。检查油管道和主油泵，发现 2 号机主油泵导叶轮防转销未进行焊接固定，长期运行后主油泵上半部导叶轮固定螺钉受力松动断裂，导致导叶轮叶片松动，其中一片导叶片的端部与主油泵叶轮碰击，在防转销处断裂，断裂部件进入 1 号注油器，造成 1 号注油器喷嘴处堵塞。

（2）某 60MW 抽凝式供热机组，其中汽轮机主油泵出口高压油经出口止回阀后分两路：一路供保安调节系统；一路供注油器，提供轴承润滑油。2017 年 6 月 3 日，1 号机主油泵进口油压从 0.09MPa 下降到 0.05MPa；主油泵出口油压由 1.07MPa 下降至 0.88MPa；安全油压由 1.04MPa 下降至 0.91MPa；1 号机主汽门二次油压由 0.25MPa 下降至 0.23MPa；主汽门行程由 180.17mm 下降至 0mm，主汽门关闭信号发出，触发 1 号发电机—变压器组保护动作停机。

该案例具体原因分析如下：

检查发现 1 号机高压油泵启动试验时，高压启动油泵出口长约 5m 的管道内脏污油进入主油泵油管，导致油系统油污脏堵，主油泵出口油压下降至 0.883MPa 以下，导致安全油压力开关动作，触发主汽门关闭，机组停机。

（3）2019 年 9 月 18 日，某热电 1 号机组于 05:11 突然停机，首出原因为"电调装置停机"。10:23，经检查各系统正常后，采用 1 号机升速方式排查，10:42，转速 3015r/min，1 号机跳闸，原因为电调装置保护动作，检查发现危急遮断系统动作，造成保安油压下降。

该案例具体原因分析如下：

检查前箱发现危急遮断器挂钩脱开，发现主油泵浮动油封中分面螺栓断裂、轴承钨金脱胎，主油泵叶轮松动。机组长期运行主油泵叶轮固定键磨损造成叶轮松动，叶轮松动引起主油泵出口油压波动，造成浮动油封磨损，中分面螺栓断裂，导致大量压力油经过轴中心孔到飞锤油囊，迫使飞锤弹出，危急遮断器油门动作造成保安油压下降，机组停机。

（4）2021 年 6 月 8 日，某热电厂 2 号机组于 15:00 进行 A 给水泵汽轮机润滑油泵定期切换试验，计划由 A 泵切换到 B 泵，15:09，启动 B 油泵，发现 A 油泵电流 42A，B 油泵电流 26A，就地检查 B 油泵出口门打开，油泵出口压力 1.1MPa，15:10，停运 A 油泵，并将 A 油泵设置为联锁备用，随后 A 油泵联锁启动，再次检查 B 油泵出口压力正常，15:11，再次停运 A 泵，并投入联锁备用，5s 后，A 汽动给水泵润滑油压力低保护动作停机。随后机组 RB 动作，B 汽动给水泵不能投自动，手动操作控制 B 泵转速但仍然无法控制给水流量，最终主给水流量低保护动作停机。

该案例具体原因分析如下：

检查发现 B 油泵出口逆止阀卡涩，油泵运行无法达到设计出力。本次事件反映油泵切换定期工作中隐患排查不细致，A、B 油泵并列运行时 B 油泵电流明显偏低，未能准确预分析其存在风险。第一次 A 泵联启后未能准确分析 A 泵联启原因，再次停运 A 泵，造成润滑油压力低导致 A 汽动给水泵停运。

A 汽动给水泵停运机组 RB 动作，但 B 汽动给水泵遥控指令与转速实际值偏差大，汽动给水泵自动不能投入，运行人员手动调节转速不及时，导致给水流量低保护动作，锅炉 MFT 跳闸联跳汽轮机。

（5）2021 年 7 月 5 日，某热电 2 号机组 17:12 机汽轮机转速由 3000r/min 突降至 2175r/min，主机交流润滑油泵联启，保安油压由 2.13MPa 下降至 0.4MPa，2 号汽轮机高、中压自动主汽门关闭，ETS 首出为"发电机跳闸"。17:13，DCS 画面机组转速降为 0r/min，但就地检查转子处于高速惰走状态，就地转子静止后投入盘车装置运行。

该案例具体原因分析如下：

检查前箱发现汽轮机高压转子与主油泵之间联轴器齿轮磨损，造成主油泵工作异常，保安油压由 2.13MPa 下降至 0.4MPa 导致薄膜阀动作，高中压自动主汽门关闭，触发"电气程序跳闸逆功率"保护停机。

▶ 隐患排查重点

（1）设备维护。

1）检修应加强对主油泵齿形联轴器的检查，重点检查主油泵泵轴与齿套的对中情况、挡环与套齿止口间隙、联轴器的排油孔孔径、泵轴与齿套材质硬度，防止主油泵泵轴的齿形联轴器断开。

2）规范主油泵定期维护，A修对主油泵进行解体检修，对主油泵叶片固定销钉、主油泵挡油环等重要部件进行检查。

3）直流润滑油泵的直流电源系统应有足够的容量，其各级保险应合理配置，防止故障时熔断器熔断使直流润滑油泵失去电源。

4）定期（建议每年一次）对蓄电池和直流系统（含逆变电源）及柴油发电机组进行检测、试验和维护，确保主机交、直流润滑油泵和主要辅机油泵供电可靠。

5）涉及机组安全的重要设备应有独立于分散控制系统的硬接线操作回路。汽轮机润滑油压力低信号应直接送入事故润滑油泵电气启动回路，确保在没有分散控制系统控制的情况下能够自动启动，保证汽轮机的安全。

（2）运行调整。

1）油系统运行设备的投停、切换操作（如冷油器、油泵、滤网等），应在监护下按操作票进行，过程中严密监视润滑油压的变化，如有异常应立即停止操作。

2）润滑油泵切换操作时应有防止漏油的风险预控措施。

4.2.3 润滑油系统辅助设备异常事故案例及隐患排查

▶ 事故案例及原因分析

（1）2016年9月16日，某热电2号机组负荷290MW，13:14，运行人员发现12m平台有黑烟，立即进行检查，13:15，发现2号机汽机房0m临时滤油机着火，且火势浓烟较大，无法靠近。随后主机冷油器进出口滤网差压显示失真、主机润滑油温度调阀反馈失真，13:19，主机润滑油滤网差压显示故障，启动交、直流油泵后电流显示为0、润滑油系统4个油位测点、冷油器出口润滑油温度及主油箱油温测点数据均已显示故障，油系统参数无法监视，13:20，为保证机组安全手动停机。汽轮机惰走过程中，汽轮机转速1156r/min时7号瓦处润滑油压力降至0，偏心、缸胀、高压缸差胀、1号瓦金属温度、推力瓦金属温度显示故障。2号瓦温最高138℃，3号瓦温最高126℃，4号瓦温最高149℃，5号瓦温最高97℃，6号瓦温最高89℃，7号瓦温最高80℃，8号瓦温最高78℃，9号瓦温最高180℃。1号轴承转子相对振动最大98μm，3号轴承转子相对振动最大173μm，4号轴承转子相对振动最大83μm，5号轴承转子相对振动最大52μm，6号轴承转子相对振动最大82μm，7号轴承转子相对振动最大70μm，8号轴承转子相对振动最大78μm，9号轴承转子相对振动最大132μm。

该案例具体原因分析如下：

调取现场录像，13:12，分滤油机处闪烁了一次火光，13:14，分滤油机处出现了持续的明亮火光。判断 2 号临时滤油机可能因控制箱内元件发生短路，短路弧光引起柜内电缆、电气元件爆燃。因电气控制柜与真空分离器距离过近，导致真空分离器液位监视玻璃管爆炸，真空分离器内部分油气从玻璃管处溢出并着火。高温和火焰将真空分离器玻璃观察窗、压力表烧爆，油气大量溢出，加剧火势引发爆燃，烟火迅速蔓延至主油箱旁的电缆，造成直流油泵控制柜着火。

（2）2019 年 7 月 31 日，某电厂 11 号机组负荷 190MW，DCS 显示润滑油压 0.134MPa，润滑油温 54.7℃，B 滤油器运行，A 滤油器备用。09:46，由于润滑油温度偏高，将 B 滤油器切换至 A 滤油器运行，并对 B 滤油器进行隔离。13:40，B 滤油器清洗结束，准备投运 B 滤油器，启动交流润滑油泵，润滑油压母管压力模拟量 0.142MPa。14:01，微开 B 滤油器出口门注油，DCS 显示润滑油压由 0.142MPa 降到 0.129MPa，润滑油低油压开关保护动作（动作值 0.065MPa），机组停运。

该案例具体原因分析如下：

润滑油母管压力模拟量和遮断开关就地压力表进行比对发现，模拟量压力显示 0.16MPa，就地压力表显示 0.095MPa，偏差约 0.065MPa。出现偏差的原因是润滑油母管压力变送器与润滑油遮断模块存在一定高差，且未对润滑油母管压力模拟量进行修正。润滑油母管模拟量压力与就地开关压力偏差较大，模拟量无法真实表示润滑油压力当滤网切换时润滑油压发生波动，实际润滑油压力已经达到保护动作值，因此润滑油压力低保护动作，机组停运。

▶ **隐患排查重点**

（1）设备维护。

1）临时滤油机及其附属设备应选择质量可靠产品，对于超过使用年限的机械以及电气元器件等应及时更换，防止临时滤油机漏油着火。

2）滤油机更换滤芯部件，将滤油机系统与润滑油系统隔离，保证严密。

3）润滑油模拟量和保护开关不在同一水平面时，应对模拟量进行液位高差修正。

（2）运行调整。

1）临时滤油机不应采用橡胶软管连接，工作时应安排专人值守。

2）机组启动前应验证润滑油母管模拟量与保护开关量是否相同，如有偏差应配合热工人员进行调整。

4.3 ▶ 汽轮机调速系统事故隐患排查

4.3.1 AST 系统异常事故案例及隐患排查

▶ **事故案例及原因分析**

（1）2016 年 2 月 1 日，某电厂 4 号机组进行 ETS 低油压试验，14:51，一通道试验正常，14:54，二通道试验时，EH 油压力低开关警灯，ASP2 指示灯异常，机组停机，首出为"EH 油压低跳闸"。

该案例具体原因分析如下：

机组停机后，通过 ETS 在线试验判断 EH 油系统压力试验装置存在故障。对 EH 油系统压力试验装置进行解体检查，发现通道二节流装置脱落，机组进行 EH 油压低通道二试验时因节流装置失去节流作用，试验装置泄油量大无法维持 EH 油母管油压，EH 油压低保护动作，机组跳闸。

（2）2019 年 12 月 3 日，某电厂 3 号机组负荷 190MW，工业供汽 140t/h，采暖供热 102t/h，按照定期工作计划进行 AST 电磁阀定期活动试验。11:41，运行人员点击 AST1 试验按钮，进行活动试验，随后挂闸状态消失，63-2/ASP 压力开关动作，ASL1、ASL2、ASL3 挂闸开关动作，高压主汽门瞬间关闭，中压主汽门关至 80%，高、中压调门全关，机组负荷到 0MW。11:43:21，发电机逆功率保护动作，机组停机。

该案例具体原因分析如下：

停机再次进行 AST 电磁阀活动试验，判断 AST2 电磁阀存在漏流。3 号机组进行 AST1 电磁阀活动试验时，因 AST2 电磁阀关闭不严密存在漏流，形成安全油泄油回路，造成安全油降低至挂闸油压动作值以下，高压主汽门、高中压调门全关，最终触发逆功率保护动作，机组跳闸。

> **隐患排查重点**

（1）设备维护。

1）A 修应将 AST 电磁阀组解体检修列入标准项目，检查电磁阀、节流孔以及逆止阀等重要组件，冲洗油管路。

2）冷态启动前应完成所有静态试验且结果正确，试验结果异常应分析原因并对调节保安系统各部件进行检验，包括 AST 及 OPC 电磁阀组、隔膜阀、节流孔、单向阀等。

（2）运行调整。

1）运行人员进行 AST 电磁阀组试验前，应确定远传和就地 ASP 油压正常方可进行试验。定期对 ASP 油压、隔膜阀油压分析比较。

2）完善 AST 电磁阀活动试验、ETS 通道试验等自动遮断系统各项试验操作票，试验过程风险点分析应全面、应急措施应准确。

4.3.2　汽门控制装置异常事故案例及隐患排查

> **事故案例及原因分析**

（1）2016 年 3 月 17 日，某电厂对 10 号机组 3 号高压调门进行伺服阀更换工作。21:22，伺服阀更换工作结束，在进行 3 号调门油动机恢复中，3 号调门突然全开，主蒸汽压力由 20.12MPa 下降至 18.36MPa，负荷由 207MW 上升至 226MW，随后关闭高压进油阀，3 号调门又突然关闭，主蒸汽压力由 18.5 MPa 上升至 22.5MPa，负荷由

220MW 下降至 130MW。协调自动退出，运行人员解除给水自动控制，手动增加给水泵汽轮机转速，21:26，锅炉 MFT 给水流量低保护动作停机。

该案例具体原因分析如下：

检查发现 3 号高调新更换的伺服阀存在缺陷。查阅 DCS 历史信息，在没有开启指令的情况下，3 号高调门异常开启到 100%，关闭 3 号高调门进油隔离阀后，3 号高调门快速关闭，引起主蒸汽压力急剧上升，造成给水泵出力下降，且手动调整给水泵转速不及时，最终导致给水流量低保护动作。

（2）2018 年 8 月 15 日，某热电 1 号背压机组负荷 25MW，中压供热量 70t/h，低压供热量 180t/h。06:36，集控室听到较大的蒸汽泄漏声，同时中压供热流量增大到 100t/h，查看中压供汽安全门动作，立即减少中压供汽量。06:55，中压供汽全部切除，现场泄漏仍无改变，进一步查看中压主汽门（IV）反馈增大，主蒸汽调门（GV）全开，背压下降较快，接近 0.85MPa 保护动作值。06:58，给水泵切换到电动给水泵运行，减少中压用汽量。07:18，由于供热安全门无法隔离，为防止事故进一步扩大，运行人员手动停机。

该案例具体原因分析如下：

停机后检查发现 1 号机组 1 号中压调门（IV1）反馈装置故障，导致运行过程中 IV1 反馈突增到 100%，由于 IV1 阀的闭环控制，持续发出关闭指令，直至 IV1 阀全关。同时导致中压供热抽汽压力上升（中压供热抽汽口设计在中压调门之前），中压供热安全门动作蒸汽外泄，为维持排汽压力，高压主汽门全开，进一步增大中压抽汽压力，造成安全门不能及时回座，为防止事故进一步扩大，手动停机。

（3）2019 年 10 月 1 日，某热电厂 1 号机组深度调峰，负荷 140MW。10:33，中、低压联通管快开阀（LV 阀）开始自动回关，1 号机 5 号低加解列，主蒸汽压力下降，火检频繁摆动，投入等离子助燃，汽机房内安全阀动作，10:41，发现 1 号汽机房冒汽，为防止事故进一步扩大，运行人员手动停机。

该案例具体原因分析如下：

停机后检查发现，停机检查发现，LV 阀控制器受外界射频干扰严重，频繁射频干扰后导致控制器发出断线报警，控制器进入自保持状态并持续输出关阀指令，不受远方 DCS 指令控制，必须待控制器重新上电后，断线报警消失，方能恢复远方操作。中、低压联通管快开阀（LV 阀）持续关闭导致五抽压力平衡补偿器裂开，导致蒸汽泄漏。

（4）2020 年 11 月 12 日，某电厂 2 号机组负荷 287MW，主蒸汽压力 16.47MPa。17:36 机组负荷突然降低到 141MW，主蒸汽压力突升至 18.2MPa，锅炉 PCV 阀动作，汽轮机中压调门、一至六段抽汽逆止门、高排逆止门关闭。17:37，机组负荷降至 92MW，四抽至 A、B 给水泵汽轮机供汽逆止门关闭，汽动给水泵停运，运行人员手动停机。

该案例具体原因分析如下：

停机后查看 DCS 历史数据发现 OPC 曾发出油压低信号，检查发现 GV1 油动机卸荷阀顶部针型阀松动且存在漏流现象，GV1 阀门 OPC 逆止阀阀芯存在积碳现象。GV1 卸荷阀顶部针型阀内漏，调门动作过程中，卸荷阀内部滑阀上部的油压波动至稍低于 OPC 油压后，卸荷阀滑阀内的油压与系统 OPC 油压平衡打破，引起系统 OPC 油压通过不严的逆止阀返流至卸荷阀滑阀上部，再通过卸荷阀顶部针型阀泄压。由于卸荷阀底部通有伺服阀过来的高压油，当 OPC 油压泄压至 5.2MPa 后滑阀上部的油压又与系统 OPC 油压达到平衡，油动机 OPC 逆止阀再次复位。GV1 卸荷阀内漏与 GV1 油动机OPC 逆止阀不严两者同时作用导致 OPC 油压降低，调门关闭，主蒸汽压力波动。

▶ **隐患排查重点**

（1）设备维护。

1）A 修应将伺服阀（包括各类型电液转换器）清洗、检测等维护工作列入维护标准项目。

2）OPC、AST 系统油管道、阀门距离热源较低的，应定期对管道和阀门进行检查清理。

3）主汽阀、调节汽阀氧化皮清理工作应严格按照制造厂要求的时间间隔进行。

4）A 修应检查主汽阀、调节阀操纵座弹簧，对弹簧的刚度、伸长量进行检查试验，不符合要求的应更换。

（2）运行调整。

应将调门指令反馈偏差以及 OPC 油压异常列入重要声光报警信号，并制定伺服阀异常时防非停技术措施。

4.3.3　抗燃油泵异常事故案例及隐患排查

▶ **事故案例及原因分析**

（1）2016 年 11 月 12 日，某电厂 3 号机组负荷 400MW，1 号 EH 油泵运行，2 号EH 油泵退备检修，机组运行正常。14:38，汽轮机突然停机。汽轮机首出原因为"汽轮机 EH 油安全油压低"。

该案例具体原因分析如下：

检修人员完成 3 号机组 2 号 EH 油泵检修后，清理检修现场时误碰 EH 油再循环门，EH 油压在 13s 内由 10.9MPa 下降至 7.4MPa（保护动作值为 7.8MPa），EH 油安全油压低保护动作，机组停机。

（2）2017 年 8 月 9 日，某电厂 3 号机组进行高中压主汽门全行程试验。18:28，运行人员解除机组协调，投入功率闭环，切为单阀运行。18:46，中压调门（IV2、IV4）逐渐全关过程中，检查发现 IV2 并未全关（关至 4.7%），中压主汽门（RSV2）全关信号动作但关闭后未按照试验动作要求重新开启（现场巡检确认 RSV2 已全关到位）。18:49，汽轮机 ETS 保护动作停机，首出原因为抗燃油压低。

该案例具体原因分析如下：

由于 IV2 卡涩，导致 RSV2 前后差压大无法开启。机组在功率闭环、单阀状态下，为维持机组功率，4 个高调门快速开启，油动机耗油量增大，导致 EH 油压快速下降。EH 油压低联启备用泵指令发出，但 EH 油压下降过快且 EH 油压低主保护无延时，EH

油压低于保护值 9.31MPa，触发 ETS 保护动作停机。

（3）2018 年 4 月 26 日，某电厂 4 号机组负荷 168MW，1 号 EH 油泵正常运行。05:05，机组发出"EH 油泵控制电源故障"报警，运行人员就地检查 2 号 EH 油泵控制变压器电源侧接线处有打火现象，运行人员误将 1 号 EH 油泵控制电源小开关拉开，1 号 EH 油泵跳闸，2 号 EH 油泵未联动，手动启动 2 号 EH 油泵不成功，EH 油压开始下降低至 8.9MPa，汽轮机 ETS 保护 EH 油压低动作停机。

该案例具体原因分析如下：

2 号 EH 油泵因电气原因故障，运行人员误停 1 号 EH 油泵电源，导致 1 号 EH 油泵跳闸，由于 2 号 EH 油泵存在电气故障不能联启，最终导致 EH 油压低保护动作停机。

（4）2018 年 6 月 21 日，某电厂 8 号机组负荷 93MW，主蒸汽温度 537℃、主蒸汽压力 9.4MPa。23:35，2 号 EH 油泵联启，运行人员就地检查发现，1 号 EH 油泵泵体漏油，EH 油箱油位 390mm，抗燃油压 12.98 MPa，停止 1 号 EH 油泵运行。01:53，2 号 EH 油泵频繁出现停、启现象，电流频繁突变，同时联动 1 号 EH 油泵，此时 EH 油箱油位 330mm。01:56，2 号 EH 油泵跳闸，油压迅速下降，EH 油压低保护动作停机。

该案例具体原因分析如下：

检查发现 1 号 EH 油泵断轴且泄漏，联启 2 号 EH 油泵，由于 1 号油泵泄漏一直未处理，导致 EH 油箱液位一直下降，当液位低于 330mm 时，根据逻辑联停 2 号油泵，但由于 1 号油泵无法运行，EH 油压低，又联启 2 号油泵，因此造成 2 号油泵频繁启停，造成其热偶保护动作停运。两台油泵均不能正常运行，导致 EH 油压低保护动作。

▶ **隐患排查重点**

（1）设备维护。

1）EH 油压低联启抗燃油泵信号应冗余设置，EH 油母管应设置压力变送器。

2）EH 油泵入、出口应设置隔离阀，入口滤网在线更换以及油泵泄漏时应能及时隔离。EH 油泵厂家出厂资料应包括泵轴金属检验报告，A 修应将 EH 油泵泵轴联轴器处的无损检测列入标准维护项目。

（2）运行调整。

1）按照 DL/T 1055《火力发电厂汽轮机技术监督导则》要求进行汽门关闭时间测试、抽汽逆止门关闭时间测试、汽门严密性试验、超速保护试验、阀门活动试验。

2）EH 油系统泄漏且无法进行隔离处理时，应立即申请停机处理。

3）梳理 EH 油泵启停逻辑，避免出现油泵频繁启停的情况。

4）机组启动前应进行 EH 油泵静态联启和切换试验。

4.3.4 抗燃油系统管道异常事故案例及隐患排查

▶ **事故案例及原因分析**

（1）2016 年 4 月 4 日 22:42，某电厂 7 号机组 5 号高压主汽门（GV5）阀门在

90% ～ 100% 之间异常波动，随后机组切单阀运行，GV5 退出运行，在此过程中，GV5 阀门出现大幅剧烈摆动。22:59，发现 GV5 高压调门油动机进油管根部焊口泄漏，补油维持 EH 油箱油位。次日 01:13，运行 EH 油泵 B 出力突然下降，EH 油泵 A 联启，随后 EH 油压低于 8MPa 保护动作值，机组保护动作停机。

该案例具体原因分析如下：

GV5 高压油动机管道焊口泄漏，主要是因为油管振动焊口疲劳开裂。停机检查发现两台 EH 油泵入口滤网堵塞严重，导致 B 油泵出力下降，同时 A 油泵联启后也因入口滤网堵塞出力受限仍无法维持油压，最后导致 EH 油压低保护动作停机。

（2）2018 年 5 月 17 日，某电厂 6 号机组负荷 1011MW，06:47，运行人员发现 EH 油箱液位低 I 值报警，油箱液位快速下降，1 号 EH 油泵电流由 23A 突升至 49A，EH 油压由 16.0MPa 突降至 15.1MPa。06:52，EH 母管油压持续下降，2 号 EH 油泵联启，EH 油压继续下降，油泵入口压力低于 1MPa，两台油泵跳闸。EH 油母管压力下降至 10.5MPa，EH 油压低保护动作停机。

该案例具体原因分析如下：

检查发现 6 号机组 EH 油站至 A 侧超高压汽门油管法兰螺栓断裂，EH 油大量泄漏，造成 EH 油箱油位快速下降，导致 EH 油泵跳闸，EH 油压低保护动作停机。

（3）2019 年 5 月 5 日，某电厂 3 号机组负荷 248.38MW，主蒸汽压力 18.71MPa，EH 油母管压力 14.55MPa，ASP 油压 7.53 MPa，EH 油箱油位 518.84mm。08:33 AST 危急保安遮断油 ASL1、ASL2、ASL3 三个压力开关低油压保护动作停机。

该案例具体原因分析如下：

检查发现汽轮机左侧中压主汽门 AST 油管活接头焊缝边缘裂开，AST 油压降低，ASL1、ASL2、ASL3 三个压力开关低油压动作（定值 7.0MPa），高压主汽门关闭，触发锅炉 MFT 动作，机组停机。

（4）2020 年 7 月 24 日，某电厂 1 号机组负荷 660MW，主蒸汽压力 23.4MPa，主蒸汽温度 568℃。13:36，机组突然停机，首出为"发电机故障"，发电机—变压器组 B 屏报"程序逆功率"动作，发电机—变压器组 C 屏热工保护动作。检查汽轮机交流润滑油泵、启动油泵联启正常，厂用电切换正常，机组转速下降。

该案例具体原因分析如下：

查阅 DCS 历史数据发现，在停机之前曾触发 AST 安全油压低信号。就地检查 AST 电磁阀阀组正常，管道未泄漏，手动挂闸发现隔膜阀压力无法建立。检查汽轮机前箱发现危急遮断系统至隔膜阀供油管路接头断裂，导致保安油压力下降，隔膜阀动作，AST 油压降低，汽门全部关闭，触发程序逆功率保护动作停机。

（5）2020 年 10 月 31 日，某电厂 3 号机组负荷 215MW，主蒸汽压力 16.2MPa，1 号 EH 油泵运行，2 号 EH 油泵备用，EH 油压 14.56MPa。11:08，机组发出"EH 油箱油位低"报警；11:09 "EH 油压低"报警发出且 B 泵未联启；11:12，检查发现汽机房零米运转层 EH 油站附近大量喷油，油泵振动较大；11:12，EH 油压降至 9.5MPa，"EH 油压低保护动作"停机。

该案例具体原因分析如下：

1 号 EH 油泵入口滤网前焊口断裂，造成 EH 油泄漏，油箱油位低，EH 油压力低保护动作，机组跳闸。EH 油系统管路（包括油泵出口管）存在振动，出口管固定不牢，长时间振动使焊口应力疲劳，强度降低而断裂。

（6）2019 年 5 月 9 日，某电厂 1 号机组负荷 298MW，主蒸汽压力 14.34MPa，主蒸汽温度 538 ℃，一次调频投入，单阀方式运行，EH 油泵 1B 运行，1A 投入联锁。00:09，EH 油压开始持续下降、EH 油泵电流开始连续上升，1 号高调门至 6 号高调门开度摆动，幅度 44% 至 100%。00:10，EH 油压持续下降，触发 EH 油压低保护动作停机。

该案例具体原因分析如下：

查看 DEH 系统历史数据，发现 00:09:12 ～ 00:10:06，56s 内一次调频动作 18 次。调取历史调频动作曲线，负荷变化量为 9.197MW，阀门开度波动幅度约 40%。00:10:05，EH 油泵 1B 电流上升至 51A，00:10:06，EH 油泵出口母管压力下降至 11MPa，EH 油泵 A 联启，机组跳闸。一次调频在 56s 内频繁动作 18 次，引起单阀方式下 6 个高调门开度大幅度摆动，用油量过大，导致 EH 油压瞬间降低至保护值，EH 油压低保护动作停机。

▷ 隐患排查重点

（1）设备维护。

1）定期对 EH 油管道进行振动和碰磨排查并建立管道异常振动台账，振动异常的部位或管路应采取固定、支撑、柔性改造等措施，将异常振动管道焊口列入最近一次计划检修检测范围。

2）EH 油管道焊缝的滚动检验计划应严格执行并规范验收，一个 A 修周期内应完成全部焊口检测工作。

3）EH 油管路中插入式焊口应在滚动检验计划中扩大检验比例。

4）对 EH 油管路存在应力集中结构（变径、结构突变）部位的焊口应扩大滚动检验计划中的比例，并结合管道振动进行无损检测。

5）EH 油管路和设备不得接触或靠近热体，绝热措施良好，保证油管外壁与蒸汽管道保温层外表面有不小于 150mm 的净距。

6）EH 油系统应配置在线油净化装置并可靠投运，EH 油滤网应定期维护并能实现滤网在线更换。

7）机组启动前调节保安各项静态试验过程中 EH 油压波动数值应符合规程要求，达不到要求的抗燃油泵及抗燃油管道、蓄能器应择机进行扩容。

（2）运行调整。

机组启动前应在静态方式下进行调节保安系统各项试验，记录试验过程中油压波动。

4.3.5 抗燃油系统密封圈损坏事故案例及隐患排查

▷ 事故案例及原因分析

（1）2016 年 4 月 26 日，某电厂 8 号机组负荷 417MW，1 号 EH 油泵运行。

20:25，运行人员发现 8 号机 EH 油箱油位快速下降，就地检查发现 8 号机中压联合汽阀滤网差压开关处向外喷油。20:33，EH 油箱油位发低低信号，同时 1 号 EH 油泵跳闸，随后 ETS 首出"EH 油压低停机"，锅炉 MFT、发电机逆功率保护跳闸。

该案例具体原因分析如下：

停机检查发现中压联合汽阀（SRV1）压差发讯器高压侧油路橡胶密封圈撕裂损坏，其局部边缘有一定程度压痕，密封圈断裂口呈撕裂状。密封圈损坏原因为安装工艺不规范，致使密封圈受力不平衡，在长时间运行后局部破损，导致 EH 油漏泄，最终引起 EH 油压低保护动作停机。

（2）2017 年 1 月 16 日，某电厂 2 号机组负荷 138MW，2 号 EH 油泵运行，1 号 EH 油泵备用。03:00，运行人员现场检查发现汽轮机北侧低压调速汽门 EH 油高压蓄能器下部有泄漏，关闭蓄能器入口门无效，抗燃油泄漏较大，03:26，运行人员手动停机。

该案例具体原因分析如下：

检查发现汽轮机高压抗燃油供油管与蓄能器连接法兰密封圈发生破损，抗燃油泄漏。根据密封圈破损情况，可能是由于老化原因，也可能为法兰螺栓紧固不均匀，密封圈未安装到法兰槽内，法兰结合面间隙不均，导致密封圈磨损。

（3）2018 年 6 月 1 日，某电厂 2 号机组负荷 145MW，1 号 EH 油泵运行，2 号 EH 油泵备用，EH 油箱油位 506mm。22:51，EH 油箱液位开始下降，22:58，EH 油位低报警（油位 399mm）。检查发现 B 小汽轮机低压主汽门电磁阀向外喷油，23:12，停 B 汽动给水泵同时启动电动给水泵，23:20，2 号 EH 油泵联启，23:23，EH 油压低保护动作停机。

该案例具体原因分析如下：

B 小汽轮机低压主汽门电磁阀密封胶圈损坏，EH 油大量泄漏，造成 EH 油箱油位快速下降，EH 油压低保护动作停机。密封胶圈材质为氟橡胶。胶圈损坏原因为：①密封胶圈可能存在质量缺陷；②密封胶圈使用时间过长，性能变差。

（4）2018 年 9 月 29 日，某电厂 4 号机组负荷 169MW，4 号机组 2 号 EH 油泵运行，电流 25A，1 号 EH 油泵备用，抗燃油压 12.5MPa。23:37，2 号 EH 油泵跳闸，联启 1 号 EH 油泵失败，抗燃油压迅速下降。23:41，抗燃油压降至 7.8MPa，4 号机抗燃油压低保护动作停机。

该案例具体原因分析如下：

检查 6.5m 中压调速汽门处有抗燃油泄漏，进一步检查发现油动机密封圈损坏，导致抗燃油泄漏，抗燃油压低保护动作停机。解体油动机发现密封圈已经断开，且有挤压现象，油动机密封圈损坏原因为安装不规范。

（5）2018 年 11 月 19 日，某电厂 7 号机组负荷 660MW，21:44，ETS 保护动作，汽轮机首出"EH 油压低"，锅炉 MFT，发电机—变压器组逆功率保护动作跳闸，机组停机。

该案例具体原因分析如下：

检查发现左侧主汽门油动机 EH 油供油管道法兰密封胶圈漏油，导致 EH 油压力降低，机组停机。

（6）2020 年 1 月 3 日，某电厂负荷 160MW，2 号 EH 油泵运行，1 号 EH 泵备用。

21:31，"抗燃油箱油位低"报警，检查发现 1 号低压调门处蓄能器密封圈漏油且漏点无法隔离。21:35，2 号机组抗燃油母管压力低于 7.8MPa，抗燃油压低保护动作。

该案例具体原因分析如下：

解体蓄能器下部法兰发现密封圈损坏。蓄能器模块供油管法兰密封圈安装工艺不当，造成密封圈损坏，导致抗燃油泄漏，抗燃油压低保护动作。

（7）2020 年 6 月 19 日，12:08 某电厂 2 号机组 2 号中压调门卡涩报警，指令 100% 但反馈为 0，卡涩原因为伺服阀故障，16:23，伺服阀更换完成，2 号中压调门恢复正常。17:43，机组负荷 190MW，EH 油箱油位 480mm，油压 13.7MPa。17:45，EH 油箱油位 434mm 且油位低报警，油压 13.7MPa，检查发现 2 号中压调门有泄漏，EH 油箱液位持续下降。17:58，EH 油箱油位下降至 117mm，油压降至 0MPa，EH 油压低保护动作停机。

该案例具体原因分析如下：

2 号中压调门伺服阀更换时，密封圈安装未全部嵌入密封槽，紧固四角螺栓时损伤密封圈。系统充油后，密封圈受高压油作用力断裂发生大量泄油，油箱油位快速下降，导致 EH 油压低保护动作停机，造成机组非停。

（8）2020 年 7 月 3 日，某电厂 210MW，主蒸汽压力 14.5MPa。13:28，发现低压保位阀（LCV 阀）和快关电磁阀底座与阀组结合面漏油，为防止漏油手动打开 LCV 旁路阀门，关闭 LCV 阀控制油站的进油门。13:45，LCV 阀关闭且负荷开始下降，负荷降至 130MW，汽轮机 ETS 保护动作停机，首出为"中排压力高（大于 0.8MPa）"，此时抗燃油油箱液位值下降至 437mm。

该案例具体原因分析如下：

LCV 阀和快关电磁阀模块解体检查发现 4 个密封圈中有一个存在多处断裂和裂痕，外观检查未发现错位和压损迹象，判断本次抗燃油发生泄漏直接原因是胶圈质量引起的。在事故处理过程中，紧急关闭 LCV 阀门，导致中压缸排汽压力上升，最终导致中排压力超限触发保护动作停机。

（9）2020 年 8 月 19 日，某电厂 2 号机组配备一台 100% 容量汽动给水泵，电动给水泵仅用于机组启停机。18:10，机组负荷 215MW，给水流量 544t/h。18:11，2 号机组给水流量突降，锅炉 MFT，首出给水流量低低。

该案例具体原因分析如下：

检查发现给水泵汽轮机速关油管至油动机管道活接处胶圈损坏喷油，速关阀速关油失压，在弹簧作用下，速关阀立即关闭，给水泵汽轮机失去工作汽源，给水泵转速迅速下降，给水流量低低保护动作，锅炉 MFT。

▶ **隐患排查重点**

（1）设备维护。

1）密封圈等密封件到货后应进行质量验收，应满足材质、尺寸等方面的要求。

2）对厂内现有密封圈备件定期进行质量检查并建立设备台账，存在毛刺、划痕等外观缺陷或硬化的密封圈应及时淘汰。

3）A修时应对所有解体维护部件的密封圈进行更换，密封圈复装过程应进行现场监督并规范验收技术管理。

4）应特别注意抗燃油管路法兰螺栓安装质量，确保螺栓紧固均匀、力矩符合要求。

（2）运行调整。

针对 EH 油泄漏情况，应制定技术措施，无法及时隔离泄漏设备应进行停机，防止事故进一步扩大。

4.3.6　危急遮断系统异常事故案例及隐患排查

▶　**事故案例及原因分析**

（1）2016 年 5 月 14 日，某电厂 6 号机组负荷 165MW，B、C、D 磨煤机、3 号给水泵运行，双侧风烟系统运行。13:22，6 号汽轮发电机组停机，首出原因为"发电机程序逆功率跳闸""发电机热工保护动作"。

该案例具体原因分析如下：

检查发现汽轮机同轴主油泵联轴器松动，主油泵工作异常，导致隔膜阀控制油压丧失，汽轮机 AST 安全油压泄压，汽轮机主汽门、调门全关，电气保护动作停机。

（2）2016 年 8 月 17 日，某电厂 9 号机组负荷 186MW，主蒸汽压力 11.80MPa。18:17，隔膜阀挂闸油压（低压安全油）由 0.22MPa 下降至 0.03MPa，挂闸油压信号消失，四个主汽门关闭信号发出，主汽门全部关闭，机组停机。

该案例具体原因分析如下：

检查发现主汽门关闭信号发出时间早于 AST 电磁阀动作信号时间，因此可排除 AST 电磁阀组故障。检查低压安全管路未发现泄漏，将手动打闸复位，低压安全油压力仍未零，排除手动打闸误动因素。危急遮断系统解体检查发现危急遮断器滑套装反，导向滑套外圆与压缩弹簧内孔装配与图纸不符，弹簧未完全套入滑套端面。机组运行过程中，弹簧发生不均匀塑性变形，造成飞锤动作转速值下降，危急遮断系统动作停机。

（3）2018 年 5 月 9 日，某电厂 4 号机组负荷 285MW。20:01，4 号发电机跳闸，汽轮机 ETS 保护动作。ETS 首出"发电机故障，ASP-2 动作"。停机查看保安油压历史曲线发现从 20:00 开始，保安油压从 0.82 MPa 逐渐下降至 0.22 MPa，保安油压下降引起高中压主汽门、调速汽门关闭造成发电机跳闸。

该案例具体原因分析如下：

检查隔膜阀上腔保安油压力为零，判断保安油管路出现问题，打开前箱检查，发现保安油供油管路两个溢油阀溢油量偏大，对溢油阀调节螺栓重新调整，薄膜阀上的保安油压升至正常，调整结束将固定锁母锁紧。保安油压异常原因是前箱内保安油母管上泄油螺钉松动，导致隔膜阀上的安全油压下降，高、中主汽门关闭，导致机组跳闸。

（4）2018 年 7 月 31 日，某电厂 10 号机组负荷 333.8MW。14:05，10 号机组主汽门关闭，机组停机，首出原因"DEH 逻辑跳闸"，SOE 记录首出信号是"高压、中压主汽门全关"。

该案例具体原因分析如下：

SOE 记录显示本次停机是主汽门全关引起，检查危急遮断设备，发现危急遮断器有机玻璃保护罩与手打连杆接触位置有明显摩擦痕迹，撑钩手打连杆背帽松动现象。背帽松动引起手动停机连杆位移，进而导致危急遮断器撑钩脱扣，引起机械遮断电磁阀动作，EH 安全油压泄压，主汽门关闭，机组停机。

（5）2021 年 7 月 14 日，某电厂 1 号机组负荷 200MW，主蒸汽压力 12.7MPa。16:29，机组停机，FSSS 首出"汽轮机跳闸"，锅炉 MFT 动作，发电机逆功率保护动作。

该案例具体原因分析如下：

检查发现危急遮断装置滑阀动作，安全油压泄油。解体检查危急遮断滑阀发现撞击子有明显撞击痕迹，对撞击子部套进行解体检查未见异常。检查主油泵油挡间隙偏大，分析润滑油沿主油泵油挡轴向间隙窜入撞击子油囊，撞击子的离心力大于弹簧的压紧力向外飞出，造成危急遮断装置动作，机组停机。

（6）2018 年 5 月 4 日，某电厂 6 号机组负荷 628MW，主蒸汽压力 23.2MPa，主蒸汽温度 568℃。16:54:34，6 号汽轮机安全油压失去，汽轮机主汽门、调节汽门关闭。16:54:37，发电机"程跳逆功率"保护动作，机组停运。

该案例具体原因分析如下：

停机检查 DEH 遮断电磁阀线圈阻值正常，电源无故障信号。AST 遮断模块、插装阀、节流孔、电磁阀未发现异常，AST 遮断电磁阀活动试验正常。打开前箱检查发现飞环与撑钩之间的间隙为 0.95mm，远小于设计安装值（1.59 ~ 1.99mm），也小于2016 年大修后数值（1.5mm）。飞环与撑钩之间的间隙变小，导致机械装置误动作，机组停运。

（7）2019 年 12 月 21 日，某电厂 2 号机组负荷 424MW。02:05，2 号机组停机，首出为"透平压比低"，锅炉 MFT，发电机解列。

该案例具体原因分析如下：

检查发现 2 号汽轮机隔膜阀漏油，隔膜阀膜片沿法兰结合面螺栓外边缘处撕裂，安全油泄漏，隔膜阀开启，EH 油危急遮断油排到回油管，危急遮断装置动作，高、中压进汽阀全部关闭，触发机组"透平压比低"保护动作，机组停运。

▶ **隐患排查重点**

（1）设备维护。

1）危急遮断系统手动打闸手柄（按钮）应设置有保护罩，保护罩应与手柄保持一定距离，防止发生碰撞。

2）A 修应将危急遮断系统部件列入维护标准项目，具备条件的电厂可考虑将危急遮断器送返汽轮机厂进行维护。

3）主油泵轴瓦及油挡各部间隙应符合技术规范要求，防止主油泵润滑油泄漏至危急遮断系统引起飞锤误动。

4）保安油系统管道焊缝应列入滚动检验计划，一个 A 修周期内应完成全部焊口探伤检测工作。

5）每年对隔膜阀进行外观检查，A 修对隔膜阀进行解体检修，检查膜片、弹簧、紧固螺栓等部件，隔膜阀堵丝应安装止退销或采取其他防松脱措施。

（2）运行调整。

1）危急遮断系统检修后应进行机械超速试验。

2）巡检应记录隔膜阀压力。

4.4 ▶ 给水系统事故隐患排查

4.4.1 给水泵汽轮机异常事故案例及隐患排查

▶ **事故案例及原因分析**

（1）2017 年 10 月 11 日，某热电厂 2 号机组负荷 198MW，汽动给水泵组运行，A/B 电动给水泵备用。09:16，进行汽动给水泵 RB 试验，09:18，给水泵汽轮机入口调门卡涩，汽动给水泵转速由 4060r/min 升高至 4600r/min，主给水流量由 650t/h 升高至 900t/h，汽包液位快速上升。09:20，事故放水门打开，汽包水位继续升高。09:21，汽包水位高高保护动作，锅炉 MFT。09:27，锅炉再热汽温 474℃，汽轮机停机。

该案例具体原因分析如下：

在进行汽动给水泵 RB 试验的过程中，由于给水泵汽轮机入口调门卡涩，导致汽动给水泵转速和流量突然升高，汽包液位也快速上升，造成汽包液位高高保护动作，锅炉 MFT。锅炉 MFT 后再热汽温短时下降 60℃，汽轮机停机。

（2）某电厂 2 号机组配备一台 100% 容量汽动给水泵。2018 年 6 月 18 日，2 号机组负荷 184.3MW，给水泵汽轮机调门开度 36%，转速 3481r/min，给水流量 532t/h，汽动给水泵再循环开度 0%。21:16，2 号机组汽动给水泵自动退出，机组协调退出，给水流量骤降，汽动给水泵入口流量骤降，汽动给水泵停运。锅炉 MFT，跳闸首出为"汽动给水泵与电动给水泵停止"（电动给水泵为两台机公用，机组启动期间可用电动给水泵，正常运行不作为备用）。

该案例具体原因分析如下：

检查发现给水泵汽轮机进汽调门连杆上部关节轴承圆环处断裂，断面处表面平滑，无明显塑性变形，分析为疲劳断裂，判断厂家在锻造时存在缺陷，长时间受力运行，裂纹扩大，突然断裂。导致给水泵汽轮机进汽调门关闭，转速下降汽动给水泵出力下降，给水泵入口流量低保护动作停运，锅炉 MFT 动作。

（3）2019 年 1 月 10 日，某电厂 2 号机组负荷 263MW，A、B 汽动给水泵运行，电动给水泵（50% 容量）备用。16:20，锅炉燃料 RB 动作，机组降负荷至 122MW。16:26，汽包水位由 +77mm 开始快速下降。16:28，启动电动给水泵，汽包水位最低降至-166mm后开始缓慢上升。16:32，手动降低电动给水泵转速至不出力。16:35，汽包水位由-110mm快速上升。运行人员发现汽动给水泵自动调节异常，16:38，将B汽动给水泵切至手动并手动降低转速。16:39，手动打闸B汽动给水泵，汽包水位高至+203mm触发锅炉MFT，汽轮机停运。

该案例具体原因分析如下：

在锅炉燃料RB后，机组降负荷，汽包水位快速下降过程中，A汽动给水泵自动提高转速指令，但因其高压调门升至20%左右时卡涩，实际转速不再上升，但其指令值仍一直增加，造成转速指令值远高于实际转速反馈值，当汽包水位快速上升时，虽然A汽动给水泵自动转速指令一直下调，但仍一直高于实际转速值，因此实际给水量并未降低，导致汽包水位自动调节失灵，水位持续快速上升。运行人员未能及时发现水位自动调节不正常问题，仅将B汽动给水泵切至手动调整并打闸，干预不够及时，导致汽包水位高保护动作，锅炉MFT。

（4）某电厂7号机组配备一台100%容量汽动给水泵。2019年5月29日，7号机组负荷660MW，主蒸汽压力28.1MPa、主蒸汽温度581℃、再热蒸汽压力5.2MPa、再热蒸汽温度601℃。17:34机组负荷突然由660MW到零，锅炉MFT，首出"给水泵跳闸"，汽轮机停运，发电机逆功率保护动作解列。

该案例具体原因分析如下：

检查发现汽动给水泵前置泵进口电动门开状态消失，关状态信号发出，远方信号消失，触发"汽动给水泵保护跳闸"逻辑，造成汽动给水泵停运，锅炉MFT动作，汽轮机停机。分析认为电动执行装置内阀位传感器故障，导致开关状态同时变位。

（5）某热电厂1号机组配备一台100%容量汽动给水泵。2021年8月30日，1号机组负荷294.2MW，主蒸汽压力24.55MPa，汽动给水泵汽轮机转速5153r/min，给水流量941.42t/h。22:02给水泵汽轮机前轴径X向振动由11.8μm升至107μm，Y向振动由10.7μm升至115μm，后轴径X向振动由11.99μm升至135.99μm，Y向振动由10.9um升至134.34μm。1号机汽动给水泵小汽轮机"轴振动大停机"信号发出，1号机给水泵汽轮机停运。给水流量由941.42t/h降低到282t/h，锅炉MFT，首出原因为"给水流量低"。

该案例具体原因分析如下：

给水泵汽轮机惰走期间内部有金属碰磨声音，综合分析决定对小汽轮机进行解体检查，发现给水泵汽轮机第三级动叶末叶片与相邻叶片从根部断裂，静叶叶顶汽封也存在不同程度的磨损。其中，第三级末叶片采取两件锁口圆柱销和两个骑缝圆柱销固定，结构如图4-1所示。

分析认为本次事故原因为骑缝圆柱销安装后的铆点出现问题：铆点工艺不当导致叶片在销孔处出现微裂纹，或是铆点位置太靠近销孔，导致销孔圆周方向上存在豁口。从微裂纹或豁口处铸件发生裂纹扩展，直至事故发生。针对以上分析结果，对末叶片骑缝圆柱销进行了设计优化，骑缝圆柱销从进汽侧装入，为盲孔形式，出汽侧不打透，这样可以有效避免叶片应力最大处销孔及销孔铆点处的缺陷和应力集中。

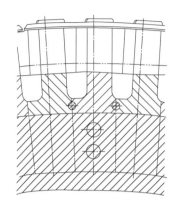

图 4-1　断裂末叶片固定形式

▶ 隐患排查重点

（1）设备维护。

1）给水泵汽轮机调门应按照厂家要求定期进行维护，重点对门杆进行检查检验。

2）给水泵汽轮机调门执行机构和油动机螺栓、托架、紧固销、防转销钉等应纳入点检和正常运行巡视项目。

3）设置一台 100% 容量给水泵的机组，应将给水泵及驱动汽轮机纳入 TDM 监测范围。

4）给水泵汽轮机的叶片检查以及无损检测应列入给水泵汽轮机解体检修标准项目，并将检查结果更新至转子台账。

（2）运行调整。

给水泵汽轮机调门目标指令与实际指令偏差大应设置报警，避免调门卡涩或偏差异常导致运行方式变化引起机组运行工况异常变化。

4.4.2　给水泵汽轮机调速系统异常事故案例及隐患排查

▶ 事故案例及原因分析

（1）2016 年 1 月 20 日，某热电厂 1 号机组负荷 182MW，给水流量 577.95t/h。10:12，按照定期工作计划进行给水泵汽轮机汽门活动试验，试验过程中主汽门"全开"消失，"试验到位"指示灯变亮，"全关"信号发出，主汽门关闭，给水泵汽轮机停运，给水流量低低保护动作，锅炉 MFT。

该案例具体原因分析如下：

给水泵汽轮机汽门活动试验正常动作过程应为：电磁阀带电主汽门开始缓慢关闭，指令发出 5s 后或试验行程 75% 开度均发出复位试验指令，电磁阀失电后主汽阀再打开，试验结束。本次试验过程中，复位指令已发出，电磁阀已失电但电磁阀卡涩，导致主汽门继续关闭，给水泵停运，触发给水流量低保护，锅炉 MFT 动作停机。

（2）2019 年 2 月 19 日，某电厂 3 号机组负荷 289.7MW，民用供热流量 180t/h，1 号、

2 号汽动给水泵转速分别为 5448 、5397 r/min，1 号、2 号汽动给水泵出口流量分别为 561 、551t/h。09:26，运行人员进行 2 号给水泵汽轮机汽门活动试验。09:26，2 号前置泵电流大幅下降至 74A，汽动给水泵出口流量急速下降至 137t/h、给水流量下降至 687t/h，2 号汽动给水泵出口压力快速升高，最高至 25.62MPa，汽包水位快速下降。09:30，汽包水位达 -350mm，汽包水位低保护动作，锅炉 MFT。

该案例具体原因分析如下：

2 号给水泵汽轮机主汽门活动试验，主汽门异常关闭，引起 2 号汽动给水泵出口门联关，给水流量急剧下降，汽包水位快速降低至跳闸值，机组 MFT。检查发现试验电磁阀泄油口节流孔缺失（检修时漏装），试验泄油过快，造成主汽门关闭。

（3）2020 年 7 月 28 日，某电厂 5 号机组负荷 300MW，1 号汽动给水泵运行，2 号汽动给水泵因前轴承振动大已经退出运行进行检修。17:47，1 号给水泵汽轮机低压调门突发"故障"报警，汽轮机转速及泵出口流量下降，运行人员检查发现小汽轮机低压调门阀位反馈坏点，高压进汽调门自动全开，但汽轮机转速继续下降，高、低压供汽电动门和供汽压力均正常。机组主给水流量持续下降，最终触发锅炉"主给水流量低"动作，锅炉 MFT，机组停运。

该案例具体原因分析如下：

检查给水泵汽轮机低压调门位置反馈信号异常，检查低压调门液压伺服子模件发现 4 通道故障灯亮，故障信息为"伺服禁制"，该故障结果为关闭汽门。检查 LVDT、伺服阀控制回路电缆及插头未见异常，测量绝缘阻值均合格，更换液压伺服子模件后低压调门位置反馈恢复正常。该模件已经在本厂多次出现故障，厂家发函说明该伺服模件对外界敏感，易于损坏。本次机组停运的原因为，给水泵汽轮机低压调门液压伺服模件出现故障导致低压调门关闭，给水泵退出运行，主给水流量低保护动作，锅炉 MFT。

（4）2020 年 12 月 16 日，某热电 2 号机组负荷 181MW，汽动给水泵运行、电动给水泵勺管 33% 备用。03:32，汽动给水泵低调门反馈故障报警，就地检查未发现异常。03:49，小汽轮机进汽低调门由 47% 突关至 0%，汽动给水泵流量由 682t/h 降低至 368t/h。03:50，汽动给水泵流量升至 698t/h，给水自动退出，汽动给水泵流量由 698t/h 降至 0t/h，汽动给水泵再循环联开。汽轮机主值立即解除电动给水泵联锁，紧急启动电动给水泵。03:51，小汽轮机进汽低调门突开至 85%。汽动给水泵流量升至 723t/h、主给水流量升至 510t/h，汽包液位持续下降，最终汽包水位低低保护动作，锅炉 MFT，机组停运。

该案例具体原因分析如下：

运行中给水泵汽轮机低压调门阀位反馈显示故障报警，判定给水泵汽轮机低压调门液压伺服子模件发生故障。更换该液压伺服子模件后画面无故障报警，2 号机汽动给水泵低调门阀位显示恢复正常。据了解部分机组采用该液压伺服子模件多次出现的故障问题，厂家曾发函说明该伺服模件对外界敏感，易于损坏。

（5）2020 年 5 月 22 日，某电厂 3 号机组负荷 140MW，汽动给水泵运行，电动给水泵备用（勺管开度 70%），给水流量 420t/h，汽动给水泵主油泵运行，备用油泵备用。05:49，汽动给水泵主油泵电流异常后后跳闸。05:49，汽动给水泵备用油泵、直流油泵自启，在此过程中调节油压最低降至 0.3MPa，小汽轮机速关阀关闭，汽动给水泵停运，电动给水泵自启，汽包水位快速上涨，立即切手动调整控制汽包水位。05:51，汽包水位高保护动作，锅炉 MFT。

该案例具体原因分析如下：

检查发现汽动给水泵主油泵轴承损毁，导致主油泵跳闸，备用油泵联启过程中调节油母管压力低导致给水泵汽轮机速关阀关闭，造成汽动给水泵停运。汽动给水泵跳闸后联启电动给水泵，由于机组负荷低，电动给水泵在勺管开度 70% 联启后汽包水位调整不及时，造成汽包水位高保护动作停机。

▶ **隐患排查重点**

（1）设备维护。

1）A 修应检查更换给水泵汽轮机调节保安系统密封圈，调节保安系统的密封圈装配应进行旁站监督。调节保安系统检修工序卡增设节流孔清理复装质量见证点。

2）A 修应对给水泵汽轮机调门伺服阀进行清洗、检测、更换等维护工作。

3）给水泵汽轮机遮断电磁阀电源应冗余可靠，电磁阀两个通道电源应配置在不同电气段上。

4）针对多次出现故障的伺服部件应调研并分析是否存在家族性缺陷，缺陷若可通过改造消除则适时进行技术改造，若无法消除则应尽快进行伺服部件更换。

5）通过现场试验重新校核主机、给水泵汽轮机润滑油系统蓄能器厂家给定的压力整定值，以及备用泵联启延迟时间定值，每年结合检修机会进行一次蓄能器充氮压力检测，严防油泵切换过程中润滑油压低或断油。

（2）运行调整。

1）汽动给水泵组冷态启动前应通过静态试验对调节保安系统各部件进行检验并将试验结果列入验收质检点。

2）电动给水泵备用状态下液力耦合器勺管开度应跟随机组负荷或给水流量变化，电动给水泵启动过程中不应出现重要电动辅机因电压异常而停运。

3）给水泵汽轮机启动前应对交流油泵切换时调节油母管最低压力进行记录，保证调节油最低压力高于速关阀动作值。

4.4.3 给水泵汽轮机汽源异常事故案例及隐患排查

▶ **事故案例及原因分析**

（1）2018 年 7 月 12 日，某电厂 1 号机组进行 30%（200MW）以下深度调峰，机组负荷 217MW 并尝试降低。23:28，为保证汽动给水泵流量不低于最小流量，手动开启 1、2 号汽动给水泵再循环门开度到 50%、43%。23:39，省煤器入口流量发生波动，1、2 号小汽轮机低压进汽调门正常开大，但给水流量持续下降。23:40，1、2 号小汽轮机低压进汽调门全开，小汽轮机自动退出，手动调整转速指令到转速 3000r/min，随后 1、2

号小汽轮机再循环全开（汽动给水泵流量低于 320t/h，汽动给水泵再循环开启），给水流量继续降低。23:41，手动关闭 2 号汽动给水泵再循环调门至 44%。23:42，2 号给水泵再循环调节门至全关后自动打开。23:43，手动调整 2 号小汽轮机转速指令至 3300r/min，给水流量继续降至 243t/h。23:44，汽动给水泵出力继续降低至给水流量低至 238t/h，延时 10s 后给水流量低低保护动作，锅炉 MFT 动作停机。

该案例具体原因分析如下：

深度调峰过程中，为保证汽动给水泵流量不低于最小流量，打开汽动给水泵再循环门，由于小汽轮机进汽压力降低，调门全开后，给水流量仍然持续下降，小汽轮机自动控制退出，运行人员手动控制转速，由于流量持续下降，再循环门全开，影响主给水流量进一步下降，最终导致给水流量低低保护动作，锅炉 MFT 动作，停机。

（2）2018 年 10 月 12 日，某热电厂 1 号机组进行深度调峰。17:20，负荷由 210MW 减至 125MW，中压辅汽联箱压力逐渐由 0.51MPa 降至 0.28MPa。19:40，发现冷再至中压辅汽联箱调节门全开，四段抽汽温度下降，判断四抽至中压辅汽联箱供汽电动门后逆止门不严。19:47，逐步关闭四抽至中压辅汽联箱供汽电动门。19:49，当四抽至中压辅汽联箱供汽电动门全部关闭时，中压辅汽联箱压力迅速升至 1.09MPa，造成汽动给水泵进汽压力突增，给水泵转速升高，给水流量大幅增加，手动关小冷再至中压辅汽联箱供汽调门开度，压力仍未下降。19:51，为降低中压辅汽联箱压力，稍开四抽至中压辅汽联箱供汽电动门，中压辅汽联箱压力快速下降至 0.47MPa，给水流量降至 160t/h。19:52，给水流量低于 240t/h 延时 15s，锅炉 MFT 动作停机。

该案例具体原因分析如下：

四抽至中压辅汽联箱供汽电动门后逆止门不严，关闭四抽至中压辅汽联箱供汽电动门，导致中压辅汽联箱压力过高，给水泵流量突增，打开四抽至中压辅汽联箱供汽电动门，导致中压辅汽联箱压力快速下降，汽动给水泵供汽压力下降速度过快，造成给水流量低低保护动作，锅炉 MFT 动作停机。

（3）2019 年 9 月 23 日，某电厂 1 号机组负荷 228MW。11:27，四抽逆止门关信号发出，联关四抽至 A、B 小汽轮机进汽电动门、逆止门。11:28，A、B 小汽轮机控制自动退出，两台汽动给水泵转速降至 3050r/min，电动给水泵联锁启动，机组 RB 动作。11:30，汽包水位下降至 −264mm，"炉水循环不正常"信号发出，锅炉 MFT 动作。

该案例具体原因分析如下：

调阅历史趋势，9 月 7 日启动前模拟超速试验时，OPC 油压低联锁关闭四抽逆止门 1 指令发出，但逆止门未离开全开位，判断四抽逆止门 1 在全开位置卡涩。根据四抽逆止门 1 逻辑组态分析，OPC 油压低信号消失后，由于逆止门卡在全开位置，所以联锁开信号无法发出，电磁阀一直处在失电状态。机组启动后，在汽压作用下逆止门长期处于开启状态，因开指令无法发出、运行过程管道压力和流量随着负荷的变化而波动等因素，逆止门逐渐关闭，触发四段抽汽逆止门 1 全关信号，最终导致汽动给水泵停运，机组 MFT 动作停机。

（4）2019 年 11 月 20 日，某电厂 2 号机组进行深度调峰试验，2 号机组 1、2 号给水泵汽轮机汽源由辅汽提供，两台机组辅汽连通，2号机组辅汽联络门开度50%，1号机组辅汽联络门开度100%，2号机组四抽供辅汽、四抽供给水泵汽轮机、冷再供辅汽电动门均处于开启状态。17:16，2号机组负荷180MW，深度调峰试验结束，计划升负荷至660MW。17:29，2号机组负荷升至240MW，四抽压力0.42MPa，为控制凝汽器水位同时考虑2号机组给水泵汽轮机以及辅汽供汽参数满足需求，进行两台机组辅汽联箱分列操作。17:31，就地关闭2号号机辅汽联络电动门过程中，给水泵汽轮机进汽温度突降至178℃，供汽调门逐渐全开，2号机组1、2号给水泵汽轮机转速持续下降，2号机组给水流量快速降低至269.8t/h，给水流量低低保护动作，锅炉MFT停机。

该案例具体原因分析如下：

2号机组深度调峰试验将两台机组辅汽联箱联络，且主要由1号机组提供辅汽，试验结束后2号机组升负荷到240MW，四抽压力0.42MPa，由于2号机组辅汽与四抽相联通，导致四抽压力未能反映实际抽汽压力。因此将两台机组的辅汽联络分开后，导致2号机组辅汽联箱压力和四段抽汽压力均下降，并且给水泵汽轮机进汽压力瞬间降低，除氧器内饱和蒸汽通过四抽供除氧器管道入四抽管道，造成四抽至小汽轮机供汽温度降低。由于给水泵汽轮机进汽压力和温度下降，最终导致给水流量低低保护动作，锅炉MFT动作，停机。

（5）2021年10月9日，某电厂4号机组和7号机组辅汽联箱联络运行。7号机组负荷从230MW降低至168MW。21:50，7号机组机辅汽联箱温度降至163℃，辅汽联箱压力低报警，远程开启开冷再至辅汽联箱调门但调门反馈不动，安排人员就地手动操作。21:53，汽动给水泵转速下降，1、2号给水泵汽轮机调门自动开大至90%，汽包水位开始下降。21:54，1、2号汽动给水泵给定转速与实际转速偏差大于300 r/min，给水自动逻辑退出。21:55，逐步将冷再至辅汽联箱调门开至20%，辅汽压力逐步提升至0.55MPa，汽动给水泵转速由3300 r/min快速升至4200 r/min，汽包水位持续下降至-185mm。21:55，汽包水位低低-250mm触发锅炉MFT，机组停机。

该案例具体原因分析如下：

4号和7号机组辅汽联络运行，辅汽主要由7号机组提供，7号机组负荷下降，辅汽压力随之下降，由于7号机组冷再至辅汽联箱调门未能打开，导致辅汽压力进一步下降。7号机组四抽压力低于辅汽压力，汽动给水泵汽源自动转为辅汽提供，汽动给水泵进汽参数下降，汽动给水泵调门虽自动开大至90%，但汽动给水泵转速仍低于需求值，造成汽包水位持续下降。待运行人员手动打开冷再至辅汽调门，辅汽压力有所回升，但汽包液位已经下降至保护动作值，导致锅炉MFT保护动作停机。

▶ **隐患排查重点**

（1）设备维护。

1）给水泵汽轮机应设置可靠的、快速投入的高压备用汽源。

2）四抽至辅汽联箱以及冷段至辅汽联箱供汽调门、逆止门应定期进行检查。启动前应验证调门灵活可靠，停机前应结合运行参数分析逆止门关闭是否严密。

3）深度调峰机组，可考虑增加电动给水泵备用逻辑。

4）给水泵汽轮机供汽管道逆止门应列入年度检修维护标准项目，并将其设为三级验收质检点。

5）检查给水泵汽轮机备用汽源及其自动投入逻辑的可靠性。备用汽源管道未设计疏水导致汽源无法热备用的，应利用检修机会进行改造。

6）应定期检查四抽至除氧器逆止门，确保逆止门动作灵活、关闭严密。

（2）运行调整。

1）完善给水泵汽轮机汽源切换操作票，防止切换过程蒸汽压力、温度异常造成给水流量大幅波动。

2）深度调峰期间进行重要设备、阀门操作时，人员应在现场监控，阀门卡涩时能够及时手动操作。

3）深度调峰期间为防止给水泵出口流量过低，可提前开启给水泵再循环门。

4）深度调峰机组在低负荷期间，应保证给水泵汽轮机汽源参数稳定，防止辅汽、四抽、冷再压力的剧烈波动。

5）制定给水泵汽轮机调门突开突关、汽源品质（压力、温度）突降、给水流量大幅波动应急预案并进行演练。

4.4.4 汽动给水泵异常事故案例及隐患排查

▶ **事故案例及原因分析**

（1）2019年11月12日，某电厂1号机组给水系统配置1台100%容量汽动给水泵。机组负荷425MW，主蒸汽压力22MPa，主蒸汽温度598℃，汽动给水泵运行，给水流量1200t/h。14:42，汽动给水泵驱动端轴承振动大保护发出，给水泵跳闸，锅炉MFT动作，首出原因给水泵全停。

该案例具体原因分析如下：

1号机组汽动给水泵驱动端轴承挡油套设计随轴转动，挡油套与轴连接采用两只M10×16的沉头螺栓90°布置，设备解体后检查发现两只螺丝均已松动退出过半，挡油套不能随转子一起同步转动，与轴偏心导致挡油套、轴承体发生碰擦，驱动端轴承振动达100μm跳闸值，汽动给水泵跳闸，锅炉MFT保护动作，停机。

（2）2021年8月8日，某电厂2号机组给水系统配置1台100%容量汽动给水泵。14:38，汽动给水泵3号轴承X方向转子相对振动由36.35μm开始上升，Y方向由35.06μm开始上升。14:41，3号轴承X方向转子相对振动达到103.2μm，Y方向达到90.5μm，达到保护动作值跳闸，汽动给水泵跳闸。2号锅炉MFT，机组停运，MFT首出为"给水泵全停"。

该案例具体原因分析如下：

给水泵驱动端轴承挡油套设计随轴转动，检查发现挡油套断裂脱落，脱落挡油套与转子和轴承发生碰磨，引起轴瓦振动升高，给水泵组振动保护动作，锅炉MFT保护动作停机。

（3）2018年10月7日，某电厂3号机组负荷310MW，1、2号汽动给水泵运行，电动给水泵备用。01:10，2 号汽动给水泵推力轴承温度快速上升。01:12，2 号汽动给水泵由于推力瓦温度高跳闸。主给水流量由 1020t/h 下降至 550t/h，汽包水位下降，1 号汽动给水泵转速由 5177r/min 升至 5900r/min，电动给水泵联启后，1 号汽动给水泵转速恢复 5177r/min。运行人员手动增加电动给水泵勺管指令，并关闭再循环门。01:13，1 号汽动给水泵流量536t/h，电动给水泵流量569t/h，运行人员发电动给水泵再循环门并未关闭，再次关闭再循环门。01:14，汽包水位降至 −350mm，汽包水位低保护动作，锅炉 MFT。

该案例具体原因分析如下：

停机后对 2 号给水泵推力瓦进行检查，发现给水泵推力轴承非工作面 8 个推力瓦块磨损严重，对给水泵进行解体，发现平衡板 O 型密封圈老化逐渐碎裂脱落，碎屑被给水泵出口水流经末级叶轮后端盖压入平衡鼓与平衡板之间的间隙内，当碎屑堆到一定程度，造成间隙堵塞，导致平衡室压力瞬间下降，转子轴向位移突然增大，导致非工作面推力瓦温度升高，给水泵跳闸停运。给水泵内部结构如图 4-2 所示。

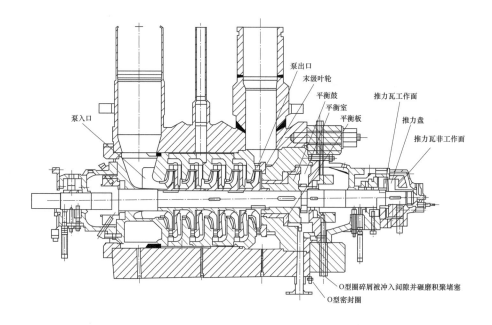

图 4-2　给水泵内部结构示意图

2 号汽动给水泵停运后，电动给水泵自动联启，启动后运行人员手动调节勺管开度，保证 1 号汽动给水泵和电动给水泵流量一致，且满足负荷需求。但由于电动给水泵再循环门未关闭，导致实际给水量不能满足当前负荷要求，汽包水位一直在下降，最终导致汽包水位保护动过停机。

▶ **隐患排查重点**

设备维护具体要求如下：

（1）给水泵轴承挡油套应列入 A（B）修标准项目进行检查。

（2）挡油套设计为随轴转动的给水泵，应定期观察挡油套固定情况，并将其列入年度检修标准项目。

（3）严格按照给水泵检修周期对给水泵进行定期维护。

4.4.5 电动给水泵异常事故案例及隐患排查

▶ ▬▬ 事故案例及原因分析 ▬▬

（1）2016 年 1 月 31 日，某电厂 5 号机组荷 99.77MW，1 号电动给水泵检修，2 号电动给水泵运行。06:01，2 号给水泵勺管执行器在自动调节状态下，指令与反馈偏差在 1.68% 时，给水泵进口流量突升至 446t/h，汽包水位小幅度上升。勺管指令开度下调，但执行器反馈没有变化。随后汽包水位高 I 值报警，运行人员发现 B 给水泵勺管执行器指令与反馈偏差大于 5%，手动调节勺管开度，反馈均不变化。06:08，汽包水位上升至 250mm 时，延时 5s 汽包水位高保护动作，锅炉 MFT，机组停机。

该案例具体原因分析如下：

检查发现就地 B 给水泵勺管执行器有故障报警，检查执行器内部线路后发现，执行器控制系统反馈计数板与主板之间的连接插件松动，执行器自动记忆故障前开度值（80%），送入 DCS 的反馈信号也保持不变。执行器内部程序设定为指令与反馈偏差超过死区值，执行器动作时间最长 7s，7s 后如果指令与反馈不一致，发出"马达堵转故障报警"信息并闭锁操作，导致运行人员远方操作失控，造成给水流量大幅波动，汽包水位控制困难，导致锅炉 MFT，机组停运。

（2）2017 年 7 月 4 日，某电厂 5 号机组负荷 99MW，1 号给水泵运行、2 号给水泵备用。04:23，1 号给水泵发出"润滑油回油温度高"报警信号，检查发现 1 号给水泵耦合器排烟管向外间断冒油烟。04:30，换给水泵，关闭 2 号给水泵出口电动门。04:31，在 2 号给水泵电动门关闭过程中，1 号给水泵因"润滑油压低低"跳闸，给水流量降至零。04:32，2 号给水泵出口电动门全关，启动 2 号给水泵，发现勺管卡在 10% 不动。04:32，由于"汽包水位低低"保护动作，锅炉 MFT，机组停机。

该案例具体原因分析如下：

检查发现 1 号给水泵耦合器润滑油 B 滤网堵塞，造成给水泵各轴承的润滑油量减少，润滑油温上升至报警值，"润滑油压低低"保护动作，1 号给水泵停运。2 号给水泵在启动过程中由于勺管在 10% 开度卡住，造成给水流量大幅下降，"汽包水位低低"保护动作，锅炉 MFT，机组停机。

（3）2018 年 11 月 9 日，某电厂 6 号机组负荷 115MW，2 号电动给水泵运行，1 号电动给水泵前置泵机封泄漏检修。16:53，2 号给水泵润滑油冷油器入口油温由 52℃ 急剧上升到 60℃ 报警。16:54，冷油器入口油温上升到 70℃，给水泵保护动作停运。16:56，汽包水位下降，灭火保护动作，锅炉 MFT，机组停运。

该案例具体原因分析如下：

1 号给水泵前置泵机封泄漏，检修结束开启入口门时发现入口门损坏，1 号给水泵无法正常备用。2 号给水泵耦合器易熔塞熔化，高温工作油汇入润滑油，导致润滑冷油器入口油温高保护动作，2 号给水泵停运，汽包水位无法维持，灭火保护动作锅炉MFT，机组停运。

▶ **隐患排查重点**

（1）设备维护。

1）定期进行液力耦合器油质化验监督，防止杂质进入勺管导致卡涩。

2）液力耦合器检修应对勺管导向键进行检查，必要时进行维护或更换，调整电动执行机构转角位置，使其处于安全且能行使功能的位置。

3）油系统滤网应列入年度检修标准维护项目并将验收设为质检点进行验收，滤网差压宜设模拟量监视。

4）长期运行的电动给水泵，建议在 C 修时更换易熔塞。

（2）运行调整。

1）液力耦合器工作油温应设置报警。

2）备用电动给水泵耦合器勺管应跟踪运行给水泵勺管开度。

4.4.6 高压加热器、除氧器异常事故案例及隐患排查

▶ **事故案例及原因分析**

（1）2016 年 5 月 20 日，某热电 1 号机组负荷 205MW，高加从 5 月 19 日 7 时开始注水。19:40，发现 3 号高加本体排空气门冒水，关闭 3 号高加本体排空气门、1 ～ 3 号高加出口管道排空气门。20:00，进行高加水侧投入操作，重新开启 1 ～ 3 号高加出口管道排空气门及注水门，1 ～ 3 号高加出口管道空气门连续见水后关闭，观察 3 号高加液位无变化后，关闭注水门，缓慢打开高加水侧出口门。20:33，锅炉给水流量由 526 t/h 瞬间降至 152t/h，"给水流量低"保护动作，锅炉 MFT，机组停运。

该案例具体原因分析如下：

高加系统恢复过程中，高加水侧存有空气，在开启高加水侧出口电动门时，造成给水流量测量值瞬间波动达到保护动作值，锅炉 MFT 保护动作。

（2）2019 年 7 月 5 日，某电厂 1 号机组负荷 330MW。04:40，8 号高压加热器水位开始上涨。04:41，水位达到高压加热器水位高Ⅱ值，高加解列，高加入口门 / 出口门联关，高加旁路门开启。04:43，水位达到高压加热器水位高Ⅲ值，汽轮机主保护动作，机组停运。

该案例具体原因分析如下：

8 号高压加热器发生泄漏，高压加热器解列后，高压加热器入口电动门未完全关闭，导致高压加热器水位升到高三值机组跳闸。对高压加热器组入口门执行机构检查发现，执行机构传动杆轴承套开裂，造成传动轴无法带动传动涡轮运行，致使阀门无法关闭到位。

（3）2020 年 8 月 6 日，某电厂 1 号机组负荷 452MW。8 月 5 日 23:59，8 号高加水位上升。8 月 6 日 00:01，1 号高加水位达到 258mm，高加水位保护高Ⅱ值动作，高加解列。

00:07，三抽温度由 449.5℃降至 219.2℃，压力由 1.33MPa 升至 1.76MPa。00:15，发现中压缸下缸温度及进汽区温度开始下降，00:19，中压缸上缸缸体温度 464.9℃，下缸缸体温度 293.7℃，上下缸体温差 171.2℃，2 号轴承 X、Y 方向转子相对振动分别达到 279μm 和 222μm，2 号轴承 X、Y 方向转子相对振动分别达到 261μm 和 294μm。汽轮机轴振大保护动作停机。

该案例具体原因分析如下：

由于 1 号高加发生泄漏，导致高加解列，1、2 号高加疏水自流到 3 号高加，同时 3 号高加疏水受到 1、2 号高加疏水加热，加热后疏水温度高于 3 号加热器压力下饱和温度，疏水汽化，又由于三抽电动门未能关闭到位，导致 3 号高加产生蒸汽倒流至中压缸，中压缸下缸温度降低，上下缸温差增大，中压缸缸体变形，2、3 号轴承振动达到保护动作值，机组振动大保护动作停机。

（4）2021 年 12 月 21 日，某电厂 5 号机组负荷 245MW。13:33，汽机房突然出现异常响声并发现汽水管道泄漏，13:36，机组紧急降负荷至 180MW，13:37，降低热网负荷，关热网供汽门。13:38，蒸汽喷出情况未发生好转，手动停机。

该案例具体原因分析如下：

检查发现 1 号高加疏水调节阀后直管段的位置冲刷减薄发生断裂泄漏，大量高温高压蒸汽泄漏充满厂房，无法判断具体泄漏位置，手动停机。

（5）2019 年 8 月 25 日，某电厂 2 号机组负荷 119.45MW，主蒸汽温度 534.07℃，主蒸汽压力 14.65MPa，除氧器压力 0.64 MPa。00:41，除氧器发生泄漏，产生大量水汽，并且保安段开关室、9m 层电子间发现有水汽，为防止事故扩大，手动紧急停机。

该案例具体原因分析如下：

检查发现除氧器水箱安全阀法兰损坏，导致大量汽水泄漏，进入保安段开关和电子间，影响机组安全，手动停机。除氧器水箱安全阀法兰垫片采用石棉材质，长时间高温运行，垫片老化；法兰螺栓紧力不均匀，进一步加快垫片的损坏。

▶ 隐患排查重点

设备维护具体要求如下：

（1）修编完善高加进出口阀门、旁路阀门、抽汽阀门及其执行机构检修作业文件包，将阀门修后传动定限位工作列入质检计划。

（2）加热器正常疏水调节阀前后（管道变径处）易冲刷的大小头、弯头和三通处及减压阀后直管段应列入机侧弯头统计台账并依据滚动计划进行检测。

（3）易引起汽水两相流的疏水管道与母管相连的角焊缝、母管开孔的内孔周围、弯头等部位应列入滚动检验计划并在一个 A 修周期内完成检验。机组运行 100000h 后检验结果出现壁厚减薄超标，其管道、弯头、三通和阀门宜结合检修全部更换。

（4）加热器筒体、汽侧进口防冲刷板、疏水弯头、大小头壁厚和焊缝检测应列入滚动检验计划。

（5）加热器水室分程隔板点焊方式应满焊，水室分程隔板为螺栓连接的应根据垫片冲刷泄漏情况及时更换垫片。

（6）高低压加热器、除氧器、轴封加热器及热网加热器的水位计接管座焊缝金属检测应为机组 A 修标准项目。

（7）每年对加热器、除氧器安全阀连接法兰及垫片进行外观检查。

4.4.7 给水系统管道异常事故案例及隐患排查

▶ 　事故案例及原因分析

（1）2016 年 6 月 30 日 04:37，某热电厂 2 号机组 3 号给水泵中间抽头母管从焊口处断开，汽水大量涌出，蒸汽进入励磁机内部引起发电机转子一点接地保护动作，发电机解列。

该案例具体原因分析如下：

3 号给水泵中间抽头破裂导致汽水涌出，潮气进入励磁机内部引起发电机转子一点接地保护动作，机组停运。

（2）2016 年 7 月 14 日，某电厂 2 号机组负荷 538MW。15:40，2 号发电机跳闸、机组停运。发电机跳闸首出原因为励磁系统故障。

该案例具体原因分析如下：

检查发现 2 号机组汽动给水泵入口滤网法兰泄漏，蒸汽进入到发电机励磁变到发电机励磁碳刷之间封闭母线处，导致封闭母线受潮，发电机励磁系统故障保护动作导致发电机跳闸，机组停运。

（3）2016 年 11 月 14 日，某电厂 4 号机组负荷 361MW。21:03，由于给煤机故障，总煤量由 167t/h 降为 80t/h，主给水流量由 1019t/h 下降到 620t/h。21:07，2 号给水泵流量降至 270t/h，流量低保护动作导致 2 号给水泵停运，主给水流量低至 537t/h，锅炉因给水流量低 MFT 动作，机组停运。

该案例具体原因分析如下：

给煤机和磨煤机由于电气原因停运，导致入炉煤量下降，给水流量也因此快速下降，给水流量下降的过程中，2 号汽动给水泵由于再循环门没有及时打开，流量低保护动作停运，由于 2 号给泵停运，最终导致主给水流量低，锅炉 MFT，机组停运。汽动给水泵停运原因是再循环门开启过程需要一定时间，而汽动给水泵流量低保护未设置延时，导致给水流量低保护立即动作。

（4）2017 年 2 月 17 日，某电厂 7 号机组负荷 70MW，供热抽汽 270t/h。07:00，进行给水泵切换，增加 6 号给水泵勺管开度，减小 7 号给水泵勺管开度。07:06，6 号给水泵液偶勺管开度至 97%，减少 7 号给水泵液偶勺管开度至 60%，主给水流量降至 373 t/h，汽包水位逐步下降至 -55mm，运行判断 6 号给水泵出力不足，准备恢复 7 号给水泵运行。07:07，7 号给水泵液耦勺管开度增至 94%，7 号给水泵出口压力 5.77MPa，6 号给水泵液耦勺管降至 78%，出口压力 11.37MPa，汽包液位继续下降。07:08，7 号给水泵勺管开到 100%，汽包水位低Ⅲ值保护动作，锅炉 MFT，机组停机。

该案例具体原因分析如下：

查看历史数据，发现切换到 6 号给水泵运行时，由于给水泵出口压力与汽包压力压差小，给水泵出口逆止门未开到位，给水流量低于主蒸汽流量，汽包水位持续降低。增加 7 号给水泵勺管开度，但泵出口压力和流量均已处于汽化状态，出口逆止门没有顶开，主给水流量没能增大。减小 6 号给泵勺管开度，给水流量快速下降，导致汽包水位低 III 值保护动作，锅炉 MFT，机组停运。

（5）2017 年 5 月 16 日，某电厂 1 号机组给水主调门保位阀密封磨损，导致给水主调门全开，汽包水位极高保护动作，锅炉 MFT。

该案例具体原因分析如下：

给水主调门保位阀（在控制气源压力低时保持调门开度）因膜盒破裂、阀芯密封圈磨损，导致仪用空气经保位阀直接进入调门气缸，给水主调门全开，汽包水位极高保护动作，锅炉 MFT，机组停机。

（6）2017 年 7 月 23 日，某电厂负荷 210MW。09:54，凝结水流量下降为 0t/h，除氧器液位下降，立即降负荷至 190MW，开启烟气换热器旁路门。09:56，凝结水流量恢复，除氧器水位也上升。10:03，2 号给泵入口滤网差压从 0.08MPa 上升到 0.21MPa，1 号给泵入口滤网差压从 0.02MPa 上升到 0.07MPa。10:04，2 号给泵入口压力低保护动作停运，3 号给泵给水流量低联启不成功。10:05，1 号给泵滤网差压上升到 0.21MPa，1 号给泵入口压力低保护动作停运，锅炉断水保护动作，机组停运。

该案例具体原因分析如下：

新增烟气换热器及凝水管道，系统投运前冲洗不充分，投运后残留铁屑积存在除氧器内。7 月 23 日发现烟冷器泄漏后，对烟冷器进行隔离，但未开烟冷器旁路，导致凝结水流量降为 0t/h，除氧器液位下降，打开烟冷器旁路门后部分残留铁屑冲出，堵塞 1、2 号给水泵进口滤网，1、2 号给水泵入口压力低保护动作，1、2 号给水泵停运。由于 3 号给泵 6kV 开关存在缺陷，3 号给水泵未能联启。最终导致锅炉断水保护动作，机组停运。

（7）2020 年 3 月 13 日，某电厂 2 号机组负荷 120MW，1 号给水泵运行，2 号给水泵备用。01:27，1 号给水泵油质有乳化现象且油温偏高，切换为 2 号给水泵运行。06:55，对 1 号给水泵润滑油进行处理后，重新启动 1 号给水泵，减少 2 号给水泵出力。07:03，2 号给水泵液耦开度由 73% 减小为 5%，1 号给水泵液耦开度开至 80%，汽包水位由正常水位开始逐渐下降，主给水流量已降至 0t/h。为保证汽包水位，1 号给水泵液耦开度降低至 10% 以下，同时将 2 号给水泵液耦开度开至 89%。07:04，汽包水位逐渐回升。07:05，2 号给水泵润滑油、工作油温度急速上升，均已超过跳泵值。运行人员手动停 2 号给水泵，1 号给水泵液耦开度提升至 89%。07:06，汽包水位低 III 值保护动作，2 号机组停运。

该案例具体原因分析如下：

1 号给水泵出口逆止门卡涩，在 2 号给水泵切换至 1 号给水泵时，随着 1 号给水泵出力增加，2 号给水泵出力下降，导致 1 号给水泵流入 2 号给水泵及再循环管道，主给水流量降为零。为保证汽包水位运行人员增加 2 号给水泵出力，导致 2 号给水泵润滑油、工作油温度快速升高超过规定值后被迫停运，2 号泵停运后由于 1 号泵倒流依然存在，最终导致汽包水位低 III 值保护动作停机。

（8）2021 年 2 月 21 日，某电厂 6 号机组负荷 300MW，给水流量 823t/h，汽动给水泵运行，1、3 号电动给水泵连锁备用。18:25，给水流量异常波动，检查给水系统，发现 3 号电动给水泵有大量水汽漏泄，难以确定泄漏点。18:31，机组保护动作停机，首出信号为发电机转子一点接地低值保护动作。

该案例具体原因分析如下：

检查发现 3 号电动给水泵暖泵管变径段爆口断裂后，造成汽水大量泄漏，水汽进入 12.6m 平台发电机励磁小间，在励磁机及平台下方结露，造成对地绝缘电阻降低，引起发电机转子一点接地低值保护动作，机组停运。

▶ **隐患排查重点**

（1）设备维护。

1）给水泵出口逆止门、再循环调节阀应列入年度检修标准项目。重点检查再循环调阀阀杆螺纹无损伤、润滑脂适量、减速器输出轴（或轴套）旋转灵活、均匀。

2）前置泵、给水泵入口滤网应设有差压监测和报警装置。前置泵、给水泵入口滤网应列入年度标准维护项目并质检点验收。

3）给水泵暖管管道、放空气管道应列入防磨防爆滚动检验计划。

（2）运行调整。

1）冷态测量给水泵再循环门开启时间，正确设置给水泵流量低保护动作值和延时时间。

2）给水系统发生汽水外漏，不能判断事故位置或无法进行隔离时应立即停机。

3）供热机组可采用主蒸汽流量作为给水泵切换限制条件。

4）给水泵启停应安排人员就地观察给水泵出口逆止门和电动门状态，必要时手动调整保证全开。

4.5 ▶ 蒸汽疏水系统事故隐患排查

4.5.1 蒸汽管道异常事故案例及隐患排查

▶ **事故案例及原因分析**

（1）2017 年 1 月 21 日，某电厂 4 号机组负荷 195MW。2:24，机组抽汽供热压力由 0.29MPa 上升到 0.37MPa，抽汽供热调整门从 18% 开到 29%，抽汽供热压力上升到 0.54MPa。2:27，抽汽供热管道膨胀节爆裂，抽汽供热压力降为 0.03MPa，抽汽气动阀、液压快关阀、电动截止阀保护自动关闭，机组停运。

该案例具体原因分析如下：

查阅数据发现，膨胀节爆裂时抽汽供热压力为 0.54MPa，根据供热改造说明书的要求，抽汽压力 0.56MPa 为压力高报警值，安全阀整定值为 0.6MPa。现场机组膨胀节铭牌为 0.60 MPa 公称压力，根据设计抽汽温度 237℃折合膨胀节的最高压力为 0.53MPa。事故主要原因为供热抽汽膨胀节选型压力偏低，导致抽汽供热膨胀节破裂，机组停运。

（2）2017 年 6 月 23 日，某热电 1 号机组负荷 191MW。10:00，左右发现汽轮机乙侧主蒸汽管道上试验温度测点轻微泄漏。17:08，机组负荷由 160MW 加至 172MW，主蒸汽压力由 8.5MPa 升高至 9.15MPa；17:43，现场出现蒸汽泄漏声音，汽轮机平台发现大量蒸汽冒出，手动停机。

该案例具体原因分析如下：

检查发现 4.5m 层主蒸汽管道上试验温度测点套管断裂脱落，泄漏点上方电缆桥架中的热控电缆因高温绝缘损坏。检查套管断裂的原因是焊接质量不合格，在运行中产生裂纹泄漏并最终崩开，手动停机。

（3）2017 年 12 月 12 日，某电厂 2 号机组启动过程中，20:03，负荷升至 30MW，准备切换高压缸排汽，手动开启高排逆止门， 发现高排逆止门无法打开，检查压缩空气进气减压阀后力 0.52MPa 正常，进气电磁阀正常，高排逆止门强关限位杆开启 20mm。高排逆止门无法打开，为防止高排管道超压，手动停机。

该案例具体原因分析如下：

高排逆止门开启逻辑存在缺陷，汽轮机挂闸与转速高于 100r/min 自动联开，转速升至 400r/min 打闸进行摩擦检查，摩检后转速未降至 100r/min 以下，重新挂闸高排逆止门未能自动联开。机组并网后，由于高排逆止门强关限位杆在 290℃蒸汽环境下受热径向膨胀后，限位杆与下部导向套间隙消失卡涩，高排逆止阀无法打开，手动停机。

（4）2020 年 5 月 17 日，某电厂 3 号机组 600MW，汽轮机低压侧排汽压力 7.8kPa，高压侧排汽压力 11.3kPa。06:43，机组真空下降，启动循环水系统及真空泵，检查负压管道阀门系统未发现异常，低压侧排汽压力下降至 6.6 kPa，高压侧排汽压力下降至 9.2 kPa。06:49，五抽逆止门状态异常报警，抽汽压力由 260kPa 降至 140 kPa，温度由 256℃开始下降。06:52，7 号轴承 X 方向转子相对振动由 83μm 逐渐上升 113μm，Y 方向转子相对振动由 107μm 上升至 141μm。07:41，7 号轴承振动大保护动作，机组停运。

该案例具体原因分析如下：

检查低压缸内部，发现 2 号低压缸五抽管道靠近缸体垂直段膨胀节断裂。2 号低压缸五抽靠近缸体垂直段膨胀节发生变形，达到疲劳极限后发生脆性断裂，导致大量高温蒸汽进入汽轮机内、外缸之间，低压缸外缸缸体温度升高，引发汽轮机 2 号低压缸轴封处动静部分碰磨，引起 7 号轴承振动升高，机组振动大保护动作停机。

（5）2020 年 7 月 2 日，某电厂 3 号机组负荷 340MW。13:50，进行 3 号机高压缸通风阀阀位偏差消缺，使用专用压板将高压缸通风阀阀芯固定在"关"状态并确认锁紧到位防止其开启，同时在通风阀的旁路阀、平衡阀 1/2 位置上方加装抱箍防止阀门被开启。14:17，发现高压缸通风阀阀芯突然开启，固定压板变形滑脱，随后汽轮机 A7/A8 压比保护动作，机组停运。

该案例具体原因分析如下：

通风阀主阀及两个平衡阀控制气源在同一气源管路上，平衡阀1/2控制气源未隔离，在进行通风阀阀位调试过程中，平衡阀的控制气源泄气，平衡阀微开（平衡阀限位抱箍为满足拆装要求仍留有少量间隙），通风阀阀芯上部平衡腔室的气压逐渐降低，蒸汽对阀芯向上的作用力大于向下作用力，使压板变形滑脱后，通风阀阀芯被开启，高缸排汽压力快速下降，导致A7/A8压比保护动作，汽轮机跳闸。

▶ **隐患排查重点**

（1）设备维护。

1）蒸汽管道材质应符合设计及实际运行工况的要求，管道弯头及焊缝统计台账应每年进行更新，并据此制定滚动检验计划。

2）一个A修周期内应完成支吊架的检查，发现异常的支吊架及时调整。

3）C修应将低压抽汽膨胀节检查列入检修标准项目。

4）建立高温、高压管道温度测点套管统计台账并及时更新，制定滚动计划，一个A修周期内对温度测点接管座及焊口完成检测。

（2）运行调整。

1）检修结束后或临时消缺结束后，应检查阀门开关位置状态，防止阀门异常导致机组故障。

2）可能影响主设备安全的设备及管道附件发生异常时，应立即停机检查。

4.5.2 蒸汽疏水管道异常事故案例及隐患排查

▶ **事故案例及原因分析**

（1）2017年8月4日，某电厂4号机组负荷210MW，主蒸汽压力13.4MPa，再热蒸汽压力2.19MPa。20:00，机组零米地面有零碎保温和蒸汽泄漏声，检查判断为高压导汽管部位泄漏，手动停机。

该案例具体原因分析如下：

检查发现高压导汽管疏水管道焊缝处泄漏。运行中膨胀受阻及应力集中最终导致疏水管焊口泄漏。

（2）2019年7月23日，某电厂1号机组负荷220MW，主蒸汽压力13.8MPa，主蒸汽温度541℃。12:08，1号汽机房发生较大声响，大量蒸汽从6.3m平台涌入12.6m平台，紧急降负荷。12:19，确定泄漏区域位于6.3m平台汽轮机底部区域，机组负荷降低至128MW，但现场泄漏并未减小。12:24，手动停机。

该案例具体原因分析如下：

检查发现1号高调门导汽管疏水管断裂脱落，断裂区间为疏水管三通至疏水节流孔之间。设计图纸该管段为$\phi 48 \times 11$mm，实际为$\phi 60 \times 11$mm，导致该管段与疏水节流孔焊接方式发生改变，焊缝强度降低。对焊缝外观进行检查，焊口不规范，焊接强度不足。随着机组运行时间积累，角焊缝应力集中加剧，焊口发生断裂，在汽流力作用下另一端焊缝也发生断裂，最终导致管段脱落，大量汽水外泄。

（3）2021年8月25日，某热电10号机组负荷83MW，主蒸汽温度543℃，主蒸汽压力13.12MPa。00:30，运行人员巡检期间发现主蒸汽母管13号反炉母管门蒸汽泄漏声音，通过红外测温检查发现该门西侧管道泄漏。进行隔离操作，泄漏声音并未减弱。02:35，手动停机。

该案例具体原因分析如下：

检查发现主蒸汽母管13号反炉母管门后管道疏水管接管座第一道焊缝下部单侧出现一字型鼓包裂纹。由于疏水一、二次门存在泄漏现象，导致该管段长期在主蒸汽高温高压下不断冲刷，造成管壁不断减薄，最终导致管材开裂。

▶ **隐患排查重点**

设备维护具体要求如下：

（1）对于易引起汽水两相流的疏水管道，应重点检查其与母管相连的角焊缝、母管开孔的内孔周围、弯头等部位的裂纹和冲刷。

（2）应建立汽轮机小管径汽水管道台账，统计范围包括管道材质、焊口位置、弯头位置及数量、变径管道位置及数量，以及直管段危险点数量位置。

4.6 ▶ 凝结水系统事故隐患排查

4.6.1 凝结水系统异常事故案例及隐患排查

▶ **事故案例及原因分析**

（1）2018年1月10日，某电厂1号机组负荷830MW。00:02，凝汽器排汽压力和排汽温度同时异常上涨，检查真空系统和凝汽器本体未发现异常，查看循环水系统、主机轴封系统参数也未发现异常，机组降负荷。00:07，机组真空继续下降，真空泵联启，手动联启备用循环水泵，降低负荷过程中真空并未回升。00:15，机组真空下降至-74kPa，机组真空低保护动作停机。

该案例具体原因分析如下：

检查发现凝补水箱水位测点（雷达式水位计，单一测点）所在卡件离线故障，凝补水箱水位显示值保持在5009mm且质量为好值，未发故障报警，远传水位显示失准。检查3号机凝补水箱就地磁翻板液位计，中间部分存在多处断点，就地水位指示失准。凝补水箱模拟量水位不变，导致凝补水箱液位低于凝汽器补水管道，空气随补水一同进入凝汽器，导致真空快速下降，真空低保护动作停机。

（2）2019年9月28日，某电厂2号机组负荷524MW。17:25，发现2号凝结水泵出口压力下降，变频器频率上升，检查管道振动，泵出口有异音，判断入口滤网堵塞。17:56，2号凝结水泵出口压力恢复正常。18:08，2号凝结水泵出口压力再次下降，启动1号凝结水泵，1号凝结水泵出口法兰大量漏水，停止1号凝结水泵。机组降低负荷至420MW，检查2号凝结水泵出口压力稳定。20:15，1号凝结水泵检修后启动发现出口法兰垫片崩裂，漏水严重，紧急停止1号凝结水泵，同时2号凝结水泵出力迅速降低，出口压力低至1MPa左右，凝结水流量迅速下降至150t/h，机组负荷立即降至200MW，期间通过改变2号凝结水泵电机频率，2号凝结水泵出力均无变化，除氧器水位逐渐下降，20:37，除氧器水位降至330mm左右，锅炉MFT动作，首出原因为"给水流量低"。

该案例具体原因分析如下：

检查发现1号凝结水泵出口法兰石墨金属缠绕垫片损坏，空气从破损的出口法兰垫片处进入1号凝结水泵，从1号凝结水泵抽空气管路处进入2号凝结水泵泵体及凝汽器，导致2号凝结水泵不出力，凝汽器水位逐渐上升，除氧器水位逐渐下降，最终除氧器水位低至300mm位置时汽动给水泵不出力，锅炉给水流量低保护动作MFT。

（3）2020年4月27日，某电厂8号机组负荷300MW，2号凝结水泵工频运行，1号凝结水泵备用。10:38，8号机组凝结水流量降低，除氧器、凝汽器水位降低。检查发现2号凝结水泵出口法兰呲水严重，立即启动1号凝结水泵，停运2号凝结水泵。10:54，2号凝结水泵隔离完毕，交检修处理。12:46，8号机组停机，DCS发出"转子接地跳闸"报警（转子接地保护在励磁系统里），保护屏发"外部重动4"（励磁系统故障）。

该案例具体原因分析如下：

2号凝结水泵出口法兰解体检查，发现上部法兰垫约1/3已经脱落，下部法兰垫较为完整，法兰垫安装工艺不良，上半部分法兰紧力不够。2号凝结水泵出口法兰呲水后，水汽漫延，使励磁变低压侧至励磁调节器之间共箱母线水平段受潮，造成绝缘能力降低，触发"转子接地"保护动作，机组停运。

（4）2019年2月20日，某电厂14号机组负荷260MW，1号凝结水升压泵电流63.5A，出口母管压力2.187MPa，凝结水流量702t/h。06:16，凝结水流量突降，2号凝结水升压泵联启；06:17，除氧器水位低报警（2536mm），增人凝结水升压泵出口母管调节阀，凝结水流量无变化，手动开启凝结水升压泵出口母管调节阀旁路门；06:18，除氧器水位低保护动作（2335mm），1、2号给水泵跳闸，3号给水泵由于除氧器液位低闭锁启动；06:19，除氧器水位回升至2377mm，启动3号给水泵；06:23，汽包水位降至-382、-418、-372mm，汽包水位低保护动作，锅炉MFT，机组停运。

该案例具体原因分析如下：

凝结水升压泵母管出口调节阀解体检查，发现阀杆连接阀芯的锁紧螺母松脱，阀芯脱落，导致凝结水断流，除氧器水位快速下降至给水泵保护值。1、2号给水泵停运，3 号给水泵闭锁启动，给水断流，虽通过打开凝结水旁路门使除氧器水位上升，并启动 3 号给水泵，由于汽包水位的滞后性，最终汽包水位低保护动作，机组停运。

▶ 隐患排查重点

（1）设备维护。

1）凝结水泵泵体抽空气管道不得采用母管进入凝汽器，两台凝结水泵排空气管应单独接入凝汽器。

2）C 修应将凝结水泵入口滤网及膨胀节列入维护标准项目，必要时进行更换，验收项目应列入质检点。

3）C 修应对凝补水箱就地和远传液位计进行核对。

4）凝结水泵的出口逆止门、调节阀应列入年度检修标准项目。

（2）运行调整。

1）每次机组启动对凝补水设备进行冷态试验，保证凝补水箱液位正常，自动补水设备逻辑可靠、动作正常。

2）防范真空系统异常的技术措施中，应增加凝补水系统检查内容。

4.6.2 凝汽器异常事故案例及隐患排查

▶ 事故案例及原因分析

2017 年 12 月 27 日，某电厂 3 号机组负荷 214MW。12:40，发现 3 号机凝结水泵出口凝结水氢电导率、钠含量报警。检查确认氢交换柱工作正常。12:47，机组降负荷，计划进行单侧凝汽器隔离查漏。12:56，机组负荷 190MW，开始进行乙侧凝汽器隔离。人工连续化验跟踪凝结水泵出口含钠量、给水含钠量、炉水 pH 值和主蒸汽含钠量等指标，凝结水泵出口含钠量、给水含钠量持续恶化。13:06，凝结水泵出口钠含量 8000μg/L、给水钠含量 4000μg/L，炉水 pH 值接近 7。13:07，3 号机组负荷 166MW，运行人员手动停机。

该案例具体原因分析如下：

检查凝汽器发现乙侧凝汽器顶部一根钛管断裂，发现隔热罩脱落部件。本次钛管泄漏的原因是低压缸内隔热罩发生脱落，伤及凝汽器钛管，造成泄漏。影响机组汽水品质，最终手动停机。

▶ 隐患排查重点

（1）设备维护。

C 修期间对低压缸排汽隔热罩、低压末级叶片司太立合金镶片处焊缝以及凝汽器内焊接件进行检查，并进行灌水查漏。

（2）运行调整。

重点关注机组汽水品质，如有异常应及时按照化学监督要求采取措施。

4.7 ▶ 循环水系统事故隐患排查

4.7.1 循环水泵异常事故案例及隐患排查

▶ 事故案例及原因分析

（1）2018年4月16日，某电厂4号机组负荷100MW，水塔水位1.82m，循环水温度16℃。16:17，真空由-96.2kPa快速下降，快速降负荷至71MW，同时启动备用1号循环水泵运行。1号循环水泵电流由84.3A瞬间下降至53A并基本保持不变，检查循环水系统和真空系统，1号循环水泵出口压力显示正常值（0.14MPa）。16:20，凝汽器真空降至-60kPa机组停运，首出原因"凝汽器真空低"。

该案例具体原因分析如下：

检查发现1号循环水泵泵轴断裂，1号循环水泵出口压力显示一直为正常值（0.14MPa）。分析认为1号循环水泵泵轴断裂后电机未跳闸，且循环泵出口压力变送器取样管堵塞，低水压信号未发出，2号循环水泵没有自动联启，造成循环水中断，真空低保护动作停机。

（2）2019年4月21日，某电厂2号机组负荷162MW，2号循环水泵变频运行，1号循环水泵投入联锁备用。14:36，4号循环水泵频率47Hz自动降至43Hz，电流105A下降至82A，真空由-82.3kPa下降至-81.8kPa。14:40，2号循环水泵频率由43Hz自动降至25Hz，电流82A急剧下降至18A，循环水泵电流下降、真空下降。14:41，A水环真空泵联启。14:42，机组真空低保护动作，停机。

该案例具体原因分析如下：

查看DCS历史数据，发现2号循环水泵变频器运行频率自动下降至初始频率25Hz，循环水泵电机出力下降，导致循环水泵出力不足，但循环水泵出口压力保持在0.13MPa，未降至联启值（0.1MPa），变频器无任何故障信号输出，1号备用循环水泵无联启条件，凝汽器真空低保护动作停机。

（3）2019年8月3日，某电厂6号机组负荷352MW，1、3号循环水泵运行，2号循环水泵备用。06:51，3号循环水泵断轴报警发出，循环水泵电流降至130A，循环水母管压力由161kPa降至最低45kPa，联启2号循环水泵。2号循环水泵联启成功后，手动顺控停止3号循环水泵，3号循环水泵出口蝶阀不能正常关闭，就地手动关闭出口蝶阀。06:51，凝汽器背压24.0kPa/21.8kPa，机组真空低保护停机。

该案例具体原因分析如下：

3号循环水泵解体后发现，距离叶轮端部3.5m处断裂，从断口外貌分析为疲劳断裂。3号循环水泵泵轴断裂，断轴报警发出，出口蝶阀就地控制箱至泄油电磁阀系统异常，致使蝶阀未能正常联锁关闭，循环水通过蝶阀倒流回前池，进入凝汽器的循环水流量低，导致机组真空降低，机组真空低保护停机。

▶ **隐患排查重点**

（1）设备维护。

1）循环水泵泵轴和叶轮金属检测应列入循泵解体维护标准项目。

2）循环水系统压力取样管宜采用 $\phi18$ 以上的不锈钢仪表管并设置排污阀定期排污，检修时对取样管道进行疏通清理。

（2）运行调整。

循环水泵联锁保护中应设置循环水泵断轴判断，循环水泵断轴后应联停循环水泵，同时联关蝶阀，并将其设为声光报警。

4.7.2 循环水管道阀门事故案例及隐患排查

▶ **事故案例及原因分析**

（1）2016 年 11 月 25 日，某电厂 5 号机组高背压循环水供热，机组负荷 105MW。23:33，发现 5 号机组凝汽器循环水压力由 0.57 MPa 急剧下降至 0.08MPa。23:35，由于6 号机组循环水与 5 号机组串联，6 号机组真空低保护动作。23:40，5 号机组真空低保护动作停机。

该案例具体原因分析如下：

检查发现 5 号机组凝汽器 A 侧循环水进水蝶阀阀体法兰断裂，循环水大量泄漏，5、6 号机组凝汽器断水、真空低保护动作停机。

（2）某热电厂配置两台 30MW 供热机组，循环水系统设计为 1～4 号循环水泵通过母管供两台机组。2017 年 11 月 19 日， 1 号机组运行，2 号机组停运，3、4 号循环水泵运行。20:50，由于电气原因，将 4 号循环水泵切换为 2 号循环水泵运行。21:02，启动 2 号循环水泵，出口电动门联锁开启，检查执行器开关指示全开，就地开度指示正常，然后停运 4 号循环水泵，联关出口电动门。21:06，1 号机排汽温度 60℃报警，开启 1 号循环水泵，并降低负荷。21:08，启动 1 号循环水泵，停止 2 号循环水泵运行。21:11， 机组真空低保护动作停机。

该案例具体原因分析如下：

检查发现 2 号循环水泵出口门存在卡涩情况，未达到全开状态，同时关闭 4 号循环水泵，导致 3 号循环水泵供水不足，凝汽器真空低保护动作停机。

（3）2018 年 4 月 16 日，某电厂 2 号机组负荷 264MW，1 号循环水泵运行， 2 号循环水泵备用。20:01，运行发现机组真空突降，负荷下降，主蒸汽压力下降，煤量增加，风量增加。进一步检查发现 1 号循环水泵出口蝶阀关闭，立即启动 2 号循环水泵。20:03，凝汽器排汽压力升至 30kPa，汽轮机真空低保护动作停机。

该案例具体原因分析如下：

检查发现 2 号机组循环水泵远程控制柜失电，造成 1、2 号循环水泵出口蝶阀控制电磁阀失电，蝶阀因控制油压失去自动关闭。进而导致 1 号循环水泵出口蝶阀关闭，2 号循环水泵联启失败，循环水中断，凝汽器真空降低，机组真空低保护动作，停机。

（4）2019 年 4 月 21 日，某电厂 3 号机组负荷 260MW，2 号循环水泵变频方式运行、1 号循环水泵工频备用，机组深度调峰运行。00:13，机组开式水母管压力下降，对开式水系统排气。00:24，3 号汽轮机润滑油温上升，启动备用开式水泵，机组开始降负荷。00:35，氢温持续升高，启动备用氢冷升压泵。00:37，启动备用循环水泵。00:54，8 号轴承回油温度达到 80.6℃，手动停机。

该案例具体原因分析如下：

检查发现循环水泵入口拦污栅被掉落填料堵塞，造成清污机前后落差大，循环水泵吸入口水位降低，流量变小且水中带气。循环水夹带空气造成开式水系统逐渐积存大量空气，最终主机冷油器水侧积存空气，造成润滑油回油温度高，手动停机。

（5）2020 年 6 月 11 日，某电厂 5 号机组负荷 128.65MW，1 号循环水泵运行，电流 141.76A，循环水泵出口母管压力 0.22MPa，2 号循环水泵备用。10:52，机组真空下降，凝汽器循环水 B 出口门状态异常，立即减负荷，安排就地检查。10:57，机组负荷减至 112.13 MW。10:58，凝汽器真空低保护动作停机。

该案例具体原因分析如下：

检查发现机组循环水与工业水串联手动门法兰损坏，管道沟与凝汽器地坑相通，该管道是 DN200mm 的管径，泄漏量大，两台排污泵虽然自动联启，但仍然排水不足，凝汽器地坑水位快速升高，凝汽器循环水 A、B 侧出、入口门执行机构因进水短路导致阀门关闭，凝汽器断水，凝汽器真空低保护动作停机。

（6）2021 年 4 月 9 日，某电厂 2 号机组负荷 575MW，2 号循环水泵运行，循环水母管压力 0.10MPa，1 号循环水增压泵运行，汽动引风机循环水母管压力 0.11MPa。14:58，按照定期工作启动 1 号循环水泵进行试转，启动后循环水母管压力正常 0.1MPa，主机背压从 4.6kPa 下降至 3.75kPa。15:00，汽动引风机小汽轮机 1 号循环水增压泵电流由 265A 降至 122A，母管压力下降，2 号循环水增压泵自启动正常，汽动引风机小汽轮机循环水增压泵出口母管压力最低至 0.0327MPa。15:01，进行循环水增压泵泵体放空气。15:02，汽动引风机小汽轮机凝汽器背压缓慢上升。15:05，小汽轮机凝汽器背压从 6.3kPa 快速上升至跳闸值 70kPa，汽动引风机跳闸，首出"排汽压力高高"，由于引风机为单系列配置，锅炉 MFT，机组停运。

该案例具体原因分析如下：

检查发现循环水母管自动排空气阀卡涩，封存在 1 号循环水泵与其出口液控蝶阀间空气被带入循环水系统，扰动循环水母管压力从 0.10MPa 下降到 0.0876MPa。由于循环水增压泵设计汽蚀安全裕量偏小，因此在循环水压力出现扰动时，导致 1 号循环水增压泵汽蚀，出力下降，引风机汽轮机背压快速上升至保护值，由于风机单系列配置，锅炉 MFT，机组停运。

▶ **隐患排查重点**

（1）设备维护。

1）定期对循环水管道法兰螺栓、膨胀节等设备的紧固件进行检查并利用检修处理。

2）检修应针对循环水泵出口蝶阀开启时间、快关时间、慢关时间进行检查，确保符合设计要求。

3）循环水泵出口蝶阀及油站的控制电源应冗余配置。

4）A、B 级检修应将循环水管道防腐检查列入检修标准维护项目。

5）定期检查循环水管道自动排空气阀，循环水泵出口管道放空气门与蝶阀执行机构之间应有可靠的防护措施。

6）循环水系统拦污栅和前池滤网应列入定期维护项目。

（2）运行调整。

1）循环水泵入口前池水位应列入声光报警。

2）液控蝶阀故障应纳入 DCS 声光报警系统。

3）C 修后进行循环水泵蝶阀电源的切换试验，机组启动前应进行循环水泵蝶阀活动试验。

4）循环水排污泵应列入定期工作进行试启动，排污泵自动启停应投用，泵坑水位高或者排污泵失灵时应能报警。

4.8 ▶ 发电机氢油水系统事故隐患排查

4.8.1 密封油系统异常事故案例及隐患排查

▶ 事故案例及原因分析

2018 年 2 月 22 日 22 时，某电厂 6 号机组开始启动。2 月 23 日 8 时，机组定速 3000r/min，进行密封油泵联动试验正常。09:25，机组并网。10:41，"润滑油箱油位低"信号发出。10:46，检查发现水塔水池表面有油污，判断密封油或润滑油冷油器泄漏。10:52，打开 A、B 主机冷油器底部放水未发现水中带油，对密封油冷油器进行隔离检查。11:04，"润滑油箱油位低低"保护动作停机。

该案例具体原因分析如下：

空侧、氢侧密封油冷油器进行检查，发现 B 空侧密封油冷油器水侧存在大量油污，进一步解体发现油侧密封胶圈和水侧密封胶圈均有不同程度损伤，胶圈老化。查看机组运行历史数据，发现空侧密封油系统正常运行压力 0.9MPa，空侧密封油冷油器设计工作压力 0.8MPa，长时间超压运行，也是造成密封胶圈泄漏的一个原因。

▶ 隐患排查重点

（1）设备维护。

1）密封油冷却器的水侧出口管道应设计独立放水管，且应具备观测条件。

2）润滑油、密封油冷却器应列入 B 级检修维护标准项目，1 个 A 修周期内应完成所有密封油、润滑油冷却器解体维护。

3）冷油器设计压力应符合系统运行要求。

（2）运行调整。

1）密封油冷油器水侧、油侧进出口运行参数应符合运行规程要求。

2）密封油回油箱应设计液位监测、报警以及自动调节装置，并进行检验、校准。

4.8.2 内冷水系统事故案例及隐患排查

▶ 事故案例及原因分析

（1）2016年1月23日，某热电厂1号机组负荷142MW，1号内冷水泵运行、2号内冷水泵备用。20:50，检查发现1号内冷水泵出口门法兰漏水，切换至2号内冷水泵运行。23:55，漏水情况越来越大，且系统无法隔离。检查发现机组励磁间房顶滴水。00:50，为防止励磁受潮出现故障，手动停机。

该案例具体原因分析如下：

检查发现1号内冷水泵出口法兰垫片质量不合格，发生老化，导致内冷水泄漏，最终引起励磁机小室进水，为保证机组运行安全，手动停机。

（2）某电厂1号机组为发电机双水内冷机组，2016年1月24日，机组负荷60MW，2号内冷水泵运行，1号内冷水泵备用。13:11，2号内冷水泵电流由32A突降至23A，发电机转子、定子内冷却水压力由0.24MPa下降至0.05MPa，流量由39.14t/h下降至23t/h，1号内冷泵联启。18:10，2号内冷泵电机出现间歇性异音。19:50，停运2号内冷泵，1号内冷泵单独运行。20:45，1号内冷水泵电流由33.1A下降到24.6A，转子冷却水压力由0.24MPa下降至0.04MPa，转子冷却水流量由39.14t/h下降至28.32t/h，并持续下降。20:54，转子冷却水压力下降至0.02MPa，转子冷却水流量下降至8.56t/h，定子冷却水压力下降至0.02MPa，冷却水流量下降至11.3t/h。"发电机断水保护"动作停机。

该案例具体原因分析如下：

停机后检查内冷水箱发现内冷水箱浮球连接螺丝松动，浮球脱落堵塞水泵进口。当2号内冷泵运行时，浮球堵住2号泵入口，导致内冷水出现压力和流量下降，联启1号泵后，内冷水正常。2号泵出现异常后停运，浮球随水流移动堵塞1号泵入口，此时无2号泵备用，内冷水流量持续下降，最终导致"发电机断水保护"动作，停机。

（3）2016年11月30日，某电厂5号机组负荷466MW，1号内冷水泵运行，2号内冷水泵投联动备用。14:45，1号内冷水泵电流发生波动，开关状态异常。14:46，紧急启动2号内冷水泵，随后内冷水系统参数恢复正常，停运1号内冷水泵。突然2号内冷水泵跳闸，冷却水母管压力、流量快速下降，多次启动2号内冷水泵无效，强制启动1号内冷水泵，启动电流250A，随后立即跳闸。"定子冷却水流量低"报警信号发出。14:47，"发电机断水保护"动作，停机。

该案例具体原因分析如下：

检查发现 1 号内冷水泵电机轴承故障，导致 1 号内冷水泵电机运行中电流异常波动，由于轴承抱死，运行人员强行启动 1 号内冷水泵不成功，最终导致电机烧毁。2 号内冷水泵由于其抽屉开关的接触器主触头接触不良，电流不平衡导致 2 号内冷水泵启动不正常，多次尝试无效。最终两台内冷水泵均不能正常运行，导致内冷水流量快速下降，"发电机断水保护"动作停机。

（4）2018 年 9 月 29 日，某电厂 2 号机组负荷 106MW，2 号内冷水泵运行，1 号内冷水泵备用，A 内冷水冷却器运行，B 内冷水冷却器备用。00:50，2 号发电机定子线圈进水温度 46℃，就地检查 A 内冷水冷却器水侧出、入口手动蝶阀指示均在开位，B 内冷水冷却器内冷水侧入口手动蝶阀指示在关位，出口手动蝶阀在开位。01:00，发电机定子线圈入口内冷水温度持续上涨，运行人员投入 B 内冷水冷却器，期间发电机进水温度最高达到 53℃。01:33，"定子冷却水流量低"报警信号发出，定子冷却水流量由 41t/h 降到 25t/h，1 号内冷水泵联锁启动。01:34，"发电机断水保护"动作停机。

该案例具体原因分析如下：

现场查看发现 B 内冷水冷却器水侧入口手动蝶阀、A 内冷水冷却器水侧出口手动蝶阀阀位指示与实际开关位置相反。根据现场蝶阀位置分析，实际为 A 内冷水冷却器备用，B 内冷水冷却器运行。当内冷水温度上升时，运行人员操作 B 冷却器入口蝶阀到开位，实际关闭该蝶阀，此时 A、B 内冷水冷却器均退出运行，最终导致内冷水中断，"发电机断水保护"动作停机。

▶ **隐患排查重点**

（1）设备维护。

1）采用浮球阀或者电磁阀进行液位控制的内冷水箱，应设有液位控制旁路系统用于水位紧急调整。内冷水箱的浮球阀检查应列入 C 级检修维护标准项目。

2）内冷水供水滤网前后应设置可靠的压差测量装置，滤网顶部应设置排气管道。

3）内冷水系统管道及阀门宜采用不锈钢材质，系统中的管道、阀门的橡胶密封圈应全部更换成聚四氟乙烯垫圈，并定期（1～2 个 A 级检修）更换。

4）内冷水泵电源应分设在两个厂用电母线段上。

（2）运行调整。

每个月至少进行一次内冷水泵轮换。

4.8.3 氢气系统事故案例及隐患排查

▶ **事故案例及原因分析**

2016 年 10 月 4 日，某电厂 1 号机组负荷 850MW，氢气冷却器冷却水调节阀投自动，温度设定值 40℃，开度 25%，运行稳定。22:23:09，发电机冷氢温度高 48℃报警。现场检查确认氢气冷却器冷却水电动调节阀前电动截止阀关闭。22:23:28，迅速手动开启氢气冷却器冷却水旁路电动截止阀。22:23:35，冷氢温度快速上升至保护值 53℃。延时 1s 后 22:23:36，"冷氢温度高"保护动作停运。

该案例具体原因分析如下：

氢气冷却器冷却水调节阀前电动截止阀自动全关，导致发电机冷氢温度升高，"冷氢温度高"保护动作停运。电动截止阀自动关闭原因，分析为执行器工作不稳定误发关指令导致阀门自动关。

▶ ▌ **隐患排查重点** ▌

设备维护具体要求如下：

（1）定期对氢冷器水侧阀门进行检查，对可靠性较差的阀门及执行机构进行更换。

（2）检查发电机氢冷器密封垫及紧固螺栓，在寿命达到之前进行更换。

4.9 ▶ 其他系统事故隐患排查

4.9.1 闭式水系统异常事故案例及隐患排查

▶ ▌ **事故案例及原因分析** ▌

（1）2017年5月18日，某电厂9号机组由于闭式水温升高，导致给水泵工作冷却器、发电机氢冷却器等设备温度升高，运行人员手动停机。

该案例具体原因分析如下：

检查发现闭式水箱顶部出水管时而有气体冒出，分析判断仪用压缩空气窜入闭式水系统。解体检查B仪用空压机高压冷却器，发现空压机后部冷却器进口密封圈（氟橡胶）破损，压缩空气通过冷却器水室窜入9号机组闭式冷却水系统，由于压缩空气压力高于闭冷水压力，补水无法进入系统，同时闭冷水含有大量空气，闭冷水泵不出力，造成闭式水温高，使用闭式水冷却设备温度升高，手动停机。

（2）2019年5月31日，某电厂2号机组负荷260MW。20:36，罗茨真空泵汽水分离器水位偏低，开启补水电磁阀旁路阀对汽水分离器进行补水，闭冷水箱水位下降。20:53，闭冷水箱水位低报警，21:57，闭冷水箱水位低低报警，1号闭冷泵跳闸。闭冷水箱水位低低报警导致2号闭冷泵无法联启。闭冷水泵1、2号全部停运。21:58，汽包低水位保护动作触发锅炉MFT，机组停机。

该案例具体原因分析如下：

罗茨真空泵分离器水箱补水旁路阀开启后，未及时关闭补水阀，导致补水量大于闭冷水箱正常补水，闭冷水箱水位下降，造成闭冷水箱水位低低，1、2号闭冷泵无法运行。闭冷水为给水泵机械密封提供冷却水，导致给水泵机械密封冷却水流量低，汽动给水泵由于密封水流量低保护动作停运。最终导致汽包低水位保护动作触发锅炉MFT，机组停机。

▶ **隐患排查重点**

（1）设备维护。

闭式冷却水管道的最高位点应装设放空气装置并定期放汽，对于凸起布置的管段，应装设放气装置。

（2）运行调整。

闭冷水箱液位低以及液位低低应列入声光报警，液位测量装置利用年度检修进行校验核对。

4.9.2 真空系统事故案例及隐患排查

▶ **事故案例及原因分析**

（1）2016 年 6 月 7 日，某热电厂 3 号机组为直接空冷机组，真空低保护动作值为 55kPa。17:25，机组负荷 170MW，机组排汽压力 32kPa。突然汽轮机主汽门、调门全关，发电机解列，锅炉 MFT。首出原因为"低真空保护动作"。

该案例具体原因分析如下：

停机后查看历史数据发现，1 号真空保护开关在机组停运前已经闭合，2 号真空保护开关突然闭合，3 号真空保护开关未闭合。由于系统画面未设置真空保护开关的监视点，因此 1 号开关提前合通未被及时发现。保护动作时机组排汽压力模拟量为 32kPa，距离保护动作值 55kPa 仍有一定距离。分析认为 2 号保护开关测量元件性能下降造成开关误动。最终由于两个保护开关同时闭合，符合真空低保护三取二动作条件成立，机组停运。

（2）2016 年 8 月 23 日，某电厂 2 号机组负荷 213MW，真空 -91.75 kPa，1 号真空泵变频运行，2 号真空泵备用。14:34，发现 1 号真空泵电机存在异常，对 1 号真空泵进行隔离检修。启动 2 号真空泵，真空系统参数正常。停运 1 号真空泵后发现真空降低，再次启动 1 号真空泵，真空依然下降，最终真空低保护动作停机。

该案例具体原因分析如下：

检查发现 1 号真空泵入口气动门和手动门关闭不严，1 号真空泵停运后，空气通过 1 号真空泵直接进入凝汽器，并将 1 号真空泵工作液抽吸至凝汽器。由于 1、2 号真空泵入口联通，空气进入运行的 2 号真空泵导致 2 号泵无法工作。紧急启动 1 号真空泵由于没有工作液无法工作。最终 1、2 号真空泵均失去工作能力，机组真空低保护动作停机。

（3）某燃机为"二拖一"机组，1、2 号机组为 2×300MW 燃机，3 号机组为 259MW 汽轮机。2017 年 8 月 1 日，机组启动，1、3 号燃机运行，3 号汽轮机负荷 223MW，机组背压 10kPa。8 月 2 日 21:20，机组突发"凝汽器真空低"保护动作，停机。

该案例具体原因分析如下：

检查发现，21:17，1 号保护开关动作，21:20，2 号保护开关动作。就地检查 1、2 号保护开关取样管一次门关闭，3 号开关一次门微开，三个开关二次门开启，仪表排污门全开，如图 4-3 所示。

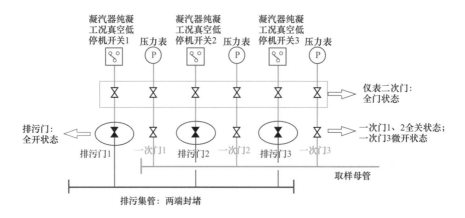

图 4-3　真空开关取样管示意图

由于 1、2 号保护开关一次门关闭， 3 号保护开关一次门微开，三个保护开关通过排污门联通，形成一个小真空系统，小真空系统与机组真空系统通过微开的 3 号保护开关一次门联通。随着机组启动时间增加，小真空系统内积聚空气增加，当空气增加到无法通过 3 号真空开关一次门进入大真空系统时，小真空系统压力逐渐上升，最后导致 1、2 号真空开关同时动作，符合真空低保护三取二动作条件成立，机组停运。

（4）某电厂 5 号机组为直接空冷机组。2017 年 8 月 11 日，机组负荷 255MW，5 号机组真空 -42kPa，2、3 号水环真空泵运行，空冷岛风机运行。01:10，机组突发报警，汽轮机主汽门、调门全关，发电机解列，锅炉 MFT。首出原因为"真空低保护动作"。

该案例具体原因分析如下：

检查抽真空系统、空冷岛系统未发现异常，进行真空低保护通道试验正常。检查真空开关取样管路，发现有两个 U 形弯存在积水现象，堵塞取样表管，误发信号造成机组真空低保护动作。

（5）2019 年 2 月 7 日，某电厂 3 号机组负荷 200MW ，1 号真空泵运行，2 号真空泵备用，机组真空 -87.1kPa。03:50，循环水温度降至 1.5℃，运行人员开启水塔旁路门进行化冰。04:41，机组突发报警，机组真空低保护动作停机。

该案例具体原因分析如下：

查阅历史数据发现，两个模拟量变送器显示分别为 -77.4kPa 和 -73.8kPa，给水泵汽轮机真空模拟量变送器显示为 -70kPa，真空开关动作值为 -70kPa。根据上述数据分析认为，机组真空实际下降至 -70kPa，机组真空低保护动作正常。热工人员对模拟量变送器进行校验，变送器正常，检查发现模拟量取样管路沿程阻力大，在真空下降过程中跟踪滞后。

当真空下降至 -77.5kPa 时，2 号真空泵未联启，检查 1 号真空泵入口压力开关并进行校验，实际动作值为 -67kPa，偏离 -77kPa 设定值。

综合分析，在开启水塔旁路门化冰后，循环水入口温度上升，机组真空下降，由于1号真空泵入口压力开关定值漂移，备用2号真空泵未联启，同时由于模拟量跟踪滞后，最终导致机组真空低保护动作停机。

（6）2020年11月30日，某电厂2号机组负荷244MW，1号真空泵运行，2号循环水泵运行。18:53，机组排汽压力从4.7kPa开始升高，检查未发现明显漏点。20:30，排汽压力升高至7.6kPa，启动2号真空泵，排汽压力下降至6.6kPa后又继续上升。21:14，排汽压力升高至11.7kPa，通过提高循环水泵电机频率，增加循环水流量，排汽压力下降至10.3kPa后又持续上升。21:23，机组负荷265.9MW，排汽压力24.3kPa，机组真空低保护动作停机。

该案例具体原因分析如下：

检查低压缸防爆膜、真空破坏门、小汽轮机真空系统未发现明显漏点。进一步检查发现低压内、外缸连接配合位置负压抽吸现象明显，对比设备图纸确认该位置内设置有内外缸膨胀节，具体见图4-4。对低压内、外缸配合位置密封，机组排汽压力变化明显，确认低压内、外缸膨胀节发生泄漏。

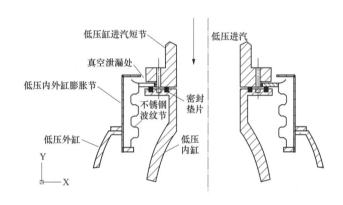

图4-4　低压缸进汽膨胀节示意图

（7）2020年2月2日，某电厂1号机组为直接空冷机组，机组负荷350 MW，机组排汽压力10.73 kPa，1、3号真空泵运行。15:11，排汽压力出现上升。15:12，机组排汽压力继续上升，2号真空泵联启。15:12，高、低压侧排汽压力分别达到60.6kPa和40.5kPa，机组真空低保护动作停机。

该案例具体原因分析如下：

停机后对空冷岛进行检查发现，空冷岛第四列防爆膜爆破，导致大量空气进入空冷系统，机组排汽压力迅速升高，导致机组真空低保护动作停机。

（8）2019年12月12日，某电厂2号机组负荷433 MW，1、2号汽动给水泵运行，电动给水泵备用，1、2号真空泵运行，3号真空泵备用。17:37，1号给水泵汽轮机转速由4146 r/min开始下降，低压调门由72.91 %逐渐开大，排汽温度由36.48 ℃开始上升，真空开始由-84.81 kPa下降，随后1号汽动给水泵跳闸，首出为给水泵入口流量低，电动给水泵联启正常。17:39，主机真空降至 -74.96 kPa，3 号真空泵联启。17:40，真空低保护动作，机组停运。

该案例具体原因分析如下：

检查发现 1 号给水泵汽轮机防爆膜发生破裂，汽轮机电动排汽蝶阀处于关闭状态。查看 DCS 历史数据发现，16:31，排汽电动蝶阀开信号消失。分析认为，机组运行期间，A 给水泵汽轮机电动排汽蝶阀异常关闭，导致排汽压力异常升高，防爆膜爆裂，A 给水泵跳闸。由于 A 给水泵汽轮机排汽蝶阀严密性差，大量空气通过蝶阀进入主机真空系统，最终导致机组真空低保护动作停运。对蝶阀进行扰动试验，6V 电压即可触发蝶阀关闭；分析认为可能由于线缆产生的干扰信号导致的蝶阀异常关闭，进而引进机组真空下降，机组停运。

▶ 隐患排查重点

（1）设备维护。

1）利用机组检修，定期对真空泵补、排水装置进行试验，确保补、排水装置可靠。汽水分离器液位宜采用远传引入 DCS 监视，并设置报警。

2）定期检查真空泵进气截止阀与进气止回阀，确保阀门严密、动作灵活。

3）真空泵入口抽气管道，不应存在 U 形弯、过长的水平段以及向下倾斜管道。上述问题可能导致积水隐患，利用机组检修机会对管道进行改造。

4）真空系统（低压内外缸等处）的波纹膨胀节，汽轮机低压缸及给水泵汽轮机的防爆膜，应列入年度检修标准项目。

5）真空系统测量元件的取样管应独立布置，取样管不应存在 U 形弯、过长的水平段以及向下倾斜管道。

（2）运行调整。

1）机组启机前进行真空低保护通道试验，记录保护动作时真空表计显示数值，保证压力开关动作值准确。

2）机组启动前，利用抽真空过程验证真空泵联启值以及模拟量指示数值，保证模拟量数值指示准确。

3）每次机组启动前对给水泵汽轮机排汽蝶阀进行阀门活动试验。

4.9.3 供热抽汽回流导致超速事故案例及隐患排查

▶ 事故案例及原因分析

（1）某 50MW 可调整抽汽供热机组。1991 年 2 月 28 日，机组按照计划进行滑参数停机。机组负荷降至 40MW，调门开始摆动，负荷降至 0MW，调门关闭，摆动停止，但负荷又自动上升至 8MW，同步器无法控制减负荷。打闸后，主汽门已经关闭，但转速急速上升，最终导致机组爆炸。

该案例具体原因分析如下：

机组在打闸之前，未关闭热网电动隔离门，打闸后虽主汽门已经关闭，但联锁保护装置未投入，使得可调整抽汽门未能及时关闭，致使热网蒸汽倒流，最终导致机组严重超速达 4000r/min 以上，机组飞车，严重损坏。其中运行人员在机组负荷仍有 8MW 时，解列发电机，严重违反了操作规程，也是导致事故的重要因素。

（2）某 50MW 双抽供热机组，1999 年 2 月 25 日，01:37，发电机变压器发生污闪，使得发电机跳闸，负荷从 41MW 甩到零。抽汽逆止阀连锁保护动作，各抽汽逆止门关闭，转速飞升至 3159r/min 后下降。现场查看机组主汽门和调门已经关闭，转速为 2960r/min。运行人员在复位低压调压器时，查看机组转速重新上升到 3300r/min，并依然快速升高，运行人员多次手动操作危急遮断按钮，关闭主汽门，复位同步器，但转速仍然持续上升，最终转速达到 4500r/min 以上，汽轮机发生爆炸。

该案例具体原因分析如下：

可调整抽汽逆止阀阀碟铰制螺栓孔断裂，使得阀碟脱落，抽汽逆止阀无法关闭。同时在机组甩负荷时，在可调整抽汽电动门未关闭的情况下，解列调压器，最终导致热网蒸汽倒流，造成机组严重超速事故。

▶ **隐患排查重点**

（1）设备维护。

供热抽汽逆止门和调节门应列入检修滚动计划，保证开关灵活、关闭严密。

（2）运行调整。

1）机组启动前，应对供热抽汽电动门和逆止门进行阀门活动试验，保证阀门动作快速、准确。

2）机组在甩负荷或停机过程中，需确认供热逆止门和电动门关闭到位后，才可解列发电机。

4.10 ▶ 供热事故隐患排查

4.10.1 供热抽汽异常事故案例及隐患排查

▶ **事故案例及原因分析**

（1）2017 年 1 月 14 日，某电厂 1、2 号机组运行，由 2 号机组提供供热蒸汽。13:16 机房外突发异音，电负荷由 585MW 突降至 532MW，又升至 585MW；供热抽汽压力由 0.956MPa 突降至 0MPa，供热抽汽温度变坏点；抽汽逆止阀关闭，抽汽快关阀和抽汽电动门显示故障。就地检查，发现 2 号机组供热蒸汽管道断裂。降负荷至 300MW，发现 2 号机组供热蒸汽管道在厂房中间部位的两个补偿器之间断裂。因供热蒸汽管道无法隔离，申请调度同意停运 2 号机组进行消缺，供热负荷由 2 号机组切换至

1 号机组接带。

该案例具体原因分析如下：

一是补偿器设计参数明显偏小，没有考虑安全裕量。汽轮机在额定负荷下，供热抽汽口的设计参数为 1.0MPa、356.4℃，而补偿器厂家提供的补偿器设计参数为 1.0MPa、380℃。二是补偿器材质不合格，招标文件中要求补偿器通流管的材质应为 20 号钢，实际供货实际材质为 Q235-B，要求补偿器波纹管材质为 316L，实际供货实际材质为 304。三是补偿器制造工艺存在缺陷，两台补偿器八条平衡板端部焊缝均被拉脱，该焊缝为角焊缝，脱落处焊口平齐，存在未焊透现象。四是出厂检测不符合要求，厂家未提供焊接接头 100% 渗透检测（或射线检测）与补偿器耐压试验的有关材料，只是随货提供了质量合格证。

（2）2017 年 1 月 21 日，某电厂 4 号机组供热抽汽压力由 0.29MPa 上升到 0.37MPa，供热抽汽调整门从 18% 开到 29%，供热抽汽压力继续上升到 0.54MPa。02:27，4 号机组供热抽汽管道补偿器爆裂，4 号机组供热抽汽压力降为 0.03MPa，4 号机组抽汽气动阀、液压快关门、电动截止阀保护自动关闭，汽轮机打闸停机。

该案例具体原因分析如下：

4 号机组供热抽汽管道的补偿器质量不合格是造成膨胀节爆裂的主要原因。4 号机组抽汽供热管道上有两个膨胀节，补偿器铭牌为 0.60MPa 公称压力，抽汽压力调整范围为 0.35 ～ 0.55MPa，4 号机组抽汽供热管道的补偿器是在压力 0.54MPa 时爆裂。

▶ 隐患排查重点

（1）设备维护。

1）供热抽汽管道补偿器应满足以下要求。①不同管径的管道上所设计的波纹管补偿器应符合以下层数要求：DN700 ～ DN1000 管道上的补偿器波纹管层数，建议不低于 4 层；DN1200 及以上管道上的补偿器波纹管层数，建议不低于 5 层。②设计图纸以及技术规范书应具备以下参数：补偿量、刚度，波纹管材质、层数，安装长度等参数。补偿器设计图纸应经过设计单位和建设单位核对。③设计导流筒的波纹补偿器，应在设计资料列出厚度、焊缝检验质量以及长度等技术参数，并在装配中注意安装方向。④重要补偿器应委托具备资质的第三方对补偿器生产过程进行监造。

2）加强供热抽汽管道补偿器的维护工作。①供热抽气管道补偿器的设备台账应定期更新。台账内容应包括补偿器设计压力、温度、补偿量、材质、刚度、层数、补偿器形式、安装长度、投用时间等。②供热抽汽管道上补偿器的设计压力应满足运行要求，不得超压运行。③加强供热抽汽管道上补偿器的检查与维护。每年检修期间应对补偿器进行外观检查，发现补偿器泄漏或波纹管失稳应及时更换，重要补偿器应有备品。

（2）运行调整。

1）加强供汽投入与退出操作培训。确保值长、主值班员、副值班员等运行相关人员均熟练掌握供汽投入与退出的操作。

2）尽量维持供热抽汽管道参数稳定，以减小补偿器平衡板的拉力。

4.10.2 高背压机组循环水异常事故案例及隐患排查

▶ **事故案例及原因分析**

（1）2016 年 11 月 25 日，23:33，某电厂发现 5 号机组凝汽器循环水压力由 0.57MPa 急剧下降至 0.08MPa，造成串联运行的 6 号机组凝汽器循环水中断。23:35，6 号机组负荷减至 95MW，凝汽器真空降低至 -35.77kPa（停机值 -36kPa），"凝汽器真空低"停机。23:40，5 号机组负荷减至 80MW，凝汽器真空降低至 -40.39kPa（停机值 -41kPa），"凝汽器真空低"停机。

该案例具体原因分析如下：

5 号机组凝汽器 A 侧循环水进水蝶阀阀体法兰断裂，循环水大量泄漏，5、6 号机组凝汽器循环水中断，造成真空低停机。该蝶阀材质为铸铁 (型号：D29V43X-6DN1400)，阀门沿阀体法兰内侧整体断裂，断裂面呈锯齿形分布，阀门铸造质量不过关是造成阀体法兰断裂的直接原因。

（2）2017 年 1 月 13 日，某电厂 1 号机组负荷 80MW，真空 -60.6kPa，供水压力 0.8MPa，回水压力 0.16MPa。07:21，热网回水压力快速下降，此时机组真空 -60.68kPa，负荷为 79.6MW。07:22，热网回水压力降至 0MPa，机组真空降低至 -35kPa，机组低真空保护动作，机组停运。

该案例具体原因分析如下：

城市老热力公司院内地埋管泄漏、某小区二级换热站内供热管道泄漏造成高背压机组热网回水压力快速下降，1 号机组真空快速下降至 -35kPa，1 号机组被迫停运。

（3）2018 年 2 月 19 日，某电厂 5、6 号机组均为高背压供热运行方式，5 号机组电负荷 100MW，凝汽器真空 -61.4kPa，供热抽汽量 36.2t/h，凝汽器供热循环水流量 5400t/h；6 号机组电负荷 95MW，凝汽器真空 -60.9kPa，供热抽汽量 0t/h，凝汽器供热循环水流量 5900t/h。热网循环水供水压力 0.95MPa，回水压力 0.22MPa。14:16，运行人员发现 5、6 号机组供热循环水流量快速下降，随即 6 号机组首出"真空低"保护动作，机组跳闸。14:17，5 号机组首出"真空低"保护动作，机组跳闸。

该案例具体原因分析如下：

市区供热管分支管网发生泄漏是造成本次异常的主要原因。市区供热管分支管网泄漏点为 φ630 弯头侧部，8mm 壁厚的弯头减薄至 3 ～ 4mm，减薄弯头承压达不到管网实际承压要求，弯头侧部爆开（爆口为 200mm×300mm 不规则形状），造成大量供热循环水外漏。泄漏管网于 2006 年建设完成，从泄漏弯头管壁减薄情况分析，减薄系自外而内减薄，说明弯头外部聚乙烯保护层不严密，地下渗水穿过聚乙烯保护层和聚氨发泡保温层与管道金属外壁直接接触，造成管壁外部腐蚀。

（4）2018 年 2 月 28 日，某电厂 1 号机组高背压带供热运行，14:40，1 号机组监盘人员发现热网回水压力快速下降，立即派人就地检查，检查发现热网出口母管至板式换热器大量热水外流，判断为热网出口母管至板式换热器管道发生泄漏。14:47，1号热网回水压力持续下降，负荷降至50MW，真空-54kPa。16:48，由于热网泄漏点无法解列，向调度汇报并经同意停机处理，16:50，1号机组手动停机。

该案例具体原因分析如下：

热网至板式换热器前的供水母管压力表焊口处发生撕裂，在热网运行压力作用下，裂口扩大导致热网供水大量泄漏，板式换热器进、回水管道均未设置手动截止门，无法隔离系统泄漏点，1号机组停运。

（5）2019年2月17日，某电厂3、4号机组运行，其中3号机组高背压带1号热网循环水运行，4号机组抽凝运行。23:05，发现4号水塔路面上有积水，23:13，发现4号水塔闸门间及1号热网供水一次电动门方井已被淹没。00:15，汽轮机专工投入3号水塔运行后停止4号水塔运行。00:21，3号机低真空保护动作，3号机跳闸。

该案例具体原因分析如下：

4号机组冬季停运期间，4号机组循环水温度长期处于10℃以下，上塔门后放水门因冰冻泄漏，4号机组启动后4号水塔闸门间被水淹没后溢流至厂区道路。厂区道路积水流至3号机组至1号热网供水一次阀门井，积水淹没阀门导致电动执行机构内部控制短路，阀门自动关闭。3号机组至1号热网供水一次门关闭后，3号机组凝汽器断水，低真空保护动作，3号机组跳闸。

> **隐患排查重点**

（1）设备维护。

1）加强高背压机组一次管网维护工作。①热水管网停运后应采用湿式保护，充水量应使管网最高点充满工质。每周巡检1次，定期检测水质情况。②高背压运行机组热网停运后，对热网供回水母管上的热工元件管座角焊缝及对接焊缝进行无损探伤。③检查供热管线的排气、疏放水管道防腐保温情况。保温层和外护层破损应及时修复。保温不良、外部工作环境恶劣的管道管件，应定期检测管壁厚度。运行10年以上的管线应进行普查，以后每年进行一次抽查，壁厚减薄超过1/3的管道必须更换。④供热一次管网在管道焊接完成后，重点监督直埋供热管道外保温补口工艺，规范"三级验收"管理程序。⑤建立地下直埋供热管网设备寿命评估台账。寿命评估中发现管壁减薄超标管道应列入检修滚动计划。

2）加强热网系统重要阀门的采购维护管理。高背压运行方式投入前应对热网管道上重要阀门进行本体外观检查，并制定防范泄漏技术措施。

（2）运行调整。

1）热水管网供暖期结束后，应对管网进行静态水压试验。试验压力应达到热网首站出口供水工作压力的1.25倍（当系统地面高差较大时，试验介质静压应计入试验压力中，热水管道的试验压力应以最高点的压力为准，且最低点的压力不得大于管道及设备能承受的额定压力），稳压30min，稳压过程以压降不大于0.05MPa为试验合格标准。

试压期间要检查管网有无泄漏等异常情况，并编写试压报告，试压结束后应制定管网检修方案消除漏点。

2）高背压机组若循环水管道电动门布置于阀门井内，其电动执行机构应移至井室外，或做好防水防潮措施；露天布置的电动阀，限位开关应采取防水防潮措施。

3）供暖运行期间，一次热网主管道上的电动门应为远方控制方式，并做好防止误碰标识牌标识。机组处于高背压运行方式，循环水系统电动门尽可能断电。

4）应制定机组高背压运行方式下循环水中断应急措施，组织运行人员学习演练，提高应急处置能力。

05

热工专业重点事故隐患排查

5.1.1 控制器异常事故案例及隐患排查

▶ **事故案例及原因分析**

某电厂 1 号机组 330MW 亚临界机组，2018 年 9 月 6 日 09:17:33 时，负荷 251MW，DCS CRT 画面突然大量测点变粉，显示坏点；运行人员检查发现 1 ～ 9 号 DPU 离线，送风机动叶开度指令、引风机变频器指令、给粉机转速指令、小汽轮机转速指令、高加疏水调门开度指令等参数突降，其中 A、B 引风机变频转速指令由 79% 突降至 40%（低限），AB 送风机动叶指令由 65.7% 突降至 0%；送风机出口、引风机入口挡板发出关指令，炉膛压力降低；运行人员增加送风机出力，炉膛负压升高；由于引风机变频指令没有及时增加，导致炉膛负压升高，"炉膛压力高高"保护动作，锅炉 MFT。

该案例具体原因分析如下：

结合 DCS 报警信息，咨询 DCS 厂家确认为：DCS28 号 DPU 故障报警引起"网络风暴"，DCS 通信堵塞造成 1（21）～ 9（29）号 DPU 重启。经厂家对 28 号 DPU 主板检测未发现异常。由于 DCS 已投运 20 年，根据 28 号 DPU 故障报警信息情况，结合成功重启过程，以及更换主板后报警信息基本消失情况，基本确认是 DPU 主板老化、与底板接触不良所致。

▶ **隐患排查重点**

（1）设备维护。

1）DCS 控制器应严格遵循机组重要功能分开的独立性配置原则，各控制功能应遵循任一组控制器或其他部件故障对机组影响最小的原则。重要辅机设备配置并列或主 / 备运行方式时，应将并列或主/备辅机系统的控制、保护功能配置在不同的控制处理器中，电气设备按照不同段分配到不同控制处理器中。

2）控制每一对控制器 I/O 点数配置数量，控制器所配置的 CP 应有足够的运算和 I/O 处理能力，在最大负荷运行时，负荷率不超过 60%，平均负荷率不超过 40%。

3）设置完善的控制系统故障报警光字牌，包括控制器故障、模件故障、控制器脱网、

I/O 站故障、通信故障、电源故障等，便于运行人员及时发现 DCS 异常情况采取措施。

4）加强 DCS 日常巡检管理。严格执行 DCS 日常巡检规定，做好巡检记录，保证巡检范围和质量，重点关注 DCS 异常显示、故障报警信息、DPU 负荷率升高、DPU 异常切换等。

5）冗余服务器、控制器、电源故障或故障后复位时，DCS 逻辑可采取联锁解除自动、控制设备切为下一级控制、指令跟踪原反馈值等必要措施，确认保护和控制信号的输出处于安全位置。

6）按照 DL/T 1340《火力发电厂分散控制系统故障应急处理导则》的编制格式和内容，结合本单位热工控制系统配置特点，编制适合单元机组控制系统的应急处置预案，并定期组织对运行、热工检修人员进行故障应急处置方法培训和演练，提高控制系统故障时的应急处理能力，以保证机组的安全运行。

7）推行 DCS 标准化检修工作。参考 DL/T 774《火力发电厂热工自动化系统检修运行维护规程》，编写 DCS 检修作业指导书，对 DCS 检修内容、步序和要求进行规定，使检修工作规范、全面，保证检修工作效果。

8）加强 DCS 寿命管理。对发生故障进行记录、归纳、分析；运行周期超过 10 年，检修时应按照 DL/T 659《火力发电厂分散控制系统验收测试规程》要求进行 DCS 性能测试，总结检查测试情况和故障发生情况，提报系统改造项目申请；运行周期超过 12 年或故障频发，应积极争取进行 DCS 改造。

（2）运行调整。

1）加强控制系统故障报警监视，包括控制器故障、模件故障、控制器脱网、I/O 站故障、通信故障、电源故障等，发现 DCS 异常情况及时采取措施。

2）按照 DL/T 1340《火力发电厂分散控制系统故障应急处理导则》的编制格式和内容，结合本单位热工控制系统配置特点，编制适合单元机组控制系统的应急处置预案，并定期组织运行人员进行故障应急处置方法培训和演练，提高控制系统故障时的应急处理能力，以保证机组的安全运行。

5.1.2 I/O 异常事故案例及隐患排查

5.1.2.1 AI 模件故障案例及隐患排查

▶ 事故案例及原因分析

某电厂 1 号机组为 350MW 机组，2016 年 1 月 8 日负荷 223MW，DCS 22 号控制器一 AI 模件故障，给水系统母管压力测点和给水调节站前、后压力测点等变坏点，部分测点变红（见图 5-1）。小汽轮机转速无法调节，手启电动给水泵，无法升速，手打 C 磨，汽包水位无法维持，申请调度同意，运行人员手动 MFT。

该案例具体原因分析如下：

DCS 10CRA22.AG043 模件故障，给水压力三个测点都组态在该模件上，导致给水泵出口总母管压力变坏点，影响给水泵流量控制计算值，流量控制定值自动降低，闭锁控制指令增加，触发小汽轮机保护停顺控，电动给水泵也因同样原因造成启动后跳闸，汽包水位无法维持，机组被迫申请停运。

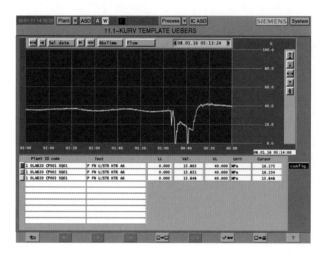

图 5-1 给水压力曲线

▶ 隐患排查重点

（1）设备维护。

1）切实落实风险分散的保护配置策略。冗余配置的机组重要参数、主辅机保护测点应分配在 DCS 不同分支的不同模件上，并执行保护优先策略。

2）完善 DCS 调节系统信号防故障逻辑。模拟量测点信号设置坏点剔除、坏点不传递和坏点切手动逻辑，防止自动调节系统误动。

3）完善主辅设备操作器手动操作允许条件，避免因 I/O 信号故障闭锁手操指令增减，导致设备失控。

4）设置完善的控制系统故障报警光字牌，包括控制器故障、模件故障、控制器脱网、I/O 站故障、通信故障、电源故障等，便于运行人员及时发现 DCS 异常情况采取措施。

5）加强 DCS 日常巡检管理。严格执行 DCS 日常巡检规定，做好巡检记录，保证巡检范围和质量，重点关注 DCS 异常显示、故障报警信息、DPU 负荷率升高、DPU 异常切换等。

6）推行 DCS 标准化检修工作。参考 DL/T 774《火力发电厂热工自动化系统检修运行维护规程》，编写 DCS 检修作业指导书，对 DCS 检修内容、步序和要求进行规定。尤其注意 I/O 模件精度测试工作，通过对各种 I/O 模件通道抽取进行精度测试，以便提前发现模件通道的异常情况，及时采取措施。

7）加强 DCS 系统寿命管理。对发生故障进行记录、归纳、分析；运行周期超过 10 年，检修时应按照 DL/T 659《火力发电厂分散控制系统验收测试规程》要求进行 DCS 性能测试，总结检查测试情况和故障发生情况，提报系统改造项目申请；运行周期超过 12

年或故障频发，应积极争取进行 DCS 系统改造。

（2）运行调整。

1）加强控制系统故障报警监视，包括控制器故障、模件故障、控制器脱网、I/O 站故障、通信故障、电源故障、重要参数测点报警等，发现 DCS 异常情况及时采取措施。

2）按照 DL/T 1340《火力发电厂分散控制系统故障应急处理导则》的编制格式和内容，结合本单位热工控制系统配置特点，编制适合单元机组控制系统的应急处置预案，并定期组织运行人员进行故障应急处置方法培训和演练，提高控制系统故障时的应急处理能力，以保证机组的安全运行。

5.1.2.2　DEH 系统 DO 模块故障

▶　事故案例及原因分析

某电厂 4 号机组为 145MW 循环流化床机组，2018 年 12 月 21 日负荷 90MW，机组运行中突然跳闸。查看 DEH 系统跳闸首出为"发电机跳闸"，MFT 跳闸首出为"汽轮机跳闸"。

该案例具体原因分析如下：

检查 DEH 系统发现 DO012（1 号高主门开关电磁阀）、DO013（2 号高主门开关电磁阀）、DO029（1 号中主门开关电磁阀）、DO030（2 号中主门开关电磁阀）继电器均已经动作，从控制站 2-2 及 2-3DO 模块输出端子处拆除以上四个继电器接线后继电器灯熄灭，恢复正常，确认 DO 通道已发出信号，对 2-2 及 2-3DO 模块其他 DO 通道进行测量，发现 2-2 模块第 8 点及 2-3 模块第 7 点也已经接通，而模块相应指示灯未点亮，初步判断 DO 模块故障。

综合分析：4 号机组 DEH 系统从 2002 年投运已达 16 年，电子元器件老化、可靠性下降。DEH 控制站 DO 模块老化故障，DO 信号误发，造成汽轮机主汽门关闭，主汽门全关信号送至电气保护系统，逆功率保护动作，发电机跳闸，机组大联锁联跳汽轮机、锅炉。

注意：DCS 厂家反馈两个故障 DO 模块检测结果：DO 输出 2-2 模块（产品序列号 020517 0003）8、12、13 通道信号输出元器件损坏，DO 输出 2-3 模块（产品序列号 020517 0004）7、13、14 通道信号输出元器件损坏。

▶　隐患排查重点

（1）设备维护。

1）切实落实保护独立性配置策略。DCS、DEH 重要设备 AO、DO 信号应分散布置在控制器不同分支的模件上。

2）设置完善的控制系统故障报警光字牌，包括控制器故障、模件故障、控制器脱网、I/O 站故障、通信故障、电源故障等，便于运行人员及时发现 DCS 异常情况采取措施。

3）加强 DCS 日常巡检管理。严格执行 DCS 日常巡检规定，做好巡检记录，保证巡检范围和质量，重点关注 DCS 异常显示、故障报警信息、DPU 负荷率升高、DPU 异常切换等。

4）推行 DCS 标准化检修工作。参考 DL/T 774《火力发电厂热工自动化系统检修运行维护规程》，编写 DCS 检修作业指导书，对 DCS 检修内容、步序和要求进行规定。尤其注意 I/O 模件精度测试工作，通过对各种 I/O 模件通道抽取进行精度测试，以便提前发现模件通道的异常情况，及时采取措施。

5）加强 DCS 寿命管理。对发生故障进行记录、归纳、分析；运行周期超过 10 年，检修时应按照 DL/T 659《火力发电厂分散控制系统验收测试规程》要求进行 DCS 性能测试，总结检查测试情况和故障发生情况，提报系统改造项目申请；运行周期超过 12 年或故障频发，应积极争取进行 DCS 改造。

（2）运行调整。

加强控制系统故障报警监视，包括控制器故障、模件故障、控制器脱网、I/O 站故障、通信故障、电源故障、重要参数测点报警等，发现 DCS 异常情况及时采取措施。

5.1.2.3　DEH 系统 DO 模块继电器故障

▶　**事故案例及原因分析**

某电厂 1 号机组为 50MW 热电联产机组，2020 年 6 月 2 日机组负荷 47MW，ETS 保护系统突然动作，首出原因为"DEH 请求停机"。

该案例具体原因分析如下：

查阅历史曲线，DEH 系统未发出"DEH 请求停机"信号，而 ETS 侧收到对应 DI 信号。检查 DEH 输出继电器端子至 ETS 机柜电缆绝缘，合格，初步怀疑 DEH 侧输出继电器或 ETS 侧 DI 通道有问题；检查 DI 通道未见异常，检查"DEH 请求停机"信号输出继电器，发现该继电器公共簧片异常接近常开触点簧片，用螺丝刀头拨开该簧片再轻轻释放后，该簧片在自由状态下明显有一个与"常开触点"簧片的接触闭合过程，由此判断为 DEH 继电器触点误动作，误发"DEH 请求停机"信号，导致 1 号机组跳闸。

▶　**隐患排查重点**

（1）设备维护。

1）重要控制、保护信号冗余配置，实现三取二、三取中、四取二等逻辑判断方式，如 DCS 至 DEH 汽轮机主控指令、至 MEH 小汽轮机调节指令、汽轮机跳闸 MFT、MFT 跳汽轮机、DEH 请求停机等，降低设备风险。

2）推行 DEH 标准化检修工作。参考 DL/T 774《火力发电厂热工自动化系统检修运行维护规程》，编写 DEH 检修作业指导书，对检修内容、步序和要求进行规定。重要信号输出继电器，进行动作试验测试、测量触点阻值等检修工作，以便提前发现继电器的异常情况，及时采取措施。

3）加强 DCS、DEH 系统寿命管理。对发生故障进行记录、归纳、分析；运行周期超过 10 年，检修时应按照 DL/T 659《火力发电厂分散控制系统验收测试规程》要求进行控制系统性能测试，总结检查测试情况和故障发生情况，提报系统改造项目申请；运行周期超过 12 年或故障频发，应积极争取进行 DCS 改造。

（2）运行调整。

加强控制系统故障报警监视，包括控制器故障、模件故障、控制器脱网、I/O 站故障、通信故障、电源故障、重要参数测点报警等，发现 DCS 异常情况及时采取措施。

5.1.2.4　DEH 系统模件底座接触不良故障

事故案例及原因分析

某电厂 5 号机组为 600MW 燃煤机组，2020 年 10 月 16 日机组负荷 310MW，汽轮机跳闸，锅炉 MFT，随后发电机程序逆功率动作。汽轮机跳闸首出为"高压缸排汽温度高"。

该案例具体原因分析如下：

查阅历史曲线，高缸排汽温度两点测量值均发生跳变，分别达 699.7、711.7℃，二取均后超过保护跳闸值，导致高排温度高保护动作。

检查两个温度测量元件及接线未见异常、所在 D42 控制器无故障报警。高缸排汽温度测点 1、2 分别配置在 D42 号控制器 A4 热电偶输入卡件第 7、8 通道上。检查 A4 卡件无故障报警，信号电缆接线未见异常，拔下 A4 卡件检查时，发现 A4 卡件底座松动。进一步查看 A4 卡件上其他温度测点历史曲线，发现同时刻均出现不同幅度的波动（见图 5-2）。由此判断 A4 卡件所有温度测点出现的瞬时波动是卡件底座松动、接触不良引起。

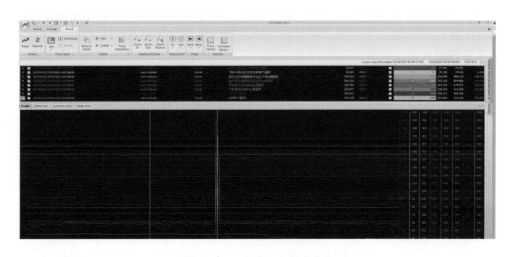

图 5-2　A4 卡件 8 点温度曲线

隐患排查重点

（1）设备维护。

1）完善保护逻辑判断方式，提高保护可靠性。在高压缸两侧排汽管道各增加一个温度测点，采取四取二的"并串联"逻辑（即每侧二取一信号组成二取二）。

2）切实落实保护独立性配置原则。冗余配置的机组重要参数、主辅机保护测点应分配在 DCS 不同分支的模件上，并执行保护优先策略。

3）对 DCS 主辅机保护用 RTD 温度测点设置坏点闭锁保护条件动作逻辑，并设置适当的延时时间等措施，避免误动。

4）推行 DCS 标准化检修工作。参考 DL/T 774《火力发电厂热工自动化系统检修运行维护规程》，编写 DCS 检修作业指导书，对检修内容、步序和要求进行规定。C 级以上检修要全面检查机柜硬件、服务器及网络接口设备，紧固所有连接接头（或连接头固定螺丝）、各接插件和端子接线。

（2）运行调整。

加强控制系统故障报警监视，包括控制器故障、模件故障、控制器脱网、I/O 站故障、通信故障、电源故障、重要参数测点报警等，发现 DCS 异常情况及时采取措施。

5.1.2.5　DCS 系统 AO 模件故障

▶　**事故案例及原因分析**

某电厂 6 号机组为 330MW 燃煤机组，2021 年 2 月 28 日机组负荷 240MW，供热抽汽调阀突关至 0%（指令 100%），联动中排调阀全开，机组负荷从 240MW 突升至 283MW；随后开始下降，负荷下降至 226MW，CCS 汽轮机主控自切手动方式。运行处理过程中，锅炉 MFT，首出原因为"炉水循环不良"。

该案例具体原因分析如下：

检查发现供热抽汽调门指令输出 100%，但就地阀门已全关。测量 DEH 系统供热调阀执行器 AO 通道时，发现供热调阀输出通道指令信号为 0mA，判断该通道已经故障。将卡件进行更换后，试验供热调门开关恢复正常。因此判断，DEH 系统 AO 卡件通道故障导致阀门在运行过程中异常关闭。

供热调阀关闭，引起供热压力升高，供热压力高保护动作，联动中排调阀全开，低压缸进汽量增加，机组实际负荷上升 43MW。由于实际负荷突增，汽轮机主控负荷自动控制回路输出指令减小，负荷持续下降，导致主蒸汽压力持续上涨至 16.14 MPa，与汽压设定值 14.94 MPa 偏差超过 1.2MPa，触发了"主蒸汽压力控制偏差超过 ±1.2MPa，汽轮机主控切手动"。机组负荷继续下降至 142MW，汽包压力升至 20MPa，锅炉上水困难，"三台炉水泵进出口差压均低于 105kPa"信号发出，"炉水循环不良"保护动作，锅炉 MFT。

▶　**隐患排查重点**

（1）设备维护。

1）加强 DCS、DEH 系统寿命管理。对发生故障进行记录、归纳、分析；运行周期超过 10 年，检修时应按照 DL/T 659《火力发电厂分散控制系统验收测试规程》要求进行控制系统性能测试，总结检查测试情况和故障发生情况，提报系统改造项目申请；运行周期超过 12 年或故障频发，应积极争取进行 DCS 改造。

2）设置完善的控制系统故障报警光字牌，包括控制器故障、模件故障、控制器脱网、I/O 站故障、通信故障、电源故障等，便于运行人员及时发现 DCS 异常情况采取措施。

3）加强 DCS 日常巡检管理。严格执行 DCS 日常巡检规定，做好巡检记录，保证巡检范围和质量，重点关注 DCS 异常显示、故障报警信息、DPU 负荷率升高、DPU 异常切换等。

4）推行 DCS 标准化检修工作。参考 DL/T 774《火力发电厂热工自动化系统检修运行维护规程》，编写 DCS 检修作业指导书，对 DCS 检修内容、步序和要求进行规定。注意 I/O 模件精度测试工作，通过对各种 I/O 模件通道抽取进行精度测试，以便提前发现模件通道的异常情况，及时采取措施。

5）按照 DL/T 1340《火力发电厂分散控制系统故障应急处理导则》的编制格式和内容，结合本单位热工控制系统配置特点，编写控制系统重要硬件（如控制器、伺服模件、服务器、上位机等）故障应急处置措施，对运行、检修人员进行培训和演练，提高控制系统故障应急处置能力，避免处置不当造成问题扩大。

（2）运行调整。

1）加强控制系统故障报警监视，包括控制器故障、模件故障、控制器脱网、I/O 站故障、通信故障、电源故障、重要参数测点报警等，发现 DCS 异常情况及时采取措施。

2）按照 DL/T 1340《火力发电厂分散控制系统故障应急处理导则》的编制格式和内容，结合本单位热工控制系统配置特点，编写控制系统重要硬件（如控制器、伺服模件、服务器、上位机等）故障应急处置措施，对运行人员进行培训和演练，提高控制系统故障应急处置能力，避免处置不当造成问题扩大。

3）加强运行人员技术培训工作，对各类自动调节系统异常情况下的联锁动作设置及紧急处理措施等进行培训，提高运行人员应急处理能力。

5.2 ▶ DCS 软件系统事故隐患排查

5.2.1 逻辑设计异常事故案例及隐患排查

5.2.1.1 DCS 功能块坏点传递问题

▶ **事故案例及原因分析**

某电厂 1 号机组为 660MW 燃煤发电机组，2018 年 3 月 22 日 10:52:48，机组负荷 450MW，给水指令设定值由 1336t/h 突降至 538t/h，DCS 侧给水自动调节系统设定值扰动过大引起实际给水量大幅超调，给水自动调节困难，导致给水流量持续下降至保护动作值（453t/h），"给水流量低低"保护动作，锅炉 MFT。

该案例具体原因分析如下：

追忆历史曲线， 2018 年 3 月 22 日锅炉检修处理 1 号炉过热器 B 侧一级减温水电动调阀卡涩缺陷，办理工作票，执行电动调阀停电措施，10:52:47，电动调阀停电，过热器 B 侧一级减温水电动调阀反馈变为坏点（－3.99%）。查看 DCS 组态逻辑（见图 5-4），发现过热器一级减温水调门反馈参与给水流量设定值计算，坏点品质传递至给水流量设定"二选高值"模块输入端"X1"（见图 5-3），"X1"变坏点后，模块输出端"Y"跟踪输入端"X2"（注："二选高值"模块两个输入点均正常时，输出选高值；在一个输入端被检测为坏点时自动以另一个好的检测点为输出），导致给水流量设定值由正常时的1336t/h 切换至模块设定值 538t/h，A、B 给水泵指令、反馈快速下降，给水流量降至 453t/h，给水流量低低保护动作，锅炉 MFT。

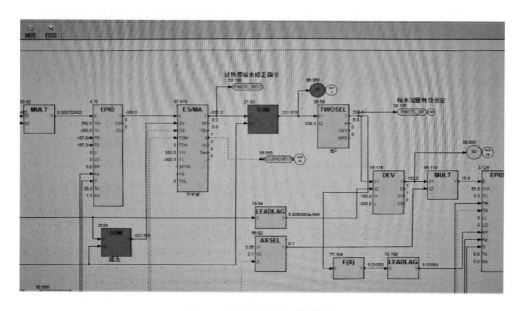

图 5-3　给水自动控制逻辑图

> **隐患排查重点**

（1）设备维护。

1）重视 DCS 逻辑功能块坏品质传递功能的应用。核查主辅机保护、自动调节系统中的模拟量信号核查坏品质传递设置，尽量不应用坏品质传递功能；对特殊情况确需应用坏品质传递功能的模块，要充分进行试验验证，以保证逻辑功能正确。

2）完善自动调节系统切手动条件，包括测量信号或反馈信号坏点、设定值与测量值偏差大、指令与反馈偏差大、测量信号变化速率大、测点越限等，并设置声光报警。异常情况直接切除自动可有效避免因测点、执行器等方面异常引起的错误调节，甚至避免机组跳闸事件的发生。

3）加强 DCS 的学习，充分掌握功能块的设置应用，熟悉 DCS 逻辑组态，深入排查分析 DCS 逻辑功能块设置存在的隐患。

（2）运行调整。

1）掌握自动调节系统调节原理和手动调整方式，熟悉各自动调节系统切手动条件；加强自动调节系统监视，发现异常情况及时干预，避免因测点、执行器等方面异常引起错误调节。

2）组织运行人员加强 DCS 控制系统的学习，掌握功能块的设置应用，熟悉 DCS 逻辑组态，对照运行规程深入开展 DCS 逻辑隐患排查工作。

3）加强 DCS 报警光字牌监视，包括控制系统故障、电源故障、重要参数测点越限、坏点、冗余测点不一致报警、自动切手动报警等，发现异常情况及时采取措施。

4）按照 DL/T 1340《火力发电厂分散控制系统故障应急处理导则》的编制格式和内容，结合本单位热工控制系统配置特点，编写控制系统重要硬件（如控制器、伺服模件、服务器、上位机等）故障应急处置措施，对运行人员进行培训和演练，提高控制系统故障应急处置能力，避免处置不当造成问题扩大。

5.2.1.2　DCS 功能块执行时序问题

▶ **事故案例及原因分析**

某电厂 4 号机组为 680MW 超临界燃煤机组，2016 年 8 月 23 日 A 汽动给水泵振动大跳闸，触发 RB 动作。8 月 24 日 04:32，机组负荷 371MW，热工人员进行 RB 复位操作，当复位掉 RB 时，锅炉主控输出指令瞬间由 360MW 跳变至 700MW，燃煤主控指令由48.23% 增加至 81.60%，给煤量由 168T/H 增加至 273T/H，给水调节指令由 41% 增加至100%，给水流量由 1029.33T/H 增加至 1630.59T/H；04:34，机组负荷由 371MW 快速升至 476MW，过热度由 14.87℃ 快速降至 2.7℃，汽水分离器见水（水位升至 6.18m）。因煤水比严重失调，04:36:12，给水流量低低（537T/H）保护动作，锅炉 MFT，机组跳闸。

该案例具体原因分析如下：

根据锅炉主控逻辑图（见图 5-4），当 RB 动作时，BO01 由 0 置为 1，锅炉主控指令块 QA08_AOUT 强制切为手动模式，锅炉主控上限值 RO02、锅炉主控下限值 RO03均切为 M13 值，即 QA08_LIM 的输出值，因 RB 目标值由 720MW 变为 360MW，故锅炉主控输出置为 360MW。

当 RB 信号复位时，RB 目标值 RI01 由 360MW 变为 720MW，RO01 由 M11 切换为 RI02，RO02 由 M13 切换为 M02=800，RO03 由 M13 切换为 M03=0，以上 4 个数值的切换在不同的计算块（CALCA 块）同时进行。DCS 计算块（CALCA 块）存在执行时序问题，特别是在不同计算块运算时，执行时序问题尤为突出。计算块执行时间的先后不同，产生了以下结果：

RB 目标值 RI01 优先于 RO02 值、RO03 值切换，则 RB 目标值 RI01 由 360MW 瞬间切换为 720MW，即 M13 值变为 720MW，而此时 RO02 值、RO03 值仍然等于 M13 值，于是锅炉主控输出值会跟随下限值升高，即等于 720MW，造成锅炉主控输出指令大幅跳升，控制输出异常。

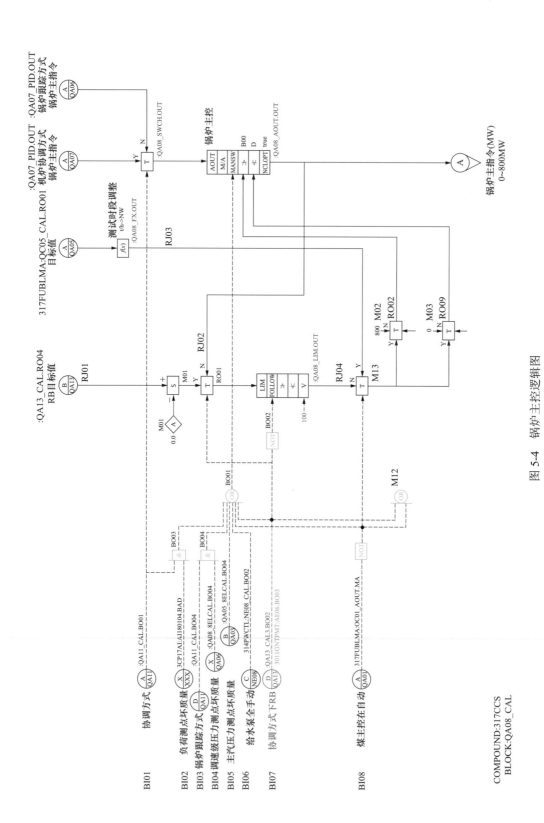

图 5-4　锅炉主控逻辑图

（1）设备维护。

1）重视控制系统功能块执行时序问题，对于自动控制工况切换、RB 及 DEH 快速控制回路逻辑，要充分考虑组态模块时序不同所造成的后果，对各种工况切换、复位等逻辑进行反复试验，验证动作效果。

2）检修中加强 RB 及自动调节系统静态传动试验工作，编制详细的试验卡，对自动调节动作方向、自动切手动条件、各工况切换条件、跟踪、闭锁、复位等进行全面试验。

3）加强 DCS、DEH 控制系统的学习，充分掌握功能块的设置应用，熟悉控制系统逻辑组态，深入排查分析控制逻辑存在的隐患。

（2）运行调整。

1）掌握自动调节系统调节原理和手动调整方式，熟悉各自动调节系统切手动条件；加强自动调节系统监视，发现异常情况及时进行干预，避免因测点、执行器等方面异常引起错误调节，甚至避免机组跳闸事件的发生。

2）组织运行人员加强 DCS 的学习，掌握功能块的设置应用，熟悉 DCS 逻辑组态，对照运行规程深入开展 DCS 逻辑隐患排查工作。

5.2.1.3 DCS 测点量程设置错误问题

▶ 事故案例及原因分析

（1）某电厂 1 号机组为 330MW 亚临界燃煤机组，2019 年 4 月 DCS 进行了升级改造。4 月 29 日进行 3 号高加水位自动调节系统调试，由于高加水位测点显示错误，水位自动调节异常，高加解列，引起汽包水位波动（未投入给水自动），手动调整不当，汽包水位高保护动作，锅炉 MFT。

该案例具体原因分析如下：

经检查高加水位测点情况，发现参与调节的水位测点 DCS 量程与差压变送器量程设置反向，当高加自动投入后，高加实际水位升高时，高加水位调节测量值反而减小，自动调节关小疏水门，从而造成高加实际水位进一步升高，直至高加水位保护测量值达到高三值（138mm），高加水位保护动作，高加解列。

3 号高加解列，汽水平衡异常，引起给水流量异常波动，同时给水温度降低较快，汽包水位虚假下降，手动增加汽动给水泵指令偏大，造成汽包水位快速上升，导致汽包水位高保护动作。

（2）某电厂 6 号机组为 330MW 亚临界燃煤机组，2021 年 9 月 DCS 进行了改造。10 月 2 日进行检修后机组启动，10 月 3 日发现锅炉水冷壁泄漏，手动 MFT。停炉后检查燃烧器周边区域部分水冷壁发生严重过热变形。

该案例具体原因分析如下：

检查发现差压式汽包水位计量程问题，原 $0 \sim 1360mmH_2O$ 组态为 $0 \sim 800mmH_2O$，与变送器量程不一致，致使汽包水位显示偏高 432mm（汽包压力为 3.8MPa 的工况下），由于未与就地水位计比对，未发现 DCS 画面汽包水位显示数值严重高于实际水位，造成锅炉长时间严重缺水，导致水冷壁过热爆管泄漏。

▶ **隐患排查重点**

（1）设备维护。

1）加强新投产机组和 DCS 改造项目的实施过程管理，根据设备到货情况，合理分配安装、调试工期，保证安装、调试工作时间的充足；重视 DCS 热态调试过程，预留足够时间进行 DCS 组态调试、联锁保护传动试验和 DCS 热态试验工作。

2）新投运 DCS 调试过程中组织做好 DCS 逻辑组态隐患核查工作，包括重要信号量程、联锁保护条件、自动调节方向、自动切手动条件、单三冲量切换逻辑、工况切换条件、信号切换块正确性、PID 高低限、指令长短信号、保护 / 报警定值、联锁信号死区等；对照运行系统图进行画面显示名称、单位核对，以及跳闸首出显示与逻辑组态一致性。

3）规范 DCS 联锁保护传动试验工作，编制热控保护联锁试验卡，明确试验方法，规范试验行为，减少试验操作的随意性。联锁保护传动试验应进行各个动作条件组合的试验和坏点模拟试验，以验证特殊工况下组态逻辑的准确性和保护联锁动作的正确性。

4）规范 DCS 自动调试过程管理工作，投入前应进行测点设置、控制逻辑、参数、调节动作方向等的核对，加强投入过程监视，发现问题及时进行人为干预，保证自动调试过程的安全性。

5）重视 DCS 改造后机组热态参数的监视、核对，做好与就地表计参数比对工作，发现异常及时分析、调整，保证机组参数的正确性和稳定性。

（2）运行调整。

1）规范 DCS 自动调试过程管理工作，投入前应进行测点、定值、参数、调节动作方向等的核对，加强投入过程监视，发现问题及时进行人为干预，保证自动调试过程的安全性。

2）重视 DCS 改造后机组热态参数的监视、核对，做好与就地表计参数比对工作，发现异常及时分析、调整，保证机组参数的正确性和稳定性。

5.2.1.4 DCS 自动调节回路逻辑错误问题

▶ **事故案例及原因分析**

某电厂 6 号机为 300MW 燃煤发电机组，2018 年 5 月 8 日机组负荷 200MW。为控制燃烧室渣口喷火情况，将炉膛负压设定值由 -200Pa 逐渐降低，13:18，降至 -500Pa。13:42，炉膛压力突降至 -1500Pa 以下，触发锅炉负压保护，锅炉 MFT。

该案例具体原因分析如下：

检查炉压自动控制逻辑，发现引风机变频操作器设有炉压低闭锁增逻辑，但炉压 PID 块未设计。当炉压下降到 -300Pa，引风机变频操作器闭锁指令增加，由于炉压与设定值存在偏差，PID 块继续调节，增大至最大值 50Hz；当炉压波动高于 -300Pa 时，操作器闭锁增消失，PID 输出至引风机变频操作器信号（50Hz）起作用，导致引风机出力突然加大，炉膛压力由 -293Pa 直降到 -2000Pa（最大量程），触发炉膛压力低（小于 -1500Pa）保护动作，锅炉 MFT。

▶ **隐患排查重点**

（1）设备维护。

1）做好热控自动调节回路逻辑隐患排查工作，重点检查闭锁增加逻辑、跟踪逻辑、条件切换逻辑等的正确性和完善性，模拟各种特殊工况进行试验，保证在任何情况下均应实现无扰切换。如炉膛负压调节回路中对炉压 PID、操作器等均应同时闭锁。

2）检修时进行自动调节系统静态传动试验工作，对自动调节动作方向、自动切手动条件、各工况切换条件、跟踪、闭锁等进行检查试验，保证自动控制逻辑的正确性。

3）加强自动调节系统定值修改的管理，不得将自动定值设置超出正常设计范围。慎重考虑消缺过程中的临时修改，仔细分析自动调节回路逻辑，充分估计可能导致的意外情况，做好事故预控措施和应急处置预案。

（2）运行调整。

1）掌握自动调节系统调节原理和手动调整方式，熟悉各自动调节系统切手动条件；加强自动调节系统监视，发现异常情况及时进行干预，避免因测点、执行器等方面异常引起错误调节。

2）组织运行人员加强 DCS 的学习，掌握功能块的设置应用，熟悉 DCS 逻辑组态，对照运行规程深入开展 DCS 逻辑隐患排查工作。

3）编制重要自动异常处理措施，组织运行人员进行学习演练，提高自动异常情况处理能力。

5.2.1.5 RB 功能动作逻辑不完善问题

▶ **事故案例及原因分析**

某电厂 2 号机组为 350MW 超临界燃煤机组，2021 年 6 月 8 日机组负荷 200MW。进行 A 汽动给水泵 A 润滑油泵切换至 B 泵工作时，由于 B 泵出力不正常，造成 A 汽动给水泵润滑油压低跳闸，触发 RB 动作。B 汽动给水泵目标转速与实际转速偏差大，B 汽动给水泵遥控退出，转为 MEH 自动控制模式，监盘人员手操不及时，给水流量低保护动作，锅炉 MFT。

该案例具体原因分析如下：

2 号机组 A 汽动给水泵跳闸触发 RB 保护动作，"闭锁给水流量与设定值偏差大汽动给水泵切手动""闭锁汽动给水泵转速偏差大汽动给水泵切手动""闭锁汽动给水泵转速遥控定值与转速偏差大汽动给水泵遥控切除"等信号均发出。但 RB 动作后，B 汽动给水泵遥控指令自动跃升至 4745r/min，与转速实际值（4031r/min）偏差大，"CCS 请求投入 B 小汽轮机"条件不满足，B 汽动给水泵由遥控切至 MEH 转速自动模式，转速自动设定值从遥控指令（4745r/min）切为跟踪实际转速（4031r/min），然后转为自动调节转速。

由于 B 汽动给水泵遥控指令与转速实际值偏差大条件未闭锁，造成 B 汽动给水泵由给水自动控制切至 MEH 转速自动控制，无法及时进行给水自动调节。手操升高转速定值不及时，加之 A 汽动给水泵出口逆止门不严，导致总给水流量低至保护值（282.15t/h），锅炉 MFT。

▶ **隐患排查重点**

（1）设备维护。

1）完善 RB 功能控制逻辑，给水泵 RB 动作时闭锁"CCS 请求投入 B 小汽轮机"允许条件中"汽动给水泵遥控指令与转速实际值偏差大"信号。

2）开展 RB 功能控制逻辑隐患排查工作，对重要自动调节回路（给水、炉压、风量、汽轮机主控、一次风压等）切除条件进行全面排查，因 RB 动作影响触发的自动调节系统切除条件均要进行闭锁，保证重要自动调节回路能够及时调整，满足机组安全运行要求。

3）做好 RB 功能动作试验工作。根据 DL/T 1213《火力发电机组辅机故障减负荷技术规程》规定，在机组停运情况下，全面进行 RB 功能静态模拟试验，确保 RB 控制回路和参数整定合理，动作正确；在新机组投产、相关热力系统变更、控制系统改造和机组 A 修后，宜按设计的功能进行全部 RB 动态试验。

（2）运行调整。

1）掌握自动调节系统调节原理和手动调整方式，熟悉各自动调节系统切手动条件；加强自动调节系统监视，发现异常情况及时进行干预，避免因测点、执行器等方面异常引起错误调节，甚至避免机组跳闸事件的发生。

2）组织运行人员加强 DCS 的学习，掌握功能块的设置应用，熟悉 DCS 逻辑组态，对照运行规程深入开展 DCS 逻辑隐患排查工作。

3）编制 RB 及重要自动异常处理措施，组织运行人员进行学习演练，提高异常情况处理能力。

5.3 ▶ 热控保护系统事故隐患排查

5.3.1 热控保护逻辑错误案例

5.3.1.1 保护逻辑错误 1

▶ **事故案例及原因分析**

某煤电公司 1 号机组为 600MW 亚临界燃煤机组，2020 年 7 月 13 日机组负荷 296MW。17:00 时 A 给煤机断煤，处理无效，停运 A 给煤机，投运 AB 层、BC 层 7 支油枪助燃。因炉前油 1 号滤网堵塞，炉前油压力逐渐降低，17:15:05，炉前油压力低低信号发出，延时 3s OFT 动作，燃油快关阀关闭，油枪退出。安排人员到现场切换滤网后，开启燃油快关阀，10min 后锅炉 MFT 动作，首出原因为"延迟点火失败"。

该案例具体原因分析如下：

核查机组 DCS 延迟点火逻辑（见图 5-5）为：炉膛吹扫完成；炉膛吹扫完成且燃油快关阀打开（发出脉冲）；吹扫不允许；在非等离子模式三项条件均满足，延时 10min 后"延迟点火"保护动作。

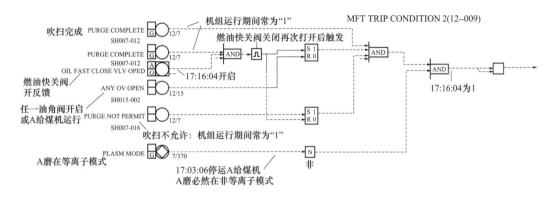

图 5-5 延时点火失败 MFT 逻辑

依照 DL/T 1091《火力发电厂锅炉炉膛安全监控系统技术规程》第 5.6.1 条第 p）项"延时点火（MFT 复位后，5～30min 内炉膛仍未有任一油燃烧器投运）应触发 MFT 动作"的规定，此逻辑有三处不符合规定要求：

（1）RS 触发器复归条件错误。逻辑中为任一油角阀开或 A 给煤机运行，仅考虑了 A 给煤机，造成当时复归信号消失。

（2）延时模块位置错误。根据 DL/T 1091 规定"MFT 复位后 5～30min 未有任一油燃烧器投运"要求，延时模块用于吹扫完成 MFT 复位信号计时，而逻辑中为所有保护条件满足发出"点火失败"信号后的延时计时，未理解延时点火保护仅用于机组点火阶段的工况要求。

以上"延迟点火"保护的逻辑错误造成燃油快关阀重新打开时满足了保护触发条件，导致保护误动。

▶ **隐患排查重点**

（1）设备维护。

1）根据 DL/T 1091《火力发电厂锅炉炉膛安全监控系统技术规程》第 5.6.1 条规定"MFT 复归后，5～30min 内炉膛内仍未有任一燃烧器投运"的要求，修改完善"延迟点火失败"保护逻辑。

2）加强热控标准规范的学习培训，充分理解机组保护设置的目的、适用工况，对照经典保护逻辑深入排查保护逻辑的合理性和完善性。

3）加强热控专业技术管理，严格控制保护逻辑的更改。如确需更改完善保护逻辑，要组织相关专业技术人员对必要性和修改要求进行充分讨论，预估各种特殊工况下可能出现的问题，保证全面适用机组各种运行工况。对于临时修改的保护，要做好记录及时恢复。

（2）运行调整。

1）组织运行人员加强 DCS 的学习，掌握功能块的设置应用，熟悉 DCS 逻辑组态，对照运行规程深入开展 DCS 逻辑隐患排查工作。

2）严格控制保护逻辑的更改。如确需更改完善保护逻辑，要对必要性和修改要求进行充分讨论，预估各种特殊工况下可能出现的问题，保证全面适用机组各种运行工况。对于临时修改的保护，要做好记录及时恢复。

5.3.1.2 保护逻辑错误 2

▶ **事故案例及原因分析**

某电厂 4 号机组为 680MW 超临界燃煤机组，2017 年 4 月 13 日机组负荷 523MW。巡检人员发现增压风机电机油站 B 泵运行，A 滤网差压高，汇报后就地进行切换滤网操作。切换过程中 A 备用油泵联启，增压风机跳闸，锅炉 MFT。

该案例具体原因分析如下：

根据原增压风机油压低保护逻辑设计图（见图 5-6），核对增压风机油压低保护逻辑组态，发现 B 泵运行信号未接入逻辑回路，而连接了一个无用信号（常为 0），导致 B 泵运行期间，油泵均不运行条件满足，切换滤网时润滑油压低瞬间发出，逻辑判断 B 泵非运行，联起 A 泵的同时，触发增压风机润滑油压低保护，增压风机跳闸，锅炉 MFT。

此逻辑存在两个问题：一是 B 泵运行信号组态错误，二是保护无延时易引发误动。

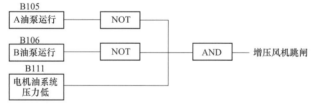

增压风机电机油系统出口油压≤0.05MPa且油泵全停跳闸增压风机逻辑

图 5-6 增压风机油压低保护逻辑设计图

▶ **隐患排查重点**

（1）设备维护。

1）完善增压风机油压低保护逻辑。修改 B 泵运行信号组态，保证逻辑正确性；保护增加 2 ～ 5s 延时，避过泵切换瞬间发出油压低信号造成保护误动问题。

注意：对于存在备用泵的系统均应设置一定延时，避过泵切换瞬间油压低问题。

2）规范 DCS 联锁保护传动试验工作。编制热控保护联锁试验卡，明确试验方法，规范试验行为，减少试验操作的随意性。根据调试试验卡逐一试验，强调采用物理改变参数方式，严格进行各个动作条件组合的试验和坏点模拟试验，以验证特殊工况下逻辑的正确性。

3）完善热控技术管理制度，规范 DCS 联锁保护逻辑修改验收程序。对于 DCS 逻辑修改工作，要对修改依据、具体实施过程、验收要求、运行交代等进行明确规定，实现闭环管理，保证逻辑修改过程的安全和修改逻辑的正确。

（2）运行调整。

1）规范 DCS 联锁保护传动试验工作。编制热控保护联锁试验卡，明确试验方法，规范试验行为，减少试验操作的随意性。根据调试试验卡逐一试验，强调采用物理改变参数方式，严格进行各个动作条件组合的试验和坏点模拟试验，以验证特殊工况下逻辑的正确性。

2）组织运行人员加强 DCS 的学习，掌握功能块的设置应用，熟悉 DCS 逻辑组态，对照运行规程深入开展 DCS 逻辑隐患排查工作。

5.3.2 热控保护未投入引发故障案例

▶ **事故案例及原因分析**

某电厂 1 号机组为 350MW 超临界热电联产机组，2021 年 12 月 2 日机组深调负荷降至 110MW 时，发现煤火检信号摆动，立即投入油枪稳燃，锅炉局部爆燃，炉膛压力高高保护动作，锅炉 MFT。

该案例具体原因分析如下：

对于发生爆燃原因，由于锅炉"煤层失去火焰保护"跳磨逻辑不满足实际工艺要求（无给煤量限制条件）而未投入，当炉膛燃烧不稳且失去多个煤着火信号的情况下，没有停止相应的磨煤机运行以切断入炉燃料。

▶ **隐患排查重点**

（1）设备维护。

1）燃煤机组应以"防范锅炉爆燃事故"为首要原则，全程投入"煤火检信号消失跳闸相应磨煤机"的保护，尤其深度调峰机组，务必严格执行国能安全〔2014〕161 号《防止电力生产事故的二十五项重点要求》、DL/T 1091《火力发电厂锅炉炉膛安全监控系统技术规程》等标准的相关要求。

2）加强热控专业技术管理，严格控制机组保护的解除投入。如确需解除机组保护，应按制度规定办理保护解投审批单，相关专业技术人员要认真把关，对必要性和修改要求进行充分讨论，预估各种特殊工况下可能出现的问题，保证全面适用机组各种运行工况。保护解除后要做好记录，按审批单期限要求及时恢复。

（2）运行调整。

1）严格控制机组保护的解投。如确需解除机组保护，应按制度规定办理保护解投审批单，相关专业技术人员要认真把关，对必要性和修改要求进行充分讨论，预估各种特殊工况下可能出现的问题，保证全面适用机组各种运行工况。保护解除后要做好记录，按审批单期限要求及时恢复。

2）重要主辅机保护临时解除后，要编制相关设备异常应急处置预案，组织运行人员进行学习，加强系统设备监视，发现异常及时采取措施。

5.4 ▶ 热控独立装置事故隐患排查

5.4.1 DEH、MEH 装置异常事故案例及隐患排查

5.4.1.1 某品牌 DEH 系统伺服模件故障

▶ **事故案例及原因分析**

（1）某电厂 1 号机组为 500MW 超临界燃煤机组，2020 年 4 月 10 日机组负荷 363MW，1 号高压主汽门突然关闭，锅炉主汽压力升高导致主汽安全门动作，主汽安全门 RA045 未及时联锁回座，造成乙侧内置阀前压力降至 22.5MPa 以下，导则乙侧内置阀前压力低保护动作，锅炉 MFT，机组停运。

该案例具体原因分析如下：

检查发现 1 号主汽门 TV1 伺服模件（HSS13）模件状态灯、通道灯 2、5、6 为红灯，FC55 功能码 $N+8$（模件硬件状态）首报为 1，确认 1 号主汽门伺服模件故障，造成 1 号高压主汽门关闭，锅炉主汽压力升高，主汽安全门 RA045 和 RA046 动作，由于主汽安全门动作逻辑不完善回座不及时，且 RA046 的脉冲阀阀瓣存在磨损及杂质堆积导致执行机构动作卡涩，关闭不严，造成乙侧内置阀前压力持续降低至保护动作值，MFT 保护动作，机组停运。

（2）某电厂 5 号机组为 600MW 超临界燃煤机组，2020 年 7 月 28 日机组负荷 300MW，5A 小汽轮机低压进汽调门突发"故障"报警，运行人员检查发现 5A 小汽轮机画面低压调门阀位反馈坏点，同时 5A 小汽轮机转速及汽动给水泵出口流量下降，高压进汽调门自动开启至全开，5A 小汽轮机转速持续下降，至给水流量低保护动作值（486t/h），延时 20s 后触发锅炉主保护"主给水流量低"动作，锅炉 MFT，机组停运。

该案例具体原因分析如下：

停机后检查 5 号机组 5A 小汽轮机低压调门位置反馈信号变粉色（正常为绿色），检查 5A 小汽轮机低压调门液压伺服子模件，4 通道故障灯亮，故障信息为"伺服禁制"。确认伺服模件故障，导致 5A 小汽轮机低压进汽调门关闭。

据统计，2014 年至今 IMHSS03 模件在该电厂已经出现过 19 次故障，2015 年 6 月 5 日，该品牌北京公司发函说明 IMHSS03 模件对外界敏感，易于损坏。由于各种原因，未能及时采取有效措施，使设备安全隐患长期存在。

（3）2020 年 12 月 16 日，某电厂 2 号机组负荷 181MW，汽动给水泵低调门反馈变粉色，稍后汽动给水泵低调门突关，给水自动切手动，运行人员紧急手动启动电动给水泵，汽包水位仍快速降至保护动作值，汽包水位低低保护动作，锅炉 MFT，见图 5-7。

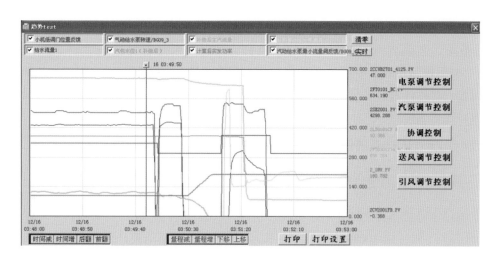

图 5-7 相关参数曲线

该案例具体原因分析如下：

检查 2 号机组 MEH 控制柜 IMHSS03 液压伺服模件显示无故障报警，操作员站画面 2 号机组汽动给水泵低调门阀位反馈显示粉色故障报警（故障状态），初步判定为 2 号机组汽动给水泵低调门 IMHSS03 液压伺服子模件故障，造成低压调门突关，给水流量突降，由于汽动给水泵未跳闸，手动启动电动给水泵后给水流量未能及时响应，导致汽包水位低至保护动作值，机组跳闸。

▶ **隐患排查重点**

（1）设备维护。

1）三个案例均为 IMHSS03 液压伺服模件故障所致，此型号模件对外界敏感，易于损坏，采用此信号模件电厂应尽快联系 DEH 厂家升级更换，并结合运行年限申报 DEH 系统改造项目。

2）重视控制系统硬件故障问题，注意收集其他电厂同品牌控制系统故障信息，对类似问题及时进行统计、分析，及早采取有效措施，彻底消除隐患。

3）加强 DCS 日常巡检。严格执行 DCS 日常巡检规定，保证巡检范围和质量，重点关注 DCS、DEH 系统异常显示、故障报警信息、DPU 负荷率升高、DPU 异常切换等，发现异常情况及时采取措施，防止影响扩大。

4）完善控制系统故障报警信息显示，包括控制器故障、模件故障、控制器脱网、I/O 站故障、通信故障、电源故障等报警信息，以便及时发现系统异常情况。

5）编写控制系统重要硬件（如控制器、伺服模件、服务器、上位机等）故障应急处置措施，对运行、检修人员进行培训和演练，提高控制系统故障应急处置能力，避免处置不当造成问题扩大。

（2）运行调整。

1）加强控制系统故障报警信息监视，包括控制器故障、模件故障、控制器脱网、I/O 站故障、通信故障、电源故障等报警信息，发现系统异常情况及时采取措施。

2）编写控制系统重要硬件（如控制器、伺服模件、服务器、上位机等）故障应急处置措施，对运行人员进行培训和演练，提高控制系统故障应急处置能力，避免处置不当造成问题扩大。

5.4.1.2　DEH 系统伺服模件故障

▶ **事故案例及原因分析**

某电厂 1 号机组为 225MW 热电联产机组，2021 年 4 月 29 日机组负荷 176MW，1 号高调门 GV1 阀位由 100% 突关到 1.83%，1 号轴振水平振动突升至 245μm，垂直振动升至 256μm，2 号轴振水平振动突升至 185μm，垂直振动升至 85μm，"汽轮机振动大"保护动作，汽轮机跳闸，锅炉 MFT。

该案例具体原因分析如下：

追忆历史曲线，跳机前 GV1 关闭时，GV1-S 值突变为 -1.4V，这应该是导致阀门突然关闭原因。1 号高调门突关，造成蒸汽压力径向分布不均、转子转矩径向不平衡，气流激振，1 号轴振增大，至振动大保护动作值，汽轮机跳闸。

对于 S 值突变为 -1.4V 原因，检查 LVDT 接线、测量电缆绝缘未发现异常。经与厂家人员共同分析，确认原因：DEH 系统随机组 2006 年 2 月投产使用，经过 16 年的运行设备老化严重，存在 DCS 板卡偶发故障现象。此次故障发生前卡件通信突然短暂中断一下，在这一刻，接收到的上位机指令为 0，反馈为 100，在阀门卡闭环作用下，输出 S 值将为负向最大值（-1.4V）。

▶ **隐患排查重点**

（1）设备维护。

1）加强 DCS 寿命管理。运行周期超过 10 年，检修时应参考 DL/T 659《火力发电厂分散控制系统验收测试规程》对 DCS 性能进行测试，根据测试结果考虑申报改造；超过 12 年，应积极申报改造项目，力争进行 DCS 升级改造。

2）加强 DCS 日常巡检。严格执行 DCS 日常巡检规定，保证巡检范围和质量，重点关注 DCS、DEH 系统异常显示、故障报警信息、DPU 负荷率升高、DPU 异常切换等，发现异常情况及时采取措施，防止影响扩大。

3）重视控制系统硬件故障问题，注意收集兄弟电厂同品牌控制系统故障信息，对类似问题及时进行统计、分析，及早采取有效措施，彻底消除隐患。

4）完善控制系统故障报警信息显示，包括控制器故障、模件故障、控制器脱网、I/O 站故障、通信故障、电源故障等报警信息，以便及时发现系统异常情况。

5）编写控制系统重要硬件（如控制器、伺服模件、服务器、上位机等）故障应急处置措施，对运行、检修人员进行培训和演练，提高控制系统故障应急处置能力，避免处置不当造成问题扩大。

6）推行 DCS 标准化检修工作。参考 DL/T 774《火力发电厂热工自动化系统检修运行维护规程》，编写 DCS 检修作业指导书，对 DCS 检修内容、步序和要求进行规定。尤其注意 I/O 模件精度测试工作，通过对各种 I/O 模件通道抽取进行精度测试，以便提前发现模件通道的异常情况，及时采取措施。

（2）运行调整。

1）加强控制系统故障报警信息监视，包括控制器故障、模件故障、控制器脱网、I/O 站故障、通信故障、电源故障等报警信息，发现系统异常情况及时采取措施。

2）编写控制系统重要硬件（如控制器、伺服模件、服务器、上位机等）故障应急处置措施，对运行人员进行培训和演练，提高控制系统故障应急处置能力，避免处置不当造成问题扩大。

5.4.1.3　DEH 负荷控制器参数不匹配问题

▶ 事故案例及原因分析

某电厂 2 号机组为 350MW 亚临界燃煤机组，2016 年 10 月 DEH 进行了升级改造。2017 年 6 月 21 日机组负荷 210MW，协调方式运行。在进行 ATT 试验（汽轮机自动跳闸试验）过程中，由于大机阀门流量匹配特性差，造成机组压力、负荷、水位等参数波动大；2、4 号高调门恢复开启过程中，主蒸汽压力降低，造成汽包虚假高水位；同时，由于给水自动调节过调，汽包水位快速上升触发汽包水位高保护动作，机组 MFT。

▶ 隐患排查重点

（1）设备维护。

1）控制系统改造后进行一些试验工作，要先进行相关自动扰动试验，优化控制参数、曲线，避免盲目进行试验。

2）加强 DCS 自动调节系统扰动试验工作，严格执行 DL/T 657《火力发电厂模拟量控制系统验收测试规程》规定，检修后需认真进行负荷扰动试验，优化主要自动调节品质。

3）机组进行重大操作、重大试验要充分做好事故预想和运行紧急处置预案，遇到异常工况及时采取有效处理措施，防止问题扩大。

（2）运行调整。

1）掌握自动调节系统调节原理和手动调整方式，熟悉各自动调节系统切手动条件；加强自动调节系统监视，发现异常情况及时进行干预，避免因测点、执行器等方面异常引起错误调节，甚至避免机组跳闸事件的发生。

2）机组进行重大操作、重大试验要充分做好事故预想和运行紧急处置预案，遇到异常工况及时采取有效处理措施，防止问题扩大。

5.4.1.4 MEH 硬件故障问题

▶ 事故案例及原因分析

（1）某电厂 1 号机组为 660MW 燃煤发电机组，单列汽动给水泵配置。2020 年 8 月 30 日 18:33 时机组负荷 660MW，机组突然跳闸，MFT 首出记录为"汽动给水泵均停"，汽动给水泵跳闸首出记录为"METS 超速跳闸"。

该案例具体原因分析如下：

查看 DCS 历史曲线，18:33:32 MEH 控制器至转速模件通信模件 PDP800 主路突发报警，报警过程中，备用通信模件没有跟踪切换，6 个转速模件状态同时故障报警。根据组态逻辑设计为转速卡故障（三取二），转速将自动切换为最大值（106），延时 0.25s，给水泵小汽轮机超速保护动作，汽动给水泵跳闸。

现场检查 MEH 通信模件 PDP800，与 6 个转速模件采用总线方式进行通信，逐一拨开总线插件检查发现 6 号转速模件中 DP 接头断了一根插针，可能由于插针松动虚接或在线运行期间发生与其他端子短路，导致通信瞬间报警，转速卡故障。

（2）某电厂 2 号机组为 300MW 循环流化床机组，2020 年 7 月 2 日 13:39:54，机组负荷 220MW，汽轮机跳闸，ETS 画面首出记录："汽轮机 110% 超速"。

该案例具体原因分析如下：

检查 ETS 系统并进行传动试验均正常，发现 DEH 系统逻辑控制柜内 LM 控制器 39 死机（重启后正常），LM 控制器 40 正常工作。咨询厂家技术人员分析为 LM 控制器产品开发年代较长，运行时间长（自 2007 年投产至今），元器件老化，稳定性差，导致 LM39 控制器死机切换至 LM40 控制器过程中出现扰动，3 个转速信号短时消失变坏点，逻辑判断 3 个转速信号均故障，经三取二逻辑判断，110% 超速保护动作。

▶ 隐患排查重点

（1）设备维护。

1）加强控制系统日常巡检。严格执行日常巡检规定，保证巡检范围和质量，重点关注 DCS、DEH 系统异常显示、故障报警信息、DPU 负荷率升高、DPU 异常切换等，发现异常情况及时采取措施，防止影响扩大。

2）完善控制系统故障报警信息显示，包括控制器故障、模件故障、控制器脱网、I/O 站故障、通信故障、电源故障等报警信息，以便及时发现系统异常情况。

3）推行控制系统标准化检修工作。参考 DL/T 774《火力发电厂热工自动化系统检修运行维护规程》，编写 MEH 检修作业指导书，对 MEH 检修内容、步序和要求进行规定。注意检查接插件、接线等的检查紧固，保证连接良好。

4）加强 DEH 系统寿命管理。运行周期超过 10 年，检修时应参考 DL/T 659《火力发电厂分散控制系统验收测试规程》对 DEH 系统性能进行测试，根据测试结果考虑申报改造；超过 12 年，应积极申报改造项目，力争进行 DCS 升级改造。

（2）运行调整。

加强控制系统故障报警信息监视，包括控制器故障、模件故障、控制器脱网、I/O 站故障、通信故障、电源故障等报警信息，发现系统异常情况及时采取措施。

5.4.2 TSI 系统异常事故案例及隐患排查

5.4.2.1 TSI 系统处理模件故障

▶ 事故案例及原因分析

某电厂 6 号机组为 135MW 超高压循环流化床机组，2016 年 10 月 23 日机组负荷 128MW。17:51:30，"汽轮机振动大""汽轮机主汽门关闭""发电机程序跳闸逆功率保护动作"信号发出，6 号机组跳闸，ETS 首出为"汽轮机振动大"。

该案例具体原因分析如下：

检查 TSI 机柜发现继电器卡件面板第 3、7、8、9、10 通道灯闪烁报警，其中 3、7、8 对应汽轮机振动大报警输出，9、10 对应汽轮机振动大保护输出。

调阅 1 ~ 5 号轴承振动测点历史趋势，跳机前各轴承振动测点均未达到报警值。对 4 号轴承振动卡件进行拔插试验，卡件重新插入卡槽后不自检，OK 状态灯没有闪烁过程，直接变为常亮状态，同时继电器卡件面板 3、7、8、9、10 通道闪烁报警。将 4 号轴承振动卡件插入其他振动卡件卡槽进行试验，均存在同样异常状况，确认 4 号轴承振动卡件故障，导致报警及保护信号同时发出，"汽轮机振动大"保护动作。

▶ 隐患排查重点

（1）设备维护。

1）对 TSI 系统保护用测点布置进行排查，如振动、轴向位移等，要求分散布置，防止单块模件故障导致保护误动发生。保护信号是 TSI 模拟量信号在 DEH 进行保护越限判断后，再输出至 ETS 的，TSI 应将模拟量输出设置为坏点归零。

2）DCS 设置专用画面，显示 TSI 所有的输出模拟量及开关量信号，并设置声光报警，方便发现 TSI 信号异常变化情况，及时进行处理。

3）做好 TSI 日常巡检工作。严格执行 TSI 日常巡检规定，保证巡检范围和质量，重点关注 TSI 系统异常显示、故障报警信息、指示灯异常指示等，发现异常情况及时采取措施，防止影响扩大。

4）做好 TSI 系统检修维护工作。参考 DL/T 774《火力发电厂热工自动化系统检修运行维护规程》，编写 TSI 检修作业指导书，对 TSI 检修内容、步序和要求进行规定，保证检修工作规范、全面。尤其要定期进行探头及前置器成套送检、接地测试、接线插头检查紧固、抗干扰测试、电源切换、模件带电拔插、控制面板指示灯检查、组态配置及定值核查等工作。

5）加强 TSI 系统寿命管理。运行周期超过 10 年，检修时对测量模块以及信号回路进行整体校准，以确保 TSI 系统测量的准确性、报警与保护动作的可靠性。超过 15 年，应积极申请设备改造。

（2）运行调整。

1）加强 TSI 输出的模拟量及开关量信号监视，发现 TSI 信号异常变化情况，及时采取措施。

2）做好 TSI 日常巡检工作关注 TSI 系统异常显示、故障报警信息、指示灯异常指示等，发现异常情况及时采取措施，防止影响扩大。

5.4.2.2　TSI 系统干扰故障

▶ 事故案例及原因分析

（1）某电厂 6 号机组为 1030MW 超超临界燃煤机组，2017 年 5 月 12 日 09:28:59，机组负荷 896MW，汽轮机 9 号轴承两个瓦振测点突发坏质量报警，ETS 保护中轴瓦振动测点超限坏点保护逻辑动作，汽轮机跳闸，首出记录为"轴瓦振动大保护动作"。

该案例具体原因分析如下：

对 TDM 的历史数据进行查询，机组跳闸前 1～9 号瓦振值突然大幅升高、轴振值升幅较小、转速突降（变化情况见附件 3），其中传至 DEH 系统的 9 号轴承 A、B 两个瓦振模拟量信号出现超量程情况从而判断为坏点。

对系统电源、系统模件、接地、接线、电缆绝缘等检查未发现异常，通过对检查情况进行综合分析，判断 9 号轴承 A、B 两个瓦振坏点为突发性外部干扰所致。

（2）某电厂 3 号机组为 660MW 超临界燃煤机组，2017 年 7 月 23 日 14:22:45，机组负荷 420MW，汽轮机跳闸，首出记录为"大机轴承绝对振动高"。

该案例具体原因分析如下：

查阅 DCS 历史数据，汽轮机绝对振动数值 DEH 中显示无明显变化，5、6 号轴承绝对振动通道 1、2 OK 信号同时消失 12s，分别触发 5、6 号轴承振动大保护动作，导致汽轮机跳闸。

查阅 TDM 历史曲线，跳闸时 2 号汽轮机 5 号轴承绝对振动 5A、5B 分别显示为 1.16、1.22 mm/s^2，6 号轴承绝对振动 6A、6B 分别显示为 1.17、1.18mm/s^2，其他轴承绝对振动值 X、Y 向均无异常波动。对系统电源、系统模件、接地、接线、电缆绝缘等检查未发现异常。

就地试验解除前置器至 TSI 信号线，DEH 显示通道故障且轴瓦振动指示在好点与坏点之间波动。解除探头至前置器 COM 线，DEH 显示通道故障，轴瓦振动无异常。与事故现象一致。初步判断，探头接地不良，或接地点附近电势整体升高，探头和前置器受信号干扰导致 OK 信号消失，保护误动。

（3）某电厂 1 号机组为 680MW 超临界燃煤机组，2020 年 11 月 17 日 11:43，机组负荷 453MW，汽轮机跳闸，首出记录为"大机轴承绝对振动高"。

该案例具体原因分析如下：

查阅 DCS 历史数据，7 号轴承 1、2 两个瓦振相差 1s 通道 OK 全部消失，通过 ETS 逻辑判断发出轴承绝对振动高，汽轮机保护动作跳闸。

对系统电源、系统模件、接地、接线、电缆绝缘等检查未发现异常，通过对检查情况进行综合分析，判断 7 号轴承 1、2 两个瓦振坏点为突发性外部干扰所致。

▶ **隐患排查重点**

（1）设备维护。

1）ETS 保护逻辑条件应根据行业规范标准要求，尽量简化，不重复设置，减少误动几率。例如振动保护、轴向位移保护、超速保护等，如果已设有坏点保护，则"信号通道 OK"消失、两两偏差大保护逻辑可酌情简化。

2）DCS 设置专用画面，显示 TSI 所有输出的模拟量及开关量信号，并设置声光报警，便于发现 TSI 信号异常变化情况，及时进行处理。

3）做好 TSI 系统检修维护工作。参考 DL/T 774《火力发电厂热工自动化系统检修运行维护规程》，编写 TSI 检修作业指导书，对 TSI 检修内容、步序和要求进行规定，保证检修工作规范、全面。尤其要定期进行探头及前置器成套送检、一点接地检查测试、信号电缆屏蔽接地检查、接线插头检查紧固、抗干扰测试、电源切换、模件带电拔插、控制面板指示灯检查、组态配置及定值核查等工作。

4）以上三个案例均是同一汽轮发电机机型，存在共性问题。建议加强发电机接地碳刷处的大轴清洁情况检查，确保接地碳刷与大轴接触良好；可酌情考虑在接地碳刷附近增加一套接地铜辫，以提高接地效果，避免接地不良产生感应电势对 TSI 信号造成干扰。

（2）运行调整。

1）加强 TSI 输出的模拟量及开关量信号监视，发现 TSI 信号异常变化情况，及时采取措施。

2）做好 TSI 日常巡检工作，关注 TSI 系统异常显示、故障报警信息、指示灯异常指示等，发现异常情况及时采取措施，防止影响扩大。

5.4.2.3　TSI 模件输出设置问题

▶ **事故案例及原因分析**

某电厂 1 号机组为 330MW 亚临界燃煤机组，2019 年 3 月 4 日 14:49:40，机组负荷 253MW，汽轮机跳闸，ETS 首出记录为"轴承振动大"。

该案例具体原因分析如下：

汽轮机轴振大跳闸保护逻辑为：任一轴承 X（或 Y）向相对振动大于报警值且 Y（X）向复合振动大于保护值。

查看 DCS 历史数据，跳闸时 1 号轴承 X 向振动 128μm（达到报警值 125μm），Y 向振动 150μm（未达到跳闸值 254μm）。检查 TSI 组态发现报警输出设为保持，且 1 号轴承 Y 向振动报警已发出。追忆历史数据，2019 年 1 月 25 日 11:33:22，1 号机组调峰停机惰走过临界时，1 号轴承 Y 向振动值为 284.317μm，报警后报警输出锁定。3 月 4 日 1 号轴承 X 向振动大于 125μm 报警值时，触发"轴向振动大"，汽轮机跳闸。

▶ **隐患排查重点**

（1）设备维护。

1）完善 TSI 组态设置，将报警输出设置为不保持（即自动复位）。

2）DCS 设置专用画面，显示 TSI 所有的输出模拟量及开关量信号，并设置声光报警，方便发现 TSI 信号异常变化情况。对发生报警或异常情况，必须进行认真检查，找到真实原因，彻底处理。

3）做好 TSI 系统检修维护工作。参考 DL/T 774《火力发电厂热工自动化系统检修运行维护规程》，编写 TSI 检修作业指导书，对 TSI 检修内容、步序和要求进行规定，保证检修工作规范、全面。要定期进行探头及前置器成套送检、一点接地检查测试、信号电缆屏蔽接地检查、接线插头检查紧固、抗干扰测试、电源切换、模件带电拔插、控制面板指示灯检查、组态配置及定值核查等工作。

（2）运行调整。

1）加强 TSI 输出的模拟量及开关量信号监视，发现 TSI 信号异常变化情况，及时采取措施。

2）做好 TSI 日常巡检工作，关注 TSI 系统异常显示、故障报警信息、指示灯异常指示等，发现报警或异常情况，要及时联系检修人员检查处理，防止问题扩大。

5.4.2.4　TSI 探头线缆松动问题

▶ **事故案例及原因分析**

某电厂 2 号机组为 350MW 超临界热电联产机组，2019 年 1 月 3 日 08:49 机组负荷 199MW，汽轮机跳闸，ETS 首出记录为"轴承振动大"。

该案例具体原因分析如下：

查看 DCS 历史数据，2 号汽轮机 1 号轴承 Y 向振动曲线 08:48:24 至 08:49 显示值频繁出现坏质量信号，且示值波动。现场检查 1 号轴承 Y 向振动振动探头延长线接头，发现金属转换接头处有松动迹象，确认为 1 号轴承 Y 向振动突升导致汽轮机跳闸原因。

▶ **隐患排查重点**

（1）设备维护。

1）完善主辅机保护配置，采用"三取二""四取二""二取二"等逻辑判断方式，提高保护可靠性。确因系统原因测点数量不够，应有防止因单一测点、回路故障而导致保护误动的技术措施。

2）DCS 设置专用画面，显示 TSI 所有输出模拟量及开关量信号，并设置声光报警，方便发现信号异常变化情况。对发生报警或异常情况，必须进行认真检查，找到真实原因，彻底处理。

3）做好 TSI 系统检修维护工作。参考 DL/T 774《火力发电厂热工自动化系统检修运行维护规程》，编写 TSI 检修作业指导书，对 TSI 检修内容、步序和要求进行规定，保证检修工作规范、全面。尤其要定期进行探头及前置器成套送检、一点接地检查测试、信号电缆屏蔽接地检查、接线插头检查紧固、抗干扰测试、电源切换、模件带电拔插、控制面板指示灯检查、组态配置及定值核查等工作。

（2）运行调整。

1）加强 TSI 所有输出模拟量及开关量信号监视，发现 TSI 信号异常变化情况，及时采取措施。

2）做好 TSI 日常巡检工作，关注 TSI 系统异常显示、故障报警信息、指示灯异常指示等，发现报警或异常情况，要及时联系检修人员检查处理，防止问题扩大。

5.5 ▶ 热控就地设备事故隐患排查

5.5.1 就地仪表元件异常事故案例及隐患排查

5.5.1.1 差压变送器故障

▶ **事故案例及原因分析**

某电厂 6 号机组为 600MW 超临界燃煤机组，2021 年 11 月 22 日 23:04，机组负荷 262MW，6 号机凝结水画面除氧器水位发生摆动；23:06，除氧器水位 1 显示 -43mm；23:08，除氧器水位 2 显示 -98mm，水位 3 显示 2058mm，除氧器水位低低（≤1000mm，三取二，延时 3s）保护动作，汽动给水泵全停，延时 2s，锅炉 MFT。

该案例具体原因分析如下：

查看 DCS 历史数据，除氧器水位 1、2 先后发生跳变，见图 5-8 。检查 DCS 模件状态及端子板，未发现异常，调取同一模件其他测点趋势均显示正常。对除氧器液位 3 个变送器电缆绝缘测试、变送器仪表管、冷凝罐及各接头进行检查，未发现异常情况。对变送器进行校验，发现水位 1 变送器在校验过程中出现输出电流归零现象，经咨询厂家初步判断为内部元件故障；水位 2 变送器校验过程输出数值跳变，判定为变送器故障。两台水位变送器故障，水位显示归零，造成水位低保护动作，给水泵跳闸。

▶ **隐患排查重点**

（1）设备维护。

1）加强仪表检修维护工作，参考 DL/T 261《火力发电厂热工自动化系统可靠性评估技术导则》制定《热控在线仪表校验管理制度》，根据仪表分类评级，详细规定校验周期。现场仪表严格按期校验，保证及时发现仪表问题。

2）规范联锁保护逻辑设置，冗余配置信号采取三取二、四取二等逻辑判断方式。模拟量信号应设置坏点切除保持逻辑（人工复位），避免因信号故障导致联锁保护异常动作。

3）完善 DCS 声光报警配置。设置冗余模拟量信号偏差大报警、冗余开关量信号不一致报警、保护用测点坏点或变化率越限切除报警等，便于运行人员加强测点异常情况监视，及时采取措施。

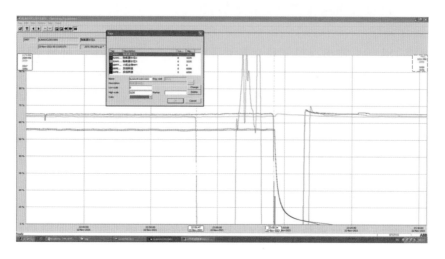

图 5-8　除氧器水位历史曲线

4）机组运行中任何测点拆除或强制时，必须事先排查清楚用途，逐一采取措施后，方可允许工作。涉及主辅机联锁保护、重要自动等的工作，必须充分考虑各种异常情况，解除相关保护和自动。

（2）运行调整。

1）加强 DCS 声光报警监视。包括冗余模拟量信号偏差大报警、冗余开关量信号不一致报警、保护用测点坏点或变化率越限切除报警等，发现测点异常情况及时采取措施。

2）机组运行中严格控制测点拆除或强制，如需拆除或强制时，必须事先排查清楚用途，逐一采取措施后，方可允许工作。涉及主辅机联锁保护、重要自动等的工作，必须充分考虑各种异常情况，解除相关保护和自动。

5.5.1.2　压力变送器故障

▶　事故案例及原因分析

某电厂 5 号机组为 330MW 亚临界燃煤机组，2020 年 1 月 12 日 17:03，机组负荷 234MW，高旁突开至 77%，主汽流量由 650t/h 突升至 1240t/h，汽包水位由 -7mm 突降至 -192mm，机组负荷由 234MW 突降至 154MW。

17:05:30，人工启动 2 号电动给水泵；17:05:37，启动 3 号电动给水泵，增加给水流量，调整汽包水位；17:06，汽包水位 +268mm，"汽包水位高"保护动作，锅炉灭火。

该案例具体原因分析如下：

现场检查发现 5 号机组高旁压力变送器 1（共两个压力变送器）出现电压由 24V 降低至 16V 波动现象，经反复测试时好时坏，确认 5 号机组高旁压力变送器 1 故障，误发主汽压力高信号，高旁"主汽压力升高斜率超限"保护动作，高旁快开。

高旁快开后，运行人员没有及时发现高旁快开，只看到主汽流量突增，汽包水位突降现象，迅速启动电动给水泵增加给水流量。在运行人员增加给水流量同时，高旁开始自动调整逐步关小，造成汽包水位快速上升，"汽包水位高"保护动作，锅炉 MFT。

▶ **隐患排查重点**

（1）设备维护。

1）加强仪表检修维护工作，参考 DL/T 261《火力发电厂热工自动化系统可靠性评估技术导则》制定《热控在线仪表校验管理制度》，根据仪表分类评级，详细规定校验周期。现场仪表严格按期校验，保证及时发现仪表问题。

2）完善联锁保护仪表配置，采取三取二、四取二等逻辑判断方式，模拟量信号设置坏点切除保持逻辑（人工复位），提高保护可靠性。

3）完善自动调节系统切手动条件。包括设定值与测量值偏差大、指令反馈偏差大、测点任两信号值偏差大等，避免因信号故障导致自动调节异常动作。

4）完善 DCS 声光报警配置。设置重要测点坏点报警、高旁"主汽压力升高斜率超限"保护动作、"高旁快开"动作报警、冗余模拟量信号偏差大报警、冗余开关量信号不一致报警、保护用测点坏点或变化率越限切除报警等，便于运行人员加强测点异常情况监视，及时采取措施。

（2）运行调整。

1）加强 DCS 声光报警监视。包括重要测点坏点报警、高旁"主汽压力升高斜率超限"保护动作、"高旁快开"动作报警、冗余模拟量信号偏差大报警、冗余开关量信号不一致报警、保护用测点坏点或变化率越限切除报警等，发现测点异常情况及时采取措施。

2）编写重要设备、测点异常运行应急处理措施，组织运行人员学习，发现设备、测点异常情况及时有效采取措施，防止问题扩大。

5.5.1.3 温度测量元件故障

某电厂 4 号机组为 660MW 超超临界燃煤机组，2022 年 3 月 17 日 08:46，4 号机组负荷 375MW，主机 EH 油系统异常报警，"主机 EH 油箱温度 1"异常跳变；09:40:41 时主机 EH 油箱两点温度分别为 295、955℃；09:41:07，汽轮机高调门 A/B、中调门 A/B 全关；09:41:16，锅炉 MFT，首出"给水流量低"。

该案例具体原因分析如下：

现场检查 DCS 模件状态及端子板，未发现异常，调取同一模件其他测点趋势均显示正常。对主机 EH 油箱测温元件（同一位置引出双支 PT100 铂热电阻）电缆进行绝缘测试合格。打开就地接线盒发现测温元件双支引出线中"油箱油温 2"接线端子处有明显松动虚接现象，对"油温 1"温度元件阻值进行测量，阻值存在跳变现象。故判断主机 EH 油箱测温元件故障。

主机 EH 油箱温度元件故障，温度测量值突升，主机 EH 油箱油温高（70℃）联锁减小 TAB 数值至零，造成汽轮机高、中压调门关闭，因给水泵汽轮机工作汽源中断，"给水流量低"保护动作，锅炉 MFT。

隐患排查重点

（1）设备维护。

1）建议取消 EH 油温高于 70℃关闭高调门联锁条件，并排查其他类似条件或者测点故障触发 TAB 减小情况。

2）为防止油温高引起油质恶化，设置 EH 油温高和变化速率大报警，提醒监盘人员加强监视，异常情况下及时采取干预措施。加强 EH 油冷却系统监视和维护，保证系统正常运行。

3）加强仪表检修维护工作，参考 DL/T 261《火力发电厂热工自动化系统可靠性评估技术导则》制定《热控在线仪表校验管理制度》，根据仪表分类评级，详细规定校验周期。现场仪表严格按期校验，保证及时发现仪表问题。

（2）运行调整。

1）加强 DCS 声光报警监视。包括重要测点坏点报警、冗余模拟量信号偏差大报警、冗余开关量信号不一致报警、保护用测点坏点或变化率越限切除报警等，发现测点异常情况及时采取措施。

2）编写重要设备、测点异常运行应急处理措施，组织运行人员学习，发现设备、测点异常情况及时有效采取措施，防止问题扩大。

5.5.1.4 温度测量元件接线错误

事故案例及原因分析

某电厂 2 号机组为 660MW 燃煤发电机组，2017 年 7 月 20 日 19:16，机组负荷 350MW，汽轮机跳闸，首出记忆为"大机轴承温度高"。

该案例具体原因分析如下：

查看 DCS 历史数据，1 号轴承右前上部温度 2、3 同时发生跳变，分别跳变至 -114℃ 和 248℃，导致 2 号机组 1 号轴承右前上部温度（共 3 个点，温度 1 指示正常 77℃）任一温度高且温度两两偏差大（偏差 10℃）发出，触发汽轮机轴承温度高保护动作。

检查发现 2 号机组 1 号轴承右前上部温度 2 所在端子板屏蔽线全部接错端子，未接在 SH 端子上，不能对干扰信号进行有效隔离，造成温度信号跳变。

隐患排查重点

（1）设备维护。

1）加强新投运机组的热控隐患排查工作，全面梳理主辅机保护逻辑、测点信号等，对重要信号进行通道接线和屏蔽接线位置进行核对，确保接线无误。

2）完善 DCS 声光报警配置。设置重要测点坏点报警、冗余模拟量信号偏差大报警、冗余开关量信号不一致报警、保护用测点坏点或变化率越限切除报警等，便于运行人员加强测点异常情况监视，及时采取措施。

（2）运行调整。

1）加强机组重要参数监视，发现异常情况及时核查，并采取有效处理措施。

2）加强 DCS 声光报警监视。包括重要测点越限及坏点报警、冗余模拟量信号偏差大报警、冗余开关量信号不一致报警、保护用测点坏点或变化率越限报警等，发现测点异常情况及时采取措施。

5.5.1.5 位移传感器故障

某电厂 3 号机组为 680MW 超超临界热电联产机组，2022 年 3 月 11 日 03:05:53，中低压缸联通管供热调阀反馈显示突然由 36% 升至 102%，03:06:03，供热压力高保护动作，汽轮机跳闸。

该案例具体原因分析如下：

现场检查发现供热调阀电感式直线位移传感器电感滑块脱落，传感器输出至 102%，大于指令输出，就地 PLC 闭环控制指令自动减小，导致调阀关闭，供热抽汽压力升高保护动作，汽轮机跳闸。

▶ **隐患排查重点**

（1）设备维护。

1）做好现场设备巡检工作。对直线位移传感器和 LVDT 等重要仪表要定期查看连杆连接情况，固定螺母无脱落、松动现象；在 DCS 查看信号显示曲线，无跳变或异常波动。

2）完善供热调阀就地 PLC 控制逻辑，增加指令反馈偏差大保位功能，避免反馈信号异常或阀门卡涩造成阀门异常动作，影响机组安全。

3）完善供热压力保护设置。考虑增加供热压力高（定值低于跳闸值）超驰联开联通管供热调阀联锁，保证供热压力不高于跳闸值，同时机组协调控制切为 TF 方式，由汽轮机主控自动调整阀门开度维持机前压力稳定，锅炉主控切手动维持原燃料量，保证机组安全运行。

（2）运行调整。

1）加强机组重要参数监视，发现异常情况及时核查，并采取有效处理措施。

2）编写重要设备、测点异常运行应急处理措施，组织运行人员学习，发现设备、测点异常情况及时有效采取措施，防止问题扩大。

5.5.1.6 位置开关故障

▶ **事故案例及原因分析**

某电厂 1 号机组为 1036MW 超超临界燃煤机组，2017 年 5 月 26 日机组负荷 742MW，按照定期运行管理制度进行中压联合汽阀全关活动试验。10:38:28，进行 B 侧中调门 ICV2 试验；10:39:58，B 侧 ICV2 在关闭至接近全关时（A 侧 RSV1、ICV1 实际在全开位置），再热器保护（RSV/ICV）保护动作，延时 20s，10:40:18，锅炉 MFT 动作。

该案例具体原因分析如下：

经机组挂闸试验，A 侧中压主汽门 RSV1 开启，关闭信号仍然存在；现场检查 RSV1 阀门位置开关，发现全关位行程开关拐臂未复位，确认 RSV1 阀门位置开关故障。由于 RSV1 行程开关全关信号一直存在，在进行 B 侧中压调门（ICV2）活动试验时，B 侧中压调门（ICV2）全关，A 侧中压主汽门（RSV1）、B 侧中压调门（ICV2）全关信号同时出现，触发再热器保护动作，20s 后锅炉 MFT。

▶ **隐患排查重点**

（1）设备维护。

1）排查完善 DCS 数据画面显示，所有 DCS 测点信号均应实现画面显示，尤其重要测点信号，包括汽轮机进汽门行程开关状态信号等，并设置声光报警，方便监盘人员监视和发现信号异常变化情况，及时采取措施。

2）优化阀门行程活动试验逻辑。在阀门活动试验逻辑中增加"所有进汽阀门均不在关位"允许试验条件，条件不满足闭锁试验。

3）加强热工元件的检修维护工作。机组检修中将所有联锁保护信号、重要自动调节系统信号和重要参数仪表，按清单列入标准检修项目进行全面检查。高温、振动环境中的仪表设备，如汽轮机进汽门行程开关等，要重点检查维护。

（2）运行调整。

加强运行试验操作管理工作。完善试验操作票，试验前对所有设备状态和参数等进行查看，存在异常不允许试验，试验过程中出现异常要立即终止试验，组织进行消缺工作。试验完毕退出试验时，要检查所有设备状态和参数是否恢复正常。

5.5.1.7　脱硫密度计故障

▶ **事故案例及原因分析**

某电厂 1 号机组为 350MW 超临界燃煤机组，2018 年 6 月 12 日 07:55 时，机组负荷 270.25MW，吸收塔浆液密度 1120.00 kg/ m³，吸收塔三个液位值分别为 8.86、8.55、8.75m。在投入密度计顺控过程中，吸收塔液位计算值由 8.75m 左右突变至 -120m 左右，吸收塔液位低保护触发浆液循环泵 A、B、C 跳闸，07:56:13，"FGD 请求 MFT"保护动作，锅炉 MFT。

该案例具体原因分析如下：

现场检查密度计变送器及液位变送器均正常，相关线路绝缘测试正常，电缆屏蔽接地正常，DCS 控制系统无异常。

根据密度计投入流程，分析为密度计排放阀开启时因就地阀门卡涩，顺控停止，人工未对顺控逻辑进行复位，使密度计未按照后续程序冲洗并进行排空，导致浆液充满取样管路，密度计取样管内发生堵塞，密度差压式变送器输出为 -35kPa；将密度计重新顺控投入，当程序执行至密度计入口阀关到位时，将当前测量到的密度值输出，密度计算值由原保持的 1104.31kg/m³ 置为本次测量的 -65.38kg/m³，吸收塔液位由正常 8m 左

右波动至 -120m 左右。

▶ **隐患排查重点**

（1）设备维护。

1）完善吸收塔液位计算逻辑。液位补偿计算用浆液密度值设置高低限值，以及变化速率越限、坏点切为一定值逻辑，防止密度值异常导致吸收塔液位出现大的波动。

2）针对系统设备实际工况，精简保护配置，减少保护误动几率。由于吸收塔容积较大，极不可能出现液位低于浆液泵保护定值情况，因此浆液循环泵液位低保护设置必要性不大，考虑酌情优化浆液循环泵液位低保护配置；在吸收塔出口烟气温度高时事故喷淋系统能迅速联启且喷淋有效的情况下，宜取消脱硫浆液循环泵全停 MFT 保护条件，仅设置吸收塔出口烟气温度高保护。

3）完善脱硫密度计投退顺控逻辑和报警。顺控投退过程异常终止应联锁启动冲洗程序，强制进行冲洗，并发出声光报警。

（2）运行调整。

加强顺控执行过程监视，投运、退出过程中发现异常，应及时采取措施，保证系统设备恢复正常状态，防止下次投运时出现异常情况。

5.5.2 执行机构异常事故案例及隐患排查

5.5.2.1 电动执行器反馈连接件松动故障

▶ **事故案例及原因分析**

某电厂 5 号机组为 135MW 超高压循环流化床机组，2016 年 1 月 31 日 06:01:37，机组负荷 99.77MW，汽包水位高 Ⅰ 值报警，监盘人员发现 B 电动给水泵勺管执行器指令与反馈偏差大于 5%，将该自动切为手动，手操增减指令，反馈无变化，B 给水泵进口流量出现两次快速增减情况，汽包水位小幅度变化。初步判断勺管出现卡涩。

06:06:28，就地手摇手轮降低 B 给水泵转速，B 给水泵进口流量快速增加，汽包水位逐渐上升；06:07:48，监盘人员操作主给水电动门截流，开启定排放水门放水；06:08:50，汽包水位上升至 250mm 时，延时 5s 汽包水位高保护动作，锅炉 MFT。

该案例具体原因分析如下：

解体检查电动给水泵勺管电动调节执行器，发现执行器反馈计数板与主板之间的连接插件松动，执行器自动记忆故障前开度值（80%），送入 DCS 的反馈信号也保持不变。但操作执行器已实际动作，勺管实际开度发生变化，造成给水泵流量大幅波动。监盘人员初步判断 B 给水泵勺管卡涩后，就地手操勺管消除卡涩问题时，操作幅度过大，造成给水流量大幅波动，汽包水位控制困难，导致锅炉 MFT，机组解列。

▶ **隐患排查重点**

（1）设备维护。

1）加强重要设备及振动、高温环境下的电动执行机构的检修维护工作。机组 C 级以上检修，解体检查内部线路板、传动部件、插接件、接线等的固定、连接情况；检查齿轮、轴承润滑油泄漏、变质情况，更换、加注润滑剂。

2）在高温、振动环境下，智能型电动执行机构宜采用分体式执行机构或改进安装连接方式，提高环境适应能力。

3）完善 DCS 声光报警配置。设置执行机构指令反馈偏差大、反馈信号坏点、自动切手动、执行机构故障（如能送出）等报警，便于监盘人员监视执行机构异常情况，及时采取措施。

4）对于重要设备执行机构，包括风机入口调节挡板、电动给水泵勺管、给水旁路调门、除氧器进水调门等，要有针对性的制定执行机构失控的应急处理措施，组织检修、运行人员学习演练，提高应急处理能力。

（2）运行调整。

1）加强 DCS 声光报警信息监视。包括执行机构指令反馈偏差大、反馈信号坏点、自动切手动、执行机构故障（如能送出）等报警，发现执行机构异常情况，及时采取措施。

2）对于重要设备执行机构，包括风机入口调节挡板、电动给水泵勺管、给水旁路调门、除氧器进水调门等，要有针对性地制定执行机构失控的应急处理措施，组织运行人员学习演练，提高应急处理能力。

5.5.2.2　电动执行器阀位传感器故障

▶ **事故案例及原因分析**

某电厂 7 号机组为 660MW 超超临界燃煤机组，配置一台 100% 容量汽动给水泵。2019 年 5 月 29 日 17:34，机组负荷 660MW，汽动给水泵突然跳闸，锅炉 MFT，首出"给水泵跳闸"。

该案例具体原因分析如下：

查看 DCS 历史数据，事发前汽动给水泵低压给水电动阀开状态消失（发"0"）关状态信号发"1"、电动阀远方信号消失（发"0"），触发汽动给水泵保护跳闸逻辑，造成汽动给水泵跳闸。

进一步分析确认：汽动给水泵低压给水电动执行机构阀位传感器故障，导致开状态信号突然由开翻转为关。

▶ **隐患排查重点**

（1）设备维护。

1）完善联锁保护条件设置，提高保护可靠性。不宜采用阀门 / 挡板单点反馈信号做为联锁保护条件，须优化阀门 / 挡板反馈的表征逻辑，以防止重要执行机构误动或反馈信号误发影响机组安全。如汽动给水泵低压给水电动阀关闭联跳给水泵保护条件，可增加给水流量低信号。

2）加强重要设备及振动、高温环境下的电动执行机构的检修维护工作。机组 C 级以上检修，解体检查内部线路板、传动部件、插接件、接线等的固定、连接情况；检查齿轮、轴承润滑油泄漏、变质情况，更换、加注润滑剂。

（2）运行调整。

对于重要设备执行机构，包括风机入口调节挡板、电动给水泵勺管、给水旁路调门、除氧器进水调门等，要有针对性的制定执行机构失控的应急处理措施，组织运行人员学习演练，提高应急处理能力。

5.5.2.3 电动执行器反馈装置故障

▶ 事故案例及原因分析

（1）某电厂 3 号机组为 680MW 超临界燃煤发电机组，2020 年 1 月 6 日 19:39:31，机组负荷 380MW，脱硫增压风机动叶开度从 63% 开始开大；19:39:35，炉膛压力从 -66Pa 开始升高，增压风机驱动电机电流由 212.9A 开始快速下降，原烟气压力从 -0.4kPA 开始升高；19:39:44，增压风机动叶开至 89.9%，增压风机电流降至 170.8A，原烟气压力升高至 3.78kPA；19:39:51，炉膛压力升高至 2000Pa，触发炉膛压力高高保护动作条件，延时 2s 锅炉 MFT。

该案例具体原因分析如下：

查看 DCS 历史曲线，在 1 月 6 日 19:32:44 ~ 19:33:19 期间，增压风机入口原烟气压力及增压风机动叶控制指令一直保持不变，在此工况下，风机动叶开度应保持不变；但是在 19:33:13 显示动叶开度的反馈信号却在不到 30s 的时间内自行异常地由 63% 升至 89.9%，确认动叶开度反馈信号异常。

因反馈信号变大，执行机构伺放控制回路相应减小风机动叶开度，增压风机出力降低，造成炉膛负压升高，锅炉 MFT。

（2）某电厂 2 号机组为 350MW 燃煤机组，2020 年 7 月 7 日 12:13:33，机组负荷 248MW，引风机电流偏差大报警，A、B 引风机电流大幅波动；B 引风机动叶开度反馈在 53% 保持不变，动叶指令在 44% ~ 57% 之间上下波动，炉膛压力在 ±1.1kPa 之间波动。

12:22 时就地检查确认 A、B 引风机动叶机械开度指示均在波动，B 引风机动叶机械开度指示波动幅度比 A 引风机大，并且与 DCS 显示数值不一致（A 引风机动叶机械开度指示与 DCS 显示数值基本一致）。

12:22:41 时炉膛压力 220Pa，解除 B 引风机动叶"自动"；12:23:00，炉膛压力 -1350Pa，解除 A 引风机动叶"自动"，手动开大 A 引风机动叶开度（由 34.9% 开至 37.09%）；12:23:09，B 引风机电流突升，炉膛压力快速降低，立即关小 B 引风机动叶（由 54.18% 关至 53.18%）。

12:23:11 时炉膛压力降至 -2000Pa，延时 2s 触发锅炉 MFT 动作。

该案例具体原因分析如下：

解体 B 引风机动叶电动执行机构组合传感器，发现反馈磁环与传动齿轮脱开，导致动叶反馈不变（保持在 53% 处）。解除自动后，DCS 指令维持不变，但大于位置反馈数值，执行机构伺放控制回路相应开大动叶开度，直至全开位，导致炉膛压力快速降低至 MFT 跳闸值，机组跳闸。

▶ **隐患排查重点**

（1）设备维护。

1）以上两个案例的电动执行机构为同一品牌产品，该执行机构配置的磁性组合式位置传感器，既送出反馈信号至 DCS 显示开度，又用于执行机构伺放控制回路实现闭环控制，此传感器发生故障，极易造成执行机构失控。因此应排查重要设备执行机构类似的位置传感器，予以升级或更换，避免因反馈装置故障造成执行机构异动。

2）加强重要设备及振动、高温环境下的电动执行机构的检修维护工作。机组 C 级以上检修，解体检查内部线路板、传动部件、插接件、接线等的固定、连接情况；检查齿轮、轴承润滑油泄漏、变质情况，更换、加注润滑剂。

3）在高温、振动环境下，智能型电动执行机构宜采用分体式执行机构或改进安装连接方式，提高环境适应能力。

4）完善 DCS 声光报警配置。设置执行机构指令反馈偏差大、反馈信号坏点、自动切手动、执行机构故障（如能送出）等报警，便于监盘人员监视执行机构异常情况，及时采取措施。

5）对于重要设备执行机构，包括风机入口调节挡板、电动给水泵勺管、给水旁路调门、除氧器进水调门等，要有针对性的制定执行机构失控的应急处理措施，组织检修、运行人员学习演练，提高应急处理能力。

（2）运行调整。

1）加强 DCS 声光报警信息监视。包括执行机构指令反馈偏差大、反馈信号坏点、自动切手动、执行机构故障（如能送出）等报警，发现执行机构异常情况，及时采取措施。

2）对于重要设备执行机构，包括风机入口调节挡板、电动给水泵勺管、给水旁路调门、除氧器进水调门等，要有针对性的制定执行机构失控的应急处理措施，组织运行人员学习演练，提高应急处理能力。

5.6 ▶ 热控线缆及管路事故隐患排查

5.6.1 信号线缆异常事故案例及隐患排查

5.6.1.1 信号线缆绝缘受损问题

▶ **事故案例及原因分析**

（1）某电厂 1 号机组为 200MW 热电联产机组，2020 年 1 月 17 日 4:57，机组负荷

161.4MW，汽轮机突然跳闸，跳闸首出"发电机故障"，发电机—变压器组保护机柜首出"发电机程序逆功率跳闸"。

该案例具体原因分析如下：

检查 ETS 系统、汽轮机跳闸装置、电气保护系统等未发现异常。检查测量 EH 油系统三个 AST 油压开关低控制电缆，各线缆对地绝缘正常，第一路油压开关电缆相间阻值大于 20Ω，绝缘正常，第二路油压开关电缆相间阻值在 2kΩ 与大于 20Ω 间变动，存在相间虚接情况，第三路油压开关电缆相间阻值约为 200Ω。确认第二路、第三路油压开关电缆不合格。

进一步检查发现 AST 油压开关电缆槽盒靠近高压缸导汽管道区域部分外层保温有脱落现象，造成其上方电缆槽盒内 AST 油压开关的信号电缆长期受高温辐射受损，误发 AST 油压低信号，"汽轮机已挂闸"信号消失，造成汽轮机主汽门、调门关闭，送至电气保护系统，电气逆功率动作跳闸。

（2）某电厂 2 号机组为 660MW 超超临界燃煤机组，2020 年 12 月 16 日四段抽汽电动门控制电缆因泄漏蒸汽导致绝缘老化，电缆内芯粘连误发关闭指令信号，四抽电动门自动关闭，使汽动给水泵小汽轮机失去汽源，冷再备用汽源切换过程中汽动给水泵运行工况恶化振动大跳闸，给水泵全停导致锅炉 MFT，机组跳闸。

▶ 隐患排查重点

设备维护具体要求如下：

（1）排查高温区电缆布置情况，架空电缆与热体管路应保持足够的距离，控制电缆不小于 0.5m，动力电缆不小于 1m。机组检修期间对高温区不符合规定的电缆进行移位改造，不具备改造条件的电缆做好隔热防护措施。

（2）定期进行设备电缆的巡视检查，重点查看电缆密度较大部位通风情况，电缆穿墙、穿线管部位的保护和布置情况，电缆桥架、电缆保护管附近的高温设备、管道保温隔热情况等，发现问题及时采取措施。

（3）加强设备电缆的检修维护工作，将电缆检查测试列入标准检修项目内容，按照 DL/T 774《火力发电厂热工自动化系统检修运行维护规程》第 6.2.2.2.1 项的要求规范测试方法，将重要信号电缆、电源电缆、高温区域设备电缆列出清单，逐一进行绝缘检查、测试工作。

（4）规范热控电缆设计选型和敷设防护。热控电缆均应选择阻燃电缆，高温区域应选择耐热聚氯乙烯、交联聚乙烯绝缘和聚乙烯护套耐热型电缆；规范敷设工艺，注意电缆防护，避免损伤绝缘和护套层。

5.6.1.2 电缆接地导致抗干扰降低问题

▶ 事故案例及原因分析

某电厂 3 号机为 300MW 亚临界热电联产机组，2021 年 8 月 29 日机组负荷 260MW，

09:13，进行主机润滑油低保护联锁试验，点击 DCS 画面润滑油系统中的"开交流电磁阀"按钮，交流润滑油泵未能正常联启，随后将交流电磁阀复位。09:14，运行人员再次进行第二次试验操作，油泵仍未联起。09:16，运行人员进行第三次试验操作，交流油泵未联启，09:16:36，复位电磁阀。09:16:37，汽轮机突然跳闸，ETS 系统跳闸首出为"DEH 遮断"。

该案例具体原因分析如下：

经查看，机组跳闸时触发"DEH 遮断"的跳闸条件为"高压保安油压低"。经现场模拟进行主机低油压联锁试验，在连续进行了四组试验操作后，发现：在交流油泵低油压联锁试验电磁阀回路送电状态下，在较短时间内多次点击"开交流电磁阀按钮"后，即会触发"DEH 遮断"保护，跳闸条件为"高压保安油低"动作；而在交流油泵低油压联锁试验电磁阀回路停电状态下，多次点击"开交流电磁阀按钮"，无"DEH 遮断"发出。

高压保安油压低压力开关信号电缆为独立的 3 根电缆，压力开关电缆与交、直流油泵联锁试验电磁阀控制电缆在同一桥架内且平行敷设，交、直流电磁阀控制电缆就地端屏蔽层未接地。

由于交流油泵试验电磁阀控制电缆屏蔽层与设备外壳之间未实现良好的连接，在短时间内多次试验操作后，使电缆屏蔽层出现电位差形成电磁干扰，引起高压保安油压低信号误发。

▶ 隐患排查重点

（1）设备维护。

1）加强设备电缆的检修维护工作，将电缆检查测试列入标准检修项目内容，按照 DL/T 774《火力发电厂热工自动化系统检修运行维护规程》第 6.2.2.2.1 项的要求规范测试方法，将重要信号电缆、电源电缆、高温区域设备电缆列出清单，逐一进行绝缘检查、测试工作。

2）做好热控电缆设计选型工作。热控电缆均应选择阻燃电缆，高温区域应选择耐热聚氯乙烯、交联聚乙烯绝缘和聚乙烯护套耐热型电缆；控制系统电缆均应选择金属屏蔽电缆，开关量信号可选择总屏蔽电缆，模拟量信号应选择对绞线芯分屏蔽复合总屏蔽电缆；不同信号类型或电压等级的热控电缆不得混用同一电缆。

3）规范电缆敷设和屏蔽接地。不同电压等级电缆尽量在电缆桥架分层敷设，信号电缆与动力电缆平行敷设必须保持一定间距、交叉敷设应直角交叉、不得敷设在同一保护管内，敷设时做好硬物损伤电缆措施；DCS 要求实现"一点接地"，热控电缆屏蔽层一律在系统端进行接地，系统信号地、保护地均应满足生产厂家安装要求。

4）加强设备定期切换试验和保护传动试验工作管理。试验时遇到问题应及时查找原因，排除问题后方可重新开始试验，切忌盲目多次进行试验。

（2）运行调整。

加强设备定期切换试验和保护传动试验工作管理。试验时遇到问题应及时查找原因，排除问题后方可重新开始试验，切忌盲目多次进行试验。

5.6.1.3 电缆中间接头导致抗干扰降低问题

▶ 事故案例及原因分析

某电厂 1 号机组为 350MW 超临界供热机组，配置 1 台 100% 容量汽动给水泵。2021 年 12 月 18 日机组负荷 190MW，10:05:10，汽动给水泵小汽轮机后轴承 X 向轴振突升至 171.15μm，Y 向轴振突升至 188.55μm，汽动给水泵跳闸，METS 跳闸首出：轴振动大停机。10:05:22，锅炉 MFT 动作，首出原因为"给水流量低"。

该案例具体原因分析如下：

经梳理排查，发现后轴承 X 向振动前置器至 TSI 机柜的电缆存在中间接头，经综合分析认为振动测点抗干扰能力降低，受到不明外部干扰造成小汽轮机后轴振动测点发生跳变，导致汽动给水泵振动大保护动作。

▶ 隐患排查重点

设备维护具体要求如下：

（1）更换给水泵汽轮机后轴承 X、Y 向轴振测点前置器至 MTSI 柜信号电缆，并举一反三排查处理 TSI 系统其他电缆中间接头和损伤情况。

（2）检查 TSI 系统"一点接地"情况，电缆屏蔽层一律在系统端进行接地，系统信号地、保护地均应满足生产厂家安装要求。

（3）检查电缆敷设路径的规范性。不同电压等级电缆尽量在电缆桥架分层敷设，信号电缆与动力电缆平行敷设必须保持一定间距、交叉敷设应直角交叉、不得敷设在同一保护管内，敷设时做好硬物损伤电缆措施。

（4）加强设备电缆的检修维护工作，将电缆检查测试列入标准检修项目内容，按照 DL/T 774《火力发电厂热工自动化系统检修运行维护规程》第 6.2.2.2.1 项的要求规范测试方法，将重要信号电缆、电源电缆、高温区域设备电缆列出清单，逐一进行绝缘检查、测试工作。

（5）新建机组或控制系统改造项目，要重视控制系统接地安装、重要信号电缆敷设的过程监护，监督施工单位规范施工，并严格把好验收关，认真做好验收测试工作。

5.6.2 仪表管路异常事故案例及隐患排查

5.6.2.1 仪表管路冻结问题

▶ 事故案例及原因分析

（1）某电厂 5 号机组为 135MW 燃煤发电机组，2016 年 1 月 24 日 07:22:15，机组负荷 99.55MW，汽包水位 2 由 -13.53mm 迅速下降至 -230mm；07:23:52，汽包水位 1 由 37.25mm 迅速下降至 -230mm，汽包水位低（2/3）保护动作，锅炉 MFT。

该案例具体原因分析如下：

检查发现汽包水位 1、2 测点冻结，对取样管路伴热保温进行检查，电伴热系统工作正常，仪表管路在穿越汽包小室金属花格板地面孔洞部位，由于局部保温薄弱发生冻管，导致汽包水位 1、2 信号迅速异变达到跳机值，锅炉跳闸。

（2）某电厂 1 号机组为 320MW 燃煤机组，2016 年 1 月 24 日 06:05:18，机组负荷 235MW，汽包压力测点 02PT01 测量值开始小幅上升；06:08:13，汽包压力测点 02PT04 测量值开始小幅上升；06:09:14，三个汽包水位保护测点开始小幅上升，显示值为 -51、-60、-50mm；06:22:47，两个汽包压力测点（02PT01\04）显示值分别为 22.23、21.18MPa，汽包水位保护测点（DRUMLVLA1/B1/C1）分别达到 252、251、254mm，达汽包水位保护动作定值（250mm，延时 10s），锅炉 MFT。

该案例具体原因分析如下：

机组跳闸后，对汽包压力、水位保温箱进行检查，盘内加热正常；对管路伴热进行检查，伴热带发热正常；对取样管进行检查，发现汽包水位调节测点的两个修正压力测点一次门前处取样管路解冻；因当时气温是 -20℃，汽包压力伴热带为 15W/m 的加热型耐温恒温电伴热带，伴热带发热量无法应对当日的极寒天气，最终导致管路解冻。

汽包水位调节测点（01LT04/05/06）的两个修正压力测点（02PT01/04）管路结冻，受升高的汽包压力修正影响，汽包水位调节的三个测点数值降低，给水自动调节升高水位，造成汽包实际水位连续升高，导致汽包水位高保护测点达到保护动作值。

（3）某电厂 2 号机组为 300MW 亚临界燃煤机组，2016 年 1 月 24 日 03:02:25，机组负荷 195MW，点由 17.87MPa 不正常升高；03:48:25，主蒸汽压力指示值为 A1：17.98 MPa；A2：18.18 MPa；A3：17.93 MPa；B1：38.88MPa；B2：18.18 MPa。主蒸汽压力高保护动作，锅炉 MFT。

该案例具体原因分析如下：

检查发现 B1 主蒸汽压力测取样管路被冻结，导致 B1 测量值虚高。锅炉主蒸汽压力高 MFT 保护共有 5 个测点，其中 A 侧三个测点取中值，B 侧 2 个测点取平均值，两侧均值作为保护值。该保护 B 侧压力二选一模块中"正常范围平均值"参数设置不合理（50MPa），当两个压力值偏差大时，选取了偏离正常值的 38.88MPa，与 A 测三个测点中值取平均值后，达到保护动作值 28.3MPa，锅炉 MFT。

> **隐患排查重点**

（1）设备维护。

1）规范伴热电缆选型和敷设。根据当地极限低温设计足够发热量伴热电缆，沿仪表取样管全程敷设到位，不得留有死角，保证取样管全部受热；敷设时注意正负压测取样管受热均匀，不得影响测量效果；高温型伴热电缆或蒸汽伴热管不得紧贴取样管敷设，以免造成测量介质汽化，影响测量结果。

2）做好仪表取样管保温措施。仪表取样管和取样阀要全面严密敷设足够厚度保温材料，不得有遗漏或缝隙，尤其注意靠墙、过孔洞等处，并根据仪表取样位置设置小室、挡风墙等措施。

3）加强伴热装置及测点监视，完善巡视措施。DCS 设置防冻测点一栏画面，并设置测点异常、伴热电源异常、就地保温箱温度低报警等，方便监盘人员及时发现异常情况。

4）完善防冻结测点相关逻辑，设置坏点、变化速率大和偏差大等闭锁或剔除逻辑，防止测点异常引起联锁保护、自动调节等异动。

（2）运行调整。

加强伴热装置及测点监视，完善巡视措施。定期查看防冻测点一栏画面，关注测点异常、伴热电源异常、就地保温箱温度低报警等，发现异常情况及时采取措施。

5.6.2.2 仪表管路不规范问题

▶ **事故案例及原因分析**

某电厂为"二拖一"燃机，总装机容量 859MW。 2017 年 8 月 2 日 21:20，1、3 号机组一拖一运行，负荷 223MW，机组背压 10kPa，机组突发"凝汽器真空低"跳闸报警，3 号汽轮机、1 号燃机跳闸。

该案例具体原因分析如下：

1 号燃机、3 号汽轮机跳闸后立即检查排汽装置、空冷及抽真空系统各转机、设备均运行正常。

查看 DCS 历史数据，真空低保护动作原因为 3 号机凝汽器真空低保护开关 1、开关 2 动作。就地检查 3 号真空低开关 1、2 一次门关闭，开关 3 一次门微开，开关 1、2、3 二次门开启，仪表排污门全开。 真空开关阀门状态示意图见图 5-9。

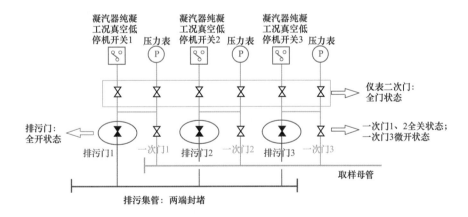

图 5-9 真空开关阀门状态示意图

分析为机组启动时由凝汽器纯凝工况真空低停机开关 3 一次门开始抽取真空，真空低开关 3 开关反转，由于真空低开关 1、2 排污门通过两端封堵的排污集管与开关 3 连通，真空开关 1、2 也先后反转。 启动抽真空时真空开关动作历史曲线见图 5-10。

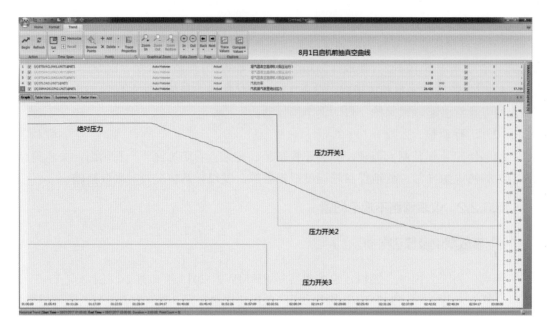

图 5-10 启动抽真空时真空开关动作历史曲线

由于真空开关 3 一次阀门开度过小，在启机后因运行工况的变化，且排汽装置内进入蒸汽后湿度增加，在该阀门处形成水膜，导致此阀门抽汽量减少，从而引发保护开关 1、2 相继释放动作，造成真空低保护（2/3）动作，3 号机组跳闸。因 3 号机组真空低跳机保护动作，联锁关闭 1 号燃机 TCA 入口关断阀 A、B，导致 1 号燃机 TCA 流量低跳闸。

▶ **隐患排查重点**

（1）设备维护。

1）规范真空低压力开关取样管路及阀门配置。根据国能安全〔2014〕161 号《防止电力生产事故的二十五项重点要求》9.4.3 条 "……保护信号应遵循从取样点到输入模块全程相对独立的原则……" 的要求，将真空开关取样管分别由凝汽器喉部独立取出；根据 DL 5190.4《电力建设施工技术规范　第 4 部分：热工仪表及控制装置》5.1.7 条 "……凝汽器真空和水位不得装设排污门……" 的规定，取消真空低开关排污门。

2）加强生产技术管理，严格机组启动前系统设备恢复工作。对于机组重要参数、机组保护自动所涉及的仪表取样管路阀门要一一检查恢复。

3）DCS 设置保护信号专用画面，显示机组主辅机保护所有信号，并设置异常声光报警，方便发现保护信号异常变化情况，及时进行处理

4）为便于监视取样管通畅情况，建议真空、炉压等微压信号将保护开关改为采用压力变送器。

（2）运行调整。

加强热控保护信号监视。DCS 设置保护信号专用画面，显示机组主辅机保护所有信号，并设置异常声光报警，定期查看保护信号异常变化情况，及时进行处理。

5.7 ▶ 热控电源／气源系统事故隐患排查

5.7.1 热控电源系统异常事故案例及隐患排查

5.7.1.1 DCS 电源系统故障

▶ **事故案例及原因分析**

某电厂 4 号机组为 300MW 亚临界燃煤机组，2020 年 6 月 29 日 9:53:05，机组负荷 246MW，锅炉 MFT 突然动作，首出"四台浆液循环泵全停"。

该案例具体原因分析如下：

查脱硫 DCS 历史曲线，9:52:53 脱硫吸收塔三台液位变送器信号出现 2s 的回零脉冲，触发吸收塔液位低于 3.5m 浆液循环泵跳闸条件，造成 2 ～ 4 号浆液循环泵跳闸（1 号浆液泵备用），触发"四台浆液循环泵全停延时 10s MFT"。

脱硫 DCS DPU 事件文件记录 2 对 DPU 发生了重启，通过追忆部分测点历史曲线，发现 9:52 时 DPU 同时死机 1min，随后 DPU 所有参数在重启后回零，2s 后恢复原值。确认 DPU 重启初始化造成吸收塔液位回零。

经试验确认脱硫 DCS 重启是电源中断引起。检查 4 号机组脱硫 DCS 两路供电电源（见图 5-11），一路来自 4 号机组脱硫事故保安 MCC 段，另一路来自 4 号机组脱硫 UPS，UPS 主电源接于 4 号机组脱硫事故保安 MCC 段，旁路电源接于 4 号机组 380V 脱硫 II 段，而 4 号机组脱硫事故保安 MCC 段又接于 4 号机组 380V 脱硫 II 段，见图 5-11。蓄电池由于容量不足于 5 月 21 日退出运行。

检查 4 号机组 380V 脱硫 II 段所有负荷，其中一路负荷为 3 号综合楼控制室空调电源，空调开关在断开状态，测量空调电源线绝缘为零，判断由于电源线过热绝缘损坏短路，造成空气开关跳闸。

由于空调电源电缆短路，380V 脱硫 II 段电压瞬时降低，造成 DCS 双路电源电压随之瞬时降低，导致两对 DPU 重启。

▶ **隐患排查重点**

设备维护具体要求如下：

（1）完善脱硫 DCS 电源配置。根据 DL/T 1083《火力发电厂分散控制系统技术条件》5.4.1.2 条和 DL/T 5455《火力发电厂热工电源及气源系统设计技术规范》3.2.2 条要求，DCS 应配置两路独立的外部电源，任何一路电源失去或故障不应引起控制系统任何部分的故障、数据丢失或异常动作，两路电源宜分别来自厂用电源系统的不同母线段。对于 UPS 要核实上一级电源出处，防止 DCS 两路电源来自同一母线段。柜内风扇、照明、插座电源不应取自 DCS 电源或采取有效隔离措施；远程 I/O 站电源尽量直接取自 DCS 电源柜。

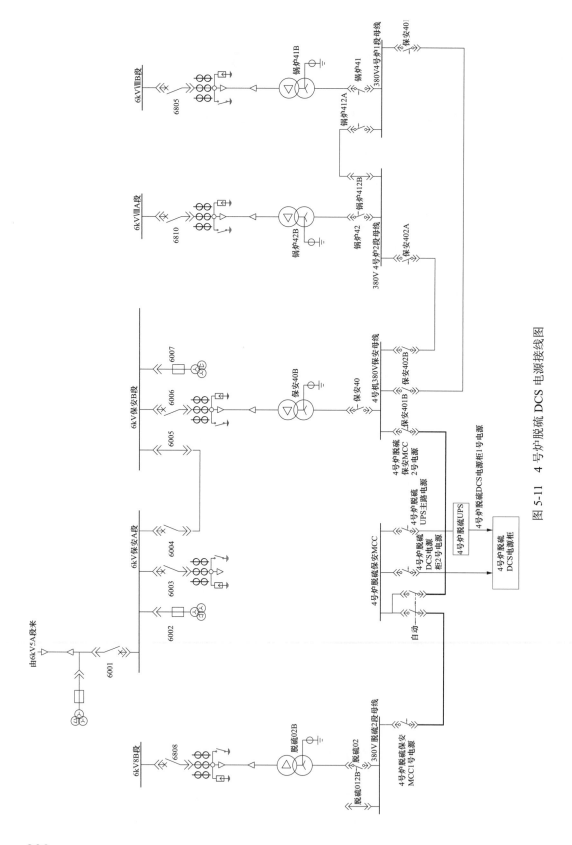

图 5-11　4 号炉脱硫 DCS 电源接线图

（2）加强 DCS 电源检修维护工作。检修中安排进行电源降压试验，验证 DPU 最低工作电压、电源模块正常工作最低输入电压、I/O 模件最低工作电压是否符合 DCS 规范要求。

（3）优化脱硫浆液循环泵全停保护。根据 Q/HN-1-0000.08.075《华能集团防止热控设备及系统事故的重点要求》第 2.1.4 条："脱硫控制系统的主要联锁及保护应充分考虑锅炉和脱硫运行的相互影响。在吸收塔出口烟气温度高时事故喷淋系统能迅速联启且喷淋有效的情况下，宜取消脱硫浆液循环泵全停 MFT 保护条件，仅设置吸收塔出口烟温高 MFT 保护"。

（4）酌情优化浆液循环泵液位低保护配置。由于吸收塔容积较大，极不可能出现液位低于浆液泵保护定值情况，因此浆液循环泵液位低保护设置必要性不大。

5.7.1.2 DCS 系统电源模块故障

事故案例及原因分析

某电厂 1 号机组为 300MW 亚临界热电联产机组，2022 年 1 月 21 日机组负荷100MW，供热抽汽流量 296t/h，FSSS 系统 MFT 突然动作，机组跳闸，首出原因"全炉膛无火"。

该案例具体原因分析如下：

对 FSSS 系统进行检查，发现火检开关量信号及给粉机运行信号全部同时消失 1s，满足全炉膛无火动作条件，触发锅炉 MFT 动作。进一步检查发现，FSSS 控制柜中所有开关量信号均异常消失 1s，模拟量信号中火检冷却风压力（内供电信号）跳变至零，1s后恢复正常，所有火检强度信号（外供电信号）无变化，见图 5-12。说明 FSSS 控制系统供电电源出现异常。

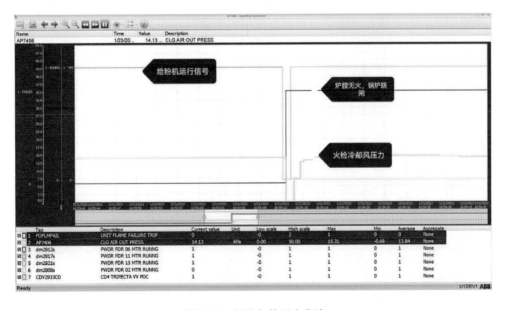

图 5-12　相关参数历史曲线

检查 FSSS 控制柜电源，发现 1 号电源模块状态指示灯熄灭，测量电源模块各输出电压为 5.12、13.6、25.5V，其中 15V 输出电压偏低（正常工作范围 14.95～15.10V）。判断为该控制柜 1 号电源模块异常。

分析 1 号电源模块出现异常后，存在因 1 号电源模块工作突然异常，影响 2 号电源模块正常工作状态，造成整个 FSSS 控制柜 15V 电源波动，导致该柜内所有的 I/O 模件工作异常，信号采集错误，火检开关量信号及给粉机运行信号全部同时消失 1s，触发"全炉膛无火"MFT 保护。

▶ **隐患排查重点**

（1）设备维护。

1）加强 DCS 电源模块寿命管理，根据厂家要求按期进行升级更换；超期服役电源模块未更换前，加强电源日常巡视及管理，利用每次停机机会，对 DCS 电源模块输出电压进行测试，及时发现设备隐患，保证机组运行安全。

2）重视控制系统硬件故障问题，注意收集兄弟电厂同品牌控制系统故障信息，对类似问题及时进行统计、分析，及早采取有效措施，彻底消除隐患。

3）做好 DCS 技术管理工作，重新编制 DCS 管理制度，包括所有设备的定期检查、性能实验、更换周期等方案，并严格按照要求执行。

（2）运行调整。

1）加强控制系统故障报警监视，包括控制器故障、模件故障、控制器脱网、I/O 站故障、通信故障、电源故障等，发现 DCS 异常情况及时采取措施。

2）按照 DL/T 1340《火力发电厂分散控制系统故障应急处理导则》的编制格式和内容，结合本单位热工控制系统配置特点，编制适合单元机组控制系统的应急处置预案，并定期组织运行人员进行故障应急处置方法培训和演练，提高控制系统故障时的应急处理能力，以保证机组的安全运行。

5.7.1.3　DCS 电源电压波动问题

▶ **事故案例及原因分析**

某电厂 1 号机组为 660MW 燃煤发电机组，2020 年 7 月 11 日 07:47:50 时机组负荷 656MW，1～5 号 DCS 操作员站显示器及运行监视大屏突然黑屏，随后 4 号操作员站显示器间断闪烁，运行值班员发现 A、C、E 给煤机跳闸，UPS 电源 1 输出电流、电压大幅波动，锅炉燃油进、回油快关电磁阀状态为黄色（因电磁阀失电），自动投油不成功。

07:54，值班人员在就地配电室将 UPS 电源 1 切换至手动旁路，电源供电恢复正常。DCS 显示主蒸汽温度快速下降，07:54:50，按照《集控运行规程》"机组主蒸汽温度 10min 内下降超过 50℃以上立即打闸停机"要求，运行人员手动打闸停机。

该案例具体原因分析如下：

就地检查 UPS 静态开关驱动板（其功能为控制逆变后的电压，并且控制静态开关在主回路和自动旁路间进行切换），发现板卡左侧三极管有明显高温烧灼痕迹，背部相应位置已烧熔，对板卡烧灼部位进行红外测温，温度最高达到200℃，对正常运行的UPS电源2装置相同部位进行测温为80℃。将UPS输出切换至自动旁路后，UPS装置无法自动切换至主回路，手动切换无问题，初步判断静态开关驱动板故障。静态驱动板故障造成输出电压波动，并且使静态开关在主回路运行故障时无法切换至自动旁路，导致输出电压剧烈波动，造成A、C、E给煤机失去控制电源而跳闸。经检查操作员站电源均配置了主电源优先的切换装置，因主电源UPS电源电压波动引起切换装置来回切换，造成操作员站电源的异常，导致操作员站屏幕频闪。

▶ **隐患排查重点**

（1）设备维护。

1）完善操作员站电源配置。DCS操作员站应单独配置双电源切换装置，接受来自DCS配电柜的两路冗余电源，各操作员站正常工作电源不能为同一路电源；如没有配置双电源切换装置，则须将两路供电电源分别连接至不同操作员站。保证任何一路电源故障，应能保证部分操作员站正常运行，满足机组安全监控的需要。提供如下两种配置方案供参考：一是不配置电源切换装置，一部分操作员站采用A路电源，一部分采用B路电源；二是配置两个或两个以上切换装置，切换装置两路输入电源交叉连接A、B路电源。

2）DCS操作员站配置的双电源切换装置，不宜选用主电源优先策略的切换装置，防止电压降低造成切换拉弧、反复切换等，影响操作员站正常工作。切换装置选型应将切换电压作为主要选型参数，保证切换电压高于负载正常工作电压，并宜具有滤波吸收功能。

3）加强双电源切换装置的检修维护工作，检修中要反复多进行几次切换试验工作，发现异常务必彻底处理，并进行电源降压切换试验，验证切换电压是否满足操作员站正常工作要求。

（2）运行调整。

按照DL/T 1340《火力发电厂分散控制系统故障应急处理导则》的编制格式和内容，结合本单位热工控制系统配置特点，编制适合单元机组控制系统的应急处置预案，并定期组织运行人员进行故障应急处置方法培训和演练，提高控制系统故障时的应急处理能力，以保证机组的安全运行。

5.7.1.4 AST电磁阀电源问题

▶ **事故案例及原因分析**

某电厂4号机组为350MW燃煤机组，2017年8月4日18:59:16，机组负荷279MW，DCS主控画面突然发出"UPS故障"报警，AST电磁阀动作，机组跳闸。

该案例具体原因分析如下：

查看4号机UPS电源已切至旁路，即由4C 400V PC供电，4号保安段电源、直流

250V 电源处于备用状态，UPS 输出电压正常，4 号 AC 110V UPS 母线电压正常，UPS 报警显示为"逆变器关机状态"。

分析为 UPS 装置发生故障，在切至旁路电源过程中瞬时断电（机组 SOE 显示从 18:59:16.852 ～ 18:59:16.912 AST POWER LOSS），AST 电磁阀失电，造成机组跳闸。

▶ **隐患排查重点**

（1）设备维护。

1）完善 AST 跳闸电磁阀电源配置。AST 电磁阀应配置不同来源的两路电源，不配置双电源切换装置，将两路电源交叉配置（即一组采用 A 路电源，一组采用 B 路电源），避免单路电源失去切换装置故障造成电磁阀两个回路同时失电动作，导致机组跳闸。

2）重要设备电源要力争分散布置，尤其不要集中采用电源切换装置，避免因切换装置故障造成大量设备同时失电，进而影响机组安全，如磨煤机油站、风机油站等。对于并联运行重要设备，如 OPC 电磁阀、AST 电磁阀等，应分别配置一路电源，不得采用交流切换装置或直流耦合并联二极管。

3）DCS 考虑增加 AST 电源监视报警、AST 动作报警、AST 电磁阀电流、电压监视测点等，便于监视 AST 电磁阀工作状态。

（2）运行调整。

加强 AST 电磁阀状态监视，包括 AST 油压开关、AST 电源监视报警、AST 动作报警、AST 电磁阀电流、电压监视测点等，发现问题及时采取措施。

5.7.1.5 仪表电源故障问题

▶ **事故案例及原因分析**

（1）某电厂 2 号机组为 300MW 燃煤机组，2020 年 6 月 23 日 00:23:25，机组负荷 241MW，DCS 画面突发 A、B 送风机"润滑油压低""润滑油压低低"报警，锅炉 MFT，跳闸首出为"送风机跳闸"。

该案例具体原因分析如下：

就地查看 A、B 送风机润滑油压均正常，就地数显油压表失电。检查锅炉热控电源柜，发现 A、B 送风机油站润滑油压变送器共用 24V DC 电源模块故障，导致两台送风机油站润滑油压变送器失电，油压低低信号误发，A、B 送风机联锁跳闸，触发 MFT 动作。

▶ **隐患排查重点**

设备维护具体要求如下：

（1）分开配置送风机油站油压变送器电源，分散风险，避免因电源失去造成并列设备同时异常动作，导致机组非停。

（2）排查并列运行的主辅机保护用设备，如四线制风机油压变送器、LVDT、润滑油箱油位计、大机转速布朗表、空气预热器停转检测装置、主汽门关闭扩展继电器电源、风机振动仪表、给水泵反转检测装置、热式流量计等，分散配置电源。

（3）重要就地仪表电源，如容量允许，应尽量采用控制系统电源，保证电源的可靠性；如容量较大，可采用冗余配置的专用电源。并独立配置容量合适的自动电源开关和电源电缆。

（4）完善主辅机保护配置，采用"三取二""四取二"等逻辑判断方式，提高保护可靠性。确因系统原因测点数量不够，应有防止因单一测点、回路故障而导致保护误动的技术措施。

（2）某电厂 5 号机组为 680MW 超临界燃煤机组，2021 年 7 月 16 日 1 号高压主汽门位置变送器故障，造成 1、2 号高压主汽门位置变送器共用的供电电源（24V DC）开关跳闸，1、2 号高压主汽门关闭信号发出，延时 20s 触发机组再热器保护动作，锅炉MFT。

该案例具体原因分析如下：

检查发现 1 号高压主汽门位置变送器线路板局部电阻松脱，周围区域电子元器件管脚存在腐蚀碱化现象，线路板缺陷导致该位置变送器故障，位置变送器故障导致对应的供电电源开关跳闸，该开关为 1、2 号高压主汽门位置变送器供电电源共用，因此又导致 1、2 号高压主汽门关闭信号同 1s 内先后发出，延时后触发机组再热器保护，锅炉 MFT，机组跳闸。

> **隐患排查重点**

设备维护具体要求如下：

（1）完善主汽门位置变送器电源配置，独立配置容量合适的自动电源开关和电源电缆，分散风险。

（2）排查并列运行的主辅机保护用仪表设备，如四线制风机油压变送器、LVDT、润滑油箱油位计、大机转速布朗表、空气预热器停转检测装置、主汽门关闭扩展继电器电源、风机振动仪表、给水泵反转检测装置、热式流量计等，分散配置电源，避免因电源失去造成并列设备同时异常动作，导致机组非停。

5.7.1.6　就地控制设备电源集中问题

> **事故案例及原因分析**

某电厂 2 号机组为 350MW 超临界供热机组，2020 年 8 月 13 日 09:20，2 号炉负荷175MW，DCS 炉侧画面出现多处坏点。

09:27:20，磨煤机液压油站作用力、反作用力（比例调节阀）控制电源失电，磨煤机失去加载力，磨辊升起停止制粉；09:30:00，火检出现摆动；09:30:10，炉膛丧失火焰，"全炉膛无火"保护动作，锅炉 MFT。

该案例具体原因分析如下：

检查锅炉热控 1 号 220V 电源柜（切换器安装在此柜内），见图 5-13 。两路进线 UPS 供电电源正常，交流电源切换器前断路器 K1、K2 均合闸，出口电压 220V，切换器输入电源 A 路开关 QA 跳闸，B 路开关 QB 合闸，但输出电压为 0，输出指示灯未亮。经试验并与厂家技术人员交流，判定 B 路电源控制模块故障。

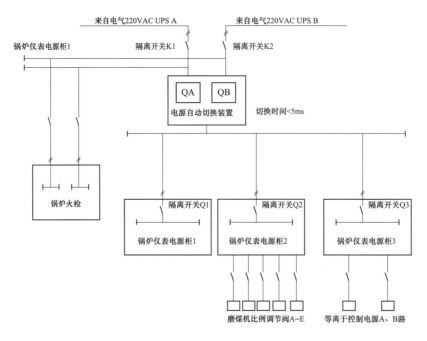

图 5-13　锅炉热控 220VAC 电源柜系统图

B 路控制模块故障导致 A 路开关过流跳闸，B 路因回路故障无法切换进行供电，进而导致磨煤机液压油站作用力、反作用力（比例调节阀）控制电源失电，磨煤机磨辊全部升起，不能有效磨制煤粉，锅炉燃烧器失去煤粉无法继续稳定燃烧，全部火检强度摆动、下降，触发"全炉膛无火"保护，锅炉 MFT。

▶ **隐患排查重点**

设备维护具体要求如下：

（1）完善磨油站控制电源配置。重要设备电源要合理分散布置，尤其不要集中采用电源切换装置，避免因切换装置故障造成大量设备同时失电，进而影响机组安全。因此磨油站控制电源应分散到三面锅炉仪表电源柜，每面电源柜配置一套双电源切换装置，热控 1 号 220V 电源柜不再配置切换装置。

（2）加强电源切换装置的检修维护工作，检修中要反复多进行几次切换试验工作，发现异常务必彻底处理，并进行电源降压切换试验，验证切换电压是否满足油站设备正常工作要求。

5.7.1.7 重要控制设备单路电源问题

事故案例及原因分析

某电厂 3、4 号机组为一拖一燃气蒸汽联合循环发电供热机组，2020 年 11 月 30 日 23:13:44，3 号燃机功率 156MW，4 号汽轮机功率 72MW，调压站滨海入口燃气 ESD 阀、滨达天然气入口燃气 ESD 阀、至 3 号燃机出口 ESD 阀接连关闭。

23:13:49，P1 压力 33.2bar，P2 压力 27.4bar，燃机报警"FUEL GAS PRESSURE APPROACHING TRIP LIMIT"；23:13:55，P1 压力 23.3bar，P2 压力 21.9bar，燃机跳闸，首出为"燃气压力低"，余热锅炉、汽轮机联跳。

该案例具体原因分析如下：

检查发现调压站 UPS 柜电源开关 5QF1 跳闸，天然气调压站 UPS 装置失电，导致天然气入、出口 ESD 阀电磁阀失电关闭，燃机因燃气压力低跳闸，余热锅炉、汽轮机联跳。

根据现场情况判断，UPS 装置逆变回路出现故障，同时电流增大，电源开关 5QF1 过流跳闸，交流及蓄电池输入电源均失效，由于 UPS 容量为 6kVA，无自动交流旁路功能，最终导致负载全部失电。

隐患排查重点

（1）设备维护。

1）完善天然气入、出口 ESD 阀电磁阀电源配置。根据 DL/T 5455《火力发电厂热工电源及气源系统设计技术规程》规定，重要设备应采用双路电源供电，备用电源宜采用自动投入方式。因此应增加双电源切换装置，实现天然气入、出口 ESD 阀电磁阀双路自动切换电源供电。

2）加强小型 UPS 装置检查维护工作，在 C 级及以上检修应进行放电试验，容量不足原有 70% 时，应更换蓄电池；投运 4 ～ 5 年后应整体更换。

3）机组运行中要定期对重要电源装置进行巡检，及时发现异常情况，及早处理。

（2）运行调整。

机组运行中要定期对热控重要电源装置进行巡检，及时发现异常情况，及早处理。

5.8 ▶ 热控系统检修维护事故隐患排查

5.8.1 人员误操作事故案例及隐患排查

事故案例及原因分析

（1）某电厂 1 号机组为 330MW 亚临界燃煤机组，2016 年 6 月 27 日 09:32:31 机组负荷 271MW，DCS 突发"机组 MFT""FGD 异常请求锅炉 MFT"等报警，机组 MFT 动作，首出原因为"FGD 异常请求锅炉 MFT"。

该案例具体原因分析如下：

检查发现检修人员正在进行 2 号机组修后 MFT 信号传动试验，试验中强制 2 号机组"FGD 异常请求锅炉 MFT"信号时，由于两台机组脱硫系统采用同一公用 DCS 网络，误登录为 1 号机组脱硫 DPU，错误强制为 1 号机组"FGD 异常请求锅炉 MFT"信号，最终导致 1 号机组 MFT 动作跳闸。

（2）某电厂 1 号机组为 350MW 亚临界燃煤机组，2020 年 8 月 5 日机组负荷 210MW。检修人员巡视发现 1 号炉给水流量变送器 3 负压侧三阀组接头处存在渗漏点。热工人员办理申请单后，计划退出"给水流量低低"保护进行消缺工作，在将 DPU10P55B93 号模块（给水流量低低保护动作模块）输出 D 误强制为 0 时，误强制为"1"，造成"给水流量低低"保护信号发出，锅炉 MFT 动作。

（3）某电厂 3 号机组为 600MW 亚临界燃煤机组，2020 年 12 月 16 日机组负荷 470MW，检修人员办理工作票处理"3 号机 A 侧低旁阀后疏水罐液位开关高一值信号、高二值信号故障"缺陷后，计划强制液位开关高二值信号，对高二值是否联开疏水门进行验证。16:50:43，在信号强制过程中，误将汽轮机跳闸信号由"0"强制为"1"，导致汽轮机 1 ～ 6 号抽汽电动门、1 ～ 6 号抽汽逆止门自动联锁关闭，由于两台汽动给水泵汽源（四段抽汽）失去，给水流量快速下降；16:52，手动解除燃料主控自动，手动快速减负荷；紧急手动打闸磨煤机、启动电动给水泵；16:56:03，炉膛负压快速下降，导致实际负压值与设定值偏差大，自动切除 3A、3B 引风机自动，手动调整炉膛负压；16:59:19，炉膛负压大于 1700Pa，负压高高保护动作，触发锅炉 MFT，联跳汽轮机、发电机。

（4）某电厂 5 号机组为 600MW 超临界燃煤机组，2017 年 6 月 12 日 5 号机组 C 修后启动，10 号循环水泵启动后跳闸，经检查发现电机短路，对循环水泵电机进行了更换，并进行温度高保护传动试验，在将 10 号循环水泵上导瓦温度保护定值进行修改时，却误将 9 号循环水泵的保护定值修改，造成 9 号循环水泵跳闸。循环水母管压力低至 0.04MPa，运行人员手动打闸停 5 号机。

（5）某电厂 2 号机组为 350MW 亚临界燃煤机组，2020 年 5 月 21 日 09:18，机组负荷 165MW，根据工作需要检修人员在强制燃油累积流量时，误将燃油流量置为 22243，造成至锅炉主控回路燃油流量突变，导致锅炉容量风门自动由 36.73% 关至 7%，锅炉主控跳为手动状态，机组负荷降至 155MW，汽包水位波动大，先突降后突升，监盘人员立即手动调整各容量风门。同时发现 A、B 汽动给水泵再循环门超驰打开，主给水流量急剧下降，紧急启动电动给水泵，加大电动给水泵出力，关闭电动给水泵再循环调节门，手动增加 A 汽动给水泵转速。09:22，汽包水位低与 -300mm，锅炉 MFT。

▶ **隐患排查重点**

（1）设备维护。

1）严格 DCS 逻辑组态的技术管理工作。DCS 逻辑组态工作须进行分级授权管理，并对授权人员进行公布，无权限人员不得进行 DCS 组态工作。机组运行中尽量避免进行 DCS 组态逻辑修改、信号强制等工作，如必须进行修改时，务必办理审批手续。

2）建议在机组 DCS 组态工作中推行 DCS 操作卡制度。在 DCS 进行组态修改、保护解投、重要信号强制、故障处理等工作中使用操作卡。热控班组排查 DCS 相关逻辑，提前编写 DCS 热控重要保护解投、重要信号强制、典型故障处理操作卡。操作卡要列出需采取的相关措施、详细操作步骤、强制/修改逻辑信号的页码和块号等，工作时按照 DCS 操作卡措施、步骤进行操作，避免发生热控措施考虑不周到或误操作问题。

3）加强运行机组 DCS 组态工作的监护。进行 DCS 逻辑修改、信号强制、保护解投等工作时，必须由两人或以上人员共同进行，按照事先编写的操作卡步骤，一人操作，一人监护确认。尤其对于解投保护操作，每一步均需监护人仔细确认后方可操作。

（2）运行调整。

严格 DCS 逻辑组态的技术管理工作。DCS 逻辑组态工作须进行分级授权管理，并对授权人员进行公布，无权限人员不得进行 DCS 组态工作。机组运行中尽量避免进行 DCS 组态逻辑修改、信号强制等工作，如必须进行修改时，务必办理审批手续。

5.8.2 防范措施不到位事故案例及隐患排查

事故案例及原因分析

（1）某电厂 1 号机组为 150MW 超高压循环流化床机组，2019 年 9 月 20 日 15:12 机组负荷 86.59MW，热控人员按照试验计划办理工作票后，准备安装给水流量试验测点变送器，热控人员执行测点强制单，强制给水流量测点输出为当前值。15:29:38，汽包水位报警（+100mm）汽包水位自动切手动，A 汽动给水泵遥控指令 74.1%；15:29:59，汽包水位高二值报警（+150mm）联开汽包紧急放水门；15:30:01，运行人员手动调整 A 汽动给水泵指令至 58.6%；15:30:32，汽包水位持续升高至 +210mm，汽包水位高三值（+210mm）动作，锅炉 MFT。

该案例具体原因分析如下：

1 号炉给水流量试验测点安装过程中，A 汽动给水泵在自动调节状态，DCS 给水流量测点处于强制状态，机组负荷变化，给水流量无变化，汽包水位自动调节异常，造成汽包水位升高过大，达到汽包水位高三值（+210mm）作，锅炉 MFT 保护动，机组跳闸。

（2）某电厂 7 号机组为 660MW 超临界燃煤机组，配备一台 100% 容量汽动引风机。2020 年 4 月 21 日 7 号机组引风机汽轮机 CSS 输出指令与 MEH 输入指令偏差 144r，热控人员检查 MEH 输入卡件故障。

10:49，退出引风机汽轮机 CCS 遥控，转入 MEH 转速自动控制方式，开始对 46 站 A4 模拟量输入卡件进行更换，该卡件有 4 个信号接入，分别为引风机汽轮机遥控转速设定值、引风机汽轮机调阀反馈、汽轮机引风机速关油压力、汽轮机引风机速关阀反馈，更换前对以上信号全部进行强制。

10:49:17，转速开始下降，因在"转速自动方式"，调门指令开始自动增大，在10:49:23增大至95%，引风机汽轮机MEH转速自动切除（原因为指令与实际转速偏差大于600r/min），转速仍在下降，至10:49:37最低降至1718r/min，此时转速开始上升，10:50:01，转速升至4400r/min，炉膛压力-2500Pa，锅炉MFT，首出炉膛压力低低。

该案例具体原因分析如下：

在拔出和回装卡件过程中，引起汽轮机转速输出指令异常波动，引风机汽轮机转速大幅变化，造成炉膛负压大幅波动，炉膛负压低于-2500Pa，锅炉MFT。

（3）某电厂1号机组为350MW超临界燃煤机组，2020年12月14日机组负荷255MW，分散控制系统DCS30号站主控单元A故障，error故障灯闪烁（此时主控单元A为主运行，主控单元B为备用），计划对主控单元A进行更换。

15:45:47，将主控单元A切换至主控单元B运行，除氧器液位1点从2180mm突变为0mm；除氧器液位2从2167mm突变为0mm，除氧器液位低低触发。

15:45:50，A、B小汽轮机跳闸，首出"DCS远方跳闸"；MFT信号触发，首出为"给水泵全停"。

该案例具体原因分析如下：

DCS中30号站主控单元A冗余芯片故障，导致主控单元A、B无法自动进行无扰切换，在手动切换过程中，造成30号站模拟量数据及开关量全部置0（含除氧器液位），触发除氧器液位低保护动作，A、B小汽轮机全停，锅炉MFT，机组跳闸。

（4）某电厂7号机组为1030MW超超临界燃煤机组，2021年3月26日发电机1TV-B保险故障，安排进行消缺。

3月27日02:38，断开1TV二次开关，将1TV-B相小车拖出，测量一次保险阻值偏大，更换一次保险后将TV小车推入工作位置；02:52:30，合上1TV二次开关，DEH系统中测量功率由0变为97MW，DEH系统开始输出调门关小指令，1、2号中压调门逐渐关闭。02:53:10，锅炉MFT，首出"再热器保护动作"。

该案例具体原因分析如下：

查看DEH逻辑，汽轮机调门总开度指令从应力控制、功率控制和TF控制三路指令中选取小值，以防止DEH故障引起调门全开，造成汽轮机超速。当运行方式切为TF模式（当时DEH模式）时，DEH逻辑自动在原功率回路输出指令（80%）的基础上增加一个上限为8%的增幅，使功率回路指令大于压力回路指令（80%），压力调节回路起作用，同时功率控制回路一直处于跟踪状态。更换发电机出口TV一次保险时，由于TV退出，因失去电压信号，功率控制回路测量功率为0MW，而此时功率控制回路指令跟踪测量功率处于投入状态，投入TV二次开关瞬间，DEH功率控制回路中测量功率由0开始突升，测量的汽轮机功率上升速率远远大于正常运行的设定范围，功率控制回路输出指令迅速减小并低于压力控制回路指令，控制方式由压力控制回路切换至功率控制回路，此时负荷指令为0MW，而测量功率为97MW，DEH系统功率控制系统判断汽轮机功率变化过快，为保护汽轮机，DEH 发出中压调门逐步关闭指令，造成 1、2 号中压调门关闭，1、2 号中压调门关闭且低压旁路门全关，触发"蒸汽堵塞"条件引起再热器保护，锅炉 MFT，机组跳闸。

▶ **隐患排查重点**

（1）设备维护。

1）机组运行中 DCS 任何信号拆除或强制时，必须事先排查清楚用途，逐一采取措施后，方可允许工作。涉及主辅机联锁保护、重要自动等的工作，必须充分考虑各种异常情况，解除相关保护和自动。

2）建议在机组 DCS 组态工作中推行 DCS 操作卡制度。在 DCS 进行组态修改、保护解投、重要信号强制、故障处理等工作中使用操作卡。热控班组排查 DCS 相关逻辑，提前编写 DCS 热控重要保护解投、重要信号强制、典型故障处理操作卡。操作卡要列出需采取的相关措施、详细操作步骤、强制 / 修改逻辑信号的页码和块号等，工作时按照 DCS 操作卡措施、步骤进行操作，避免发生热控措施考虑不周到或误操作问题。

3）结合本厂 DCS 特点，编写 DCS 各类故障处理安全技术措施，防范措施应尽量靠近底层设备，如将现场设备切至就地位等，避免控制系统发生不可预见情况引起就地设备误动。组织检修、运行人员学习，保证故障处理时准确判断，快速处理。

（2）运行调整。

1）严格控制机组运行中 DCS 任何信号拆除或强制，如确需拆除或强制，必须事先排查清楚用途，逐一采取措施后，方可允许工作。涉及主辅机联锁保护、重要自动等的工作，必须充分考虑各种异常情况，解除相关保护和自动。

2）结合本厂 DCS 特点，编写 DCS 各类故障处理安全技术措施，防范措施应尽量靠近底层设备，如将现场设备切至就地位等，避免控制系统发生不可预见情况引起就地设备误动。组织运行人员学习，保证故障处理时准确判断，快速处理。

06

金属专业重点事故隐患排查

6.1 ▶ 锅炉金属部件事故隐患排查

6.1.1 受热面泄漏事故案例及隐患排查

6.1.1.1 水冷壁氢腐蚀爆管

▶ 事故案例及原因分析

（1）某超高压流化床锅炉水冷壁运行中泄漏，爆口位于密相区上部前墙西数第37根向火侧。水冷壁规格 $\phi 63.5 \times 6.5mm$、材质 SA-210C，爆口长约400mm，最大张口约16mm，边缘粗钝，管壁减薄较少，呈脆性破坏，见图6-1。

爆口附近内壁有条带状腐蚀及溃疡状腐蚀坑，管壁出现一定程度的减薄。相邻第36根内壁状态正常，第38根则有与第37根类似的内壁腐蚀，见图6-2。

图6-1 第37根爆口形貌

图6-2 第38根内壁腐蚀形貌

该案例具体原因分析如下：

爆口组织仅有少量的珠光体痕迹，碳化物聚集长大呈颗粒状，部分碳化物分布在晶界附近，晶界上碳化物有的呈链状分布。内壁有大量的裂纹沿晶界分布，同时出现明显的脱碳，见图6-3。

远离爆口组织的珠光体形态仍较清晰，边界线开始模糊；晶界上开始析出颗粒状碳化物，球化级别为2级，见图6-4。

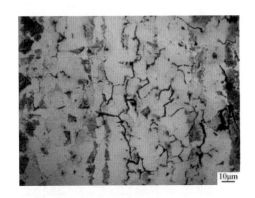 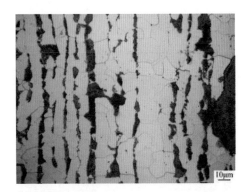

图 6-3　爆口处金相组织 1000×　　　　图 6-4　远离爆口处金相组织 1000×

爆口内壁及相邻管子内壁出现严重腐蚀，以及大量始发于内壁的网状沿晶裂纹，伴随明显的脱碳，以上都属于氢腐蚀破坏的基本特征。

扩大检查发现前墙西数第41根内壁存在类似严重腐蚀，其余管子基本正常。查阅防磨防爆记录，前墙西数第37～42根共计6根管子为两年前同期更换，第37、38、41根已经出现较为严重的腐蚀，其余3根未见明显腐蚀。

第37、38、41根有异常的管子原始状态存在一定问题，对水质腐蚀性因素敏感，腐蚀性离子在沉积物下浓缩引起腐蚀发生。

▶　**隐患排查重点**

设备维护具体要求如下：

1）加强对受热面管材备品的监督管理，防止管材发生腐蚀。

2）检修中加强凝汽器换热管的检查，如发生泄漏应及早采取相应措施进行隔离，机组长期停运再启动时，对凝汽器注水检漏。

3）水质出现异常或水冷壁垢量较高时，应在水冷壁高负荷区域开展割管检查，及时了解水冷壁向火侧内壁是否存在结垢或腐蚀情况。

4）如水冷壁内壁存在腐蚀现象，应尽快取样对管子进行状态评估，掌握力学性能及组织状况。

5）发现内壁存在腐蚀的管段必须更换，更换后对水冷壁进行酸洗，彻底除去水冷壁系统内的沉积物，并形成钝化膜。

6）机组启动过程中做好机组启动阶段集控与化学专业的协调工作，按标准要求进行各节点的汽水品质控制和在线化学仪表的投入。未投入在线 pH 表前，启动加药泵后及时采用台式仪表分析 pH，保证水质 pH 合格；机组启动阶段及时冲洗取样管，防止取样管堵塞，取样管如果堵塞，应及时疏通。

7）机组长期停运时按化学监督要求做好停炉保护。

（2）某超高压燃煤锅炉水冷壁运行中发生泄漏，水冷壁管规格为 $\phi 60 \times 6mm$，材质 SA210C。前墙右数第 41 根水冷壁于向火侧发生爆管（标高 13.5m），爆口长度超过 450mm，呈脆性破坏特征，由于母材弹出缺失造成张口较大，见图 6-5。水冷壁管内壁向火侧出现溃疡状腐蚀坑以及大量红褐色腐蚀产物，见图 6-6。

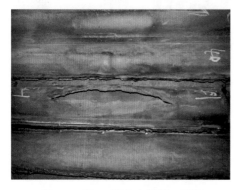 

图 6-5　第 41 根向火侧爆口形貌　　　　图 6-6　第 22 根向火侧内壁腐蚀形貌

该案例具体原因分析如下：

根据化学元素成分检测、金相检测、力学性能检测结果，不存在材质错用的情况，金相组织正常，抗拉强度符合标准要求，伸长率低于标准要求。

根据宏观检测、金相检测结果，爆口边缘较为粗糙，具备脆性断口形貌特征，爆口内壁存在腐蚀坑，腐蚀产物非常脆硬，呈黑灰色或棕红色；爆口边缘金相组织为铁素体，存在明显脱碳，晶界上存在大量的微裂纹；背火侧组织为铁素体和珠光体，球化级别 1～2 级；水冷壁前墙右数 22 根管宏观形貌和金相检测结果与泄漏管基本一致。

发生泄漏的原因是水冷壁管内壁发生氢腐蚀，腐蚀造成内壁出现溃疡状腐蚀坑，发生腐蚀减薄并引起管壁组织出现脱碳，晶界上出现大量的微裂纹，使管子机械性能严重下降，最终无法承受介质压力而发生爆管泄漏。

腐蚀产物的主要成分为 Fe 和 Cu 元素，Cu 元素在前墙右数 41、22 根管腐蚀产物中含量（wt%）最高分别达到了 76.90% 和 74.59%。早期因凝汽器铜管泄漏改造为不锈钢管，但水冷壁系统中已沉积了大量的 Cu 元素。Cu 元素的存在会破坏内壁的保护膜，促进内壁腐蚀的发生。

此外，该厂对水冷壁备品保管较差，内壁已经发生严重锈蚀。更换管子前仅用压缩空气对管子内壁进行吹扫，不能保证将锈蚀产物彻底清理干净。管壁初始状态较差，叠加水质不良因素，会极大促进运行中的腐蚀。

▶ 隐患排查重点

设备维护具体要求如下：

1）加强对受热面管材备品的监督管理，防止管材发生腐蚀。

2）水质出现异常或水冷壁垢量较高时，应在水冷壁高负荷区域开展割管检查，及时了解水冷壁向火侧内壁是否存在结垢或腐蚀情况。

3）如水冷壁内壁存在腐蚀现象，应尽快取样对管子进行状态评估，掌握力学性能及组织状况。

6.1.1.2 高温过热器管机械疲劳断裂

▶ 事故案例及原因分析

某电厂 700MW 燃煤发电机组，锅炉为单炉膛对冲燃烧、Γ型布置、一次中间再热亚临界参数自然循环汽包炉，累计运行时间接近 10 万 h。

锅炉第四级过热器布置在折烟角上前部，为 T91 材料的高温过热器，规格 $\phi 44.45 \times 5.08$mm。

高温过热器左数第 4 屏后数第 7 根运行中断裂，见图 6-7 和图 6-8。由于断裂发生在母材，初步排查未发现制造缺陷及过热等现象，因此将断裂的过热器管和邻近的对比管取样，开展进一步分析以查找失效原因。

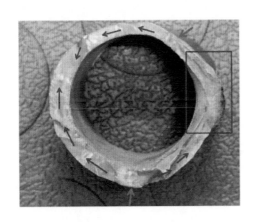
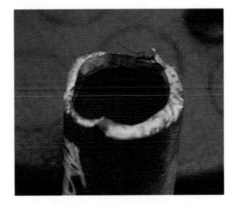

图 6-7 断口正面形貌　　　　　　　　图 6-8 断口侧面形貌

该案例具体原因分析如下：

断裂的高温过热器管和对比管的抗拉强度、规定塑性延伸强度和断后伸长率均符合国家标准 GB/T 5310《高压锅炉用无缝钢管》对 T91 钢管的要求，布氏硬度均满足 DL/T 438《火力发电厂金属技术监督规程》对 T91 的要求，断裂管向火侧、背火侧金相组织均为马氏体＋碳化物＋少量铁素体，老化级别为 3 ～ 3.5 级，见图 6-9 和图 6-10。

根据送检试样的断口分析，该高温过热器管的主断口表面垂直于管的轴向方向，由多个裂纹源扩展形成的断裂面交汇而成，为脆性断裂。宏观及微观检查发现，断口表面有贝纹线，放大后可见疲劳辉纹，其断裂机制为疲劳断裂。所谓疲劳破坏，是指工件在交变载荷的反复作用下，在名义应力远低于材料屈服强度的情况下而发生的断裂行为，为累积损伤导致的破坏，而不是一次性断裂。

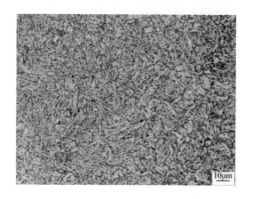 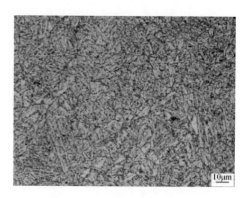

图 6-9　断裂管向火侧组织　　　　　　　　图 6-10　断裂管背火侧组织

本次失效的高温过热器位于折焰角上前部，低氮燃烧改造后该位置烟气流速较改造前显著提高。从电厂开展的历次防磨防爆检查结果来看，高温过热器管间的活动夹块存在较多开焊、脱扣现象，管屏固定装置失效导致对管子的拘束能力不足，烟气对过热器管屏持续冲击造成管屏在运行中出现一定幅度的振动，是形成交变载荷进而造成机械疲劳破坏的主要因素。此外，低氮燃烧方式已使断裂管及周边管子外壁出现一定程度的腐蚀减薄，应引起足够重视。

▶ 　隐患排查重点

设备维护具体要求如下：

（1）防磨防爆检查时发现管屏固定装置失效，已经造成管间碰磨、管屏出列或乱排的，应及时予以恢复。

（2）活动夹块固定方式容易出现开焊、脱扣等，可考虑加装卡箍式固定组件，进一步保证固定效果。

（3）关注低氮燃烧改造后过热器、再热器等部件出现的腐蚀性减薄现象，采取调整燃烧及喷涂防护层等手段进行综合治理。

6.1.1.3　屏式过热器焊缝再热裂纹

▶ 　事故案例及原因分析

某厂 2 号炉为 SG420-480/13.7-M569 型超高压中间再热、循环流化床锅炉，累计运行时间超过 5 万 h。炉膛上部布置 14 片垂直吊挂的屏式过热器，屏式过热器材质为 12Cr1MoVG，规格 $\phi 45 \times 5mm$，出口汽温 535℃。

投产约 3 万 h 后，屏式过热器对接焊缝开始陆续出现开裂现象。虽然进行了整组更换，但近期屏过热段西数第 3 屏最外侧管再次出现开裂并导致泄漏，如图 6-11 所示：紧贴焊缝下熔合线的热影响区内脆性开裂，断口较为平齐，无明显塑性变形，与之前的多次开裂高度相似。

该案例具体原因分析如下：

管样力学性能及金相组织未见明显异常，开裂位置及焊缝维氏硬度超出远端母材约105HV。断口能谱结果未发现有害元素 S、Cl 等的存在，主要为 Fe 和 O 元素。断口经 SEM 微观形貌：呈现出明显的冰糖块形貌，即为典型的脆性沿晶开裂特征，且伴有沿晶二次裂纹，见图 6-12 和图 6-13。

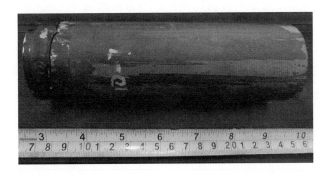

图 6-11　12Cr1MoV 管焊缝开裂（左侧为上方）

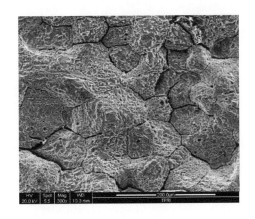

图 6-12　断口 SEM 形貌 1

图 6-13　断口 SEM 形貌 2

12Cr1MoV 钢具有一定的再热裂纹敏感性，焊接接头在一定温度范围内（温度区间为 500～700℃）再次加热（包括消除应力热处理或高温运行环境）的过程中，产生于焊接热影响区粗晶区的裂纹，称为再热裂纹。

该炉型屏式过热器设计长度大，焊缝布置在最大工作应力区域，同时下部防磨浇注料重量大，对接焊缝承受较大的拉应力；整组更换时未对管间鳍片进行有效恢复，导致运行中管屏出现一定幅度的摆动，焊缝受力进一步加大。

此外，断口附近的热影响区和焊缝的维氏硬度均较母材高出约 105HV。硬度值较高会使此处的裂纹敏感性大，促进了再热裂纹的产生，并逐渐扩展直至开裂。

综上所述，屏式过热器 12Cr1MoV 同种钢焊接接头发生开裂泄漏的裂纹性质为再热裂纹，与焊接接头承受较大应力、焊缝硬度偏高导致的材料脆性较大有关。

▶ 隐患排查重点

设备维护具体要求如下：

（1）屏式过热器的对接焊缝布置应避开最大工作应力区域。

（2）屏式过热器换管时，焊缝的最外层焊接尽量采用多道焊以保证焊缝强度。

（3）应严格按照设计要求恢复管间鳍片，以分担焊缝承受的拉应力；在保证防磨效果的情况下，可减少管屏下部浇注料厚度。

（4）加强对接焊缝的监督，尤其是外圈焊缝的宏观检查和无损检测。

（5）流化床锅炉采用奥氏体不锈钢材料如 TP304H、TP347H 材料的高温再热器，尤其是管屏出现较大变形的情况下，出现类似再热裂纹的案例也较多，可参考本案例分析处理。

6.1.1.4 水冷壁内壁直道缺陷

▶ 事故案例及原因分析

某厂 1000MW 超超临界锅炉水冷壁运行中发生泄漏。水冷壁为熔焊膜式壁，共 704 根管子，以 24.99° 倾角盘旋上升进入布置于炉膛上部的中间混合集箱，通过每引入中间混合集箱一根螺旋管而引出两根垂直管的方式形成节距为 57.5mm 的垂直水冷壁进入上炉膛，工质垂直向上流动，垂直水冷壁在进入二级过热器区域前，采用三叉管的方式，二根并一根，使水冷壁的节距增为 115mm，再向上进入位于省煤器区域的水冷壁出口集箱。

水冷壁三叉管采用 12Cr1MoV 材料，上部母管规格为 $\phi51\times12.5$mm；三叉管间鳍片也采用 12Cr1MoV 材料，厚度约 6mm。三叉管结构如图 6-14 所示。

泄漏首先出现在炉后水冷壁南数第 32 根三叉管母管，距支管约 400mm 位置，如图 6-14 所示。第 32 根内壁有两道笔直的轴向开裂，长度均超过 400mm；径向则接近或已经贯穿管壁，大致对应于鳍片焊接部位，见图 6-15。邻近的第 31 根水冷壁管，以及三叉管上部水平布置的二级过热器出口南数 30、31 根穿墙管均有冲刷造成的漏点。

该案例具体原因分析如下：

第 32 根水冷壁内部的开裂，可能由管子在轧制过程中产生的直道类缺陷发展而来。直道类缺陷是钢管内外表面被硬物划伤形成的细长形、直线状并具有一定深度和宽度的纵向沟槽。分布在钢管的全长或局部的位置，缺陷分布于钢管内外表面，呈纵向通长分布。

直道缺陷的成因一般有以下几种：当轧制温度偏低时，穿孔顶头或顶杆易粘金属而划伤内表面；穿孔耳子被芯棒带入毛管内，将连轧荒管内表划伤；芯棒磨损严重，润滑不足或不均，润滑剂中含有杂质。

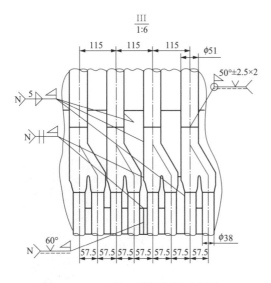

图 6-14　三叉管及泄漏位置示意图　　　　图 6-15　水冷壁内壁开裂形貌

水冷壁管内壁存在直道类缺陷，在高温高压工况下长期运行可能萌生裂纹，并逐步由内壁向外壁发展，最终剩余壁厚不足，内应力超过材料的抗拉强度而开裂。

三叉管母管的节距是支管节距的 2 倍，相应地母管间鳍片宽度达到 64mm。锅炉运行时水流速度一定的情况下，管子节距对管屏的冷却效果影响很大。节距越大则鳍片宽度越大，鳍片越难以得到充分冷却。有分析表明，与炉管外径相当宽度的鳍片与管子的温差可以超过 100℃，导致产生较大的热应力：鳍片受压而管子受拉，这也会进一步加快裂纹缺陷的延伸发展。

▶　**隐患排查重点**

设备维护具体要求如下：

（1）直道类缺陷通常会在同批次钢管中集中出现，应对漏点周边区域水冷壁内壁状况利用内窥镜等工具进行检查。

（2）按照 DL/T 438《火力发电厂金属技术监督规程》9.1.2 "管子内外表面不允许有大于以下尺寸的直道及芯棒擦伤缺陷：热轧（挤）管，大于壁厚的 5%，且最大深度 0.4mm；冷拔（轧）钢管，大于公称壁厚的 4%，且最大深度 0.2mm。对发现可能超标的直道及芯棒擦伤缺陷的管子，应取样用金相法判断深度。"的规定，做好受热面管的质量验收。

6.1.1.5　后屏过热器定位块焊接缺陷

▶　**事故案例及原因分析**

某厂 300MW 亚临界锅炉后屏过热器运行中发生泄漏。炉膛后墙上部出口处，按烟气流向分别布置 6 片前屏过热器，其后布置 14 片后屏过热器，104 排高温对流过热器布置在折焰角的斜坡上方。

后屏过热器出口由 9 组 U 形管圈组成，最外 3 圈材料为钢 102，其余 6 圈材料为 12Cr1MoV，规格均为 φ38×5mm；最内圈另有 1 根 U 形夹持管，材料为 12Cr1MoV，规格 φ38×5mm。

现场查看后屏过热器南数第 7 屏内圈夹持管上部靠近顶棚处有多处漏点，夹持管下部有呈现过热特征的漏点且管子已断开，如图 6-16 和图 6-17 所示。

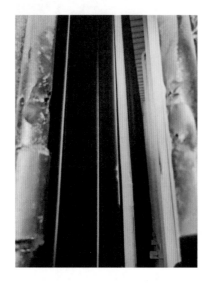

图 6-16　夹持管上部多处漏点

图 6-17　夹持管下部漏点及断点

该案例具体原因分析如下：

虽然夹持管上部漏点较多，但明显是由于冲刷减薄导致的泄漏，应进一步查找初始缺陷。对炉内搭设的脚手架进行调整至贴近上部漏点，发现漏点集中区域下方夹持管外壁焊有长约 100mm、覆盖约 1/3 外周的瓦块，其焊接区有一直径约 2mm 的圆形漏点，见图 6-18。

瓦块是防止管间碰磨增设的部件，每根夹持管焊有 2 个。对瓦块进行材质复核，确认为 304 奥氏体不锈钢。将该位置夹持管纵向剖开，发现瓦块焊接熔深偏大，对夹持管壁形成较严重的咬边损伤，见图 6-19。

瓦块焊缝熔深过大伤及管壁，同时 304 不锈钢与 12Cr1MoV 两种材料的热膨胀系数存在较大差异，在热交变应力作用下出现裂纹并逐步向内壁扩展直至裂透，蒸汽流出形成图 6-18 所示的圆形初始漏点。

初始漏点喷射出的高温高压蒸汽冲刷夹持管上部形成多处泄漏，进一步减少了管内蒸汽流量，冷却不足造成下部管段过热。

对所有瓦块焊缝扩大检查，发现 1 处已有轻微泄漏，另有 6 处出现裂纹。鉴于瓦块并未起到防止夹持管与后屏过热器管碰磨的作用，同时瓦块焊接结构存在隐患且数量不多，因此将所有加装瓦块的管段割除，更换为光管。

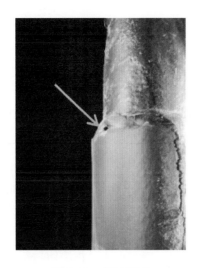

图 6-18　初始漏点　　　　　　　图 6-19　漏点内壁情况

▶ 隐患排查重点

设备维护具体要求如下：

（1）对于直接与炉管管壁焊在一起的部件，如定位块、活动夹块、鳍片、吊挂钩、防磨瓦等，应列入防磨防爆检查范围并对焊缝作重点监督。

（2）如需增设或恢复以上部件，应严格控制焊接熔深，避免对管壁造成损伤。基建时期的焊缝出现较多问题的，可考虑对密封、固定、防护方式进行改造。

6.1.1.6　TP347H 高温过热器制造缺陷

▶ 事故案例及原因分析

某厂 600MW 超临界锅炉高温过热器运行中发生泄漏。高温过热器位于折焰角上部，沿炉宽方向布置 32 片管屏，每片管屏由 21 根管子并联绕制而成，炉内管材料均为 SA-213TP347H，最外圈管规格为 $\phi 50.8 \times 9mm$，其余为 $\phi 45 \times 7.8mm$。

高温过热器 A 侧数第 13 排外向内数第 3 圈炉前侧（进口段）底部 U 形弯头内弧面有一周向裂纹，裂纹长度约 1/3 圈，见图 6-20；将裂纹打开后观察发现：断口较为平整，无明显的塑性变形，表面附着了较多腐蚀产物，见图 6-21。

图 6-20　泄漏形貌

图 6-21　断口形貌

该锅炉截至目前投运不足 3000h，高温过热器管已发生 3 次形态较为一致的泄漏，均为弯管周向裂纹引起。

该案例具体原因分析如下：

高温过热器泄漏管段失效分析及相关研究表明：TP347H 弯管原始材料未按规定的固溶处理状态供货，这就造成管子压力加工过程中的残余应力无法消除；弯管弯制后也未进行固溶处理，将存在因局部塑性弯曲变形不一致而造成的弯管残余应力；在管子运行时，管圈两边直管的温度差异形成热膨胀应力，由于出口段温度大于进口段，因此热膨胀造成进口段内弧和出口段外弧有最大的拉应力。这三种应力叠加，形成了开裂的应力因素。

高温过热器工作温度处于敏化温度区间（500 ～ 850℃）。在该温度区间内，晶界附近的 C 元素率先与晶界附近的 Cr 元素结合并向晶界析出，造成晶界附近贫铬。晶界附近贫铬直接导致该部位丧失钝态（不能形成连续的含 Cr 氧化膜，正是该氧化膜决定奥氏体不锈钢的抗氧化、抗腐蚀能力），使晶界弱化。弱化的晶界在进口段弯管内弧和出口段弯管外弧较大拉应力作用下，晶粒间的贫铬区受炉内气氛氧化腐蚀作用产生外表面裂纹，裂纹沿晶界逐渐发展，最终开裂。

钢管未按标准规定的固溶处理供货会使钢管在压力加工过程中的形变硬化得以残留。形变硬化会使材料的韧性降低，加快了晶间裂纹的萌生和扩展。

随着运行时间的延长，C 的迁移和其碳化物向晶界的析出逐渐减缓，而 Cr 也逐渐从稍远于晶界的位置慢慢迁移补充到晶界附近，晶界贫铬得到缓解和改善，也就是说，不锈钢弯管运行一段时间以后该类型的环向开裂将逐渐减少至很少发生，按照经验这个时间一般在一年左右。

综合以上分析，高温过热器管弯管开裂是在钢管未按标准以固溶处理状态供货前提下，运行时受管子加工残余应力、弯管残余应力、热膨胀应力共同作用造成的沿晶氧化腐蚀开裂。

▶　**隐患排查重点**

设备维护具体要求如下：

（1）对于奥氏体不锈钢弯制炉管的质量验收，应关注炉管原材料及弯制后的固溶处理证据，必要时取样进行相关检验。

（2）判断奥氏体不锈钢炉管（直管和弯管）未实施固溶处理的依据，一是微观组织中存在大量滑移线，二是显微硬度较高。滑移线在冷加工过程中产生，同时冷作硬化造成硬度升高，可判断冷加工后未进行固溶处理。

6.1.1.7　后屏再热器夹持管焊缝热影响区开裂

▶ **事故案例及原因分析**

某电厂锅炉为亚临界、一次中间再热、自然循环汽包炉、单炉膛、平衡通风、四角切圆燃烧器。炉膛上部布置有分隔屏过热器和后屏过热器，炉膛出口折焰角处布置后屏再热器（共 30 屏，管屏编号从炉左往右数依次排序 1 ～ 30 屏，每屏共 15 个回路 30 根管）。

巡检发现炉膛出口 B 侧后屏再热器区域有异响，退出炉本体吹灰蒸汽后检查确认炉内发生泄漏。停机冷炉后，现场检查发现后屏再热器第 28 屏 U 型夹持管的夹持区域 B 侧（介质进口侧）对接焊缝下方热影响区有横向贯穿性裂纹，分析确认为原始漏点（见图 6-22）。

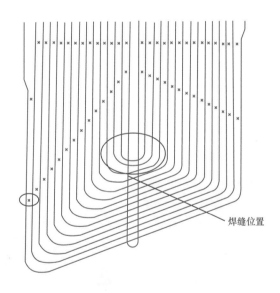

图 6-22　后屏再热器设计图

检查发现，裂纹位于后屏再热器第 28 屏 U 型夹持管 B 侧对接焊缝的下侧热影响区域。该焊缝为制造厂焊缝，焊缝上方管子规格为 $\phi63\times4$mm，焊缝下方 U 形弯管规格为 $\phi63\times7$mm，材质均为 12Cr1MoVG，裂纹外表面长度约 45mm，最大张口约 2mm。裂纹正下方存在 1 处长 × 宽 × 高为 50mm×10mm×1.8mm 的环向鼓包，裂纹位于鼓包塑性变形的起始区域。裂纹处泄漏蒸汽冲刷该屏从外圈向内圈数第 12 根管子水平管段，导致其减薄泄漏。从裂纹形貌来看，管子外壁裂纹张口较大，并有较明显的氧化痕迹，内壁裂纹较小，初步判断裂纹萌生时间较长，且由外壁起裂，向内壁扩展（见图 6-23 ～图 6-25）。

图 6-23　外观形貌　　　　　图 6-24　现场位置图　　　　　图 6-25　内壁形貌

检查第 5、20、28 屏夹持管管段，发现鼓包位置均位于夹持管的夹持区域 B 侧变壁厚管对接焊缝下方区域，鼓包方向均朝向所夹持的管屏。对切割下来的三根鼓包夹持管进行观察，发现鼓包区域均位于变径管车削部位，车削存在偏心，偏向鼓包区域，导致鼓包处壁厚相对较薄，且形成凹槽，易造成该区域介质流场发生变化，介质冷却能力下降，易发生局部过热；三根明显鼓包的夹持管焊缝均有折口现象，偏折方向朝向所夹持管屏，与鼓包方向一致，判断该处可能存在结构应力，使夹持管受力发生塑性变形，如图 6-26、图 6-27 所示。

 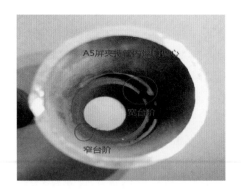

图 6-26　外观胀粗形貌　　　　　　　　图 6-27　内径偏心形貌

查看后屏再热器近期壁温曲线，发现在机组启动过程中，B 侧减温水投入过多，屏再管壁温在 4min 内从 303℃降低至 204℃，平均每分钟温降约 25℃，严重不符合 DL/T 611《300MW～600MW 级机组煤粉锅炉运行导则》第 3.2.5.9 条"低负荷投减温水应密切监视壁温，壁温变化不宜超过 5℃/min"的要求。

该案例具体原因分析如下：

（1）结构原因。①U形夹持管制造厂焊缝位置设计不合理。焊缝在夹持管段，在机组运行期间，焊缝易受到管屏振动、变形等因素导致的结构应力影响，而使夹持管受力变形。②非等壁厚管车削加工内坡口时偏心，导致壁厚不均，局部母材偏薄，形成薄弱区域。③焊缝两侧存在车削凹槽，焊接时内壁焊瘤超差，导致局部区域介质流场发生变化，冷却能力下降而发生局部过热。④瞬间B侧减温水投入过多，屏再管壁温平均每分钟温降为25℃，存在较大热应力。

（2）管理原因。①防磨防爆检查不到位，防磨防爆期间未加强该区域的检查，该区域的定点测厚、蠕胀测量执行情况不严，防磨防爆检查记录不完善，内容存在缺失。②运行管理不到位，机组启动切缸过程中，对再热汽温、减温水等参数的调整不及时，对机组启动过程重要参数的监视调整重视不够，造成再热器壁温下降过快。

▶ **隐患排查重点**

设备维护具体要求如下：

（1）结合机组屏再夹持管泄漏事故经验，利用机组停机机会，对类似部位开展专项隐患排查工作，对鼓包、胀粗明显甚至超标的部位，应及时进行更换处理。

（2）应结合历次防磨防爆检查结果、机组泄漏事故等，统计多次发生泄漏的受热面区域，分析产生的原因，合理制定防磨防爆检查项目。检修期间对多次发生泄漏的受热面区域、前次检查发现问题的区域进行重点检查。应将屏再夹持管等类似部位的检查工作纳入防磨防爆检查项目中。

（3）结合图纸，梳理受热面不等壁厚位置，制定滚动检查计划，并结合调停、检修等机会，开展不等壁厚位置管子焊缝及邻近区域的检查。不等壁厚管子组对焊接前，应规范过渡段加工情况的监督检查，规范壁厚车削工艺控制及管理。

（4）检修期间扩大屏式再热器夹持管焊缝射线检测检查比例。在设备的制造、安装、检验、技术改造等全过程中，做好受监金属部件焊接全过程的监督。确保焊接及热处理人员资格、焊接材料的选用、焊接及热处理工艺、焊接及热处理过程执行、焊后焊工自检、焊后无损检测等全过程符合标准要求。加强设备监造、出厂验收等检验报告、技术文件内容及数据的审核，发现问题应及时联系制造厂家核实处理。

6.1.1.8　T91/TP347H异种钢焊缝开裂

▶ **事故案例及原因分析**

某电厂一期工程为2台与1039MW超超临界汽轮发电机组配套的燃煤锅炉机组。锅炉为超超临界参数变压运行直流炉、单炉膛、一次再热、平衡通风、固态排渣、全钢构架、全悬吊结构、对冲燃烧方式，锅炉采用半露天、Ⅱ型布置。对应汽轮机的入口参数为25.0MPa（a）/600/600℃。最终与汽轮机的VWO工况的进汽流量相匹配。锅炉蒸汽压力为26.25MPa，最大连续蒸发量为3033t/h，主蒸汽/再热蒸汽温度为605/603℃。

机组试运期间发生高温过热器泄漏，导致试运停止。泄漏部位为高温过热器T91侧焊缝熔合线，如图 6-28 所示。高温过热器规格为 $\phi 45 \times 7mm$，材质为 T91/TP347H 对接。经检测，T91 侧母材硬度为 HB168，而热影响区的显微硬度均超过 HV450。

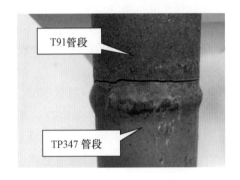

图 6-28　高过裂纹宏观形貌

对类似材质的高温过热器出口管，屏式过热器出、入口管和高温再热器出、入口管（见表 6-1）进行了检测。又发现多处类似缺陷，如图 6-29 和图 6-30 所示。

表 6-1　　　　　　　　　　主 要 管 材 及 规 格

序号	名　　称	材　　质	T91 规格
1	高过入口	T91/TP347	$\phi 45 \times 7mm$
2	高过出口	T92/TP304	$\phi 50.8 \times 12.5mm$
3	屏过入口	T91/TP347	$\phi 50.8 \times 7mm$
4	屏过出口	T92/TP304	$\phi 50.8 \times 9.8mm$
5	高再入口	T91/TP347	$\phi 50.8 \times 4mm$
6	高再出口	T92/TP304	$\phi 50.8 \times 4.5mm$

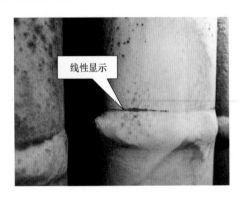
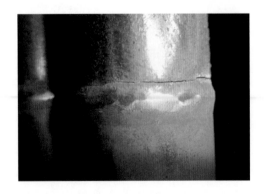

图 6-29　高过入口　　　　　　　　　图 6-30　高再入口裂纹宏观形貌

该案例具体原因分析如下：

（1）T91 与 TP347H 异种钢焊接特点。T91 钢属于马氏体钢，具有淬硬倾向，冷裂敏感性大。焊接时，主要存在焊接接头的冷裂纹和过热脆化。TP347H 是奥氏体不锈耐热钢，组织为单相奥氏体，焊后无淬硬倾向。焊接时，易出现晶间腐蚀、应力腐蚀开裂和焊接热裂纹。

T91 与 TP347H 异种钢焊接时，其熔合线附近出现化学成分、金相组织、机械和物理性能的不均匀性。为了减少因膨胀差导致的热应力，选用镍基 Inconel82（线膨胀系数为 $14.5 \times 10^{-6}/℃$）作为填充材料，使之与马氏体母材线膨胀系数（$12.6 \times 10^{-6}/℃$）相近，使热应力集中在塑性变形能力强的奥氏体母材侧。

（2）焊后热处理的因素。奥氏体不锈钢对接焊口，一般不要求做焊后热处理；异种钢对接接头的焊后热处理是针对 T91 提出的。目前各锅炉制造单位对此类情况的焊后热处理意见不统一。经与制造单位沟通，该批次产品的 T91/TP347H 对接焊口，均未进行焊后热处理。

▶ **隐患排查重点**

设备维护具体要求如下：

（1）锅炉运行 5 万 h 后，应对过热器管、再热器管及与奥氏体耐热钢相连的异种钢焊接接头取样检测管子的壁厚、管径、焊缝质量、内壁氧化层厚度、拉伸性能、金相组织。取样在管子壁温较高区域，割取 2 ～ 3 根管样。10 万 h 后每次 A 级检修取样检验，后次割管尽量在前次割管的附近管段或具有相近温度的区段。

（2）锅炉运行 5 万 h 后，检修时应对炉膛内与奥氏体耐热钢相连的异种钢焊缝按10% 进行无损检测，对于大包内与奥氏体耐热钢相连的异种钢焊缝，应加大检查比例，并实时缩短检验周期。无损检测可采用射线探伤 + 渗透探伤，或相控阵检测。

6.1.1.9　吹灰孔密封结构不合理

▶ **事故案例及原因分析**

某 2×660MW 新建超临界锅炉吹灰孔结构如图 6-31 所示。1 号锅炉风压试验时发现左侧包墙由上至下第二排，从前至后第一个吹灰器口炉前弯管从内弧鳍片向两侧三分之二周向开裂漏风，见图 6-32；2 号锅炉后烟道侧包墙吹灰孔让管内侧角焊缝裂纹延伸至管壁并裂透（见图 6-33），水压试验时出现泄漏（见图 6-34）。

该案例具体原因分析如下：

两起泄漏均发生于包墙吹灰器两侧让管，原因分析为制造中弯管内弯鳍片中间分开，角焊缝连续焊接导致，中间鳍片分开部位应力集中产生裂纹、裂纹延伸至管子引起管子开裂。管壁出现裂纹的原因主要是密封结构不合理。一方面，密封板对管子的热位移形成拘束，机组启停过程中管壁承受较大拉应力；另一方面，密封板直接焊接在两侧让管管壁且熔敷量较大，容易伤及管壁造成有效厚度下降。

锅炉采用该密封结构时，在熔合线位置出现开裂的概率很大，甚至由于包墙让管壁裂透、蒸汽冲刷造成邻近省煤器大面积减薄导致非停。

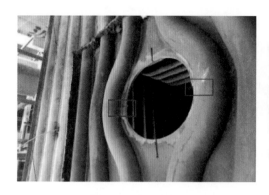

图 6-31　吹灰孔结构

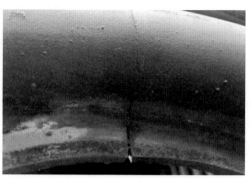

图 6-32　密封板焊接处开裂

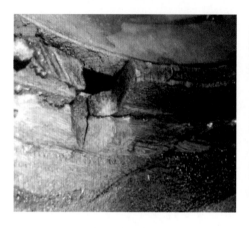

图 6-33　角焊缝裂纹延伸至管壁

图 6-34　水压试验发现的漏点

两台锅炉发现同类缺陷 35 处，制造厂提供了两组处理方案：

方案 1：缺陷磨除后将内圈两块密封板焊接，焊透并圆滑收弧，密封板之间以及密封板与管子之间所有焊道均需圆滑，尽可能避免应力集中。

方案 2：缺陷磨除后将内圈两块密封板切割长 20mm 左右的十字缝隙，以释放应力。但需保证密封板与管子焊缝圆滑并要求密封板端部焊接且圆滑收弧。

采用方案 1 处理 1 号炉缺陷，因现场未严格按工艺导致处理后均存在裂纹，后采用方案 2 进行处理，未发现裂纹。

沿焊接熔合线将裂纹彻底磨除，可适当进行焊补。同时，密封板应选用与包覆过热器管相同或相近材料，两者之间的连接焊接量不宜过大，尤其要避免伤及管壁。

▶　**隐患排查重点**

设备维护具体要求如下：

（1）对吹灰孔、观火孔、人孔门等相近结构焊缝进行排查。

（2）如裂纹较浅可进行磨除并适当焊补，同时在密封板靠近中间位置开长度约 20mm 的十字缝，以释放应力。

6.1.2 炉外管道事故案例及隐患排查

6.1.2.1 再热器连接管道开裂

▶ 　**事故案例及原因分析**

某 330MW 亚临界锅炉壁式再热器与中温再热器连接管道运行中泄漏。再热器系统按蒸汽流程分为三级：壁式再热器、中温再热器和高温再热器。汽轮机高压缸排汽分两路进入壁再进口联箱，在壁再管受热后进入炉顶上部的壁再出口联箱，经两根水平布置的连接管进入中再进口联箱，在中再和高再管圈内受热后进入高再出口联箱，由两根连接管汇集至一根高温再热管送至汽轮机中压缸。管系结构见图 6-35，黑色箭头标注蒸汽流向。

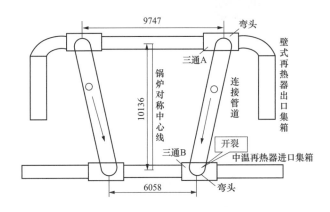

图 6-35　再热系统管系结构示意图

壁再左右进口管道上设有事故喷水减温器，壁再至中再的左右连接管上设有微量喷水减温器，如图 6-35 红色圆环所示。正常情况下，再热汽温调节方式采用燃烧器喷口摆动为主，喷水减温为辅。

壁再—中再连接管道水平布置，材料为 20G，规格 ϕ 610×22mm。采用规格 DN610×30mm 的 90° 弯头，向下变向进入中再进口集箱。

之前检修期间曾发现壁再—中再联络管水平段环焊缝附近母材发生开裂，深度方向已裂透，只对裂点进行了挖补，未仔细查找开裂原因。

本次为投产以来第二次开裂。裂点发生于靠近中温再热器进口集箱一侧三通 B 上方弯头母材上，距离弯头焊缝约 20mm。宏观呈环向开裂，基本与弯头焊缝平行，初始开裂长度约 200mm，挖除过程中逐渐延伸超过 500mm，如图 6-36 所示：裂纹上部为 90° 加强弯头，下部为通往中再进口集箱的连接管道。

该案例具体原因分析如下：

观察管道支吊系统，未见明显受力异常；对管道、弯头、焊缝进行材质复核，与设计材料一致；母材及焊缝布氏硬度均处于正常范围。两次开裂均出现在母材而不在焊缝热影响区范围内，可以排除焊接及热处理因素造成的开裂。

管道与弯头二者外径相等,内壁不平齐。设计安装资料显示根据 DL/T 869《火力发电厂焊接技术规程》的规定,对内壁进行了削薄处理。结构虽然符合规程要求,但倒角处容易产生应力集中,且两次开裂外壁裂纹位置均与内壁倒角位置相对应,倒角结构如图 6-37 所示。

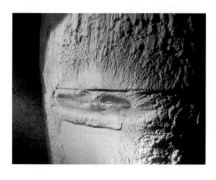

图 6-36　管道开裂形貌

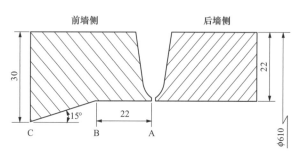

图 6-37　弯头与管道对接内壁处理情况

壁再出口集箱壁温为 370 ~ 400℃,中再入口集箱壁温测点近期已失效,运行人员反映前期为 510 ~ 520℃,壁温差超过 100℃。

近期由于机组负荷变动较大,B 侧微量喷水减温器投入频次较高,喷水量峰值超过 30t/s。

微量喷水减温器工作状态不正常、减温水量过大,其后部管道内壁反复经历宽幅温度变化,形成较大的热交变应力,长期运行过程中在容易产生应力集中的倒角位置首先开裂,并逐渐向外壁扩展最终裂透。

停炉后对微量喷水减温器内部进行了内窥镜检查,发现喷水管已断裂、套筒冲刷损坏、管道内壁龟裂,说明减温水未经雾化直接对管道内壁形成冲刷,造成热疲劳破坏。

▶　隐患排查重点

设备维护具体要求如下:

(1)对喷水减温器集箱用内窥镜检查内壁、内衬套、喷嘴,应无裂纹、磨损、腐蚀脱落等情况,对安装内套管的管段进行胀粗检查。

(2)再热汽温的调整以燃烧器摆角变化为主,尽量减少喷水减温运行方式。

6.1.2.2　主汽管道堵阀焊缝开裂

▶　事故案例及原因分析

某电厂 5 ~ 7 号锅炉为超高压、中间一次再热、单汽包自然循环煤粉炉,平衡通风,Π 型露天布置,四角切圆燃烧,固态排渣方式,全钢双排柱构架。

检修中发现 6 号炉堵阀焊缝裂纹,进行了挖补处理。在扩大检查中,发现 5

号炉相同的部位，也存在焊缝开裂现象，而且开裂情况更为严重（见图 6-38 和图 6-39）。裂纹均位于焊缝下部，沿着焊缝向上延伸（见图 6-39），但运行中尚未发生泄漏。集箱及管道材质为 12Cr1MoVG，管道规格为 φ273×28mm，阀体材质为 ZG20CrMoV。

图 6-38　炉前视图

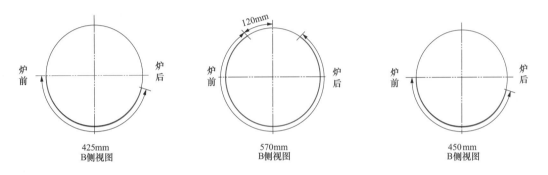

图 6-39　5 号炉主汽堵阀焊缝裂纹部位示意图

对 H2、H3、H4 焊缝的裂纹，沿着裂纹延伸方向进行打磨消除。其中，H2、H4 打磨深度约 15mm 后，进行渗透检测，裂纹消除（见图 6-40）；H3 炉后侧下部 45° 部位，打磨深度超过 25mm，接近磨透，打磨长度超过 3/4 圆周。

9 年前更换的 7 号炉堵阀（见图 6-41）可以看到，阀体到焊缝存在过渡的直段，符合 DL/T 869 的要求，利于应力分布。从图片观察，过渡斜面仍小于 30°，需要择机复核。

该案例具体原因分析如下：

（1）根据 DL/T 869《火力发电厂焊接技术规程》对焊接接头对口形式的要求，当两侧壁厚不等，采取的处理措施如图 6-42 所示。该堵阀与大小头、堵阀与管道结构上均存在较大的壁厚差。从图 6-40 可以看到焊缝宽度约为 30mm，虽然对口时进行了过渡处理，但是阀体侧缺少过渡直段，焊缝与坡口斜面夹角较大，造成结构性截面突变，极易形成应力集中。由于该焊缝为现场安装焊缝，焊缝里氏硬度检测存在局限性，不能完全反映焊缝端角的情况。壁厚差异导致热处理效果不佳，焊接应力无法完全消除。

有文献表明，类似结构的开裂，与阀体材料特性、结构的峰值应力、焊接操作、管系应力和母材原始缺陷及阀体母材内外表面力学性能（硬度）差异均有关。

图 6-40　H2 焊缝裂纹局部详图　　　图 6-41　7 号炉更换堵阀原始资料图

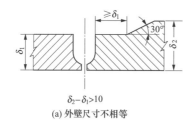
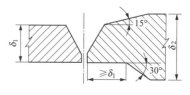

图 6-42　不同厚度部件对口时的处理方法

（2）运行中，由于集箱吊挂装置固定，膨胀限制，两侧主汽管系与集箱膨胀不能同步，导致焊缝底部受拉应力，最终在下部应力最大的阀体焊缝端角开裂，裂纹沿焊缝扩展延伸，导致失效。

▶ **隐患排查重点**

设备维护具体要求如下：

（1）对管系焊缝进行排查，特别是管件（三通、阀门及弯头）与管道的对接焊缝，其接头型式应符合规范要求。对于壁厚差较大的焊接接头，应加强监督检查。

（2）对该管系支吊架的冷热态情况进行检查，发现偏斜、变形、断裂等情况，及时进行维修调整。

（3）加强焊接管理。针对壁厚差较大的焊接接头，应制定专门的工艺措施，保证预热效果和焊后热处理温度均匀。

（4）缺陷修复时，应先对阀体和管系进行固定，防止缺陷处理中，发生管系移位；裂纹打磨完全消除后，按照近似"U"形，修正坡口区域，利于焊缝填充。所有施焊前，应经过无损检测，确认裂纹消除，并记录形貌尺寸（长度、深度），便于后期跟踪检查；施焊热处理后，无损检测和硬度检测合格。

6.1.2.3　省煤器集箱排气管爆破

▶ **事故案例及原因分析**

某公司 3 号锅炉为 DG3100/26.15-Ⅱ 1 型高效超超临界变压直流锅炉。3 号机组负荷 710MW，背压 11kPa，给水流量 2342t/h，主蒸汽压力 23.86MPa，供热抽汽量 494t/h，发现炉左侧大包中部有蒸汽冒出，停炉后检查确认省煤器集箱排气管发生爆破。

省煤器集箱排气管材质为 20G，由省煤器引出，穿过低温再热器集箱、低温过热器集箱、高温再热器集箱上方后引出大包，本次泄漏位于高温再热器集箱上部。排气管走向分布见图 6-43。

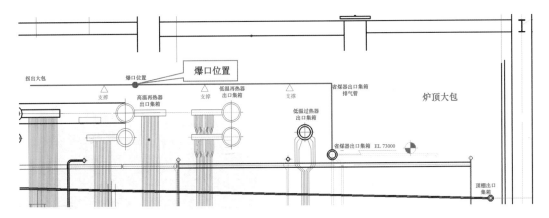

图 6-43　排气管走向侧视图

该案例具体原因分析如下：

（1）宏观检查发现爆破管段 90° 弯折，爆口左右各约 1.5m 长度范围内均存在不同程度的胀粗，其中爆口附近胀粗量为 21.5%，内外壁表面均存在密集的纵向裂纹，爆口呈撕裂状，具有明显过热特征，见图 6-44、图 6-45。

图 6-44　爆口形貌

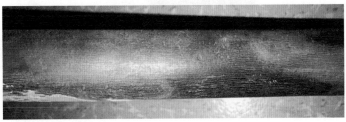

图 6-45　外壁纵向裂纹形貌

（2）对排气管距爆口 50mm、2m 长度处分别取样进行金相检验。距爆口 50mm 处显微组织为铁素体＋珠光体＋碳化物，球化等级 4 级，内壁存在氧化裂纹，石墨化等级 4 级，见图 6-46～图 6-48；距爆口远端 2m 处金相组织为铁素体＋珠光体，球化等级 2.5 级，石墨化等级 4 级，具体金相组织形貌见图 6-49 和图 6-50。金相组织发生球化及氧化裂纹说明该管段存在过热现象。

（3）3 号锅炉省煤器集箱排气管材质为 20G，该管道要穿过高温再热器集箱上方的高温区域，高温再热器集箱周围保温效果不佳，在热辐射下局部环境温度偏高，排气管安装过程中未按设计要求就近出大包。高温再热器出口集箱温度为 602℃，在热辐射下局部环境温度高于 20G 的许用温度 430℃。在机组运行期间排气管内部介质为不流动状态，换热能力下降，长时间在高于材质许用温度环境下运行，易造成排气管组织老化、性能劣化，最终强度不足发生爆破。通过对省煤器集箱排气管的走向布置、宏观检查以及金相组织分析，综合分析认为本次泄漏原因为长时过热爆管。

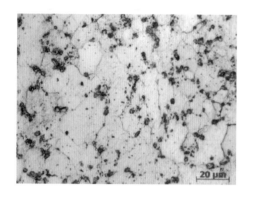

图 6-46　距爆口 50mm 处金相组织形貌

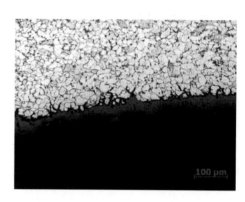

图 6-47　距爆口 50mm 处内壁氧化裂纹

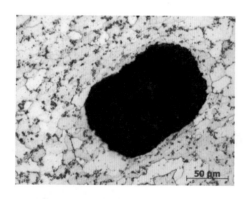

图 6-48　距爆口 50mm 石墨化形貌

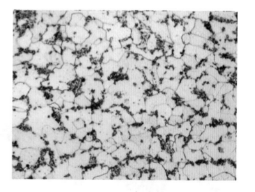

图 6-49　距爆口 2m 金相组织形貌

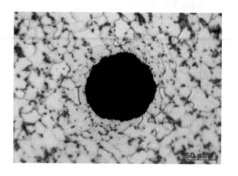

图 6-50　距爆口远端 2m 处石墨化形貌

▶ **隐患排查重点**

设备维护具体要求如下：

（1）集箱排气管就近平行于集箱穿出大包，避免其穿过高位再热器集箱上方的高温区域。

（2）若继续保持省煤器排气管原布置不变，建议升级排气管材质等级。此外，建议结合检修排查其他低温过热器集箱及低温再热器集箱排气管是否出现胀粗、开裂等现象，及时发现及时处理。

6.2 ▶ 汽轮机金属部件事故隐患排查

6.2.1 20Cr1Mo1VNbTiB 螺栓断裂

▶ **事故案例及原因分析**

某燃煤电厂 6 号汽轮机为 300MW 亚临界、一次再热、单轴、双缸、凝汽式汽轮机，累计运行时间接近 10 万 h。对中压主汽门进行解体检查时发现，1 号汽门两条紧固螺栓发生断裂，螺栓规格 M33×220mm，材质 20Cr1Mo1VNbTiB（即业内俗称"争气一号"），如图 6-51 所示。

断裂均发生于靠近螺纹的变径位置，断面较为齐平且有一定的氧化，有明显的宏观晶粒粗大现象，见图 6-52。

图 6-51　螺栓断裂形貌

图 6-52　断口宏观形貌

该案例具体原因分析如下：

分析结果表明断口金相组织为贝氏体，晶内排状贝氏体交叉分布，呈发达的框架状结构，晶粒形态为非套晶结构，晶粒度等级为 1 级，晶粒粗大。

螺栓的断面收缩率和断后伸长率显著低于 DL/T 439《火力发电厂高温紧固件技术

导则》关于 20Cr1Mo1VNbTiB 材料螺栓的下限要求；冲击功显著低于 DL/T 439《火力发电厂高温紧固件技术导则》关于 20Cr1Mo1VNbTiB 材料螺栓冲击功 $K_U \geq 39J$ 的要求。说明断裂螺栓的塑韧性较差。

20Cr1Mo1VNbTiB 钢为国产高温螺栓用钢，具有良好的综合力学性能。但此钢种对热处理工艺要求较高，如果热处理和热加工控制不当，螺栓材料易出现粗晶、混晶、套晶等现象。晶粒粗大会大大降低材料的强度、塑性及韧性，高温条件下长期运行综合性能会进一步下降。

▶ **隐患排查重点**

设备维护具体要求如下：

（1）对于 20Cr1Mo1VNbTiB 材料的备品新螺栓，应按照 DL/T 439《火力发电厂高温紧固件技术导则》的要求在端面抽样进行晶粒级别检验。

（2）按照 DL/T 438《火力发电厂金属技术监督规程》对于运行中的螺栓应在机组每次 A 级检修时，对 20Cr1Mo1VNbTiB 钢制螺栓进行 100% 的硬度检查、20% 的金相组织抽查；同时对硬度高于上限的螺栓也应进行金相检查，如晶粒度粗于 5 级应予更换。

6.2.2　Alloy783 螺栓断裂

▶ **事故案例及原因分析**

部分电厂已投产的引进西门子技术生产的 600MW 及 1000MW 超超临界机组发生汽轮机再热汽门阀盖螺栓断裂情况，断裂的螺栓材料主要为 Alloy783，存在威胁人身和设备的安全隐患。

Alloy783（国内牌号 GH783）合金首先是由美国 Special Metals 公司开发的，是一种新型的抗氧化型低膨胀高温合金，原设计用于航空发动机的间隙控制件，近年来西门子公司开始将其用于 600℃ 等级的超超临界汽轮机用螺栓。与 Incoloy903、907、909 系列低膨胀高温合金相比，GH783 合金添加较多的 Cr、Al 等元素，使合金的抗氧化性能、抗裂纹扩展能力有较大提高，克服了 Incoloy900 系列低膨胀高温合金存在晶界氧化脆性的问题。此外，较高的 Al 含量可促使 GH783 合金中析出 β（Ni-Al）相，从而提高该合金抵抗应力促进晶界氧化的能力。

典型的 Alloy783 合金的组织为：基体为 γ 相，其中有基体共格析出弥散分布的 γ′ 相，晶界处有第二相 β 相析出。GH783 合金主要的强化机制为弥散强化，弥散强化的实质是利用弥散的超细微粒阻碍位错的运动，要求在高温下微粒相互集聚的倾向性要小。图 6-53 是 Alloy783 材质新螺栓的金相组织照片。

某电厂运行两年后，B 中压调门 20 根螺栓中有 13 根发生断裂（见图 6-54 和图 6-55）。某电厂运行 9 年后，A 中压主汽门 24 根螺栓有 11 根发生断裂。

该案例具体原因分析如下：

（1）对电厂失效螺栓分析认为，材料中的弥散强化相已经发生聚集长大，这种变化将导致其塑韧性恶化；长期高温服役环境导致螺栓材料的屈服强度升高，塑性降低，冲击韧性下降；断口分析表明，该材料对于加工缺陷敏感，在高温服役时裂纹起源于加工缺陷位置的倾向比室温时更明显。

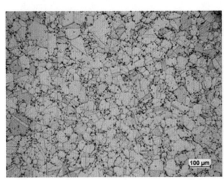 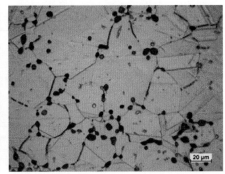

图 6-53　Alloy783 材质新螺栓金相组织

 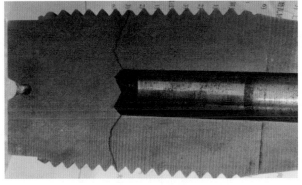

图 6-54　Alloy783 螺栓断裂宏观形貌　　　　图 6-55　Alloy783 螺栓剖面

（2）对部分电厂断裂螺栓进行分析，结果表明该螺栓长期服役后，晶界发生明显弱化，螺栓失效是典型沿晶脆性断裂。目前集团公司内使用该种材质螺栓的多家电厂均发现该材质螺栓存在断裂情况。

（3）制造单位通过对断裂螺栓的解剖试验、失效分析以及微观组织研究，制定并采取了多项措施提升螺栓的质量性能：提高原材料质量；完善螺栓拆装工艺；降低预紧力；优化加工工艺。在结构上将加热孔由原来的盲孔改为通孔，并在螺栓底部和螺母上增加了螺塞，用来隔绝空气及杂质以保护螺栓，见图 6-56。

▶ 隐患排查重点

设备维护具体要求如下：

（1）加强对运行机组的再热主汽阀、再热调速汽阀的巡检，发现温度异常升高，及时采取必要措施。利用机组停机机会，在每个阀门保温夹层上部安装热电偶，便于专业人员定期监视温度变化情况。在机组启停和再热汽门活动试验时，加强对汽门的检查，发现异常，及时采取措施。

（2）加强设备的检修管理工作，根据设备状况，合理地安排设备检修计划和检修项目，对超标和不能满足安全生产要求的螺栓要及时进行更换。检查内容包括外观目视检查，敲击检查，采用内窥镜对加热孔进行内部检查，采用超声、着色探伤等手段进行无损检验以及 100% 的硬度检查。

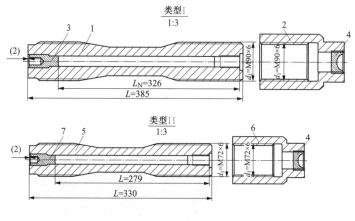

图 6-56　螺栓结构改进图

（3）在隐患未彻底消除之前，为防止机组运行中螺栓断裂造成阀门阀盖突然脱出，应采取确保现场安全的临时措施和运行监视措施，避免出现安全事故。制订并落实事故应急预案。考虑在阀盖处增加临时加固措施。

（4）严格控制螺栓制造工艺。严格把控原材料质量。螺栓加热孔切削刀具进行改进，使加热孔孔底部为平面，减小可能出现的应力集中现场，螺栓制造过程中增加加热孔内壁检验，热处理前对螺栓表面清洁处理、螺栓热处理由外包转为上汽厂实施。同制造单位进行沟通，提供材料替代的可行性方案。

（5）DL/T 438《火力发电厂金属技术监督规程》14.8 条要求："IN783、GH4169 合金制螺栓，安装前应按数量的 10% 进行无损检测，光杆部位进行超声波检测，螺纹部位渗透检测；安装前应按 100% 进行硬度检测，若硬度超过 370HB，应对光杆部位进行超声波检测，螺纹部位渗透检测；安装前对螺栓表面进行宏观检验，特别注意检查中心孔表面的加工粗糙度。"及时按照标准要求开展检验监督工作。

6.2.3　1Cr5Mo 螺母失效

▶ 　事故案例及原因分析

某厂 600MW 超临界机组高导管法兰回装紧固螺栓过程中，发现螺母出现大面积滑牙现象，立即对所有螺母进行材质、硬度检验：螺母材质为 1Cr5Mo 与设计相符、硬度值 160 ～ 190HB（设计规定 248 ～ 302HB），硬度偏低是螺母滑牙的主要原因。其他 3 台机的高导管法兰螺母、中导管法兰螺母、中主门盖螺母，中调门螺母均进行硬度检测，都不同程度地出现硬度偏低现象，布氏硬度值大都处在 160 ～ 190HB 之间。

另有某厂 700MW 进口亚临界机组左侧中压主汽阀阀盖运行中冲脱，左侧中压主汽阀阀盖螺栓（材质 R26）断裂 1 根、螺栓弯曲 11 根，其余螺母（材质 Cr5Mo）全部滑牙、螺栓孔挤压损伤。

该案例具体原因分析如下：

对国内多台机组分析统计表明，1Cr5Mo 螺母在超临界参数甚至在亚临界参数下，长期服役后均出现了硬度显著下降的情况。通过对多组 1Cr5Mo 材质螺母样品在高温下组织性能变化的分析试验，得出如下结论：

1Cr5Mo 材质螺母在 566℃下长时间服役后组织性能逐渐劣化，无法满足机组长周期安全运行的要求。

1Cr5Mo 材质螺母在高温服役过程中，其微观组织中的回火马氏体板条逐步发生分散，Cr 和 Mo 等元素以碳化物的形式向板条界及晶界处析出并长大，减弱了第二相强化和固溶强化效果，从而导致了螺母力学性能降低，如图 6-57 和图 6-58 所示。

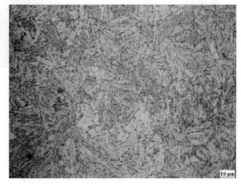

图 6-57　螺母服役前组织形态　　　　　图 6-58　螺母长期服役后组织形态

▶ **隐患排查重点**

设备维护具体要求如下：

（1）采用 1Cr5Mo 材质螺母的超临界机组甚至亚临界机组，一旦发现 1Cr5Mo 螺母性能明显下降，应尽快升级换为更高等级、性能更稳定的螺母。

（2）加强机组运行过程中的温度监控，防止螺母因温度过高而导致组织性能急剧劣化。

6.2.4　高压旁路 P92 热挤压三通开裂

▶ **事故案例及原因分析**

某 1000MW 超超临界机组汽轮机侧主汽管道至高旁异径三通在调停过程中发现泄

漏。主汽至高旁异径三通为热挤压三通，材质为 ASTM A234-WP92，规格为 ID349×72mm/ID248×53mm。

机组停运后，经超声探伤发现 A 侧三通肩部内壁最大裂纹长约 180mm，局部贯穿。进一步扩大检查发现 B 侧三通肩部内壁也存在裂纹，最大长约 160mm，未贯穿。A、B 侧高旁三通切割后检查内壁，实际状况比超声检测结果更为严重，除以上尺寸较大的裂纹外，三通两侧肩部均发现多条方向不一的微裂纹，其中 A 侧三通内壁缺陷如图 6-59 所示，B 侧三通内壁缺陷如图 6-60 所示。以上裂纹尚未发展延伸到焊缝及管道。

 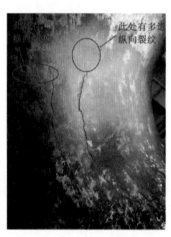

图 6-59　A 侧三通内壁开裂　　　　图 6-60　B 侧三通内壁开裂

该案例具体原因分析如下：

该类三通为厚壁热挤压三通，主要成型工艺为径向补偿法，即通常采用多次压制—合模成型，具有制造工艺复杂、受力状况复杂、不易于无损检测等特点。

三通是不规则的几何异形体，主支管相贯，相当于在圆柱筒体上径向大开孔。主管上的这部分面积失去了承载能力，其载荷只能叠加到三通肩部，高温高压运行条件下在肩部内壁区域形成峰值应力。

相关失效分析表明，A、B 侧三通开裂部位均无明显的超标夹杂、疲劳辉纹特征，裂纹不是夹杂及疲劳因素所导致。按照材质设计许用应力进行设计工况下的强度校核，强度校核满足要求。三通本体、主裂纹及相邻管道均无明显的长时蠕变孔洞、组织严重老化等特征，排除运行过程中因高温蠕变启裂因素。

A、B 侧三通的主裂纹为热挤压成型过程中变形较大产生，在后期高温长期运行过程中，裂纹蠕变扩展直至裂透。

此外，检查发现三通两侧肩部内壁均存在尺寸超标的补焊区，裂透侧补焊区弧长、宽、深分别约 326、58、45mm，见图 6-61。这进一步说明三通在加工阶段已出现裂纹，制造厂进行了修补处理。

综上所述，引起三通肩部内壁开裂的主要原因为热挤压过程中肩部流动性差，工艺欠佳导致裂纹出现，后期长期运行过程中蠕变扩展直至裂透。

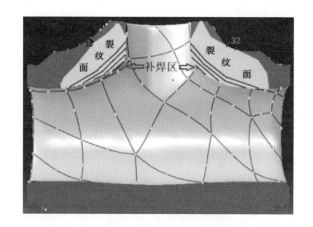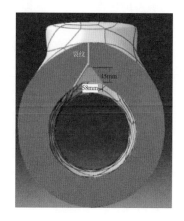

图 6-61　补焊区域示意图

隐患排查重点

设备维护具体要求如下：

（1）对于热挤压成型的 P91、P92 三通，应不定期对三通肩部内壁进行超声检测，对三通腹部进行表面检测。

（2）如发现开裂应尽快予以更换。

6.2.5　高压旁路三通冲刷减薄泄漏

某机组开机过程中高压旁路甲侧三通发生泄漏，漏点位于三通支管与主管连接焊缝支管侧，沿焊缝边缘线性均匀开裂，长度约 40mm，如图 6-62 所示。 高压旁路与再热冷段管道采用带有加强筋的 T 形焊制异径三通连接，三通规格 OD414×12/216×8mm，材料为 ST45.8/Ⅲ，甲乙侧各 1 只。

泄漏区域约 150mm×100mm 范围内的一级旁路管道厚度为 3.8 ~ 6.1mm 不等，三通支管内壁应该出现了一定程度的减薄。

该案例具体原因分析如下：

将甲侧三通割除后检查发现，三通内壁漏点附近区域汽水冲刷痕迹明显，测量结果表明最小剩余壁厚已不足 2mm。

进一步观察三通内部情况，发现三通支管与主管连接焊缝根部凸出约 4mm，流通截面的变化会导致蒸汽流动方向突然改变，还有可能形成漩涡增加局部的冲刷效应，加剧对内壁的冲刷力度。泄漏点正好对应于焊缝根部凸出一侧，也是冲刷最严重的部位，如图 6-63 所示。

因此排查的重点应该放在隔离阀及调节阀是否工作正常。机组启动后，当隔离阀、调节阀均处于全关闭状态，通过听、摸手段可以判断出两只阀门后管段均有气流通过；

将隔离阀关闭、调节阀保持开度 10%，1min 时间内温度指示由 210℃快速升至 218℃，压力指示也呈明显上升趋势。

以上情况充分说明隔离阀、调节阀严密性差，全关闭状态下仍有来自主汽管道的高温高压蒸汽通过。

综合以上分析，高压旁路隔离阀、调节阀不严密是造成三通内壁受蒸汽冲刷减薄直至泄漏的直接原因。

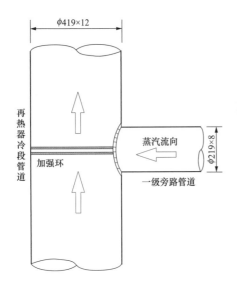

图 6-62　三通泄漏示意图　　　　　图 6-63　三通内壁冲刷形貌

▶ **隐患排查重点**

设备维护具体要求如下：

（1）定期对高压旁路管道弯头、直管段、疏水管进行测厚。

（2）对阀门进行解体检修提高其严密性，同时考虑加装手动隔离阀。

（3）加强高压旁路阀后温度、压力的监控，发现异常及时检查阀门严密性。

6.2.6　高加疏水管道冲刷减薄泄漏

▶ **事故案例及原因分析**

某机组为亚临界，一次中间再热单轴双缸双排汽，单抽式凝汽式汽轮机。回热系统配置 3 台高压加热器（高加），分别由汽轮机 1、2、3 段抽汽供汽，为非调整式抽汽，随机启动，运行中不参与调整。1 段抽汽额定压力 6.122MPa，额定抽汽温度 386.7℃，1 号高加额定疏水温度 248.7℃；1 号高加疏水管规格为 $\phi219\times9$mm。2 段抽汽额定压力 3.644MPa，额定抽汽温度 318.9℃，2 号高加额定疏水温度 208.7℃；3 段抽汽额定压力 1.712MPa，额定抽汽温度 439.2℃，3 号高加额定疏水温度 182.4℃。

机组运行中，负荷 245MW，AGC 模式运行，总煤量 34kg/s，主蒸汽流量 272.2kg/s，主蒸汽压力 18.9MPa，主蒸汽温度 530℃，再热蒸汽温度 539℃，4 台磨煤机运行，2 台汽动给水泵正常运行，电动给水泵备用，回热系统正常投运。

　　汽机房突然出现异常响声，发现厂房涌出大量蒸汽，进行紧急停机操作。检查发现 1 号高加至 2 号高加正常疏水管（材质 A106B，规格 φ219×9mm）断裂，造成蒸汽泄漏，做高加隔离措施。泄漏部位为 1 号高加正常疏水调整门后直管段，因冲刷减薄（最薄处约 1mm）爆裂，导致调整门后垂直管道与上部三通焊口开裂，见图 6-64 和图 6-65。

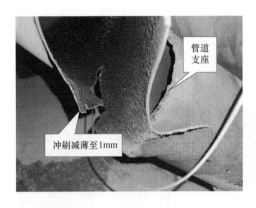

图 6-64　爆口局部形貌　　　　　　　图 6-65　爆口现场

　　查询检修记录，组检修时，对 1 号高加至 2 号高加正常疏水管道测厚检测，测厚范围为 1 号高加正常疏水调整门前弯头 1 处、调整门后大小头 1 处、调整门后三通 3 处。

　　该案例具体原因分析如下：

　　管道长期运行后，冲刷减薄；机组负荷调节频繁，造成高加疏水管路温度频繁变化，交变应力较大，最终导致管道爆裂。

> ### 隐患排查重点

　　设备维护具体要求如下：

　　（1）落实《防止电力生产事故的二十五项重点要求》第 6.5.5.6 "对于易引起汽水两相流的疏水、空气等管道，应重点检查其与母管相连的角焊缝、母管开孔的内孔周围、弯头等部位的裂纹和冲刷，其管道、弯头、三通和阀门，运行 10 万 h 后，宜结合检修全部更换。" 结合机组检修，检查运行 10 万 h 以上易引起汽水两相流的管道、弯头、三通和阀门，根据检查情况进行更换。

　　（2）举一反三开展现场隐患排查治理工作。对机组炉外汽水疏水管路包含管件及直管段进行全面检测，发现减薄问题及时处理。强化易引起汽水两相流的疏水管道可能冲刷减薄的风险，及时排查长期存在的炉外管爆破风险。

　　（3）加强专业技术管理，完善炉外管台账，确定机组检修期间金属监督检测项目，特别是存在冲刷可能性较大的直管段检测。机组检修期间检测项目应包括异径管及弯头、三通等管件及焊缝，还应包括直管段。

6.2.7　给水泵小汽轮机叶片断裂

▶ 事故案例及原因分析

某厂新投运 350MW 超临界机组配置的给水泵小汽轮机为半容量锅炉给水泵驱动汽轮机，型式为单缸、双气源、高低压汽源内切换、冲动凝汽式、下排汽，连续运行一个月后振动突增导致跳机。

揭缸后发现小汽轮机第三级叶片的末叶片及紧邻末叶片的一根动叶片（从机头向机尾看顺时针方向第一根）断裂（见图 6-66），末叶片出汽侧叶根保留在叶轮上，带有进汽侧叶根的末叶片保留完整，有碰磨变形现象，第一根叶片的叶身缺失，两侧叶根均保留在叶轮上（见图 6-67）。

图 6-66　动叶断裂

图 6-67　动叶断裂

小汽轮机转子上共有六级叶轮，沿汽流方向为单列调节级、第 2 ～ 6 级压力级，动叶片安装于各级叶轮上，前五级叶片材料选用高热强性、减振性良好、且有抗腐蚀性的 2Cr12NiMo1W1V 马氏体耐热钢。

转子前二级为双齿型根槽，后三级为枞树型根槽，第三级共 18 组 106 根叶片，每组由叶顶汽封相连，有两组是 5 根叶片为一组（其中末叶片即是 5 根叶片为一组），其余的 16 组叶片每组 6 根叶片。末叶片采取两件锁口圆柱销和两个骑缝圆柱销固定，形式如图 6-68、图 6-69 所示，每个锁口圆柱销周围有 4 个铆点，每个骑缝圆柱销周围有 2 个铆点，铆点的作用是防止销钉脱出。

该案例具体原因分析如下：

叶片的化学成分、非金属夹杂物、硬度值、室温拉伸性能、显微组织和冲击吸收能均符合相关标准要求。

第三级末叶片是采取两件锁口圆柱销和两个骑缝圆柱销进行固定的，销孔均为通孔形式，根据厂家提供的有限元计算结果可知，第三级叶片叶根部位的销孔处的应力相对于叶根其他部位偏大，且出汽侧比进汽侧应力更大。

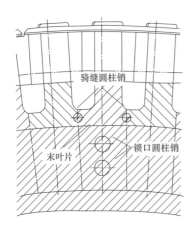

图 6-68　末叶片固定型式示意图

图 6-69　末叶片实际固定情况

因销孔均为通孔形式，所以在装入骑缝圆柱销和锁口圆柱销后，在销孔周围打了铆点进行固定，以防止运行中骑缝圆柱销窜出；而末叶片和第 1 根叶片的叶根断裂位置均位于骑缝销孔处或附近，距断面 1.5mm 范围内的骑缝销孔源区附近有多处细小裂纹，裂纹最深处约 0.01mm，有少数几个裂纹开口已张大，源区硬度值高于其他部位，且在铆点形成的圆形区域边缘上方，骑缝销孔处有两个铆点，锁口销孔处有 4 个铆点，铆点的位置比较随机，有些铆点已经打在了销孔的圆周上，破坏了销孔的完整性。

再结合末叶片和第 1 根叶片的叶根断口形貌可知，最先断裂的位置应为第 1 根叶片出汽侧叶根，起裂位置位于销孔应力最大处，开裂后，裂纹发生疲劳扩展，直至最后断裂，当出汽侧叶根断裂过程中或断裂后，叶片失稳，从而造成末叶片在出汽侧与第 1 根叶片的骑缝销孔处，即销孔起裂侧的另一端销孔处发生碰磨，并导致末叶片在该侧销孔处开裂，直至断裂；当第 1 根叶片出汽侧叶根断裂后，叶片失稳导致进汽侧叶片发生断裂。

综上可知，叶片在高速转动中，叶片出汽侧叶根骑缝销孔应力集中处易萌生裂纹类缺陷，在离心力和振动应力的作用下造成疲劳断裂，而骑缝销孔的铆点增加了应力集中及形成裂纹类缺陷的风险性。

▶ **隐患排查重点**

设备维护具体要求如下：

（1）改进末叶片的锁紧形式，尤其要优化销孔周围的铆点工艺，以排除因铆点造成的叶片损伤。

（2）加强运行中的振动监测和检修过程中的监督检查。

6.2.8 EH 油管道泄漏故障

6.2.8.1 EH 油管道焊缝开裂，造成 EH 油压力低保护动作跳机

▶ 事故案例及原因分析

某电厂机组 EH 油系统油压突降，EH 油压力低保护动作（定值 9.31 MPa），机组停运。现场检查发现，2 号高压调速汽门油动机供油管道三通焊口断裂，系统大量漏油，EH 油箱液位由 520mm 降至 240mm，汽轮机 13.7m 和 6.9m 平台大量积油，高、中压缸下方高温管道上有油污并有浓烟。

该案例具体原因分析如下：

EH 油系统管道三通断裂焊口存在基建原始安装缺陷，EH 油管三通与管道焊接对口未留间隙，焊缝未完全熔透，焊缝强度降低。由于机组经长周期运行，疲劳应力导致焊缝开裂，造成 EH 油管断裂。停机期间，对机组主机、小汽轮机 EH 油管道三通焊口进行了射线检查，又发现多处焊口存在单边未熔合或根部未焊透缺陷，对焊口存在较大缺陷的三通进行了更换。

▶ 隐患排查重点

设备维护具体要求如下：

（1）针对 EH 油系统管道焊口检验不合格、存在焊接质量缺陷问题，利用机组检修对机组 EH 油等油系统管道中的对接焊缝进行射线检查。

（2）对所有机组 EH 油系统管道进行普查，重点检查油管夹具完整、管道碰磨与振动、管道与热源间距等问题，并做好检查记录，提高巡检质量。

（3）加强高压油管、高压疏水管等重要小管径管道新安装焊口的金属监督工作，提前预控风险，避免承插焊缝。

6.2.8.2 EH 油站供油管道法兰螺栓断裂，造成 EH 油压低停机

▶ 事故案例及原因分析

某电厂运行中，发现机组 EH 油箱油位低一值（438mm）报警，油箱油位快速下降，A EH 油泵电流由 23A 突升至 49A，EH 油压由 16.0MPa 突降至 15.1MPa，立即到现场对 EH 油系统进行检查。06:52，EH 母管油压下降至 10.5MPa，EH 油压低保护动作（三取二）汽轮机跳闸，发电机解列，锅炉 MFT 动作。

经检查发现机组 EH 油站至 A 侧超高压汽门油管法兰处大量漏油。

缺陷基本情况：断裂螺栓规格为 M14×50，材质为 Q235-A-O，断裂情况见图 6-70 和图 6-71。

该案例具体原因分析如下：

材质复核无误。螺栓断面未发现明显制造缺陷，初步分析与预紧力过大，超过螺栓的承载能力有关。

图 6-70 断裂螺栓

图 6-71 泄漏位置

▶ 隐患排查重点

设备维护具体要求如下：

（1）提高机组 EH 油站供油管道法兰螺栓更换为高强度螺栓（12.9 级）。

（2）检查机组 EH 油系统管路，发现振动异常等情况，进行减振处理。

（3）对机组 EH 油系统法兰螺栓全面排查，机组停运时更换为高强度螺栓，更换时严格工艺纪律和安装标准。

（4）将机组 EH 油系统法兰螺栓紧固情况作为日常检查范围，发现问题及时处理。

6.2.8.3 油泵出口活节焊口断裂，造成 EH 油泄漏，机组跳闸

▶ 事故案例及原因分析

某电厂运行监盘人员发现机组"EH 油箱油位低"光字牌报警。检查发现汽轮机零米 EH 油系统附近大量喷油，油泵振动较大；EH 油压降至 9.5MPa，"EH 油压低保护动作"，汽轮机跳闸，锅炉 MFT，发电机解列。现场检查发现 A-EH 油泵出口滤网前活节焊口断裂（管径 $\phi 25$），见图 6-72。

图 6-72 断裂现场照片

该案例具体原因分析如下：

（1）EH 油系统管路（包括油泵出口管）存在振动，出口管固定不牢。长时间运行后，因振动使焊口应力疲劳，强度降低而断裂。前一年度检修时，更换 EH 油泵，油泵入口管、溢流油管进行了改造更换，但油泵出口管没有更换。

（2）检修期间，只对 EH 油系统 12m 和 6m 平台的管道焊口进行了重点检查与更换，没有对泵出口管道的检查和更换；A 修期间对 EH 油管焊口只进行了表面着色探伤，没有进行 100% 射线探伤。

▶ 隐患排查重点

设备维护具体要求如下：

（1）针对 EH 油系统管道振动问题，应逐台机组落实方案进行治理。利用检修时机，对 EH 油管道焊口进行射线探伤，进一步排查设备隐患。

（2）对安装阶段油管道安装焊缝未进行 100% 射线检测的油管路或安装焊缝质量不明的，应利用 A 级检修对安装焊缝进行 20% 的射线检测；当发现存在超标缺陷情况时，应扩大抽查比例，如果仍然发现存在超标缺陷的焊缝，则应对油管道安装焊缝进行 100% 的射线检测，利用检修时机按照标准进行相关检查。

6.2.8.4　油动机活接焊缝频繁泄漏导致多次停运

▶ 事故案例及原因分析

某电厂机组 3 号高调门油动机进油管活接发生漏油并导致机组停运，检查分析认为进油管活接根部存在缺陷，机组运行时油管道高频振动逐渐发展形成裂纹造成漏油，停机后对活接采取了临时焊接措施。机组小修期间，在更换 3 号高调门油动机的同时更换了该活接，并进行了着色探伤及超压试验，未发现异常。小修后机组运行仅 20 天，机组 3 号高调门油动机进油管活接根部断裂并导致机组停运，停机后将原来的活接连接方式改为焊接连接方式，但焊接质量差且两个焊接接头之间的距离过小（见图 6-73）。

次年机组 3 号高调门油动机进油管焊口因裂纹漏油再次导致机组停运。高调门油动机进油管（$\phi 16 \times 3mm$，材质 1Cr18Ni9Ti）在活接根部焊口熔合线附近存在一条 1/3 圆周长、环向贯穿性裂纹（见图 6-74），同时发现焊口周边还存在一条轴向、未贯穿裂纹。

图 6-73　轴向未贯穿裂纹

图 6-74　环向贯穿裂纹

该案例具体原因分析如下：

（1）EH 油进油管与高调门油动机进油接头焊接质量差，是高调门进油管焊口裂纹的主要原因。焊工施焊时操作不当，焊缝成型不良、组织过热，两个焊接接头之间的距离仅约 15mm，不符合 DL/T 869《火力发电厂焊接技术规程》要求"同管道两个对接焊口间距应大于管道直径且不小于 150mm，当管道公称直径大于 500mm 时，同管道两个对接焊口间距不小于 500mm"。间距过小导致热影响区重叠，焊缝残余应力过大。

（2）EH 油管道存在不同程度的振动，造成高调门 EH 进油管与油动机接口焊缝处存在应力集中，是高调门进油管焊口裂纹的另一原因。

对 EH 油进油管活接漏油缺陷原因分析不透彻，没有找到频繁出现问题的根本原因，仅采取更换或补焊的方式进行处理，导致同一位置连续三次泄漏。

（3）处理方案考虑不完善。在该活接多次出现问题且存在异常振动的情况下，将活接连接改为刚性（焊接）连接是否可行，未采取其他配套措施。

（4）焊接质量管控不严，金属监督及验收不到位，无法保证焊接质量。焊缝距离太近，热影响区重合且焊缝金属与母材局部熔合不好，造成焊口再次发生裂纹。

（5）运行维护人员巡检不到位，未能及时发现 EH 进油管的异常振动。

▶ **隐患排查重点**

设备维护具体要求如下：

（1）电厂 EH 油管路三通与管路的连接方式分为插入式角接焊缝（三通机加工或锻造有插入接口）、焊接大小头过渡对接、冲压式有大小头过渡对接。目前电厂 EH 油管路运行期间三通焊缝发生开裂泄漏失效的主要是插入式。其主要原因是插入式角焊缝部位存在结构突变引起的应力集中，在焊接质量不良，振动应力长期作用下，在角焊缝管侧熔合线部位发生疲劳开裂泄漏。

（2）对于油管路三通焊缝或其他插入式角接焊缝应在每次大修中进行表面无损检测，尤其对于振动现象明显的管路三通与管路连接焊缝应重点检查。同时建议对于曾经发生开裂泄漏，或振动明显的高压油管路，利用检修机会改造为对接形式。

对油管路插入式角接焊缝存在结构突变引起的应力集中，焊缝质量差，振动应力作用下发生开裂失效。应利用检修时机对焊缝进行表面无损检测。

（3）EH 油管路对接焊缝的失效，其主要原因是焊缝内部存在未熔合、未焊透等超标缺陷，在振动应力作用下缺陷扩展发生疲劳开裂泄漏。对对接焊缝质量情况不明的，应利用检修机会进行射线探伤抽查，发现问题扩大检查，并返修处理。

（4）对 EH 油系统中结构不合理、存在隐患的管路进行处理或改造。在存在隐患的管路未处理或改造之前，要编制相关定期工作及检查清单，对 EH 油系统中存在结构性缺陷、发生过异常的同类部位及新增焊口，利用机组停备或检修机会进行射线探伤。建立和完善 EH 油系统台账，绘制管道焊缝布置图，对管道、焊缝、弯头、活接、丝头等检修检查情况进行详细记录，以便于进行隐患排查和技术性评估。

6.3 ▶ 发电机金属部件事故隐患排查

6.3.1 发电机护环断裂

▶ 事故案例及原因分析

某厂 2 号发电机护环运行中发生断裂，造成相关部件严重损坏。护环材质为 18 Mn-5 Cr，累计运行时间已超过 15 万 h。

由断口的走向和断口上纹理（人字花样）可判断，断裂沿轴向由槽楔侧向风扇侧发展。断口整体齐整，除风扇侧一半断口近内外表面处有塑性变形外，断口整体，特别是壁厚中间呈脆性断裂形貌，见图 6-75。

主断口的源区、励测护环其他位置发现的 6 处裂纹、汽侧护环发现的 3 处裂纹都对应于护环内表面与紧力齿接触的压痕部位。

该案例具体原因分析如下：

断口扫描电镜观察主要呈沿晶断裂形貌，断口整体呈典型的应力腐蚀断裂特征，见图 6-76 和图 6-77。

图 6-75　发电机护环断面形貌

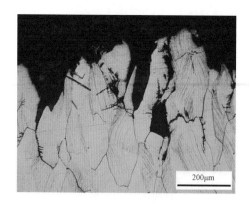

图 6-76　沿晶开裂形貌

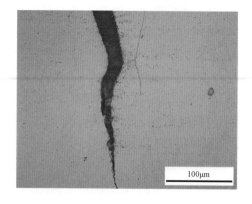

图 6-77　主裂纹及延生的二次裂纹

应力腐蚀开裂（SCC）是护环失效的主要原因。应力腐蚀是材料在腐蚀和拉应力的共同作用下产生的破裂，腐蚀和应力的作用是相互促进，不是简单的叠加，也就是说，不存在应力时，单纯的腐蚀作用不会产生这类破坏，不存在腐蚀时，单纯的应力作用也不会产生这类破坏。产生应力腐蚀应同时具备三个条件：特定环境介质、足够大的拉应力、特定的合金成分和结构。

▶ **隐患排查重点**

设备维护具体要求如下：

（1）由于18Mn-5 Cr护环钢对应力腐蚀比较敏感，优先选用18Mn-18 Cr材料的护环。

（2）发电机冷却介质的相对湿度对18 Mn-5 Cr护环的应力腐蚀开裂影响极大，应控制机内冷却介质的湿度，注意发电机转子停机及检修时的防潮。

（3）应对护环材质应进行复核，确认与设计材质相符后采取相应的监督方式。

（4）为排查应力腐蚀裂纹，护环不拆卸时金相点建议设置在端面，拆卸后建议选取紧力面、R角变截面等容易发生应力腐蚀的部位进行分析。

（5）护环内壁的应力明显大于外壁，应力腐蚀裂纹主要发生在变截面圆角处和护环两端及中间的配合面处，在检测时应重点探查护环内壁。

6.3.2 发电机风扇叶片断裂

▶ **事故案例及原因分析**

某厂600MW发电机检修时发现励端出线盒绝缘板上方存在大量金属碎片。经进一步检查，发现编号为1号和12号的两片风扇叶（铝基合金材料）从根部断裂，并造成其他多片风扇叶损伤，如图6-78、图6-79所示。

图6-78 断裂的两只风扇叶

图6-79 12号风扇叶断口形貌

该案例具体原因分析如下：

　　两片风扇叶断裂的位置相同，均在风扇叶螺杆根部，这是风扇叶受力最大的部位。12 号风扇叶螺杆断口为平断口，1 号风扇叶螺杆断口为斜断口，12 号风扇叶叶身损坏较为严重。现场判断 12 号风扇叶螺杆首先断裂，经历高速碰撞造成严重损坏。1 号风扇叶断裂以及其他多只风扇叶不同程度的损伤，应为 12 号风扇叶飞出后撞击所致。

　　12 号风扇叶的断裂起源于螺纹根部，向螺杆心部发展，其螺纹断裂横截面如图 6-80 所示。将螺杆、螺母由中分面纵剖，可见螺母与螺杆的螺纹不匹配，完全咬合的只有两个牙，其余都没有完全咬合，如图 6-81 所示。

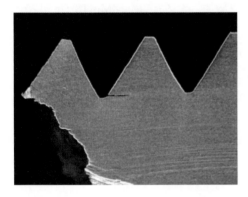

图 6-80　12 号风扇叶螺纹断裂横截面　　　　图 6-81　12 号风扇叶螺杆、螺母纵剖面

　　螺杆第一牙距螺纹底部约有 2mm 间隙，第二牙距螺纹底部约有 1.5mm 间隙，第三牙距螺纹底部约有 1mm 间隙。检查发现，断裂最先起源于第二、第三牙的根部，且裂纹与螺杆轴线平行。其中，第二牙根部的裂纹长约 1.5mm，第三牙根部的裂纹长约 1mm。

　　12 号风扇叶螺母有部分螺纹没有加工完全，装配状态下不能顺利旋入螺杆根部。检修人员紧固时增大力矩，导致螺杆在受力最大的螺纹根部处产生裂纹。

▶ **隐患排查重点**

设备维护具体要求如下：
（1）风扇叶拆卸、安装严格按照制造厂提供的力矩值进行拆装，并记录规范。
（2）叶片表面应无裂纹、严重划痕、碰撞痕印。
（3）机组每次 A 修风冷扇叶叶根螺纹根部应进行检测，无裂纹缺陷。

6.4 ▶ 压力容器事故隐患排查

6.4.1　除氧器筒体开裂

▶ **事故案例及原因分析**

　　某厂 660MW 超临界机组除氧器筒体上部开裂泄漏。停机后的外壁检查结果表明，贯穿性裂纹位于斜向上 45° 位置、H13 环焊缝（见图 6-82 粗黑实线）熔合线附近，裂纹长度约 130mm，如图 6-83 所示。

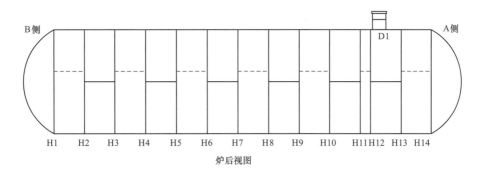

炉后视图

图 6-82　除氧器开裂位置示意图

内壁检查结果表明，除氧器筒体内壁裂纹分为两类，一类裂纹位于 H13 环焊缝两侧热影响区范围内，裂纹呈连续的线状分布，长度范围主要分布在 500～2000mm 之间；二类裂纹呈龟裂状、在焊缝附近的母材上分布，如图 6-84 所示。此类裂纹面积大、深度浅、不连续，在进汽管导流板出口附近最密集，随着与喷口距离增大而密度降低，单侧龟裂裂纹宽度约 700mm。

该案例具体原因分析如下：

该除氧器筒体的大面积裂纹属于和进汽结构、汽水界面热交变运行工况有关的热疲劳裂纹。交变工况下，除氧水液面的波动和飞溅导致冷热疲劳，表面平整的母材以龟裂的形式开裂。焊缝区为应力集中区，协调变形能力不足，以连续裂纹的形式释放疲劳应力。

图 6-83　筒体上部贯穿型开裂

图 6-84　内壁母材龟裂

采用非连续坡口形式、破碎柱状晶熔覆修复方法、高频冲击去应力和精准焊后热处理等措施对裂纹缺陷进行了修复处理，对裂纹区域加装了热交变隔离防护装置。

▶ **隐患排查重点**

设备维护具体要求如下：

（1）在机组运行条件允许的情况下，降低除氧器运行水位，增大蒸汽通道面积，确保除氧器安全稳定运行。

（2）除氧器安全状况等级仍处于较低水平，除正常定期检验外，应结合检修加强除氧器筒体内、外壁的检查和检测。

6.4.2　蒸汽冷却器壳体焊缝开裂

▶ **事故案例及原因分析**

某厂 1000MW 超超临界机组蒸汽冷却器在首次定期检验时，发现壳体环焊缝存在周向裂纹。高加外置式蒸汽冷却器为换热固定式压力容器，属于Ⅲ类容器，在汽轮机抽汽加热系统中充分利用抽汽过热度进一步提高给水温度，增加了系统的热经济性。

蒸汽冷却器壳体材料为 SA387Gr912CL2，属于压力容器用铬钼合金钢板，相当于10Cr9Mo1VNb 或 P91，具有较高的抗氧化和高温蒸汽腐蚀性能，以及良好的冲击韧性、持久塑性及热强性。

壳体分布有编号为 B1 ～ B4 的 4 道环焊缝，焊缝布置见图 6-85。裂纹沿 B3 环焊缝熔合线周向断续分布，单条裂纹最大长度约 60mm，累加长度接近壳体半周，现场检验情况见图 6-86，裂纹形貌见图 6-87。所有裂纹均开口细微，选取两处长度较短的裂纹尝试进行磨除，打磨深度约 2mm 后即完全消除。

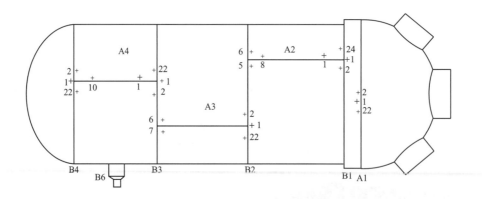

图 6-85　蒸汽冷却器壳体焊缝布置

该案例具体原因分析如下：

查阅设备质量证明文件，制造过程及供货状态 B3 环焊缝无缺陷记录。对焊缝及两侧母材进行成分测试，壳体材料与设计符合，也不存在错用焊材的情况。

壳体母材布氏硬度值为 198 ～ 206HB，焊缝硬度约为 234 ～ 243HB，符合DL/T 438《火力发电厂金属技术监督规程》关于 P91 材料母材及焊缝的硬度要求。

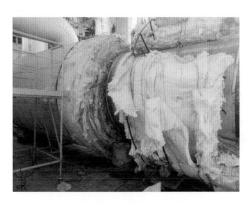

图 6-86　筒体环缝检验

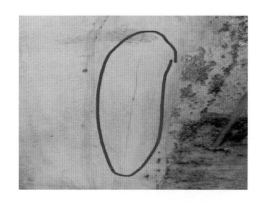

图 6-87　沿熔合线的裂纹形貌

容器支座、保温及其连接管道吊架状态，未见膨胀及受力异常；投产以来也未出现运行参数超过设计温度和设计压力的情况。

查阅蒸汽冷却器质量证明书，壳体母材化学分析 C 元素含量为 0.14%，高于 SPCE0238 检验标准规定的 0.08 ～ 0.12%（与 GB/T 5310 规定的含量一致），有相应的不符合项报告。但是由于 C 元素含量满足设计制造单位内部企业标准要求，因此设计制造单位出具了允许回用的认定意见。

SA387Gr912CL2 为高合金马氏体耐热钢，具有较大的淬硬倾向及冷裂倾向；C 元素含量偏高进一步增大了材料的淬硬倾向。蒸汽冷却器壳体壁厚 85mm，由于壁厚太大可能造成熔敷金属收缩不彻底，尽管采用了"X"形坡口进行埋弧自动焊双面焊接，仍可能导致较大的拘束应力。

因此判断蒸汽冷却器环焊缝裂纹，属于在拘束应力及材料自身较大的淬硬倾向作用下产生的冷裂纹。

所有裂纹磨除深度均未超过 4mm，裂纹消除后对打磨区域进行了圆滑过渡。

▶ 隐患排查重点

设备维护具体要求如下：

（1）由检验机构根据蒸汽冷却器的整体检验结果，确定是否缩短检验周期。

（2）除正常定期检验外，应结合检修自行开展蒸汽冷却器筒体内外壁的检查和检测。

6.4.3　液氨罐罐体开裂

▶ 事故案例及原因分析

某厂脱硝系统配置的液氨罐工作压力 1.5 MPa，容积 100m³，盛装介质为剧毒易爆液体，属于Ⅲ类压力容器，首次定期检验评估安全等级为Ⅰ级。罐体材质为 Q345R，在各类压力容器中广泛应用。该容器定期检验前执行倒罐置换工作时，违反安全技术措施直接将液氨由罐体顶部入口门（见图 6-88）注入，造成北侧下部第一节罐体严重开裂，开裂长度超过 1500mm，见图 6-89。

图 6-88　氨罐顶部入口门　　　　　　图 6-89　罐体开裂情况

该案例具体原因分析如下：

当温度降低到某一程度时，金属材料的冲击吸收能量明显下降并引起脆性破坏的现象称为冷脆。金属的低温脆断具有以下特点：

（1）断裂时所承受的工作应力低。

（2）脆性断裂时，裂纹的扩展速度极快，且脆断之前无任何预兆。

（3）材料脆断温度通常接近材料的韧脆转变温度。

（4）脆断常起源于构件自身存在缺陷处。

（5）脆性断裂的宏观断口平齐，断面收缩率小，外观上无明显的宏观变形。

操作人员未遵照液氨罐置换安全技术措施，误将液氮由顶部通过卸氨管道直接注入容器内部。液氮短时间内迅速气化大量吸热，罐体及附近空气温度急剧下降，Q345R 钢在较低温度下失去应有的韧性完成韧脆转变，冲击功大幅降低。

罐体由钢板拼接而成，液氮注入后底部钢板温度下降最快，在高速冷缩过程中承受较大拉应力，导致钢板未发生塑性变形而直接断裂。

因此，本次液氨罐爆裂属于低温脆性破坏。

▶ 隐患排查重点

设备维护具体要求如下：

（1）氨罐定期检验之前，应制订严谨的倒罐置换方案并对排空、充水、蒸汽加热、充氮置换等操作进行演练。

（2）从事该类容器重大修理的单位应具备相应资质，重大修理方案应经原设计单位或具备相应设计能力的单位书面同意。

（3）修理过程应进行监督检验，修后应进行耐压试验。

6.4.4　除氧器备用管盲板爆裂

▶ 事故案例及原因分析

某厂机组运行中，除氧器备用管盲板突然爆开，导致现场人员伤亡。

机组为 660MW 引进型国产燃煤机组，机组累计运行 54368.2h，启停 43 次。除氧器设计压力 1.57MPa，工作压力 0.147～1.335MPa，设计温度 250℃，出水温度 190℃；除氧器盲管与堵板的焊缝为基建安装焊缝，盲管实测规格 φ325×14mm，盲管材质 20，堵板实测规格 φ323×8mm，除氧器结构及盲管堵板位置示意图（见图 6-90～图 6-95）。

机组汽轮机除氧器型式为内置卧式无头除氧器。设备到场完成安装后，对除氧器预留备用接口用堵板焊接封堵（事发焊口为基建期原始安装焊口）。建成投产后按规定取得压力容器使用许可证。定期检验和年度检验由某市特种设备检验所进行。

检修人员巡检中发现机组除氧器西侧底部滴水，进一步检查发现除氧器西侧顶部预留管口盲板焊缝轻微漏汽。预留管口突然爆开，盲板飞出落至机组 B 低压缸南侧，刺出的蒸汽将盲板处正在检查的三人从除氧器平台上吹落至汽机房 13.7m 平台，3 名人员均受伤。

事发前，机组运行方式：机组 AGC 投入，AVC 投入，负荷 570MW，A、B、C、D、E 磨煤机运行，A、B 电动给水泵运行，A 凝结水泵变频运行，除氧器水位 1780mm，除氧器压力 1.0MPa，温度 185℃。事发时机组除氧器水位无法维持，机组紧急停运。对爆开的预留管口重新封堵后，机组并入系统运行。

图 6-90　事故除氧器

图 6-91　事发管口

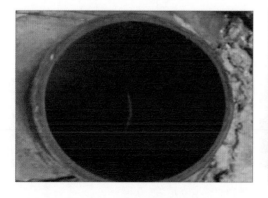

图 6-92　堵板破断后盲管形貌

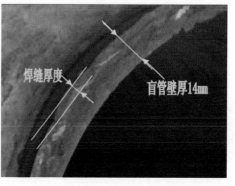

图 6-93　堵板破断后盲管形貌

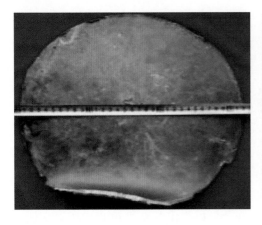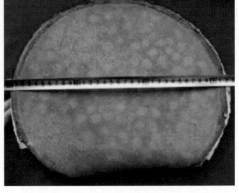

图 6-94　破断后的堵板形貌（外）　　　　图 6-95　破断后的堵板形貌（内）

该案例具体原因分析如下：

（1）直接原因：该除氧器预留管口堵板焊缝与厚度存在严重缺陷：

1）焊接结构不合理。事故盲管堵板为高加疏水至除氧器备用口堵板，实测堵板厚度 8mm（见图 6-96 和图 6-97）、材质为 20 钢，属于 GB/T 16507.4《水管锅炉　第 4 部分：受压元件强度计算》和 GB/T 9222《水管锅炉受压元件强度计算》中无孔平端盖。对照标准可见，本堵板与盲管的焊接结构存在以下问题：①盲管与堵板属未焊透结构，与标准规定的结构型式不符；②堵板侧的实测焊缝宽度为 2.5 ～ 3mm，焊缝强度严重不足；③该未焊透结构易形成应力集中，诱发裂纹产生。

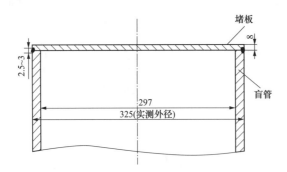

图 6-96　盲管堵板实际结构示意图（单位：mm）

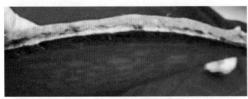

图 6-97　断裂堵板上残留焊缝宏观形貌

2）堵板厚度不合格。根据 GB/T 16507.4《水管锅炉 第 4 部分：变压元件温度计算》，实测堵板厚度 8mm，远小于设计和运行工况下的计算厚度（18mm）要求。

分析认为，造成该起事故发生的直接原因是，爆裂的盲管堵板焊接无孔平端盖不符合国家标准要求，在机组长期运行过程中，因工作应力和热应力的连续作用，未焊透结构形成应力集中，诱发裂纹产生并扩展，最终导致突然爆开。

（2）间接原因。①机组长期运行，未能及时发现除氧器预留管口盲板焊接存在严重缺陷，为事故的发生埋下了隐患。②对预留管口盲板焊缝渗漏缺陷可能产生的风险因素预判不足，对此跑冒滴漏征兆未能引起足够的重视和警觉。③对已发现且不能立即消除的缺陷未及时录入缺陷信息管理系统，缺陷分类界定不清，消缺时限把握不严，未按消缺管理制度及时消缺，且消缺处理措施错误。

▶ **隐患排查重点**

设备维护具体要求如下：

（1）排查锅炉、压力容器压力管道接口方式和封堵型式。对不符合标准的结构型式和计算强度不合格的，应及时进行更换；并按照标准要求，进行监督检验。

（2）严禁带压堵漏工作。

（3）压力容器依法定检和注册、使用，加强运行、检修安全管控，完善安全警示标示，消除设备隐患。

07

环保专业重点事故隐患排查

7.1 ▶ 除尘器及输灰系统事故隐患排查

7.1.1 除尘设备垮塌及事故放灰事故案例及防范要求

▶ **事故案例及原因分析**

（1）2022 年 2 月 15 日，某电厂 2 号机组锅炉布袋除尘器 A 侧发生坍塌，6 名外委单位消缺作业人员被困。

该案例具体原因分析如下：

电除尘改袋式除尘后未及时委托有资质的专业机构开展钢结构强度校核，确定在极端运行工况下是否有足够的安全裕度；运行时排灰不畅，除尘器设备和基础承重荷载均大大增加，势必会带来设备质量方面的安全隐患。

（2）2021 年 9 月 22 日，某电厂 4 号锅炉除尘器 1、2 通道及入口烟道发生垮塌，导致 2 人重度烧伤，4 人被压覆。

该案例具体原因分析如下：

燃煤设计灰分 23%，实际燃用煤质灰分 45.2%，远超燃煤设计灰分 96.5%。由于除尘器的设计煤种与实际使用煤种灰分存在较大差异，积灰过重，除尘器设备和基础承重负荷均大大增加，势必会带来设备的安全隐患。

（3）2018 年 7 月 5 日，某电厂 2 号锅炉电除尘因二、三电场灰斗坍塌，2 号机组跳闸停机。

该案例具体原因分析如下：

二、三电场未设置灰斗料位计，运行人员无法正常监测灰位；输灰设备消缺不及时，运行时排灰不畅，除尘器设备和基础承重荷载均大大增加；且灰斗存在低温腐蚀现象。

（4）2016 年 9 月以来，某电厂 2 号锅炉除尘器多个灰斗出现高料位，一、二电场相继跳停，继而影响到三、四、五电场，整个输灰系统崩溃，电厂采取从灰斗直接放灰至地面以保证电除尘器的正常运行，但此做法极易产生二次污染，从而造成环保事件。

该案例具体原因分析如下：

灰斗气化装置失效，灰斗温度较低，易造成灰流动性变差；输灰系统输送方式存在不合理之处，造成输送空气压力、流量不足，输送浓度偏低。

▶ **隐患排查重点**

（1）设备维护。

1）检查除尘器灰斗等设备的结构强度。按照设计图纸，对除尘器灰斗、输灰、储灰等设备本身及其支撑和悬吊部件进行检查，对与设计图纸不符，应尽快联系原设计单位，研究制定相应的整改处理方案。对无相关设计资料的，应尽快联系设计单位，明确相关要求及标准。

2）应利用机组检修及停备机会，检查除尘器灰斗、输灰、储灰等设备本身，及其支撑和悬吊部件钢结构及焊缝质量状况，钢结构的检查以宏观和测厚检查为主，焊缝的检查除扒开保温进行宏观通光检查外，还应依据焊缝自身结构特点选择合适的无损检测方法。

3）当入炉煤的煤质偏离设计值、灰分增加较多时，应对除灰系统进行运行安全的分析评估。当入厂煤和入炉煤灰分发生重大变化时，应对除灰系统出力进行校核，根据需要制定防范措施，必要时，开展除灰系统增容改造。

4）检查灰斗卸灰及输送装置是否正常运行。检查进料阀、平衡阀、出料阀的密封状况，检查仓泵流化装置状况，检查各进气阀是否能正常进气，检查仓泵出料情况，检查仓泵料位计是否能正常报警，检查输灰原始参数是否被修改。

5）检查灰斗上的紧急卸灰口，在紧急情况时是否能够正常打开。

6）应定期检查除尘器灰斗及输灰管道外观是否正常，是否存在漏灰现象。若发现异常应及时汇报，特别是对于存在可能垮塌风险的场所（如尾部烟道、灰斗等），要立即组织加装硬隔离措施，并悬挂警示牌，禁止人员逗留和通过。

（2）运行调整。

1）对于水平布置在电除尘器入口前的烟气冷却器（或低低温省煤器），应重点监视其烟气侧差压、出口烟气温度及除尘器运行状态，加强巡检，及时发现泄漏并进行隔离，防止烟尘凝聚结块造成灰斗堵塞。此外，应根据燃用煤质和电除尘器运行情况合理控制低（低）温省煤器（烟气冷却器）的出口烟温，防止电除尘器发生严重腐蚀。

2）电除尘器灰斗壁应设加热装置，采用电加热器时，应有故障报警功能，防止灰斗内部灰温下降，受潮凝结，造成堵塞。除尘器灰斗加热温度应不低于120℃。灰斗加热运行方式和控制温度可根据工况变化和输灰方式进行优化。

3）电除尘器灰斗应配备合格的高、低料位计，在料位不正常时应有声光报警装置，以提醒运行、检修人员及时处理，保证灰斗料位正常。

4）对于气力输灰系统，应对空气压缩机干燥器和储气罐定期疏水，防止输灰气源带水，造成输灰系统堵灰。净化处理后，压缩空气的品质要求可参照 JB/T 8470《正压浓相飞灰气力输送系统》4.2.8 条的要求："含油率≤3ppm；含尘最大粒径1μm；常压露点温度≤-20℃"。

5）根据输灰管道的压力变化，判断输灰管中灰的流动状况。一旦发生堵灰，应立即进行吹堵或人工处理。

6）检查空气压缩机干燥器和储气罐，保证压缩空气品质，气源压力不小于 0.6MPa，气量充足。

7）运行人员应根据机组负荷及煤种变化，及时调整仓泵的下料时间。当电除尘器某一电场因故障停运时，运行人员应将这一电场仓泵的进料时间相应缩短。

8）针对灰斗积灰的处理，可参考 HJ 2028《电除尘器工程通用技术规范》12.2.11 条：

a）当灰斗积灰至高料位报警时，必须检查输灰系统的运行情况，并采取措施保证输灰通畅，对该灰斗实行优先排灰，以降低灰位，解除高料位报警；

b）当灰斗积灰至电场跳闸时，在停止向相应电场供电的同时，必须关闭相应电场的阳极振打，以防阳极系统发生故障，同时必须进行强制排灰，以保证设备安全；

c）强制排灰时必须做好安全措施，确保人身安全，严防灰搭桥时，由于受到外力作用，突然下坠而造成事故；

d）事后应分析积灰原因，检查输灰系统，料位计、灰斗加热和保温是否完好，彻底清除故障，防止事故重复发生；

e）在没有采取可靠措施的情况下，严禁开启灰斗人孔门放灰。

7.1.2　湿式电除尘起火事故案例及防范要求

▶ **事故案例及原因分析**

（1）2018 年 4 月 28 日，某电厂对处于停运状态的 1 号湿式电除尘器电场进行空载升压试验工作。工作期间，发现烟囱冒黑烟，经就地检查，初步判定为 1 号湿式电除尘器着火。立即停运湿式电除尘器所有电场，并启动应急预案，随后拨打火警电话，最终明火被扑灭。

该案例具体原因分析如下：

1 号湿式除尘装置进行长时间空载升压试验，空载状态下热量发生累积，从而引燃可燃物，造成 1 号湿式电除尘器起火事故。

（2）2018 年 9 月 24 日，某电厂 2 号机组接调度指令，结束调停准备启动，发现湿式电除尘器温度异常上升，现场察看时发现有冒烟现象，立即停运湿式电除尘器所有电场，并采取水冲洗等灭火降温手段，并拨打火警电话，最终明火被扑灭。

该案例具体原因分析如下：

湿式电除尘器电场闪络击穿引燃阳极导电玻璃钢模块，由此发生着火事故，造成设备损坏。

▶ **隐患排查重点**

（1）设备维护。

1）应编制湿式电除尘施工防火专项施工方案，由各方共同讨论审核后批准实施。

2）在湿式电除尘器防腐作业期间以及玻璃鳞片防腐未完全固化前，应禁止动火作业。动火作业前，必须按规定要求办理动火工作票，并做好动火作业过程的监护。

3）在阳极模块吊装完成后进行动火作业时，必须做好阳极模块的隔离措施，避免焊接过程中火星或残渣掉落，引燃阳极模块。

4）湿式电除尘器空载升压前，必须先对烟道内壁防腐、喷淋系统及相应水循环系统进行验收，烟道内壁防腐应完全凝固并验收合格。

5）湿式电除尘器空载升压前应对除尘器内部进行检查，确保阴阳极放电间距在规定范围内，确保阴阳极间无杂物，以防杂物被火花点燃。

6）湿式电除尘器检修结束，必须先测量电场绝缘，绝缘电阻应大于200MΩ，排除设备内部接地点。

7）空载升压启动前对极板进行冲洗，确保极板干净，防止杂物被火花点燃。

8）湿式电除尘器进行空载升压，升压严禁突升，最好以5kV一档逐级进行，密切关注闪络值，坚决不能强制升压，尤其是机组冷态情况下的空载升压，一旦有闪络，应立即停运电源，重点检查是否内部存在杂物造成短路，空载升压二次电压控制在40kV以下，每个电场时间控制在1min以内。

9）空载升压结束后，应再次对极板进行冲洗。

10）对于非金属材质的湿式电除尘器，检修过程中应重点检查有无灼烧痕迹，如果有灼烧痕迹点，证明运行中此处有放电过热现象。对于那些金属板式湿式电除尘器，当冲洗喷淋系统是非金属材质时，也同样应该引起注意，必要时更换冲洗喷淋系统。

11）湿式电除尘器内部部件优先选用金属材料，内部喷淋管路及喷嘴宜采用双相不锈钢材质，在满足耐腐蚀性能的基础上，避免使用非阻燃的PP材质。非金属材料则应具备阻燃特性并设置事故喷淋系统。

（2）运行调整。

1）湿式电除尘器在调试前，要求在逻辑中增加锅炉MFT动作或浆液循环泵全部跳闸，必须同时跳停湿式电除尘器，这两个保护未消除前，湿式电除尘器应处于无法启动状态。

2）湿式电除尘器空载升压须与脱硫系统连锁运行，尽量在风机运行的条件下进行。

3）运行期间须定期对阳极进行冲洗，低负荷期间可适当增加冲洗频次。具体可按湿式电除尘器厂家说明书要求进行冲洗。

7.1.3 除尘效率下降事故案例及防范要求

▶ 事故案例及原因分析

（1）某电厂两台机组配置了两台卧式双室四电场干式静电除尘器，保证效率为99.6%。在两台机组进行性能验收时，静电除尘器的除尘效率均达到了设计要求。投产4年后两台静电除尘器均出现了二次电流降低，除尘效率显著下降的问题。

该案例具体原因分析如下：

阳极振打机构振打锤变形严重，造成振打效果较差，极板积灰严重。同时极线也存在积灰较多的问题，导致电晕线肥大，大大地降低电晕放电效果，使运行参数明显降低，影响除尘效率。再加上除尘器灰斗积灰严重，造成电场短路。

（2）某 600MW 机组静电除尘器前烟道因结构设计不合理，阻力偏大、流量分配不均，导致该段烟道磨损严重、除尘器电耗高、除尘效率低。

该案例具体原因分析如下：

采用数值方法对该段烟道存在的问题进行诊断分析，该段烟道整个流场速度分布非常紊乱，多处转弯处速度较大，同时形成漩涡，这无疑加剧烟道的磨损。进入空气预热器两室烟气平均速度一侧为 13.7m/s，另一侧为 5.1m/s，差异极大；外侧裤衩管出口流量是内侧的 2.7 倍，并且有旋流的现象，这样使得进入除尘器的气流不均匀，势必降低除尘器效率。该段烟道的阻力达 304.5Pa，使得风机电耗高，增加了厂用电率。

▶ **隐患排查重点**

（1）设备维护。

1）电除尘器入口断面气流分布均匀性应达到设计值或断面气流速度相对均方根值 $\sigma \leqslant 0.25$，同一电除尘器不同室烟气量偏差小于 5%。如不满足要求，应重新进行气流分布试验，对气流分布装置的结构和尺寸进行优化。应保证进气烟箱前直管段长度不小于两倍进气烟箱直管段当量直径。

2）检查除尘器人孔门、烟道、伸缩节、绝缘套管等壳体连接处，消除漏点，避免冷空气进入静电除尘器，减少电晕极线结灰肥大、绝缘套管爬电和腐蚀等问题。

3）利用检修机会，检查放电极、收尘极的积灰情况，并处理已断的放电极线，检查调整变形的收尘极板，检查振打系统各轴、锤的紧固情况，保险销断裂损坏的应及时更换，并更换损坏的振打锤。

4）利用检修机会，全面检查调整极距，确保异极距在误差范围内。

5）对灰斗加热系统及输灰系统进行彻底检查，确保灰斗加热系统和输灰系统工作正常。

（2）运行调整。

1）燃用高灰分煤种或飞灰比电阻高时，应缩短振打周期，加强集尘板和放电极的清灰，防止集尘板积灰过厚产生反电晕，降低除尘效率。

2）监视灰斗料位，输灰系统无堵塞，各加热装置运行正常。

3）高压硅整流设备的运行电压，电流值应在正常范围内，当工况变化时应及时根据运行规程或运行优化指导意见进行合理调整。

4）对于电除尘器前安装低（低）温省煤器（烟气冷却器）的机组，应根据燃用煤质和电除尘器运行情况合理控制低（低）温省煤器（烟气冷却器）的出口烟温，防止电除尘器发生严重腐蚀。

5）脱硝系统运行异常，氨逃逸浓度增高时，可采取提高灰斗加热温度，加强振打，加强输灰、改变锅炉运行方式提高电除尘器入口烟气温度等措施防止电场内部出现故障。

7.1.4 电袋除尘器差压高及布袋破损事故案例及防范要求

▶ **事故案例及原因分析**

（1）某电厂配有一电三袋复合式电袋除尘器，除尘效率不小于99.91%，布袋设计差压800～1200Pa。随着运行时间的延长，电袋除尘器布袋压差持续上升，引风机电耗逐月攀升，尤其进入冬季，机组连续高负荷运行时间长，加之燃用劣质煤，布袋压差快速上升至2500Pa以上，一度达到2900Pa，造成引风机电流急剧上升至440A，达到引风机额定电流值，机组被迫减负荷运行，在增加机组能耗的同时，严重影响机组的安全、稳定、经济运行。

该案例具体原因分析如下：

1）布袋吹扫气量不足，加之吹扫气流作用时间短，布袋脉冲清灰气流达不到底部，造成整个布袋区清灰效果差，导致整个电袋除尘器运行阻力较大。

2）吹扫气源结露，在清灰过程中吹扫气流会将除尘器布袋表面温度瞬间降低，造成布袋的表面温度低于露点温度，造成布袋受潮结露，长期运行，造成布袋受潮变质，使滤袋清灰困难，导致差压上升。

3）氨逃逸影响，因喷氨过量未及时反应的氨气与烟气中的SO_3反应，生成硫酸氢铵，造成空气预热器及布袋堵塞，难以清除，导致差压上升。

（2）某电厂5号机组在锅炉点火启动过程中，发现5号机组布袋尘器控制屏显示的布袋除尘器出口甲侧第二通道烟气温度为299℃，随即打开布袋除尘器人孔门进行降温，并查看电除尘器及低温省煤器各点烟气温度（从趋势记录看，20:00～20:23，低温省煤器出口温度由144.28℃升至287.99℃），集控运行人员随即进行检查处置，21:46，锅炉熄火。

经检查，甲一、甲二、乙一、乙二4个烟气通道布袋仓室均有布袋损坏。其中，甲一通道1000条布袋塌陷、变形，甲二通道600条布袋塌陷、变形，乙一通道600条布袋变形，乙二通道200条布袋变形，共计损坏布袋2400条，直接经济损失约92.4万元。

该案例具体原因分析如下：

锅炉点火启动及低负荷运行时段，投入微油装置，长期以来，微油装置运行时，均存在煤粉燃烧不充分情况。此次锅炉点火启动及安全门定砝期间，锅炉低负荷运行，依然存在煤粉未充分燃尽问题，随着锅炉长时间（近13h）低负荷运行，大量未燃尽的煤粉由锅炉烟风系统吹至布袋除尘器，导致煤粉自燃布袋烧损。此外，因为除尘器控制室5号机组除尘器监控电脑损坏，值班人员不能实时监控除尘器布袋区域温度变化情况，最终造成未及早发现问题，导致布袋除尘器布袋的烧结损坏。

▶ **隐患排查重点**

（1）设备维护。

1）当布袋除尘器中布袋出现破损或脱落时。对破损或掉落的滤袋及时进行更换并记录该位置。同时应保证新滤袋的安装质量。滤袋安装前应对施工人员进行培训。安装时严禁动火，吸烟。对箱体内部的灰渣清扫干净，检查合格后方可安装滤袋。且安装滤袋时应按由里向外的顺序进行，避免踩踏滤袋袋口。滤袋安装时应小心轻放，防止滤袋划伤。滤袋安装结束应逐个检查袋口的安装质量，确认无误后方可安装滤袋框架。滤袋框架安装时，应逐个检查框架质量，对变形和脱焊的应予以剔除。滤袋框架安装完成后在滤袋的底部进行观察，对偏斜、间距过小的滤袋应进行调整。

2）利用检修机会，对袋式除尘器花板进行检查，花板应平整，光洁，不应有挠曲，凹凸不平等缺陷。花板平面度偏差不大于其长度的 2‰。各花板孔中心与加工基准线的偏差应不大于 1.0mm，且相邻花板孔中心位置的偏差小于 0.5mm。花板孔径偏差为 0 ~ 0.5mm。花板厚度宜大于 5mm。

3）对弯曲变形的挡风板进行更换。

4）对新建的袋式除尘器、批量换袋后的袋式除尘器或长期停运的袋式除尘器，在除尘器热态运行前必须进行预涂灰。预涂灰的粉剂可采用粉煤灰。

预涂灰时，以下条件同时满足方为合格：①每个仓室预涂灰不少于 30min；②过滤仓室阻力增加 300 ~ 500Pa；③袋式除尘器首次预涂灰，应检查涂粉的效果，确保预涂灰剂均匀覆盖于滤袋表面。

5）对于压缩空气系统，压缩空气参数应稳定，并应有除油、脱水、干燥、过滤装置。防止喷吹气源带油带水，造成滤袋堵塞。寒冷地区可考虑采用保温或伴热措施。

6）加大对系统漏风治理，袋式除尘器或电袋复合式除尘器的旁路烟道及阀门应零泄漏。

7）利用停机机会，对脉冲喷吹管的位置进行全面检查，一旦发现有脉冲喷吹管松动、错位，连接脱落现象，应及时处理，并对脉冲喷吹阀进行检查，防止脉冲阀故障等影响清灰，引起差压升高。

（2）运行调整。

1）对于袋式除尘器烟气温度应控制在技术协议规定的限制范围内，并应高于酸露点温度 15℃以上，防止烟气温度过低结露，造成糊袋，出现烟气温度超过技术协议规定的瞬时运行温度时应记录超温起止时间。

2）袋式除尘器清灰压力应在标准范围内，固定式喷吹袋式除尘器的清灰压力宜不大于 0.4MPa，必要时清灰可大于 0.4MPa，不宜超过 0.6MPa，应记录喷吹时间；旋转式低压脉冲喷吹清灰压力宜不大于 0.1MPa；必要时清灰可大于 0.1MPa，不宜超过 0.15MPa，应记录喷吹时间；大布袋清灰压力宜在 0.01 ~ 0.1MPa 之间，必要时增大清灰频率。

3）脱硝系统运行异常，氨逃逸浓度增高时，可采取提高灰斗加热温度，加强振打，加强输灰、改变锅炉运行方式提高电除尘器入口烟气温度等措施防止电场内部出现故障。

4）烟气冷却器泄露故障时，应立即将其停运隔离，并根据运行情况采取提高灰斗加热温度、加强振打、加强输灰等措施防止电场出现故障。

5）对于袋式除尘器运行期间，滤袋备件不少于 5%，滤袋框架备件不少于 1%。滤袋寿命期前 6 个月应批量采购滤袋。

7.2 ▶ 脱硫系统事故隐患排查

7.2.1 脱硫塔起火事故案例及防范要求

▶ 　事故案例及原因分析

（1）2017年11月28日，某公司正在建设的5号机组脱硫吸收塔进行防腐施工过程中出现明火，导致吸收塔着火。

（2）2018年2月24日，某电厂工作人员在未办理动火工作票的情况下，进行脱硫塔在线表计取样管焊接切割作业，且作业完成后，未对施工现场进行确认检查，直接离开。离开后出现脱硫塔起火。

该案例具体原因分析如下：

以上两起脱硫塔起火事故均在管理方面存在漏洞。此外起火根源均为防腐材料导致，脱硫吸收塔防腐材料一般采用玻璃鳞片，玻璃鳞片胶泥的耐温极限大约为180℃，当遇到电焊等高温时，涂层遭到破坏，封闭在涂层内的苯乙烯、有机树脂等充分与空气接触具备了燃烧的条件从而产生燃烧起火。

▶ 　隐患排查重点

该系统维护具体要求如下：

（1）加强脱硫防腐工程的施工管理，严格执行动火工作票制度，切实做好防火措施，防止脱硫系统着火事故。

（2）编制脱硫吸收塔火灾事故应急预案，必要时开展火灾事故演练，提高现场作业人员对脱硫吸收塔火灾事故的防范和处置能力。

（3）编制符合施工实际的各项施工方案、作业指导书和一级动火方案。实际施工前，做好各项方案及预案的审核批准工作，确保各项方案预案准确、有针对性。

（4）进行安全资格审查和人员安全教育培训。对全体施工人员进行安全资格审核，外委承包商必须具备高空作业、衬胶防腐作业资质，安全生产许可资格证和连续近三年来的安全生产业绩。全体施工人员在施工前必须进行入厂三级安全教育和《电业安全工作规程》《电力设备典型消防规程》《工作票管理实施细则》、吸收塔改造施工的风险预控措施、有关吸收塔改造施工规程规范和作业指导书等内容的学习培训。

（5）所有焊接、气割作业人员、动火负责人、监护人在施工前应掌握吸收塔防腐衬胶作业特性，熟悉消防器材部署情况，熟悉作业现场环境，尤其是逃生通道。由电气专业人员安装设置焊接、照明等检修临时电源，进入吸收塔内的电源电压等级（低于36V）符合安全规范要求，并由专人负责管理临时电源；焊接、气割人员不得进行交叉施工作业，衬胶作业期间不能进行焊割作业。

（6）吸收塔内进行防腐衬胶施工使用的丁基胶水是极易挥发、燃点很低的物质，胶板也是易燃物质，如有疏漏就可能引起火灾。衬胶作业前应进行下列检查：①气体浓度检测设备已悬挂到位。②所有喷砂、衬胶作业人员、监护人在施工前掌握吸收塔防腐衬胶作业的规范；熟悉消防器材部署情况；熟悉作业现场环境，尤其是逃生通道。③对进出喷砂区的作业人员进行严格登记，严禁一切非衬胶施工人员进入。进入吸收塔塔内喷砂、衬胶作业人员必须穿着防静电服，佩戴好防护眼镜、防护手套、防护口罩等个人安全防护用品。

（7）动火作业结束后，施工单位、监理单位和电厂相关人员要对施工区域内以及可能影响的其他区域进行火灾隐患检查，及时清理易燃杂物和火源隐患，并在现场留守2h 以上，防止死灰复燃火灾事故。

（8）严格执行脱硫改造重点防火区域的封闭管理，在吸收塔周围区域完全封闭隔离，设专人管理，对进出人员要检查、登记，防止携带火种进入防火区域工作。

7.2.2　脱硫效率下降事故案例及防范要求

▶ 　事故案例及原因分析

（1）某燃煤电厂 1000MW 机组脱硫吸收塔分别在 2017 年 1、2、3 月均出现起泡溢流现象，造成脱硫塔周边大片溢流浆液污染地面，导致脱硫效率下降。

该案例具体原因分析如下：

1）吸收塔入口粉尘浓度高。2017 年 1 月脱硫吸收塔起泡溢流较为严重期间，锅炉在高负荷情况下（大于 900MW）运行，FGD 入口含氧量仅为 3% 左右，煤粉可能存在并未完全燃烧的情况。脱硫吸收塔入口粉尘浓度为 9.14 ～ 17.89mg/m³，而吸收塔出口烟尘为 1.87 ～ 3.45 mg/m³，可见吸收塔浆液捕集了大量的烟尘。而高负荷下烟尘中含有较多的未燃尽的碳粒、Al_2O_3 和 Fe_2O_3，其中 Al_2O_3 和 Fe_2O_3 为非结晶的细小颗粒，这些颗粒通过石膏旋流器后，绝大多数返回吸收塔本体，使得吸收塔本体中的烟尘不断聚集，大大提高了浆液的黏度，增强泡沫的稳定性，最终造成吸收塔浆液起泡溢流。

2）工艺水品质。2017 年 2 月，该机组脱硫吸收塔在起机后发生较严重的浆液起泡溢流现象。在此期间，吸收塔液位低于正常运行液位 2 m 左右，该脱硫系统工艺水几乎全部来自循环冷却水，由于循环冷却水中加入了较多缓蚀阻垢剂和杀菌剂，而杀菌剂主要成分为异噻唑啉酮及其衍生物等有机物，该类物质起到表面活性剂的作用并且能够提供较高的 COD 当量。化验工艺水中的异噻唑啉酮浓度高达（199.34±8.23）mg/L，同时脱硫废水中的 COD 也达（169.6±5.6）mg/L。另外，水质不合格的低温省煤器冲洗水全部由地沟进入吸收塔。循环水中的异噻唑啉酮杀菌剂进入吸收塔浆液后起到了表面活性剂的作用，降低了溶液表面张力，使吸收塔极易起泡且泡沫非常稳定。

3）2017 年 3 月，该吸收塔再次起泡。原因有两个方面：一方面是事故浆液箱中品质较差的浆液进入吸收塔过多；另一方面为石灰石品质不合格。对石灰石进行化验，发现石灰石中 MgO 含量为 4.61% ～ 5.77%，观察石灰石颜色偏青，而正常 MgO 化验值应为 0.25% ～ 1.17%；同时浆液中 MgO 含量也较往常偏多，达到 3.29% ～ 5.31%。由此可见，此次起泡主要由石灰石浆液品质差造成。MgO 含量过多不仅影响石膏结晶和脱水，还会与 SO_4^{2-} 反应，造成滤液中的溶解盐增多，提高形成泡沫的弹性，增强泡沫的稳定性。

（2）2018 年 1 月，某电厂由于进入脱硫系统工艺水 Cl^- 含量高达 3000mg/L，导致吸收塔浆液 Cl^- 含量达到 44000mg/L，生成的石膏呈流体状，且脱硫效率降低。

该案例具体原因分析如下：

脱硫吸收塔中氯离子大多以氯化钙的形式存在。氯离子会与钙离子生成 $CaCl_2$，溶解的氯化钙浓度增加，同离子效应导致浆液的离子强度增大，从而阻止了石灰石的消溶反应，降低浆液的碱度，从而影响塔内化学反应，降低 SO_2 的去除率。

（3）2017 年 8 月 2 日某电厂 3 号机组净烟气 SO_2 排放浓度突升，脱硫效率急剧下降，同时脱硫进口烟气压力明显下降，经采取增加脱硫添加剂的投放、提高浆液 pH 值、增开浆液循环泵等措施后，净烟气 SO_2 小时均值虽未超过 35mg/m³，但经调整煤种、更换脱硫添加剂品种和置换浆液等措施后，脱硫效率仍难以提升。为保障 G20 期间机组带负荷能力和 SO_2 浓度达到超低排放要求，3 号机组于 8 月 5 日 23:04 解列，处理该缺陷。

该案例具体原因分析如下：

造成此次脱硫系统效率下降的主要原因为吸收塔内托盘脱落。当烟气压力增加，原托盘抱箍强度不够，托盘边缘与增效环的连接方式单薄，无法支撑烟气冲击，造成托盘与增效环连接处脱开。同时与增效环固定的环向抱箍设计不合理，容易脱落。进入吸收塔内部检查后发现吸收塔内托盘共脱落 8 块，下托盘共脱落 7 块，上下托盘层总计 15 个托盘掉落。

（4）从 2010 年下半年开始，某电厂 1、2 号机组脱硫效率开始缓慢下降，至 2010 年 10 月脱硫效率明显达不到设计值，两套脱硫装置实际脱硫效率比设计值偏低 3% ～ 4%，脱硫厂用电率至少增加 0.1%，另外锅炉需燃用低硫煤，降低了机组配煤掺烧的灵活性，影响了机组的经济性和可靠性。

该案例具体原因分析如下：

脱硫系统效率降低的原因为喷淋层出现了大面积堵塞，B、C 泵出口喷淋管堵塞尤为严重。主要集中在管网末端，2A 层喷嘴堵塞 22 个，喷淋支管 5 根；2B 层喷嘴堵塞 45 个，喷淋支管 8 根；2C 层喷嘴堵塞 78 个，喷淋支管 12 根；2D 层喷嘴堵塞 34 个，喷淋支管 7 根。喷淋层的堵塞降低了脱硫系统液气比，从而导致脱硫效率下降。

▶ **隐患排查重点**

（1）设备维护。

1）利用检修机会，对吸收塔托盘进行全面检查，检查托盘有无磨损、脱落、变形、结垢及开裂等情况。发现问题及时修复并重新做好防腐，并对托盘做好固定措施、螺母止退措施等。

2）加强脱硫系统设备检修工艺、过程管理。充分利用每次检修机会，对吸收塔喷淋层、吸收塔浆液循环泵及其管道等关键设备进行全面仔细检查，对堵塞问题进行彻底的修补和清理，做到有堵必清，清必清通。

（2）运行调整。

1）严格控制吸收塔浆液密度和 pH 值在规定范围内，避免吸收塔浆液 pH 值大幅波动。确保吸收塔内脱硫各反应良好、平稳，避开结垢区间。

2）做好脱硫系统理化分析工作。定期对入厂石灰石、石灰石浆液、吸收塔浆液、石膏等项目进行化验。确保石灰石品质合格，MgO、SiO_2 含量符合设计要求。

3）监督工艺水水质，降低 COD、BOD 含量，确保补充水指标在设计值范围之内。直接进入脱硫塔的工艺水，水质指标建议参照 DL/T 5196《火力发电厂石灰石 - 石膏湿法烟气脱硫系统设计规程》表 8.0.1-2 的要求，即 pH 为 6.5 ～ 9.0；总硬度（以 $CaCO_3$ 计）不宜超过 450mg/L；COD 不宜超过 30mg/L；氨氮（以 N 计）不宜超过 10mg/L；总磷（以 P 计）不宜超过 5mg/L；阴离子表面活性剂不宜超过 0.5mg/L；油类宜为 0.00mg/L。

4）适度降低吸收塔浆液密度，加大石膏排出量，保证新鲜浆液的不断补充。

5）增大脱硫废水排放量，降低吸收塔浆液重金属离子、Cl^-、有机物、悬浮物及各种杂质的含量，保证吸收塔内浆液的品质，参照 DL/T 1477《火力发电厂脱硫装置技术监督导则》中第 6.7.1 条的规定，将石膏浆液 Cl^- 含量控制在 $1.0×10^4$mg/L 以内。

6）监督入炉煤含灰量，控制低低温省煤器出口烟气温度，提高电除尘器效率，降低进入脱硫系统的烟尘浓度。

7.2.3 浆液循环泵异常事故案例及防范要求

▶ 事故案例及原因分析

（1）2018 年 2 月 13 日，某电厂 3 号脱硫系统随主机停运进行临修。临修期间，对 3A、3B 浆液循环泵进、出口管道衬胶防腐进行检查，更换 3A 浆液循环泵出口管道弯头 1 件，更换 3B 浆液循环泵出口管道弯头 2 件、三通 1 件，其他管道部位均进行了检查及碳化硅修复。2 月 25 日随主机启动并网，3 月 7 日 15:54 左右，发现 3A 浆液循环泵出口膨胀节损坏漏浆，现场环境污染较严重，停运 3A 浆液循环泵。16:05，3 号机组吸收塔出口 SO_2 浓度直线上升，超过环保限定排放标准，16:25 左右，3A 浆液循环泵启动，出口 SO_2 浓度逐渐降低至排放标准以下。16:58，3A 吸收塔浆液循环泵再次停止运行，检查发现，循环泵出口膨胀节上方出现 20mm 漏洞，循环泵出口膨胀节橡胶向外翘起。

该案例具体原因分析如下：

浆液循环泵膨胀节长期受浆液冲击、磨损发生泄漏，但检修期间未对 3A 浆液循环泵出口膨胀节进行严格检查，未及时发现膨胀节老化等问题，且因现场没有循环泵出口膨胀节备品备件，无法及时对其更换。

（2）2017 年 8 月 8 日，某厂 1 号机组负荷为 300MW，B、C、F 浆液循环泵运行正常。04:55，B、C 浆液循环泵触发润滑油压低报警；04:56，B、C 浆液循环泵联锁跳闸，锅炉 MFT 动作，首出"脱硫请求锅炉 MFT"。

该案例具体原因分析如下：

检查发现 F 浆液循环泵膨胀节破损，脱硫 F 浆液循环泵膨胀节长期受浆液冲击、磨损发生泄漏，浆液直接喷向 A ～ E 浆液循环泵区域，而 B、C 浆液循环泵润滑油压开关属于外置传感器，喷浆致使传感器接插头处接点导通，导致 B、C 浆液循环泵润滑油压开关误发润滑油压低信号，造成 B、C 浆液循环泵跳闸，脱硫浆液循环泵全停，触发脱硫请求 MFT。

（3）某厂 2013 年 3 月 1 日机组小修中对脱硫系统膨胀节进行了更换，但在更换后运行仅 1 天就出现了损坏，导致浆液大量外漏，污染现场环境，且造成环保指标超标。

该案例具体原因分析如下：

经检查发现，膨胀节安装时 4 个固定螺栓调节过松，有的未进行安装。膨胀节在运行过程中，因流体在管道内流向的改变，同时由于流量和管径变大，对管道产生很大的冲击力，如果金属拉杆未安装或安装时螺栓过松，水流冲击拉力将会有很大一部分或全部作用在橡胶体上，导致橡胶体拉直变形，橡胶的抗拉能力很小，很快将造成损坏。此外，因为膨胀节橡胶选型错误，制作膨胀节的材质是选用三元乙丙橡胶，而新更换的膨胀节采用丁腈橡胶。丁腈橡胶的抗拉强度为 3.5MPa，三元乙丙橡胶的抗拉强度一般可达到 13MPa，丁腈橡胶的耐腐蚀和耐老化性能也比三元乙丙橡胶要差，橡胶材质的选型错误也加快了膨胀节在短期内损坏。

（4）2017 年 5 月 6 日，某电厂 4 号机组脱硫系统根据机组工况，调整为 4E 浆液循环泵单泵运行，但因"4E 浆液循环泵运行"信号在 4 号 DPU 的逻辑中未设为上网点，造成"浆液循环泵全停"信号发出，触发"脱硫跳闸请求 MFT"。

该案例具体原因分析如下：

该 4E 浆液循环泵为超低排放改造中增设的新泵，但脱硫浆液循环泵逻辑未能及时更新完善，造成系统误判"浆液循环泵全停"。此外，浆液循环泵全停灭火保护动作未设置延时，未能防止信号短时突变造成的保护误动。

（5）2019 年 7 月 7 日，某电厂因人员误操作，将 2 号机组脱硫系统正在运行中的 2B、2D 浆液循环泵远方操作停运，造成 4 台浆液循环泵全停，引起"4 台浆液循环泵全停（无延时）灭火保护动作停炉"，导致机组停运。

该案例具体原因分析如下：

脱硫运行值班员进行脱硫运行优化调整工作，准备停运一台浆液循环泵，在进行 1 号机组浆液循环泵的停运操作时，操作出现混乱，误将运行的 2 号机组 2B、2D 浆液循环泵远方操作停运，造成 2 号机组四台浆液循环泵均停运，触发"四台浆液循环泵全停"（无延时）灭火保护动作停炉。此外，浆液循环泵全停灭火保护动作未设置延时，未能防止信号短时突变造成的保护误动。

▶ 隐患排查重点

（1）设备维护。

1）加强吸收塔浆液循环泵膨胀节的检修质量和采购管理，保证其可靠性，避免因吸收塔浆液膨胀节突然爆裂造成吸收塔浆液排空被迫停机。

2）由于吸收塔浆液腐蚀性较强，膨胀节、进出口大小头等处易发生损坏，应对易损坏配件准备好备品。当发现膨胀节发生老化、破损时，能及时进行更换。

（2）运行调整。

1）加强脱硫系统联锁保护逻辑组态及定值管理。当浆液循环泵全停，且吸收塔出口净烟气温度不小于 75 ~ 80℃，延时 30 ~ 120s 触发锅炉 MFT。

2）脱硫系统浆液循环泵电源应分段设置，吸收塔入口应设置事故喷淋系统并定期进行试验，避免高温烟气对塔内设备的冲击。

3）避免或减少单台浆液循环泵的运行方式。若只有 1 台浆液循环泵运行时，应确保至少有另外 1 台浆液循环泵处于随时启动的备用状态。

4）增加浆液循环泵启停操作"二次确认"功能，在手动停运最后一台循环泵时，可增设置负荷限制，如低于 20MW。

5）不同机组的脱硫系统两台操作员站之间应加装隔离板和显著标识，防止走错间隔。同时应确保本机组操作员站只能对本机组设备进行操作。

7.2.4 除雾器异常事故案例及防范要求

▶ 事故案例及原因分析

（1）某电厂 700MW 燃煤发电机组，脱硫系统采用石灰石 - 石膏湿法烟气脱硫工艺，两级脱硫塔串联运行。一级脱硫塔为逆流喷淋 - 托盘塔，二级塔为逆流喷淋塔，塔顶布置一体式湿式除尘器。二级塔除雾器位于塔的上部，由一级管式和两级屋脊式除雾器组成。两级除雾器设计烟气压降 150Pa。

2017 年 6 月 30 日 19 时，6 号机组完成定检后并网发电。7 月 10 日，发现脱硫二级塔烟气压差偏高达到报警值 1700Pa（该除雾器压差测点一直为坏点，显示 315Pa 不变），7 月 18 日 11 时，6 号机组负荷 680MW，发现 A、B 引风机轴承振动大报警，检查两台引风机动叶与历史同负荷比较开度偏大 15% 左右、电流偏高 125A 以上，脱硫二级塔烟气压差达 3245Pa，请示降负荷至 610MW。A、B 引风机动叶开度关小至 60% 时振动降至正常值。7 月 19 日热控恢复二级塔除雾器压差测点，机组负荷 540MW 时除雾器压差显示 750Pa。经协调二级塔浆液外排、除雾器冲洗频次由每日 5 遍增至 10 遍加强冲洗。7 月 20 日 11 时，机组升负荷期间再次发生两台引风机振动大的情况，被迫限制负荷最高不超过 630MW 维持运行。一直到 8 月 29 日停机前，二级塔除雾器压差显示最高为 880Pa 左右，最大烟气压差为 3500Pa，与报警值 1700Pa 比较增加 1800Pa。机组再次启动后二级塔烟气压差约 750Pa，据此估算除雾器堵塞产生的压降约 2700Pa，除雾器压差最高显示 880Pa 左右实为量程上限。

脱硫吸收塔除雾器差压高，引起其后的湿式电除尘器运行异常甚至故障，烟气排放的颗粒物浓度显著增加。个别时间段频繁超出正常控制参数值，存在较大的环保风险。另外，因除雾器差压高，机组带负荷受限损失发电量；引风机运行不稳定甚至失速，振动增加可能导致设备损坏和寿命下降。

该案例具体原因分析如下：

除雾器冲洗水失效是引起除雾器堵塞、差压升高的原因。经检查后发现，二级塔除雾器冲洗水管道法兰垫片损坏超过90%，冲洗喷嘴堵塞超过50%。部分冲洗水喷嘴角度偏斜不对正在一定程度上影响冲洗效果。由于除雾器冲洗水是从脱硫塔的一侧进入，管道法兰垫片损坏导致泄漏，泄漏点前的冲洗水喷嘴压力降低，水中杂质在喷嘴沉积导致堵塞；泄漏点后的喷嘴水压远低于正常值，使得该部分区域的除雾器几乎得不到正常冲洗而迅速堵塞甚至坍塌，浆液沉积几乎将该区域内的水冲洗喷嘴全部堵死。

（2）某电厂330MW燃煤发电机组，脱硫系统采用石灰石-石膏湿法烟气脱硫工艺，两级脱硫塔串联运行。一级塔设置一层屋脊式除雾器；二级塔设置两级屋脊式除雾器及一级管式除雾器。除雾器设计差压为100Pa。

自2019年9月以来，5号机组脱硫系统一级吸收塔除雾器严重堵塞，除雾器压差值已满表，为一条800Pa的直线。为应对除雾器严重堵塞的局面，已经变更除雾器冲洗运行方式由一个班一次改为只要吸收塔液位允许就冲洗除雾器，记录上显示一个班最多已冲洗三次。但除雾器差压仍无下降趋势。一直待5号机组停机，检查发现，除雾器叶片背弯处堵塞、结垢严重；冲洗水喷嘴有多处发生脱落，且个别冲洗水管道固定位置不正确，管子在卡箍内为松动状态，直接坐落在管座梁上。

该案例具体原因分析如下：

该电厂自2019年9月以来，脱硫吸收塔浆液开始掺用中水处理副产物污泥，造成吸收塔浆液起泡、品质恶化，脱硫效率下降、粘堵除雾器叶片；受除雾器冲洗水系统各类故障的影响，造成除雾器冲洗效果不佳，叶片间堵塞；受塔内水平衡限制影响除雾器冲洗的运行，导致除雾器叶片间堵塞程度加剧。另外，由于该厂5号机组脱硫装置吸收塔喷淋层喷嘴，除最上层喷嘴为单头单向、向下喷淋外，其余三层喷嘴均为单头双向喷嘴。当停运最高层喷淋层时，失去对向上喷淋浆液的覆盖效应，任意一层喷淋层喷嘴向除雾器方向喷射的浆液，借助风势，直扑除雾器，加重除雾器的分离负荷。

（3）某电厂660MW燃煤发电机组，脱硫系统采用石灰石-石膏湿法烟气脱硫工艺，两级脱硫塔串联运行。一级吸收塔布置两级屋脊式除雾器；二级吸收塔布置三级屋脊式除雾器。除雾器材质均为PP材质，除雾器设计差压200Pa。

2018年1月16日二级塔除雾器堵塞严重导致部分模块掀翻，造成机组强制停机。检查发现：一级除雾器堵塞严重，除雾器表面、叶片间及冲洗水管表面黏附大量沉积物；一级除雾器环塔壁边缘密封板积浆严重，厚度约200mm；一级除雾器东侧除雾器模块之间大梁积浆严重，厚度约400mm。二级除雾器堵塞较为严重。三级除雾器堵塞较轻，但除雾器模块之间大梁积浆严重，厚度约300mm，部分模块掀翻。

二级吸收塔一、二、三级除雾器标准模块分别损坏17、4、8个；3级除雾器吹翻非标准模块 5 块，其中 2 块损坏，3 块被吹翻但未损坏。共计损坏模块 31 个，另有 1 级和 3 级除雾器环塔壁边缘大量非标准模块变形。

该案例具体原因分析如下：

造成除雾器压差高、堵塞甚至模块掀翻的主要原因为中低负荷工况下，双塔双循环脱硫工艺水平衡控制不合理。为保证吸收塔运行液位，除雾器冲洗水量相对较少，因而无法保证除雾器冲洗效果，使得除雾器表面液滴沉积加剧，局部通道逐渐堵塞，导致除雾器内流速偏大；随着堵塞面积增加，流速进一步增加，最终造成除雾器部分模块掀翻。加之二级塔浆液高 pH 值，造成亚硫酸钙和碳酸钙含量高，进一步加剧了除雾器堵塞。

（4）某电厂 330MW 燃煤发电机组，脱硫系统采用石灰石 - 石膏湿法烟气脱硫工艺，除雾器采用两级布置，布置形式为平板式，材质为 PP，除雾器设计压差为 150Pa。

2011 年 5 月某电厂发生了烟囱排放"石膏雨"现象，严重影响了电厂周边居民的正常生活。通过查询除雾器运行记录发现：该机组脱硫除雾器上、下游压差在 2011 年 1 月中旬已超过除雾器设计的最大压降，一直维持在 200 ～ 500Pa 之间，开启除雾器冲洗水系统进行冲洗，除雾器上下游差压未减小；2011 年 1 月 24 日除雾器上、下游差压突然从 460Pa 降至 70Pa，此后近一周时间除雾器差压均维持在 200Pa 以内，初步估计在 1 月 24 日除雾器部分单元发生垮塌，导致除雾器差压下降；后期除雾器上、下游差压一直维持在 400Pa 左右。

停机后，经检查上层除雾器有 20 个单元被掀翻，未掀翻部分基本被堵死，靠近净烟气出口处的除雾器上有大量石膏结垢以及呈片状黑色的结垢，下层除雾器大约有 1/6 面积处存在大量的石膏结垢，除雾器叶片之间也存在石膏结垢，但未发生垮塌。且除雾器冲洗水管上残留大量的石膏结垢，同时大量除雾器冲洗水喷嘴被石膏浆液堵塞。

该案例具体原因分析如下：

1）除雾器冲洗存在问题。一方面除雾器的冲洗未按操作规程进行，除雾器的冲洗无法保证 2h 冲洗一次，平均一个班冲洗 1 ～ 2 次，有时近 2 天不进行冲洗，有时几路管道同时冲洗，有时每次冲洗均是同一个单元。另一方面除雾器冲洗系统可靠性低。除雾器冲洗水系统局部存在问题，部分喷嘴的冲洗水被冲洗水管道支架及除雾器支撑梁遮挡，导致喷嘴冲洗覆盖率不足；此外冲洗水压力存在波动，该电厂两套脱硫系统共用一套工艺水系统，除雾器未单独设置冲洗水泵，存在冲洗除雾器时压力不足现象。

2）脱硫吸收塔入口烟气中粉尘浓度过高。该机组连续运行期间，电除尘器运行极其不正常，烟气中粉尘浓度严重超标，脱硫系统在这种工况下连续运行了近 3 个月时间，大量的粉尘被烟气携带进入除雾器，粉尘的附着力很强，容易吸附在除雾器的叶片、塔壁及塔顶。通过现场检查，吸收塔塔壁上已形成了大面积的黑色烟尘结垢，且部分结垢从塔壁上分离，塌落到上层除雾器。且对除雾器叶片之间的结垢进行分析，发现垢物呈"夹心饼干"形式，即两侧为黑色粉尘结垢，中间为石膏结垢。

> **隐患排查重点**

（1）设备维护。

1）对脱硫装置除雾器冲洗水系统做到逢停必查，查除雾器冲洗水管道固定情况、查喷嘴脱落情况、查喷嘴堵塞情况，查冲洗水门阀芯脱落、开启情况。修复所有缺陷。加强监督、考核检修维护施工人员的检修效果，杜绝敷衍了事、走过场的检修作业。

2）除雾器及冲洗水系统检修作业完成后，启动除雾器冲洗水泵，进行喷水运行检查，对喷嘴逐个进行检查，检查喷嘴出水情况、喷水角度，检查其在除雾器表面覆盖情况，避免出现冲洗死角。对不合格的喷嘴应及时做出调整和修复。

3）加强对除雾器的检修维护工作，做到脱硫装置除雾器逢停必冲，加强监督、考核检修维护施工人员的冲洗质量，杜绝敷衍了事、走过场的冲洗作业。

（2）运行调整。

1）做好除雾器差压监视，确保除雾器差压测点的准确性和可靠性。只有测点准确，才能及时发现系统运行的异常情况并加以分析处理。

2）除雾器冲洗水压力应进行监视和控制，冲洗水母管应设置恒压阀，保持冲洗水压稳定，冲洗水压力宜不小于 0.2MPa。冲洗水母管的布置应能使每个喷嘴基本运行在平均水压。除雾器冲洗用水宜由单独设置的除雾器冲洗水泵提供。

3）确保运行过程中，除雾器得到全面有效冲洗，不能有未冲洗到的表面。应按除雾器截面分不同区域，按一定程序设置冲洗。除雾器冲洗程序应使平均冲洗水量、最大冲洗水量、冲洗时间最优。前级除雾器前后方和最后一级除雾器前方均应设置水冲洗系统，用作除雾器的日常运行冲洗。最后一级除雾器后方如果设置冲洗喷淋层，应仅用于脱硫装置停运时冲洗除雾器。

4）除雾器冲洗不宜过于频繁，以防烟气带水增加，但也不能间隔太长，防止产生结垢，除雾器的冲洗周期时间主要根据烟气特征及吸收剂确定，一般以不超过 2h 为宜。

5）保证除雾器用水质量，建议其水质主要指标为：pH=7～8，总悬浮固形物 < 1000mg/L，$Ca^{2+} \leqslant 200mg/L$，$SO_4^{2-} \leqslant 400mg/L$，$SO_3^{2-} \leqslant 10mg/L$。

6）加强脱硫吸收塔水平衡管理，如尽量采用滤液制浆，循环泵、石膏排出泵、石灰石供浆泵、工艺水泵、除雾器冲洗水泵等设备机械密封水应循环利用或进入工艺水箱，减少脱硫系统进水量；避免其他系统废水或地面冲洗水进入脱硫系统；加大脱硫废水处理力度，适当予以外排。确保脱硫吸收塔液位满足除雾器冲洗需求，保证除雾器冲洗频次，除雾器可以正常有效地进行冲洗。

7）吸收塔入口应设置事故喷淋系统并定期进行试验，当吸收塔出口净烟气温度不小于 75～80℃时，事故喷淋系统自动启动，同时除雾器冲洗水也自动启动，并尽快投运浆液循环泵或降低机组负荷，确保除雾器不发生变形、融化或者坍塌。

8）确保进入脱硫吸收塔的物质满足系统设计要求，避免引入有害物质，影响脱硫系统的正常稳定运行。如中水污泥掺配进入脱硫吸收塔，应先开展试验进行评估分析，对中水污泥进行检验，分析其中有害物质对吸收塔浆液品质的影响，并确定最优掺配比，考察是否会对脱硫系统造成危害。

7.2.5 脱硫系统在线表计异常事故案例及防范要求

▶ 事故案例及原因分析

（1）2013 年 11 月 17 日，某电厂 1 号机组脱硫吸收塔在提升液位过程中，DCS 显示 19.2m 时实际液位已超过 21m，从而导致浆液倒灌至烟道，引起增压风机跳闸，机组停运。

该案例具体原因分析如下：

该机组脱硫系统吸收塔液位计算公式未考虑氧化空气起泡引起虚高液位的影响，导致液位显示存在偏差，造成浆液倒灌烟道，引起增压风机跳闸。

（2）2018 年 6 月 12 日，某电厂 1 号机组投入吸收塔密度计顺控冲洗过程中，由于密度计取样管内发生堵塞，浆液密度计算值由 1104.31kg/m³ 跳变至约 65.38kg/m³，其参与计算的吸收塔液位计算值由 8.75m 左右突变至 -120m 左右，吸收塔液位低，触发浆液循环泵全停，锅炉 MFT 保护动作，机组解列。

该案例具体原因分析如下：

未直接在密度计算值出口设置高低限幅块，导致密度计算值无法可靠受限，使得密度在参与液位计算后，出现 -120m 的失真值。此外吸收塔液位低跳浆液循环泵的保护未设置延时，未能防止信号短时突变造成的保护误动。

▶ 隐患排查重点

（1）设备维护。

1）定期对吸收塔液位计进行校验及检查，保证其指示的准确性。

2）应在原烟道低点设置疏水管路，当浆液返流时能够及时发现和排出。

3）防止液位计算值突降或突升，应加强与液位计相关的逻辑设置和检查。

（2）运行调整。

1）运行中加强吸收塔液位监视。吸收塔液位调整时应考虑吸收塔浆液起泡造成的虚假液位影响，防止液位控制不合理造成吸收塔浆液返流至原烟道威胁机组安全。

2）通过除雾器冲洗或工艺水补水维持吸收塔液位处于正常范围，在保证足够浆池容积的同时也保证了足够的循环泵吸入侧压力。

3）加强脱硫系统联锁保护逻辑组态及定值管理。当浆液循环泵全停，且吸收塔出口净烟气温度不小于 75 ～ 80℃，延时 30 ～ 120s 触发锅炉 MFT。

7.2.6 脱硫吸收塔出口净烟气挡板异常事故案例及防范要求

▶ 事故案例及原因分析

2019 年 9 月 20 日，某电厂 1 号机组脱硫吸收塔出口净烟气挡板运行中突然关闭，且电动执行器无法正常运行，引起锅炉烟气通道堵塞，造成炉膛压力高，被迫手动停机。

该案例具体原因分析如下：

脱硫吸收塔出口净烟气挡板电动执行器控制板烧损，导致净烟气挡板在运行过程中突然关闭，引起锅炉烟气通道堵塞。同时由于脱硫吸收塔出口净烟气挡板防关定位销未锁定，为净烟气挡板误关埋下了隐患。

▶ **隐患排查重点**

设备维护具体要求如下：

应彻底拆除脱硫吸收塔出口净烟气挡板全部控制及电动执行机构，仅保留就地手动和定位装置，且定位销处于锁定状态，以避免净烟气挡板门误动引起的机组异常停运。

7.2.7 湿法脱硫烟囱防腐失效事故案例及防范要求

▶ **事故案例及原因分析**

某电厂5、6号机组合用一座高120m钢筋混凝土结构烟囱，电厂于2016年5月委托某建筑科学研究院对烟囱的结构安全性进行检测评估，其中烟囱筒壁安全性等级评为D级（D级为极不符合国家现行标准规范的可靠性要求，已严重影响整体安全，必须立即采取措施），而且现场烟囱混凝土筒壁外表面局部存在混凝土保护层腐蚀脱落、钢筋裸露锈蚀现象。

该案例具体原因分析如下：

2015年脱硫装置改造后，由于烟气变为饱和湿烟气，且因为排烟温度降低（由原来160℃降低至60℃左右），烟气中凝结出大量冷凝液，冷凝液沿筒壁内侧流淌，冷凝液呈强酸性且具有较强的腐蚀性和渗透性，对烟囱内壁材料渗漏腐蚀严重。

▶ **隐患排查重点**

设备维护具体要求如下：

（1）根据烟囱防腐方式和运行条件，定期对烟囱内壁和结构腐蚀情况进行检查。采用金属内衬层防腐材料的烟囱排烟内筒改造检修维护周期比较长，检修维护应以巡查为主；采用无机内衬层防腐材料和有机内衬层防腐材料的烟囱排烟内筒应定期进行检修维护，检修维护的重点应考虑防腐层的局部脱落和失效，以及由此引起的烟囱或烟囱中排烟内筒结构的渗漏腐蚀，维护检查周期宜1年进行一次。当发现烟囱出现明显腐蚀情况时须委托有资质单位进行结构评估。

（2）机组及脱硫系统运行应平稳、可靠，应减少由烟气运行温度和湿度变化造成的不利状况。烟囱或烟囱中的排烟内筒和内烟道作为排放烟气的设备，应与外接的水平烟道同步检修和维护。

（3）定期对脱硫系统吸收塔、换热器、烟道等设备的腐蚀情况进行检查，做到逢停必检，防止发生大面积腐蚀。

（4）若对烟囱进行防腐施工改造，应从设计、防腐材料选择、施工工艺及过程等方面加以监督，确保烟囱防腐施工质量，保证烟囱得以安全长周期运行。

7.3 ▶ 脱硝系统事故隐患排查

7.3.1 催化剂积灰磨损事故案例及防范要求

▶ 事故案例及原因分析

（1）某 300MW 机组 2013 年 7 月开始运行，SCR 反应器采用"2+1"布置方式，初装 2 层蜂窝式催化剂。自 2014 年 9 月停机检查发现催化剂局部磨损之后，逐年停机检查发现磨损程度有加深趋势，磨损面积也逐渐扩大。通过对 A、B 两侧反应器上层催化剂模块逐一检查，发现催化剂磨损分布规律：在靠近前墙及后墙区域磨损严重，呈带状分布。磨损统计结果如图 7-1 和图 7-2 所示，颜色越深表示磨损越严重。其中，数字 4 为完全贯穿或磨损达 40cm 以上；3 为磨损在 25 ～ 40cm 之间；2 为磨损在 5 ～ 25cm 之间；1 为磨损在 5cm 以下。

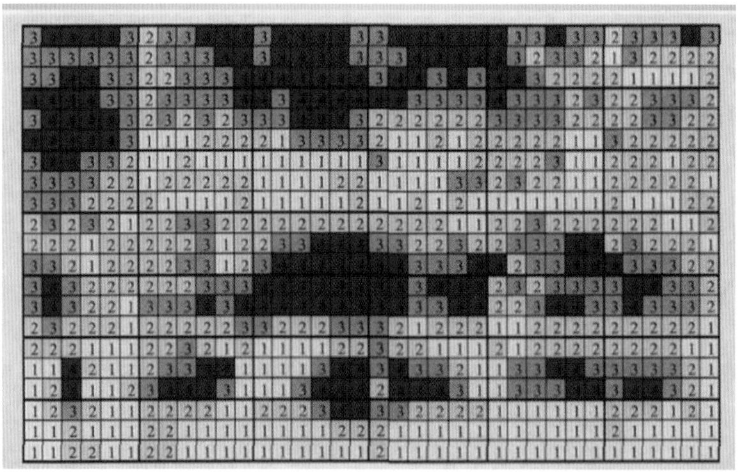

图 7-1　反应器 A 侧上层催化剂磨损分布

该案例具体原因分析如下：

经检查，在蒸汽吹灰器喷嘴下方无对应磨损凹槽，故可首先排除蒸汽吹灰器吹损。其次，经催化剂机械强度检测，催化剂样品非硬化端磨损强度平均值为 0.12%/kg，满足国家磨损强度标准要求（小于 0.15%/kg），因此说明催化剂本身机械强度无问题。

经反应器流场诊断后发现，整流格栅位置不合理，导致烟气入射角偏大（最大入射角高达 34°），从而造成催化剂单元体壁面单方向冲刷严重。导流板组 1 前的渐扩烟道存在低速区及涡流，导致下游烟气量分布不均。导流板组 3 角度设计不合理，未能均匀分配烟气，大部分烟气经过导流板的导向，集中到前墙附近，形成带状高速区。同时，由于惯性和黏附力作用，另一部分气流沿反应器斜顶行进，导致首层催化剂上游靠后墙区域也出现 1 条高速带。综上原因推测，该厂催化剂发生的磨损的主要原因是流场不均、烟气局部流速偏大和入射角偏斜。

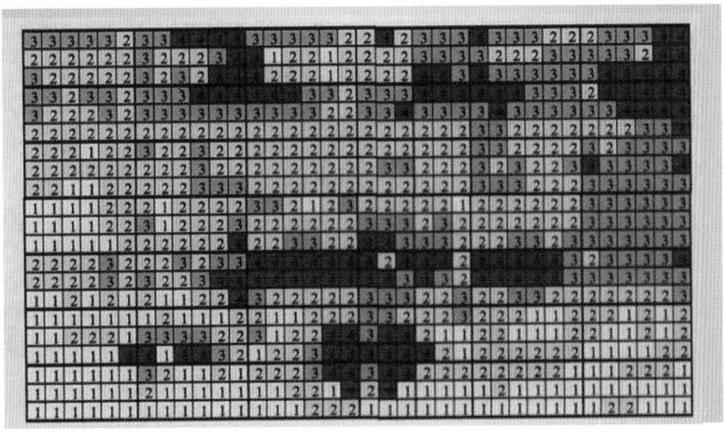

图 7-2　反应器 B 侧上层催化剂磨损分布

（2）某 660MW 机组脱硝系统，自 2010 年投入使用，2011 年催化剂出现磨损问题，2013 年年初再次停炉检查，发现催化剂局部出现严重磨损，且磨损区域集中在脱硝装置的近锅炉侧，如图 7-3 所示，百分数表示磨损程度，催化剂靠近锅炉侧几乎完全磨损击穿。

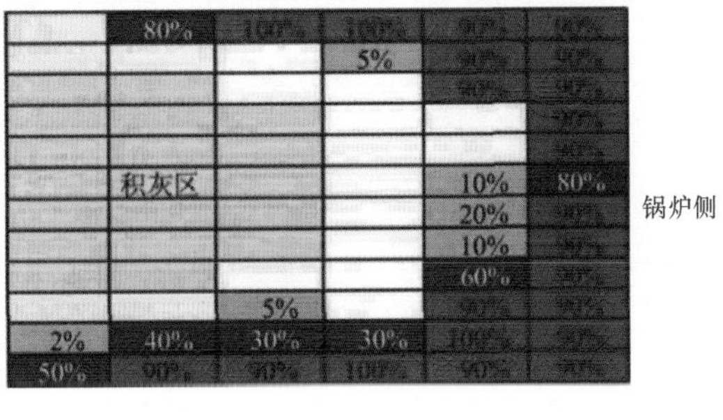

图 7-3　催化剂磨损及积灰示意图

该案例具体原因分析如下：

通过对催化剂入口流场和颗粒分布进行分析，结果发现，SCR 脱硝装置入口流速较为均匀，但靠近锅炉侧飞灰分布明显存在浓度高、粒径大的现象。因此，确定 SCR 入口靠近锅炉侧催化剂不均匀磨损是由于 SCR 入口飞灰浓度及颗粒分布不均匀引起。

原省煤器出口烟道转弯处未设导流板，由水平烟道转为上升烟道后，颗粒在弯头外侧富集，浓度较高且大颗粒主要位于外侧壁面处，转弯上升过程中，由于大颗粒惯性较大，不易在气流速度携带下向整个断面扩散，气流到达上升烟道转弯经导流板导流后，高浓度、大粒径的颗粒将被带到催化剂入口断面的中前部，致使催化剂中前部磨损加剧。

（3）某厂脱硝装置自 2016 年 3 月投入运行以来，在短短 2 个月内，1、2、3 号锅炉脱硝装置均出现差压增大，反应器第 1 层催化剂积灰堵塞的现象。其中 3 号锅炉脱硝装置催化剂积灰堵塞最为严重，在锅炉满负荷工况下，催化剂差压最高达到 2000Pa，第 1 层催化剂表面有严重积灰堵塞现象，锅炉 2 台引风机满负荷运行无法保证炉膛压力正常，最终被迫降低锅炉负荷。1、2 号锅炉脱硝系统自投运以来，同样短时间内反应器差压也从 500Pa 上升到 1200Pa，第 1 层催化剂也出现积灰堵塞现象。同时 3 台锅炉均出现催化剂活性降低、脱硝效率下降、反应器出口氨逃逸升高、低温段空气预热器产生硫酸氢铵、烟气通道堵塞、引风机电耗增加等异常现象。

该案例具体原因分析如下：

1）该厂燃用煤种属于中等沾污、结焦倾向燃料煤，锅炉装置运行过程中受热面易发生沾污、结焦情况。由于锅炉运行过程中，需定期对受热面形成的焦渣进行吹灰清除，吹灰过程中，焦渣受到外力作用，大量脱落，大颗粒灰渣被烟气携带进入脱硝反应器催化剂表面，逐渐造成催化剂部分孔道堵塞。

2）脱硝反应器入口烟气导流板、整流格栅设计安装位置比较紧凑，反应器入口烟气流场不均匀，造成局部区域烟气流速过低，导致反应器烟气流速低区域积灰严重。

3）催化剂类型和通孔节距根据设计煤种进行选型，但实际燃用煤种灰分远远超过设计值，由于催化剂通孔过灰能力有限，逐渐造成催化剂表面飞灰堆积、通孔堵塞。

4）脱硝装置吹灰系统设计不合理，声波吹灰器不能完全覆盖所有催化剂表面，存在吹灰死角。此外，声波吹灰器安装位置离催化剂表面距离较高，导致声波吹灰器吹灰效果不明显，无法完全清除催化剂表面飞灰，进一步加剧催化剂表面飞灰堆积，造成催化剂堵塞。

（4）某电厂 3 台机组均出现催化剂大面积积灰及堵塞现象，且催化剂底部积聚大量灰团，1/3 催化剂存在不同程度损坏。

第一次发现催化剂堵塞时，电厂采用特制的吸尘器进行疏通，但由于催化剂小孔内部积灰已板结，吸尘器无法将孔内积灰吸出，无奈情况下只能采用铁钎进行疏通。对于磨损严重、坍塌断裂的催化剂进行更换。

该案例具体原因分析如下：

1）吹灰系统方面原因。一方面，吹灰参数设置不当。催化剂设计蒸汽吹灰压力为 1.5MPa，但实测现场蒸汽吹灰的启动压力为 2.6MPa，在此压力下吹灰，吹灰器喷嘴出口蒸汽压力、流量、流速均过大，极易造成催化剂硬化端的吹损。另一方面，声波吹灰器不能完全覆盖所有催化剂表面，存在吹灰死角，远离声波吹灰器的催化剂积灰堵塞面积较大。

2）脱硝装置氨逃逸较大，加之脱硝入口烟温偏低，易造成硫酸氢铵析出，黏附于灰上，使灰聚集成团。逐渐堵塞催化剂孔道，造成催化剂表面积灰。

3）采用不恰当的清灰方式对催化剂进行清灰。面对催化剂堵塞，采用吸尘器无法将积灰吸出，随后人工采用铁钎从催化剂上方向下将积灰从小孔内捅出。采用以上方式进行疏通势必会损伤甚至破坏催化剂，积灰堵塞问题无法得到有效处理，反而加剧了催化剂的损坏程度。

▶ **隐患排查重点**

（1）设备维护。

1）设计时应保证脱硝系统入口烟气流场均匀，顶层催化剂入口烟气速度分布相对标准偏差应小于 15%；烟气入射角偏差小于 ±10°。应加强对脱硝入口导流板的检修维护，结合脱硝催化剂的检查情况及时调整导流板角度，必要时进行流场优化。

2）定期进行催化剂活性检测，掌握催化剂性能状况，跟踪催化剂性能变化情况，不能达到标准要求的应及时加装、再生或更换催化剂。催化剂运行过程中，一般每年定期进行一次检测，常规为运行后 8000、16000h 和 24000h。如遇脱硝催化剂运行异常等特殊情况，可缩短检测间隔时间。

3）机组检修期间应加强对脱硝系统进出口烟道内积灰情况、导流板磨损情况、支撑杆等内部支撑件磨损情况的排查。此外加强对脱硝反应器漏点的治理，杜绝冷风、水汽漏入反应器，降低催化剂的强度及硬度。

（2）运行调整。

1）应加强脱硝催化剂吹灰管理，合理控制吹灰蒸汽参数及吹灰周期，应保证蒸汽吹灰器的蒸汽不带水、减压阀后压力控制在 0.6 ~ 0.9MPa，过热度不小于 20℃。必要时调整吹灰器安装位置，防止因蒸汽吹灰不当导致催化剂冲蚀磨损。对声波吹灰器，应控制合适的声强和安装距离，防止吹损催化剂。当 SCR 反应器（含催化剂模块）出现明显积灰、堵塞或磨损时，应对吹灰系统、吹灰参数和烟气流场进行分析，必要时进行流场优化或吹灰器改造。

2）锅炉启停阶段，油枪点火、燃油及煤油混烧、等离子投入等工况下，应做好锅炉运行调整，保证尾部烟道吹灰器正常投入，防止催化剂区域可燃物堆积燃烧。

3）应做好入炉煤的掺配工作，控制燃煤灰分、硫分以满足脱硝系统设计要求，防止因灰分过高堵塞、磨损催化剂，或因三氧化硫过高增加硫酸氢铵生成概率，造成催化剂堵塞。

4）当机组低负荷运行，SCR 入口烟气温度低于最低连续喷氨温度 10 ~ 20℃ 时，宜优先通过锅炉运行调整来满足催化剂运行要求。根据催化剂硫酸氢铵失活与升温恢复特性，机组可 4h 内短时间低负荷运行，但之后需在 0.5h 内快速提升机组负荷，使 SCR 入口烟气温度提高到活性运行恢复温度，并至少运行 2h，使沉积的硫酸氢铵挥发以恢复催化剂活性。

7.3.2 供氨系统异常事故案例及防范要求

7.3.2.1 尿素制氨系统异常事故

▶ **事故案例及原因分析**

（1）某厂在执行备用水解器 A 至 4 号机组供氨管路吹扫过程中，发现供氨管道无法泄压。确认为水解器 A 至 4 号机组供氨管道吹扫出口隔离阀 4HSX-56 及其后管路堵塞。拆开隔离阀 4HSX-56 后，发现阀门处有结晶，阀后管路堵塞。

发现结晶堵塞后开启吹扫隔离阀 4HSX-56，定期通入吹扫蒸汽，试图溶解结晶堵塞部位，但效果不明显。随后将吹扫管增加电伴热，但当通入吹扫蒸汽后因温度较高，电伴热不耐高温，融化后发生短路。最终对吹扫管采取割管消缺，发现管内被大量结晶物堵塞。将吹扫管分段运至零米层，采用加热融化、人工敲打、水冲洗的方法对管道进行疏通，处理完毕后重新安装。

3 号机组 9 月底停机前，同样发现两根供氨母管至稀释风的吹扫管路均已堵塞。检修中对管路进行割管检查，发现吹扫管路大部分也被结晶物堵塞。

吹扫管结晶堵塞情况如图 7-4 所示。

图 7-4　吹扫管路结晶堵塞情况

该案例具体原因分析如下：

水解器出口产品气为 NH_3、CO_2 及水蒸气的混合物，该混合物根据压力的不同，在温度降至 80℃ 左右时会生成白色的氨基甲酸铵的结晶物。该物质熔点为 60℃ 左右，易溶于水。从管道中取出堵塞结晶物，稍加热即可熔化，用水冲洗时也较易溶于水，故可判断管道堵塞物基本为氨基甲酸铵。

在水解器 A 至 4 号机组供氨管道吹扫隔离阀检查中，发现供氨管道至稀释风吹扫隔离阀 4HSX-56 存在内漏现象。因隔离阀内漏，在供氨母管使用中会持续有产品气漏入吹扫管中，因吹扫管无伴热，温度降低后产生结晶物，从而堵塞管路。

另外，当切换水解器时，停用的水解器至机组供氨管道内存留有产品气，该气体会通过吹扫管道输送至稀释风中。吹扫初期因吹扫管道温度较低，产品气与较低的管壁接触后会在管道内壁形成结晶。当多次吹扫后结晶物逐渐增厚，从而导致管道堵塞。现场部分割开的吹扫管内壁存在环形的结晶堵塞物，应为多次吹扫累积所致。

（2）某电厂脱硝尿素水解制氨系统水解器内换热管上出现了结晶物质，该结晶物质不仅会影响水解器的换热效率，更严重的是大量的氯离子将导致 316L 不锈钢水解器的晶间腐蚀、应力腐蚀破裂和均匀腐蚀，导致水解器换热管发生破裂损坏，造成脱硝系统停运。

该案例具体原因分析如下：

该电厂分别对来厂尿素颗粒和结晶物进行了化验分析，其中来厂尿素颗粒中氯离子含量高达 39.9%，500℃灼烧减量 25.5%；结晶物氯离子含量占 57.8%、500℃灼烧减量 9.7%，由此判断结晶物质的主要成分为氯化钠，而造成此氯化钠结晶的原因为尿素品质较差。

（3）某电厂出现尿素水解反应器投运后，溶液出现起泡、虚假液位快速上升的现象，泡沫随尿素水解产品气外溢，造成产品气管道和喷氨管道被堵塞，严重时影响脱硝系统的稳定运行，导致 NO_x 排放超标。

该案例具体原因分析如下：

1）尿素品质较差，尿素溶液中混入了其他杂质，这些杂质被带入尿素水解反应器中，随着运行时间的积累而不断富集，改变溶液的黏度、表面张力等物理性质，不仅会增加尿素溶液发泡的可能，还会增强泡沫的稳定性，使泡沫长时间无法被消除。

2）尿素水解反应器长期未进行排污，尿素发生缩聚反应生成的副产物和设备腐蚀形成的微小颗粒无法及时排出，这些副产物和微小颗粒不断在水解器内积累，明显改变溶液的表面张力、黏度等物理性质，从而引起溶液发泡。而溶液表面黏度增大，对液膜减薄、泡沫破裂产生了抑制作用，使泡沫稳定性增强，导致泡沫难以消除。

3）操作条件的影响。一方面水解反应器内温度和压力波动过大且蒸汽流量过大，使溶液出现闪蒸现象，气液传质波动剧烈，导致水解反应器内形成稳定泡沫，并表现为液位虚高。另一方面尿素水解产品气供应量过高，有时甚至超过设计出力，将影响尿素水解系统的稳定性，导致液相中的 CO_2 和 NH_3 向气相中转移速率过高，产生的泡沫不能及时破裂。

（4）2016 年 11 月 3 日，某电厂出现 1 号机组 D、F、G 尿素喷枪流量突降至 0t/h，其余尿素喷枪流量一次降低至 0t/h。随后尿素母管流量从 1.0m³/h 缓慢降至 0m³/h。最终导致 1 号机组 NO_x 浓度小时均值超标。

该案例具体原因分析如下：

室外温度低，设计布置于室外的尿素溶液输送泵入口母管及出口管道因管道电伴热不足，导致室外的尿素溶液管道低温结晶堵塞，且因单台机组设计为一路尿素溶液输送管路与回流管路，发生异常时无备用管道。

（5）2015 年 2 月 18 日，某电厂 5 号机组脱硝系统正常运行时出现热解炉内部压力突升，出口温度突降，热解一次风量下降，热解炉出口的空气 /NH_3 混合气压力降低，SCR 出口 NO_x 浓度明显降低，氨逃逸急剧增大的现象。30min 后，所有参数恢复正常。根据上述现象进行分析，判断为 5 号机组脱硝系统热解炉内部发生不均匀性结晶、脱落，堵塞热解炉部分出口。因为环保要求，严禁机组正常运行时人为退出脱硝系统，所以未及时打开炉门进行检查处理。此后，每隔一段时间，上述现象发生一次，且发生频率也越来越高。2015年3月29日夜间，因网上负荷较低，机组负荷降至300MW，烟温低导致脱硝系统自动解列。利用此契机，打开热解炉检查门，发现热解炉内部结晶严重。

该案例具体原因分析如下：

（1）热解炉保温不良。在热解炉下部有一焊缝泄漏，经检修进行处理后，保温恢复不完全，导致热解炉散热增加，使热解炉内温度下降，导致在泄漏处结晶，并导致结晶越来越严重。

（2）热解一次风量偏小，热解一次风量测点易被堵塞。在喷氨量变化时，热解风量变化不大，运行人员未能及时发现并联系处理，也未能根据喷氨量的变化调节热解一次风量，导致尿素溶液热解不完全，在热解炉内部结晶。

（3）热解炉入口旋流器磨损。热解炉入口装有旋流器，使进入热解炉的热解风在炉内旋转，充分热解尿素。由于旋流器磨损，使进入热解炉内的热解风流动不均匀，导致尿素溶液热解不完全，在热解炉内部结晶。

（4）热解炉出口温度控制过低。在机组变负荷、喷氨量发生变化时，由于热解一次风电加热器自跟踪缓慢，致使热解炉内部温度下降较多，导致尿素热解不完全，在热解炉内形成结晶。

▶ **隐患排查重点**

（1）设备维护。

1）对于采用尿素为还原剂的氨制备系统，伴热保温设计施工应遵循相关规范的要求。选用硬质或半硬质圆形保温材料制品，如选用软质材料时，应在伴热管与保温层之间加铁丝网以保证加热空间；根据允许最大散热损失小于$104W/m^2$，计算保温层厚度，合理选择伴热管数量、管径、有效伴热长度等参数。

2）对于采用尿素为还原剂的氨制备系统，机组每次停运应对热解炉（水解器）内部、出口管道内部、尿素喷嘴等部位进行检查，发现问题及时处理。同时加强整个系统伴热保温情况的检查及维护，确保伴热良好，保温正常。

3）定期对尿素的溶解水和喷枪冲洗水进行水质化验，定期对水管道上的滤网进行清理，确保水质合格。

4）定期检查清理尿素喷枪喷口部位，进行尿素喷枪雾化试验，确保雾化正常、效果良好。

5）定期对提供尿素喷枪雾化压缩空气的气源或空压机进行检查，避免由于空压机出现故障导致压缩空气中水分，杂质较多，进而影响雾化效果。

（2）运行调整。

1）控制尿素原料品质，工业用尿素品质要求可参照GB/T 2440《尿素》4.3节表2的要求。但该标准中未规定氯离子和灼烧减量指标要求，建议采用尿素水解制氨的电厂增加尿素氯离子和灼烧减量的监测。建议尿素中氯化物含量（以Cl计）应小于0.5%，

500℃灼烧减量大于99.0%。

2）在尿素溶解罐中用除盐水或冷凝水配置40%～50%的尿素溶液。当尿素溶液温度过低时，启动蒸汽加热系统，使溶液温度保持在设定的温度，防止尿素低温结晶，影响尿素溶解。

3）监视尿素溶液储罐，尿素热解炉（水解器），供氨管路等处伴热温度指示是否正常，当温度明显偏低时应联系检修处理。

4）根据尿素水解反应器的运行状况确定排污频率和排污时间，如水解反应器液位是否波动过大、水解器排水氯离子含量是否过高。

5）合理控制运行参数。对于水解反应器，在运行过程中控制蒸汽流量，使尿素水解反应器温度满足设计要求，防止尿素溶液超温。将水解器压力、尿素溶液流量、水解器液位等工艺参数控制在允许范围内，避免运行参数大幅度波动，减小工艺参数调整对尿素水解系统的影响。同时根据锅炉负荷的变化，预判并调整尿素水解反应器的操作，减小锅炉负荷调整对尿素水解系统的影响。

6）对于热解反应器，尿素热解分解反应温度宜为350～650℃，运行应加强监视热解炉各部位温度，尤其是喷嘴和热解炉下部出口温度较低的部位，防止出现热解不完全情况。

7）加强对尿素溶液雾化压缩空气流量的监视，避免因雾化空气流量过低雾化不良导致热解炉内壁结晶。

7.3.2.2 液氨蒸发系统异常事故

▶ **事故案例及原因分析**

（1）某电厂频繁发生液氨蒸发系统堵塞的问题，严重影响脱硝系统的稳定运行。自2013年12月26日起，频繁发生液氨蒸发系统在3只进口调节阀全开的情况下，液氨蒸发器仍然无法维持氨气压力的现象。2013年12月26日发现液氨蒸发系统氨气压力无法上升的缺陷后，立即对液氨储罐、液氨蒸发系统进行彻底清理，清理时发现液氨储罐内有部分油污、液氨蒸发系统内有白色结晶物。彻底清理后，液氨蒸发系统稳定运行了9个月。自2014年9月开始，液氨蒸发系统又频繁发生堵塞现象。2014年10月1日，将液氨蒸发系统供氨调节阀后管路解体，发现其堵塞严重。

该案例具体原因分析如下：

该电厂对液氨管道内堵塞物进行取样分析，经分析堵塞物主要成分为Fe_2O_3。电厂对液氨储罐及相关管路、阀门进行清理和检查，结果表明液氨储罐、管路、阀门均无腐蚀现象。随后电厂对入厂液氨进行化验，发现液氨中铁含量较高，为0.5mg/kg。而该厂的液氨供应商以煤为原料合成液氨，在生产过程中采用以Fe_2O_3为主要原料的催化剂，且设备以碳钢材质为主而且老化严重，所以液氨中铁含量较高。

Fe_2O_3不溶于液氨，且其颗粒过小，因此以胶体的形态存在于液氨中，普通滤网无法将其滤除，同时也不会沉积在液氨储罐底部，只有在液氨压力降低气化时才析出，从而逐渐聚集堵塞液氨蒸发系统。

（2）某电厂 2014 年 7 月，氨区出现氨气缓冲罐压力低的问题，经清理蒸发槽调门后有所缓解，但从 2014 年 9 月起堵塞情况愈加严重，甚至出现多台蒸发槽同时堵塞现象，严重影响脱硝系统正常运行。

该案例具体原因分析如下：

氨区堵塞部位主要是液氨储罐至蒸发槽调节阀后管道，蒸发槽入口垂直管道、蒸发槽内部盘管。对堵塞物进行取样分析确定堵塞物主要是氨基甲酸铵腐蚀碳钢的产物。

该电厂氨区所有管道和阀门均采用不锈钢材质，仅有液氨储罐为碳钢材质，因此受氨基甲酸铵腐蚀的主要部位为液氨储罐，通过液氨储罐下部管路检查时提取的无色刺激性液体可判断为腐蚀产物的溶液，该溶液与液氨混合进入蒸发槽调节门后气化，同时大部分未气化液氨通过蒸发槽加热溶液中的 NH_3 和 CO_2 析出，杂质积存造成蒸发槽入口管路及盘管堵塞。

（3）某电厂冬季锅炉脱硝 SCR 系统发生了多起管道阀门堵塞异常事故，供氨压力从正常的 85kPa 降至 20kPa 以下，对脱硝系统的稳定运行造成影响。

该案例具体原因分析如下：

经现场检查，自立式调压阀阀芯及后面管道中均发现粉末状杂物。供氨管道中有杂物，氨气流速降低，杂质堵塞供氨系统的节流处（速关阀、定压阀阀芯等处），导致供氨不畅。经分析，堵塞物主要为 Fe_2O_3。该厂液氨存储区、蒸发区和 SCR 区内的主要管道设计、施工均是采用碳钢管，碳钢氨管道和氨发生腐蚀形成铁的氧化物；其次冬季环境温度低，SCR 区的氨气管道布置在户外的露天场所，平台处的风力较大，氨气在氨蒸发器的出口温度最低在 40℃ 以上，但 SCR 区的氨气温度最低在 10℃ 以下。环境温度的明显下降，导致供氨管道外壁结露严重，有可能造成氨气密度增大流速相对降低，如果氨气管道中有一定的粉末状杂质，对其携带能力降低，极易在阀门、阀芯等节流明显的部位形成沉积，最终会导致出现堵塞，出现供氨压力、流量下降的异常现象。

▶ **隐患排查重点**

该系统维护具体要求如下：

（1）氨区与储罐相连的管道、法兰、阀门、仪表等材质的选择建议参照国能安全〔2014〕328 号《燃煤发电液氨罐区安全管理规定》第十九条的有关要求，并考虑相应的防腐措施。

（2）做好液氨储罐、蒸发槽和缓冲罐的定期排污工作，并定期对液氨储罐、氨气缓冲罐、液氨蒸发槽内部进行人工清理。

（3）定期对液氨蒸发系统进行吹扫。蒸汽吹扫时注意控制蒸汽的压力，以免蒸发槽换热器盘管损坏；不可连续吹扫，不得外力撞击、野蛮敲打，以免换热器盘管出现热应力损伤、肋板脱焊等情况；吹扫时检修部和运行部有关人员应相互配合，制定严格的吹扫措施并加以落实；吹扫时应做好安全防护，避免吸入氨气造成人身伤害。

（4）对于采用液氨为还原剂的脱硝系统，机组检修期间应对氨空混合器、烟道内喷氨母管及喷嘴等部位进行检查，发现问题及时处理。

（5）控制液氨品质，建议采用李森科承受器对每一辆槽车液氨进行取样分析，化验出样品的参数，保证进入系统的液氨品质合格。若槽车内液氨品质不合格，拒绝接收。若较多辆槽车液氨品质不合格时需及时更换品质更优的液氨供应商。

7.3.3 氨逃逸过大导致空气预热器堵塞事故案例及防范要求

▶ 事故案例及原因分析

（1）2016年2月7日，某电厂4号机组乙侧空气预热器冷段堵塞严重，其主辅电机均过载跳闸导致机组停运。

该案例具体原因分析如下：

机组运行时甲侧烟气阻力比乙侧高约700Pa，造成乙侧烟气流量大，使乙侧空气预热器更容易积灰堵塞；同时脱硝装置的氨逃逸率超标加剧了空气预热器堵塞，尤其机组在 AGC 方式下运行时，负荷波动大，氨逃逸率也随之增大，由此导致空气预热器冷段堵塞严重。

（2）某电厂2号锅炉1000MW燃煤机组，空气预热器堵塞严重。机组负荷900MW，空气预热器 A/B 侧压差分别达到了 2.23/3.56kPa，正常情况该负荷下两侧压差约为1kPa。导致送、引风机电流大大增加，造成机组出力受限。

该案例具体原因分析如下：

该厂设计喷氨管路管径偏大，SCR 系统两侧喷氨调阀调节性能较差，开度偏小，且调阀开度在5%以下时，经常出现烟囱出口 NO_x 含量不到 $20mg/m^3$ 的情况。在此工况下，氨逃逸率偏高，加之燃煤硫分偏大，燃烧产生的 SO_3 也越多。逃逸氨与 SO_3 和水反应，生成硫酸氢铵，黏附于空气预热器冷端，造成空气预热器堵塞。

（3）某厂320MW机组，4号机组 SCR 脱硝装置催化剂层采用二运一备方式布置，SCR 入口设计 NO_x 浓度为 $500mg/m^3$，出口浓度 $45mg/m^3$，脱硝效率大于96%。但空气预热器出现差压变大的情况，A 侧空气预热器差压为 2.64kPa，B 侧空气预热器差压为 1.47kPa。比之前的 1.19kPa 差压分别提高了 1.45kPa 和 0.3kPa。SCR 出口 NO_x 值 A 侧仪表检测结果约 $12mg/m^3$，B 侧仪表检测结果约 $19mg/m^3$，而脱硫后烟囱出口检测结果约为 $44mg/m^3$。

该案例具体原因分析如下：

SCR 反应器出口 NO_x 偏差大，与脱硫烟囱出口的 NO_x 也相差较大。且流场不均匀，易造成局部氨逃逸过高。加之环保考核较为严格，运行调整将脱硫烟囱出口的 NO_x 压得很低，以此导致喷氨量过大，造成硫酸氢铵的大量生成，其冷凝液化温度在 $150 \sim 230℃$，且硫酸氢铵易与飞灰黏结，黏结在空气预热器冷端蓄热元件上，烟气通道变小，阻塞空气预热器，造成空气预热器压差增大。

（4）某电厂3、4号 500MW 机组，长期以来存在脱硝运行状况较差，运行中空气预热器烟气侧进出口压差明显升高且波动幅度变大，一次风侧进出口压差升高，引风机电流增大，空气预热器换热效果下降。

该案例具体原因分析如下：

机组配煤掺烧及设备老化失修，实际运行中锅炉燃煤量、风量、灰量等经常超出设计值，造成脱硝装置入口参数频繁超出设计边界条件，脱硝装置超出力运行，导致脱硝运行调整困难，出口氨逃逸大；恶劣的运行工况导致脱硝催化剂积灰磨损较快、寿命缩短，严重影响脱硝装置安全稳定运行，进而加剧下游空气预热器频繁堵塞。

▶ **隐患排查重点**

（1）设备维护。

1）机组 B 级及以上检修后，或者当 SCR 反应器出口与烟囱入口 NO_x 浓度偏差超过 ±15mg/m³，或者空气预热器、烟冷器等下游设备出现硫酸氢铵严重堵塞现象时，应进行喷氨优化调整试验，保证喷氨均匀性。

2）加强氨逃逸在线监测仪表、SCR 系统 CEMS 表计的定期维护保养工作，当机组仪表出现失准时，及时处理，提高仪表的准确度。

（2）运行调整。

1）运行中严格控制氨逃逸浓度，确保喷氨调门调节性能良好，喷氨量应尽可能稳定，避免因 SCR 系统出口 NO_x 浓度反应滞后导致的喷氨量过调，从而造成尾部受热面堵塞，威胁机组安全运行。

2）运行中应根据脱硝效率对应的最大喷氨量设定稀释风流量，使氨 / 空气混合物中的氨体积浓度小于 5%。

3）应做好入炉煤的掺配工作，控制燃煤灰分，硫分以满足脱硝系统设计要求，防止因灰分过高堵塞、磨损催化剂，或因三氧化硫过高造成机组尾部受热面的腐蚀、堵塞。同时严格控制锅炉低氮燃烧稳定运行，严格控制脱硝系统入口氮氧化物浓度在合理范围之内。

7.3.4 脱硝烟道垮塌事故案例及防范要求

▶ **事故案例及原因分析**

2019 年 3 月 14 日，某电厂 1 号机组脱硝 A 侧入口垂直段底部烟道运行中突然发生垮塌。大量烟气外泄，立即核实各岗位人员及现场状况，确认无人员伤亡。鉴于机组已无法维持正常运行，立即向调度申请停机，1 号机组负荷降至 30MW 手动 MFT，机组解列。

该案例具体原因分析如下：

（1）施工焊接质量存在问题，间隙内加填塞物，烟道钢板对接焊缝强度不足，导致脱硝 A 侧入口垂直烟道从标高约 48m 处整齐拉断。

（2）设计存在缺陷，烟道设计未对承载焊缝进行加固设计。

（3）机组长期维持低负荷运行，烟气流速低，携灰能力差，导致省煤器后尾部烟道及脱硝入口灰斗积灰较多。

（4）省煤器仓泵输灰量小于积灰量，造成烟道积灰，且省煤器输灰系统运行参数监视不到位，没有通过省煤器仓泵运行参数，及时发现省煤器仓泵上部出现大量积灰。

▶ **隐患排查重点**

（1）设备维护。

1）日常巡检时注意省煤器仓泵处是否有异常形变，如烟道外形不规则、下移、凸起等。

2）日常巡检时就地测量省煤器仓泵入口管道温度、仓泵本体温度，对比仓泵实际运行情况。

3）仓泵出现缺陷时，应及时处理，避免单一或多个仓泵长时间退出运行。

4）SCR 反应器进出口烟道宜设置灰斗及排灰装置。

（2）运行调整。

1）运行时应加强对 SCR 系统进出口烟道灰斗的除灰运行管理，避免灰斗排灰不畅造成烟道内大量积灰。若遇灰量大时，应适当提高输灰频率。

2）若机组长期处于低负荷运行，保证一定的烟气流速，保持合理的一、二次风配比，避免将二次风量控制过低。避免因风速低造成烟道大量积灰。

7.3.5 脱硝氨区事故案例及防范要求

▶ **事故案例及原因分析**

（1）2003 年 9 月 5 日，某运输公司一辆液氨罐车到某企业充装液氨，因罐车自带的液氨充装软管与该企业液氨充装系统接口连接不匹配，该车主 A 某向一旁同在等待灌装液氨的 B 某借用充装软管。09:30 左右，在充装过程中，装卸软管的液相管突然爆裂，大量液氨外泄，瞬间液氨汽化，白雾顿时向四周扩散。此时，事故发生后，在现场的 4 人，其中 3 人逃离现场，A 某因躲避不及，中毒倒地，后经送医院抢救无效身亡。

该案例具体原因分析如下：

爆裂的液相软管断裂成 3 节，其中外表有破损痕迹，内层网状钢丝锈蚀严重，橡胶具有老化特征。且该软管后经核实，既无产品合格证，也无制造单位，属于三无产品。该起事故的直接原因为装卸软管质量不合格且老化严重。

（2）2007 年 4 月 8 日，某运输公司一辆装载 22.5t 液氨的罐车，向某企业运送。进入该企业后，发生该液氨罐车大量泄漏事件，喷出的汽化氨气柱高达 4m 左右，并发出刺耳的气流噪声。事故发生后，立即报警，经 4 个多小时救援，由于处置得当，未造成人员中毒和伤亡。

该案例具体原因分析如下：

该运输公司向某企业运送液氨，由于驾驶员、押运人员道路不熟，误驶入该企业后门，在进入汽车磅房时，由于车辆超高，罐车的安全阀被汽车磅房上部的水泥横梁碰断，罐体内液氨快速挥发，从安全阀口向外部大量泄漏。

（3）2015 年 11 月 28 日，某企业 2 号液氨储罐发生液氨泄漏事故，造成 3 人死亡、8 人受伤，直接经济损失约 390 万元。

该案例具体原因分析如下：

2 号液氨储罐备用液氨接口固定盲板所用不锈钢六角螺栓不符合设计要求，且其中 2 条螺栓陈旧性断裂造成事故发生。

（4）2006 年 5 月 31 日，某企业液氨储罐区发生阀门破裂液氨泄漏事故，造成 1 人死亡，1 人重伤。

2007 年 5 月 4 日，某企业 2 号液氨储罐进口管截止阀突然破裂，致使液氨泄露，造成 33 人住院治疗。

该案例具体原因分析如下：

以上 2 起事故均由于选用的阀门型号和材质不符合标准要求。阀门制造选用的材料、压力等级的确定和阀体的壁厚均不符合要求。

（5）2005 年 7 月 4 日，一辆装载 10 只液氨钢瓶的货车，在运输途中，驾驶员和押运人员违章将车停放在路边吃午餐。午时气温超过 38℃，在烈日的暴晒下，其中一只液氨钢瓶经阳光的烘烤，瞬间发生爆裂而散发出强烈的刺激性气味，导致周围居民及行人百余人出现不同程度的畏光、流泪、咳嗽、胸闷、气促等上、下呼吸道刺激症状。60 多名伤者被送往医院。

该案例具体原因分析如下：

货车驾驶员及押运人员在运输液氨钢瓶过程中违反了危险品运输规定，擅自停车在马路边，且未采取遮阳措施，未指派专人看管，导致装有液氨的钢瓶在太阳下暴晒后爆裂，大量气体外泄，造成此次事故的发生。

（6）1990 年 9 月 28 日，某载有 2 只充装液氨钢瓶的货车，在返回途中，一只钢瓶突然发生爆炸，另一只钢瓶未发生爆炸，但被抛出 4.8m 之外。爆炸钢瓶中的液氨从瓶内喷出并迅速扩散，共造成 5 人死亡，7 人重伤，7 人轻伤。

该案例具体原因分析如下：

负责充装液氨的企业在充装过程中管理混乱，无充装管理制度，未执行气瓶称重充装，更无控制超装的设备。仅凭充装工人肉眼观察钢瓶气相阀是否有雾状液滴作为充装标准要求，而未使用衡器称重，充装后也没有复称检查。经调查，未爆炸的钢瓶实际充装 247.8kg 的液氨，而钢瓶限定的最大充装量为 200kg。故直接导致该事故的原因为液氨钢瓶超装。其次驾驶员未按规定路线返回，私自改变驾驶路线，绕行 13km，且从集市穿越，延长了运送时间，加之当日气温较高且无遮阳措施，暴露时间的延长，为超装钢瓶升温提供了外部条件，从而导致了爆炸事故的扩大。

（7）2013 年 6 月 3 日，某公司氨设备和氨管道发生爆炸，事故共造成 120 人遇难，70 多人受伤。

该案例具体原因分析如下：

该公司因主厂房部分电气线路短路，引燃周围可燃物，燃烧产生的高温导致氨设备和氨管道发生爆炸，大量氨气泄漏，介入了燃烧，造成此次重大事故。

（8）某厂加氨阀填料压盖破裂，有少量的液氨滴漏。维修工作人员穿戴防化服与过滤式防毒面具对加氨阀门进行填料更换。当检修完毕后，发觉自身不舒服，及时到医院进行检查，结果为氨气中毒。

该案例具体原因分析如下：

经查证，该维修工作人员检修时所佩戴的过滤式防毒面具已损坏，不具备防护功能，从而导致该维修工作人员中毒。

▶ **隐患排查重点**

（1）设备维护。

1）对氨区的降温喷淋系统、消防水喷淋系统和氨气泄漏检测装置，应定期进行试验。储罐区宜设置遮阳棚等防晒措施，每个储罐应单独设置用于罐体表面温度冷却的降温喷淋系统。建议当液氨储罐表面温度高于 40℃或罐内温度高于 38℃时，降温喷淋系统应自动启动，对罐体自动喷淋降温，或手动启动降温喷淋系统，对罐体进行喷淋降温。

2）氨区应设置事故报警系统和氨气泄漏检测装置。氨气泄漏检测装置应覆盖生产区并具有远传、就地报警功能。并定期对氨气泄漏检测装置等有关设备进行检测、试验工作，并做好记录。

3）对储罐、管道、阀门、法兰等必须严格把好质量关，并定期校验、检测、试压。应确保氨区的卸料压缩机、液氨供应泵、液氨蒸发槽、氨气缓冲罐、氨气稀释罐、储氨罐、阀门及管道等无泄漏。

4）检修时应做好防护措施，严格执行动火工作票审批制度，并加强监护；空罐检修时，应采取措施防止空气漏入罐内形成爆炸性混合气体；严禁带压修理和紧固法兰等设备，氨系统经过检修后，应进行严密性试验；严禁在运行中的氨管道，容器外壁进行焊接、气割等作业。

5）完善储运等生产设施的安全阀、压力表、放空管、氮气吹扫置换口等安全装置的管理工作，并做好日常维护。

6）严禁使用软管卸氨，万向充装系统应使用干式快速接头，周围设置防撞设施。

7）氨区所有电气设备、远程仪表、执行机构、热控盘柜等均应选用相应等级的防爆设备，防爆结构选用隔膜防爆型 Ex-d，防爆等级不低于 IIAT1。

8）氨区内进行明火作业时，必须严格执行动火工作票制度，办理一级动火工作票。按一级动火要求，安全监察部门等相关人员必须到场，做好安全措施。

9）氨系统动火作业前后应用氮气进行置换吹扫，直至合格后方可进行动火作业。

同时，消防人员在场并准备好相应的消防器材。应每隔 $2 \sim 4h$ 测定一次现场可燃气体的含量是否合格，当发现不合格或异常升高时应立即停止动火，在未查明原因或排除险情前不得重新动火。

10）氨区应具备风向标、洗眼池及人体冲洗喷淋设备，同时氨区现场应放置防毒面具、防护服、药品以及相应的专用工具。氨区应配备完善的消防设施，定期对各类消防设施进行检查与保养，禁止使用过期消防器材。

（2）运行调整。

1）加强液氨储罐的运行管理，严格控制液氨储罐充装量，液氨储罐的储存体积不应大于 $50\% \sim 80\%$ 储罐容器，严禁过量充装，防止因超压而发生罐体开裂或阀门顶脱、液氨泄漏伤人。同时运行人员应加强对储罐温度、压力、液位等重要参数的监控，严禁超温、超压、超液位运行。

2）运行人员应按规定巡视检查氨区设备和系统运行状况，定期测定空气中氨含量，并做好记录，发现异常及时处理。

3）加强进入氨区车辆管理，严禁未装阻火器机动车辆进入火灾、爆炸危险区。输送液氨车辆在厂内运输应严格按照指定的路线、速度行进，同时输送车辆及驾驶人员应有运输液氨相应的资质及证件等。

4）卸氨结束，应静置 $10min$ 后方可拆除槽车与卸料区的静电接地线，并检测空气中氨浓度小于 35ppm 后，方可启动槽车。

5）当进行氨系统气体置换时，应遵循以下原则：①确保连接管道、阀门有效隔离；②氮气转换氨气时，取样点氨气含量应不大于 35ppm；③压缩空气置换氮气时，取样点含氧量应达到 $18\% \sim 21\%$；④氮气置换压缩空气时，取样点含氧量小于 2%。

6）设有液氨储存设备、采用燃油热解炉的脱硝系统应制订事故应急预案，同时定期进行环境污染的事故预想、防火、防爆处理演习，每年至少一次。

7.4 ▶ 废水系统事故隐患排查

▶ 事故案例及原因分析

（1）生态环境部门在检查某厂过程中，执法人员发现该厂将工业废水通过暗管排入雨水沟。现场检查时发现，该厂在车间内设有暗管，将蚀刻液，晒版、丝网印刷、碱液清洗的废水通过暗管排入厂房东北角雨水沟。

现场委托有资质的第三方机构对该公司 1、2 号及车间外排口进行采样，经监测 1、2 号排口 pH 数据为 $1 \sim 2$ 之间，车间外排口（雨排）pH 监测结果为 $2 \sim 3$ 之间。

根据《中华人民共和国水污染防治法》第三十九条规定：禁止利用渗井、渗坑、裂隙、溶洞，私设暗管，篡改、伪造监测数据，或者不正常运行水污染防治设施等逃避监管的方式排放水污染物。对照《国家危险废物名录》（2021年版），该厂在金属表面处理过程中使用到的蚀刻液属于危险废物（废物类别HW17，废物代码336-064-17）。

最终属地生态环境局立即将该厂涉嫌通过逃避监管的方式排放污染物案件线索移送公安机关侦办。

（2）某企业废水超标排放污染牡丹江，根据牡丹江市生态环境局反馈信息，通过2014年11月28日市环保部门对该企业总排口废水取样监测，确认排放废水超标。根据市环境监测中心站提供的《监测报告》显示，该企业总排废水中的主要污染物悬浮物超标0.27倍。对此，市环保部门将对该企业依法查处，并责令整改，确保达标排放。

（3）某厂煤水沉淀池处理容积小，且配套的煤泥抓斗抓泥不及时，高效煤水净化器管道、阀门经常出现堵塞、卡涩，运行效果不佳，易出现产水浊度高、煤水分离不彻底的现象。且输煤系统回用水为含煤废水处理系统出水，输煤系统回用水池来水量大，导致大量回用水池水溢流至雨水系统，存在环保风险。

（4）某厂输煤系统补水为处理后的生活污水及灰库地面冲洗水，补水量大大超出冲洗所用的水量，使含煤废水池废水大量溢流排放至雨水井，造成水资源的浪费并增大了环境污染风险。

（5）某厂工业废水未经处理直接排放至灰场，且灰场所有的沟渠、池塘、河道未经过防渗处理。灰场与外界自然环境是相通的，一旦出现大雨或在汛期，灰场内受污染的水就会向周边的河道排放，存在环保风险。

（6）某公司未报批环评，未建污染防治设施，擅自从事铜产品表面处理生产，并在生产过程中将未经处理的废水直接经车间管道排至厂区污水管网再排至厂外的污水管网。

结合当地环境监测站出具的监测报告，"该公司11号点位、12号点位和13号点位即第一个围堰溢流（出）口、第二个围堰溢流（出）口、第三个围堰溢流（出）口的总铅、总镍、总铜、总锌指标均超出GB 8978《污水综合排放标准》标准限值，13号点位即第三个围堰溢流（出）口的总铬指标超出GB 8978《污水综合排放标准》标准限值"。

该公司通过逃避监管方式排放含重金属有毒物质的废水，涉嫌环境污染犯罪，应当移送公安部门处理。

（7）某企业由于原有污水处理设施不能满足当前生产需要，多次被查到入网污水超标，对该企业进行的28次采样检查中，26次的水样都存在超标现象，有时甚至还将废水偷排、漏排至河道，环保部门对该企业废水排放口进行封堵，迫使其停产整顿。

（8）2020年5月8日，生态环境局执法人员通过自动监控数据平台发现某企业自动监测数据异常。现场检查时发现，该企业正在生产，污水处理设施排放口正在排放废水，自动监测设备采样头被插入一个铁桶内，以水管连接自来水龙头将自来水接入铁桶，使自动监测设备抽取铁桶内自来水采样监测。经调查核实，该公司污水处理负责人为防止自动监测数据超标，将自动监测设备采样头移到铁桶内，实施了以上造假行为。当地生态环境局根据相关法律法规，将该案件移送公安机关，对该公司污水处理负责人行政拘留6日。

▶ **隐患排查重点**

（1）设备维护。

1）电厂废水回收系统应满足环境影响评价报告书及其批复的要求，同时满足电厂排污许可证要求。环评批复或排污许可证允许设置废水排放口的企业，其废水排放口应规范化设置，满足环保部门的要求。设置污水排放口提示图形标志。

2）对电厂废水处理设施应制定严格的运行维护和检修制度，加强对废水处理设备的维护、管理，确保废水处理系统设施运转正常。废水处理设施故障时，应及时检修处理，防止在水量、水质异常时，通过溢流、下渗、地表径流、地下径流污染周围环境或地下水。

3）应保证各废水系统中的仪表正常运行，在线监测 pH 值、浊度和流量等表计指示准确，定期校验。

4）电厂排污许可证允许排放的废水排污口应安装废水自动监控设施，应满足地方环保局的要求，并严格执行 HJ/T 353《水污染源在线监测系统（COD_{Cr}、NH_3-N 等）安装技术规范》，定期进行比对、校验、维护，做好记录。每月至少进行一次实际水样比对试验和质控样试验，进行一次现场校验，同时应有明确的管理制度。

（2）运行调整。

1）废水处理设备必须保证正常运行。根据全厂节水和废水综合治理技术改造路线，做到废水分类收集、分级梯度利用。按电厂排污许可证的要求，不允许排放的废水不应外排，允许排放的废水不应超标外排，避免对环境造成污染。

2）做好电厂废（污）水处理设施运行记录，并定期监督废水处理设施的投运率、处理效率和废水排放达标率。应做到雨污分离，清污分离，各类废水分类处理。煤场周边排水与雨水隔离，沉煤池容积满足设计需求，防止悬浮物含量高的煤水进入到地表水系统，导致环境污染事件。

3）应按照监测点位、监测项目、监测频次的要求，定期开展电厂废水水质监测工作。

4）锅炉进行化学清洗时，必须制订废液处理方案，并经审批后执行。对照《国家危险废物名录》（2021 年版），锅炉酸洗后的废液属于危险废物（废物类别 HW34 废物代码 900-300-34）。应严格按照危险废物的处置方式要求，进行转运处置，并在属地"固体废物管理平台"上完成申报登记。锅炉进行化学清洗应制定事故应急预案（综合性应急预案有要求或有专门应急预案），防止发生环境污染事故。电厂应对处理过程进行监督，并且留下记录。

7.5 ▶ 烟气在线连续监测系统事故隐患排查

▶ **事故案例及原因分析**

（1）2021 年 7 月 7 日，某电厂 3 号机组脱硫 CEMS 故障报警发出，净烟气 SO_2、

NO_x 瞬时值出现跳变。

该案例具体原因分析如下：

因天气潮湿，取样管路内微尘汇集阻塞采样反吹电磁阀，导致仪表取样管路形成负压，储液罐内的水进入测量池，仪表故障报警发出，光源切换马达停止转动，数值异常。

（2）某电厂 2 号机组脱硫出口烟尘监测仪失电，烟尘浓度数据异常。

该案例具体原因分析如下：

某电厂 10kV 公用 2C 段脱硫变跳闸，检查发现 UPS 仅连接 CEMS 间，未连接就地烟尘监测仪。

（3）2017 年 8 月 6 日 08:15，某厂上传至环保厅（现生态环境局）网站数据异常，四台机组脱硫 CEMS 数据均不更新，检查发现 3 ～ 6 号机组脱硫 CEMS 数据采集传输仪分别于 2017 年 8 月 6 日 05:33、06:21、06:41、02:57 出现数据无法正常上传至环保厅网站的现象，但厂内环保数据显示正常。随后对数采仪进行重新启动，启动后仍无法进行数据上传。10:30，数采仪厂家到达现场，对数采仪程序进行了检查更新，更新后 3 ～ 6 号机组脱硫 CEMS 数据采集传输仪分别于 12:37、12:12、11:39、11:01 恢复正常。

该案例具体原因分析如下：

数据采集传输仪同步程序及同步程序暂存文件异常，导致数据无法上传，更新程序后恢复正常。

（4）某电厂 2016 年 5 月 25 日 19:37，1 号机组脱硫吸收塔原烟气 SO_2 浓度 4381mg/m³、O_2 为 4.2%、净烟气 SO_2 浓度由 167mg/m³ 突涨至 412mg/m³（最大值在 19:39 为 416mg/m³），19:38 立即将 1 号吸收塔供浆调阀全开，吸收塔加 10 袋增效剂，同时 1 号机组降负荷至 400MW。同时对脱硫 CEMS 设备进行检查，发现仪表零点漂移。最终导致脱硫净烟气 SO_2 浓度小时均值超标（小时均值为 239mg/m³），影响电量约 28 万 kWh。

该案例具体原因分析如下：

SO_2 超标原因为数据分析仪"零点漂移"故障。

（5）2019 年 11 月 26 日某电厂 16:34，脱硝 B 侧出口 NO_x 原始值、折算值由 76.6mg/m³ 突降为 0mg/m³，B 侧喷氨调门开度由 43% 自动下关至 13%，B 侧喷氨流量由 82m³/h 降为 32m³/h。DCS 画面中发出"脱硝系统异常"光字牌报警。16:46，烟囱出口 NO_x 折算值上涨至 91mg/m³，烟囱出口 NO_x 折算值小时均值上涨至 50.5mg/m³。此时，运行人员人为干预，退出 INFIT 烟囱模式和 A、B 侧调节阀自动，手动将 A 调门开大至 99%、B 调门开大至 98%。17:00 烟囱出口 NO_x 折算值降低至 20.2mg/m³，但是 16:00 ～ 17:00 期间的烟囱出口 NO_x 折算值小时均值为 51.4mg/m³，小时均值超标。

该案例具体原因分析如下：

脱硝 B 侧出口 CEMS 仪表电源转换模块故障，导致其测量的 NO_x 原始值和 NO_x 折算值突降至 0mg/m³，引起 B 侧喷氨调门下关、B 侧喷氨流量降低，导致烟囱出口 NO_x 折算值上升。

（6）某电厂 2020 年第四季度"CEMS 维护超过 30h"，晋中市生态环境局灵石分局认定上述行为属于"未保证自动监测设备正常运行"。对其环境违法行为处以 3 万元罚款。

（7）某电厂自动监测设备烟气流速数据与手工监测数据相比误差为 -47.7%，远超过 HJ 75《固定污染源烟气（SO_2、NO_x、颗粒物）排放连续监测技术规范》误差不超过 ±10% 的要求。比对监测不合格，赣州市生态环境局认定该行为属于"未保证自动监测设备正常运行"。对其环境违法行为处以 5 万元罚款。

（8）2018 年 7 月 25 日，自治区环境监察总队组织人员赶赴吐鲁番市托克逊县，与属地环保局联合开展调查。现场调查时，某电厂 2 号机组正常运行，1 号机组于 2018 年 7 月 4 日停机至今。烟气自动监控系统（简称 CEMS）1、2 号净烟气在线监测设施正常运行。检查人员通过调阅该电厂 CEMS 在线监测设施历史数据，检查净烟气采样平台设施发现 1 号净烟气在线监测设施的流速计零点漂移值远超过误差 ±3% 标准要求，偏差已超过 -15%，已无法正常监测烟气流速；在 1、2 号机组正常运行的情况下，1 号净烟气在线监测设施 2018 年 5 月 14 日 17:00 ～ 18:00、5 月 14 日 19:00 至 5 月 15 日 02:00、5 月 15 日 12:00 ～ 19:00，人为将在线监测数据处于保持状态；2018 年 5 月 13 日至 5 月 16 日，1、2 号净烟气在线监测设施二氧化硫、氮氧化物、氧含量三项参数浓度大小及变化趋势基本一致，而此时段，2 号净烟气在线监测设施湿度数据为 10% 左右，1 号净烟气在线监测设施湿度数据为 1% 左右（说明此时 1 号净烟气在线监测设施监测的不是 1 号烟道中的净烟气），该电厂涉嫌篡改或者伪造 2×135MW 发电项目烟气在线监测数据，被罚款 120 万元。

> **隐患排查重点**

该系统维护具体要求如下：

（1）室外的 CEMS 应设置独立站房，监测站房与采样点之间距离应尽可能近，原则上不超过 70m。

（2）监测站房的基础荷载强度应不小于 2000kg/m^2。若站房内仅放置单台机柜，面积应不小于 2.5×2.5m^2。若同一站房放置多套分析仪表的，每增加一台机柜，站房面积应至少增加 3m^2，便于开展运维操作。站房空间高度应不小于 2.8m，站房建在标高不小于 0m 处。

（3）监测站房内应安装空调和采暖设备，室内温度应保持在 15 ～ 30℃，相对湿度应不大于 60%，空调应具有来电自动重启功能，站房内应安装排风扇或其他通风设施。

（4）监测站房内配电功率能够满足仪表实际要求，功率不少于 8kW，至少预留三孔插座 5 个、稳压电源 1 个、UPS 电源 1 个。

（5）监测站房内应配备不同浓度的有证标准气体，且在有效期内。标准气体应当包含零气（即含二氧化硫、氮氧化物浓度均不大于 0.1μmol/mol 的标准气体，一般为高纯氮气，纯度不小于 99.999%；当测量烟气中二氧化碳时，零气中二氧化碳不大于 400μmol/mol，含有其他气体的浓度不得干扰仪器的读数）和 CEMS 测量的各种气体

（SO_2、NO_x、O_2）的量程标气，以满足日常零点、量程校准、校验的需要。低浓度标准气体可由高浓度标准气体通过经校准合格的等比例稀释设备获得（精密度不大于1%），也可单独配备。

（6）监测站房应有必要的防水、防潮、隔热、保温措施，在特定场合还应具备防爆功能。

（7）监测站房应具有能够满足 CEMS 数据传输要求的通信条件。

（8）对于氮氧化物监测单元，NO_2 可以直接测量，也可通过转化炉转化为 NO 后一并测量，但不允许只监测烟气中的 NO。NO_x 分析仪器或 NO_2 转换器中 NO_2 转换为 NO 的效率不小于 95%。

（9）CEMS 在完成安装、调试检测并和主管部门联网后，应进行技术验收，包括 CEMS 技术指标验收和联网验收。

（10）CEMS 日常运行质量保证是保障 CEMS 正常稳定运行、持续提供有质量保证监测数据的必要手段。当 CEMS 不能满足技术指标而失控时，应及时采取纠正措施，并应缩短下一次校准、维护和校验的间隔时间。具体 CEMS 系统日常维护、校准、校验的有关内容可参照 HJ 75《固定污染源烟气（SO_2、NO_x、颗粒物）排放连续监测技术规范》的相关内容。

（11）做好 CEMS 仪表各组件寿命的评估，建立设备各组件寿命评估表，对于易损易坏件进行定期更换。

（12）不得篡改伪造 CEMS 数据。

7.6 ▶ 其他环保事件隐患排查

7.6.1　危险废物管理不当环保事件及防范要求

▶ **事故案例及原因分析**

（1）2021 年 4 月 22 日，太原市生态环境局娄烦分局（以下称娄烦分局）执法人员在娄烦县马家庄乡现场检查时，发现马家庄村乔林沟内倾倒有大量黑色黏稠物伴有刺鼻气味，随即执法人员报送太原市生态环境局寻求技术支持。太原市生态环境局立即组织专业人员赴现场勘察，判断黑色黏稠物疑似危险废物，涉嫌环境污染犯罪，遂立即启动联动机制。2021 年 4 月 23 日，娄烦分局将案件移送太原市娄烦县公安局，并委托检测公司对倾倒现场的黑色黏稠物采样，经现场快速检测发现该黑色黏稠物呈强酸性，初步认定为危险废物。同日，太原市娄烦县公安局正式立案。

经查，本案涉及山东和河南等省，山西娄烦县境内共有 3 处危险废物倾倒点，合计 3630 余吨。太原市生态环境局会同太原市公安局联合开展跨省调查，溯源娄烦县境内倾倒的黑色黏稠物系山东某石化企业产生的废油渣非法转移至河南某企业进行非法处置后产生的二次油渣。根据采样鉴定结果，该废油渣属于危险废物。

上述行为涉嫌违反《中华人民共和国刑法》（2020 年修正）第三百三十八条、《最高人民法院、最高人民检察院关于办理环境污染刑事案件适用法律若干问题的解释》（法释〔2016〕29 号）第一条第（二）项的规定，该案已批捕 8 人，刑拘 10 人，网上追逃 2 人。

（2）西昌市某废旧回收市场危险废物非法回收点于 2016 年 9 月设立，该回收点使用简易彩钢板棚作为储存设施，无废水收集设施和排气系统，且危废警示标志不规范，在不具备任何危废储存能力的条件下，长期开展废旧铅酸蓄电池回收业务，一直持续到 2017 年 5 月，期间共回收废旧铅酸蓄电池 151t，其中 119t 非法转运处置，剩余 32t 至今仍在回收点非法堆存，无人监管，环境风险突出。且当中央督察组提出整改问题后，一直整改不到位，国家及省有关部门多次开展督察检查指出问题的情况下，依然未按要求彻底整改，目前已对履职不到位、责任不落实、问题整改不力的单位和个人实施责任追究。

（3）2015 年，福建省环保厅日前组织督查组对全省环境安全大检查开展情况进行督察，并对部分工业园区和企业进行了抽查，发现 A 公司、B 公司等 30 家企业存在环保设施不配套、应急池及配套设施不完善、违法排污、危险废物未委托有资质单位进行处置。部分企业危险废物管理不规范，如未设置警示标识标签、未建立管理台账、废矿物油等未列入危险废物管理，转移联单不规范、危险废物容器上无标签等问题，对涉及该类问题的企业予以全省通报。

（4）2020 年 4 月 29 日，浙江省湖州市生态环境局吴兴分局（以下简称吴兴分局）接到群众举报称，湖州市织里镇一非法小作坊常有刺鼻气味飘出。执法人员立即赶赴现场开展检查，发现现场储存有不明化学物质，部分原料溢流在场地上，伴有强烈的刺激性气味。经鉴定，现场不明化学物质为有机玻璃制造产生的精馏残渣（以下简称废甲酯油），属于具有毒性危险特性的危险废物，数量约为 300t。吴兴分局委托司法鉴定机构开展生态环境损害评估。2020 年 7 月 3 日，湖州市生态环境局吴兴分局将线索移送至湖州市公安局吴兴分局。7 月 8 日，湖州市公安局吴兴分局正式立案侦查。此后，生态环境部门多次配合公安机关赶赴江苏、安徽等地，对涉及的上下游产业进行调查取证。截至 2021 年 7 月，已有 32 名犯罪嫌疑人被采取刑事强制措施（包括非法有机玻璃加工作坊等上下游人员），湖州市吴兴区人民检察院已批捕 11 人，案件正在公诉阶段。

（5）2021 年 4 月 22 日，山东临沂市平邑县某高速收费处发现有疑似运输危废的车辆进入平邑县境内，车上装有近百个化工桶。临沂市生态环境局平邑县分局接到上述线索后，及时联系临沂市平邑县公安交警大队，对运输车辆进行跟踪。该车辆在进入平邑境内后，将桶倾倒在一废弃院落处。倾倒现场共有废桶 98 个，约 20t，内存不明液体，黑色且有异味，疑似废矿物油，地面有少量泄露。执法人员现场与平邑县公安局联系报案，平邑县公安局到达现场后将涉案车辆及司机进行控制。经询问，涉案车辆司机孙某曾报警称其受人之托转运该"货物"，已将"货物"卸到废弃院落，可能存在隐患。经查，报案人孙某从事运输工作，在网上平台接到信息，需要将"货物"转运至该镇，因到达后无人接收，便与发布信息人交流后找到委托人张某要求其卸载至废弃院落。经查，委托人张某 2021 年因私自建设小炼油作坊非法处置危险废物被查处，小炼油作坊被清理取缔，委托运输的废矿物油无人接收。目前，该处倾倒的废矿物油由当地政府委托妥善处置，现场已恢复原状。根据《中华人民共和国刑法》（2017 年修正）第三百三十八条、《最高人民法院、最高人民检察院关于办理环境污染刑事案件适用法律若干问题的解释》（法释〔2016〕29 号）第一条第（二）项的规定，2021 年 5 月 23 日，临沂市生态环境局平邑县分局将该案移交平邑县公安局食药环大队。目前张某已到案，案件正在进一步侦办中。

（6）2021 年 6 月 22 日、24 日，福建省漳州市漳浦生态环境局（以下简称漳浦生态环境局）分别接到漳浦县两个镇的环保网格员反映有车辆疑似非法转运、倾倒固体废物。漳浦生态环境局执法人员立即赶赴现场，初步判断为涉嫌非法倾倒危险废物污染环境犯罪。为防止证据遗失、嫌犯潜逃，执法人员联系属地公安机关到现场开展现场勘察、询问调查，现场控制违法嫌疑人员、查扣转运货车。根据现场踏勘及调查询问，初步认定转运倾倒的固体废物为铝灰（危险废物类别为 HW48），约 300t，系由广东省转运至福建省漳浦县倾倒。2021 年 8 月 9 日，漳州市漳浦生态环境局将该案依法移送漳浦县公安局。8 月 10 日，漳浦县公安局正式立案侦查。目前案件正在进一步侦办中。

▶ **隐患排查重点**

对于危废库的管理运维应注意以下方面：

（1）应依据国家相关法律法规和标准规范的有关要求制定危险废物管理计划。原则上管理计划按年度制定，并存档 5 年以上。

（2）建立危险废物管理台账，如实记录有关信息，并通过国家危险废物信息管理系统向所在地生态环境主管部门申报危险废物的种类、产生量、流向、贮存、处置等有关资料。

（3）危险废物设计建设方面应参照如下要求：

1）按照国家有关规定和环境保护标准要求建立危险废物储存仓库，危险废弃物专用储存仓库应建在易燃、易爆等危险品仓库、高压输电线路防护区域以外。按照危险废物特性分类进行收集、贮存，不得擅自随意倾倒、堆放。

2）应建有堵截泄漏的裙脚，地面与裙脚要用坚固防渗的材料建造。应有隔离设施、报警装置和防风、防晒、防雨设施。

3）基础防渗层为黏土层的，其厚度应在 1m 以上，渗透系数应小于 $1.010 \sim 7cm/s$；基础防渗层也可用厚度在 2mm 以上的高密度聚乙烯或其他人工防渗材料组成，渗透系数应小于 $1.010 \sim 10cm/s$。

4）须有泄漏液体收集装置及气体导出口和气体净化装置。

5）用于存放液体、半固体危险废物的地方，还须有耐腐蚀的硬化地面，地面无裂隙。

6）不相容的危险废物堆放区必须有隔离间隔断。

7）衬层上需建有渗滤液收集清除系统、径流疏导系统、雨水收集池。

8）贮存易燃易爆的危险废物的场所应配备消防设备，贮存剧毒危险废物的场所必须有专人 24h 看管。

（4）贮存危险废物应当采取符合国家环境保护标准的防护措施。禁止将危险废物混入非危险废物中贮存。

（5）贮存危险废物必须采取符合国家环境保护标准的防护措施，并不得超过一年；确需延长期限的，必须报经原批准经营许可证的环境保护行政主管部门批准；法律、行政法规另有规定的除外。

（6）转移危险废物的，应当按照国家有关规定填写危险废物电子或者纸质转移联单。跨省、自治区、直辖市转移危险废物的，应当向危险废物移出地省、自治区、直辖市人民政府生态环境主管部门申请。

（7）应当依法制定意外事故的防范措施和应急预案，并向所在地生态环境主管部门和其他负有固体废物污染环境防治监督管理职责的部门备案。

（8）做好危险废物仓库管理工作。

1）按照 GB 15562.2《环境保护图形标志　固体废物贮存（处置）场》4.1 条相关要求设置警示标志。

2）按照 GB 18597（2013 年修订版）《危险废物贮存污染控制标准》中 8.1.3 条的要求配备防火设施、手套、口罩等安全防护装备。

3）按照 GB 18597《危险废物贮存污染控制标准》附录 A 的要求在危险废弃物的容器上粘贴相关标识。

7.6.2　灰场运维管理不当环保事件及防范要求

▶　事故案例及原因分析

（1）2018 年，呼和浩特市检察院在履行职责中发现某电厂的贮灰场自 2010 年投入使用以来一直以露天形式作业，仅有部分灰体用薄薄的抑尘网遮盖。因未做好防尘抑尘工作，大量粉煤灰在风力作用下，污染周边空气，严重影响周边村民的正常生活。对此，呼和浩特市检察院决定立案审查。案件办理中，呼和浩特市检察院委托第三方司法鉴定机构对贮灰场造成的环境损害进行鉴定。鉴定显示，该贮灰场不仅造成大面积扬尘污染，还会随着雨水渗入地下，造成土壤污染和地下水污染。检察机关办案人员认为该处贮灰场环境污染严重，已对社会公共利益造成实际损失，随即启动民事公益诉讼诉前程序。

（2）2016 年 6 月 12 日，某电厂的粉煤灰、炉渣未能全部实现综合利用，有 10 万余立方米堆在某村的一处空地上，且临时堆场未采取防渗措施，覆盖也不完全。每当刮风时，粉煤灰漫天飞扬，周边果树上常常覆盖一层粉煤灰，造成减产、绝收，部分果树死亡。被周边村民举报投诉后，经市环保局工作人员核查，该企业的粉煤灰扬尘污染情况属实。该公司的行为违反了《固体废物污染环境防治法》第四十条"产生工业固体废物的单位应当根据经济、技术条件对工业固体废物加以利用；对暂时不利用或者不能利用的，应当按照国务院生态环境等主管部门的规定建设贮存设施、场所，安全分类存放，或者采取无害化处置措施。贮存工业固体废物应当采取符合国家环境保护标准的防护措施"。

（3）2017年5月某电厂贮灰场被地方媒体报道"污水排放""灰渣堆积如山，现场扬尘漫天，污染严重"，虽经澄清为失实报道，但对公司的形象造成了严重的影响。

▶ 隐患排查重点

针对灰场的运维管理应注意以下方面：

（1）必须制定落实严格的防止扬尘污染的管理制度，配备必要的防尘设施，避免扬尘对周围环境造成污染。

（2）加强灰场植被和灰场周边的防尘绿化带维护管理，对裸露灰面采取覆土、抑尘网等措施，防止扬尘污染。

（3）应定期检查维护防渗工程，定期监测地下水水质，发现防渗功能下降，应及时采取必要措施。

（4）定期对灰管进行检查，重点包括灰管的磨损和接头、各支撑装置（含支点及管桥）的状况等，防止发生管道断裂事故。灰管道泄漏时应及时停运，以防蔓延形成污染事故。

（5）应对运行及闭库后的贮灰场定期组织开展安全评估，并将安全评估报告报所在地电力监管机构。不具备安全评估能力的发电企业，可以委托具备相应能力的单位开展安全评估工作。安全评估原则上每三年进行一次。

（6）应加强贮灰场安全巡查，认真开展隐患排查治理工作，保障贮灰场安全。贮灰场存在重大隐患且无法保证安全的，应停止继续排灰，及时采取有效措施予以控制，并制定相应应急预案。

（7）制定和完善灰场的专项应急预案并开展应急演练。

（8）应加强安全监测数据分析和管理，发现监测数据异常或通过监测分析发现坝体有裂缝或滑坡征兆等严重异常情况时，应立即采取措施予以处理并及时报告。

（9）每年汛期前应对贮灰场排洪设施进行检查、维修和疏通。汛后应对贮灰场坝体和排洪构筑物进行全面检查与清理，发现问题及时处理。

（10）配备具有专业技能的灰场运行人员，负责贮灰场的运行操作、巡回检查、缺陷记录，缺陷处理应执行本厂的缺陷管理制度，贮灰场运行状况按时上报并记入值班记录中。

7.6.3 未执行环境影响评价制度与环保"三同时"原则环保事件及防范要求

▶ 事故案例及原因分析

（1）2021年5月29日，湖北省仙桃市生态环境局执法人员在长埫口镇黄益处村318国道附近巡查时，发现空气中扬尘污染比较明显。经过进一步核查，因树木、院墙的遮挡，未发现污染来源。执法人员马上调用无人机，对周边环境进行空中巡查，发现在方圆1.5km²内，存在多处裸露砂石料堆场且有机械设备作业。经现场逐一核实，该区域聚集了 4 家从事石头粉碎、机制砂加工的建材企业，在未办理环境影响信用审批手续的情况下，擅自投入建设和生产，且在原料、产品堆放和加工过程中未采取密闭、覆盖、喷淋等防尘措施，对该区域空气质量造成一定影响。

2021 年 6 月 2 日至 7 月 29 日期间，仙桃市生态环境局对这 4 家企业的违法事实、危害后果和整改进度，分别下达了《行政处罚决定书》，罚款金额共计 17.2 万元，并于 8 月底执行到位。4 家企业已经按要求对存积的原料和产品进行了覆盖，制定实施大气污染防治建设方案，并按程序申请办理建设项目环境影响评价审批手续。

（2）2021 年 4 月 20 日，濮阳市生态环境局范县分局接中央生态环境保护督察组转办信访举报案件，反映范县玉祥再生资源有限公司，生产过程中粉尘污染，噪声扰民。

当日，濮阳市生态环境局范县分局执法人员立即组织人员迅速对该企业进行现场检查，发现该企业磁选机、下料口未按照环评"三同时"要求建设配套污染防治设施，未建成车辆冲洗设备及物料棚，擅自投入生产。厂区大量原料、产品露天堆放，生产厂房密闭不严，传送带密闭不严、部分未密闭，未采取有效抑尘措施。针对企业存在上述问题，执法人员立即对该企业有关负责人进行调查询问，并现场取证。

针对该企业上述行为，依据《建设项目环境保护管理条例》第二十三条第一款之规定及《中华人民共和国大气污染防治法》第一百零八条第五项之规定，参照《河南省生态环境行政处罚裁量基准适用规则（修订）》的相关规定，对该企业合计处以 41.96 万元的罚款，并责令其立即停止违法行为。

（3）2021 年 3 月初，常州市武进生态环境局接到关于江苏格林保尔光伏有限公司涉嫌存在"未批先建"的违法线索。执法人员现场检查发现，该公司正在建设的变电站项目尚未审批，但已开工建设，正在铺设地基。上述变电站项目为高效太阳能电池项目的配套项目，变电站项目所用的厂房需纳入变电站项目进行审批，但该公司对建设项目分类管理名录理解存在偏差，误以为已对厂房及辅房进行了建设项目环境影响登记表登记即可，导致"未批先建"问题。武进生态环境局立即进行立案调查，责令停止建设，并封存场地。

考虑到公司并无主观故意，近年来无信访举报、历年来无行政处罚记录、无失信行为，且项目尚在基建，未对环境造成污染后果等情况，常州市武进生态环境局依据《中华人民共和国行政处罚法》第三十三条规定，经法制审核及集体会商后，决定对该公司依法不予行政处罚，并根据《江苏省生态环境监督执法正面清单实施方案》相关要求，对该公司加强帮扶指导，督促其整改到位。

（4）2021 年 11 月，廊坊市生态环境局安次区分局通过现场检查捕捉违法线索，对安次区东沽港镇进行巡检，通过巡查发现，安次区某保温材料经营部未取得建设项目环境影响评价文件擅自开工建设，很快锁定违法证据。经执法人员进一步现场核查发现，该公司厂区内新增了一条生产线，未在环评里显示。

该公司的行为违反了《中华人民共和国环境影响评价法》第二十五条建设项目的环境影响评价文件未依法经审批部门审查或者审查后未予批准的，建设单位不得开工建设的规定，依据《中华人民共和国环境影响评价法》第三十一条以及《廊坊市生态环境行政处罚自由裁量权执行标准（试行）》相关规定，经案件审查小组集体讨论，廊坊市生态环境局安次区分局对该企业作出行政处罚 1.5 万元的决定。

▶ **隐患排查重点**

对于环境影响评价的执行应注意以下方面：

（1）电厂改、扩建项目应开展环境影响评价，按照由国务院生态环境主管部门制定并公布的环境影响评价分类管理名录，编制环境影响报告书或环境影响报告表或环境影响登记表。

（2）可委托技术单位对其建设项目开展环境影响评价，也可以自行对其建设项目开展环境影响评价，编制项目环境影响报告书、环境影响报告表。编制应当遵守国家有关环境影响评价标准、技术规范等规定。

（3）应当在报批建设项目环境影响报告书前，举行论证会、听证会，或者采取其他形式，征求有关单位、专家和公众的意见。建设单位报批的环境影响报告书应当附具对有关单位、专家和公众的意见采纳或者不采纳的说明。

（4）项目的环境影响报告书、报告表，应按照国务院的规定报有审批权的生态环境主管部门审批。

（5）建设项目的环境影响评价文件经批准后，建设项目的性质、规模、地点、采用的生产工艺或者防治污染、防止生态破坏的措施发生重大变动的，建设单位应当重新报批建设项目的环境影响评价文件。建设项目的环境影响评价文件自批准之日起超过五年，方决定该项目开工建设的，其环境影响评价文件应当报原审批部门重新审核；原审批部门应当自收到建设项目环境影响评价文件之日起十日内，将审核意见书面通知建设单位。

（6）建设项目建设过程中，建设单位应当同时实施环境影响报告书、环境影响报告表以及环境影响评价文件审批部门审批意见中提出的环境保护对策措施。

（7）建设项目的环境影响评价文件未依法经审批部门审查或者审查后未予批准的，建设单位不得开工建设。

（8）在项目建设、运行过程中产生不符合经审批的环境影响评价文件的情形的，建设单位应当组织环境影响的后评价，采取改进措施，并报原环境影响评价文件审批部门和建设项目审批部门备案；原环境影响评价文件审批部门也可以责成建设单位进行环境影响的后评价，采取改进措施。

7.6.4 未执行排污许可管理办法环保事件及防范要求

▶ **事故案例及原因分析**

（1）2021 年 4 月 28 日，嘉兴市生态环境局平湖分局在开展"双随机、一公开"例行检查时，发现平湖市新埭镇家华抛光氧化厂排放废水中含有镍污染物，该厂于 2020 年 8 月 19 日取得排污许可证，但是其排污许可证上未记录关于总镍污染物的许可排放信息。经查实，该厂在提交排污许可申请时未如实申报镍污染物排放情况，实际生产过程中采用含镍封孔工艺。审核人员现场核实时，该厂通过使用热水封孔工艺代替含镍封孔工艺隐瞒事实，以欺骗手段取得了排污许可证。

该厂上述行为虽发生在《排污许可管理条例》实施之前，但违反了《中华人民共和国行政许可法》第三十一条第一款"申请人申请行政许可，应当如实向行政机关提交有关材料和反映真实情况，并对其申请材料实质内容的真实性负责"的规定。嘉兴市生态环境局平湖分局在向企业送达了撤销行政许可听证告知书后，依据《中华人民共和国行政许可法》第六十九条第二款的规定，依法作出撤销排污许可证的决定。目前该公司已停产且已被属地人民政府列为关停腾退对象，各项工作有序推进中。

（2）江西黑之宝生态农牧有限公司因企业废水外排，废水排放口未安装在线监测设施，2020年6月11日，江西省赣州市生态环境局对该公司下达了《排污限期整改通知书》（通知书编号：9136072876978604L001R），要求其在2020年12月4日前在废水总排口安装自动监测设备。2021年6月4日，赣州市生态环境局执法人员对该公司进行现场检查时，发现该公司正在生产，废水总排口仍未安装自动监测设施，且未依法申请取得排污许可证。

该公司上述行为违反了《排污许可管理条例》第二条第一款"依照法律规定实行排污许可管理的企业事业单位和其他生产经营者，应当依照本条例规定申请取得排污许可证；未取得排污许可证的，不得排放污染物"的规定。2021年8月25日，江西省赣州市生态环境局依据《排污许可管理条例》第三十三条第（一）项的规定，责令该公司改正违法行为，并处罚款30万元。

（3）2021年4月14日夜间，江苏省苏州市相城生态环境综合行政执法局对辖区内污水管网进行排查时，发现有一股异常废水排入污水管网。经快速分析排查，显示该废水源头为嘉诠精密五金电子（苏州）有限公司，且总磷浓度超标。执法人员随即对该公司进行现场检查，发现该公司于2019年12月4日取得苏州市生态环境局核发的排污许可证（许可证编号：9132050076735279XQ001C）。但是，其氮磷废水未按排污许可证规定单独收集处理后回用，而是混入综合废水一同处理，且综合废水处理设施加药装置未正常运行，导致混合后的废水未经有效处理即排入黄埭污水处理厂。同时，该公司总磷等自动监测设备采样管路设置不规范，也未按照排污许可证规定的自行监测频次开展自行监测。

该公司上述行为违反了《排污许可管理条例》第十七条第二款"排污单位应当遵守排污许可证规定，按照生态环境管理要求运行和维护污染防治设施，建立环境管理制度，严格控制污染物排放"和第十九条第一款"排污单位应当按照排污许可证规定和有关标准规范，依法开展自行监测"的规定，江苏省苏州市相城生态环境综合行政执法局根据《排污许可管理条例》第三十四条第（二）项、第三十六条第（五）项和《江苏省生态环境行政处罚裁量基准规定》，责令该公司停产整治，处罚款29.92万元，并将相关负责人移送公安机关实施行政拘留。

（4）2021年6月29日03:30，重庆市忠县生态环境保护综合行政执法支队开展2021年长江嘉陵江乌江沿线环境执法专项行动检查时发现，重庆国豪食品有限公司于

2018 年 12 月 7 日取得排污许可证（许可证编号：91500233774864347T001X）。现场检查时，该公司正在生产，但接入市政管网的排污口出水浑浊、呈黑灰色、略有异味，忠县生态环境监测站工作人员立即对外排废水进行了采样监测。结果显示，该公司污水总排口外排废水的化学需氧量、悬浮物浓度分别为 537mg/L 和 622mg/L，均超过其排污许可证中执行的 GB 13457《肉类加工工业水污染物排放标准》规定浓度限值 500mg/L 和 400mg/L。

该公司上述行为违反了《排污许可管理条例》第十七条第二款"排污单位应当遵守排污许可证规定，按照生态环境管理要求运行和维护污染防治设施，建立环境管理制度，严格控制污染物排放"的规定。重庆市忠县生态环境保护综合行政执法支队根据《排污许可管理条例》第三十四条第（一）项的规定，责令该公司改正违法行为，并处罚款 20 万元。

（5）2021 年 8 月 19 日，肇庆市生态环境局及怀集分局执法人员对山西五金工艺（肇庆）有限公司进行了排污许可证落实情况专项"双随机"检查发现，该公司主要从事金属表面处理及热处理加工，产品为马达外壳，于 2020 年 6 月 25 日取得肇庆市生态环境局核发的排污许可证（许可证编号：91441224MA52BXRL12001P）。现场检查时，该公司正在生产，排污许可证副本上明确要求企业定期对废气废水开展自行监测，但该公司未按照排污许可证的规定制定自行监测方案并开展自行监测，也未按照排污许可证规定公开污染物排放信息。

该公司上述行为违反了《排污许可管理条例》第十九条第一款"排污单位应当按照排污许可证规定和有关标准规范，依法开展自行监测，并保存原始监测记录。原始监测记录保存期限不得少于 5 年"和第二十三条第一款"排污单位应当按照排污许可证规定，如实在全国排污许可证管理信息平台上公开污染物排放信息"的规定。肇庆市生态环境局怀集分局根据《排污许可管理条例》第三十六条第（五）项和第（七）项的规定，责令该公司立即改正违法行为，并处罚款 5 万元。

（6）2021 年 3 月 23 日，海口市综合行政执法局执法人员开展 2021 年排污许可证后专项检查时，发现海南中升之星汽车销售服务有限公司未按照排污许可证规定提交排污许可证执行报告。该公司于 2020 年 6 月 28 日取得排污许可证（许可证编号：91460100069685650900 1Q），排污许可证中对执行报告的上报频率及时间进行了明确规定。现场检查发现，该公司未按时提交 2020 年季度及年度排污许可证执行报告。

该公司上述行为违反了《海南省排污许可管理条例》第二十九条"排污单位应当按照排污许可证规定的内容、频次和时间等要求，提交执行报告，报告排放行为、排放浓度、实际排放量等是否符合排污许可证规定"的规定，海口市综合行政执法局执法人员根据《海南省排污许可管理条例》第四十五条第（一）项、《海南省生态环境行政处罚裁量基准规定》第三条和第九条的规定，责令该公司改正违法行为，并处罚款 2.3 万元。

（7）黑龙江华丰煤化工有限公司于 2017 年 12 月 28 日取得排污许可证（许可证编号：9123050075867261XK001P）。2021 年 4 月 6 日，双鸭山市集贤生态环境局执法人员对该公司开展"双随机"检查时，对大气污染物自动监测设施运维记录、运行台账进行核查发现，该公司 3 月 16、21 日未记录设施运行状态，存在记录不全的问题，并且，3 月 16 日记录的设施校验实际发生在 3 月 13 日，实际操作时间与记录情况出入较大，存在未如实记录设施运行、校验情况的问题。

该公司上述行为违反了《排污许可管理条例》第二十一条第一款"排污单位应当建立环境管理台账记录制度，按照排污许可证规定的格式、内容和频次，如实记录主要生产设施、污染防治设施运行情况以及污染物排放浓度、排放量"的规定，双鸭山市集贤生态环境局依据《排污许可管理条例》第三十七条第（一）项的规定，责令该公司改正违法行为，规范生态环境管理台账记录制度，如实填写、填报台账记录，并处罚款 0.5 万元。

（8）2021 年 7 月 16 日，大连市庄河（北黄海经济区）生态环境分局执法人员开展排污许可专项检查时发现，浙岭（大连）水产食品有限公司主要以鱼排为原料加工生产鱼滑，日加工成品 3.5 吨左右，属于《固定污染源排污许可分类管理名录（2019年版）》中的登记管理类企业，但该公司未按规定在全国排污许可证管理信息平台上进行排污登记。

该公司上述行为违反了《排污许可管理条例》第二十四条第三款"需要填报排污登记表的企业事业单位和其他生产经营者，应当在全国排污许可证管理信息平台上填报基本信息、污染物排放去向、执行的污染物排放标准以及采取的污染防治措施等信息"的规定。大连市庄河（北黄海经济区）生态环境分局根据《排污许可管理条例》第四十三条和《大连市环境保护行政处罚裁量基准》第 334 条的规定，责令该公司改正违法行为，并处罚款 1 万元。

（9）2021 年 7 月 5 日，内蒙古自治区巴彦淖尔市生态环境局乌拉特中旗分局通过全国排污许可证管理信息平台进行排污许可执行报告提交情况检查时发现，神华神东电力有限责任公司乌拉特中旗热力厂未按照排污许可证规定提交 2020 年度排污许可证执行报告，随即执法人员通过微信工作群提醒该企业。截至 7 月 12 日，工作人员先后累计通过电话、监管平台催促企业提交执行报告 8 次。7 月 13 日，执法人员向该企业下达《限期整改通知》，要求 7 月 15 日前提交 2020 年度执行报告。7 月 19 日，执法人员现场检查时发现该企业仍未按要求提交执行报告。

神华神东电力有限责任公司乌拉特中旗热力厂上述行为，违反了《排污许可管理条例》第二十二条"排污单位应当按照排污许可证规定的内容、频次和时间要求，向审批部门提交排污许可证执行报告，如实报告污染物排放行为、排放浓度、排放量等"的规定。乌拉特中旗分局依据《排污许可管理条例》第三十七条第三项的规定，责令该企业改正上述环境违法行为，并处罚款 2 万元。

目前企业已完成整改，按照排污许可证规定在全国排污许可证管理信息平台提交了2020 年度排污许可证执行报告，并于 8 月 13 日缴纳了行政罚款。

▶ 隐患排查重点

对于排污许可执行应注意以下方面：

（1）排污许可证是对排污单位进行生态环境监管的主要依据。排污单位应当向其生产经营场所所在地设区的市级以上地方人民政府生态环境主管部门申请取得排污许可证。

（2）排污许可证的申请、受理、审核、发放、变更、延续、注销、撤销、遗失补办应当在全国排污许可证管理信息平台上进行。排污单位自行监测、执行报告及环境保护主管部门监管执法信息应当在全国排污许可证管理信息平台上记载，并按照本办法规定在全国排污许可证管理信息平台上公开。

（3）排污许可证申请表应当包括下列事项：①排污单位名称、住所、法定代表人或者主要负责人、生产经营场所所在地、统一社会信用代码等信息；②建设项目环境影响报告书（表）批准文件或者环境影响登记表备案材料；③按照污染物排放口、主要生产设施或者车间、厂界申请的污染物排放种类、排放浓度和排放量，执行的污染物排放标准和重点污染物排放总量控制指标；④污染防治设施、污染物排放口位置和数量，污染物排放方式、排放去向、自行监测方案等信息；⑤主要生产设施、主要产品及产能、主要原辅材料、产生和排放污染物环节等信息，及其是否涉及商业秘密等不宜公开情形的情况说明。

（4）排污许可证应当记载下列信息：①排污单位名称、住所、法定代表人或者主要负责人、生产经营场所所在地等；②排污许可证有效期限、发证机关、发证日期、证书编号和二维码等；③产生和排放污染物环节、污染防治设施等；④污染物排放口位置和数量、污染物排放方式和排放去向等；⑤污染物排放种类、许可排放浓度、许可排放量等；⑥污染防治设施运行和维护要求、污染物排放口规范化建设要求等；⑦特殊时段禁止或者限制污染物排放的要求；⑧自行监测、环境管理台账记录、排污许可证执行报告的内容和频次等要求；⑨排污单位环境信息公开要求；存在大气污染物无组织排放情形时的无组织排放控制要求；⑩法律法规规定排污单位应当遵守的其他控制污染物排放的要求。

（5）排污许可证有效期为 5 年。排污许可证有效期届满，需要继续排放污染物的，应当于排污许可证有效期届满 60 日前向审批部门提出申请。

（6）排污单位变更名称、住所、法定代表人或者主要负责人的，应当自变更之日起30 日内，向审批部门申请办理排污许可证变更手续。

（7）在排污许可证有效期内，排污单位有下列情形之一的，应当重新申请取得排污许可证：①新建、改建、扩建排放污染物的项目；②生产经营场所、污染物排放口位置或者污染物排放方式、排放去向发生变化；③污染物排放口数量或者污染物排放种类、排放量、排放浓度增加。

（8）排污单位应当按照生态环境主管部门的规定建设规范化污染物排放口，并设置标志牌。污染物排放口位置和数量、污染物排放方式和排放去向应当与排污许可证规定相符。

（9）排污单位应当按照排污许可证规定和有关标准规范，依法开展自行监测，并保存原始监测记录。原始监测记录保存期限不得少于 5 年。应当对自行监测数据的真实性、准确性负责，不得篡改、伪造。

（10）应当依法安装、使用、维护污染物排放自动监测设备，并与生态环境主管部门的监控设备联网。发现污染物排放自动监测设备传输数据异常的，应当及时报告生态环境主管部门，并进行检查、修复。

（11）排污单位应当建立环境管理台账记录制度，按照排污许可证规定的格式、内容和频次，如实记录主要生产设施、污染防治设施运行情况以及污染物排放浓度、排放量。环境管理台账记录保存期限不得少于5年。

（12）排污单位发现污染物排放超过污染物排放标准等异常情况时，应当立即采取措施消除、减轻危害后果，如实进行环境管理台账记录，并报告生态环境主管部门，说明原因。超过污染物排放标准等异常情况下的污染物排放计入排污单位的污染物排放量。

（13）排污单位应当按照排污许可证规定的内容、频次和时间要求，向审批部门提交排污许可证执行报告，如实报告污染物排放行为、排放浓度、排放量等。

（14）排污单位应当按照排污许可证规定，如实在全国排污许可证管理信息平台上公开污染物排放信息。污染物排放信息应当包括污染物排放种类、排放浓度和排放量，以及污染防治设施的建设运行情况、排污许可证执行报告、自行监测数据等。

08

化学专业重点事故隐患排查

8.1 ▶ 水汽品质恶化事故隐患排查

8.1.1 凝汽器泄漏事故案例及隐患排查

8.1.1.1 凝汽器泄漏导致锅炉爆管事故案例

▶ 事故案例及原因分析

（1）某机组主汽压力、汽包水位急剧下降，给水流量由 $568m^3/h$ 急剧上升至 $837m^3/h$，主汽流量由 $536m^3/h$ 骤降至 $337m^3/h$。判断锅炉受热面泄漏，立即快减负荷，锅炉 MFT 动作，锅炉灭火，首出原因为炉膛压力高。检查发现前墙标高 15m 左右，甲侧数第 52 根水冷壁管爆裂。

该案例具体原因分析如下：

①爆管管径无明显胀粗，爆口沿轴向开裂，长度约为 200mm，裂口边缘粗钝，未见明显减薄，爆裂部位钢管内壁存在较为严重的连续腐蚀坑。②查看水汽运行记录，发现该机组凝汽器发生泄漏，超过三级劣化处理值的连续时间最长为 8h；电厂在供暖期间只采取了循环水添加锯末的办法进行堵漏，凝结水和给水氢电导率超标时间累计为 619h；对泄漏的凝汽器管封堵后，仍有凝结水和给水水质超标现象。③泄漏进水汽系统的钙、镁离子及腐蚀性阴离子如氯离子、硫酸根离子等在水冷壁内壁沉积物下蒸发浓缩，并发生水解反应，导致浓缩的炉水变成强酸溶液引发垢下腐蚀，导致炉管发生氢脆爆管。

（2）某机组运行负荷为 112MW，工作人员监盘发现炉膛压力由 -36Pa 突升至 2878Pa，锅炉炉膛压力高保护动作，锅炉 MFT。汽包水位 -300mm，汽轮机跳闸，发变组跳闸。就地炉膛不严密处及风机入口管道有蒸汽冒出，检查发现密相区上部水冷壁泄漏。

该案例具体原因分析如下：

凝汽器泄漏导致水质劣化，腐蚀性离子在沉积物下浓缩导致水冷壁管腐蚀，发生氢脆爆管。两年前更换的水冷壁管原始表面状态存在问题；凝汽器泄漏时，炉水处理不到位、排污力度不够，炉水水质劣化，加剧了对水冷壁管的腐蚀。

> ▶ **隐患排查重点**

（1）设备维护。

1）湿冷机组应制定凝汽器泄漏处理措施，并严格执行。

2）湿冷机组检修后冷态启动，应进行凝汽器汽侧灌水查漏，长期备用机组冷态启动宜进行凝汽器汽侧灌水查漏。机组冷态启动过程中，应加强对凝结水氢电导率和钠含量的监督。

3）如凝汽器发生泄漏，未在规定的时间内恢复至正常值，机组检修时对水冷壁、低过和低再割管检查结垢、腐蚀情况。

4）锅炉水冷壁结垢量达到化学清洗条件时应及时进行化学清洗。

5）水冷壁发生氢腐蚀爆管后，应对检测出有缺陷的水冷壁管进行彻底处理。更换水冷壁管后，尽快对锅炉进行化学清洗，化学清洗介质采用复合有机酸。

6）凝结水在线氢电导率表应定期检验，其信号应引至化学辅网及集控 DCS，并设置声、光报警。

7）海水冷却或循环冷却水电导率大于 2000μS/cm 的机组宜安装并连续投运凝汽器检漏设备，并设置手工取样，检漏设备应能同时在线检测每侧凝汽器凝结水的氢电导率并进行定期检验，该氢电导率信号应引至化学辅网及集控 DCS，并设置声、光报警。

8）机组停、备用时，应按 DL/T 956《火力发电厂停（备）用热力设备防锈蚀导则》的要求，进行保护。

（2）运行调整。

1）当运行机组水汽质量劣化时，严格按 GB/T 12145《火力发电机组及蒸汽动力设备水汽质量》要求执行三级处理原则。当炉水 pH 值低于 7.0 时，应立即停炉。

2）按 GB/T 12145《火力发电机组及蒸汽动力设备水汽质量》及相关行业标准对机组启动、运行、停用等阶段的水汽品质进行监督、控制。

3）凝汽器采用海水冷却或循环冷却水电导率大于 2000μS/cm 的亚临界及以上参数的机组，应安装全流量凝结水精除盐设备，凝结水精除盐设备阳树脂应氢型方式运行。

4）汽包锅炉，凝汽器泄漏且导致汽水品质超标，应加大炉水磷酸盐加入量，必要时混合加入氢氧化钠，以维持炉水 pH 值。加大锅炉排污，确保炉水电导率和 pH 值合格。

8.1.1.2　凝汽器泄漏导致汽轮机积盐和腐蚀事故案例

> ▶ **事故案例及原因分析**

某电厂为超临界直流炉，采用海水冷却。机组启动后凝汽器泄漏，凝汽器 A 侧共三处泄漏点，上部有 2 根，下部有 1 根。凝汽器泄漏后未停机，处理时间前后共 15h，导致水汽品质劣化严重。主蒸汽品质不合格时间近 5 天，从机组事后变负荷运行，主蒸汽、凝结水钠含量和氢电导率升高，表明过热器、汽轮机通流部件存在积盐问题。

该案例具体原因分析如下：

采用海水冷却的凝汽器泄漏，海水漏入凝结水中。电厂在凝结水钠含量和氢电导率远超紧急停机处理值，凝结水精除盐设备很快失效，给水氢电导率超过紧急停机处理值未紧急停机，造成水汽品质严重恶化。蒸汽所携带盐类沉积在汽轮机叶片上。

▶ **隐患排查重点**

（1）设备维护。

1）湿冷机组应制定凝汽器泄漏处理措施，并严格执行。

2）机组检修后冷态启动，应进行凝汽器汽侧灌水查漏，长期备用机组冷态启动宜进行凝汽器汽侧灌水查漏。机组冷态启动过程中，应加强对凝结水氢电导率和钠含量的监督。

3）如凝汽器发生泄漏，未在规定的时间内恢复至正常值，机组检修时对水冷壁、低过和低再割管检查结垢、腐蚀情况。

4）锅炉水冷壁结垢量达到化学清洗条件时应及时进行化学清洗。

5）酸性水或大量生水或海水进入水汽系统，为防止水冷壁发生"氢脆"爆管的风险，应尽快安排化学清洗。

6）当海水或苦咸水泄漏导致汽轮机积盐和腐蚀时，开缸清洗应采用加氨调整 pH 值大于 10.5 的除盐水进行高压水冲洗；汽轮机不开缸，可通过汽轮机本体疏水管灌水（加氨调整 pH 值大于 11）至中轴，维持汽轮机盘车，进行冲洗，直至排水钠离子小于 50μg/L。

7）凝结水在线氢电导率表应定期检验，其信号应引至化学辅网及集控 DCS，并设置声、光报警。

8）海水冷却或循环冷却水电导率大于 2000μS/cm 的机组宜安装并连续投运凝汽器检漏设备，并设置手工取样，检漏设备应能同时在线检测每侧凝汽器凝结水的氢电导率并进行定期检验，该氢电导率信号应引至化学辅网及集控 DCS，并设置声、光报警。

9）机组停、备用时，应按 DL/T 956《火力发电厂停（备）用热力设备防锈蚀导则》的要求，进行保护。

（2）运行调整。

1）当运行机组水汽质量劣化时，严格按 GB/T 12145《火力发电机组及蒸汽动力设备水汽质量》要求执行三级处理原则。

2）凝汽器采用海水冷却或循环冷却水电导率大于 2000μS/cm 的亚临界及以上参数的机组，应安装全流量凝结水精除盐设备，凝结水精除盐设备阳树脂应氢型方式运行。

3）一旦发现凝汽器泄漏，应确认凝结水精处理旁路门全关，全部凝结水经过精处理进行处理，阳树脂应氢型方式运行，确保给水氢电导率满足标准值。

4）海水或电导率大于 5000μS/cm 的苦咸水冷却的直流机组，当凝结水中的钠含量大于 400μg/L 或氢电导率大于 10μS/cm，并且给水氢电导率大于 0.5μS/cm 时，应紧急停机。

5）处理过泄漏凝结水的精处理树脂，应该采用双倍剂量的再生剂进行再生。

8.1.2 热网系统运行事故案例及隐患排查

8.1.2.1 热网换热器泄漏事故案例

▶ 事故案例及原因分析

　　某机组供热首站热网换热器泄漏，引起该机组凝结水、给水、主蒸汽氢电导率超标。热网换热器泄漏期间，失效的高速混床还未再生结束，运行的混床已失效，造成水汽品质劣化严重，给水氢电导率最高为 35μS/cm，主蒸汽氢电导率最高为 8.2μS/cm，炉水电导率最高为 520μS/cm，炉水 pH 值最低为 6.9，通过炉水排污，水汽品质逐渐合格。

　　该案例具体原因分析如下：

　　①换热站共有 8 台热网换热器，每台热网换热器装有氢电导率表，但无水样，不能及时有效的检测热网换热器的泄漏情况。②发现凝结水氢电导率升高时，未立即对组成凝结水的水源进行分析，未能准确判断凝结水污染的原因，未能及时切断污染源。

▶ 隐患排查重点

　　（1）设备维护。

　　1）每台热网换热器疏水和疏水至机组的母管上应设计取样检测装置，取样检测装置应包含冷却器、人工取样点、在线氢电导率表，氢电导率表应定期检验，其信号应引至化学辅网和集控室 DCS，并设置声、光报警。因疏水压力偏低导致无法取到水样时，宜增加取样管道增压泵，或将取样装置设置在就地零米层，确保仪表连续取样监测。

　　2）机组供热前应对每台热网换热器进行查漏消缺。

　　3）在运行和停用的热网循环水系统中添加防腐阻垢专用药剂前，应进行小型试验，以确定是否适用于热网系统的设备材质和温度。

　　4）如热网换热器发生泄漏，未在规定的时间内恢复至正常值，机组检修时对水冷壁、低过和低再割管检查结垢、腐蚀情况。

　　5）热网停运后，应对热网系统特别是热网换热器、管道、过滤器滤网及其他有泄漏隐患处进行检查、清洗、清理、更换和恢复。

　　6）热网停运后，可考虑分别对热网换热器水侧门前和本体汽侧门前加堵板，对热网换热器水侧和汽侧均进行充氮保护或干风吹干系统。

　　7）热网停运后，可考虑将添加氨水调节 pH 值至 9.5 ～ 10.0 的除盐水加入热网换热器汽侧进行湿法保护，满水保持压力 0.03 ～ 0.05MPa。

　　（2）运行调整。

　　1）当运行机组水汽质量劣化时，严格按 GB/T 12145《火力发电机组及蒸汽动力设备水汽质量》要求执行三级处理原则。当炉水 pH 低于 7.0 时，应立即停炉。

　　2）应连续检测热网疏水氢电导率，并每周取样检测一次硬度、二氧化硅、钠和铁含量。当发现凝结水或给水指标异常时，应检查热网疏水氢电导率表流量、温度和指示值是否正常，并取样分析热网疏水的硬度、二氧化硅和钠含量，以确定热网换热器是否发生泄漏。

3）应每周对热网循环水氯离子、pH值、电导率、钙硬、总硬、碱度、浊度和铁等指标进行分析检测。

4）热网循环水系统运行中宜添加磷酸三钠或氢氧化钠控制pH为8.5～9.5，循环水硬度超600μmol/L时，应防止换热器结垢，硬度较低时可控制pH为9.5～10.5。不宜加氨控制热网循环水pH值。

5）热网疏水回收至除氧器时，应以不影响给水水质为前提，当热网疏水氢电导率超过标准值，并且导致炉水氯离子含量、氢电导率上升时，炉水采用低磷酸盐和氢氧化钠处理，并加强排污。

6）当全部热网疏水回收至凝汽器，导致凝汽器热负荷超过要求时，应部分排放，并调整供热热负荷。经精除盐后仍然不能满足给水水质要求时，应全部或部分排放。

7）热网疏水因换热器泄漏被污染时，应手工分析钠含量、硬度，判断存在泄漏的换热器，并根据对机组汽水品质的影响程度进行处理。

8.1.2.2 热网循环水水质问题事故案例

▶ **事故案例及原因分析**

（1）某电厂发现某换热站换热器结垢，影响换热效果。对换热器进行化学清洗后，发现换热板又泄漏。

该案例具体原因分析如下：

热网换热器二次水侧未进行定期水质检测，导致硬度、氯离子等指标含量高而未及时发现。硬度含量高导致结垢，而氯离子含量高同时在垢下高温进一步浓缩，破坏保护膜形成闭塞电池导致点蚀，结垢物质又将点蚀覆盖。正常运行中未发生泄漏，但当化学清洗将换热板表面垢层清除后，点蚀孔暴露，换热板发生泄漏。

（2）某电厂打开热网换热器进行检查，发现1A、1B和1C换热器端头与换热管均有不同程度的结垢和垢下腐蚀。

该案例具体原因分析如下：

主要是由于采暖季热网循环水补水为化学澄清池出水（设计补水为一级反渗透出水），未加药进行阻垢缓蚀保护。且未采取相关停用保护措施等多种因素共同作用导致。

▶ **隐患排查重点**

（1）设备维护。

1）机组供热前应对每台热网换热器进行查漏消缺。

2）在运行和停用的热网循环水系统中添加防腐阻垢专用药剂前，应进行小型试验，以确定是否适用于热网系统的设备材质和温度。

3）热网停运后，应对热网系统特别是热网换热器、管道、过滤器滤网及其他有泄漏隐患处进行检查、清洗、清理、更换和恢复。

4）热网系统应加入碱化剂后满水保护。

（2）运行调整。

1）热网循环水氯离子的控制标准应根据热网换热器的管材和最高运行温度确定。

2）应每周对热网循环水氯离子、pH 值、电导率、钙硬、总硬、碱度、浊度和铁等指标进行分析检测。

3）热网循环水系统运行中宜添加磷酸三钠或氢氧化钠控制 pH 为 8.5 ～ 9.5，循环水硬度超 600μmol/L 时，应防止换热器结垢，硬度较低时可控制 pH 为 9.5 ～ 10.5。不宜加氨控制热网循环水 pH 值。

8.2 ▶ 油气品质恶化事故隐患排查

8.2.1 变压器油油质异常事故案例及隐患排查

▶ 事故案例及原因分析

（1）某机组发现主变油中溶解气体出现乙炔，化学缩短检测周期，重点跟踪监测，累计取样 8 次，发现油中间歇性出现 C_2H_2，最高为 0.18μL/L，最低为 0，总烃无异常增大现象。在当年机组检修中安排对主变压器进行大修检查，因检修安排非常及时，避免了变压器继续运行可能导致设备烧损事故的发生。

该案例具体原因分析如下：

检修时发现变压器 A 相调压开关动触头有三只明显松动，A 相多只动触头的弹簧已断裂，导致触头处压紧力不够，存在严重的安全隐患，检修中采用短接变压器 A 相调压开关的方案进行处理。

（2）某机组检测出主变油中溶解气体乙炔呈现快速上升趋势，电厂调停检查潜油泵均无异常；进行电气相关试验，无异常发现；启机并网，化学跟踪检测，油中溶解气体乙炔含量突增并达到 5.11μL/L，超过变压器乙炔注意值。为保证设备安全，将机组调停，对变压器进行检查。

该案例具体原因分析如下：

检查发现 A、B 相均压罩通过套管尾端外螺纹连接保持与引线同电位，但 C 相均压罩脱落后其变为悬浮电位，随着变压器运行中油流晃动，均压罩与高压引线之间产生间歇性放电。这与高压引线绝缘上的故障点以及油色谱异常基本吻合。均压罩掉落原因为安装质量问题，扭转均压罩安装时，没有对齐螺纹造成错位，导致安装人员认为已经紧固，后在运行中掉落。

（3）某机组检测主变油中溶解气体，总烃含量为 528.96μL/L（注意值为不大于 150μL/L），氢气含量为 115.16μL/L（注意值为不大于 150μL/L），较上次化验大幅提高，乙炔含量为 0.88μL/L（注意值为不大于 5μL/L），总烃超注意值。

该案例具体原因分析如下：

对变压器进行电气检查，判断可能存在变压器分接开关的缺陷，对主变压器吊罩检修，更换其 B 相分接开关，后续运行稳定无异常。

（4）对电厂 330kV 及以上等级变压器共 336 台进行油中含气量的统计调研，发现运行油油中含气量不合格的变压器有 122 台（330 ～ 500kV 要求不大于 3%，750 ～ 1000kV 要求不大于 2%），其中含气量超过 5% 的变压器达到了 43 台，含气量严重超标的问题很突出。

该案例具体原因分析如下：

变压器油中含气量超标，说明变压器设备密封不严密，设备存在漏气缺陷，存在严重安全隐患。

▶ **隐患排查重点**

（1）设备维护。

1）规范变压器油的监督项目、监督周期、分析方法、异常处理和跟踪监督。

2）330 ～ 1000kV 电压等级的变压器和电抗器等设备应每年至少检测一次油中含气量，超标时应跟踪检测。500 ～ 1000kV 电压等级的变压器油中含气量超过 5% 时应安排机组停运、检修、消除缺陷和真空脱气处理。

3）110kV 及以上电压等级的变压器应在投运 1 年内，运行中每 5 年以及必要时检测油中糠醛含量。

（2）运行调整。

1）应对变压器油在投运前、新投运、运行中以及必要时的油中溶解气体和油质进行检测，应关注乙炔含量的变化。

2）发现变压器油中溶解气体或其他油质指标不合格时，应缩短检测周期，书面通知并督促电气等相关专业人员及时排查原因和消除缺陷，必要时应采取停电措施进行检修以消除故障。

8.2.2 涡轮机油油质异常事故案例及隐患排查

▶ **事故案例及原因分析**

某机组高压油压力低报警，高压油压降至 1.29MPa 且同时润滑油压降至 0.076MPa，辅助油泵联启正常但高压油和润滑油压力开始摆动，高压油突降至 0.076MPa 且润滑油突降至 0.007MPa，润滑油压力低保护动作，机组跳闸。紧急破坏真空，汽轮机转速到零，盘车因润滑油压力低无法启动，汽轮机闷缸。

该案例具体原因分析如下：

①检查发现主油箱回油滤网法兰盖有润滑油溢出，回油滤网拆下后检查发现少量细小金属颗粒。②机组回油滤网堵塞造成主油箱油位低，主油箱油位低于主油泵射油器、辅助油泵、盘车油泵吸入口时，油泵无法正常供油，润滑油压力低导致机组跳闸。③运

行涡轮机油油质监督项目长期不合格（主要是颗粒度），不进行及时处理。④润滑油防锈蚀性能不合格，润滑油系统进水后造成系统腐蚀，氧化皮脱落。⑤机组启动前未进行油循环至颗粒度合格，油循环结束，未清理回油滤网。⑥巡检、监盘不到位，主油箱就地、远方均无法监视油位，油位无报警、无保护。⑦机组检修时油系统监督项目不全。⑧回油滤网清洗重视不够，清洗效果不彻底，且未进行三级质量验收。

> **隐患排查重点**

（1）设备维护。

1）确保汽轮机主油箱油位计和主油箱油位报警准确可靠性，动作正常，应按照反措设置低油位跳机保护。

2）加强检修管理水平，严格按照标准化检修导则进行检修全过程管理，并进行三级验收。机组检修时，对涡轮机油系统的滤网、油箱底部和死角等容易沉积油泥和杂质的重要部位进行人工清理并经验收合格。

3）油系统检修后，应清理检修过的管道和设备并经验收合格。

4）机组检修后，应进行油循环至颗粒度合格，并将回油滤网清理干净后启动。

5）规范涡轮机油的监督项目、监督周期、分析方法、异常处理和跟踪监督。严格执行火力发电厂化学监督标准和汽轮机监督标准，加强油质监督管理。

（2）运行调整。

1）应对涡轮机油在新油验收、投运前、运行中、机组启动前、补油后、换油后以及必要时的油质进行检测。发现油质不合格时，应缩短检测周期，书面通知并督促汽轮机等相关专业人员及时排查原因、消除缺陷及滤油处理，化学专业跟踪监测，直至油质合格。

2）涡轮机油在补油前应符合油的相容性要求。补油时应通过滤油机进行补油，补油后滤油机继续滤油，24h后应进行油质全分析，颗粒度合格后滤油机可停止滤油。

3）冷态启动时，涡轮机油的水分和颗粒度指标不合格，机组不应启动；油系统进行过检修时，涡轮机油的运动黏度、颗粒度、水分和酸值等指标不合格，机组不应启动。

8.2.3　抗燃油油质异常事故案例及隐患排查

> **事故案例及原因分析**

（1）某机组升负荷中，随主汽压力上升，汽动给水泵汽轮机转速没有及时跟随，调节汽门摆动导致主给水流量降低，进而引发给水泵流量低保护动作，汽动给水泵跳闸。锅炉MFT动作，首出"给水流量低"，汽轮机跳闸，发电机解列。

该案例具体原因分析如下：

①汽动给水泵汽轮机低压调门摆动原因是伺服阀线性调整特性差，更换汽动给水泵汽轮机调门伺服阀后，启动正常。②新安装机组抗燃油的油管清洁度不够，长期停机再次启动前，没有做好油质净化和监督检测工作。系统中存在杂质，引起伺服阀卡涩或阀芯磨损，造成伺服阀调节特性差。

（2）某电厂抗燃油系统的油动机送制造厂检修，返回电厂后，油动机的奎克油与当时各自使用的抗燃油混合，导致各台机组的抗燃油酸值升高并严重超标，之后电厂分别对抗燃油进行了更换，但由于系统冲洗不佳导致各台机组抗燃油酸值在之后1年内迅速升高。

该案例具体原因分析如下：

在更换新抗燃油时，系统冲洗不佳导致抗燃油被污染。冲洗过程中应取样化验，冲洗后冲洗油质量不得低于运行油标准。

▶ 隐患排查重点

（1）设备维护。

1）加强检修管理水平，严格按照标准化检修导则进行检修全过程管理，并进行三级验收。充分利用机组检修时间，对抗燃油系统的滤网、油箱底部和死角等容易沉积油泥和杂质的重要部位进行人工机械清理。

2）采用化学清洗时，药品应与运行油有良好的相容性；应对药品进行检验，确认其不含对系统与运行油有害的成分；不应使用含氯离子的清洗介质。化学专业应参与对油泥清理、新油冲洗和补（换）油等过程的现场监督和油质检测监督。

3）规范抗燃油的监督项目、监督周期、分析方法、异常处理和跟踪监督。严格执行火力发电厂化学监督标准和汽轮机监督标准，加强油质监督管理。

（2）运行调整。

1）应对抗燃油在新油验收、投运前、运行中、机组启动前、补油后、换油后以及必要时的油质进行检测。发现油质不合格时，应缩短检测周期，书面通知并督促汽轮机等相关专业人员及时排查原因、消除缺陷及滤油处理，化学专业跟踪监测，直至油质合格。

2）抗燃油在补油前应符合油的相容性要求。补油时应通过滤油机进行补油，补油后滤油机继续滤油，24h后应进行油质全分析，颗粒度合格后滤油机可停止滤油。

3）冷态启动时，抗燃油的水分和颗粒度指标不合格，机组不应启动；油系统进行过检修时，抗燃油的运动黏度、颗粒度、水分和酸值等指标不合格，机组不应启动。

4）在机组运行的同时应投入抗燃油在线再生脱水装置，除去运行抗燃油老化产生的酸性物质、油泥、杂质颗粒以及油中水分等有害物质。

8.3 ▶ 补给水处理系统事故隐患排查

8.3.1 超滤设备异常事故案例及隐患排查

▶ 事故案例及原因分析

（1）某电厂循环水旁流处理系统采用浸没式超滤设备，现场查看发现超滤有少量断丝的情况。对超滤产水浊度进行了检测，结果为0.88NTU，因超滤膜断丝导致超滤产水水质下降。

该案例具体原因分析如下：

循环水水质较差，水中的悬浮物、胶体、有机物等物质易导致超滤膜的污染，使超滤膜压差增长快，清洗频繁，产生超滤膜断丝的问题。

（2）某电厂水源为中水，澄清池处理效果好，出水浊度低。但中水成分复杂，导致超滤污堵严重，运行1个月跨膜压差即增长至0.1MPa以上，大幅度超过初始运行压差，每1个月需要化学清洗1次。

该案例具体原因分析如下：

中水中含有各种有机物和微生物，且该中水混有工业废水，导致超滤膜的污染，使超滤膜压差增长快。

（3）某电厂水源为海水，4套超滤运行压差增长较快，导致运行1个月出力降至额定出力的70%～80%，每1个月就要化学清洗1次，造成清洗工作繁重，运行成本增加。对超滤膜进行检漏，发现超滤膜断丝较多。

该案例具体原因分析如下：

①沉淀池随海水潮位的变化，发生周期性的翻池，大量混凝剂聚合氯化铝进入超滤系统，进而污堵超滤系统。②超滤反洗水量达不到超滤膜厂家规定的最低反洗流量，无法有效对超滤系统进行反冲洗，反洗不彻底。③化学加强反洗时，碱洗后未能进行酸洗。海水中含有大量的钙、镁离子，碱洗时会形成大量沉淀物，堵塞超滤膜孔，进而造成膜压差增大，超滤膜变脆易引起断丝。④检查超滤装置，发现超滤进、出口母管未加装排气阀，有造成水锤的可能；超滤产水管和反洗排水管上设置的虹吸破坏管存在缺陷。

▶ 隐患排查重点

（1）设备维护。

1）应采用预处理合格的水，压力式超滤进水浊度应小于5NTU，其他超滤进水水质应满足膜厂家的设计要求，防止超滤进水浊度高，引起超滤膜的快速污堵。

2）超滤应有防止膜断丝的措施，超滤应装设虹吸破坏阀、母管排气阀等防水锤的设施。

3）超滤压差达到化学清洗条件时，应及时进行化学清洗。化学清洗前编写化学清洗方案，满足清洗质量要求。化学清洗过程中应全程监督清洗时的水温、流量、药品浓度及pH值等指标。

（2）运行调整。

1）超滤膜过滤进水宜为砂滤出水。

2）过滤设备的压差或出水水质达到反洗条件时，应及时进行反洗。超滤反洗水量应达到设计值。

3）超滤化学加强反洗时，根据产品手册选择酸、碱和杀菌剂的种类及药量，反洗入口和反洗出口的药品浓度，应符合产品手册的要求。采用海水水源，超滤化学加强反洗工艺应避免钙、镁离子结垢导致污堵。

8.3.2 反渗透设备异常事故案例及隐患排查

▶ **事故案例及原因分析**

（1）某电厂锅炉补给水水源为井水，后改为自来水。投运约 2 年后，发现 1、2 号一级反渗透均出现出力明显下降和水质严重变差的问题。在进水电导率为 400 ～ 600μS/cm 的情况下，1 号一级反渗透出力下降约 33%，出水电导率最高超过 90μS/cm；2 号一级反渗透出力下降约 17%，出水电导率最高超过 60μS/cm。反渗透脱盐率均下降至 90% 以下。

该案例具体原因分析如下：

①反渗透投运初期，一级反渗透均存在运行出力超过设计出力的情况，导致一级反渗透运行负荷高，有加速反渗透膜结垢和污堵的可能。②一级反渗透的二段压差达到化学清洗条件时，未采取化学清洗等措施来解决反渗透膜压差高的问题。③在更换水源为自来水后，没有及时投加还原剂，导致反渗透膜短时发生氧化。④反渗透处于间断运行状态，存在停运期间没有及时冲洗和保护不到位的问题。

（2）某电厂按一级反渗透进水氧化还原电位（ORP 的数值）来控制氧化剂的投加量，当次氯酸钠的加药量增加 50% 以后，ORP 的数值由 0mV 增大到 240mV，小于 250mV 的控制值，因此未增加还原剂的加药量。检测反渗透进水余氯，已超过 1mg/L，远高于 0.1mg/L 的控制值，导致反渗透膜被氧化。

该案例具体原因分析如下：ORP 数值可作为一级反渗透进水的氧化性或还原性的判断，因水源的不同，ORP 数值与余氯含量没有绝对的对应关系，仅能作为监测余氯含量的参考。

（3）某电厂超滤和反渗透设计为共用 1 套化学清洗装置，超滤化学清洗较频繁，每次清洗超滤时仅关闭反渗透化学清洗隔离阀门。反渗透出现压差降低，脱盐率下降的情况。

该案例具体原因分析如下：采用氧化剂对超滤进行化学清洗时，当反渗透化学清洗隔离阀门不严，会使氧化剂漏入反渗透系统，造成反渗透膜氧化。

（4）某电厂更换阻垢剂后的两周内，反渗透进水压力由 1.3MPa 增加至 1.6MPa，出力由 115m³/h 下降至 87m³/h，出力下降明显。对反渗透进行化学清洗，并使用原阻垢剂后，反渗透运行恢复正常。

该案例具体原因分析如下：更换阻垢剂前，未根据原水水质全分析报告和预处理所使用的混凝剂种类进行阻垢试验，所采用的阻垢剂不适用于现有水质，未能起到阻垢的效果。

▶ **隐患排查重点**

（1）设备维护。

1）反渗透与超滤系统公用化学清洗装置时，在反渗透清洗入口门处加堵板，防止清洗隔断阀门不严，氧化性杀菌剂漏到反渗透系统。在反渗透化学清洗前，恢复清洗管路并将其冲洗干净。

2）二级反渗透浓水应回收至超滤水箱顶部，防止反渗透浓水止回阀不严，超滤水箱中氧化性水经过回水管进入反渗透系统。

3）反渗透短期停运时，每天及时冲洗。长时间停运时，按照膜厂家的要求，充入保护液进行保护。

4）反渗透在压差、出水水质等指标达到化学清洗条件时，应及时进行化学清洗。化学清洗前编写化学清洗方案，满足清洗质量要求。化学清洗时，药品选择及清洗参数控制应符合反渗透厂家推荐的要求，清洗过程中应全程监督清洗时的水温、流量、药品浓度及 pH 值等指标。

（2）运行调整。

1）在预处理系统投加氧化性杀菌剂后，应计算和杀菌剂反应所需的还原剂量，在反渗透入口投加过量的还原剂，确保反渗透入口余氯为 0mg/L。

2）不应单纯根据反渗透进水的在线氧化还原电位仪表数值自动加入还原剂，应手工取样分析余氯含量，并定期校验氧化还原电位仪表，找出氧化还原电位仪表和所用水源中各种不同药剂及不同余氯的对应关系，作为监测余氯含量的参考，并在上位机设置报警。

3）应根据反渗透进水水质，选用合适的阻垢剂种类和药量，按要求投加阻垢剂，防止反渗透膜结垢后引起压差增大、脱盐率下降的问题。

4）更换阻垢剂前，应向阻垢剂供应商提供水质全分析报告和预处理所使用的混凝剂种类，供应商应提供阻垢方案和类似水质的应用证明。

5）反渗透系统应调整合适的产水回收率。

6）反渗透每次停运时应进行冲洗。

8.3.3 电除盐设备异常事故案例及隐患排查

▶ 事故案例及原因分析

（1）某电厂 2 套电除盐在运行的 15 天内，进、出口压差突然增加了 0.3MPa，产水量降为正常值的一半以下。影响了除盐水的正常制备。

该案例具体原因分析如下：

①电厂增加 50% 的次氯酸钠加药量，而还原剂加药量未做调整。反渗透和电除盐进水余氯均超过了 1mg/L，远高于电除盐进水余氯小于 0.05mg/L 的控制值，导致电除盐模块内的树脂被氧化。②对电除盐模块解体检查，进水端的树脂颜色变为深棕色，被氧化成枣泥状，堵塞了进水端。

（2）某电厂电除盐在运行期间，产水电导率由 0.17μS/cm 快速上升至 0.60μS/cm，产水量由设计出力 120m³/h 下降至 85m³/h。

该案例具体原因分析如下：

①电厂根据 ORP 数值控制氧化剂的加药量，统计氧化剂和还原剂的加药量，发现氧化剂投加过量，导致电除盐模块内的树脂被氧化。②对电除盐模块解体检查，发现进水端约有四分之一的树脂破碎，树脂由颗粒状变为粉末状，堵塞了进水端，导致产水量快速下降。

（3）某电厂在电除盐调试初期，电除盐模块发生了断水"干烧"的现象，产水电阻率从 17MΩ·cm 降到 8MΩ·cm，经解体检查发现其中两个模块内的阴阳膜片被电弧烧毁。

该案例具体原因分析如下：

电除盐在安装调试初期，DCS 自动控制系统尚未投入运行，断水自动保护无法实现。调试人员手动操作，造成断水时间约 1min，检查发现两个模块烧毁严重。

（4）某电厂对电除盐进行了维修，投运 1 天后发现有两个模块严重漏水。检查发现树脂包、格网和极板进水口端被烧毁。

该案例具体原因分析如下：电除盐模块被烧毁，分析是维修好的模块在安装后，单个模块的淡水进水阀门没有被打开，就通电运行，导致电除盐模块烧毁而漏水。

▶ **隐患排查重点**

（1）设备维护。

1）应保证电除盐设备的仪表正常运行，能准确监控电除盐设备的运行压力、压差、流量、水质、回收率和脱盐率等参数。

2）电除盐与超滤系统公用化学清洗装置时，在电除盐清洗入口门处加堵板，防止清洗隔断阀门不严，氧化性杀菌剂漏到电除盐系统。

3）电除盐在压差、出水水质等指标达到化学清洗条件时，应及时进行化学清洗。化学清洗前编写化学清洗方案，满足清洗质量要求。化学清洗时，药品选择及清洗参数控制应符合电除盐厂家推荐的要求，清洗过程中应全程监督清洗时的水温、流量、药品浓度及 pH 值等指标。

（2）运行调整。

1）在预处理系统投加氧化性杀菌剂后，应计算和杀菌剂反应所需的还原剂量，在反渗透入口投加过量的还原剂，确保反渗透和电除盐入口余氯应为 0mg/L。

2）电除盐流量必须高于最低值时才能通电，流量低于设定的最低值时，应紧急保护停运设备。

8.4 ▶ 精处理系统事故隐患排查

8.4.1 粉末树脂过滤器异常事故案例及隐患排查

▶ **事故案例及原因分析**

某机组运行值班人员监盘发现汽包水位下降至 −75mm，检查给水流量突降至 560m³/h 左右，确认 A、B 给泵转速自动上升，但给水流量仍低于蒸汽流量，启动电动给水泵。总给水流量升至 590m³/h 后继续下降。判断 A、B 给泵进口滤网可能发生堵塞。A 给泵低流量跳闸，锅炉汽包水位低触发锅炉 MFT，机组跳闸。

该案例具体原因分析如下：

①凝结水泵由变频切换为工频运行过程中，出现了 2 台水泵同时运行的情况，流量

瞬间增大，超过过滤器最大允许流量。②粉末树脂过滤器滤元因流量、压差瞬间增大，粉末树脂和纤维粉在瞬间大量穿透滤元绕线，随出水进入到给泵前置泵滤网前。A、B给泵前置泵滤网短时相继发生堵塞，给水流量快速下降，启动电动给水泵供水仍难以维持汽包水位，导致锅炉汽包水位低，机组跳闸。③过滤器压差联锁保护延时设置过长，超压后未能开启过滤器旁路。

▶ **隐患排查重点**

（1）设备维护。

1）过滤器检修时，应仔细检查滤元绕线是否存在断裂、松脱，底部端盖和接头是否有损坏或松动等问题。

2）加强对滤元和粉末树脂的入厂验收工作，确保其质量满足要求。

（2）运行调整。

1）优化凝结水泵从变频到工频的切换过程，防止出现瞬时流量突增导致过滤器压差超标。

2）增设或完善过滤器压差联锁保护逻辑和定值，当过滤器压差超过 0.175MPa（或根据设备厂家、滤元厂家的规定），延时 1 ~ 3s，开启旁路门后关闭过滤器进水门，或在凝结水泵切换前提前旁路过滤器。

3）过滤器铺膜时，应再循环充分，并取循环回水检查，要求无粉末树脂、纤维粉。

4）过滤器投运前，执行低压满水步序液位开关动作后，应延时 30s 或现场检查确认过滤器为满水状态，过滤器升压过程中当进水母管和过滤器内部压差满足要求时，再开启进水门。

8.4.2 混床异常事故案例及隐患排查

8.4.2.1 混床出水水质异常事故案例

▶ **事故案例及原因分析**

（1）某机组精处理混床从氢型向铵型转化过程中，氯离子也明显升高，并维持在 3 ~ 4μg/L，远大于凝结水中氯离子含量，这是再生后的混床中含有较多氯型阴树脂的现象，说明再生度不满足铵型运行方式的要求。

该案例具体原因分析如下：

在凝汽器不泄漏的情况下，精处理混床在漏铵的过程中，也是漏氯离子、钠离子量最大的时候。而要满足精处理混床出水水质，铵型运行要求的再生度非常高，目前国内极少有电厂达到要求。铵型运行的电厂，大部分机组大修检查时能够发现低压缸第 3 ~ 5 级叶片上均存在不同程度的点腐蚀现象。

（2）某机组投运精处理混床时，发现混床出口母管、给水和炉水氢电导率迅速升高，1h 内给水氢电导率升高至 0.8μS/cm 左右（标准值不大于 0.15μS/cm），炉水氢电导率升高至 10μS/cm 左右（标准值不大于 4μS/cm），达到水汽质量劣化三级处理值，炉水

pH 值迅速下降至 8.9 左右。电厂立即采取措施，炉水加碱调节 pH 值至 9.3，同时停运精处理混床，加大锅炉排污，3h 内水汽品质恢复至正常水平。

该案例具体原因分析如下：

①对精处理系统出水、给水和炉水的阴离子进行分析，精处理混床投运初期水汽品质异常是由于水汽中氯离子质量浓度较高造成的。②某混床树脂量较多，超过了设计值，在分离塔固定的膨胀空间受限制，树脂分离不彻底，阳树脂中夹带了大量的阴树脂，再生阳树脂时阴树脂被再生成氯型阴树脂，造成投运初期水汽品质不合格。③某混床树脂量减少后，现有树脂量已不符合原有的再生、运行步序。因此，即便是树脂分层和输送符合要求，正洗水质合格，但混脂时水位依然按原有位置设定即树脂上方水位过高，不能有效混脂，造成混脂后上部阴树脂多、下部阳树脂多。混床投运时，在碱性条件下，阴树脂会泄漏少量氯离子。

▶ **隐患排查重点**

（1）设备维护。

1）通过窥视孔查看精除盐设备运行时树脂面的平整情况，若存在运行偏流现象及时处理。

2）防止再生设备缺陷导致树脂泄漏。确认再生系统中废水树脂捕捉器的筛管安装到位，滤元缝隙符合要求，不应旁路废水树脂捕捉器。

3）机组检修时，应对精处理混床、再生设备中水帽的间隙、垫片的完整性和严密性以及树脂捕捉器筛管的间隙进行检查和消缺。

（2）运行调整。

1）凝结水精除盐设备应能正常运行，精除盐设备阳树脂应氢型方式运行。混床出水电导率应不大于 0.1μS/cm；串联阳床＋阴床（阳床＋阴床＋阳床）系统，控制一级阳床出水电导率应不大于 0.3μS/cm，末级设备出水电导率应不大于 0.1μS/cm。

2）体外再生应保证气、水的输送压力和流量达到设计值，同时定期检查树脂输送效果，确保失效树脂完全输出。应充分反洗，确保阴、阳树脂的完全分离。树脂分离时，锥体、高塔法输送阳树脂，中抽法输送混脂应现场或视频确认，以控制好输送终点，保证分离树脂正确、定量输送至再生塔。

3）阳再生塔、阴再生塔中树脂擦洗前，水位排放至设计树脂上方 200 ～ 500 mm；注水和反洗时，控制流速，避免树脂从顶部排水口带出。

8.4.2.2　混床泄漏树脂事故案例

▶ **事故案例及原因分析**

（1）某机组在基建启动过程中，凝结水泵入口滤网堵塞，凝结水压力下降，低旁快关，锅炉手动 MFT。检查发现凝结水泵入口滤网中有树脂，汽动给水泵前置泵、电动给水泵入口滤网也有少量树脂存在。检查精处理混床出口水帽和树脂捕捉器均正常，未发现树脂，前置过滤器底部有一薄层树脂层。

该案例具体原因分析如下：

事故发生当天，凝结水泵出口压力突然由 3.8MPa 突降至 1.8MPa，时间持续 1min。精处理装置出口压力在瞬间比入口压力大近 2MPa，压力的骤降导致混床的出口压力在短时间内高于进口压力，引起树脂的剧烈搅动，树脂经入口水帽（间隙 1mm，树脂粒径为 0.6～0.7mm）倒吸至进水母管，部分树脂经混床旁路进入给水管道，经凝结水泵再循环管进入凝汽器热井，部分树脂进入前置过滤器底部，进入热力系统的部分树脂被前置泵、电动给水泵入口滤网截留。

（2）某机组整套启动阶段，投运精处理高混时，开启再循环泵进行循环正洗。由于前期水质较差，正洗时间较长，达到 1.5h，发现电动给水泵入口压力降低至 0.9MPa。停机检查，发现电动给水泵前置泵入口滤网及汽动给水泵入口滤网皆堵塞导致给水泵不出力。在清理滤网时，发现有大量树脂及杂物。打开混床树脂捕捉器排污口，发现混床树脂捕捉器排污口排出许多树脂。除氧器入口、除氧器出口、给水及启动分离器取样 pH 值均小于 8.8。

该案例具体原因分析如下：

①混床树脂泄漏导致给水泵滤网堵塞，树脂进入热力系统导致 pH 值下降。②检查混床内部，发现有 3 个水帽松动，树脂捕捉器滤元间隙正常。③高混树脂泄漏是由混床水帽松动漏出，当进行再循环时，由再循环系统带入混床进口，从而由旁路带入热力系统引起。

（3）某机组精处理混床在完成树脂再生后，发现混床旁的排水沟内有积存树脂，存在混床泄漏树脂的问题。

该案例具体原因分析如下：混床完成再生后，在满水过程中，因注水流量大，造成混床内部树脂的扰动，从顶部排气口泄漏至地沟。

▶ **隐患排查重点**

（1）设备维护。

1）树脂漏入水汽系统后，对除氧器、凝汽器内树脂人工清理干净，以防系统内树脂对水质产生不良影响。

2）在混床进口门处加装逆止阀，防止凝结水泵事故跳闸或者断电导致混床进口管发生树脂倒吸现象。

3）机组检修时，应对精处理混床、再生设备中水帽的间隙、垫片的完整性和严密性以及树脂捕捉器筛管的间隙进行检查和消缺。

（2）运行调整。

1）优化凝结水泵从变频到工频的切换过程，防止出现瞬时流量突增导致混床压差超标，树脂漏过混床底部水帽。

2）在正常运行时，加强监督树脂捕捉器的压差；精除盐设备投运前，应观察树脂捕捉器排水是否有树脂排出，发现问题及时处理。

3）应设置混床的注水流量在合理值。

8.4.2.3 混床进水装置损坏事故案例

▶ **事故案例及原因分析**

某电厂凝结水精处理混床制水周期短，检查发现混床在运行时存在明显偏流现象。混床进水分配装置严重变形，板与板之间的连接部位产生了最大约 5mm 的缝隙，混床运行时缝隙处产生高流速的水流，其垂直冲击到树脂层面上，形成偏流。

该案例具体原因分析如下：

混床出水仪表取样阀为手动阀，在现场处于常开状态。混床升压后，升压门关闭，程控设置 20s 后开启进水阀，这时取样管会卸压，在不到 10s 的时间高速混床压力就从 2.4MPa 下降到常压状态。再打开了进水阀，2.4MPa 压力的水冲入混床，形成"水锤"，直接作用于进水分配装置上而造成装置的变形与损坏。

▶ **隐患排查重点**

（1）设备维护。

1）通过窥视孔查看精除盐设备运行时树脂面的平整情况，若存在运行偏流现象及时处理。

2）对变形的进水分配装置进行维修处理，使其保持平整。或更换为不易损坏的进水分配装置。

（2）运行调整。

1）混床投运前，应严格执行低压满水、高压升压程序，宜到现场确认，防止混床投运中进水分配装置受"水锤"冲击而损坏。

2）混床完成升压后，开启混床进水门后，再关闭进水升压门。

3）优化凝结水泵从变频到工频的切换过程，防止出现瞬时流量突增导致混床压差超标。

8.5 ▶ 内冷水系统事故隐患排查

8.5.1 内冷水树脂更换事故案例及隐患排查

▶ **事故案例及原因分析**

某机组在更换内冷水旁路小混床树脂投运后约 3min，内冷水电导率由 1.89μS/cm 迅速上升，发电机定子绝缘下降到报警值 20kΩ。因发电机定子接地导致机组跳机。

该案例具体原因分析如下：发电机内冷水小混床更换树脂，未用除盐水进行冲洗而直接投入运行。所更换混合树脂中（钠型∶氢型∶氢氧型 =50∶1∶51）中的阴树脂由于降解产生了大量三甲胺，在小混床刚投运时，大量三甲胺溶于水中，水解形成三甲胺阳离子（mg/L 数量级）和氢氧根离子，三甲胺阳离子同时置换出阳树脂中的钠离子（mg/L 数量级），导致内冷水电导率瞬间急剧升高，既而导致定子绕组内冷水电阻值低引发保护动作跳闸。

▶ **隐患排查重点**

（1）设备维护。

1）发电机内冷却水离子交换器应设置进水端除盐水进水管及出水端排污管，并设置电导率测点，用于树脂正洗。

2）制定操作卡，规范内冷水小混床及电导率测量仪的投退操作，并制定应急预防措施。要求投运小混床后，应在现场观察运行一段时间后方可离开现场。

3）加强对供货商物资采购和验收管理，对新到厂的离子交换树脂应根据 DL/T 519《发电厂水处理用离子交换树脂验收标准》要求进行验收，及时排除不合格产品，确保树脂质量。

（2）运行调整。

1）发电机内冷却水旁路离子交换器处理的树脂再生后或新树脂在加装进离子交换器前，应使用合格除盐水进行充分冲洗至电导率小于 1.0μS/cm。

2）离子交换器投运前，应采用除盐水正洗树脂，出水电导率不大于 2.0μS/cm，pH 值不大于 9.0 时并入系统。

8.5.2　内冷水加碱事故案例及隐患排查

▶ **事故案例及原因分析**

（1）某机组发变组保护 A 屏基波零压定子接地保护动作，发变组保护 B 屏发电机零压定子接地保护动作。发电机甩负荷，主汽门跳闸，锅炉 MFT。检查发现故障前发电机内冷水电导率和 pH 值均有突升，从故障前的 1.1μS/cm 约经 40s 上升至 21μS/cm，pH 值为 11。机组在内冷水电导率达到 21μS/cm 后经过约 3min 机组跳闸。内冷水电导率持续超标共 23min。

该案例具体原因分析如下：

①机组跳闸与定子冷却水电导率波动情况有关，是导致机组跳闸的直接原因。不排除电气信号干扰和保护配置不完善与机组跳闸的相关性。②现场推测的可能性有内冷水补水污染，以及氢氧化钠瞬时加药量过大。

（2）某机组发出发电机定子接地保护动作信号，DCS 画面发零功率保护跳闸动作信号，发电机跳闸，汽轮机联跳，锅炉 MFT。调阅发电机定子线圈进水电导率 DCS 趋势图，发现发电机定子线圈进口定子冷却水电导率突然增大，在机组跳闸前电导率由 0.705μS/cm 突升至 7.9μS/cm。

该案例具体原因分析如下：

①发电机定子线圈进口定子冷却水电导率突然增大，导致定子线棒与直接接地的汇水管之间的绝缘电阻小于注入式定子接地保护装置的动作值，从而引起保护装置动作。②内冷水采用氢型混床 - 钠型混床处理法，运行过程中内冷水交换树脂失效，内冷水

指标劣化,pH 值由 8 ～ 9 下降至 7 以下。在树脂完成再生前,采取向内冷水系统投加 NaOH 的方法来提高 pH 值,在加碱过程中,控制定子线圈冷却水进水电导率不大于 1.5μS/cm。实际加碱过程中, 发电机定子线圈进水电导率快速上升至 7.9μS/cm。

▶ **隐患排查重点**

(1)设备维护。

1)内冷水补水管路应单独设置,防止其他水源串入污染内冷水。

2)内冷水系统投入运行前进行大流量冲洗,保证内冷水品质合格。

3)及时开展内冷水树脂再生工作或者采购树脂备品进行更换。

(2)运行调整。

1)内冷水加碱溶液箱应配置低浓度碱液,机组停运后应将加碱泵入口门关闭,防止碱液渗入管路系统。在加碱时,应确保加碱泵出口门为开启状态,防止短时过量投加。

2)碱化剂溶液应采用自动控制加药装置加入,防止人工加药,无法对加碱量进行精确控制。

8.5.3 内冷水铜含量超标事故案例及隐患排查

▶ **事故案例及原因分析**

某机组运行半年后,内冷水流量减少 5 ～ 10m³/h,部分线棒温度有升高现象,进、出水压差有所增大。机组投运半年内未检测内冷水铜含量,检测发现内冷水铜含量达 225μg/L,pH 值平均为 6.6,离子交换器投运 2 个月后因内冷水电导率合格而停运。发现问题后,对离子交换器树脂进行更换并投入运行,内冷水铜含量降至标准值内。

该案例具体原因分析如下:

①机组投产后半年内, 未对内冷水铜含量进行监测。内冷水铜含量严重超标,引起腐蚀产物的沉积,导致空芯铜导线堵塞,是系统压差增大、流量降低的主要原因。②内冷水 pH 值低会促进内冷水系统的铜腐蚀。③ pH 值低使系统发生腐蚀是铜含量高的直接原因,离子交换器没有投运是内冷水铜含量高的间接原因。

▶ **隐患排查重点**

运行调整具体要求如下:

(1)在水汽查定中, 及时取样分析内冷水的铜含量,发现内冷水铜含量超标时及时进行排污处理。

(2)内冷水系统运行时,离子交换器应连续运行,离子交换树脂失效时, 及时更换离子交换树脂。

(3)建议增加一套自动加碱装置,提高 pH 值可有效抑制铜的腐蚀。控制 pH 值为 8.0 ～ 8.9,电导率为 0.4 ～ 2.0μS/cm。使铜含量小于 10μg/L,达到期望值的要求。

8.6 ▶ **氢气系统事故隐患排查**

8.6.1 氢气系统设备异常事故案例及隐患排查

▶ **事故案例及原因分析**

（1）某电厂制氢系统运行，氢气干燥提纯装置 A 塔处于加热状态，B 塔吸附，上部温度控制在 160℃。运行过程中，A 塔外层保温棉突然自燃，立即切断加热电源，关闭阀门，扑灭着火点。因系统比较严密，无氢气漏点，加上值班人员发现及时，处理果断，未造成严重后果。

该案例具体原因分析如下：

①干燥塔加热工作过程中，分别监测上、下部温度，为保证再生效果，上部温度达到 160℃时跳开加热电源，下部温度则需要在 200℃左右。②气体流通不畅，会导致上下部温差过大，上部温度长时间未达到 160℃，加热电源持续投入，则下部温度可能远超 200℃。③保温棉质量不过关，未能耐受干燥塔加热温度。

（2）某电厂制氢系统，氢气、氧气出口为气动调节阀，控制方式则通过气电转换器输出相应的压力气源，来达到调节阀的动态调整。电解槽大修时，调节阀进行了更换，投运后发现氢、氧差压过大，无法调节平衡。

该案例具体原因分析如下：

调节阀与气电转换器设置不匹配。气动调节阀通过气电转换器输出 4 ~ 20mA 的电流，对应的调节气源压力为 0.02 ~ 0.1MPa，从而实现阀门 0 ~ 100% 的开度调节。而现场使用的气动调节阀出厂前 0 位的设定，气电转换器输出电信号为 4mA，对应的调节阀进口处有 0.02MPa 的基础气源压力，导致该调节阀有开度，阀门内漏使压差不平衡。

▶ **隐患排查重点**

（1）设备维护。

1）控制干燥塔气体流速，不能过快或过慢。确保干燥塔外层保温棉的质量。

2）增加干燥塔底部温度和电加热丝温度超温连锁保护。

3）需要明确气动调节阀零位的设定，并进行定位调整。

4）制氢、供（储）氢场所应按规定配备消防器材，并定期检查和试验。

5）氢系统［包括储氢罐、电解装置、干燥装置、充（补）氢汇流排］中的安全阀、压力表、减压阀等应按压力容器的规定定期进行检验。

6）供（制）氢站和氢冷系统配备的在线氢气纯度仪、露点仪和检漏仪表、便携式氢气纯度仪和露点仪，每年应由相应资质的单位进行一次检定。

（2）运行调整。

1）氢站或氢气系统附近进行明火作业时，应有严格的管理制度，并应办理一级动火工作票。

2）制氢站应采用性能可靠的压力调整器，并加装液位差越限联锁保护装置和氢侧氢气纯度仪表，在线氢中氧量、氧中氢量监测仪表。

3）氢气使用区域空气中氢气体积分数应不超过 1%，氢气系统动火检修，系统内部和动火区域的氢气体积分数应不超过 0.4%。

4）制氢站、供氢站、氢气罐区有爆炸危险房间的上部空间均应设置漏氢检测装置及事故排风机，且可联锁启动。

5）氢气系统应保持正压状态，不应负压或超压运行。同一储氢罐（或管道）不应同时进行充氢和送氢操作。

6）当发电机内氢气纯度超标时，应及时对发电机内氢气进行排补等处理。当发电机漏氢量超标时，应对发电机氢气相关系统进行检查处理。

7）制氢设备中的氢气纯度应不低于 99.8%，含氧量应不高于 0.2%。氢冷系统氢气纯度应不低于 96%，含氧量应不高于 2%。

8.7 ▶ 在线化学仪表事故隐患排查

8.7.1 在线化学仪表异常事故案例及隐患排查

▶ 事故案例及原因分析

（1）某电厂炉水 pH 实际值低于 8.3，但在线 pH 表测量值偏高，测量显示 pH 值始终大于 9.0，结果水冷壁管发生酸性腐蚀，造成重大损失。

该案例具体原因分析如下：在线炉水 pH 表的准确率不符合要求，未定期开展在线化学仪表检验和维护工作，无法根据在线化学仪表实现水汽品质的实时监督。存在水汽品质失控的问题。

（2）某电厂两台 600MW 亚临界机组，因汽包汽水分离装置缺陷使饱和蒸汽中大量带水，由于在线钠表和氢电导率表测量不准确，一直未能及时发现该问题，导致汽轮机高压缸严重积盐，汽轮机效率降低。

该案例具体原因分析如下：在线蒸汽钠表和氢电导率表的准确率不符合要求，未定期开展在线化学仪表检验和维护工作，无法根据在线化学仪表实现水汽品质的实时监督。存在水汽品质失控的问题。

（3）某机组炉膛压力突升，主汽压力、负荷下降，汽包水位下降、给水流量持续增加，紧急停运该机组。检查发现，水冷壁爆管一处，管子外径未见涨粗，管子壁厚未见减薄，管子内壁存在腐蚀坑及裂纹，爆口符合脆性断裂的特征。

该案例具体原因分析如下：

①查阅水汽运行报表，炉水氯离子间断超标 8 次。②化学监督不到位，水质台账中炉水 pH 值合格率为 100%。而有 3h 炉水 pH 实际值最低至 8.37 左右。③机组运行期间水汽品质控制不当，导致水冷壁发生氢脆爆管。

▶ **隐患排查重点**

（1）设备维护。

1）安排专人负责在线化学仪表的维护和校验工作，在线化学仪表维护人员参加电力行业的培训，取得在线化学仪表维护、校验资质。

2）应依靠在线化学仪表实现水汽品质的实时监督，应保证在线化学仪表投入率不低于 98%，机组水汽系统主要在线化学仪表准确率不低于 96%。

3）主要在线化学仪表信号应送至化学辅网和集控 DCS，并增加声、光报警。

4）在线化学仪表检验维护规程和检验记录应符合要求。

5）每周至少对高温取样架排污一次。

6）电厂应根据在线化学仪表配置和损坏情况，在年度计划中制订仪表配件购买计划，以保证仪表损坏时能及时更换。

7）标准表或移动检验装置应每年定期送检。

（2）运行调整。

1）按照在线化学仪表说明书的规定对仪表进行校准、维护，使用符合 DL/T 677《发电厂在线化学仪表检验规程》的标准仪器仪表，对在线化学仪表进行定期检验。

2）主要在线化学仪表工作不正常，应采取处理措施。

3）在线化学仪表不能满足监控要求时，化学运行人员按照要求定期对水质进行人工检测分析。

8.8 ▶ 其他系统事故隐患排查

8.8.1 机组停炉保护异常事故案例及隐患排查

8.8.1.1 过热器腐蚀事故

▶ **事故案例及原因分析**

某电厂对供热期结束后的 1 号机组进行例行检查，发现一级过热器 B 段管样中有明显腐蚀坑，随后电厂扩大检查范围，一级过热器 B 段共计割 30 根管样，发现 90% 的管样都存在腐蚀程度不同的坑。目测腐蚀坑最深处大于 2mm，位置基本都集中在管的底部。

该案例具体原因分析如下：

①通过腐蚀坑的位置、外貌、波及范围等现状，结合机组运行时的水汽品质、停机时间以及停用保养措施等情况，根据腐蚀机理分析，判断一级过热器 B 段腐蚀坑的

形成原因为机组停用腐蚀。②1号机组为应急备用状态，停用期较长，最长达7个月。③1号机组停用保养采用氨碱化、热炉放水、余热烘干措施，放水后未及时关闭炉膛各风门、挡板，炉膛热量过快散失，也未进行抽真空措施。无法保证锅炉汽水系统处于完全干燥状态。④机组运行时，给水氯离子含量有超标现象，外委检测的给水氯离子含量为7.58μg/L。过热器内有腐蚀性盐类沉积，机组停用时，由于湿气和腐蚀性离子的共同作用，造成了低过的腐蚀。

> **隐患排查重点**

（1）设备维护。

1）加强机组长期停备用时的保养，保养方式有：氨碱化、热炉放水、余热烘干配合干风干燥；充氮覆盖；充氮密封；受热面充满用氨调节pH值大于10.5的溶液，电厂可根据实际情况加以选择。

2）采用热炉放水、余热烘干措施时，注意尽可能在锅炉允许放水的最高温度进行放水，并注意关闭炉膛的风门、挡板，防止炉膛热量过快散失。

（2）运行调整。

1）应合理安排机组停用后启动时间，为冷态冲洗、热态冲洗预留足够的时间，真正做到给水水质不合格，冷态冲洗不停止，锅炉不点火；炉水（分离器排水）不合格，热态冲洗不停止、锅炉不升压；蒸汽不合格不冲转、不并网，确保达到上一阶段水质不达标，不能进行下一阶段工作的要求。

2）机组运行时，应加强水汽品质的监测，尤其是精处理高混出水水质的监测，高速混床应采用氢型运行，按照出水直接电导率上升至0.1μS/cm时解列高速混床。控制出水钠离子、氯离子和铁的含量满足标准的要求。

8.8.1.2 再热器腐蚀事故

> **事故案例及原因分析**

某电厂在1号机组调停期间，对屏式再热器进行检查时发现，屏式再热器下弯头底部有明显腐蚀现象。腐蚀坑位置基本都集中在管的底部。

该案例具体原因分析如下：

①通过腐蚀坑的位置、外貌、波及范围等现状，结合机组运行时的水汽品质、停机时间以及停用保养措施等情况，根据腐蚀机理分析，判断1号机组屏式再热器腐蚀坑的形成原因为机组停用腐蚀。②1号机组一直处于停用状态，停用期较长。停用保养采用氨碱化、热炉放水、余热烘干措施，但没有对过热器、再热器等热力设备进行抽真空，无法保证再热器等热力设备在整个停用期处于干燥状态。③热网疏水只能回收至除氧器，在机组供热期间，热网疏水长期超标（大于0.15μS/cm）。屏再存在腐蚀性盐类，停炉后在湿气和腐蚀性盐类的共同作用下，造成了屏再的腐蚀。

▶ **隐患排查重点**

（1）设备维护。

1）加强机组长期停备用时的保养，保养方式有：氨碱化、热炉放水、余热烘干配合干风干燥；充氮覆盖；充氮密封；受热面充满用氨调节 pH 值大于 10.5 的溶液，电厂可根据实际情况加以选择。

2）采用热炉放水、余热烘干措施时，注意尽可能在锅炉允许放水的最高温度进行放水，并注意关闭炉膛的风门、挡板，防止炉膛热量过快散失。

（2）运行调整。

1）及时解决热网换热器渗漏问题和提高热网循环水水质两个方面来改善供热期间热网疏水水质，同时增设一路热网疏水回收至凝汽器管路。

2）应合理安排机组停用后启动时间，为冷态冲洗、热态冲洗预留足够的时间，真正做到给水水质不合格，冷态冲洗不停止，锅炉不点火；炉水（分离器排水）不合格，热态冲洗不停止、锅炉不升压；蒸汽不合格不冲转、不并网，确保达到上一阶段水质不达标，不能进行下一阶段工作的要求。

3）机组运行时，应加强水汽品质的监测，尤其是精处理高混出水水质的监测，高速混床应采用氢型运行，按照出水直接电导率上升至 $0.1\mu S/cm$ 时解列高速混床。控制出水钠离子、氯离子和铁的含量满足标准的要求。

8.8.2 化学清洗异常事故案例及隐患排查

8.8.2.1 锅炉化学清洗不当事故案例

▶ **事故案例及原因分析**

（1）某电厂对锅炉进行化学清洗后，3 月内相继出现了 3 次水冷壁过热胀管和爆管问题，其中 1 次主动停炉消除胀管，1 次过热爆管。

该案例具体原因分析如下：

①采用羟基乙酸加甲酸进行化学清洗，清洗过程中酸洗温度控制过低，不能依据小型试验来确定现场实际情况，最低温度不能低于 85℃。②酸洗过程中酸洗腐蚀速率控制不好，Fe^{3+} 达到 800mg/L，未能达到不高于 300mg/L 的要求。③冲洗排酸时间长达 10h，冲洗时间过长，不应超过 30min。④酸洗不彻底，除垢率未达到 DL/T 794《火力发电厂锅炉化学清洗导则》要求的大于 90%。⑤电厂监督力度不够，没有全过程参与关键节点。

（2）某电厂对 1、2 号锅炉的过热器进行酸洗，清除氧化皮。酸洗后的短期内，1 号高过泄漏 2 次，2 号高过泄漏 1 次。

该案例具体原因分析如下：

①从几次爆口情况看，在爆管前经历了超温运行。②酸洗后一爆管部位，在爆管前曾做过割管清理内壁氧化皮，以及爆口内取出的残留物分析结果说明酸洗不彻底。③化

学清洗质量验收指标仅包含了腐蚀速率、腐蚀总量和除垢率，后期机组启动出现过热器爆管才对过热器管内壁氧化皮残留情况进行检测，未对清洗后的过热器、再热器晶间腐蚀情况进行检测。④对爆管及爆管附近的过热器内壁氧化皮厚度、电镜及能谱分析，发现管样内壁还残留有大量的铁氧化物层而非单纯的富铬层，说明爆管及附近的管样并未化学清洗干净。

▶ **隐患排查重点**

（1）设备维护。

1）电厂应对锅炉本体、过热器、再热器、凝汽器、热网加热器及辅机冷却器化学清洗进行全过程的质量监督。包括：化学清洗小型模拟试验监督，清洗药品的抽检分析和验收，清洗临时系统安装质量监督和验收，清洗系统的隔离，清洗过程清洗剂浓度、pH 值、Fe^{3+}、Fe^{2+} 等参数的分析和监督，化学清洗效果评价和监督，清洗废液的处理和监督。

2）化学清洗单位应具有电力行业电力锅炉压力容器安全监督管理委员会颁发的"发电厂热力设备化学清洗资质证书"。

3）清洗单位的项目负责人、技术负责人和化验人员应经过专业培训，考核合格后持证上岗，不应无证操作。

4）应根据锅炉系统特点、受热面结垢量、材料和小型模拟试验确定清洗工艺条件，制定详细的化学清洗方案，化学清洗方案应进行审核、批准，并报上级公司备案。

5）锅炉水冷壁发生氢脆爆管或酸性腐蚀时，应选用有机酸化学清洗。

（2）运行调整。

1）锅炉水冷壁割管应具有代表性，避免发生因垢量、成分分析结果与实际情况偏差大而导致过洗或清洗不彻底的问题。

2）在化学清洗时，清洗液温度应根据清洗药剂的种类确定合适的范围。

3）当清洗液中 Fe^{3+} 浓度大于 300mg/L 时，应在清洗液中添加还原剂。

4）运行锅炉化学清洗的除垢率不小于 90% 为合格。

5）过热器、再热器化学清洗时，应防止发生堵管、气塞、晶间腐蚀。

6）锅炉本体及过热器、再热器化学清洗钝化结束后，应用加氨调整 pH 值至 10.0 左右的除盐水彻底冲洗，至排水铁含量小于 1mg/L。冲洗合格后，再对与化学清洗相连的阀门隔离的系统进行充分水冲洗，确保可能与清洗液接触系统全部冲洗干净。

7）锅炉水冷壁、省煤器化学清洗结束后应检查并清理水冷壁、省煤器各集箱内沉积物。

8）过热器、再热器化学清洗结束后，应逐一检查过热器、再热器弯管处沉积物情况，判断是否需要割管清理；应检查并清理各集箱内沉积物，避免氧化皮堵塞爆管。

8.8.2.2 热网换热器化学清洗不当事故案例

▶ **事故案例及原因分析**

某电厂换热站的热网换热器结垢，影响换热效果。对换热器进行化学清洗后，发现换热板泄漏，解体检查发现不锈钢换热板出现腐蚀穿孔。

该案例具体原因分析如下：

①热网换热器酸洗前未进行小型试验。②厂家提供的清洗剂仅说明为复合酸，未明确具体成分。③使用了含有盐酸成分的清洗剂，导致不锈钢换热板腐蚀。

▶ 隐患排查重点

设备维护具体要求如下：

（1）热网换热器为不锈钢材质时，不应采用含有盐酸成分的清洗剂进行酸洗。

（2）热网换热器酸洗前应进行小型试验，并对配制好的清洗液进行氯离子含量检测，应保证清洗液中的氯离子含量低于换热器材质的氯离子耐受量。

附录 A　重点事故隐患排查评价表

附录 A-1　电 气 一 次

编号	隐患排查内容	标准分	检修方面	运行方面	评分标准	扣分	存在问题	改进建议
	1.1　防止发电机本体异常事故							
1	1.1.1　防止发电机定子水内冷绕组漏水事故		【涉及专业】：电气一次，共8条 （1）检修时对发电机内部本体结构要重点检查定子线棒接头封焊处无虚焊、砂眼，引水管和金属压接头处无缺陷； （2）绝缘引水管不得交叉接触，引水管之间、引水管与端罩之间应保持足够的绝缘距离。检修中应加强绝缘引水管检查，引水管外表应无伤痕； （3）检修时应进行发电机定子绕组端部模态试验，若振动波形非椭圆，频率不在45～110Hz之内，响应比不大于0.04。综合分析认为对端部影响较大时应对端部绕组进行固定处理。 （4）发电机大修时对定子端部绕组手包绝缘开展表面电位测量，当表面感应电压超过 DL/T 596《电气设备预防性试验规程》要求时应对相应部位拆除检查，对存在渗漏水部位进行处理。 （5）水内冷发电机大修时应进行水压试验，当水压试验不合格时可进行气密试验，仔细查找渗漏点，必要时可采用气体查漏法确认渗漏点并处理，并进行水	【涉及专业】：电气一次，共3条 （1）安装定子内冷水反冲洗系统，定期对定子线棒进行反冲洗，定期检查和清洗滤网，宜使用激光打孔的不锈钢板新型滤网，反冲洗回路不锈钢滤网应达到 200目； （2）按照 DL/T 1164《汽轮发电机运行导则》要求，加强监视发电机各部位温度，当发电机（绕组、铁芯、冷却介质）的温度、温升、温差与正常值有较大的偏差时，应立即分析、查找原因。温度测点的安装必须严格执行规范，要有防止感应电影响温度测量的措施，防止温度跳变、显示误差。对于水氢冷定子线棒层间测温元件的温差达8℃或定子线棒引水管同层出水温差达8℃报警时，应检查定子三相电流是否平衡，定子绕组水路流量与压力是否异常，如果发电机的过热是由于内冷水中断或内冷水量减少引起，则应立即恢复供水。当定子线棒温差达 14℃或定子引水管出水温差达 12℃，或任一定子槽内层间测温元件温				

编号	隐患排查内容	标准分	检修方面	运行方面	评分标准	扣分	存在问题	改进建议
1	1.1.1 防止发电机定子水内冷绕组漏水事故		压试验直至合格； （6）发电机大修期间按反措要求开展流量试验工作。不具备试验条件的发电机，可以开展热水流试验； （7）扩大发电机两侧汇水母管排污口，并安装不锈钢阀门，以利于清除母管中的杂物； （8）水内冷发电机的内冷水质应按照 DL/T 801《大型发电机内冷却水质及系统技术要求》进行优化控制，长期不能达标的发电机宜对水内冷系统进行设备改造	度超过 90℃或出水温度超过 85℃时，应立即降低负荷，在确认测温元件无误后，为避免发生重大事故，应立即停机，进行反冲洗及有关检查处理； （3）认真做好漏水报警装置调试、维护和定期检验工作，确保装置反应灵敏、动作可靠，同时对管路进行疏通检查，确保管路畅通				
2	1.1.2 防止发电机紧固件松动磨损事故		【涉及专业】：电气一次，共 4 条 （1）对于新投产的发电机，应重视首次检查性大修，按照制造厂产品说明的要求，在规定时间内开展检查性大修工作，及时发现可能存在的隐患。检修时应重点关注定子端部绕组、螺栓紧固件及止动锁片、槽楔、绑环、支架、引线压板等；如发现有过热变色、油泥、松动、环氧粉末等现象应及时分析和处理，并做好记录； （2）200MW 及以上容量发电机交接、新投运 1 年后及每次大修时，都应检查定子绕组端部的紧固、磨损情况，并按照 GB/T 20140《隐极同步发电机定子绕组端部动态特性和振动测量方法及评定》和 DL/T 735《大型汽轮发电机定子绕组端部动态特性的测量及评定》进行模态试验，试验不合格或存在松动、磨损情况应及时处理。有条件时可增加对绝缘盒，分支引线，主引线的轴向、径向及切向的局部测试。多次出现松动、磨损情况应重新对发电机定子绕组端部进行整体绑扎；出现大范围松动、磨损情况应对发电机定子绕组端部结构进行改造；	【涉及专业】：电气一次，共 2 条 （1）密切关注发电机电气运行参数，发现异常及时分析和处理。发电机各保护定值应正确并正确投入。 （2）加强发电机巡检工作，提高巡检质量。当发现振动增大、异音等异常情况应引起重视并组织分析，查明原因				

编号	隐患排查内容	标准分	检修方面	运行方面	评分标准	扣分	存在问题	改进建议
2	1.1.2　防止发电机紧固件松动磨损事故		（3）每三年应结合检修开展定子内窥镜检查。发电机在不抽转子情况下，可从定子铁芯背部沿径向通风孔插入内窥镜检查；转子抽出情况下，可从定子腔内沿径向通风孔插入内窥镜检查。线棒存在大面积的槽内放电缺陷时，可考虑结合大修测量定子绕组接触系数，检查定子槽内上、下层线棒与铁芯的接触状态；（4）严格按照 DL/T 596《电气设备预防性试验规程》之要求，严格开展发电机相关试验，并加强试验数据管理。对发电机交、直流耐压试验作为技术监督"H"点组织验收，试验报告应逐级审核验收签字并妥善留存					
3	1.1.3　防止定子线棒局部高温损坏事故		【涉及专业】：电气一次，共 4 条（1）加强发电机监造，严格控制设备制造工艺和质量；（2）重视发电机交接试验工作，严格按照 GB 50150《电气装置安装工程 电气设备交接试验标准》的要求开展发电机交接试验；（3）机组调试期间应进行发电机热水流试验，同步进行水流量试验留存数据。（4）按照 DL/T 1164《汽轮发电机运行导则》要求，加强监视发电机各部位温度。对于水内冷定子线棒层间测温元件的温差达 8℃或定子线棒引水管同层出水温差达 8℃报警时，应立即查明原因并处理。当定子线棒温差达 14℃或定子引水管出水温差达 12℃，或任一定子槽内层间测温元件温度超过 90℃或出水温度超过 85℃时，应立即降低负荷，在确认测温元件无误后，应立即停机，进行反冲洗及有关检查处理	【涉及专业】：电气一次，共 2 条（1）密切关注发电机运行参数，发现绕组温度异常及时分析和处理。（2）定期对水内冷机组内冷水系统反冲洗				

编号	隐患排查内容	标准分	检修方面	运行方面	评分标准	扣分	存在问题	改进建议
4	1.1.4　防止铁芯磨损事故		【涉及专业】：电气一次，共3条 （1）加强发电机驻厂监造，严格把控设备制造工艺和质量； （2）发电机A修时应检查定子铁芯是否松动、锈蚀、过热、断齿等，对铁芯穿心螺杆的紧力进行校对。具体参照DL/T 1766.2—2019《水氢氢冷汽轮发电机检修导则 第3部分：定子检修》、发电机制造厂技术说明等； （3）发电机A修开展定子铁芯相关检修工作时应开展铁芯损耗试验，对温升超过15K的点进行处理；铁芯整体损耗增加时应分析原因并处理	【涉及专业】：电气一次，共2条 （1）巡视发电机时应注意其噪声的变化，松动的铁芯将会使发电机噪声增大；密切关注发电机运行参数，发现铁芯温度异常及时分析和处理。 （2）对氢冷发电机组应提高氢气运行品质，机组运行时控制氢气湿度露点温度$-250 \leqslant t_d \leqslant 00$，防止氢气湿度大引起铁芯锈蚀				
5	1.1.5　防止转子匝间绝缘事故		【涉及专业】：电气一次，共3条 （1）加强发电机驻厂监造，严格把控设备制造工艺和质量，宜对同类型的发电机转子绕组匝间绝缘型式进行改造； （2）发电机定子膛进行彻底清理，确保膛内清洁，无杂物和杂质、碎屑等； （3）提高发电机安装及检修质量，密封瓦内油挡安装规范，防止发电机漏油	【涉及专业】：电气一次，共2条 （1）加强发电机转子匝间绝缘在线监测装置的巡视，发现异常及时分析和处理。 （2）加强运行调整，确保发电机氢、油差压阀运行良好，防止发电机进油				
6	1.1.6　防止转子绝缘事故		【涉及专业】：电气一次，共2条 （1）严格把控设备制造工艺和质量，对存在设计和制造缺陷的产品及时改造； （2）关于加强发电机转子接地保护装置滑环维护。每次停机后对转子电压引出线滑环及绝缘件进行清理，并检查绝缘有无磨损情况	【涉及专业】：电气一次，共2条 （1）对转子电压引出线滑环使用红外热成像仪进行测温检查。 （2）加强运行巡视、监控，开展相关电气运行参数定期分析				
7	1.1.7　防止励磁回路事故		【涉及专业】：电气一次，共4条 （1）严格把控设备制造工艺和质量，对存在设计和制造缺陷的产品及时改造，将裸露的励磁母线进行改造，加装绝缘；	【涉及专业】：电气一次，共2条 （1）梳理电气设备巡视的重点和范围，加大巡视力度，提高运行巡视质量。				

编号	隐患排查内容	标准分	检修方面	运行方面	评分标准	扣分	存在问题	改进建议
7	1.1.7 防止励磁回路事故		(2) 排查设备隐患,对隐蔽不易巡视的设备进行技术改造,扩大电气设备红外测温范围。 (3) 提高检修质量,对运行期间不宜巡视的设备的隐蔽部位重点检查,发现问题及时处理。 (4) 检修期间对励磁系统及其回路进行全面检查和试验	(2) 加强运行巡视、监控,开展相关电气运行参数定期分析				
8	1.1.8 防止转子漏水事故		【涉及专业】:电气一次,共2条 (1) 机组大修期间,应按照有关技术要求,进行定、转子绕组水压试验。双水内冷发电机宜用气密试验代替水压试验,以便更准确地发现泄漏问题; (2) 转子绕组钢丝编织护套复合绝缘引水管必要时进行更换,防止出现漏水故障	【涉及专业】:电气一次,共2条 (1) 梳理电气设备巡视的重点和范围,加大巡视力度,提高运行巡视质量。 (2) 加强运行巡视、监控,开展相关电气运行参数定期分析				
	1.2 防止发电机附属设备异常事故							
9	1.2.1 防止励磁变事故		【涉及专业】:电气一次,共9条 (1) 投入励磁变差动保护; (2) 高温季节将冷却风扇改为手动运行,必要时采取附加冷却措施。 (3) 励磁变所处环境油、水管道较多,根据现场实际情况采取防止突发油、水污染的措施。 (4) 将励磁变清扫检查列入检修重点监督项目。 (5) 励磁变高压侧 TA 由整体浇注式换为穿心式,降低引线连接断线的风险。 (6) 励磁变引线与 TA 或励磁变之间的连接固定件采用止动设计,防止螺丝因长期持续振动而发生松动甚至脱落。检修时将励磁变各连接部位的紧固重点检查,此检查工作应"逢停即检"。 (7) 对同类型发电机加强技术管理。一方面检修时	【涉及专业】:电气一次,共3条 (1) 加大巡视力度,开展励磁变红外测温。 (2) 密切关注励磁变电气参数,发现异常及时分析和处理。 (3) 对于采用电缆引线及螺栓固定连接结构的励磁变,运行中重点开展红外成像检测,监视连接情况				

编号	隐患排查内容	标准分	检修方面	运行方面	评分标准	扣分	存在问题	改进建议
9	1.2.1 防止励磁变事故		应重点检查发电机端部绑扎及固定情况,有松动时及时处理;另一方面协调电机厂,改善发电端部绑扎方式,可考虑加强发电机层间及上层线圈绑扎,提高抗短路冲击能力。 (8)励磁变温控器装置定期检修和试验。 (9)取消发电机—变压器组保护励磁变温度高信号,回路断开;保留温控器至DCS温度异常报警信号					
10	1.2.2 防止发电机出口互感器事故		【涉及专业】:电气一次,共4条 (1)对运行时限超过15年的产品发现异常应及时进行更换。 (2)机组 D 级及其以上检修时,开展发电机出口互感器一、二次线圈直流电阻及一次保险直流电阻测试、一、二次回路接线检查等检修项目,尽早发现设备隐患。 (3)发电机出口环氧树脂浇注式 TV 每三年进行感应耐压及局部放电测量。 (4)研究互感器本体安装在线红外监测装置并上传至DCS方案,实时监测TV温度变化,发现异常及时隔离	【涉及专业】:电气一次,共3条 (1)对发电机出口 TV 开展红外测温。 (2)密切监视电气运行参数,发电机零序电压异常变化时应立即组织分析和处理。 (3)对使用智能功率变送器机组,在发电机出口互感器工作时应做好相应的防止功率异常的措施				
11	1.2.3 防止发电机出口开关事故		【涉及专业】:电气一次,共3条 (1)加强设备红外测温管理。 (2)缩短发电机出口断路器检修周期,检测能够满足每年一次,若因停机等原因,建议最长不要超过两年。 (3)加强技术监督管理,严格遵守设备设计、选型相关标准要求	—				
12	1.2.4 防止励磁滑环事故		【涉及专业】:电气一次,共3条 (1)定期对集电环与碳刷进行专项检查维护,包括用红外成像仪测量集电环和碳刷的温度,用钳形表监测	【涉及专业】:电气一次,共2条 (1)加强发电机集电环与碳刷巡视,运行中发生碳刷打火应及时采取措施消除,不能消除的要停机处理,一				

编号	隐患排查内容	标准分	检修方面	运行方面	评分标准	扣分	存在问题	改进建议
12	1.2.4　防止励磁滑环事故		碳刷电流分配情况；重点检查碳刷磨损情况，磨损量达到厂家规定值或超过 2/3 应进行更换，碳刷顶端低于刷握顶端 3mm 时应立即更换，对位置不正、滑动受阻的碳刷进行调整。 （2）集电环表面最高温度不得超过 120℃，各碳刷之间的温度不应有明显差异。 （3）加强新购进碳刷的验收。测定碳刷固有电阻值，测量碳刷引线接触电阻，阻值要符合制造厂和国家标准，购置同一品牌的碳刷，不同品牌的碳刷严禁混用	旦形成环火必须立即停机。 （2）加强发电机运行参数监视，特别是发电机无功、励磁电流、励磁电压等重要参数的监视，发现发电机无功、励磁电流、励磁电压非正常波动时，应立即采取措施，并进行检查处理				
	2.1　防止变压器事故							
13	2.1.1　防止变压器本体损坏		【涉及专业】：电气一次，共 10 条 （1）注重设备生产过程的建造，严格控制产品质量。 （2）定期开展变压器油质化验，注重油色谱、微水、油介损、油击穿电压等各项试验数据的整理和分析。 （3）厂用 6kV 母线 TV 安装在母线仓的设计进行技改，改至母线仓外。 （4）6kV TV 应定期开展感应耐压及局部放电测量。 （5）优化变压器保护配置，消除设备保护死区。 （6）6kV 厂用母线仓内配置弧光保护。 （7）变压器大修时校验压力释放装置。 （8）改进变压器套管外瓷裙选型，选择具有增爬裙结构的套管，提高雨水和污闪情况下抗闪络能力。 （9）提高电气设备外绝缘运行水平，推进新技术在外绝缘上运用，涂敷 PRTV、外置伞裙增爬等。 （10）运行超过 15 年的高压套管，缩短设备预防性试验周期，每 1～2 年进行电气预防性试验，发现异常应取油（油质电容型套管）进行色谱分析	【涉及专业】：电气一次，共 5 条 （1）加强变压器运行巡检。关注变压器振动、噪声、红外测温等异常工况的分析和处理。 （2）加强电气运行参数监视，发现异常及时分析和处理。 （3）加强设备巡检和开展开关柜带电局部放电监测。 （4）定期检测设备运行区域污秽等级并核算设备外绝缘爬电比距，不符合防污闪要求时及时整改。 （5）统计区域气象数据，根据气象条件确定设备选型				

编号	隐患排查内容	标准分	检修方面	运行方面	评分标准	扣分	存在问题	改进建议
	3 防止母线异常事故							
14	3.1 防止发电机封闭母线异常		【涉及专业】：电气一次，共3条 （1）检修时重点检查发电机封闭母线密封良好并定期进行保压试验和电气预防性试验。 （2）微正压装置改造，气路扩展至全段封闭母线。 （3）封闭母线定期排污，雨雪天气加强巡检力度和排污频次	【涉及专业】：电气一次，共2条 （1）加强微正压装置运行维护，对装置运行状态评估和分析，确保微正压装置运行良好。 （2）加强运行电气参数监测，发现发电机出线电压异常及时分析和处理				
15	3.2 防止共厢母线异常事故		【涉及专业】：电气一次，共5条 （1）定期开展厂用共厢封闭母线检修，将共箱封闭母线密封、清洁扫等作为重点工作。 （2）加强共厢封闭巡视检查，发现密封不良及时处理。 （3）共厢母线内三相母线做好绝缘隔离。 （4）新投产机组加强质量监督，严格控制安装质量。 （5）加强共厢封闭母线电气试验，及时发现设备绝缘隐患	【涉及专业】：电气一次，共2条 （1）加强现场巡视，及时发现共箱母线存在的隐患。 （2）新投运机组重视设备第一次检修工作，加大力度排查设备隐患				
	4 防止变电站设备事故							
16	4.1 防止高压断路器异常事故		【涉及专业】：电气一次，共3条 （1）及时收集和关注设备的故障信息，对存在质量问题的设备及时制定监督措施。 （2）梳理和排查设备，对同类型设备宜更换。 （3）对断路器灭弧室套管开展机械探伤	【涉及专业】：电气一次，共1条 定期开展高压断路器红外测温				
17	4.2 防止互感器事故		【涉及专业】：电气一次，共3条 （1）CVT运行期间及时收集和关注设备的运行参数和信息，发现异常及时分析原因并处理。 （2）加强对高压电气设备的红外测温工作管理，收存并分析测量数据。 （3）积极利用检修停电机会进行设备的相关电气预防性试验工作	【涉及专业】：电气一次，共2条 （1）加强电气运行参数监测，发现异常及时分析和处理。 （2）加强CVT红外精确测温，对数据分析，及时发现电压致热性故障				

编号	隐患排查内容	标准分	检修方面	运行方面	评分标准	扣分	存在问题	改进建议
18	4.3　防止高压电缆事故		【涉及专业】：电气一次，共 3 条 （1）加强升压站设备的运行巡视和检测，对高压电缆定期检查，迎峰度夏期间每周至少进行一次红外测温。 （2）严格控制电缆设备的质量和安装工艺，确保设备健康水平； （3）每两年开展一次高压电缆带电局部放电测量	【涉及专业】：电气一次，共 2 条 （1）定期开展高压电缆红外测温，重点检测终端头及中间接头等部位。 （2）定期测量高压电缆屏蔽层接地电流，发现异常及时分析和处理				
19	4.4　防止避雷器事故		【涉及专业】：电气一次，共 4 条 （1）定期开展避雷器停电检修，对避雷器密封性进行重点检查。 （2）加强避雷器电气试验数据管理，对试验数据进行分析，发现异常及时处理。 （3）每年雷雨季节前后进行避雷器带电测量，对测量数据进行分析，当阻性电流增加 1 倍时，应停电处理。 （4）更换新型避雷器，以便能够检测避雷器密封状态并实现补压充气，同时提高外绝缘污秽等级	【涉及专业】：电气一次，共 2 条 （1）加强现场巡视，及时发现共箱母线存在的隐患。 （2）新投运机组重视设备第一次检修工作，加大力度排查设备隐患				
	5　防止其他异常事故							
20			【涉及专业】：电气一次，共 5 条 （1）评估极端天气对建筑设施的影响，对安装不牢和年久老旧设施重新加固，防止脱落。 （2）对同类型的发电机组开展缺陷排查，对绕组绝缘材料与发电机生产厂家确认，存在问题应评估换型。 （3）发电机进行交流耐压试验时应在停运后额定状态，即额定氢压、水压、氢气纯度不小于 96%工况下进行；或者在发电机端部绕组可视的自然状态，即发电机转子抽出状态下进行。 （4）断路器动触头触指存在家族缺陷的进行换型 （5）对低压设备电源定期检修，提高检修质量，对开关解体检修，各处连接紧固良好，开关传动试验正常	【涉及专业】：电气一次，共 3 条 （1）加强发电机运行监视和调整，防止发电机内部进油。 （2）定期开展开关柜超声波局放检测试验。 （3）定期开展设备定期切换试验，发现问题及时处理				

附录A-2 电 气 二 次

编号	隐患排查内容	标准分	检修方面	运行方面	评分标准	扣分	存在问题	改进建议
1	2.1.1 跳闸回路短接事故案例及隐患排查		【涉及专业】：电气二次，共6条 （1）在发电机机端、高压电动机等持续振动的地方，应采取防止导线绝缘层磨损、接头松脱导致继电器、装置不正确动作的措施，电流互感器本体至就地端子箱的二次回路引线宜采用多股导线。 （2）二次电缆终端及接头制作时，应严格遵守制作工艺流程。剥切电缆时不应损伤线芯和保留的绝缘层，禁止将屏蔽线丝卷入线芯内。 （3）电缆芯线不应有伤痕。单股线芯弯圈接线时，其弯曲方向应与螺栓紧固方向一致；多股软线芯与端子连接时，线芯应搪锡后压接与芯线规格相应的终端附件，并用规格相同的压接钳压接。芯线与端子接触应良好，螺栓压接应牢固。引出的屏蔽线应可靠焊接。 （4）电流回路端子的一个连接点不应压两根导线，也不应将两根导线压入同一个接头再接至端子。其他回路每个端子的一个连接点上宜接入一根导线，不应超过两根。电流互感器二次回路短接时应采用专用连接片。对于插接式端子，不同截面的两根导线不应接在同一端子；对于螺栓连接端子，当接两根导线时，中间应加平垫片。 （5）高低压配电装置开关柜柜体与柜门等可动部位间的导线应采用多股软导线，并留有一定长度裕量。线束应有外套塑料管等材料强化绝缘层，避免导线产生任何机械损伤，同时还应有固定线束的措施。 （6）跳闸回路、电压回路、电流回路等重要回路的线缆不应存在铰接点。如存在铰接点应尽快更换线缆。检	—				

编号	隐患排查内容	标准分	检修方面	运行方面	评分标准	扣分	存在问题	改进建议
1	2.1.1　跳闸回路短接事故案例及隐患排查		修期间应检查主要回路的线芯间绝缘及对地绝缘，对值阻进行记录后与上一次记录值进行对比	—				
2	2.1.2　互感器回路事故案例及隐患排查		【涉及专业】：电气二次，共7条 （1）检查电流互感器二次绕组所有二次接线的正确性及端子排引线螺钉压接的可靠性。 （2）电流互感器二次回路均必须且只能有一个接地点。当两个及以上电流互感器二次回路间有直接电气联系（例：和电流）时，其二次回路接地点设置应便于运行中的检修维护，同时互感器或保护设备的故障、异常、停运、检修、更换等均不得造成运行中的互感器二次回路失去接地。 （3）在发电机机端、高压电动机等持续振动的地方，应采取防止导线绝缘层磨损、接头松脱导致继电器、装置不正确动作的措施，电流互感器本体至就地端子箱的二次回路引线宜采用多股导线。 （4）二次电缆终端及接头制作时，应严格遵守制作工艺流程。剥切电缆时不应损伤线芯和保留的绝缘层，禁止将屏蔽线丝卷入线芯内。 （5）电缆芯线不应有伤痕。单股线芯弯圈接线时，其弯曲方向应与螺栓紧固方向一致；多股软线芯与端子连接时，线芯应搪锡后压接与芯线规格相应的终端附件，并用规格相同的压接钳压接。芯线与端子接触应良好，螺栓压接应牢固。引出的屏蔽线应可靠焊接。 （6）电流回路端子的一个连接点不应压两根导线，也不应将两根导线压入同一个接头再接至端子。其他回路每个端子的一个连接点上宜接入一根导线，不应超过两根。电流互感器二次回路短接时应采用专用连接	—				

续表

编号	隐患排查内容	标准分	检修方面	运行方面	评分标准	扣分	存在问题	改进建议
2	2.1.2 互感器回路事故案例及隐患排查		片。对于插接式端子,不同截面的两根导线不应接在同一端子;对于螺栓连接端子,当接两根导线时,中间应加平垫片。 (7)高低压配电装置开关柜柜体与柜门等可动部位间的导线应采用多股软导线,并留有一定长度裕量。线束应有外套塑料管等材料强化绝缘层,避免导线产生任何机械损伤,同时还应有固定线束的措施	—				
3	2.1.3 设计及接线错误事故案例及隐患排查		【涉及专业】:电气二次,共3条 (1)电厂投产以后,应查阅竣工图,确认是否存在设计不合理之处,并根据竣工图,编制本厂电气二次图册。 (2)应根据本场电气二次图册,对全厂接线进行核对,包括电流回路、电压回路、跳闸回路、信号回路等。 (3)新安装装置投运后一年内必须进行第一次全部检验,检验时应对每一路跳闸出口带开关逐个检验,确保保护装置出口、压板和实际开关一一对应	—				
4	2.2.1 保护定值计算错误事故案例及隐患排查		【涉及专业】:电气二次,共3条 (1)定值计算应以 DL/T 684《大型发电机变压器继电保护整定计算导则》、DL/T 1502《厂用电继电保护整定计算导则》《国家电网公司十八项反措》、国能安全〔2014〕161 号《防止电力生产事故的二十五项重点要求》等国家及行业标准为依据。 (2)定值计算应参考保护装置厂家技术说明书的要求。尤其应关注说明书中对于控制字的解释。 (3)保护定值的整定应遵循逐级配合的原则	—				
5	2.2.2 保护定值输入错误事故案例及隐患排查		【涉及专业】:电气二次,共3条 (1)当接地后备方向指向本侧系统时,可以以线路保护动作时间 t_1+时间级差					

编号	隐患排查内容	标准分	检修方面	运行方面	评分标准	扣分	存在问题	改进建议
5	2.2.2 保护定值输入错误事故案例及隐患排查		$\Delta t=t_2$ 跳开本侧分段、母联断路器，再以 t_2+时间级差 $\Delta t=t_3$ 跳开本侧断路器，最后以 t_3+时间级差 $\Delta t=t_4$ 跳开各侧断路器。 （2）当接地后备方向指向本侧系统时，可以以线路保护动作时间 t_1+时间级差 $\Delta t=t_2$ 跳开对侧分段、母联断路器，再以 t_2+时间级差 $\Delta t=t_3$ 跳开对侧断路器，最后以 t_3+时间级差 $\Delta t=t_4$ 跳开各侧断路器。 （3）当接地后备保护不带方向时，可以以馈线保护动作时间 t_1+时间级差 $\Delta t=t_2$ 跳开本侧断路器，再以 t_2+时间级差 $\Delta t=t_3$ 跳开各侧断路器	—				
6	2.2.3 保护功能投入错误事故案例及隐患排查		【涉及专业】：电气二次，共 3 条 （1）干式变压器的温度保护应动作于信号，温度测点接入机组 DCS 并合理设定报警值。 （2）变压器非电量保护除重瓦斯保护、冷却器全停保护动作于跳闸外，其余非电量保护均宜动作于信号，低压厂用变压器、励磁变压器的温度保护出口方式均应设置为发信。 （3）GB/T 14285《继电保护和安全自动装置技术规程》4.2.23"励磁变压器宜采用电流速断保护作为主保护"。此条要求主要针对励磁变波形畸变可能会造成差动误动考虑。长期运行经验表明，未见励磁变差动保护误动的案例，而其灵敏性远大于电流速断保护，差动投入可减轻励磁变压器故障所造成的危害。GB/T 14285 规程的励磁变宜投速断保护，基于早期某进口保护装置励磁变差动误动，后经分析误动原因可能由于装置 AD 采样异常所致，而与保护原理无明确关系。基于以上考虑，建议励磁变差动保护投入，为防止波形畸变造成的误动，差动启动值可提高至 0.8～1 倍额定电流	—				

编号	隐患排查内容	标准分	检修方面	运行方面	评分标准	扣分	存在问题	改进建议
7	2.3.1 装置原理缺陷事故案例及隐患排查		【涉及专业】：电气二次，共3条 （1）金智科技WDZ-400系列综合保护测控装置接地保护功能采用最大相电流制动特性欠合理问题，各电厂应积极联系厂家考虑软件升级，取消相电流制动特性，改为纯零序过流保护。 （2）为防止6kV或10kV高压厂用负载电缆屏蔽层接线错误，造成保护不正确动作，应确认电缆屏蔽层和零序TA之间的位置关系。电缆屏蔽层位于零序电流互感器上方时屏蔽线应回穿，电缆屏蔽层位于零序电流互感器下方时屏蔽线不应回穿。 （3）低压电动机应投入综保装置中的"欠压重启动功能"或采取其他抗晃电措施。外部瞬时故障或短时电压扰动造成交流接触器欠压脱扣后，系统电压恢复时，重要电动机应能在允许时间内再次启动	—				
8	2.3.2 装置元器件故障事故案例及隐患排查		【涉及专业】：电气二次，共7条 （1）重要低压辅机设备应尽量接入不同段电源，以防一段电源电压波动导致低压辅机失电的情况。 （2）加强对运行时间较长保护装置的管理，按照标准要求继电保护装置的合理使用年限一般不低于12年，对于运行不稳定、工作环境恶劣的微机型继电保护可根据运行情况适当缩短年限。发电厂应根据设备合理使用年限做好改造方案。 （3）电厂应重视400V马达保护器或控制装置的周期检验工作，严格按照检验规程要求的周期及项目开展检验工作，运行超过10年的综保装置应缩短检验周期。	【涉及专业】：电气二次，共1条 定期开展厂用电源带负荷切换工作				

编号	隐患排查内容	标准分	检修方面	运行方面	评分标准	扣分	存在问题	改进建议
8	2.3.2 装置元器件故障事故案例及隐患排查		（4）100MW 及以上容量发电机—变压器组的保护应按双重化原则配置（非电气量保护除外），对于 600MW 及以上容量发电机—变压器组的非电气量保护可根据主设备配套情况进行双重化配置。 （5）各电厂应重视 AVC 子站功能的安全性设计问题，加强 AVC 子站相关控制参数及定值的管理，掌握 AVC 子站"增磁、减磁"指令继电器的型号及其电气、机械使用寿命等性能指标。各电厂应利用 AVC 系统后台工作站等，统计 AVC 子站"增磁、减磁"指令的动作次数，联系设备制造厂家评估 AVC"增磁、减磁"指令继电器是否达到电气和机械使用寿命，是否需要更换相关板件或继电器，确保 AVC 子站"增磁、减磁"指令继电器的可靠性。 （6）加强断路器本体跳闸回路的检查工作，为断路器本体三相不一致跳闸回路正电源增加非全相位置闭锁，避免单一继电器触点故障引起断路器跳闸。 （7）将反映断路器本体跳闸以及手动跳闸的信号接入故障录波器进行监视，便于故障定位	—				
9	2.4.1 交流窜入直流事故案例及隐患排查		【涉及专业】：电气二次，共2条 （1）新建或改造的发电厂，直流系统绝缘监测装置应具备交流窜直流故障的监测和报警功能。原有的直流系统绝缘监测装置应逐步进行改造，使其具备交流窜直流故障的监测和报警功能。 （2）现场端子不应交、直流混装，现场机构箱内应避免交、直流接线出现在同一段或串端子排上	【涉及专业】：电气二次，共1条 加强现场端子箱、机构箱封堵措施的巡视，及时消除封堵不严和封堵设施脱落缺陷				

编号	隐患排查内容	标准分	检修方面	运行方面	评分标准	扣分	存在问题	改进建议
10	2.4.2 直流系统接地事故案例及隐患排查		【涉及专业】：电气二次，共4条 （1）直流主屏宜布置在蓄电池室附近单独的电源室内或继电保护室内。充电设备宜与直流主屏同室布置。直流分电柜宜布置在相应负荷中心处。 （2）直流系统的电缆应采用阻燃电缆，两组蓄电池的电缆应分别铺设在各自独立的通道内，尽量避免与交流电缆并排铺设，在穿越电缆竖井时，两组蓄电池电缆应加穿金属套管。 （3）发电厂的直流网络应采用辐射状供电方式，严禁采用环状供电方式。高压配电装置断路器电机储能回路及隔离开关电机电源如采用直流电源宜采用环形供电，间隔内采用辐射供电。 （4）作用于跳闸的非电量保护，启动功率应大于5W，动作电压在额定直流电源电压的55%～70%范围内，额定直流电源电压下动作时间为10～35ms，加入220V工频交流电压不动作	—				
11	2.4.3 蓄电池故障事故案例及隐患排查		【涉及专业】：电气二次，共5条 （1）发电机组蓄电池组的配置应与其保护设置相适应。发电厂容量在100MW及以上的发电机组应配置两组蓄电池。 （2）变电站直流系统配置应充分考虑设备检修时的冗余，330kV及以上电压等级变电站及重要的220kV升压站采用三台充电、浮充电装置，两组蓄电池组的供电方式。每组蓄电池和充电机应分别接于一段直流母线上，第三台充电装置（备用充电装置）可在两段母线之间切换，任一工作充电装置退出运行时，手动投入第三台充电装置。变电站直流电源供电质量应满足微	—				

编号	隐患排查内容	标准分	检修方面	运行方面	评分标准	扣分	存在问题	改进建议
11	2.4.3　蓄电池故障事故案例及隐患排查		机型保护运行要求。 （3）应定期对蓄电池进行核对性放电试验,确切掌握蓄电池的容量。 1）对于大修中更换过电解液的防酸蓄电池组,在第1年内,每半年进行1次核对性放电试验。运行1年以后的防酸蓄电池组,每隔1~2年进行一次核对性放电试验;运行4年以后的蓄电池组,每年做一次核对性放电试验。若放充三次均达不到额定容量的80%,可判此组蓄电池使用年限已到,并安排更换。 2）对于新安装的阀控密封蓄电池组,应进行核对性放电试验。以后每隔2年进行一次核对性放电试验。运行4年以后的蓄电池组,每年做一次核对性放电试验。若放充三次均达不到额定容量的80%,可判此组蓄电池使用年限已到,并安排更换。 （4）浮充电运行的蓄电池组,除制造厂有特殊规定外,应采用恒压方式进行浮充电。浮充电时,严格控制单体电池的浮充电压上、下限,每个月至少一次对蓄电池组所有的单体浮充端电压进行测量记录,防止蓄电池因充电电压过高或过低而损坏。每月应进行一次蓄电池浮充电流测试,每季度应进行一次蓄电池内阻测试。 （5）日常巡视检查时,应重点关注单只蓄电池内部开路或短路的问题。当一组蓄电池在离线放电过程中负荷电流接近零值或在线充电过程中单只电池电压过高时,要检查电池内部是否存在开路现象。在浮充状态下,若单只蓄电池电压下降接近零值,要检查电池内部是否存在短路现象。对损坏的蓄电池应及时处理	—				

编号	隐患排查内容	标准分	检修方面	运行方面	评分标准	扣分	存在问题	改进建议
12	2.5.1 励磁调节器故障事故案例及隐患排查		【涉及专业】：电气二次，共18条 （1）应认真排查其励磁调节器与功率整流柜的通信电缆及接头问题，认真梳理励磁调节器通信接口板、通信电缆及接头等的薄弱环节，防范通信问题造成发电机失磁进而引发机组非停。 （2）励磁调节器选型时应采用经认证的检测中心入网检测合格（并挂网试运行半年以上，形成入网励磁调节器软件版本）的产品，产品应在电网中广泛使用且生产厂家应具有一定的知名度。 （3）根据电网安全稳定运行的需要，200MW及以上容量的火力发电机组或接入220kV电压等级及以上的同步发电机组应配置电力系统稳定器（PSS）。 （4）励磁系统应保证良好的工作环境，环境温度不得超过规定要求。励磁调节器与励磁变压器不应置于同一场地内。整流柜冷却通风入口应设置滤网，整流柜超温报警信号应送至DCS实现远程监视，必要时应采取防尘降温措施。宜将励磁小室的温度信号送至DCS，并合理设定报警值。 （5）为防止发电机机端电压互感器高压侧熔断器因"慢熔"现象造成电压互感器二次电压缓慢下降时，励磁调节器可能会因电压互感器断线监测灵敏度不够，误判机端电压降低而误增磁，新改造励磁调节器应增加电压互感器慢熔判断功能，或者采取措施提高电压互感器断线判据的灵敏度。此外，也可考虑将机端电压互感器高压侧熔断器更换为新型低阻型高压熔断器。 （6）励磁系统的灭磁能力应达到国家标准要求，且灭磁装置应具备独立的灭磁能力。磁场断路器的弧压应满足误强励灭磁的要求。新	【涉及专业】：电气二次，共1条 加强励磁系统设备的日常巡视，检查内容至少包括：励磁变压器各部件温度应在允许范围内；整流柜的均流系数应不低于0.9，温度无异常，通风孔滤网无堵塞；励磁小室空调运行正常，温度不超过30℃；发电机或励磁机转子碳刷磨损情况在允许范围内等。机组停机后励磁小室空调应停止工作				

编号	隐患排查内容	标准分	检修方面	运行方面	评分标准	扣分	存在问题	改进建议
12	2.5.1　励磁调节器故障事故案例及隐患排查		建及改造的机组磁场断路器应采用独立的双跳闸线圈。 （7）励磁功率柜熔断器熔断后，不宜在运行中更换。如需更换，应采取有效的整流柜隔离停电措施，并对功率模块的硅元件进行检查，确认正常后方可投入运行。 （8）励磁系统电源模块应定期检查，且备有备件，发现异常时应及时予以更换。电源模块运行不宜超过六年。 （9）针对系统内频繁发生故障的同型励磁调节器，电厂应及时主动联系制造厂家进行软件升级或相关硬件更换。若无法彻底解决问题，应积极考虑励磁调节器整体换型改造。 （10）励磁系统定期检修期间，应对磁场断路器分合闸控制回路的各元件（合闸位置继电器等）进行检验，确保磁场断路器分合闸控制回路的可靠性。 （11）励磁系统定期检修期间，应对励磁调节器主从通道之间、励磁调节器与整流柜之间及其他屏柜之间的通信电缆、光纤及其接口进行检查。 （12）无刷励磁系统检修期间，应对旋转二极管整流器的熔断器、二极管、端部铆接部位及其他组件进行检查。 （13）结合机组检修，应安排磁场断路器断口触头接触电阻、分合闸线圈直流电阻、分合闸动作电压、分合闸时间测试，以及非线性电阻特性测试。对于三机励磁系统，应注意检查励磁母线与励磁机碳刷架柔性连接铜排的绝缘性能。 （14）应向励磁厂家确认机组正常停机与事故停机时励磁装置的灭磁控制顺序，宜结合机组检修实测励磁装置的灭磁控制时序。 （15）机组基建投产及励	—				

编号	隐患排查内容	标准分	检修方面	运行方面	评分标准	扣分	存在问题	改进建议
12	2.5.1 励磁调节器故障事故案例及隐患排查		磁系统设备改造后，应进行阶跃扰动性试验和各种限制环节、PSS 功能的试验，确认励磁系统工作正常，满足标准的要求。励磁调节器控制程序更新升级前，对旧的控制程序和参数进行备份，升级后进行空载试验及新增功能或改动部分功能的测试，确认程序更新后励磁系统功能正常。做好励磁系统改造或程序更新前后的试验记录并备案。 （16）励磁系统大修后，应进行发电机空载和负载阶跃扰动性试验，检查励磁系统动态指标是否达到标准要求。试验前应编写包括试验项目、安全措施和危险点分析等内容的试验方案并履行审批程序。 （17）赛雪龙公司 HPB 45 型、HPB 60 型磁场断路器应按照产品使用手册要求，更换长期经受机械磨损的部件，应特别注意 5400 部件（复合材料固定导轨）的开裂问题，每 8±1 年或每 50000 次操作更换该部件。 （18）加强并网发电机组涉及电网安全稳定运行的励磁系统及 PSS 的运行管理，其性能、参数设置、设备投停等应满足接入电网安全稳定运行要求	—				
13	2.5.2 励磁定值整定错误事故案例及隐患排查		【涉及专业】电气二次，共 19 条 （1）使用南瑞继保 PCS-9410 型励磁调节器的电厂应核查励磁调节器 PSS 参数 T_8、T_9 现场设置情况，应按中国电科院推荐参数设置（推荐参数 T_8=0.6、T_9=0.12 或 T_8=0.5、T_9=0.1），未按照该推荐参数设置的电厂应积极与当地电科院及电网调度部门进行沟通、修改。 （2）PSS 的定值设定和调整应由具备资质的科研单位或认可的技术监督单位按照相关行业标准进行。试	—				

编号	隐患排查内容	标准分	检修方面	运行方面	评分标准	扣分	存在问题	改进建议
13	2.5.2 励磁定值整定错误事故案例及隐患排查		验前应制定完善的技术方案和安全措施上报相关管理部门备案，试验后 PSS 的传递函数及自动电压调节器最终整定参数应书面报告相关调度部门。机组正常运行中，应根据电网调度机构的要求，正确投退 PSS。 （3）励磁调节器保护、限制、电力系统稳定器等控制参数及控制软件应按照继电保护定值及软件版本管理要求实施。调节器程序、保护及控制参数等应做好备份。 （4）当励磁系统中过励限制、低励限制、定子过压或过流限制的控制失效后，相应的发电机保护应完成停机。 （5）励磁系统 V/Hz 限制环节的特性应与发电机或变压器过励磁能力低者相匹配，无论使用定时限还是反时限特性，均应在发电机组对应继电保护装置动作前进行限制。V/Hz 限制环节在发电机空载和负载工况下均应正确工作。 （6）励磁系统如设有定子过压限制环节，应与发电机过电压保护定值相配合，该限制环节应在机组保护之前动作。 （7）励磁系统低励限制环节动作值的整定应主要考虑发电机定子端部铁芯和结构件发热情况及对系统静态稳定的影响。低励限制的动作曲线应与失磁保护配合，在磁场电流过小或失磁时低励限制应首先动作；如限制无效，则应在失磁保护继电器动作以前自动投入备用通道。当发电机进相运行受到扰动瞬间进入励磁调节器低励限制环节工作区域时，不允许发电机组进入不稳定工作状态。 （8）励磁系统过励限制（即过励磁电流反时限限制和强励电流瞬时限制）环节	—				

编号	隐患排查内容	标准分	检修方面	运行方面	评分标准	扣分	存在问题	改进建议
13	2.5.2 励磁定值整定错误事故案例及隐患排查		的特性应与发电机转子过负荷能力相一致,并与发电机保护中转子过负荷保护定值相配合,在保护之前动作。 （9）励磁系统定子电流限制环节的特性应与发电机定子过电流能力相一致,但是不允许出现定子电流限制环节先于转子过励限制动作从而影响发电机强励能力的情况。 （10）励磁系统应具有无功调差环节和合理的无功调差系数。接入同一母线的发电机的无功调差系数应基本一致。励磁系统无功调差功能应投入运行。 （11）并网机组励磁调节器必须在自动方式下运行。发电机进相运行时励磁调节器应投入自动方式。利用自动电压控制（AVC）对发电机调压时,受控机组励磁调节器应投入自动方式。 （12）励磁系统自动通道发生故障或进行试验需退出自动方式时,应及时报告电网调度部门。严禁发电机在手动励磁调节（含按发电机或交流励磁机的磁场电流的闭环调节）下长期运行。手动励磁调节运行期间,在调节发电机的有功负荷时必须先适当调节发电机的无功负荷,以防止发电机失去静态稳定性。 （13）进相运行的发电机励磁调节器必须投入低励限制器并能在线调整低励限制定值。 （14）并网发电机组的低励限制辅助环节功能参数应按照电网运行的要求进行整定和试验,与电压控制主环合理配合,确保在低励限制动作后发电机组稳定运行。 （15）励磁系统各种限制和保护的定值应在发电机安全运行允许范围内,并定期校验。 （16）具有励磁内部故障	—				

编号	隐患排查内容	标准分	检修方面	运行方面	评分标准	扣分	存在问题	改进建议
13	2.5.2　励磁定值整定错误事故案例及隐患排查		跳磁场断路器功能的励磁调节器,应同时将"励磁内部故障信号"开入至发变组保护装置,设置"励磁系统故障"非电量保护,动作于机组全停。 （17）自并励发电机的励磁变压器宜采用电流速断保护作为主保护,过电流保护作为后备保护。对交流励磁发电机主励磁机的短路故障宜在中性点侧的电流互感器回路装设电流速断保护作为主保护,过电流保护作为后备保护。 （18）励磁系统中两套励磁调节器的电压回路应相互独立,使用机端不同电压互感器的二次绕组,防止其中一个故障引起发电机误强励。 （19）发电机励磁回路接地保护装置原则上应安装于励磁系统柜。励磁系统至保护柜或故障录波器的转子正、负极电压回路,直接引自励磁回路分流器的转子电流回路等接至励磁直流母线的外部电缆,以及屏柜内端子排至装置背板的屏内配线均应采用高绝缘电缆,且不能与其他信号共用电缆	—				
14	2.5.3　励磁变故障事故案例及隐患排查		【涉及专业】:电气二次,共 7 条 （1）励磁变压器测温传感器严禁布置在高压线圈侧,测温电缆、电流互感器二次电缆等电缆严禁与高压线圈及高压母排碰触,应固定牢靠,避免因高电压造成二次电缆绝缘击穿放电,导致发电机定子接地保护动作。 （2）励磁变压器绕组温度应具有有效的监视手段,并控制其温度在设备允许的范围之内。有条件的可装设铁芯温度在线监视装置。 （3）励磁变压器高压侧封闭母线外壳用于各相别之间的安全接地连接应采用大截面金属板,不应采用导	—				

编号	隐患排查内容	标准分	检修方面	运行方面	评分标准	扣分	存在问题	改进建议
14	2.5.3 励磁变故障事故案例及隐患排查		线连接,防止不平衡的强磁场感应电流烧毁连接线。 (4)励磁变压器至整流柜的一次电缆,整流柜到集电环一次电缆,宜采用专用电缆架,并设置测温点。 (5)励磁变压器高压侧电流互感器应采用穿心式电流互感器,以保证励磁变高压侧短路时有足够的动热稳定性。 (6)励磁变压器保护定值应与励磁系统强励能力相配合,防止机组强励时保护误动作。 (7)励磁变压器本体不应配置抑制交流过电压的阻容吸收等回路	—				
15	2.5.4 励磁回路故障事故案例及隐患排查		【涉及专业】:电气二次,共2条 (1)发电机转子大轴接地应配置两组并联的接地碳刷或铜辫,并通过50mm²以上铜线(排)与主地网可靠连接,以保证励磁回路接地保护稳定运行。 (2)机组检修时,应对转子大轴接地回路的导通性进行测试,包括接地碳刷(刷辫)、接地线、保护装置回路等;磨损、脏污的碳刷(刷辫)应进行更换	【涉及专业】:电气二次,共1条 加强励磁系统设备的日常巡视,检查内容至少包括:励磁变压器各部件温度应在允许范围内;整流柜的均流系数应不低于0.9,温度无异常,通风孔滤网无堵塞;励磁小室空调运行正常,温度不超过30℃;发电机或励磁机转子碳刷磨损情况在允许范围内等。机组停机后励磁小室空调应停止工作				
16	2.6.1 UPS故障事故案例及隐患排查		【涉及专业】:电气二次,共10条 (1)应重视交流不间断电源故障造成给煤机控制电源降低或波动,导致给煤机跳闸机组非停的可能性。应重点考虑给煤机控制电源分配的合理性,积极推进给煤机控制装置双电源改造。 (2)对于影响机组安全的磨煤机出口煤阀电磁阀、ESD阀、汽轮机AST电磁阀等重要负载电源,在设计时避免自同一段母线。 (3)现场应重视交流不间断电源系统馈线电缆及各回路电源开关的检修维护工作,建议将交流不间断电源系统相关送出电源回路的检修维护列入定期检修项目。	—				

编号	隐患排查内容	标准分	检修方面	运行方面	评分标准	扣分	存在问题	改进建议
16	2.6.1　UPS故障事故案例及隐患排查		（4）交流不间断电源装置的交流主输入、交流旁路输入电源应取自不同段的厂用交流母线。对于设置有交流保安电源的发电厂，交流主电源应由保安电源引接。 （5）两套交流不间断电源装置采用单母线分段接线方式时，分段断路器应具有防止两段母线带电时闭合分段断路器的防误操作措施。手动维修旁路断路器应具有防误操作的闭锁措施。 （6）正常运行中，禁止两台不具备并联运行功能的交流不间断电源装置并列运行。 （7）为防止交流不间断电源装置自带蓄电池不具备自动维护管理功能或功能不完善引起事故，新投入的交流不间断电源装置直流电源应取自机组直流系统；现有自带蓄电池的，应定期开展蓄电池核对性放电试验，确切掌握内部蓄电池容量，并结合设备检修逐步进行技术改造。 （8）应定期开展交流不间断电源切换试验，评估交流不间断电源装置电源切换性能。通过故障录波装置记录的输出电压波形检查动态电压瞬变范围，以及冷备用模式、双变换模式、冗余备份模式下的总切换时间，均应符合 DL/T 1074《电力用直流和交流一体化不间断电源设备》要求。 （9）交流不间断电源输出电压应接入故障录波器。 （10）机组检修期间，应将交流不间断电源装置主机柜、逆变器、电容等易故障元器件列入检查项目，发现异常时及时更换	—				
17	2.6.2　变频器故障事故案例及隐患排查		【涉及专业】：电气二次，共 16 条 （1）高压变频器应置于独立密闭空间，并具备良好的通风和散热条件，应有防雨、防尘、防小动物进入措	【涉及专业】：电气二次，共 3 条 （1）高压变频器运行环境温度应控制在 0～30℃，相对湿度控制在 5%～85%，防止设备凝露。				

续表

编号	隐患排查内容	标准分	检修方面	运行方面	评分标准	扣分	存在问题	改进建议
17	2.6.2 变频器故障事故案例及隐患排查		施,无导电或爆炸尘埃,无腐蚀金属或破坏绝缘的气体。采用空调器密闭式冷却时,应配备事故排烟风机。 (2)变频器控制电源应采用双电源供电,应采用可靠的直流电源或UPS电源供电。如用变频器采用自身的UPS供电,应加强对UPS的检修维护,宜2~4年对蓄电池进行更换,确保掉电保持时间不小于5min。 (3)高压变频器的冷却系统应有一定裕度。如采用直蒸式空调,其电源应由不同厂用母线供电,负载应均衡分布,保证在一路电源失电时部分空调能正常运行。 (4)高压变频器的功率单元、移相变压器的测温信号应接入DCS,并设置温度报警,便于运行人员监视。当采用空调器密闭式冷却时,室内温度信号也应接入DCS,并设置温度报警。当发现变频器温度异常时应采取降低辅机负荷和加强通风等措施,严密监视变频器各部位温度和运行参数。如故障短时不能消除或温度上升接近跳闸值时,应将变频器手动退出运行。 (5)变频器应含有能反应变频器和移相变压器及输出负载故障的保护及报警功能。新投运变频器的本体保护、变频器对电动机的保护应满足GB/T 34123的要求。变频器本体保护和报警逻辑应写入运行规程,并在规程中详细说明报警查找和故障处理方法。 (6)高压变频器任一功率单元故障时,应能使故障单元自动旁路,实现连续运行。重要辅机的高压变频器应具备故障自动切工频功能,在DCS逻辑中对切工频时的参数扰动进行防范和自动调节,并定期进行实际切工频试验。 (7)高压变频器如需由变频运行方式切换为工频运	(2)加强高压变频器的定期巡检。高压变频器所处环境的温度、湿度应正常,无有害气体、烟雾和粉尘;仪表指示状态正常,无报警信号;冷却系统运行正常,通风滤网无堵塞;变频器及其附属设备运行温度正常,无变色、变形、异味、异常振动、噪声、放电火花等情况;变频器的输入电压、输入电流、输出电压、输出电流、输出频率、给定频率、变压器绕组温度、控制柜温度、水冷系统的水压、水电导率、水温等参数应正常。 (3)变频器发出告警信号时,运行人员应到就地检查,调取报警数据,分析判断故障点,防止故障扩大导致变频器跳闸。变频器发出故障跳闸信号时,运行人员应立即判断变频器是否跳闸				

编号	隐患排查内容	标准分	检修方面	运行方面	评分标准	扣分	存在问题	改进建议
17	2.6.2 变频器故障事故案例及隐患排查		行方式,应能正确判断是否存在电动机或出线电缆故障,防止切换操作导致事故扩大。 (8)加强高压变频器冷却和通风系统检查维护。包括:①加强对变频器功率柜等内部冷却风扇的运行维护,并按照其寿命周期定期更换;②对强迫风冷高压变频器,应检查散热器、风叶状况良好,定期进行清理检修;③对水冷高压变频器,应检查热交换器及管路,必要时进行清理和水压试验,水路及阀门严密无泄漏,冷却水电导率、压力、温度应正常;④对直蒸式空调冷却高压变频器,应检查空调蒸发器和管路,空调冷却介质压力应正常;空调压缩机运行应正常,空调控制电路,不存在松动、接触不良、过热等情况,温度定值设定应正常,对空调滤网和室外风机定期进行清理维护;⑤对变频器小室的通风滤网定期检查清理,保证小室通风良好,并注意防止异物进入。 (9)高压变频器采用"一拖一""一拖二"接线方式的保护配置时,若变频电源回路和工频电源回路由同一高压开关柜供电,宜配置数字式带旁路闭锁的变频器专用综合保护装置,以满足变频工况并兼顾旁路工频运行工况。若变频电源回路和工频电源回路由不同高压开关柜供电,工频电源回路应配置电动机综合保护装置,变频电源回路宜配置数字式变压器综合保护装置或变频器专用综合保护装置。2000kW 及以上功率的变频电动机,应配置专用变频电动机差动保护装置。 (10)应根据厂用电参数、高压变频器一次设备参数、变频器负载调节性能要求,合理整定高压变频器保护					

编号	隐患排查内容	标准分	检修方面	运行方面	评分标准	扣分	存在问题	改进建议
17	2.6.2 变频器故障事故案例及隐患排查		定值及控制参数,并确定控制逻辑。高压变频器保护定值及控制参数应按照继电保护定值管理要求实施。变频器 PLC 程序、主控参数等应做好备份。 (11)引风机、一次风机、给煤机、空气预热器等一类辅机变频器的低电压、高电压穿越区指标应满足 DL/T 1648 的要求。高压变频器应具有高压失电短时跟踪再启动功能,在外部故障或扰动引起进线电压跌落时,变频器可短时停止输出但不跳闸;若电源电压恢复正常,变频器能跟踪电动机转速再次启动。 (12)高压变频器移相变的测温元件应安装于低压侧,元件及电缆应固定牢靠,严禁与高压线圈及外壳碰触,以避免高压线圈与测温元件及其电缆间发生绝缘击穿放电。移相变温度保护应投告警出口。 (13)新投运及检修后,应进行高压变频器保护传动试验,连锁试验,输出电压、频率范围检查试验,加减速特性试验,控制回路双电源切换试验,不间断供电电源试验,电流、电压不平衡度试验,高压短时掉电跟踪再启动试验等,并核对变频器保护定值及控制参数。 (14)高压变频器附属的移相变压器、电抗器、电容器、互感器、开关设备、避雷器、电力电缆等一次设备应定期进行红外测温或红外成像检查,高温、大负荷时段应缩短测试周期。 (15)高压变频器应随机组同步检修,主要检修项目为功率电路检查清扫、冷却系统检查清扫、测量控制元件和保护报警逻辑检查、预防性试验等。功率电路应外观良好,无过热痕迹,无积灰积尘。电容器无漏液、膨胀等现象,有异常或达到寿命周期的电容器应及时予					

编号	隐患排查内容	标准分	检修方面	运行方面	评分标准	扣分	存在问题	改进建议
17	2.6.2　变频器故障事故案例及隐患排查		以更换。功率电路与控制器通信光纤连接应可靠牢固，达到寿命周期的功率器件、熔断器等应进行更换。 （16）高压变频器附属的移相变压器、电抗器、电容器、互感器、开关设备、避雷器、电力电缆等一次设备电气预防性试验的项目、周期及试验方法应符合 DL/T 596 的相关规定					
18	2.6.3　厂用低压侧事故案例及隐患排查		【涉及专业】：电气二次，共 8 条 （1）低压动力中心（PC）进线断路器保护整定值应与高压保护配合，避免低压侧故障时造成越级跳闸。 （2）低压动力中心（PC）进线断路器若配置智能保护器，宜每 2～4 年做 1 次定值试验，保护出口动作试验应结合断路器跳闸进行。智能保护器试验一般分为长时限过流、短时限过流和电流速断保护试验。智能保护器试验一般使用厂家配备的专用试验仪器。 （3）为防止越级跳闸引起重要的低压厂用变压器或 PC、MCC 段失电，低压厂用变压器低压侧、厂用馈线（PC-PC 联络线、PC-MCC 线路、MCC-MCC 联络线）下一级无零序过电流保护时，其单相接地保护的动作电流值应与下一级相电流保护最大动作电流配合；低压厂用系统的 PC 段电源进线、MCC 电源馈线均应退出电子脱扣器中的瞬时保护功能。 （4）为保证低压厂用系统各级短延时保护时间级差不小于 0.2s，宜优先选用电子脱扣器短延时保护最长延时能整定至 0.8s 及以上的框架断路器。 （5）380V 低压厂用框架断路器如配置了欠压脱扣器，应具备带延时整定功能。 （6）低压电动机应投入综	—				

431

编号	隐患排查内容	标准分	检修方面	运行方面	评分标准	扣分	存在问题	改进建议
18	2.6.3 厂用低压侧事故案例及隐患排查		保装置中的"欠压重启动功能"或采取其他抗晃电措施。外部瞬时故障或短时电压扰动造成交流接触器欠压脱扣后，系统电压恢复时，重要电动机应能在允许时间内再次启动。 （7）针对低压厂用系统0Ⅲ类负荷（交流保安负荷）和Ⅰ类负荷等低压负荷（诸如：汽轮机顶轴油泵、汽轮机交流润滑油泵、发电机氢密封交流油泵、辅机交流润滑油泵、充电装置、不间断电源装置电源、EH 抗燃油泵、发电机定子冷却水泵），应核查不同母线段负荷分配及保护联锁配置的合理性。 （8）电厂的柴油发电机组交流保安电源的配置及设计应符合 GB 50660—2011《大中型火力发电厂设计规范》的要求。核查低压厂用系统重要负荷应分配至不同母线段，保护配置应合理，保安电源切换装置（或联锁回路）切换逻辑及定值应合理	—				
19	2.6.4 非同期事故案例及隐患排查		【涉及专业】：电气二次，共 3 条 （1）机组微机自动准同期装置出口回路应增设同期鉴定闭锁继电器，微机自动准同期装置合闸输出接点与同期鉴定闭锁继电器常闭接点串联。 （2）微机自动准同期装置、整步表、同期鉴定闭锁继电器及同期二次回路应结合机组检修定期检验与传动。 （3）新投产、大修机组及同期回路（包括交流电压回路、直流控制回路、整步表、自动准同期装置及同期把手等）发生改动或设备更换的机组。在第一次并网前必须进行以下工作：①装置及同期回路全面细致校核与传动。②进行机组同期装置核相试验。对于发电机出口不设断路器的机组，应采用	—				

编号	隐患排查内容	标准分	检修方面	运行方面	评分标准	扣分	存在问题	改进建议
19	2.6.4　非同期事故案例及隐患排查		发电机组带空载母线（含母线电压互感器）升压的方式；对于发电机组出口设断路器的机组，应采用发电机带主变侧电压互感器（将主变与电压互感器隔离）升压的方式，或主变带发电机出口电压互感器（将发电机与出口电压互感器隔离）倒送电的方式进行核相试验。核相时，需检查同期点两侧的电压互感器二次电压的相位、幅值、相序的对应关系，在同期屏端子排处检查系统电压和待并电压的幅值和相位，还应确认整步表指示在同期点。③进行机组假同期试验，试验应包括断路器的手动准同期及自动准同期合闸试验、同期（继电器）闭锁等内容	—				
20	2.7.1　保护原理认识不足导致事故案例及隐患排查		【涉及专业】：电气二次，共 2 条 （1）新投产的发电机变压器组、变压器、母线、线路等保护应认真编写启动方案呈报有关主管部门审批，做好事故预想，并采取防止保护不正确动作的有效措施。设备启动正常后应及时恢复为正常运行方式，确保故障能可靠切除。 （2）每季度开展对集团公司技术监督季报、监督通信、新颁布的国家、行业标准规范、监督新技术的学习交流	【涉及专业】：电气二次，共 1 条 　加强运行人员全能值班培训，尤其是加强电气专业技能知识培训，提高报警时的处理能力				
21	2.7.2　人员责任心不足事故案例及隐患排查		【涉及专业】：电气二次，共 2 条 （1）新投产的发电机变压器组、变压器、母线、线路等保护应认真编写启动方案呈报有关主管部门审批，做好事故预想，并采取防止保护不正确动作的有效措施。设备启动正常后应及时恢复为正常运行方式，确保故障能可靠切除。 （2）每季度开展对集团公司技术监督季报、监督通信、新颁布的国家、行业标准规范、监督新技术的学习交流	【涉及专业】：电气二次，共 1 条 　加强运行人员全能值班培训，尤其是加强电气专业技能知识培训，提高报警时的处理能力				

附录 A-3 锅　　炉

编号	隐患排查内容	标准分	检修方面	运行方面	评分标准	扣分	存在问题	改进建议
1	3.1.1 锅炉满水、缺水事故隐患排查		（1）汽包锅炉应至少配置两只彼此独立的就地汽包水位计和两只远传汽包水位计。水位计的配置应采用两种以上工作原理共存的配置方式，汽包水位计就地应配置摄像头，并将图像引至集控室。 （2）汽包水位测量系统应采取正确的保温、伴热及防冻措施，应保证伴热温度在正常范围内，避免影响水位测量准确性。 （3）锅炉配置的各水位计量程显示范围至少应能包含锅炉高低水位保护动作值。 （4）汽包水位应设置有三个差压信号值偏差大报警、汽包水位测点坏质量判断功能。 （5）若对锅炉水位 DCS 逻辑组态进行了修改，则当机组启动调试时应对汽包水位校正补偿方法进行校对、验证，并进行汽包水位计的热态调整及校核。新机验收时应有汽包水位计安装、调试及试运专项报告，列入验收主要项目之一。 （6）锅炉高、低水位保护应满足以下要求： ①锅炉汽包水位高、低保护应采用独立测量的三取二的逻辑判断方式。 ②锅炉汽包水位保护所用的 3 个独立的水位测量装置输出的信号均应分别通过 3 个独立的I/O模件引入分散控制系统的冗余控制器。 （7）控制循环锅炉应设计炉水循环泵差压低停炉保护。直流炉应设计省煤器入口流量低保护，流量低保护应遵循三取二原则。 （8）机组 A 修后或给水泵更换后应开展给水泵 RB（辅机故障快速减负荷）试	（1）汽包锅炉水位保护不完整严禁启动。 （2）锅炉水位保护的停退必须严格执行审批制度。 （3）锅炉汽包水位保护在锅炉启动前和停炉前应进行实际传动校检。用上水方法进行高水位保护试验、用排污门放水的方法进行低水位保护试验，严禁用信号短接方法进行模拟传动替代。 （4）汽包水位计应定期进行零位校验，核对各汽包水位测量装置间的示值偏差，当偏差大于 30mm 时，应立即消除缺陷。当不能保证两种类型水位计正常运行时，必须停炉处理。 （5）按要求定期冲洗就地水位计，保证就地水位计清晰。 （6）当在运行中无法判断汽包真实水位时，应紧急停炉。 （7）当一套水位测量装置因故障退出运行时，应在 8h 内恢复。若不能完成，应制定措施，经总工程师批准，允许延长工期，但最多不能超过24h，并报上级主管部门备案。任何一套水位计出现缺陷时，应加强其他水位计的监视，对比分析显示水位是否真实正确。 （8）给水系统中各备用设备应处于正常备用状态，按规程定期切换				

编号	隐患排查内容	标准分	检修方面	运行方面	评分标准	扣分	存在问题	改进建议
1	3.1.1 锅炉满水、缺水事故隐患排查		验，进行汽动给水泵 RB 试验时注意负荷下降汽源压力下降的问题，以确保 RB 逻辑和自动调节性能完好。 （9）建立锅炉汽包水位、炉水循环泵差压及主给水流量测量系统的维修和设备缺陷档案，对各类设备缺陷进行定期分析，找出原因及处理对策，并实施消缺。 （10）给水泵汽轮机除四段抽汽蒸汽供汽外，还应设计有辅汽和冷段再热的备用汽源					
2	3.1.2 锅炉超温超压事故隐患排查		（1）锅炉应配置必要的炉膛出口或高温受热面两侧烟温测点、高温受热面壁温测点，以加强对炉膛出口烟温及其偏差的监视调整。炉膛出口同一标高烟道两侧对称点间的烟温偏差不宜超过 50℃。 （2）锅炉安全阀应每年至少校验一次；锅炉运行中不允许任意提高安全阀的整定压力或者使安全阀失效；检修、更换后安全阀，应校验其整定压力和密封性。 （3）机组运行时锅炉主汽、再热冷、热段安全阀、PCV 阀等所有安全阀必须全部投入，严禁随意解列运行系统安全阀，防止系统超压。 （4）检修及技术改造时应对要使用的锅炉受热面管材材质进行核查，确保材质耐受温度符合设计及运行要求。 （5）高温受热面的壁温报警温度必须合理设定，需要充分考虑合理的高温抗氧化裕量。对出现超温问题的受热面，可适当增加壁温测点，或考虑增加炉内壁温测点对炉外测量值进行修正。 （6）要制定防止作业工具、焊渣等异物进入锅炉管道而造成堵塞超温爆管措施。	（1）锅炉禁止缺水和超温超压运行，严禁在水位表数量不足（指能正确指示水位的水位表数量）、安全阀解列的状况下运行。 （2）锅炉启停过程中应严格按厂家要求控制蒸汽温度、蒸汽压力变化速率。 （3）锅炉运行中应对烟温偏差和受热面壁温进行监视调整，避免出现烟温偏差过大或受热面壁温超温情况。因燃烧原因造成局部受热面管壁超温时，可通过调整反切风摆角、改变磨煤机投运组合方式等手段消除或缓解受热面管壁超温问题。 （4）机组调峰及变负荷运行的最大负荷变化率应经过机组负荷变动试验确定。机组在变负荷运行时，负荷变化率应控制在试验所确定的最大负荷变化率以内；应对燃料的阶跃变化量加以控制，严格控制锅炉蒸汽压力、蒸汽温度变化率在锅炉设计范围内。 （5）严格按照规程规定的负荷点进行干湿态转换操作，并避免在该负荷点长时间运行。 （6）机组自动方式下，协调控制系统出现异常，或燃料量计量异常导致自动控制系统性能下降，煤种、负荷变化不大的情况下，若煤				

编号	隐患排查内容	标准分	检修方面	运行方面	评分标准	扣分	存在问题	改进建议
2	3.1.2 锅炉超温超压事故隐患排查		(7)应制定防止氧化皮堵塞超温爆管的措施	量、给水量明显偏大,应解除自动,手动控制,防止超温超压。 (7)锅炉超压水压试验和热态安全门校验工作应制定专项安全技术措施,防止升压速度过快或压力、温度失控造成超压超温现象。 (8)应制定 PCV 阀开关试验计划,确保其可靠备用。运行中锅炉主汽出口压力超过安全门动作压力(含 PCV 阀)而安全门拒动同时手动 PCV 阀又无法打开时,应立即手动停炉。 (9)锅炉的过热器、再热器、导汽管等应有完整的管壁温度测点,以便监视各导汽管间的温度偏差,防止超温爆管。在启动时,应监视水平烟道烟温,过热器、再热器管壁温度禁止超过规定值。 (10)定期进行锅炉炉膛、烟道蒸汽吹灰,以消除热偏差,防止受热面局部超温。 (11)要制定锅炉启动过程中防止受面内水塞造成超温爆管的措施。 (12)机组大联锁应可靠投入,机组启动前应开展机组大联锁试验,若大联锁保护拒动时应立即手动停炉				
3	3.1.3 锅炉氧化皮事故隐患排查		(1)高温受热面壁温报警值应依据受热面材质的实际抗蒸汽氧化性能进行设置。 (2)对于受热面壁温测点布置不足的机组,应适当增加壁温测点,测点应定期检查校验,确保壁温测点的准确性。 (3)减温水系统截止门应能够隔绝严密,防止停炉后减温水漏入高温受热面内引发受热面壁温突变,氧化皮脱落。 (4)定期进行氧化皮检查检测清理工作,及时掌握高温受热面氧化皮的生成脱落状况。对于存在氧化皮问题的锅炉应开展过热器的	(1)启动前严格按照规定进行系统冲洗,不盲目追求启动速度,各个阶段严控水质。 (2)机组启动、停机过程中严格控制受热面温度、压力的变化率,尽量避免机组频繁启停,运行期间适当控制机组的负荷变化率。过热器、再热器减温水手动调整时应平稳操作,避免减温水量大幅度变化导致过热器、再热器管壁温度剧降,引起氧化皮脱落。 (3)对于屏间热偏差较明显、个别管屏壁温在高负荷下易超温的锅炉,应通过调整燃尽风风门的开度、摆				

编号	隐患排查内容	标准分	检修方面	运行方面	评分标准	扣分	存在问题	改进建议
3	3.1.3　锅炉氧化皮事故隐患排查		高温段联箱、管排下部弯管和节流圈的检查，以防止由于异物和氧化皮脱落造成的堵管爆破事故。对弯曲半径较小的弯管应进行重点检查。对氧化皮堆积厚度超标的受热面管应进行割管清理	角等方式控制炉膛出口烟温偏差，降低高温受热面壁温峰值，以减缓氧化皮的生成。 （4）对于存在氧化皮堆积问题的锅炉，机组启动并网前宜通过旁路对氧化皮剥落物进行蒸汽吹扫。 （5）对于存在氧化皮的锅炉，停炉吹扫完成后，应闷炉密闭 72h，严禁停炉后强制立即通风快冷。因抢修需要，闷炉密闭 72h 后需通风冷却时应控制各处受热面壁温下降速度小于 1℃/min。 （6）对受热面金属壁温的趋势和超温情况进行统计分析，根据受热面金属温度变化情况安排停炉后受热面内氧化皮的检查工作			
4	3.1.4　锅炉受热面吹损、磨损隐患排查		（1）采用螺旋水冷壁的锅炉检修期间重点检查冷灰斗对角磨损情况，宜考虑在鳍片处增加高出管子的填隙块，以控制炉渣沿冷灰斗斜坡下滑时的速度，减缓冲刷磨损。 （2）消除炉墙各处的漏风，以防止漏风造成其周围受热面磨损。易出现漏风的区域包括人孔门、观火孔等不严密处，燃烧器墙箱浇注料，冷灰斗斜坡与侧墙交汇处等部位。 （3）循环流化床锅炉炉膛宜设置多阶式防磨梁，以降低贴壁流的灰浓度与速度，减缓水冷壁的磨损速率。 （4）循环流化床锅炉检修期间应对二次风喷口、给煤口、排渣口等部位浇注料进行检查，发现浇注料有脱落的应采取全面拆除方式，重新敷设浇注料，并在敷设过程中注意对浇注料抓钉、销钉焊接，浇注料浇注施工、浇注料烘干保养等工艺质量全程控制。 （5）对于循环流化床锅炉，检修期间重点检查以下区域水冷壁磨损情况： ①炉膛下部敷设的高温耐	（1）高温受热面存在结渣、搭桥现象时，应及时通过调整吹灰频次、升降负荷扰动、控制结渣特性较强的入炉煤掺烧比例等方式控制结渣情况，必要时限负荷运行，防止高温受热面搭桥形成烟气走廊，局部烟气流速升高造成高温受热面磨损。 （2）蒸汽吹灰器应设置电动机过流报警。吹灰器投运及退出应进行现场确认，以便及时发现吹灰器卡涩、进汽门关闭不严等问题。运行中遇有吹灰器卡涩、不能正常退出时，应维持其汽源正常，及时将吹灰器退出并关闭进汽门，避免吹损受热面			

续表

编号	隐患排查内容	标准分	检修方面	运行方面	评分标准	扣分	存在问题	改进建议
4	3.1.4 锅炉受热面吹损、磨损隐患排查		磨、耐火材料与光管水冷壁过渡区域的管壁；②进料口、旋风分离器进出口处水冷壁管；③炉膛密相区浇注料与水冷壁分界四角、让位管部位，密相区炉拱分隔墙前、后墙弯管部位；④布风板水冷壁。 （6）布置在尾部烟道的受热面，管排间距应均匀，防止形成烟气走廊。尾部受热面磨损部位主要集中在靠近包墙/中隔墙等易产生烟气走廊的位置，尾部烟道最上排管组烟道前后墙处应装设烟气阻流板，最上组迎烟面第一排直管应全部加装防磨罩，其余各管组迎烟面第一排弯头处加装防磨罩。防磨罩与包墙/中隔墙的间距（膨胀间隙）应符合设计要求，防止热态膨胀造成碰磨。检修期间重点对靠近后包墙受热面弯头、每组受热面上部管子表面的磨损情况进行检查，对防磨罩、阻流板变形、歪斜、烧损进行修复或更换，检查蛇形管排卡子是否脱落、错位或被烧损断裂，必要时修复或更换夹板。 （7）检修期间重点对中隔墙过热器下联箱与中隔墙鳍片缝隙进行检查，视其磨损情况加装浇注料，以消除中隔墙下联箱两侧的压力差，防止联箱出现磨损。检修期间重点检查吊挂管与顶棚管穿墙碰磨情况、蛇形管排穿墙管部位（尤其是穿中隔墙处部位）的磨损情况，并对穿墙管部位炉墙耐火保温脱落情况进行检查修复。 （8）检修期间重点检查管卡与管子碰磨、管子之间碰磨情况，对设计不合理的管卡进行改型，对存在管子间碰磨的地方增加防磨块或防磨护瓦。 （9）蒸汽吹灰器提升阀后吹灰压力应符合制造厂家					

编号	隐患排查内容	标准分	检修方面	运行方面	评分标准	扣分	存在问题	改进建议
4	3.1.4　锅炉受热面吹损、磨损隐患排查		要求，应定期开展蒸汽吹灰器吹灰压力的整定工作，并保留吹灰压力的整定记录；宜在吹灰器提升阀后加装压力表，一方面吹灰操作时可监督吹灰压力是否正常；另一方面可监视提升阀是否存在内漏。 （10）蒸汽吹灰疏水管道坡度应符合设计要求，疏水系统应采取温度自动控制，不应采取时间控制策略。疏水温度的设定应符合制造厂家的要求，并高于吹灰器提升阀后蒸汽吹灰压力对应的饱和温度。 （11）短式吹灰器检修后，应手动将喷管伸入炉膛测量喷嘴中心与水冷壁的距离，保证距离符合设计规范；短式吹灰器喷管及内管与水冷壁角度应保持垂直。 （12）检修期间应对于燃烧器周围水冷壁管、吹灰器周边管子、曾经发生过涡流冲刷或烟气走廊冲刷磨损的部位进行重点检查					
5	3.2.1　锅炉灭火及内爆事故隐患排查		（1）对于折焰角严重积灰的机组，应结合锅炉特性在折焰角处加装蒸汽吹灰器、定向吹灰器或风帽吹灰器等清灰装置。机组检修期间应对折焰角积灰进行清理。 （2）应完善火焰检测与保护逻辑。发生火焰检测信号晃动时，应进行现场实际看火，对火焰检测信号的准确性进行判断，优化火焰检测参数设置，提高火焰检测可靠性，杜绝漏看和误看现象。 （3）100MW 及以上等级机组的锅炉应装设锅炉灭火保护装置。该装置应包括但不限于以下功能：炉膛吹扫、锅炉点火、总燃料跳闸、全炉膛火焰监视和灭火保护功能、总燃料跳闸首出等。 （4）炉膛设计瞬态压力不应低于±9.8kPa。从送风机出口一直到烟囱所有的风	（1）电厂应结合设备的实际状况，依据 DL/T 435 中有关防止炉膛灭火放炮的规定，制定防止锅炉灭火放炮的措施，措施应包括煤质监督、混配煤、燃烧调整、深度调峰及低负荷运行等内容，相应措施应严格执行。 （2）电厂应完善配煤管理和煤质分析，及时将煤质情况通知运行人员，做好调整燃烧的应变措施。 （3）配煤时，当不同入厂煤挥发分 Vdaf 相差大于15%时，应进行试烧试验，无烟煤与褐煤不应掺配。燃用混煤造成燃烧不稳或锅炉灭火时，应对混煤的煤源情况进行追溯。 （4）新炉投产、锅炉改进性大修后或入炉燃料与设计燃料有较大差异时，应进行燃烧调整试验。				

编号	隐患排查内容	标准分	检修方面	运行方面	评分标准	扣分	存在问题	改进建议
5	3.2.1 锅炉灭火及内爆事故隐患排查		道及烟道，在设计时均应考虑炉膛承受瞬态设计压力时烟道所受到的压力。无论何种原因使引风机选型点超过-9.8kPa，炉膛设计瞬态负压都应考虑予以增加。 （5）对进行脱硫、脱硝、烟气余热利用、分级省煤器等改造的机组，应核算尾部烟道负压承受能力，对强度不足部分应进行重新加固。 （6）锅炉防内爆保护系统必须配备的联锁参照热工反事故措施相关章节执行，并应符合 DL/T 435《电站锅炉炉膛防爆规程》防内爆的规定。当所有送风机跳闸时，应触发总燃料跳闸，并触发引风机控制装置超驰动作，所有送风机挡板应在开启位置，但其开度应避免由于风机惰走对风道产生较高的风压，并按紧急停炉的要求处理。当所有引风机事故跳闸时，应触发总燃料跳闸及所有送风机跳闸，缓慢全开所有烟、风道挡板，以建立尽可能大的自然通风。但开挡板时，应避免由于引风机惰走对烟道产生较大的负压，并按紧急停炉的要求处理。 （7）机组新投产、锅炉检修、风机执行器及风门挡板有重大检修后，应做好系统传动试验。应开展静态试验检查风机联锁条件、风机调节挡板的执行器动作及快速调节性能，MFT、RB联锁条件及功能、跳闸条件触发风机控制装置超驰动作功能。 （8）冷态试验时，应重点检查机组RB等异常工况下引风机挡板、动叶调节性能以及锅炉 MFT 炉膛压力偏差大时的风机控制装置超驰动作功能。 （9）当引风机挡板、动叶执行机构调节性能及风机控制装置超驰动作功能不满足防止锅炉内爆要求时，应及时进行改造。在执行机	（5）应通过试验确定锅炉深度调峰运行稳燃安全边界，并制定可靠的稳燃运行技术措施。当深度调峰运行出现燃烧不稳或达到稳燃安全边界时，应及时调整燃烧或投入稳燃系统。深度调峰工况不应采取煤质特性差异较大的煤种掺烧运行。 （6）掺烧劣质煤时，应设置燃烧器稳燃层，稳燃层宜燃用着火特性较好的煤种以提高炉内燃烧稳定性。当稳燃层燃烧器对应磨煤机检修时，应根据其他投运层燃烧器燃烧状况，适时投入稳燃设施。 （7）采用水力除渣系统的锅炉，应制定措施防止水封破坏造成冷风大量漏入炉膛。 （8）应制定防止原煤仓堵煤措施，完善原煤防堵设施，将给煤机堵煤、断煤报警信号应引至 DCS。 （9）锅炉低于最低稳燃负荷运行、入炉煤质变差影响燃烧稳定性、断煤时，应及时投入稳燃系统稳燃。 （10）燃油、燃气速断阀应定期试验，确保动作正确、关闭严密；锅炉点火系统应可靠备用。定期开展油枪清理和油枪投入试验、等离子拉弧工作，确保油枪动作可靠、雾化良好，锅炉低负荷或燃烧不稳时能及时投用助燃。 （11）重视锅炉掉大渣对燃烧稳定性的影响。通过燃烧器切换、负荷扰动、增加结渣区域吹灰频次等运行调整方式控制锅炉结渣，防止锅炉掉焦造成灭火。 （12）锅炉运行中严禁随意退出锅炉灭火保护。因设备缺陷需退出部分锅炉主保护时，应严格履行审批手续，并事先做好安全措施。严禁在锅炉灭火保护装置退出情况下进行锅炉启动。 （13）优化自动控制策略。完善协调控制策略，避免变				

编号	隐患排查内容	标准分	检修方面	运行方面	评分标准	扣分	存在问题	改进建议
5	3.2.1　锅炉灭火及内爆事故隐患排查		构问题设备改造前，应制定防止锅炉内爆的技术措施，并组织实施预防事故演练。 （10）如果引风机压头过高，宜采取在引风机入口烟道增加防爆门或引风机烟气再循环旁路等措施，以应对系统负压过大的问题，确保锅炉系统安全	负荷时燃料量、风量大幅扰动；提高自动控制水平，保证机组异常工况下汽包水位、炉膛压力、水煤比等重要参数的自动调节；完善制粉系统 RB 功能，建立利用停机机会开展制粉系统 RB 实际动作试验的机制，确保在给煤机、磨煤机或给粉机跳闸时，自动完成锅炉稳燃和重要参数的调整。 （14）完成灵活性改造的锅炉，应通过燃烧调整确认深度调峰工况下主辅机运行方式，并建立相应的风煤比、一次风压、二次风量、直流燃烧器摆角或旋流燃烧器旋流强度等参数的控制策略，完善深度调峰运行措施和应急预案。锅炉所有保护和自动投入率不应因深度调峰运行而降				
6	3.2.2　锅炉爆燃事故隐患排查		（1）锅炉灭火保护装置投运正常，装置至少应具有炉膛吹扫、锅炉点火、主燃料跳闸、全炉膛火焰监视和灭火保护、主燃料跳闸首出等功能，保护逻辑应符合 DL/T 435 相关要求。 （2）锅炉灭火保护装置和就地控制设备电源应可靠，电源应采用两路交流 220V 供电电源，其中一路应为交流不间断电源，另一路电源引自厂用事故保安电源。当设置冗余不间断电源系统时，也可两路均采用不间断电源，但两路进线应分别取自不同的供电母线，防止因瞬间失电造成失去锅炉灭火保护功能。 （3）加强锅炉灭火保护装置的维护与管理，防止发生火焰探头烧毁和污染失灵、炉膛负压管堵塞等问题，确保锅炉灭火保护装置可靠投用。 （4）油枪及等离子点火设备应能随时正常投用，火检装置灵敏可靠，确保不发生灭火保护误动或拒动。 （5）加强点火油、气系统	（1）规程应依据 DL/T 435 制定包括但不限于煤质监督、混配煤、燃烧调整、低负荷运行等内容的防止锅炉灭火放炮的措施。 （2）运行中严禁随意退出锅炉灭火保护。 （3）点火油、气系统的维护管理工作应纳入日常工作计划，定期进行燃油、燃气速断阀试验。 （4）锅炉启动点火或锅炉灭火后重新点火前，必须对炉膛及烟道进行充分吹扫。 （5）点火初期应确认从主燃烧器喷入炉膛的燃料已点燃。在启动初期炉膛稳燃条件达到之前，禁止将无点火枪支持的不燃烧煤粉送入炉膛。 （6）当锅炉已经灭火或全部运行磨煤机的多个火检保护信号频繁闪烁失稳时，严禁投油枪、微油点火枪、等离子点火枪等引燃。当锅炉灭火后，要立即停止燃料（含煤、油、燃气、制粉乏气风）供给，严禁用爆燃法恢复燃烧。 （7）油枪投用时应就地严				

编号	隐患排查内容	标准分	检修方面	运行方面	评分标准	扣分	存在问题	改进建议
6	3.2.2 锅炉爆燃事故隐患排查		的维护管理，消除泄漏，防止燃油、燃气漏入炉膛发生爆燃。燃油、燃气速断阀要定期试验，确保动作正确、关闭严密	密监视油枪雾化和燃烧情况，发现油枪雾化不良应立即停用，并及时检修消缺。（8）对于循环流化床锅炉，锅炉启动前或总燃料跳闸、锅炉跳闸后应根据床温情况严格进行炉膛冷态或热态吹扫程序，禁止采用降低一次风量至临界流化风量以下的方式点火				
7	3.2.3 锅炉尾部再燃烧事故隐患排查		（1）回转式空气预热器应设独立的主辅电机、盘车装置、火灾报警装置、入口烟气挡板、出入口风挡板及相应的联锁保护。基建机组首次点火前或空气预热器检修后应逐项检查传动火灾报警测点和系统，确保火灾报警系统正常投用。（2）回转式空气预热器应设有完善的消防系统，在空气及烟气侧应装设消防水喷淋水管，喷淋面积应覆盖整个受热面。（3）回转式空气预热器应配套设计完善、合理的吹灰系统，冷热端均应设吹灰器。（4）基建或检修期间，不论在炉膛或者烟风道内进行工作后，必须彻底检查清理炉膛、风道和烟道，并经过验收，杜绝风机启动后杂物积聚在空气预热器换热元件表面上或缝隙中。（5）锅炉采用少油/无油点火技术进行设计和改造时，应考虑实际燃用煤质特性，保证锅炉少油/无油点火的可靠性和锅炉启动初期燃尽率以及整体性能。（6）锅炉尾部有非金属防腐内衬的部位，检修时有动火操作，必须有相应的防火措施并严格执行	（1）锅炉启动点火或锅炉灭火后重新点火前必须对炉膛及烟道进行充分吹扫，防止未燃尽物质聚集在尾部烟道，造成再燃烧。火焰监测保护系统点火前应全部投用，严禁退出火焰监测保护系统和随意修改逻辑。（2）采用少油/无油点火方式启动锅炉机组，应保证入炉煤质符合锅炉设计要求，调整煤粉细度和磨煤机通风量在合理范围，控制磨煤机出力和风、粉浓度，使着火稳定和燃烧充分。（3）采用少油/无油方式启动的机组，机组启动初期，锅炉负荷低于25%额定负荷时，空气预热器应连续吹灰；当低负荷煤、油混烧时，空气预热器应连续吹灰；锅炉负荷大于25%额定负荷时至少每8h吹灰一次。（4）若锅炉较长时间低负荷燃油或煤油混烧，可根据具体情况利用停炉机会对回转式空气预热器受热面进行检查，重点是检查中层和下层传热元件，若发现有残留物积存，应及时组织进行水冲洗。（5）采用少油/无油点火方式启动锅炉机组，投入油枪或等离子后应就地确认运行正常，投粉后确认燃烧良好。（6）运行规程应明确省煤器、脱硝装置、空气预热器等部位烟道在不同工况的烟气温度限制值。运行中应加强监视回转式空气预热				

编号	隐患排查内容	标准分	检修方面	运行方面	评分标准	扣分	存在问题	改进建议
7	3.2.3　锅炉尾部再燃烧事故隐患排查			器出口烟风温度变化情况，当烟气温度超过规定值、有再燃前兆时，应立即停炉，并及时采取消防措施。 （7）干排渣系统在低负荷燃油、等离子点火或煤油混烧期间，应安排专人就地监控，防止锅炉未燃尽的物质落入排渣机钢带后发生二次燃烧，损坏钢带。 （8）对于安装在锅炉脱硝系统与除尘器间的烟气余热利用装置，在低负荷阶段有少油/无油助燃装置投运或煤油混烧期间，烟气余热利用装置必须加强吹灰，监控装置前后阻力及烟气温度，防止装置管排间有未燃尽物质积存燃烧。对于布置烟气余热利用装置的烟道中容易积灰的位置应设计除灰系统，并及时排灰，防止沉积				
8	3.2.4　锅炉严重结渣事故隐患排查		（1）在锅炉燃烧器的安装、检修和维护期间，应确认安装角度、燃烧器定位和间隙等尺寸与设计值一致，炉内动力场分布均匀。 （2）应做好磨煤机定期检修维护工作，分离器运行正常，保证磨煤机出力和煤粉细度正常。检修期间应检查燃烧器及烟风煤粉管道、调节挡板等设备状况，消除燃烧器及挡板变形、损坏、堵灰等问题。 （3）加强氧量计、一氧化碳测量装置、风量测量装置及二次风门等锅炉燃烧监视、调整相关设备的管理与维护，形成定期校验制度，确保其指示准确，动作正确，避免在炉内形成整体还原性气氛，从而加剧炉膛结渣	（1）新炉投产、锅炉改进性大修后或入炉燃料与设计燃料有较大差异时，应进行燃烧调整试验，确定一/二次风量、风速、合理的过剩空气量、主燃烧器风量与燃尽风量比例、炉膛/风箱差压、配风方式、磨煤机投运方式、风煤比、煤粉细度、燃烧器倾角、摆角或旋流强度及不投油最低稳燃负荷等。 （2）建立新煤种掺配试烧制度。掺烧新煤种或煤质偏离锅炉设计煤质较大、本厂无燃烧调整经验时，应组织或委托有能力的试验单位进行配煤掺烧试验，确定最佳掺配方案，明确锅炉运行控制指标和操作注意事项，指导运行人员操作调整。 （3）入厂煤应提供灰成分分析报告、灰熔点测试报告，进行入炉煤煤质分析，发现易结渣煤质时，应及时通知运行人员。 （4）煤质变化时要认真分析炉膛温度等各项参数的变化，及时采取有效的调整措施，防止结渣。				

编号	隐患排查内容	标准分	检修方面	运行方面	评分标准	扣分	存在问题	改进建议
8	3.2.4 锅炉严重结渣事故隐患排查			（5）建立常态化看火、看焦机制。 （6）根据受热面积灰沾污情况制定合理的吹灰器运行管理规定，严格按照吹灰器运行管理规定的要求执行吹灰操作。 （7）对于煤灰成分分析中钾、钠金属含量较高的煤种，为避免炉膛出口下游对流受热面结渣，应通过掺烧低钾、低钠煤等措施改善其沾污特性，并通过配煤掺烧试验确定钾、钠金属含量较高的煤种在不同负荷的掺烧比例。 （8）对于存在结渣问题的机组，在配煤掺烧控制基础上，应综合运用吹灰、燃烧器切换、缩短负荷扰动周期、峰谷负荷升降等运行措施进行除焦。 （9）循环流化床锅炉启动过程中应通过调整一次风量保证锅炉处于临界流化状态以上，运行中应通过风量及循环灰量控制调节床温，及时排渣避免大颗粒物料的堆积结渣。 （10）受热面及炉底等部位严重结渣，影响锅炉安全运行时，应立即停炉处理				
9	3.2.5 锅炉受热面高温腐蚀事故隐患排查		（1）锅炉设计时，应根据煤质特性采取必要的防止锅炉受热面高温腐蚀的技术措施。当设计煤质硫分高于 0.7%时，需要考虑改善壁面气氛的配风设计。当设计煤质硫分高于 1.2%时，炉膛水冷壁应设计防腐蚀喷涂层。当燃用煤质硫分较高、灰分的碱金属氧化物含量高于 4%时，应针对过热器、再热器受热面高温腐蚀问题进行专项设计。 （2）在锅炉检修期间应做好水冷壁高温腐蚀情况检查、测厚和记录，及时更换腐蚀减薄超标的管子。 （3）存在高温腐蚀的锅炉应对严重腐蚀区域进行防腐喷涂。喷涂施工应选择质	（1）锅炉改燃非设计煤种时，应全面分析新煤种高温腐蚀特性，并采取针对性措施。掺烧高硫煤或煤质硫分偏离锅炉设计值较大时，应进行掺烧试验，确定最佳掺配比例及掺烧后对锅炉运行的影响，明确锅炉运行控制的主要指标和操作注意事项。 （2）控制入炉煤煤质均匀，具备条件的电厂应控制入炉煤硫分低于 0.7%；掺烧高硫煤时，具备条件的电厂应进行炉外混煤。 （3）合理分配主燃烧区域和燃尽区域风量，避免主燃烧区域过度缺氧燃烧。对于单个旋流燃烧器配风调整，应降低靠近两侧墙燃烧				

编号	隐患排查内容	标准分	检修方面	运行方面	评分标准	扣分	存在问题	改进建议
9	3.2.5　锅炉受热面高温腐蚀事故隐患排查		量可靠、工艺先进的喷涂服务单位，以保证喷涂质量和使用寿命（至少 3～5 年）。 （4）检修期间应加强对燃烧器、所有风门挡板等燃烧系统部件的检查维护工作。条件允许时，应重新定位调整燃烧器及导流筒，确保各部位间隙均匀、符合制造厂要求。 （5）对于采用贴壁风技术的锅炉机组，其风源应取自大风箱风门挡板前或一次风。 （6）对于腐蚀严重的切圆燃烧锅炉，采取防腐喷涂不能取得预计效果的，宜采取调整二次风射流偏转角度、设置贴壁风、减小切圆直径等技术措施。 （7）燃用高钾、钠煤的锅炉应控制其掺烧比例，停机期间注意对高温受热面硫酸盐腐蚀情况进行检查。燃用生物质的锅炉，停机期间应对过热器、再热器腐蚀情况进行检查，及时更换腐蚀严重的受热面	器外二次风旋流强度，改善侧墙处还原性气氛。 （4）对于直流燃烧器锅炉，在掺烧硫分较高煤种时，应通过适当加大周界风、偏置二次风风量，以及适当降低空气分级程度等措施，改善水冷壁近壁区域还原性气氛。 （5）锅炉采用主燃区过量空气系数低于 1.0 的低氮燃烧技术时应加强贴壁气氛的监视，$O_2>2\%$ 且 $CO<2000\mu L/L$，或者水冷壁附近 H2S 含量低于 $100\mu L/L$ 时一般不发生水冷壁高温腐蚀。 （6）对于直吹式制粉系统机组，如粉量偏差大于 25%，应通过增加煤粉分配器等必要的技术措施加以改善。 （7）运行人员应根据煤质特性通过改变磨煤机风量、分离器转速、分离器挡板开度等方式控制合适的煤粉细度				
10	3.3.1　锅炉制粉系统爆炸事故隐患排查		（1）制粉系统设计时，除无烟煤外的其他煤种应采取防爆措施，若设计入炉煤为混煤时，防爆设计按照挥发分较高煤种进行设计。制粉系统防爆措施应包括提高设备的抗爆压力、采用惰性气氛、装设爆炸泄压装置等。 （2）制粉系统重要监视表计应配置齐全，磨机出口温度、通风量、密封风压差、煤量低、磨机及给煤机、降负荷等报警和保护齐全合理，中间储仓式制粉系统的粉仓和直吹式制粉系统的磨煤机出口应设置足够的温度测点和温度报警装置，并定期进行校验。 （3）防爆门应设置在靠近被保护设备或管道上，其爆破口或门板的位置应便于监视和维修。条件限制导致	（1）机组启动点火时，制粉系统的充惰系统及消防水系统应可靠备用，机组运行中应定期进行维护和试投。制粉系统因故障跳闸应及时进行充惰并严密监视制粉系统各处温度，防止积粉自燃。 （2）制粉系统的联锁保护必须正常投入，特别是当磨煤机跳闸时，必须检查给煤机是否正常联跳。 （3）运行人员应及时了解燃煤煤质特性，并根据煤质特性及时进行运行制粉参数调整，特别是磨煤机出口温度应控制在标准范围内。 （4）机组运行中应严密监视制粉系统各烟风挡板位置正确，制粉系统各参数在正常范围内。 （5）直吹式制粉系统燃用高挥发分烟煤及褐煤时，特				

编号	隐患排查内容	标准分	检修方面	运行方面	评分标准	扣分	存在问题	改进建议
10	3.3.1 锅炉制粉系统爆炸事故隐患排查		防爆门安装在磨煤机出口的,应制定防爆门内部积粉自燃的防范措施。 (4)检修期间重点检查磨煤机内部是否存在死角,并进行清理修复。 (5)燃用高挥发分烟煤或褐煤磨煤机关断风门漏风隐患治理,确保磨煤机跳闸时风门能够可靠切断供风。 (6)制粉系统着火时,禁止使用射水流、灭火器或其他可能引起煤粉飞扬的方法消除或扑灭厂房或设备内部的自燃煤粉层,应用干砂掩埋或用喷雾水来熄灭。 (7)禁止磨煤机运行时进行动火作业。停运磨煤机进行动火作业时,应有可靠的安全隔离措施并且履行相应手续。 (8)煤粉仓投运前应做严密性试验,合格后方可投运。 (9)应采取喷雾加湿、机械除尘等方式降低输煤系统煤粉浓度。大量放粉或清理煤粉时,应采用加湿、接粉(给粉机掏粉时)等方式避免扬尘。 (10)输煤皮带层应有通风装置,严防煤粉积聚、浓度过高引发爆炸。 (11)煤粉仓、制粉系统和输煤系统附近应有消防设施,并备有专用的灭火器材,消防系统水源应充足、水压符合要求。 (12)应对煤粉管道、阀门连接、磨煤机顶部等部位漏粉重点检查,避免造成煤粉积聚或自燃。 (13)运煤系统各建筑物(输煤栈桥、地下卸煤沟及转运站、碎煤机室、拉紧装置小室、驱动站、圆筒仓、煤仓间带式输送机层等)的地面宜采用水力清扫。煤仓间带式输送机层不宜水冲洗部位的积尘应采用真空清扫,禁止采用压缩空气吹扫积聚的煤粉和将清扫的煤粉直接倒入未运行的皮带	别注意预防启停过程中制粉系统爆炸事故。启停磨煤机时应保证吹扫时间不少于规程规定值(一般不少于10min),确保磨煤机内部无残留煤粉。启停磨煤机操作中增减煤量应平稳,禁止煤量大幅度波动。停磨煤机操作中减小煤量的同时注意控制冷热风比例,以保证磨煤机出口温度在规定范围,并对制粉系统进行充分吹扫。磨煤机着火或爆炸时,立即通入灭火蒸汽并停运磨煤机,关闭其所有的出入口风门挡板、密封风门以隔绝空气,后续定时通入蒸汽直至各处温度能降至环境温度。 (6)制粉系统运行中应控制适宜的煤粉风速,以防止因风速偏低煤粉管道内积粉着火。对于采用热风送粉系统,在锅炉任何负荷下,从一次风箱到燃烧器和从排粉机到乏气燃烧器之间的管道,流速不低于25m/s;对于采用干燥剂送粉系统和直吹式制粉系统,在锅炉任何负荷下,煤粉管道流速不低于18m/s。 (7)巡检时注意对磨煤机本体、防爆门、风粉管道、膨胀节等区域漏粉情况进行检查,及时消除漏粉点,并对相应区域的管道保温进行更换。 (8)磨煤机大修前应烧空煤仓,内部存粉全部清出。 (9)严格执行定期降粉制度和停炉前煤粉仓空仓制度。 (10)定期进行煤场测温工作,有煤堆自燃时应及时处理,禁止将自燃煤通过输煤系统送至原煤仓。 (11)磨煤机运行及启停过程中应严格控制磨煤机出口温度不超过规定值				

编号	隐患排查内容	标准分	检修方面	运行方面	评分标准	扣分	存在问题	改进建议
11	3.3.2　锅炉断煤断粉事故隐患排查		（1）对黏性大、有悬挂结拱倾向的煤，原煤仓的出口段宜采用内衬不锈钢板、光滑阻燃型耐磨材料或不锈钢复合钢板；宜装设预防和破除堵塞的装置。对于频繁发生蓬煤堵煤的机组，宜进行相关改造，如可选择扩大落煤口的小煤斗设计、中心给料机以及回转式清堵机。（2）冬季应对原煤仓做好防风防寒措施，防止掺烧高水分煤种时原煤冻结，导致下煤不畅。（3）注意对输煤系统防尘网、原煤仓内衬板牢固性进行检查，防止松脱堵塞落煤口造成断煤。（4）定期对煤量信号和断煤信号进行检查，防止信号不准确对控制系统的逻辑判断造成影响，给运行人员操作造成误判	（1）上煤加仓时，针对不同煤质及煤中水分等采取不同加仓方式，如煤中水分较高时，宜采取半仓上煤方式，防止给煤系统堵塞。雨雪天气下上煤时应将煤堆上层湿煤推开或转移，晾晒后再进行上煤。不得将冻硬成块的煤进仓，特别是雨雪天气要尽量使用干煤棚中的煤。巡检时加强给煤机皮带上来煤状况的检查，判断原煤是否潮湿或有无冻硬结块现象。（2）对于掺烧煤泥的电厂应注意对入厂煤泥水分进行监视，根据原煤仓结构特性控制高水分煤泥掺烧比例。对于无晾晒设施的电厂应杜绝高水分黏结性大的煤泥入厂，必要时入厂煤泥最大含水量应经过试验确定。（3）做好锅炉因断煤断粉引起燃烧不稳事故处理相关预案，提高运行人员事故处理能力，避免因燃烧不稳或水位等原因锅炉 MFT。（4）定期进行油枪、等离子维护，检查等离子阴极头、阳极头的运行情况和寿命；定期进行油枪试投及等离子拉弧试验，确保低负荷期间助燃系统能够及时投入				
12	3.3.3　锅炉制粉系统设备事故隐患排查		（1）重视制粉系统的磨煤机、给煤机、油站等设备电源、电动机、控制箱的检修维护以及保护逻辑排查，防止电控设备故障导致制粉系统异常。（2）定期抽查磨煤机旋转分离器动叶轮固定螺栓的疲劳情况，对启停频繁的磨煤机，应缩短检查周期。（3）运行中如发现磨煤机电动机电流明显异常，石子煤量较大时，应及时安排磨煤机停运，并重点对磨辊、衬板磨损情况进行检查。（4）定期对磨辊的转动情况进行检查，按照厂家说明	（1）应严密监视磨煤机振动状况，如振动异常时应采取及时调整煤量、液压加载力、分离器，如调整后振动仍偏大应及时停磨检查。（2）应定期检查磨煤机油站油箱油位，油位异常时及时进行漏点检查，重点对油管路接头处漏油进行检查。（3）对于钢球低速磨应定期对磨煤机喷油装置进行检查，喷油量和喷油间隔符合要求				

编号	隐患排查内容	标准分	检修方面	运行方面	评分标准	扣分	存在问题	改进建议
12	3.3.3 锅炉制粉系统设备事故隐患排查		书规定的周期要求进行磨煤机磨辊油位、油质检查。 （5）定期更换磨煤机液压油系统接头密封圈，防止密封圈老化造成油系统渗漏					
13	3.4.1.1 风机油站漏油事故隐患排查		（1）按照标准要求制定完善的焊接工艺卡，加强对焊接质量的验收，对焊口应开展100%射线探伤。 （2）检修期间应对风机润滑油管、液压油管各接头连接可靠性进行检查，按照检修工艺及时更换密封件； （3）应对风机壳内液压油进油管、回油管、泄油管之间碰磨情况进行检查	（1）加强对风机油质监测，定期进行取样化验，如果出现异常应及时滤油或更换。 （2）加强对风机油站油位的监视，保证油位在正常范围内，当油位快速下降时，做好单侧风机跳闸的应急预案				
14	3.4.1.2 风机油站油泵电源配置不合理事故隐患排查		风机油站两台油泵电源应取自不同的供电母线	定期开展油泵切换试验，及时发现存在的安全隐患				
15	3.4.1.3 风机出入口挡板门卡涩事故隐患排查		（1）检修期间对风机进/出口挡板门进行检查，发现卡涩、开度与指令不一致的及时修复，保证入口挡板门开关灵活、可靠。 （2）应在烟风系统挡板轴端头做好与实际位置相符的永久标识，以便运行巡检时及时发现设备问题	（1）严格按照《设备定期切换及轮换管理制度》要求定期开展设备切换工作，及时发现设备存在的缺陷、故障和异常隐患并进行处理。 （2）对于采用变频器的风机，应重点巡视变频器冷却风扇、空调系统工作情况，加强变频器的运行维护，风机变频改造后的机组必须进行相应的 RB 试验				
16	3.4.1.4 风机振动大事故隐患排查		（1）加强对引风机振动探头的检查维护，提高振动探头的可靠性。 （2）完善风机振动保护逻辑，增加振动保护测点数量，采取"三取二"或"二取二"的方式设置保护逻辑，避免出现单点保护。 （3）新更换风机叶片验收中除监督厂家提供的原材料质量证明文件外，必要时应增加表面探伤、硬度和金相检测，风机叶片的防磨堆焊层不应有未熔合、裂纹等缺陷。 （4）对于汽动静叶可调轴流式引风机，应重视对风机调频环与叶轮处的焊缝检测，发现焊缝异常及时进行处理	（1）日常运行中定期对风机振动进行测量，加强风机振动的监视。 （2）风机存在振动异常时及时填写缺陷单，制定防范风机振动异常造成机组非停的应急处理措施				

续表

编号	隐患排查内容	标准分	检修方面	运行方面	评分标准	扣分	存在问题	改进建议
17	3.4.1.5 风机液压缸故障事故隐患排查		（1）检修期间应重点对反馈杆支撑轴承、密封组件、滑块磨损情况、推杆及铜套磨损情况进行检查、更换，对动叶调节执行机构与液压缸输入轴之间的传动部件进行全面检查，及时安排液压缸返厂检修。（2）检修期间进行风机动叶的全行程开关试验，对动叶角度进行测量校准，检查机械开度与反馈开度的一致性。（3）风机外送检修时，应制定质量控制标准及验收项目，并安排人员进行检修过程的质量监督（现场见证、跟踪及验收）	（1）机组停运期间做好风机停运后的定期试转和保养工作，应定期启动油站、活动风机叶片。（2）加强风机油质监督，定期进行取样化验，防止由于油质变差引起液压缸伺服阀活塞、轴承发生磨损。（3）对风机最大开度进行限位，并做好相应的联锁保护，防止风机电机超额定电流				
18	3.4.1.6 风机执行器连接机构松脱事故隐患排查		（1）风机执行器连接机构检修或更换后，应对螺母、销钉紧固情况进行复查。（2）机组检修期间对风机执行器连接机构处螺母、销钉进行紧固，螺纹旋入长度及锁紧螺母应旋进到位，存在腐蚀的销钉应及时更换成耐磨耐腐蚀材料销钉	运行中加强对风机执行器连接机构可靠性巡视检查，发现松动时及时对系统进行隔离，对松动部位进行紧固				
19	3.4.1.7 误碰风机事故按钮事故隐患排查		（1）强化作业危险点分析和措施落实，加强对外包单位的培训，提高风险辨识能力，制定完善的"三措两案"，认真做好外包施工现场监护。（2）风机就地事故按钮应设置坚固的防误碰防护措施	—				
20	3.4.1.8 风机失速喘振事故隐患排查		（1）大型锅炉风机应配备有轴承振动、温度报警及失速（喘振）保护装置，所有监视仪表均应定期校准。（2）应定期对风机进行维护检查，特别是动叶可调轴流式风机的动叶螺栓连接、叶片积灰磨损和腐蚀情况，调节机构灵活性、叶片动作一致性，以及实际开度与仪表指示的一致性。（3）对烟风系统设备阻力异常部位进行清灰，降低系统阻力	（1）轴流风机的喘振保护应及时投入，对风机动叶的调整应缓慢、间断操作，不允许连续开（关）。严禁在喘振区内运行风机。（2）运行中定时检查各风机轴承油质、油温、油压、油位等运行参数在正常范围，声光报警系统及保护要可靠准确。（3）运行人员应根据风机风量、风压、电流等运行参数分析实际工况点。轴流式风机应避免所有可能的运行工况落入失速区内运行，				

续表

编号	隐患排查内容	标准分	检修方面	运行方面	评分标准	扣分	存在问题	改进建议
20	3.4.1.8 风机失速喘振事故隐患排查			离心式风机应避免调节门开度在30%以下长期运行。 （4）风机一旦出现失速迹象，应果断调整异常风机的出力，尽快将风机工况点拉回稳定区域，必要时机组降负荷处理。严禁长时间在失速区运行，紧急情况下应停风机处理，避免事故扩大。 （5）并联风机时，待启动风机的隔离门和入口调节门（或叶片角度）均应关闭，如果由于风门泄漏而造成启动前反转时，应采取制动措施。尽量采用同步调节方式，防止"抢风"现象，两台风机的负荷（电流）偏差不能太大，设置两台风机电流偏差大报警。 （6）在任何情况下，当第一台风机运行时的压力高于第二台风机失速临界线的最低压力，禁止启动第二台风机并联。如需并联，则应降低运行风机出力，使其运行点的压力低于失速最低压力点后再启动备用风机进行并联				
21	3.4.2.1 空气预热器驱动装置故障事故隐患排查		（1）回转式空气预热器应设有可靠的停转报警装置，停转报警信号应取自空气预热器的主轴信号，而不能取自空气预热器的马达信号，停转检测测点数量应大于3只，并将停转信号引入控制逻辑中。 （2）检修期间对空气预热器出/入口烟气挡板门进行检查，确保分散控制系统显示、就地刻度和挡板实际位置一致，确保其动作灵活，关闭后严密性良好，以便于单侧空气预热器故障停运时能够有效隔离。 （3）检修期间对空气预热器电动机与减速箱的联轴器等部件进行重点检查，应按照检修规程和技术规范要求规范联轴器连接螺栓安装工艺。 （4）对于采用锁紧盘装置的中心驱动空气预热器，应	（1）定期开展主、辅电机切换试验，及时发现备用设备存在缺陷，确保辅助电机时刻处于良好备用状态，做好主辅电机的联锁保护试验。 （2）空气预热器驱动装置中超越离合器应按照要求定期补充润滑脂，注意对空气预热器驱动装置的巡视检查，尤其应关注主电机工作时，辅电机不应跟转。 （3）通过专业知识培训和仿真机事故演练，切实提升运行人员空气预热器异常事故处理能力和团队协作能力				

编号	隐患排查内容	标准分	检修方面	运行方面	评分标准	扣分	存在问题	改进建议
21	3.4.2.1　空气预热器驱动装置故障事故隐患排查		注意在检修期间检查空气预热器减速机与中心轴锁紧盘,防止锁紧盘紧固螺栓等部件发生松动,造成空气预热器停转。 (5)回转式空气预热器应设有独立的主辅电机、盘车装置。空气预热器驱动装置中主电机与辅电机应能够互为备用,主辅电机运行时均应保证空气预热器运行正常。对于空气预热器主辅电机功率与转速不同、电机切换后无法满足空气预热器正常转速的机组,有条件的情况下可考虑进行空气预热器电机更换。 (6)检修时应对超越离合器进行检查,发现磨损超标应进行更换;注重对空气预热器漏灰的治理,防止漏灰污染超越离合器轴承油脂,影响轴承润滑效果。 (7)加强检修过程质量监督,重要辅机外送检修时应安排专业人员到厂参与解体、回装监督见证;应对检修单位就检修具体项目、质量标准等提出明确要求。对设备返厂检修回装工作应按要求进行质量验收,对可能发生的缺陷应重点检查,做好签证记录					
22	3.4.2.2　空气预热器卡涩事故隐患排查		(1)回转式空气预热器安装完毕后应在冷态下进行不少于 8h 的试运转,每次大修后应进行不少于 4h 冷态试运转,试运转过程中若空气预热器电动机电流摆动幅度较大、就地有明显碰磨刮擦异音时,应检查空气预热器密封装置并进行必要的调整。 (2)加强对空气预热器密封间隙的检查测量。对于采用固定式密封装置的空气预热器,按空气预热器设备技术文件规定的间隙数值进行调整,逐一安装调整密封片,用塞尺多点测量复查密封间隙,密封间隙偏差不大于±0.5mm。对于间隙可	(1)机组升降负荷或者暖风器投/退时,应严格控制空气预热器入口烟温/风温的变化速度(必要时应控制机组升降负荷速率),防止因烟温/风温变化过快造成空气预热器局部不均匀膨胀导致空气预热器卡涩。 (2)对于露天或半露天布置的回转式空气预热器,应加强对空气预热器保温及防雨措施的巡视维护,外界环境温度骤降或雨雪天气时应加强对空气预热器电流波动趋势的监视,必要时加装防雨棚。 (3)运行中注意监视空气预热器电流的变化趋势,如出现空气预热器电流摆动					

编号	隐患排查内容	标准分	检修方面	运行方面	评分标准	扣分	存在问题	改进建议
22	3.4.2.2 空气预热器卡涩事故隐患排查		调的空气预热器密封结构,检修期间应对扇形板位置进行校对,检查扇形板执行机构可靠性,防止运行中扇形板执行机构故障,造成空气预热器卡涩。 (3)加强空气预热器入口烟道内支撑构架的防磨检查,对磨损、腐蚀严重的内支撑进行更换,并在易磨损处加装防磨装置。 (4)检查空气预热器消防水喷淋管防磨护瓦、内部导向支架轨道是否牢固,对松脱的防磨护瓦、支架轨道进行加固或补焊	时应暂停升降负荷操作,及时查明原因进行处理; (4)单台空气预热器跳闸后,应迅速将机组负荷降至45%额定负荷,并严密监视运行侧空气预热器电动机电流和排烟温度的变化趋势,防止运行侧空气预热器因入口烟气流量增大、烟气温度升高发生故障				
23	3.4.2.3 空气预热器轴承损坏事故隐患排查		(1)完善空气预热器检修项目和验收标准,大修期间或发现电流波动异常时对空气预热器支撑轴承、导向轴承、转子垂直度进行检查,对存在问题的轴承部件应及时进行修复或更换。 (2)对于新采购的轴承,按照技术标准进行严格验收,确保轴承质量。 (3)回转式空气预热器主轴与转子垂直度允许偏差应符合要求。采用中心驱动的转子安装应垂直,在主轴上端面测量,水平段允许偏差为0.05mm。对于直径小于等于6.5m的空气预热器,主轴与转子的垂直度允许偏差小于或等于1mm,对于直径大于6.5m空气预热器,主轴与转子的垂直度允许偏差小于或等于2mm。 (4)对于增加空气预热器蓄热元件面积、改造空气预热器密封装置的机组,应对空气预热器减速箱、支撑轴承进行利旧评估	(1)运行期间加强对空气预热器轴承润滑油油位、轴承温度、电动机电流等参数的监视。 (2)定期对轴承润滑油进行取样化验,发现油质指标异常时应采取措施处理。 (3)完善机组RB逻辑并定期进行试验,完善单侧空气预热器跳闸后的处理措施,加强运行人员技能培训、事故预想演练,提高事故处理能力				
24	3.4.2.4 误断空气预热器电源事故隐患排查		(1)空气预热器电源就地控制柜本体、柜内空气开关应贴有名称标识且有警示标识。 (2)空气预热器就地控制柜柜门应上锁,钥匙由运行人员统一保管,检修人员使用时填写借用记录。	—				

编号	隐患排查内容	标准分	检修方面	运行方面	评分标准	扣分	存在问题	改进建议
24	3.4.2.4　误断空气预热器电源事故隐患排查		（3）加强空气预热器吹灰人员专项安全、技术培训工作，提高人员安全意识，补足专业知识短板。 （4）两侧空气预热器动力、控制电源应取自不同的供电母线	—				
25	3.4.3　烟气余热利用系统异常事故隐患排查		（1）对损坏失效催化剂进行更换或再生，降低 SO_2/SO_3 转化率，并开展喷氨优化，提高脱硝效率，降低氨逃逸。 （2）对堵塞严重的低低温省煤器进行高压水冲洗，彻底清除受热面上的积灰，冲洗后必须正确地进行干燥，避免立即启动送引风机进行强制通风干燥，防止炉内积灰被金属表面水膜吸附造成二次污染。 （3）低低温省煤器烟气进口段必须设计有均流装置，出口段也应保证气流均匀，不应导致受热面中存在烟气偏斜流动和涡流现象。 （4）低低温省煤器布置在电除尘器入口水平烟道上时，宜在低低温省煤器出口的底部烟道上设置防水挡板或灰斗，防止泄漏的水流入电除尘器灰斗，避免造成电除尘器故障	（1）控制入炉煤硫分，通过技术经济综合比较，选择合适的入炉煤，并保证煤质掺配均匀，降低燃料的含硫量。 （2）烟气换热器受热面管束应布置有一定数量的吹灰器，优化吹灰频次、吹灰蒸汽参数，保证吹灰效果。 （3）烟气冷却器及烟气再热器应采取再循环或高、低温凝结水混合或辅助加热等系统设计措施，保证在机组启停及低负荷运行时，其进口水温和出口烟温不低于设计要求				
26	3.5.1　输煤系统异常事故隐患排查		（1）燃用易自燃煤种的电厂必须采用阻燃输煤皮带。 （2）运煤系统各建筑物（输煤栈桥、地下卸煤沟及转运站、碎煤机室、拉紧装置小室、驱动站、圆筒仓、煤仓间带式输送机层等）的地面宜采用水力清扫。煤仓间带式输送机层的积尘应采用真空清扫，禁止采用压缩空气吹扫积聚的煤粉。 （3）煤垛发生自燃现象时应及时扑灭，不得将带有火种的煤送入输煤皮带。 （4）煤场、输煤皮带间、输煤栈桥等重点部位配备完善的消防灭火设施，消防喷淋可以实现自动投入	（1）应经常检查清扫输煤系统、辅助设备、电缆排架、控制盘柜、除尘装置等各处的积粉，对输煤皮带间、输煤栈桥及其横梁、取样间、配重间以及有关建筑小室的积粉情况进行全面检查及清理。 （2）输煤皮带停止上煤期间，也应坚持巡视检查，发现积煤、积粉应及时清理。输煤车间积粉清理时，严禁将清理的积粉倒入输煤皮带				

453

编号	隐患排查内容	标准分	检修方面	运行方面	评分标准	扣分	存在问题	改进建议
27	3.5.2 燃油系统异常事故隐患排查		（1）锅炉燃油操作台区域地面应设计为接油槽结构。 （2）燃油操作台及炉前燃油系统的法兰、活接连接面等易发生泄漏部位应增加防飞溅隔离措施。 （3）油管道法兰、阀门的周围及下方，如敷设有热力管道或其他热体，这些热体保温必须齐全，保温外面应包铁皮等金属外护板。检修时如发现保温材料内有渗油时，应消除漏油点，并更换保温材料。 （4）炉前油系统区域应设置视频监控系统，并加强监控画面的切换监视。 （5）炉前油系统区域应有符合消防要求的消防设施，必须备有足够的消防器材，并处于完好的备用状态。炉前油系统区域禁止存放易燃易爆物品。 （6）油枪软管、接头垫片、炉前油管道连接软管等燃烧器区域易损件应定期检查维护更换。油系统法兰禁止使用塑料垫、橡皮垫（含耐油橡皮垫）和石棉纸垫。 （7）规范燃油系统的检修维护工作，完善燃油系统设备检修工作票的安全措施，燃油系统附件检修时应确保燃油管道内无油压后方可动工作。在炉前燃油系统消缺时，不能损坏连接部件，特别是油系统滤网压盖拆卸时，应防止损坏螺纹，出现损坏应及时更换。检修时应采取燃油防滴漏措施并及时清理滴漏燃油，有条件时，宜将滤网结构改为法兰连接。 （8）完善燃油系统设备检修文件包，细化油系统设备的部件、管道、接头、垫片等各个环节的检修工艺要求和标准。检修期间应对燃油系统管道壁厚进行定点测量，以便掌握燃油系统管道腐蚀减薄趋势，并重点检查弯头部位，发现腐蚀减薄超标的管道应进行更换	（1）巡检人员应定期检查炉前油系统平台处、各油枪处渗油漏油情况，油枪投退时应到现场检查确认，发现渗漏点应及时采取隔离措施，并联系检修人员处理。 （2）炉前油系统发生泄漏时，应首先隔离系统，必要时停运燃油泵，待漏点隔离或消除后，方可启动燃油泵运行。 （3）炉前油系统管道上的设备、测量元件更换时，应先对该区域系统进行隔离、泄压、排油。炉前油系统设备更换后，系统充压、投入应缓慢进行，出现漏油现象时应立即切除系统，并采取措施消除缺陷				

续表

编号	隐患排查内容	标准分	检修方面	运行方面	评分标准	扣分	存在问题	改进建议
28	3.6.1　捞渣机异常事故隐患排查		（1）加强设备维护，对液压油站、连接件、刮板、张紧轮、清扫链、人孔门定期检查维护，储备重要部件的备品备件。 （2）除渣系统故障需要退出运行进行检修时，应降低机组负荷至安全负荷（建议降至机组稳燃负荷），防止炉渣在炉内堆积过多。 （3）对于清扫链斜坡处易积灰的除渣系统，应降低清扫链系统提升段坡度，消除干式除渣机清扫链提升处的积灰。 （4）加强对捞渣机液位测量元件的校准维护，对捞渣机自动补水逻辑进行梳理和完善，并定期试验；发生上槽体水位低事件时，应就地确认补水泵是否正常联启和水位是否回升至正常	（1）当煤质偏离设计值时，应对除渣系统进行运行安全的分析评估。当入厂煤和入炉煤灰分发生重大变化时，应对除渣系统出力进行校核，根据需要制定防范措施。 （2）运行人员应密切关注锅炉燃煤灰分变化和结渣情况，根据除渣系统出力控制机组燃料量和机组负荷，入炉煤灰分过高，出现冷灰斗灰渣堆积苗头时，要及时降低机组负荷。有条件时，应及时调换煤种。 （3）完善炉底关断门控制方式，实现各炉底关断门的单独控制。当渣斗及锅炉冷灰斗发生灰渣堆积后，再次投入除渣系统时，应根据除渣系统运行情况，顺序、逐个控制炉底关断门开启，以减少除渣系统再次投入时的炉渣量				
29	3.6.2　省煤器灰斗事故隐患排查		（1）省煤器灰斗及其支撑和悬吊部件应严格按照设计图纸施工。 （2）省煤器灰斗应设置料位计，料位不正常时应有声光报警。 （3）灰斗上应设置紧急卸灰口，并保证能够正常打开。 （4）检修期间对灰斗的支撑、钢结构、焊缝质量、腐蚀情况进行检查	（1）加强运行监视，根据煤种及负荷变化，及时调整仓泵下料时间。 （2）当输灰不畅时，立即进行自动清堵或人工清理，必要时降低机组负荷				
30	3.6.3　冷渣机异常事故隐患排查		（1）冷渣机冷却水侧应设计安全阀，安全阀与筒体汽水侧之间不应设置隔离门，安全阀应定期校验，保证安全阀动作值准确、泄压管路保持畅通。 （2）增加必要的压力表、温度表，完善流量计量系统，设置循环冷却水最小流量保护装置，循环冷却水流量测量应采取性能可靠的元件，并定期校验。投运前应确保各种保护已经正确、有效地投用	（1）完善冷渣机启、停操作卡项目内容，严格执行设备启动前检查程序。 （2）冷渣机投入前，应确认冷却水进/回水阀门有效开启，先投入冷却水后排渣，若冷渣机发生异常情况，应及时停止排渣，使冷渣机退出运行				

编号	隐患排查内容	标准分	检修方面	运行方面	评分标准	扣分	存在问题	改进建议
31	3.7.1 启停操作异常事故隐患排查		—	（1）强化作业危险点分析和措施落实。完善作业危险点分析管理制度，明确各级人员的职责；值长、主值班员要把好关，部署、安排工作时要选用胜任的人做相应的工作。操作时认真核对操作项目，确认无误后再操作，对应的操作要依据权限且及时向机长、值长进行汇报。运行人员当班时要集中精力，尤其在交接班时有序交接。 （2）严格执行"两票三制"制度，加强《电力安全工作规程》《运行规程》《反事故措施》及非停事故案例等的培训、考核，通过仿真模拟等方式切实提高运行人员对于事故应急处理能力，消除实操盲区，完善培训考核体系，细化"师徒协议"职责，明确连带责任。 （3）机组在进行设备改造后，应及时对运行规程等进行修订。针对设备改造后的运行特性，制定并完善相应的技术措施，开展相关的技能培训，提高运行人员操作水平。 （4）锅炉启动前，应逐项梳理并投入相关仪表、各种联锁及保护。大、小修后或锅炉停运一个月以上的锅炉启动前应进行联锁及保护试验（含静态、动态试验），联锁及保护试验动作应准确、可靠。严禁无故退出联锁及保护，若因故障需退出时，应履行审批手续，并限期恢复，退出时间一般不超过 8h。联锁及保护退出期间，应采取防护措施，运行人员必须知晓并有预案。 （5）给水系统运行操作中，应根据锅炉升负荷需要确定适宜的给水旁路切换至主路的时机（一般在锅炉负荷 20%BMCR 前切换），防止切换时机不当造成汽包水位或给水流量大幅波动。				

编号	隐患排查内容	标准分	检修方面	运行方面	评分标准	扣分	存在问题	改进建议
31	3.7.1　启停操作异常事故隐患排查		—	（6）锅炉机组负荷达到20%BMCR前，宜投入高压加热器，以提高给水温度，防止锅炉在湿态转干态运行时水煤比严重失调，造成水冷壁超温。 （7）机组升降负荷时应严格按照运行规程的要求进行操作，控制机组升降负荷速率，控制增、减煤量操作幅度，避免机组参数出现过大波动。机组升降负荷时应尤其注意汽包水位、主汽压力、汽温、氧量等重要参数的变化情况，如出现汽包水位模拟量测量值波动较大、测量值偏差较大时应暂停增减煤量操作，并注意综合主汽压力、给水流量、蒸汽流量、总煤量等参数判断水位变化情况，稳步操作。投退磨等重要操作应避免煤量过大起伏。 （8）开展机组协调控制优化，提高机组自动化水平，减少人员手动操作				
32	3.7.2　锅炉水塞异常事故隐患排查		（1）每隔1.5万～3万h对减温器进行内部检查，喷头应无脱落、喷孔无扩大，联箱内衬套应无裂纹、腐蚀和断裂，发现喷孔堵塞或喷头断裂等异常情况及时消除。 （2）日常做好减温水阀门内漏缺陷的排查，检修期间对存在内漏、调节线性差的减温水调节门进行修复或更换	（1）从检修及运行两方面制定启动过程中防止受热面水塞的专项技术措施并严格执行。 （2）锅炉停炉时应利用余热、热风将积水烘干。正常停炉或事故停炉冷却采用热炉带压放水方式，汽包压力0.8～1.6MPa开始放水，将炉水迅速放尽，利用停炉后的余热烘干对流过热器管束内的积水，待空气门无白汽冒出4h后，方可进行自然冷却。 （3）锅炉启动过程中应严格按照运行规程和启动曲线的要求控制升温、升压速率，逐步增加燃料量，使炉膛均匀受热。锅炉点火期间启动分离器出口汽温、汽压变化速率控制在制造厂规定范围内。 （4）锅炉点火过程中，应以保证炉内热偏差最小为原则，对称投运点火器。一般角式布置的燃烧器宜对				

编号	隐患排查内容	标准分	检修方面	运行方面	评分标准	扣分	存在问题	改进建议
32	3.7.2 锅炉水塞异常事故隐患排查			角成对投入，前后墙布置的燃烧器宜按炉膛左右对称投入。 （5）锅炉启动过程中，应加强过热器、再热器受热面排空、疏水，确保暖管效果，直至各受热面金属壁温均匀，避免水塞。π型锅炉水压试验后启动时，为烘干受热面内的积水，应延长点火至汽轮机冲转之间温升时间，控制汽温温升率在0.5℃/min，最大不超1℃/min。 （6）减温水总门、调节阀应严密。锅炉启动初期减温水未投用时，如发现减温水管道电动截止阀内漏时，应采取就地手动关闭该阀门或临时关闭阀前手动截止阀的方式进行隔离，防止减温水漏入喷水减温器。 （7）锅炉启动初期，应开启旁路。汽轮机冲转前，应通过增加旁路蒸汽流量等方式控制受热面管壁温度，尽量避免采取喷水减温的调节手段控制壁温。如因锅炉主蒸汽温度高，需投减温水时，优先投用一级减温水，机组10%BMCR负荷以下时尽量不用（或少用）过热器二级减温水，减温后的蒸汽温度应至少高于对应压力下的饱和温度20℃。运行中注意监视减温水流量、减温器出口蒸汽温度（不允许接近或低于相同压力下的饱和蒸汽温度）。启动或低负荷运行时，不得投入再热蒸汽减温器喷水。 （8）低负荷投运减温水后应密切监视受热面壁温，壁温变化不宜超过5℃/min				
33	3.7.3 锅炉系统监视及切换异常事故隐患排查		—	（1）锅炉设备定期轮换试验工作应执行分级管理制度，应提高对锅炉重要设备定期试验工作的监护等级。				

编号	隐患排查内容	标准分	检修方面	运行方面	评分标准	扣分	存在问题	改进建议
33	3.7.3　锅炉系统监视及切换异常事故隐患排查		—	（2）设备切换应征求值长同意，与相关部门联系妥当，并向设备切换执行人交待清楚任务及安全措施，做好危险点分析及预控措施。 （3）设备切换必须填写操作票，认真执行设备运行规程规定，严格遵守操作监护制度，确保设备切换工作顺利进行。 （4）设备切换时主控与就地值班员应保持联系畅通，接到值班员的许可后方可下令操作；操作前主控和就地值班员必须核对停止设备的双重编号，防止人为误操作。 （5）设备切换过程中，发现设备存在缺陷应立即停止切换并保持原设备运行，及时联系检修人员处理；若短时不能消除，不得强行切换，应采取必要的安全措施并加强监视，做好记录。 （6）设备切换时，如果出现机组异常情况，应立即停止切换操作。 （7）具有远方启停功能的设备定期轮换试验工作，必须派人到现场确认设备的启停状态正常，同时必须与控制室保持通信畅通。 （8）切换前检查待启设备系统正常、阀门状态正确，切换后应对设备状态认真分析、定时复查，若发现异常应及时切换回正常设备，待原因分析清楚、异常消除后再执行。 （9）进行辅机切换时，启动备用设备后确认设备系统运行正常，方可停运原运行设备，并尽快投入备用联锁。 （10）对机组 RB 动作的逻辑组态进行排查梳理和优化，择机进行机组 RB 试验，做好单侧辅机跳闸后的事故预想，完善单侧辅机跳闸的处理措施				

附录 A-4 汽 轮 机

编号	隐患排查内容	标准分	设备维护	运行调整	评分标准	扣分	存在问题	改进建议
	4 汽轮机专业重点事故隐患排查		【涉及专业】汽轮机、金属，共202条					
1	4.1.1.1 汽轮机缸内动静碰磨导致振动隐患排查		【涉及专业】：汽轮机，共9条 （1）检修或汽封改造时，应将端部汽封间隙调整均匀，间隙不得小于0.25mm。（在机组检修及通流部分和局部汽封改造时，加强汽封选型和工艺控制，汽封间隙应严格按照设计指标调整，并充分考虑深度调峰对振动的影响，防止出现过度追求热耗造成间隙过小，以及因调整不当造成启动困难与轴系振动大等问题。） （2）检查低压轴封供汽母管温度测点与喷水减温器的距离是否符合 DL 5190.4《电力建设施工技术规范第4部分：热控仪表及控制装置》的要求。 （3）规范轴系中心调整，转子中心和组合晃度应严格按照制造厂规定的标准验收。 （4）对轮螺栓连接时，记录对轮螺栓重量、螺栓与螺栓孔配合尺寸、螺栓冷紧弧长，符合制造厂要求。 （5）汽轮机通流间隙应采取全实缸的办法进行调整和验收，对于低压缸轴承箱采取一体式布置在排汽装置的机组必须采用全实缸的方法对整体通流间隙进行验收。 （6）汽轮机滑销系统应建立台账并纳入滚动维护计划。高中压缸滑销系统维护项目应结合机组检修以及机组膨胀情况综合确定，需要定期加注润滑脂的滑销系统以及低压缸滑销系统应在C级检修中进行检查。 （7）检查滑销系统各个滑动部件、止动部件是否被保温覆盖，应确保滑销系统滑	【涉及专业】：汽轮机，共7条 （1）启停机过程中应细化运行操作： 1）启动或低负荷工况，再热器喷水减温操作，应制订技术措施，明确投入条件和参数限制条件； 2）锅炉灭火或汽轮机甩负荷、停机时立即切断主再热汽减温水； 3）根据机组实际情况，制定汽轮机闷缸措施，运行人员应熟悉和掌握并定期演练； 4）启动过程中定时记录机组缸胀、差胀以及轴位移等涉及到汽轮机保护的重要参数，建立参数台账并进行历次启动过程的比对； 5）停机后定时记录汽缸金属温度、大轴弯曲、盘车电流、汽缸膨胀等重要参数，直到机组一下次热态启动或汽缸金属温度低于150℃为止。 （2）机组运行中应保证轴封运行正常 1）保证低压轴封蒸汽有足够的过热度； 2）机组低负荷或深度调峰时段，凝结水泵出口压力应满足轴封减温水雾化的要求； 3）轴封系统运行过程中应保证供汽、回汽管路疏水畅通。 （3）运行巡检定期检查滑销系统滑动部件、止动部件正常。 （4）重点监视机组停机过程中振动变化，如振动持续上升，应破坏真空，缩短机组停机时间。 （5）运行中曾经出现过动静碰磨现象的机组，运行人				

编号	隐患排查内容	标准分	设备维护	运行调整	评分标准	扣分	存在问题	改进建议
1	4.1.1.1 汽轮机缸内动静碰磨导致振动隐患排查		动部件和止动部件具备目视检查条件。 （8）抽汽逆止门应列入检修滚动计划，保证开关灵活、关闭严密。 （9）轴封减温水雾化喷嘴应在 C 级检修中进行检查，保证轴封减温水喷嘴雾化效果良好，避免轴封蒸汽带水，轴封套变形引起碰磨	员应熟悉机组的振动特征，并制定相应技术措施。 （6）设置有转子相对振动监视的机组，应优先设置转子相对振动报警和保护。 （7）严格控制机组汽轮机上、下缸温差，外缸上、下缸温差不超过 50℃，内缸上、下缸温差不超过 35℃。上下缸温差存在异常时应分析原因并制定防范措施				
2	4.1.1.2 汽轮机缸外动静碰磨导致振动隐患排查		【涉及专业】：汽轮机，共2条 （1）轴封漏汽量大、油挡存在渗油痕迹，轴瓦振动异常的机组，应在 C 级检修时检查、清理油挡，治理轴封漏汽，防止油挡部位积碳； （2）检修应检查对轮护罩与对轮之间间隙、焊缝及连接螺栓牢固性，防止护罩与对轮发生碰摩	【涉及专业】：汽轮机，共1条 提前制定防范异常振动措施，振动异常变化时进行原因分析，并迅速执行措施预案				
3	4.1.1.3 汽轮机油膜振荡导致振动隐患排查		【涉及专业】：汽轮机，共3条 （1）轴瓦回装应检查并记录轴瓦紧力、间隙，防止瓦盖松动导致振动异常； （2）轴承检修应重点检查轴瓦接触角和瓦枕底部垫铁接触面积，超过标准要求及时进行处理； （3）汽轮机润滑油系统应确保油温油压测点准确，确保冷油器清洁无泄漏，确保冷却水门操作灵活	【涉及专业】：汽轮机，共2条 （1）根据油温和轴振之间的变化趋势，明确润滑油温度控制上限和下限； （2）设置油温低限声光报警，防止润滑油温低造成油膜涡动				
4	4.1.1.4 汽轮机汽流激振导致振动隐患排查		【涉及专业】：汽轮机，共2条 （1）高中压前二级和过桥汽封通流间隙不宜过小，防止转子因汽流扰动出现异常激振力。端部轴封间隙不宜过小，避免动静擦出现后故障状态恶化。 （2）负荷变化过程中高中压转子轴振与汽门开度存在一定关联的机组，应委托有资质的单位开展汽轮机调节汽门阀序优化试验	【涉及专业】：汽轮机，共1条 机组振动发生异常（特别是 1 号、2 号轴承），应迅速降负荷至振动稳定工况下，防止汽流激振加剧振动				

续表

编号	隐患排查内容	标准分	设备维护	运行调整	评分标准	扣分	存在问题	改进建议
5	4.1.1.5 汽轮机转子部件脱落导致振动隐患排查		【涉及专业】：汽轮机，共3条 （1）机组大修中必须检查平衡块固定螺栓、各轴承和轴承座螺栓的紧固情况，保证各联轴器螺栓的紧固和配合间隙完好，并有完善的防松措施。 （2）检修中开展与检修级别相对应的通流部件检查和金属检验工作，重点对高中压转子前两级动叶和末级动叶、低压转子末三级动叶的叶根/叶身/轴向键槽/围带等进行无损检测，对隔板/隔板套/喷嘴等部位进行表面检验，对低压末三级叶片进行静频率测试。供热机组和深度调峰机组应增加对汽轮机末级叶片、排汽导流环的检查频率。 （3）机组检修时应检查对轮护罩与对轮的间隙及焊接焊缝、连接螺栓牢固性，防止护罩与对轮发生碰摩	—				
6	4.1.2 汽轮机轴向位移异常隐患排查		【涉及专业】：汽轮机，共3条 （1）新建机组应与制造厂核实轴系轴向推力计算值，防止调速汽门卡涩或补汽阀开启时导致轴向推力增大，严防推力轴承损坏。 （2）轴承解体工作过程中应做好标记，防止回装错误造成轴瓦损坏。 （3）高中压平衡盘汽封调整应考虑对机组振动和轴向推力的影响，汽封间隙不宜过小	【涉及专业】：汽轮机，共2条 （1）旁路调整应避免短时间内大幅度调整，防止发生转子轴向状态突然变化。 （2）机组启动、停机和运行中要严密监视推力瓦、支承瓦钨金温度和回油温度。温度超过标准要求应按规程果断处理				
7	4.1.3 汽轮机本体其他异常隐患排查		【涉及专业】：汽轮机、金属，共3条 （1）规范螺栓紧固和拆卸工艺，使螺栓紧力偏差尽可能分布均匀。 （2）机组A修时应对高中压缸中分面螺栓进行100%金属检验。 （3）长期停备机组检修维护周期除了应考虑运行小时数之外，也应考虑易损部件的寿命周期	—				

编号	隐患排查内容	标准分	设备维护	运行调整	评分标准	扣分	存在问题	改进建议
8	4.2.1　润滑油系统管道阀门异常隐患排查		【涉及专业】：汽轮机、金属，共6条 （1）定期检查汽轮机主油箱内部管道焊口、支吊架状态、管道法兰紧固情况；定期检查润滑油、密封油冷却器油侧、水侧密封胶条，必要时更换； （2）主油箱内部管道焊缝、射油器管道法兰焊口探伤检测列入技术监督工作计划，同时对支吊架进行检查调整。 （3）润滑油系统中的泄油螺丝、堵丝、堵帽等，应有可靠的防松脱措施。 （4）油系统管道应能保证各种运行工况下自由膨胀，应定期检查和维修油管道支吊架。 （5）润滑油系统和密封油系统检修应检查各油泵出口逆止门，管道溢流阀和油系统试验模块。 （6）润滑油系统阀门应采用明杆门，并有开、关指示	【涉及专业】：汽轮机，共3条 （1）机组启动、停机和运行中要严密监视推力瓦、轴瓦钨金温度和回油温度。当温度超过标准要求时，应按规程规定果断处理。 （2）润滑油过滤器切换操作应有防止漏油的风险预控措施。 （3）润滑油系统异常应及时进行检查，必要时扩大检查范围谨慎进行油泵操作，防止事故进一步扩大				
9	4.2.2　润滑油泵异常隐患排查		【涉及专业】：汽轮机、金属，共5条 （1）检修应加强对主油泵齿形联轴器的检查，重点检查主油泵泵轴与齿套的对中情况、挡环与套齿止口间隙、联轴器的排油孔径、泵轴与齿套材质硬度，防止主油泵泵轴的齿形联轴器断开。 （2）规范主油泵定期维护，A修对主油泵进行解体检修，对主油泵叶片固定销钉、主油泵挡油环等重要部件进行检查。 （3）直流润滑油泵的直流电源系统应有足够的容量，其各级保险应合理配置，防止故障时熔断器熔断使直流润滑油泵失去电源。 （4）定期（建议每年一次）对蓄电池和直流系统（含逆变电源）及柴油发电机组进行检测、试验和维护，确保主机交、直流润滑油泵和主要辅机油泵供电可靠。	【涉及专业】：汽轮机，共2条 （1）油系统运行设备的投停、切换操作（如冷油器、油泵、滤网等），应在监护下按操作票进行，过程中严密监视润滑油压的变化，如有异常应立即停止操作。 （2）润滑油泵切换操作时应有防止漏油的风险预控措施				

463

续表

编号	隐患排查内容	标准分	设备维护	运行调整	评分标准	扣分	存在问题	改进建议
9	4.2.2　润滑油泵异常隐患排查		（5）涉及机组安全的重要设备应有独立于分散控制系统的硬接线操作回路。汽轮机润滑油压力低信号应直接送入事故润滑油泵电气启动回路，确保在没有分散控制系统控制的情况下能够自动启动，保证汽轮机的安全					
10	4.2.3　润滑油系统辅助设备异常隐患排查		【涉及专业】：汽轮机，共3条 （1）临时滤油机及其附属设备应选择质量可靠产品，对于超过使用年限的机械以及电气元件等应及时更换，防止临时滤油机漏油着火。 （2）滤油机更换滤芯部件，将滤油机系统与润滑油系统隔离，保证严密。 （3）润滑油模拟量和保护开关不在同一水平面时，应对模拟量进行液位高差修正	【涉及专业】：汽轮机，共2条 （1）临时滤油机不应采用橡胶软管连接，工作时应安排专人值守。 （2）机组启动前应验证润滑油母管模拟量与保护开关量是否相同，如有偏差应配合热工人员进行调整				
11	4.3.1　AST系统异常隐患排查		【涉及专业】：汽轮机，共2条 （1）A修应将AST电磁阀组解体检修列入标准项目，检查电磁阀、节流孔以及逆止阀等重要组件，冲洗油管路。 （2）冷态启动前应完成所有静态试验且结果正确，试验结果异常应分析原因并对调节保安系统各部件进行检验，包括AST及OPC电磁阀组、隔膜阀、节流孔、单向阀等	【涉及专业】：汽轮机，共2条 （1）运行人员进行AST电磁阀组试验前，应确定远传和就地ASP油压正常方可进行试验。定期对ASP油压、隔膜阀油压分析比较。 （2）完善AST电磁阀活动试验、ETS通道试验等自动遮断系统各项试验操作票，试验过程风险点分析应全面、应急措施应准确				
12	4.3.2　汽门控制装置异常隐患排查		【涉及专业】：汽轮机，共4条 （1）A修应将伺服阀（包括各类型电液转换器）清洗、检测等维护工作列入维护标准项目。 （2）OPC、AST系统油管道、阀门距离热源较低的，应定期对管道和阀门进行检查清理。 （3）主汽阀、调节汽阀氧化皮清理工作应严格按照制造厂要求的时间间隔进行。	【涉及专业】：汽轮机，共1条 应将调门指令反馈偏差以及OPC油压异常列入重要声光报警信号，并制定伺服阀异常时防非停技术措施				

编号	隐患排查内容	标准分	设备维护	运行调整	评分标准	扣分	存在问题	改进建议
12	4.3.2　汽门控制装置异常隐患排查		（4）A 修应检查主汽阀、调节阀操纵座弹簧，对弹簧的刚度、伸长量进行检查试验，不符合要求的应更换					
13	4.3.3　抗燃油泵异常隐患排查		【涉及专业】：汽轮机，共 2 条 （1）EH 油压低联启抗燃油泵信号应冗余设置，EH 油母管应设置压力变送器。 （2）EH 油泵入、出口应设置隔离阀，入口滤网在线更换以及油泵泄漏时应能及时隔离。EH 油泵厂家出厂资料应包括泵轴金属检验报告，A 修应将 EH 油泵泵轴联轴器处的无损检测列入标准维护项目	【涉及专业】：汽轮机，共 4 条 （1）按照 DL/T 1055《火力发电厂汽轮机技术监督导则》要求进行汽门关闭时间测试、抽汽逆止门关闭时间测试、汽门严密性试验、超速保护试验、阀门活动试验。 （2）EH 油系统泄漏且无法进行隔离处理时，应立即申请停机处理。 （3）梳理 EH 油泵启停逻辑，避免出现油泵频繁启停的情况。 （4）机组启动前应进行 EH 油泵静态联启和切换试验				
14	4.3.4　抗燃油系统管道异常隐患排查		【涉及专业】：汽轮机、金属，共 7 条 （1）定期对 EH 油管道进行振动和碰磨排查并建立管道异常振动台账，振动异常的部位或管路应采取固定、支撑、柔性改造等措施，将异常振动管道焊口列入最近一次计划检修检测范围。 （2）EH 油管道焊缝的滚动检验计划应严格执行并规范验收，一个 A 修周期内应完成全部焊口检测工作。 （3）EH 油管路中插入式焊口应在滚动检验计划中扩大检验比例。 （4）对 EH 油管路存在应力集中结构（变径、结构突变）部位的焊口应扩大滚动检验计划中的比例，并结合管道振动进行无损检测。 （5）EH 油管路和设备不得接触或靠近热体，绝热措施良好，保证油管外壁与蒸汽管道保温层外表面有不小于 150mm 的净距。 （6）EH 油系统应配置在线油净化装置并可靠投运，	【涉及专业】：汽轮机，共 1 条 机组启动前应在静态方式下进行调节保安系统各项试验，记录试验过程中油压波动				

编号	隐患排查内容	标准分	设备维护	运行调整	评分标准	扣分	存在问题	改进建议
14	4.3.4 抗燃油系统管道异常隐患排查		EH油滤网应定期维护并能实现滤网在线更换。 （7）机组启动前调节保安各项静态试验过程中EH油压波动数值应符合规程要求，达不到要求的抗燃油泵及抗燃油管道、蓄能器应择机进行扩容					
15	4.3.5 抗燃油系统密封圈损坏隐患排查		【涉及专业】：汽轮机，共4条 （1）密封圈等密封件到货后应进行质量验收，应满足材质、尺寸等方面的要求。 （2）对厂内现有密封圈备件定期进行质量检查并建立设备台账，存在毛刺、划痕等外观缺陷或硬化的密封圈应及时淘汰。 （3）A修时应对所有解体维护部件的密封圈进行更换，密封圈复装过程应进行现场监督并规范验收技术管理。 （4）应特别注意抗燃油管路法兰螺栓安装质量，确保螺栓紧固均匀、力矩符合要求	【涉及专业】：汽轮机，共1条 针对EH油泄漏情况，应制定技术措施，无法及时隔离泄漏设备应进行停机，防止事故进一步扩大				
16	4.3.6 危急遮断系统异常隐患排查		【涉及专业】：汽轮机，共5条 （1）危急遮断系统手动打闸手柄（按钮）应设置有保护罩，保护罩应与手柄保持一定距离，防止发生碰撞。 （2）A修应将危急遮断系统部件列入维护标准项目，具备条件的电厂可考虑将危急遮断器送返汽轮机厂进行维护。 （3）主油泵轴瓦及油挡各部间隙应符合技术规范要求，防止主油泵润滑油泄漏至危急遮断系统引起飞锤误动。 （4）保安油系统管道焊缝应列入滚动检验计划，一个A修周期内应完成全部焊口探伤检测工作。 （5）每年对隔膜阀进行外观检查，A修对隔膜阀进行解体检修，检查膜片、弹簧、紧固螺栓等部件，隔膜阀堵丝应安装止退销或采取其他防松脱措施	【涉及专业】：汽轮机，共2条 （1）危急遮断系统检修后应进行机械超速试验。 （2）巡检应记录隔膜阀压力				

编号	隐患排查内容	标准分	设备维护	运行调整	评分标准	扣分	存在问题	改进建议
17	4.4.1 给水泵汽轮机异常隐患排查		【涉及专业】：汽轮机、金属，共 4 条 （1）给水泵汽轮机调门应按照厂家要求定期进行维护，重点对门杆进行检查检验。 （2）给水泵汽轮机执行机构和油动机螺栓、托架、紧固销、防转销钉等应纳入点检和正常运行巡视项目。 （3）设置一台 100% 容量给水泵的机组，应将给水泵及驱动汽轮机纳入 TDM 监测范围。 （4）给水泵汽轮机的叶片检查以及无损检测应列入给水泵汽轮机解体检修标准项目，并将检查结果更新至转子台账	【涉及专业】：汽轮机，共 1 条 给水泵汽轮机调门目标指令与实际指令偏差大应设置报警，避免调门卡涩或偏差异常导致运行方式变化引起机组运行工况异常变化				
18	4.4.2 给水泵汽轮机调速系统异常隐患排查		【涉及专业】：汽轮机、热工，共 5 条 （1）A 修应检查更换给水泵汽轮机调节保安系统密封圈，调节保安系统的密封圈装配应进行旁站监督。调节保安系统检修工序卡增设节流孔清理复装质量见证点。 （2）A 修应对给水泵汽轮机调门伺服阀进行清洗、检测、更换等维护工作。 （3）给水泵汽轮机遮断电磁阀电源应冗余可靠，电磁阀两个通道电源应配置在不同电气段上。 （4）针对多次出现故障的伺服部件应调研并分析是否存在家族性缺陷，缺陷若可通过改造消除则适时进行技术改造，若无法消除则应尽快进行伺服部件更换。 （5）通过现场试验重新校核主机、给水泵汽轮机润滑油系统蓄能器厂家给定的压力整定值，以及备用泵联启延迟时间定值，每年结合检修机会进行一次蓄能器充氮压力检测，严防油泵切换过程中润滑油压低或断油	【涉及专业】：汽轮机，共 3 条 （1）汽动给水泵组冷态启动前应通过静态试验对调节保安系统各部件进行检验并将试验结果列入验收质检点。 （2）电动给水泵备用状态下力耦合器勺管开度应跟随机组负荷或给水流量变化，电动给水泵启动过程中不应出现重要电动辅机因电压异常而停运。 （3）给水泵汽轮机启动前应对交流油泵切换时调节油母管最低压力进行记录，保证调节油最低压力高于速关阀动作值				

编号	隐患排查内容	标准分	设备维护	运行调整	评分标准	扣分	存在问题	改进建议
19	4.4.3 给水泵汽轮机汽源异常隐患排查		【涉及专业】：汽轮机、热工，共6条 （1）给水泵汽轮机应设置可靠的、快速投入的高压备用汽源。 （2）四抽至辅汽联箱以及冷段至辅汽联箱供汽调门、逆止门应定期进行检查。启动前应验证调门灵活可靠，停机前应结合运行参数分析逆止门关闭是否严密。 （3）深度调峰机组，可考虑增加电动给水泵备用逻辑。 （4）给水泵汽轮机供汽管道逆止门应列入年度检修维护标准项目，并将其设为三级验收质检点。 （5）检查给水泵汽轮机备用汽源及其自动投入逻辑的可靠性。备用汽源管道未设计疏水导致汽源无法热备用的，应利用机组检修机会进行改造。 （6）应定期检查四抽至除氧器逆止门，确保逆止门动作灵活、关闭严密	【涉及专业】：汽轮机，共5条 （1）完善给水泵汽轮机汽源切换操作票，防止切换过程蒸汽压力、温度异常造成给水流量大幅波动； （2）深度调峰期间进行重要设备、阀门操作时，人员应在现场监控，阀门卡涩时能够及时手动操作。 （3）深度调峰期间为防止给水泵出口流量过低，可提前开启给水泵再循环门。 （4）深度调峰机组在低负荷期间，应保证给水泵汽轮机汽源参数稳定，防止辅汽、四抽、冷再压力的剧烈波动。 （5）制定给水泵汽轮机调门突开突关、汽源品质（压力、温度）突降、给水流量大幅波动应急预案并进行演练				
20	4.4.4 汽动给水泵异常隐患排查		【涉及专业】：汽轮机，共3条 （1）给水泵轴承挡油套应列入A（B）修标准项目进行检查。 （2）挡油套设计为随轴转动的给水泵，定期观察挡油套固定情况，并将其列入年度检修标准项目。 （3）严格按照给水泵检修周期对给水泵进行定期维护	—				
21	4.4.5 电动给水泵异常及隐患排查		【涉及专业】：汽轮机，共4条 （1）定期进行液力耦合器油质化验监督，防止杂质进入勺管导致卡涩。 （2）液力耦合器检修应对勺管导向键进行检查，必要时进行维护或更换，调整电动执行机构转角位置，使其处于安全且能行使功能的位置。 （3）油系统滤网应列入年度检修标准维护项目并将验收设为质检点进行验收，滤网差压宜设模拟量监视。	【涉及专业】：汽轮机，共2条 （1）液力耦合器工作油温应设置报警。 （2）备用电动给水泵耦合器勺管应跟踪运行给水泵勺管开度				

编号	隐患排查内容	标准分	设备维护	运行调整	评分标准	扣分	存在问题	改进建议
21	4.4.5　电动给水泵异常及隐患排查		（4）长期运行的电动给水泵，建议在 C 修时更换易熔塞					
22	4.4.6　高压加热器、除氧器异常隐患排查		【涉及专业】：汽轮机、金属，共 7 条 （1）修编完善高加进出口阀门、旁路阀门、抽汽阀门及其执行机构检修作业文件包，将阀门修后传动定限位工作列入质检计划。 （2）加热器正常疏水调节阀前后（管道变径处）易冲刷的大小头、弯头和三通处及减压阀后直管段应列入机侧弯头统计台账并依据滚动计划进行检测。 （3）易引起汽水两相流的疏水管道与母管相连的角焊缝、母管开孔的内孔周围、弯头等部位应列入滚动检验计划并在一个 A 修周期内完成检验。机组运行 100000h 后检验结果出现壁厚减薄超标，其管道、弯头、三通和阀门宜结合检修全部更换。 （4）加热器筒体、汽侧进口防冲刷板、疏水弯头、大小头壁厚和焊缝检测应列入滚动检验计划。 （5）加热器水室分程隔板点焊方式应满焊，水室分程隔板为螺栓连接的应根据垫片冲刷泄漏情况及时更换垫片。 （6）高低压加热器、除氧器、轴封加热器及热网加热器的水位计接管座焊缝金属检测应为机组 A 修标准项目。 （7）每年对加热器、除氧器安全阀连接法兰及垫片进行外观检查	—				
23	4.4.7　给水系统管道异常隐患排查		【涉及专业】：汽轮机，共 3 条 （1）给水泵出口逆止门、再循环调节阀应列入年度检修标准项目。重点检查再循环调阀阀杆螺纹无损伤、润滑脂适量、减速器输出轴（或轴套）旋转灵活、均匀。	【涉及专业】：汽轮机，共 4 条 （1）冷态测量给水泵再循环门开启时间，正确设置给水泵流量低保护动作值和延时时间。 （2）给水系统发生汽水外漏，不能判断事故位置或无法进行隔离时应立即停机。				

编号	隐患排查内容	标准分	设备维护	运行调整	评分标准	扣分	存在问题	改进建议
23	4.4.7 给水系统管道异常隐患排查		(2) 前置泵、给水泵入口滤网应设有差压监测和报警装置。前置泵、给水泵入口滤网应列入年度标准维护项目并质检点验收。 (3) 给水泵暖管管道、放空气管道应列入防磨防爆滚动检验计划	(3) 供热机组可采用主蒸汽流量作为给水泵切换限制条件。 (4) 给水泵启停应安排人员就地观察给水泵出口逆止门和电动门状况，必要时手动调整保证全开				
24	4.5.1 蒸汽管道异常隐患排查		【涉及专业】：汽轮机、金属，共4条 (1) 蒸汽管道材质应符合设计及实际运行工况的要求，管道弯头及焊缝统计台账应每年进行更新，并据此制定滚动检验计划。 (2) 一个A修周期内应完成支吊架的检查，发现异常的支吊架及时调整。 (3) C修应将低压抽汽膨胀节检查列入检修标准项目。 (4) 建立高温、高压管道温度测点套管统计台账并及时更新，制定滚动计划，一个A修周期内对温度测点接管座及焊口完成检测	【涉及专业】：汽轮机，共2条 (1) 检修结束后或临时消缺结束后，应检查阀门开关位置状态，防止阀门异常导致机组故障。 (2) 可能影响主设备安全的设备及管道附件发生异常时，应立即停机检查				
25	4.5.2 蒸汽疏水管道异常隐患排查		【涉及专业】：汽轮机、金属，共2条 (1) 对于易引起汽水两相流的疏水管道，应重点检查其与母管相连的角焊缝、母管开孔的内孔周围、弯头等部位的裂纹和冲刷。 (2) 应建立汽轮机小管径汽水管道台账，统计范围包括：管道材质、焊口位置、弯头位置及数量、变径管道位置及数量，以及直管段危险点数量位置	—				
26	4.6.1 凝结水系统异常隐患排查		【涉及专业】：汽轮机，共4条 (1) 凝结水泵泵体抽空气管道不得采用母管进入凝汽器，两台凝结水泵排空气管应单独接入凝汽器。 (2) C修应将凝结水泵入口滤网及膨胀节列入维护标准项目，必要时进行	【涉及专业】：汽轮机，共2条 (1) 每次机组启动对凝补水设备进行冷态试验，保证凝补水箱液位正常，自动补水设备逻辑可靠、动作正常。 (2) 防范真空系统异常的技术措施中，应增加凝补水系统检查内容				

编号	隐患排查内容	标准分	设备维护	运行调整	评分标准	扣分	存在问题	改进建议
26	4.6.1　凝结水系统异常隐患排查		更换，验收项目应列入质检点。 （3）C 修应对凝补水箱就地和远传液位计进行核对。 （4）凝结水泵的出口逆止门、调节阀应列入年度检修标准项目					
27	4.6.2　凝汽器异常隐患排查		【涉及专业】：汽轮机，共1 条 　C 修期间对低压缸排汽隔热罩、低压末级叶片司太立合金焊缝以及凝汽器内焊接件进行检查，并进行灌水查漏	【涉及专业】：汽轮机，共1 条 　重点关注机组汽水品质，如有异常应及时按照化学监督要求采取措施				
28	4.7.1　循环水泵异常隐患排查		【涉及专业】：汽轮机，共2 条 （1）循环水泵泵轴和叶轮金属检测应列入循泵解体维护标准项目。 （2）循环水系统压力取样管宜采用 $\phi 18$ 以上的不锈钢仪表管并设置排污阀定期排污，检修时对取样管道进行疏通清理	【涉及专业】：汽轮机，共1 条 　循环水泵联锁保护中应设置循泵断轴判断，循泵断轴后应联停循环水泵，同时联关蝶阀，并将其设为声光报警				
29	4.7.2　循环水管道阀门隐患排查		【涉及专业】：汽轮机，共6 条 （1）定期对循环水管道法兰螺栓、膨胀节等设备的紧固件进行检查并利用检修处理。 （2）检修应针对循环水泵出口蝶阀开启时间、快关时间、慢关时间进行检查，确保符合设计要求。 （3）循环水泵出口蝶阀及油站的控制电源应冗余配置。 （4）A、B 级检修应将循环水管道防腐检查列入检修标准维护项目。 （5）定期检查循环水管道自动排空气阀，循环水泵出口管道放空气门与蝶阀执行机构之间应有可靠的防护措施。 （6）循环水系统拦污栅和前池滤网应列入定期维护项目	【涉及专业】：汽轮机，共4 条 （1）循环水泵入口前池水位应列入声光报警。 （2）液控蝶阀故障应纳入DCS 声光报警系统。 （3）C 修后进行循环水泵蝶阀电源的切换试验，机组启动前应进行循环水泵蝶阀活动试验。 （4）循环水排污泵应列入定期工作进行试启动，排污泵自动启停应投用，泵坑水位高或者排污泵失灵时应能报警				

编号	隐患排查内容	标准分	设备维护	运行调整	评分标准	扣分	存在问题	改进建议
30	4.8.1 密封油系统异常隐患排查		【涉及专业】：汽轮机，共3条 （1）密封油冷却器的水侧出口管道应设计独立放水管，且应具备观测条件。 （2）润滑油、密封油冷却器应列入 B 级检修维护标准项目，1 个 A 修周期内应完成所有密封油、润滑油冷却器解体维护。 （3）冷油器设计压力应符合系统运行要求	【涉及专业】：汽轮机，共2条 （1）密封油油冷器水侧、油侧进出口运行参数应符合运行规程要求。 （2）密封油回油箱应设计液位监测、报警以及自动调节装置，并进行检验、校准				
31	4.8.2 内冷水系统隐患排查		【涉及专业】：汽轮机，共4条 （1）采用浮球阀或者电磁阀进行液位控制的内冷水箱，应设有液位控制旁路系统用于水位紧急调整。内冷水箱的浮球阀检查应列入 C 级检修维护标准项目。 （2）内冷水供水滤网前后应设置可靠的压差测量装置，滤网顶部应设置排气管道。 （3）内冷水系统管道及阀门宜采用不锈钢材质，系统中的管道、阀门的橡胶密封圈应全部更换成聚四氟乙烯垫圈，并定期（1～2 个 A 级检修）更换。 （4）内冷水泵电源应分设在两个厂用电母线段上	【涉及专业】：汽轮机，共1条 每个月至少进行一次内冷水泵轮换				
32	4.8.3 氢气系统隐患排查		【涉及专业】：汽轮机，共2条 （1）定期对氢冷器水侧阀门进行检查，对可靠性较差的阀门及执行机构进行更换。 （2）检查发电机氢冷器密封垫及紧固螺栓，在寿命达到之前进行更换	—				
33	4.9.1 闭式水系统异常隐患排查		【涉及专业】：汽轮机，共1条 闭式冷却水管道的最高位点应装设放空气装置并定期放汽，对于凸起布置的管段，应装设放气装置	【涉及专业】：汽轮机，共1条 闭冷水箱液位低以及液位低低应列入声光报警，液位测量装置利用年度检修进行校验核对				

编号	隐患排查内容	标准分	设备维护	运行调整	评分标准	扣分	存在问题	改进建议
34	4.9.2　真空系统隐患排查		【涉及专业】：汽轮机，共5条 （1）利用机组检修，定期对真空泵补、排水装置进行试验，确保补、排水装置可靠。汽水分离器液位宜采用远传引入 DCS 监视，并设置报警。 （2）定期检查真空泵进气截止阀与进气止回阀，确保阀门严密、动作灵活。 （3）真空泵入口抽气管道，不应存在 U 形弯、过长的水平段以及向下倾斜管道。上述问题可能导致积水隐患，利用机组检修机会对管道进行改造。 （4）真空系统（低压内外缸等处）的波纹膨胀节，汽轮机低压缸及给水泵汽轮机的防爆膜，列入年度检修标准项目。 （5）真空系统测量元件的取样管应独立布置，取样管不应存在 U 型形弯、过长的水平段以及向下倾斜管道	【涉及专业】：汽轮机，共3条 （1）机组启机前进行真空低保护通道试验，记录保护动作时真空表计显示数值，保证压力开关动作值准确。 （2）机组启动前，利用抽真空过程验证真空泵联启值以及模拟量指示数值，保证模拟量数值指示准确。 （3）每次机组启动前对给水泵汽轮机排汽蝶阀进行阀门活动试验				
35	4.9.3　供热抽汽回流导致超速隐患排查		【涉及专业】：汽轮机，共1条 供热抽汽逆止门和调节门应列入检修滚动计划，保证开关灵活、关闭严密	【涉及专业】：汽轮机，共2条 （1）机组启动前，应对供热抽汽电动门和逆止门进行阀门活动试验，保证阀门动作快速、准确。 （2）机组在甩负荷或停机过程中，需确认供热逆止门和电动门关闭到位后，才可解列发电机				
36	4.10.1　供热抽气异常隐患排查		【涉及专业】：汽轮机、供热，共4条 （1）供热抽汽管道补偿器应满足以下要求。 1）不同管径的管道上所设计的波纹管补偿器应符	【涉及专业】：汽轮机、供热，共2条 （1）加强供汽投入与退出操作培训。确保值长、主值班员、副值班员等运行相关人员均熟练掌握供汽投入				

编号	隐患排查内容	标准分	设备维护	运行调整	评分标准	扣分	存在问题	改进建议
36	4.10.1 供热抽气异常隐患排查		合以下层数要求：DN700～DN1000 管道上的补偿器波纹管层数，建议不低于 4 层；DN1200 及以上管道上的的补偿器波纹管层数，建议不低于 5 层。 2）设计图纸以及技术规范书应具备以下参数：补偿量、刚度，波纹管材质、层数，安装长度等参数。补偿器设计图纸应经过设计单位和建设单位核对。 3）设计导流筒的波纹补偿器，应在设计资料列出厚度、焊缝检验质量以及长度等技术参数，并在装配中注意安装方向。 4）重要补偿器应委托具备资质的第三方对补偿器生产过程进行监造。 （2）加强供热抽汽管道补偿器的维护工作。 1）供热抽气管道补偿器的设备台账应定期更新。台账内容应包括补偿器设计压力、温度、补偿量、材质、刚度、层数、补偿器形式、安装长度、投用时间等。 2）供热抽汽管道上补偿器的设计压力应满足运行要求，不得超压运行。 3）加强供热抽汽管道上补偿器的检查与维护。每年检修期间应对补偿器进行外观检查，发现补偿器泄漏或波纹管失稳应及时更换，重要补偿器应有备品。 （3）供热抽汽管道上补偿器的设计压力应满足运行要求，不得超压运行。 （4）加强供热抽汽管道上补偿器的检查与维护。每年检修期间应对补偿器进行外观检查，发现补偿器泄漏或波纹管失稳应及时更换，重要补偿器应有备品	与退出的操作。 （2）尽量维持供热抽汽管道参数稳定，以减小补偿器平衡板的拉力				

编号	隐患排查内容	标准分	设备维护	运行调整	评分标准	扣分	存在问题	改进建议
37	4.10.2　高背压机组循环水异常隐患排查		【涉及专业】：汽轮机、供热，共 2 条 （1）加强高背压机组一次管网维护工作。 1）热水管网停运后应采用湿式保护，充水量应使管网最高点充满工质。每周巡检 1 次，定期检测水质情况。 2）高背压运行机组热网停运后，对热网供回水母管上的热工元件管座角焊缝及对接焊缝进行无损探伤。 3）检查供热管线的排气、疏放水管道防腐保温情况。保温层和外护层破损应及时修复。保温不良、外部工作环境恶劣的管道管件，应定期检测管壁厚度。运行 10 年以上的管线应进行普查，以后每年进行一次抽查，壁厚减薄超过 1/3 的管道必须更换。 4）供热一次管网在管道焊接完成后，重点监督直埋供热管道外保温补口工艺，规范"三级验收"管理程序。 5）建立地下直埋供热管网设备寿命评估台帐。寿命评估中发现管壁减薄超标管道应列入检修滚动计划。 （2）加强热网系统重要阀门的采购维护管理。高背压运行方式投入前应对热网管道上重要阀门进行本体外观检查，并制定防范泄漏技术措施	【涉及专业】：汽轮机、供热，共 4 条 （1）热水管网供暖期结束后，应对管网进行静态水压试验。试验压力应达到热网首站出口供水工作压力的 1.25 倍（当系统地面高差较大时，试验介质静应计入试验压力中，热水管道的试验压力应以最高点的压力为准，且最低点的压力不得大于管道及设备能承受的额定压力），稳压 30min，稳压过程以压降不大于 0.05MPa 为试验合格标准。试压期间要检查管网有无泄漏等异常情况，并编写试压报告，试压结束后应制定管网检修方案消除漏点。 （2）高背压机组若循环水管道电动门布置于阀门井内，其电动执行机构应移至井室外，或做好防水防潮措施；露天布置的电动阀，限位开关应采取防水防潮措施。 （3）供暖运行期间，一次热网主管道上的电动门应为远方控制方式，并做好防止误碰标识牌标识。机组处于高背压运行方式，循环水系统电动门尽可能断电。 （4）应制定机组高背压运行方式下循环水中断应急措施，组织运行人员学习演练，提高应急处置能力				

附录 A-5　热　工

编号	隐患排查内容	标准分	检修方面	运行方面	评分标准	扣分	存在问题	改进建议
	5.1　防止控制器配置异常事故							
1	5.1.1　控制器异常事故案例及隐患排查		（1）DCS 控制器应严格遵循机组重要功能分开的独立性配置原则，各控制功能应遵循任一组控制器或其他部件故障对机组影响最小的原则。重要辅机设备配置并列或主/备运行方式时，应将并列或主/备辅机系统的控制、保护功能配置在不同的控制处理器中，电气设备按照不同段分配到不同控制处理器中。 （2）控制每一对控制器 I/O 点数配置数量，控制器所配置的 CP 应有足够的运算和 I/O 处理能力，在最大负荷运行时，负荷率不超过 60%，平均负荷率不超过 40%。 （3）设置完善的控制系统故障报警光字牌，包括控制器故障、模件故障、控制器脱网、I/O 站故障、通信故障、电源故障等，便于运行人员及时发现 DCS 异常情况采取措施。 （4）加强 DCS 日常巡检管理。严格执行 DCS 日常巡检规定，做好巡检记录，保证巡检范围和质量，重点关注 DCS 异常显示、故障报警信息、DPU 负荷率升高、DPU 异常切换等。 （5）冗余服务器、控制器、电源故障或故障后复位时，DCS 逻辑可采取联锁解除自动、控制设备切为下一级控制、指令跟踪原反馈值等必要措施，确认保护和控制信号的输出处于安全位置。 （6）按照 DL/T 1340《火力发电厂分散控制系统故障应急处理导则》的编制格式和内容，结合本单位热工控制系统配置特点，编制适合单元机组控制系统的应急处置预案，并定期组织对运行、热工检修人员进行故	（1）加强控制系统故障报警监视，包括控制器故障、模件故障、控制器脱网、I/O 站故障、通信故障、电源故障等，发现 DCS 系统异常情况及时采取措施。 （2）按照 DL/T 1340《火力发电厂分散控制系统故障应急处理导则》的编制格式和内容，结合本单位热工控制系统配置特点，编制适合单元机组控制系统的应急处置预案，并定期组织运行人员进行故障应急处置方法培训和演练，提高控制系统故障时的应急处理能力，以保证机组的安全运行				

编号	隐患排查内容	标准分	检修方面	运行方面	评分标准	扣分	存在问题	改进建议
1	5.1.1 控制器异常事故案例及隐患排查		障应急处置方法培训和演练，提高控制系统故障时的应急处理能力，以保证机组的安全运行。 （7）推行 DCS 标准化检修工作。参考 DL/T 774《火力发电厂热工自动化系统检修运行维护规程》，编写 DCS 检修作业指导书，对 DCS 检修内容、步序和要求进行规定，使检修工作规范、全面，保证检修工作效果。 （8）加强 DCS 寿命管理。对发生故障进行记录、归纳、分析；运行周期超过 10 年，检修时应按照 DL/T 659《火力发电厂分散控制系统验收测试规程》要求进行 DCS 系统性能测试，总结检查测试情况和故障发生情况，提报系统改造项目申请；运行周期超过 13 年或故障频发，应积极争取进行 DCS 改造					
	5.1.2 I/O 异常事故案例及隐患排查							
2	5.1.2.1 AI 模件故障案例及隐患排查		（1）切实落实风险分散的保护配置策略。冗余配置的机组重要参数、主辅机保护测点应分配在 DCS 不同分支的不同模件上，并执行保护优先策略。 （2）完善 DCS 保护信号防故障逻辑，模拟量测点设置坏点闭锁保护条件动作逻辑，防止保护误动。（注：坏点闭锁条件由 RS 触发器保持，人为复位） （3）完善主辅设备操作器手动操作允许条件，避免因 I/O 信号故障闭锁手操指令增减，导致设备失控。 （4）设置完善的控制系统故障报警光字牌，包括控制器故障、模件故障、控制器脱网、I/O 站故障、通信故障、电源故障等，便于运行人员及时发现 DCS 异常情况采取措施。 （5）加强 DCS 日常巡检管理。严格执行 DCS 日常巡检规定，做好巡检记录，保证巡检范围和质量，重点关注 DCS 异常显示、故障	（1）加强控制系统故障报警监视，包括控制器故障、模件故障、控制器脱网、I/O 站故障、通信故障、电源故障、重要参数测点报警等，发现 DCS 异常情况及时采取措施。 （2）按照 DL/T 1340《火力发电厂分散控制系统故障应急处理导则》的编制格式和内容，结合本单位热工控制系统配置特点，编制适合单元机组控制系统的应急处置预案，并定期组织运行人员进行故障应急处置方法培训和演练，提高控制系统故障时的应急处理能力，以保证机组的安全运行				

编号	隐患排查内容	标准分	检修方面	运行方面	评分标准	扣分	存在问题	改进建议
2	5.1.2.1 AI 模件故障案例及隐患排查		报警信息、DPU 负荷率升高、DPU 异常切换等。 （6）推行 DCS 标准化检修工作。参考 DL/T 774《火力发电厂热工自动化系统检修运行维护规程》，编写 DCS 检修作业指导书，对 DCS 检修内容、步序和要求进行规定。尤其注意 I/O 模件精度测试工作，通过对各种 I/O 模件通道抽取进行精度测试，以便提前发现模件通道的异常情况，及时采取措施。 （7）加强 DCS 寿命管理。对发生故障进行记录、归纳、分析；运行周期超过 10 年，检修时应按照 DL/T 659《火力发电厂分散控制系统验收测试规程》要求进行DCS 性能测试，总结检查测试情况和故障发生情况，提报系统改造项目申请；运行周期超过 13 年或故障频发，应积极争取进行 DCS 改造					
3	5.1.2.2 DEH 系统 DO 模块故障		（1）切实落实风险分散的保护配置策略。DCS、DEH重要设备 AO、DO 信号应分配布置在控制器不同分支的不同模件上。 （2）设置完善的控制系统故障报警光字牌，包括控制器故障、模件故障、控制器脱网、I/O 站故障、通信故障、电源故障等，便于运行人员及时发现 DCS 异常情况采取措施。 （3）加强 DCS 日常巡检管理。严格执行 DCS 日常巡检规定，做好巡检记录，保证巡检范围和质量，重点关注 DCS 异常显示、故障报警信息、DPU 负荷率升高、DPU 异常切换等。 （4）推行 DCS 标准化检修工作。参考 DL/T 774《火力发电厂热工自动化系统检修运行维护规程》，编写DCS 检修作业指导书，对DCS 检修内容、步序和要求进行规定。尤其注意 I/O 模件精度测试工作，通过对各种 I/O 模件通道抽取进行精度测试，以便提前	加强控制系统故障报警监视，包括控制器故障、模件故障、控制器脱网、I/O站故障、通信故障、电源故障、重要参数测点报警等，发现 DCS 异常情况及时采取措施				

编号	隐患排查内容	标准分	检修方面	运行方面	评分标准	扣分	存在问题	改进建议
3	5.1.2.2　DEH 系统 DO 模块故障		发现模件通道的异常情况，及时采取措施。 （5）加强 DCS 寿命管理。对发生故障进行记录、归纳、分析；运行周期超过 10 年，检修时应按照 DL/T 659《火力发电厂分散控制系统验收测试规程》要求进行 DCS 性能测试，总结检查测试情况和故障发生情况，提报系统改造项目申请；运行周期超过 13 年或故障频发，应积极争取进行 DCS 改造					
4	5.1.2.3　DEH 系统 DO 模块继电器故障		（1）重要控制、保护信号冗余配置，实现三取二、三取中、四取二等逻辑判断方式，如 DCS 至 DEH 汽轮机主控指令、至 MEH 小汽轮机调节指令、汽轮机跳闸 MFT、MFT 跳汽轮机、DEH 请求停机等，降低设备风险。 （2）推行 DEH 标准化检修工作。参考 DL/T 774《火力发电厂热工自动化系统检修运行维护规程》，编写 DEH 检修作业指导书，对检修内容、步序和要求进行规定。注意重要信号输出继电器，进行动作试验测试、测量触点阻值等检修工作，以便提前发现继电器的异常情况，及时采取措施。 （3）加强 DCS、DEH 系统寿命管理。对发生故障进行记录、归纳、分析；运行周期超过 10 年，检修时应按照 DL/T 659《火力发电厂分散控制系统验收测试规程》要求进行控制系统性能测试，总结检查测试情况和故障发生情况，提报系统改造项目申请；运行周期超过 13 年或故障频发，应积极争取进行 DCS 改造	加强控制系统故障报警监视，包括控制器故障、模件故障、控制器脱网、I/O 站故障、通信故障、电源故障、重要参数测点报警等，发现 DCS 异常情况及时采取措施				
5	5.1.2.4　DEH 系统模件底座接触不良故障		（1）完善保护逻辑判断方式，提高保护可靠性。在高压缸两侧排汽管道各增加一个温度测点，采取四取二的"并串联"逻辑（即每侧二取一信号组成二取二）。 （2）切实落实风险分散的保护配置策略。冗余配置的	加强控制系统故障报警监视，包括控制器故障、模件故障、控制器脱网、I/O 站故障、通信故障、电源故障、重要参数测点报警等，发现 DCS 异常情况及时采取措施				

编号	隐患排查内容	标准分	检修方面	运行方面	评分标准	扣分	存在问题	改进建议
5	5.1.2.4　DEH系统模件底座接触不良故障		机组重要参数、主辅机保护测点应分配在 DCS 不同分支的不同模件上，并执行保护优先策略。 （3）对 DCS 主辅机保护用 RTD 温度测点设置坏点闭锁保护条件动作逻辑，并设置适当的延时时间等措施，避免误动。 （4）推行 DCS 标准化检修工作。参考 DL/T 774《火力发电厂热工自动化系统检修运行维护规程》，编写 DCS 检修作业指导书，对检修内容、步序和要求进行规定。C 级以上检修要全面检查机柜硬件、服务器及网络接口设备，紧固所有连接接头（或连接头固定螺钉）、各接插件和端子接线					
6	5.1.2.5　DCS系统 AO 模件故障		（1）加强 DCS、DEH 系统寿命管理。对发生故障进行记录、归纳、分析；运行周期超过 10 年，检修时应按照 DL/T 659《火力发电厂分散控制系统验收测试规程》要求进行控制系统性能测试，总结检查测试情况和故障发生情况，提报系统改造项目申请；运行周期超过 13 年或故障频发，应积极争取进行 DCS 改造。 （2）设置完善的控制系统故障报警光字牌，包括控制器故障、模件故障、控制器脱网、I/O 站故障、通信故障、电源故障等，便于运行人员及时发现 DCS 异常情况采取措施。 （3）加强 DCS 日常巡检管理，严格执行 DCS 日常巡检规定，做好巡检记录，保证巡检范围和质量，重点关注 DCS 异常显示、故障报警信息、DPU 负荷率升高、DPU 异常切换等。 （4）推行 DCS 标准化检修工作。参考 DL/T 774《火力发电厂热工自动化系统检修运行维护规程》，编写 DCS 检修内容、步序和要求进行规定。注意 I/O 模件精	（1）加强控制系统故障报警监视，包括控制器故障、模件故障、控制器脱网、I/O 站故障、通信故障、电源故障、重要参数测点报警等，发现 DCS 系统异常情况及时采取措施。 （2）按照 DL/T 1340《火力发电厂分散控制系统故障应急处理导则》的编制格式和内容，结合本单位热工控制系统配置特点，编写控制系统重要硬件（如控制器、伺服模件、服务器、上位机等）故障应急处置措施，对运行人员进行培训和演练，提高控制系统故障应急处置能力，避免处置不当造成问题扩大				

编号	隐患排查内容	标准分	检修方面	运行方面	评分标准	扣分	存在问题	改进建议
6	5.1.2.5　DCS系统 AO 模件故障		度测试工作,通过对各种 I/O 模件通道抽取进行精度测试,以便提前发现模件通道的异常情况,及时采取措施。 （5）按照 DL/T 1340《火力发电厂分散控制系统故障应急处理导则》的编制格式和内容,结合本单位热工控制系统配置特点,编写控制系统重要硬件（如控制器、伺服模件、服务器、上位机等）故障应急处置措施,对运行、检修人员进行培训和演练,提高控制系统故障应急处置能力,避免处置不当造成问题扩大。 （6）加强运行人员技术培训工作,对各类自动调节系统异常情况下自动切换方式,以及自动异常情况下运行人员处理措施等进行培训,提高运行人员应急处理能力					
	5.2　DCS 软件系统事故隐患排查							
	5.2.1　逻辑设计异常事故案例及隐患排查							
7	5.2.1.1　DCS功能块坏点传递问题		（1）重视 DCS 逻辑功能块坏品质传递功能的应用。核查主辅机保护、自动调节系统中的模拟量信号核查坏品质传递设置,尽量不应用坏品质传递功能;对特殊情况确需应用坏品质传递功能的模块,要充分进行试验验证,以保证逻辑功能正确。 （2）完善自动调节系统切手动条件,包括测量信号或反馈信号坏点、设定值与测量值偏差大、指令与反馈偏差大、测量信号变化速率大、测点越限等,并设置声光报警。异常情况直接切除自动可有效避免因测点、执行器等方面异常引起的错误调节,甚至避免机组跳闸事件的发生。 （3）加强 DCS 控制系统的学习,充分掌握功能块的设置应用,熟悉 DCS 逻辑组态,深入排查分析 DCS逻辑功能块设置存在的隐患	（1）掌握自动调节系统调节原理和手动调整方式,熟悉各自动调节系统切手动条件;加强自动调节系统监视,发现异常情况及时进行干预,避免因测点、执行器等方面异常引起错误调节,甚至避免机组跳闸事件的发生。 （2）组织运行人员加强DCS 的学习,掌握功能块的设置应用,熟悉 DCS 逻辑组态,对照运行规程深入开展DCS 逻辑隐患排查工作。 （3）加强 DCS 系统报警光字牌监视,包括控制系统故障、电源故障、重要参数测点越限、坏点、冗余测点不一致报警、自动切手动报警等,发现异常情况及时采取措施。 （4）按照 DL/T 1340《火力发电厂分散控制系统故障应急处理导则》的编制格式和内容,结合本单位热工控制系统配置特点,编写控制系统重要硬件（如控制器、伺服模件、服务器、上				

481

编号	隐患排查内容	标准分	检修方面	运行方面	评分标准	扣分	存在问题	改进建议
7	5.2.1.1 DCS功能块坏点传递问题			位机等）故障应急处置措施，对运行人员进行培训和演练，提高控制系统故障应急处置能力，避免处置不当造成问题扩大				
8	5.2.1.2 DCS功能块执行时序问题		（1）重视控制系统功能块执行时序问题，对于自动控制工况切换、RB及DEH快速控制回路逻辑，要充分考虑组态模块时序不同所造成的后果，对各种工况切换、复位等逻辑进行反复试验，验证动作效果。 （2）检修中加强RB静态传动试验工作，编制详细的试验卡，对自动调节动作方向、自动切手动条件、各工况切换条件、跟踪、闭锁、复位等进行全面试验。 （3）加强DCS、DEH控制系统的学习，充分掌握功能块的设置应用，熟悉控制系统逻辑组态，深入排查分析控制逻辑存在的隐患	（1）掌握自动调节系统调节原理和手动调整方式，熟悉各自动调节系统切手动条件；加强自动调节系统监视，发现异常情况及时进行干预，避免因测点、执行器等方面异常引起错误调节，甚至避免机组跳闸事件的发生。 （2）组织运行人员加强DCS的学习，掌握功能块的设置应用，熟悉DCS逻辑组态，对照运行规程深入开展DCS逻辑隐患排查工作				
9	5.2.1.3 DCS测点量程设置错误问题		（1）加强新投产机组和DCS改造项目的实施过程管理，根据设备到货情况，合理分配安装、调试工作周期，保证安装、调试工作时间的充足，重视DCS热态调试过程，预留足够时间进行DCS组态调试、联锁保护传动试验和DCS热态试验工作。 （2）新DCS调试过程中认真核查DCS逻辑组态隐患问题，包括重要信号量程、联锁保护条件、自动调节方向、自动切手动条件、单三冲量切换逻辑、工况切换条件、信号切换块正确性、PID高低限、指令长短信号、保护/报警定值、联锁信号死区等；对照运行系统图进行画面显示名称、单位核对，以及跳闸首出显示与逻辑组态一致性。 （3）规范DCS联锁保护传动试验工作，编制热控保护联锁试验卡，明确试验方法，规范试验行为，减少试验操作的随意性。联锁保护传动试验应进行各个动作	（1）规范DCS自动调试过程管理工作，投入前应进行测点、定值、参数、调节动作方向等的核对，加强投入过程监视，发现问题及时进行人为干预，保证自动调试过程的安全性。 （2）重视DCS改造后机组热态参数的监视、核对，做好与就地表计参数比对工作，发现异常及时分析、调整，保证机组参数的正确性和稳定性				

编号	隐患排查内容	标准分	检修方面	运行方面	评分标准	扣分	存在问题	改进建议
9	5.2.1.3　DCS测点量程设置错误问题		条件组合的试验和坏点模拟试验,以验证特殊工况下组态逻辑的准确性和保护联锁动作的正确性。 (4)规范 DCS 自动调试过程管理工作,投入前应进行测点设置、控制逻辑、参数、调节动作方向等的核对,加强投入过程监视,发现问题及时进行人为干预,保证自动调试过程的安全性。 (5)重视 DCS 改造后机组热态参数的监视、核对,做好与就地表计参数比对工作,发现异常及时分析、调整,保证机组参数的正确性和稳定性					
10	5.2.1.4　DCS自动调节回路逻辑错误问题		(1)做好热控自动调节回路逻辑隐患排查工作,重点检查闭锁增加逻辑、跟踪逻辑、条件切换逻辑等的正确性和完善性,模拟各种特殊工况进行试验,保证在任何情况下均应实现无扰切换。如炉膛负压调节回路中对炉压 PID、操作器等均应同时闭锁。 (2)检修时进行自动调节系统静态传动试验工作,对自动调节动作方向、自动切手动条件、各工况切换条件、跟踪、闭锁等进行检查试验,保证自动控制逻辑的正确性。 (3)加强自动调节系统定值修改的管理,不得将自动定值设置超出正常设计范围。慎重考虑消缺过程中的临时修改,仔细分析自动调节回路逻辑,充分估计可能导致的意外情况,做好事故预控措施和应急处置预案	(1)掌握自动调节系统调节原理和手动调整方式,熟悉各自动调节系统切手动条件;加强自动调节系统监视,发现异常情况及时进行干预,避免因测点、执行器等方面异常引起错误调节,甚至避免机组跳闸事件的发生。 (2)组织运行人员加强DCS 的学习,掌握功能块的设置应用,熟悉 DCS 逻辑组态,对照运行规程深入开展 DCS 逻辑隐患排查工作。 (3)编制重要自动异常处理措施,组织运行人员进行学习演练,提高自动异常情况处理能力				
11	5.2.1.5　RB功能动作逻辑不完善问题		(1)完善 RB 功能控制逻辑,RB 动作时闭锁"CCS 请求投入 B 小汽轮机"允许条件中"汽动给水泵遥控指令与转速实际值偏差大"信号。 (2)开展 RB 功能控制逻辑隐患排查工作,对重要自动调节回路(给水、炉压、风量、汽轮机主控、一次风压等)切除条件进行全面排查,因 RB 动作影响产生的	(1)掌握自动调节系统调节原理和手动调整方式,熟悉各自动调节系统切手动条件;加强自动调节系统监视,发现异常情况及时进行干预,避免因测点、执行器等方面异常引起错误调节,甚至避免机组跳闸事件的发生。 (2)组织运行人员加强DCS 的学习,掌握功能块的				

编号	隐患排查内容	标准分	检修方面	运行方面	评分标准	扣分	存在问题	改进建议
11	5.2.1.5 RB功能动作逻辑不完善问题		自动调节系统切除条件均要进行闭锁,保证重要自动调节回路能够及时调整,满足机组安全运行要求 (3) 做好 RB 功能动作试验工作。根据 DL/T 1213《火力发电机组辅机故障减负荷技术规程》规定,在机组停运情况下,全面进行 RB 功能静态模拟试验,确保RB控制回路和参数整定合理,动作正确;在新机组投产、相关热力系统变更、控制系统改造和机组 A 修后,宜按设计的功能进行全部 RB 动态试验	设置应用,熟悉 DCS 逻辑组态,对照运行规程深入开展 DCS 逻辑隐患排查工作 (3) 编制 RB 及重要自动异常处理措施,组织运行人员进行学习演练,提高异常情况处理能力				
	5.3 热控保护系统事故隐患排查							
	5.3.1 热控保护逻辑错误案例							
12	5.3.1.1 保护逻辑错误 1		(1) 根据 DL/T 1091《火力发电厂锅炉炉膛安全监控系统技术规程》(第5.6.1 条规定"MFT 复归后,5～30min 内炉膛内仍未有任一燃烧器投运"的要求,修改完善"延迟点火失败"保护逻辑。 (2) 加强热控标准规范的学习培训,充分理解机组保护设置的目的、适用机组工况,对照经典保护逻辑深入排查保护逻辑的合理性和完善性。 (3) 加强热控专业技术管理,严格控制保护逻辑的更改。如确需更改完善保护逻辑,要组织相关专业技术人员对必要性和修改要求进行充分讨论,预估各种特殊工况下可能出现的问题,保证全面适用机组各种运行工况。对于临时修改的保护,要做好记录及时恢复	(1) 组织运行人员加强 DCS 控制系统的学习,掌握功能块的设置应用,熟悉 DCS 逻辑组态,对照运行规程深入开展 DCS 逻辑隐患排查工作。 (2) 严格控制保护逻辑的更改。如确需更改完善保护逻辑,要对必要性和修改要求进行充分讨论,预估各种特殊工况下可能出现的问题,保证全面适用机组各种运行工况。对于临时修改的保护,要做好记录及时恢复				
13	5.3.1.2 保护逻辑错误 2		(1)完善增压风机油压低保护逻辑。修改 B 泵运行信号组态,保证逻辑正确性;保护增加 2～5s 延时,避过泵切换瞬间因油压低信号造成保护误动问题(对于存在备用泵的系统均应设置一定延时,避过泵切换瞬间油压低问题)。 (2) 规范 DCS 联锁保护传动试验工作。编制热控保护联锁试验卡,明确试验方	(1) 规范 DCS 联锁保护传动试验工作。编制热控保护联锁试验卡,明确试验方法,规范试验行为,减少试操作的随意性。根据调试试验卡逐一试验,强调采用物理改变参数方式,严格进行各个动作条件组合的试验和坏点模拟试验,以验证特殊工况下逻辑的正确性。 (2) 组织运行人员加强 DCS 的学习,掌握功能块的				

编号	隐患排查内容	标准分	检修方面	运行方面	评分标准	扣分	存在问题	改进建议
13	5.3.1.2　保护逻辑错误 2		法,规范试验行为,减少试验操作的随意性。根据调试试验卡逐一试验,强调采用物理改变参数方式,严格进行各个动作条件组合的试验和坏点模拟试验,以验证特殊工况下逻辑的正确性。 (3)完善热控技术管理制度,规范 DCS 联锁保护逻辑修改验收程序。对于 DCS 逻辑修改工作,要对修改依据、具体实施过程、验收要求、运行交待等进行明确规定,实现闭环管理,保证逻辑修改过程的安全和修改逻辑的正确	设置应用,熟悉 DCS 逻辑组态,对照运行规程深入开展 DCS 逻辑隐患排查工作				
14	5.3.2　热控保护未投入引发故障案例		(1)燃煤机组应以"防范锅炉爆燃事故"为首要原则,全程投入"煤火检信号消失跳闸相应磨煤机"的保护,尤其深度调峰机组,务必严格执行国能安全〔2014〕161 号《防止电力生产事故的二十五项重点要求》、DL/T 1091《火力发电厂锅炉炉膛安全监控系统技术规程》等标准的相关要求。 (2)加强热控专业技术管理,严格控制机组保护的解投。如确需解除机组保护,应按制度规定办理保护投审批单,相关专业技术人员要认真把关,对必要性和修改要求进行充分讨论,预估各种特殊工况下可能出现的问题,保证全面适用机组各种运行工况。保护解除后要做好记录,按审批单期限要求及时恢复	(1)严格控制机组保护的解投。如确需解除机组保护,应按制度规定办理保护解投审批单,相关专业技术人员要认真把关,对必要性和修改要求进行充分讨论,预估各种特殊工况下可能出现的问题,保证全面适用机组各种运行工况。保护解除后要做好记录,按审批单期限要求及时恢复。 (2)重要主辅机保护临时解除后,要编制相关设备异常应急处置预案,组织运行人员进行学习,加强系统设备监视,发现异常及时采取措施				
	5.4　热控独立装置事故隐患排查							
	5.4.1　DEH、MEH 装置异常事故案例及隐患排查							
15	5.4.1.1　某品牌 DEH 系统伺服模件故障		(1)三个案例均为 IMHSS03 液压伺服模件故障所致,此型号模件对外界敏感,易于损坏,采用此信号模件电厂应尽快联系 DEH 厂家升级至 IMHSS13 型号模件,并结合运行年限申报 DEH 系统改造。	(1)加强控制系统故障报警信息监视,包括控制器故障、模件故障、控制器脱网、I/O 站故障、通信故障、电源故障等报警信息,发现系统异常情况及时采取措施。 (2)编写控制系统重要硬件(如控制器、伺服模件、				

编号	隐患排查内容	标准分	检修方面	运行方面	评分标准	扣分	存在问题	改进建议
15	5.4.1.1 某品牌 DEH 系统伺服模件故障		（2）重视控制系统硬件故障问题，注意收集兄弟电厂同品牌控制系统故障信息，对类似问题及时进行统计、分析，及早采取有效措施，彻底消除隐患。 （3）加强 DCS 日常巡检。严格执行 DCS 日常巡检规定，保证巡检范围和质量，重点关注 DCS、DEH 系统异常显示、故障报警信息、DPU 负荷率升高、DPU 异常切换等，发现异常情况及时采取措施，防止影响扩大。 （4）完善控制系统故障报警信息显示，包括控制器故障、模件故障、控制器脱网、I/O 站故障、通信故障、电源故障等报警信息，以便及时发现系统异常情况。 （5）编写控制系统重要硬件（如控制器、伺服模件、服务器、上位机等）故障应急处置措施，对运行、检修人员进行培训和演练，提高控制系统故障应急处置能力，避免处置不当造成问题扩大	服务器、上位机等）故障应急处置措施，对运行人员进行培训和演练，提高控制系统故障应急处置能力，避免处置不当造成问题扩大				
16	5.4.1.2 DEH 系统伺服模件故障		（1）加强 DCS 寿命管理。运行周期超过 10 年，检修时应参考 DL/T 659《火力发电厂分散控制系统验收测试规程》对 DCS 性能进行测试，根据测试结果考虑申报改造；超过 13 年，应积极申报改造项目，力争进行 DCS 升级改造。 （2）加强 DCS 日常巡检。严格执行 DCS 日常巡检规定，保证巡检范围和质量，重点关注 DCS、DEH 系统异常显示、故障报警信息、DPU 负荷率升高、DPU 异常切换等，发现异常情况及时采取措施，防止影响扩大。 （3）重视控制系统硬件故障问题，注意收集兄弟电厂同品牌控制系统故障信息，对类似问题及时进行统计、分析，及早采取有效措施，彻底消除隐患。	（1）加强控制系统故障报警信息监视，包括控制器故障、模件故障、控制器脱网、I/O 站故障、通信故障、电源故障等报警信息，发现系统异常情况及时采取措施。 （2）编写控制系统重要硬件（如控制器、伺服模件、服务器、上位机等）故障应急处置措施，对运行人员进行培训和演练，提高控制系统故障应急处置能力，避免处置不当造成问题扩大				

编号	隐患排查内容	标准分	检修方面	运行方面	评分标准	扣分	存在问题	改进建议
16	5.4.1.2 DEH系统伺服模件故障		（4）完善控制系统故障报警信息显示，包括控制器故障、模件故障、控制器脱网、I/O 站故障、通信故障、电源故障等报警信息，以便及时发现系统异常情况。 （5）编写控制系统重要硬件（如控制器、伺服模件、服务器、上位机等）故障应急处置措施，对运行、检修人员进行培训和演练，提高控制系统故障应急处置能力，避免处置不当造成问题扩大。 （6）推行 DCS 标准化检修工作。参考 DL/T 774《火力发电厂热工自动化系统检修运行维护规程》，编写 DCS 检修作业指导书，对 DCS 检修内容、步序和要求进行规定。尤其注意 I/O 模件精度测试工作，通过对各种 I/O 模件通道抽取进行精度测试，以便提前发现模件通道的异常情况，及时采取措施					
17	5.4.1.3 DEH负荷控制器参数不匹配问题		（1）控制系统改造后进行一些试验工作，要先进行自动扰动试验，优化控制参数、曲线，避免盲目进行试验。 （2）加强 DCS 自动调节系统扰动试验工作，严格执行 DL/T 657《火力发电厂模拟量控制系统验收测试规程》规定，检修后需认真进行负荷扰动试验，优化主要自动调节品质。 （3）机组进行重大操作、重大试验要充分做好事故预想和运行紧急处置预案，遇到异常工况及时采取有效处理措施，防止问题扩大	（1）掌握自动调节系统调节原理和手动调整方式，熟悉各自动调节系统切手动条件；加强自动调节系统监视，发现异常情况及时进行干预，避免因测点、执行器等方面异常引起错误调节，甚至避免机组跳闸事件的发生。 （2）机组进行重大操作、重大试验要充分做好事故预想和运行紧急处置预案，遇到异常工况及时采取有效处理措施，防止问题扩大				
18	5.4.1.4 MEH硬件故障问题		（1）加强控制系统日常巡检。严格执行日常巡检规定，保证巡检范围和质量，重点关注 DCS、DEH 系统异常显示、故障报警信息、DPU 负荷率升高、DPU 异常切换等，发现异常情况及时采取措施，防止影响扩大。	加强控制系统故障报警信息监视，包括控制器故障、模件故障、控制器脱网、I/O 站故障、通信故障、电源故障等报警信息，发现系统异常情况及时采取措施				

487

编号	隐患排查内容	标准分	检修方面	运行方面	评分标准	扣分	存在问题	改进建议
18	5.4.1.4 MEH 硬件故障问题		（2）完善控制系统故障报警信息显示，包括控制器故障、模件故障、控制器脱网、I/O 站故障、通信故障、电源故障等报警信息，以便及时发现系统异常情况。 （3）推行控制系统标准化检修工作。参考 DL/T 774《火力发电厂热工自动化系统检修运行维护规程》，编写 MEH 检修作业指导书，对 MEH 检修内容、步序和要求进行规定。注意检查接插件、接线等的检查紧固，保证连接良好。 （4）加强 DEH 系统寿命管理。运行周期超过 10 年，检修时应参考 DL/T 659《火力发电厂分散控制系统验收测试规程》对 DEH 系统性能进行测试，根据测试结果考虑申报改造；超过 13 年，应积极申报改造项目，力争进行 DCS 升级改造					
	5.4.2 TSI 系统异常事故案例及隐患排查							
19	5.4.2.1 TSI 系统处理模件故障		（1）对 TSI 系统保护用测点布置进行排查，如振动、轴向位移等，要求分散布置，防止单块模件故障导致保护误动发生。保护信号是 TSI 模拟量信号在 DEH 进行保护越限判断后，再输出至 ETS 的，TSI 应将模拟量输出设置为坏点归零。 （2）DCS 设置专用画面，显示 TSI 所有输出模拟量及开关量信号，并设置声光报警，方便发现 TSI 信号异常变化情况，及时进行处理。 （3）做好 TSI 日常巡检工作。严格执行 TSI 日常巡检规定，保证巡检范围和质量，重点关注 TSI 系统异常显示、故障报警信息、指示灯异常指示等，发现异常情况及时采取措施，防止影响扩大。 （4）做好 TSI 系统检修维护工作。参考 DL/T 774《火力发电厂热工自动化系统检修运行维护规程》，编写 TSI 检修作业指导书，对	（1）加强 TSI 所有输出模拟量及开关量信号监视，发现 TSI 信号异常变化情况，及时采取措施。 （2）做好 TSI 日常巡检工作关注 TSI 系统异常显示、故障报警信息、指示灯异常指示等，发现异常情况及时采取措施，防止影响扩大				

编号	隐患排查内容	标准分	检修方面	运行方面	评分标准	扣分	存在问题	改进建议
19	5.4.2.1　TSI 系统处理模件故障		TSI 检修内容、步序和要求进行规定，保证检修工作规范、全面。尤其要定期进行探头及前置器成套送检、接地测试、接线插头检查紧固、抗干扰测试、电源切换、模件带电拔插、控制面板指示灯检查、组态配置及定值核查等工作。 （5）加强 TSI 系统寿命管理。运行周期超过 10 年，检修时对测量模块以及信号回路进行整体校准，以确保 TSI 系统测量的准确性、报警与保护动作的可靠性。超过 15 年，应积极申请设备改造					
20	5.4.2.2　TSI 系统干扰故障		（1）ETS 保护逻辑条件应根据行业规范标准要求，尽量简化，不重复设置，减少误动几率。如振动保护、轴向位移保护、超速保护等，如已设有坏点保护，则"信号通道 OK"消失、两两偏差大保护逻辑可酌情简化。 （2）DCS 设置专用画面，显示 TSI 所有输出模拟量及开关量信号，并设置声光报警，方便发现 TSI 信号异常变化情况，及时进行处理。 （3）做好 TSI 系统检修维护工作。参考 DL/T 774《火力发电厂热工自动化系统检修运行维护规程》，编写 TSI 检修作业指导书，对 TSI 检修内容、步序和要求进行规定，保证检修工作规范、全面。尤其要定期进行探头及前置器成套送检、一点接地检查测试、信号电缆屏蔽接地检查、接线插头检查紧固、抗干扰测试、电源切换、模件带电拔插、控制面板指示灯检查、组态配置及定值核查等工作。 （4）以上三个案例均是同一汽轮发电机机型，存在共性问题。建议加强发电机接地碳刷处的大轴清洁情况检查，确保接地碳刷与大轴接触良好；可酌情考虑在接地碳刷附近增加一套接地铜辫，以提高接地效果，避免接地不良产生感应电势对 TSI 信号造成干扰	（1）加强 TSI 所有输出模拟量及开关量信号监视，发现 TSI 信号异常变化情况，及时采取措施。 （2）做好 TSI 日常巡检工作关注 TSI 系统异常显示、故障报警信息、指示灯异常指示等，发现异常情况及时采取措施，防止影响扩大				

编号	隐患排查内容	标准分	检修方面	运行方面	评分标准	扣分	存在问题	改进建议
21	5.4.2.3 TSI模件输出设置问题		（1）完善 TSI 组态设置，将报警输出设置为不保持（即自动复位）。（2）DCS 设置专用画面，显示 TSI 所有输出模拟量及开关量信号，并设置声光报警，方便发现 TSI 信号异常变化情况。对发生报警或异常情况，必须进行认真检查，找到真实原因，彻底处理。（3）做好 TSI 系统检修维护工作。参考 DL/T 774《火力发电厂热工自动化系统检修运行维护规程》，编写 TSI 检修作业指导书，对 TSI 检修内容、步序和要求进行规定，保证检修工作规范、全面。要定期进行探头及前置器成套送检、一点接地检查测试、信号电缆屏蔽接地检查、接线插头检查紧固、抗干扰测试、电源切换、模件带电拔插、控制面板指示灯检查、组态配置及定值核查等工作	（1）加强 TSI 所有输出模拟量及开关量信号监视，发现 TSI 信号异常变化情况，及时采取措施。（2）做好 TSI 日常巡检工作关注 TSI 系统异常显示、故障报警信息、指示灯异常指示等，发现报警或异常情况，要及时联系检修人员检查处理，防止问题扩大				
22	5.4.2.4 TSI探头线缆松动问题		（1）完善主辅机保护配置，采用"三取二""四取二"等逻辑判断方式，提高保护可靠性。确因系统原因测点数量不够，应有防止因单一测点、回路故障而导致保护误动的技术措施。（2）DCS 设置专用画面，显示 TSI 所有输出模拟量及开关量信号，并设置声光报警，方便发现信号异常变化情况。对发生报警或异常情况，必须进行认真检查，找到真实原因，彻底处理。（3）做好 TSI 系统检修维护工作。参考 DL/T 774《火力发电厂热工自动化系统检修运行维护规程》，编写 TSI 检修作业指导书，对 TSI 检修内容、步序和要求进行规定，保证检修工作规范、全面。要定期进行探头及前置器成套送检、一点接地检查测试、信号电缆屏蔽接地检查、接线插头检查紧固、抗干扰测试、电源切换、模件带电拔插、控制面板指示灯检查、组态配置及定值核查等工作	（1）加强 TSI 所有输出模拟量及开关量信号监视，发现 TSI 信号异常变化情况，及时采取措施。（2）做好 TSI 日常巡检工作关注 TSI 系统异常显示、故障报警信息、指示灯异常指示等，发现报警或异常情况，要及时联系检修人员检查处理，防止问题扩大				

编号	隐患排查内容	标准分	检修方面	运行方面	评分标准	扣分	存在问题	改进建议
	5.5　热控就地设备事故隐患排查							
	5.5.1　就地仪表元件异常事故案例及隐患排查							
23	5.5.1.1　差压变送器故障		（1）加强仪表检修维护工作，参考 DL/T 261《火力发电厂热工自动化系统可靠性评估技术导则》制定《热控在线仪表校验管理制度》，根据仪表分类评级，详细规定校验周期。现场仪表严格按期校验，保证及时发现仪表问题。 （2）规范联锁保护逻辑设置，冗余配置信号采取三取二、四取二等逻辑判断方式。模拟量信号应设置坏点切除保持逻辑（人工复位），避免因信号故障导致联锁保护异常动作。 （3）完善 DCS 声光报警配置。设置冗余模拟量信号偏差大报警、冗余开关量信号不一致报警、保护用测点坏点或变化率越限切除报警等，便于运行人员加强测点异常情况监视，及时采取措施。 （4）机组运行中任何测点拆除或强制时，必须事先排查清楚用途，逐一采取措施后，方可允许工作。涉及主辅机联锁保护、重要自动等的工作，必须充分考虑各种异常情况，解除相关保护和自动	（1）加强 DCS 声光报警监视。包括冗余模拟量信号偏差大报警、冗余开关量信号不一致报警、保护用测点坏点或变化率越限切除报警等，发现测点异常情况及时采取措施。 （2）机组运行中严格控制测点拆除或强制，如需拆除或强制时，必须事先排查清楚用途，逐一采取措施后，方可允许工作。涉及主辅机联锁保护、重要自动等的工作，必须充分考虑各种异常情况，解除相关保护和自动				
24	5.5.1.2　压力变送器故障		（1）加强仪表检修维护工作，参考 DL/T 261《火力发电厂热工自动化系统可靠性评估技术导则》制定《热控在线仪表校验管理制度》，根据仪表分类评级，详细规定校验周期。现场仪表严格按期校验，保证及时发现仪表问题。 （2）完善联锁保护仪表配置，采取三取二、四取二等逻辑判断方式，模拟量信号设置坏点切除保持逻辑（人工复位），提高保护可靠性。 （3）完善自动调节系统切手动条件。包括设定值与测量值偏差大、指令反馈偏差大、测点任两信号值偏差大	（1）加强 DCS 声光报警监视。包括重要测点坏点报警、高旁"主汽压力升高斜率超限"保护动作、"高旁快开"动作报警、冗余模拟量信号偏差大报警、冗余开关量信号不一致报警、保护用测点坏点或变化率越限切除报警等，发现测点异常情况及时采取措施。 （2）编写重要设备、测点异常运行应急处理措施，组织运行人员学习，发现设备、测点异常情况及时有效采取措施，防止问题扩大				

编号	隐患排查内容	标准分	检修方面	运行方面	评分标准	扣分	存在问题	改进建议
24	5.5.1.2 压力变送器故障		等,避免因信号故障导致自动调节异常动作。 （4）完善 DCS 声光报警配置。设置重要测点坏点报警、高旁"主汽压力升高斜率超限"保护动作、"高旁快开"动作报警、冗余模拟量信号偏差大报警、冗余开关量信号不一致报警、保护用测点坏点或变化率越限切除报警等,便于运行人员加强测点异常情况监视,及时采取措施					
25	5.5.1.3 温度测量元件故障		（1）建议取消 EH 油温高于 70℃关闭高调门联锁条件,并排查其他类似条件或者测点故障触发 TAB 减小情况。 （2）为防止油温高引起油质恶化,设置 EH 油温高和变化速率大报警,提醒监盘人员加强监视,异常情况下及时采取干预措施。加强 EH 油冷却系统监视和维护,保证系统正常运行。 （3）加强仪表检修维护工作,参考 DL/T 261《火力发电厂热工自动化系统可靠性评估技术导则》制定《热控在线仪表校验管理制度》,根据仪表分类评级,详细规定校验周期。现场仪表严格按期校验,保证及时发现仪表问题	（1）加强 DCS 声光报警监视。包括重要测点坏点报警、冗余模拟量信号偏差大报警、冗余开关量信号不一致报警、保护用测点坏点或变化率越限切除报警等,发现测点异常情况及时采取措施。 （2）编写重要设备、测点异常运行应急处理措施,组织运行人员学习,发现设备、测点异常情况及时有效采取措施,防止问题扩大				
26	5.5.1.4 温度测量元件接线错误		（1）加强新投运机组的热控隐患排查工作,全面梳理主辅机保护逻辑、测点信号等,对重要信号进行通道接线和屏蔽接线位置进行核对,确保接线无误。 （2）完善 DCS 声光报警配置。设置重要测点坏点报警、冗余模拟量信号偏差大报警、冗余开关量信号不一致报警、保护用测点坏点或变化率越限切除报警等,便于运行人员加强测点异常情况监视,及时采取措施。 （3）完善温度保护逻辑,热电阻温度信号均应增加信号坏点切除保护逻辑,并设置必要延时	（1）加强机组重要参数监视,发现异常情况及时核查,并采取有效处理措施。 （2）加强 DCS 声光报警监视。包括重要测点越限及坏点报警、冗余模拟量信号偏差大报警、冗余开关量信号不一致报警、保护用测点坏点或变化率越限报警等,发现测点异常情况采取措施				

编号	隐患排查内容	标准分	检修方面	运行方面	评分标准	扣分	存在问题	改进建议
27	5.5.1.5 位移传感器故障		（1）做好现场设备巡检工作。对直线位移传感器和 LVDT 等重要仪表要定期查看连杆连接情况，固定螺母无脱落、松动现象；在 DCS 查看信号显示曲线，无跳变或异常波动。 （2）完善供热调阀就地 PLC 控制逻辑，增加指令反馈偏差大保位功能，避免反馈信号异常或阀门卡涩造成阀门异常动作，影响机组安全。 （3）完善供热压力保护设置。考虑增加供热压力高（低于跳闸值）超驰联开联通管供热调阀联锁，保证供热压力不高于跳闸值，同时机组协调控制切为 TF 方式，由汽轮机主控自动调整阀门开度维持机前压力稳定，锅炉主控切手动维持原燃料量，保证机组安全运行	（1）加强机组重要参数监视，发现异常情况及时核查，并采取有效处理措施。 （2）编写重要设备、测点异常运行应急处理措施，组织运行人员学习，发现设备、测点异常情况及时有效采取措施，防止问题扩大				
28	5.5.1.6 位置开关故障		（1）排查完善 DCS 数据画面显示，将 DCS 测点信号均实现画面显示，包括重要测点信号，如汽轮机进汽门行程开关状态信号等，并设置声光报警，方便监盘人员监视和发现信号异常变化情况，及时采取措施。 （2）优化阀门行程活动试验逻辑。在阀门活动试验逻辑中增加"所有进汽阀门均不在关位"允许试验条件，条件不满足闭锁试验。 （3）加强热工元件的检修维护工作。机组检修中将所有联锁保护信号、重要自动调节系统信号和重要参数仪表，按清单列入标准检修项目进行全面检查。高温、振动环境中的仪表设备，如汽轮机进汽门行程开关等，要重点检查维护	加强运行试验操作管理工作。完善试验操作票，试验前对所有设备状态和参数等进行查看，存在异常不允许试验，试验过程中出现异常要立即终止试验，组织进行消缺工作。试验完毕退出试验时，要检查所有设备状态和参数是否恢复正常				
29	5.5.1.7 脱硫液位计故障		（1）完善吸收塔液位计算逻辑。浆液密度值设置高低限值，以及变化速率越限，坏点切为一定值逻辑，防止密度值异常导致吸收塔液位出现大的波动。 （2）针对系统设备实际工	加强顺控执行过程监视，投运、退出过程中发现异常，应及时采取措施，保证系统设备恢复正常状态，防止下次投运时出现异常情况				

编号	隐患排查内容	标准分	检修方面	运行方面	评分标准	扣分	存在问题	改进建议
29	5.5.1.7 脱硫液位计故障		况，精简保护配置，减少保护误动几率。由于吸收塔容积较大，极不可能出现液位低于浆液泵保护定值情况，因此浆液循环泵液位低保护设置必要性不大，考虑酌情优化浆液循环泵液位低保护配置；在吸收塔出口烟气温度高时事故喷淋系统能迅速联启且喷淋有效的情况下，宜取消脱硫浆液循环泵全停 MFT 保护条件，仅设置吸收塔出口烟气温度高保护。 （3）完善脱硫密度计投退顺控逻辑和报警。顺控投退过程异常终止应联锁启动冲洗程序，强制进行冲洗，并发生声光报警					
	5.5.2 执行机构异常事故案例及隐患排查							
30	5.5.2.1 电动执行器反馈连接件松动故障		（1）加强重要设备及振动、高温环境下的电动执行机构的检修维护工作。机组 C 级以上检修，解体检查内部线路板、传动部件、插接件、接线等的固定、连接情况；检查齿轮、轴承润滑油泄漏、变质情况，更换、加注润滑剂。 （2）在高温、振动环境下，智能型电动执行机构宜采用分体式执行机构或改进安装连接方式，提高环境适应能力。 （3）完善 DCS 声光报警配置。设置执行机构指令反馈偏差大、反馈信号坏点、自动切手动、执行机构故障（如能送出）等报警，便于监盘人员监视执行机构异常情况，及时采取措施。 （4）对于重要设备执行机构，包括风机入口调节挡板、电动给水泵勺管、给水旁路调门、除氧器进水调门等，要有针对性的制定执行机构失控的应急处理措施，组织检修、运行人员学习演练，提高应急处理能力	（1）加强 DCS 声光报警信息监视。包括执行机构指令反馈偏差大、反馈信号坏点、自动切手动、执行机构故障（如能送出）等报警，发现执行机构异常情况，及时采取措施。 （2）对于重要设备执行机构，包括风机入口调节挡板、电动给水泵勺管、给水旁路调门、除氧器进水调门等，要有针对性的制定执行机构失控的应急处理措施，组织运行人员学习演练，提高应急处理能力				

编号	隐患排查内容	标准分	检修方面	运行方面	评分标准	扣分	存在问题	改进建议
31	5.5.2.2　电动执行器阀位传感器故障		（1）完善联锁保护条件设置,提高保护可靠性。不宜采用阀门/挡板单点反馈信号做为联锁保护条件,须优化阀门/挡板反馈的表征逻辑,以防止重要执行机构误动或反馈信号误发影响机组安全。如汽动给水泵低压给水电动阀关闭联跳给水泵保护条件,可增加给水流量低信号。 （2）加强重要设备及振动、高温环境下的电动执行机构的检修维护工作。机组 C 级以上检修,解体检查内部线路板、传动部件、插接件、接线等的固定、连接情况;检查齿轮、轴承润滑油泄漏、变质情况,更换、加注润滑剂	对于重要设备执行机构,包括风机入口调节挡板、电动给水泵勺管、给水旁路调门、除氧器进水调门等,要有针对性的制定执行机构失控的应急处理措施,组织运行人员学习演练,提高应急处理能力				
32	5.5.2.3　电动执行器反馈装置故障		（1）以上两个案例电动执行机构为同一品牌产品,该执行机构配置的磁性组合式位置传感器,即送出反馈信号至 DCS 显示开度,又用于执行机构伺放控制回路实现闭环控制,此传感器发生故障,极易造成执行机构失控。因此应排查重要设备执行机构类似的位置传感器,予以升级或更换,避免因反馈装置故障造成执行机构异动。 （2）加强重要设备及振动、高温环境下的电动执行机构的检修维护工作。机组 C 级以上检修,解体检查内部线路板、传动部件、插接件、接线等的固定、连接情况;检查齿轮、轴承润滑油泄漏、变质情况,更换、加注润滑剂。 （3）在高温、振动环境下,智能型电动执行机构宜采用分体式执行机构或改进安装连接方式,提高环境适应能力。 （4）完善 DCS 声光报警配置。设置执行机构指令反馈偏差大、反馈信号坏点、自动切手动、执行机构故障（如能送出）等报警,便于监盘人员监视执行机构异常情况,及时采取措施。	（1）加强 DCS 声光报警信息监视。包括执行机构指令反馈偏差大、反馈信号坏点、自动切手动、执行机构故障（如能送出）等报警,发现执行机构异常情况,及时采取措施。 （2）对于重要设备执行机构,包括风机入口调节挡板、电动给水泵勺管、给水旁路调门、除氧器进水调门等,要有针对性的制定执行机构失控的应急处理措施,组织运行人员学习演练,提高应急处理能力				

编号	隐患排查内容	标准分	检修方面	运行方面	评分标准	扣分	存在问题	改进建议
32	5.5.2.3 电动执行器反馈装置故障		（5）对于重要设备执行机构，包括风机入口调节挡板、电动给水泵勺管、给水旁路调门、除氧器进水调门等，要有针对性的制定执行机构失控的应急处理措施，组织检修、运行人员学习演练，提高应急处理能力					
	5.6 热控线缆及管路事故隐患排查							
	5.6.1 信号线缆异常事故案例及隐患排查							
33	5.6.1.1 信号线缆绝缘受损问题		（1）排查高温区电缆布置情况，架空电缆与热体管路应保持足够的距离，控制电缆不小于 0.5m，动力电缆不小于 1m。机组检修期间对高温区不符合规定的电缆进行移位改造，不具备改造条件的电缆做好隔热防护措施。 （2）定期进行设备电缆的巡视检查，重点查看电缆密度较大部位通风情况，电缆穿墙、穿线管部位的保护和布置情况，电缆桥架、电缆保护管附近的高温设备、管道保温隔热情况等，发现问题及时采取措施。 （3）加强设备电缆的检修维护工作，将电缆检查测试列入标准检修项目内容，按照 DL/T 774《火力发电厂热工自动化系统检修运行维护规程》第 6.2.2.2.1 项的要求规范测试方法，将重要信号电缆、电源电缆、高温区域设备电缆列出清单，逐一进行绝缘检查、测试工作。 （4）规范热控电缆设计选型和敷设防护。热控电缆均应选择阻燃电缆，高温区域应选择耐热聚氯乙烯、交联聚乙烯绝缘和聚乙烯护套耐热型电缆；规范敷设工艺，注意电缆防护，避免损伤绝缘和护套层	—				
34	5.6.1.2 电缆接地导致抗干扰降低问题		（1）加强设备电缆的检修维护工作，将电缆检查测试列入标准检修项目内容，按照 DL/T 774《火力发电厂热工自动化系统检修运行	加强设备定期切换试验和保护传动试验工作管理。试验时遇到问题应及时查找原因，排除问题后方可重				

编号	隐患排查内容	标准分	检修方面	运行方面	评分标准	扣分	存在问题	改进建议
34	5.6.1.2　电缆接地导致抗干扰降低问题		维护规程》第 6.2.2.2.1 项的要求规范测试方法,将重要信号电缆、电源电缆、高温区域设备电缆列出清单,逐一进行绝缘检查、测试工作。 （2）做好热控电缆设计选型工作。热控电缆均应选择阻燃电缆,高温区域应选择耐热聚氯乙烯、交联聚乙烯绝缘和聚乙烯护套耐热型电缆;控制系统电缆均应选择金属屏蔽电缆,开关量信号可选择总屏蔽电缆,模拟量信号应选择对绞线芯分屏蔽复合总屏蔽电缆;不同信号类型或电压等级的热控电缆不得混用同一电缆。 （3）规范电缆敷设和屏蔽接地。不同电压等级电缆尽量在电缆桥架分层敷设,信号电缆与动力电缆平行敷设必须保持一定间距、交叉敷设应直角交叉、不得敷设在同一保护管内,敷设时做好硬物损伤电缆措施;DCS 要求实现"一点接地",热控电缆屏蔽层一律在系统端进行接地,系统信号地、保护地均应满足生产厂家安装要求。 （4）加强设备定期切换试验和保护传动试验工作管理。试验时遇到问题应及时查找原因,排除问题后方可重新开始试验,切忌盲目多次进行试验	新开始试验,切忌盲目多次进行试验				
35	5.6.1.3　电缆中间接头导致抗干扰降低问题		（1）更换给水泵汽轮机后轴承 X、Y 向轴振测点前置器至 MTSI 柜信号电缆,并举一反三排查处理 TSI 系统其他电缆中间接头和损伤情况。 （2）检查 TSI 系统"一点接地"情况,电缆屏蔽层一律在系统端进行接地,系统信号地、保护地均应满足生产厂家安装要求。 （3）检查电缆敷设路径的规范性。不同电压等级电缆尽量在电缆桥架分层敷设,信号电缆与动力电缆平行	—				

编号	隐患排查内容	标准分	检修方面	运行方面	评分标准	扣分	存在问题	改进建议
35	5.6.1.3 电缆中间接头导致抗干扰降低问题		敷设必须保持一定间距、交叉敷设应直角交叉、不得敷设在同一保护管内，敷设时做好硬物损伤电缆措施。 （4）加强设备电缆的检修维护工作，将电缆检查测试列入标准检修项目内容，按照 DL/T 774《火力发电厂热工自动化系统检修运行维护规程》第 6.2.2.2.1 项的要求规范测试方法，将重要信号电缆、电源电缆、高温区域设备电缆列出清单，逐一进行绝缘检查、测试工作。 （5）新建机组或控制系统改造项目，要重视控制系统接地安装、重要信号电缆敷设的过程监护，监督施工单位规范施工，并严格把好验收关，认真做好验收测试工作	—				
	5.6.2　仪表管路异常事故案例及隐患排查							
36	5.6.2.1 仪表管路冻结问题		（1）规范伴热电缆选型和敷设。根据当地极限低温设计足够发热量伴热电缆，沿仪表取样管全程敷设到位，不得留有死角，保证取样管全部受热；敷设时注意正负压测取样管受热均匀，不得影响测量效果；高温型伴热带不得紧贴取样管敷设，以免造成测量介质汽化，影响测量结果。 （2）做好仪表取样管保温措施。仪表取样管和取样阀要全面严密敷设足够厚度保温材料，不得有遗漏或缝隙，尤其注意靠墙、过孔洞等处，并根据仪表取样位置设置小室、挡风墙等措施。 （3）加强伴热装置及测点监视，完善巡视措施。DCS设置防冻测点一栏画面，并设置测点异常、伴热电源异常、就地保温箱温度低报警等，方便监盘人员及时发现异常情况。 （4）完善防冻结测点相关逻辑，设置坏点、变化速率大和偏差大等闭锁或剔除逻辑，防止测点异常引起联锁保护、自动调节等异动	加强伴热装置及测点监视，完善巡视措施。定期查看防冻测点一栏画面，关注测点异常、伴热电源异常、就地保温箱温度低报警等，发现异常情况及时采取措施				

编号	隐患排查内容	标准分	检修方面	运行方面	评分标准	扣分	存在问题	改进建议
37	5.6.2.2 仪表管路不规范问题		（1）规范真空低压力开关取样管路及阀门配置。根据国能安全〔2014〕161号《防止电力生产事故的二十五项重点要求》9.4.3条"……保护信号应遵循从取样点到输入模块全程相对独立的原则……"的要求，将真空开关取样管分别由凝汽器喉部独立取出；根据 DL 5190.4《电力建设施工技术规范 第4部分：热工仪表及控制装置》5.1.7条"……凝汽器真空和水位不得装设排污门……"的规定，取消真空低开关排污门。（2）加强生产技术管理，严格机组启动前系统设备恢复工作。对于机组重要参数、机组保护自动所涉及的仪表取样管路阀门要一一检查恢复。（3）DCS 设置保护信号专用画面，显示机组主辅机保护所有信号，并设置异常声光报警，方便发现保护信号异常变化情况，及时进行处理（4）为便于监视取样管通畅情况，建议真空、炉压等微压信号将保护开关改为采用压力变送器	加强热控保护信号监视。DCS 设置保护信号专用画面，显示机组主辅机保护所有信号，并设置异常声光报警，定期查看保护信号异常变化情况，及时进行处理				
	5.7 热控电源/气源系统事故隐患排查							
	5.7.1 热控电源系统异常事故案例及隐患排查							
38	5.7.1.1 DCS 电源系统故障		（1）完善脱硫 DCS 电源配置。根据 DL/T 1083《火力发电厂分散控制系统技术条件》5.4.1.2条和 DL/T 5455《火力发电厂热工电源及气源系统设计技术规范》3.2.2条要求，DCS 应配置两路独立的外部电源，任何一路电源失去或故障不应引起控制系统任何部分的故障、数据丢失或异常动作，两路电源宜分别来自厂用电源系统的不同母线段。对于 UPS 要核实上一级电源出处，防止 DCS 两路电源来自同一母线段。柜内风	—				

编号	隐患排查内容	标准分	检修方面	运行方面	评分标准	扣分	存在问题	改进建议
38	5.7.1.1 DCS电源系统故障		扇、照明、插座电源不应取自 DCS 电源或采取有效隔离措施；远程 I/O 站电源尽量直接取自 DCS 电源柜。 （2）加强 DCS 电源检修维护工作。检修中安排进行电源降压试验，验证 DPU 最低工作电压、电源模块正常工作最低输入电压、I/O 模块最低工作电压是否符合 DCS 规范要求。 （3）优化脱硫浆液循环泵全停保护。根据 Q/HN-1-0000.08.075《华能集团防止热控设备及系统事故的重点要求》第 2.1.4 条："脱硫控制系统的主要联锁及保护应充分考虑锅炉和脱硫运行的相互影响。在吸收塔出口烟气温度高时事故喷淋系统能迅速联启且喷淋有效的情况下，宜取消脱硫浆液循环泵全停 MFT 保护条件，仅设置吸收塔出口烟温高 MFT 保护"	—				
39	5.7.1.2 DCS系统电源模块故障		（1）加强 DCS 电源模块寿命管理，根据厂家要求按期进行升级更换；超期服役电源模块未更换前，加强电源日常巡视及管理，利用每次停机机会，对 DCS 电源模块输出电压进行测试，及时发现设备隐患，保证机组运行安全。 （2）重视控制系统硬件故障问题，注意收集兄弟电厂同品牌控制系统故障信息，对类似问题及时进行统计、分析，及早采取有效措施，彻底消除隐患。 （3）做好 DCS 技术管理工作，重新编制 DCS 管理制度，包括所有设备的定期检查、性能实验、更换周期等方案，并严格按照要求执行	（1）加强控制系统故障报警监视，包括控制器故障、模件故障、控制器脱网、I/O 站故障、通信故障、电源故障等，发现 DCS 异常情况及时采取措施。 （2）按照 DL/T 1340《火力发电厂分散控制系统故障应急处理导则》的编制格式和内容，结合本单位热工控制系统配置特点，编制适合单元机组控制系统的应急处置预案，并定期组织运行人员进行故障应急处置方法培训和演练，提高控制系统故障时的应急处理能力，以保证机组的安全运行				
40	5.7.1.3 DCS电源电压波动问题		（1）完善操作员站电源配置。DCS 操作员站应单独配置双电源切换装置，接受来自 DCS 配电柜的两路冗余电源，各操作员站正常工	按照 DL/T 1340《火力发电厂分散控制系统故障应急处理导则》的编制格式和内容，结合本单位热工控制系统配置特点，编制适合单				

编号	隐患排查内容	标准分	检修方面	运行方面	评分标准	扣分	存在问题	改进建议
40	5.7.1.3　DCS 电源电压波动问题		作电源不能为同一路电源；如没有配置双电源切换装置，则须将两路供电电源分别连接至不同操作员站。保证任何一路电源故障，应能保证部分操作员站正常运行，满足机组安全监控的需要。提供如下两种配置方案供参考：一不配置电源切换装置，一部分操作员站采用 A 路电源，一部采用 B 路电源；二配置两个或两个以上切换装置，切换装置两路输入电源交叉连接 A、B 路电源。 （2）DCS 操作员站配置的双电源切换装置，不宜选用主电源优先策略的切换装置，防止电压降低造成切换拉弧、反复切换等，影响操作员站正常工作。切换装置选型应将切换电压作为主要选型参数，保证切换电压高于负载正常工作电压。并宜具有滤波吸收功能。 （3）加强双电源切换装置的检修维护工作，检修中要反复多进行几次切换试验工作，发现异常务必彻底处理。并进行电源降压切换试验，验证切换电压是否满足操作员站正常工作要求	元机组控制系统的应急处置预案，并定期组织运行人员进行故障应急处置方法培训和演练，提高控制系统故障时的应急处理能力，以保证机组的安全运行				
41	5.7.1.4　AST 电磁阀电源问题		（1）完善 AST 跳闸电磁阀电源配置。AST 电磁阀应配置不同来源的两路电源，不配置双电源切换装置，将两路电源交叉配置（即一组采用 A 路电源，一组采用 B 路电源），避免单路电源失去切换装置故障造成电磁阀两个回路同时失电动作，导致机组跳闸。 （2）重要设备电源要力争分散布置，尤其不要集中采用电源切换装置，避免因切换装置故障造成大量设备同时失电，进而影响机组安全，如磨煤机油站、风机油站等。对于并联运行重要设备，如 OPC 电磁阀、AST 电磁阀等，应分别配置一路电源，不得采用交流切换装置或直流耦合并联二极管。	加强 AST 电磁阀状态监视，包括 AST 油压开关、AST 电源监视报警、AST 动作报警、AST 电磁阀电流、电压监视测点等，发现问题及时采取措施				

编号	隐患排查内容	标准分	检修方面	运行方面	评分标准	扣分	存在问题	改进建议
41	5.7.1.4 AST电磁阀电源问题		（3）DCS考虑增加AST电源监视报警、AST动作报警、AST电磁阀电流、电压监视测点等，便于监视AST电磁阀工作状态					
42	5.7.1.5 仪表电源故障问题		（1）分开配置送风机油站油压变送器电源，独立配置容量合适的自动电源开关和电源电缆，分散风险，避免因电源失去造成并列设备同时异常动作，导致机组非停。 （2）排查并列运行的主辅机保护用设备，如四线制风机油压变送器、LVDT、润滑油箱油位计、大机转速布朗表、空气预热器停转检测装置、主汽门关闭扩展继电器电源、风机振动仪表、给水泵反转检测装置、热式流量计等，分散配置电源。 （3）重要就地仪表电源，如容量允许，应尽量采用控制系统电源，保证电源的可靠性；如容量较大，可采用冗余配置的专用电源。并独立配置容量合适的自动电源开关和电源电缆。 （4）完善主辅机保护配置，采用"三取二""四取二"等逻辑判断方式，提高保护可靠性。确因系统原因测点数量不够，应有防止因单一测点、回路故障而导致保护误动的技术措施	一				
43	5.7.1.6 就地控制设备电源集中问题		（1）完善磨油站控制电源配置。重要设备电源要合理分散布置，尤其不要集中采用电源切换装置，避免因切换装置故障造成大量设备同时失电，进而影响机组安全。因此磨油站控制电源应分散到三面锅炉仪表电源柜，每面电源柜配置一套双电源电源切换装置，热控1号220V电源柜不再配置切换装置。 （2）加强电源切换装置的检修维护工作，检修中要反复多进行几次切换试验工作，发现异常务必彻底处理。并进行电源降压切换试验，验证切换电压是否满足油站设备正常工作要求					

续表

编号	隐患排查内容	标准分	检修方面	运行方面	评分标准	扣分	存在问题	改进建议
44	5.7.1.7　重要控制设备单路电源问题		（1）完善天然气入、出口 ESD 阀电磁阀电源配置。根据 DL/T 5455《火力发电厂热工电源及气源系统设计技术规程》规定，重要设备应采用双路电源供电，备用电源宜采用自动投入方式。因此应增加双电源切换装置，实现天然气入、出口 ESD 阀电磁阀双路自动切换电源供电。（2）加强小型 UPS 装置检查维护工作，在 C 级及以上检修应进行放电试验，容量不足原有 70%时，应更换蓄电池；投运 4～5 年后应整体更换。（3）机组运行中要定期对重要电源装置进行巡检，及时发现异常情况，及早处理	机组运行中要定期对热控重要电源装置进行巡检，及时发现异常情况，及早处理				
	5.8　热控系统检修维护事故隐患排查							
45	5.8.1　人员误操作事故案例及隐患排查		（1）严格 DCS 逻辑组态的技术管理工作。DCS 逻辑组态工作须进行分级授权管理，并对授权人员进行公布，无权限人员不得进行 DCS 组态工作。机组运行中尽量避免进行 DCS 组态逻辑修改、信号强制等工作，如必须进行修改时，务必办理审批手续。（2）建议在机组 DCS 组态工作中推行 DCS 操作卡制度。在 DCS 进行组态修改、保护解投、重要信号强制、故障处理等工作中使用操作卡。热控班组排查 DCS 相关逻辑，提前编写 DCS 热控重要保护解投、重要信号强制、典型故障处理操作卡。操作卡要列出需采取的相关措施、详细操作步骤、强制/修改逻辑信号的页码和块号等，工作时按照 DCS 操作卡措施、步骤进行操作，避免发生热控措施考虑不周到或误操作问题。	严格 DCS 逻辑组态的技术管理工作。DCS 逻辑组态工作须进行分级授权管理，并对授权人员进行公布，无权限人员不得进行 DCS 组态工作。机组运行中尽量避免进行 DCS 组态逻辑修改、信号强制等工作，如必须进行修改时，务必办理审批手续				

编号	隐患排查内容	标准分	检修方面	运行方面	评分标准	扣分	存在问题	改进建议
45	5.8.1 人员误操作事故案例及隐患排查		（3）加强运行机组 DCS 组态工作的监护。进行 DCS 逻辑修改、信号强制、保护解投等工作时，必须由两人或以上人员共同进行，按照事先编写的操作卡步骤，一人操作，一人监护确认。尤其对于解投保护操作，每一步均需监护人仔细确认后方可操作					
46	5.8.2 防范措施不到位事故案例及隐患排查		（1）机组运行中 DCS 任何信号拆除或强制时，必须事先排查清楚用途，逐一采取措施后，方可允许工作。涉及主辅机联锁保护、重要自动等的工作，必须充分考虑各种异常情况，解除相关保护和自动。 （2）建议在机组 DCS 组态工作中推行 DCS 操作卡制度。在 DCS 进行组态修改、保护解投、重要信号强制、故障处理等工作中使用操作卡。热控班组排查 DCS 相关逻辑，提前编写 DCS 热控重要保护解投、重要信号强制、典型故障处理操作卡。操作卡要列出需采取的相关措施、详细操作步骤、强制/修改逻辑信号的页码和块号等，工作时按照 DCS 操作卡措施、步骤进行操作，避免发生热控措施考虑不周到或误操作问题。 （3）结合本厂 DCS 特点，编写 DCS 系统各类故障处理安全技术措施，防范措施应尽量靠近底层设备，如将现场设备切至就地位等，避免控制系统发生不可预见情况引起就地设备误动。组织检修、运行人员学习，保证故障处理时准确判断，快速处理	（1）严格控制机组运行中 DCS 任何信号拆除或强制，如确需拆除或强制，必须事先排查清楚用途，逐一采取措施后，方可允许工作。涉及主辅机联锁保护、重要自动等的工作，必须充分考虑各种异常情况，解除相关保护和自动。 （2）结合本厂 DCS 特点，编写 DCS 系统各类故障处理安全技术措施，防范措施应尽量靠近底层设备，如将现场设备切至就地位等，避免控制系统发生不可预见情况引起就地设备误动。组织运行人员学习，保证故障处理时准确判断，快速处理				

附录 A-6　金　属

编号	隐患排查内容	标准分	检修方面	运行方面	评分标准	扣分	存在问题	改进建议
	6　金属专业重点事故隐患排查							
	6.1　锅炉金属部件事故隐患排查							
	6.1.1　受热面泄漏事故案例及隐患排查							
1	6.1.1.1　水冷壁氢腐蚀爆管		（1）加强对受热面管材备品的监督管理，防止管材发生腐蚀。 （2）检修中加强凝汽器换热管的检查，如发生泄漏应及早采取相应措施进行隔离，机组长期停运再启动时，对凝汽器注水检漏。 （3）水质出现异常或水冷壁垢量较高时，应在水冷壁高负荷区域开展割管检查，及时了解水冷壁向火侧内壁是否存在结垢或腐蚀情况。 （4）如水冷壁内壁存在腐蚀现象，应尽快取样对管子进行状态评估，掌握力学性能及组织状况。 （5）发现内壁存在腐蚀的管段必须更换，更换后对水冷壁进行酸洗，彻底除去水冷壁系统内的沉积物，并形成钝化膜。 （6）机组启动过程中做好机组启动阶段集控与化学专业的协调工作，按标准要求进行各节点的汽水品质控制和在线化学仪表的投入。未投入在线 PH 表前，启动加药泵后及时采用台式仪表分析 PH，保证水质 PH 合格；机组启动阶段及时冲洗取样管，防止取样管堵塞，取样管如果堵塞，应及时疏通。 （7）机组长期停运时按化学监督要求做好停炉保护	—				
2	6.1.1.2　高温过热器管机械疲劳断裂		（1）防磨防爆检查时发现管屏固定装置失效，已经造成管间碰磨、管屏出列或乱排的，应及时予以恢复； （2）活动夹块固定方式容易出现开焊、脱扣等，可考虑加装卡箍式固定组件，进一步保证固定效果。	—				

编号	隐患排查内容	标准分	检修方面	运行方面	评分标准	扣分	存在问题	改进建议
2	6.1.1.2 高温过热器管机械疲劳断裂		（3）关注低氮燃烧改造后过热器、再热器等部件出现的腐蚀性减薄现象，采取调整燃烧及喷涂防护层等手段进行综合治理	—				
3	6.1.1.3 屏式过热器焊缝再热裂纹		（1）屏式过热器的对接焊缝布置应避开最大工作应力区域。 （2）屏式过热器换管时，焊缝的最外层焊接尽量采用多道焊以保证焊缝强度。 （3）应严格按照设计要求恢复管间鳍片，以分担焊缝承受的拉应力；在保证防磨效果的情况下，可减少管屏下部浇注料厚度。 （4）加强对接焊缝的监督，尤其是外圈焊缝的宏观检查和无损检测。 （5）流化床锅炉采用TP304H、TP347H材料的高温再热器，尤其是管屏出现较大变形的情况下，出现类似再热裂纹的案例也较多，可参考本案例分析处理	—				
4	6.1.1.4 水冷壁内壁直道缺陷		（1）直道类缺陷通常会在同批次钢管中集中出现，应对漏点周边区域水冷壁内壁状况利用内窥镜等工具进行检查。 （2）按照DL/T 438《火力发电厂金属技术监督规程》第9.1.2"管子内外表面不允许有大于以下尺寸的直道及芯棒擦伤缺陷：热轧（挤）管，大于壁厚的5%，且最大深度0.4mm；冷拔（轧）钢管，大于公称壁厚的4%，且最大深度0.2mm。对发现可能超标的直道及芯棒擦伤缺陷的管子，应取样用金相法判断深度。"的规定，做好受热面管的质量验收	—				
5	6.1.1.5 后屏式过热器定位块焊接缺陷		（1）对于直接与炉管管壁焊在一起的部件，如定位块、活动夹块、鳍片、吊挂钩、防磨瓦等，应列入防磨防爆检查范围并对焊缝作重点监督。 （2）如需增设或恢复以上	—				

编号	隐患排查内容	标准分	检修方面	运行方面	评分标准	扣分	存在问题	改进建议
5	6.1.1.5　后屏过热器定位块焊接缺陷		部件，应严格控制焊接熔深，避免对管壁造成损伤。基建时期的焊缝出现较多问题的，可考虑对密封、固定、防护方式进行改造	—				
6	6.1.1.6　TP347H 高温过热器制造缺陷		（1）对于奥氏体不锈钢弯制炉管的质量验收，应关注炉管原材料及弯制后的固溶处理证据，必要时取样进行相关检验。 （2）判断奥氏体不锈钢炉管（直管和弯管）未实施固溶处理的依据，一是微观组织中存在大量滑移线，二是显微硬度较高。滑移线在冷加工过程中产生，同时冷作硬化造成硬度升高，可判断冷加工后未进行固溶处理	—				
7	6.1.1.7　后屏再热器夹持管焊缝热影响区开裂		（1）结合机组屏再夹持管泄漏事故经验，利用机组停机机会，对类似部位开展专项隐患排查工作，对鼓包、胀粗明显甚至超标的部位，应及时进行更换处理。 （2）应结合历次防磨防爆检查结果、机组泄漏事故等，统计多次发生泄漏的受热面区域，分析产生的原因，合理制定防磨防爆检查项目。检修期间对多次发生泄漏的受热面区域、前次检查发现问题的区域进行重点检查。应将屏再夹持管等类似部位的检查工作纳入防磨防爆检查项目中。 （3）结合图纸，梳理受热面不等壁厚位置，制定滚动检查计划，并结合调停、检修等机会，开展不等壁厚位置管子焊缝及邻近区域的检查。不等壁厚管子组对焊接前，应规范过渡段加工情况的监督检查，规范壁厚车削工艺控制及管理。 （4）检修期间扩大屏再夹持管焊缝射线检测检查比例。在设备的制造、安装、检验、技术改造等全过程中，做好受监金属部件焊接全过程的监督。确保焊接及热处理人员资格、焊接材料的选用、焊接及热处理工	—				

编号	隐患排查内容	标准分	检修方面	运行方面	评分标准	扣分	存在问题	改进建议
7	6.1.1.7 后屏再热器夹持管焊缝热影响区开裂		艺、焊接及热处理过程执行、焊后焊工自检、焊后无损检测等全过程符合标准要求。加强设备监造、出厂验收等检验报告、技术文件内容及数据的审核,发现问题应及时联系制造厂家核实处理	—				
8	6.1.1.8 T91/TP347H 异种钢焊缝开裂		(1)锅炉运行 5 万 h 后,应对过热器管、再热器管及与奥氏体耐热钢相连的异种钢焊接接头取样检测管子的壁厚、管径、焊缝质量、内壁氧化层厚度、拉伸性能、金相组织。取样在管子壁温较高区域,割取 2~3 根管样。10 万 h 后每次 A 级检修取样检验,后次割管尽量在前次割管的附近管段或具有相近温度的区段。 (2)锅炉运行 5 万 h 后,检修时应对炉膛内与奥氏体耐热钢相连的异种钢焊缝按 10%进行无损检测,对于大包内与奥氏体耐热钢相连的异种钢焊缝,应加大检查比例,并实时缩短检验周期。无损检测可采用射线探伤+渗透探伤,或相控阵检测	—				
9	6.1.1.9 吹灰孔密封结构不合理		(1)对吹灰孔、观火孔、人孔门等相近结构焊缝进行排查。 (2)如裂纹较浅可进行磨除并适当焊补,同时在密封板靠近中间位置开长度约 20mm 的十字缝,以释放应力	—				
	6.1.2 炉外管道事故案例及隐患排查							
10	6.1.2.1 再热器了解管道开裂		(1)对喷水减温器集箱用内窥镜检查内壁、内衬套、喷嘴,应无裂纹、磨损、腐蚀脱落等情况,对安装内套管的管段进行胀粗检查。 (2)再热汽温的调整以燃烧器摆角变化为主,尽量减少喷水减温运行方式	—				
11	6.1.2.2 主蒸汽堵阀焊缝开裂		(1)对管系焊缝进行排查,特别是管件(三通、阀门及弯头)与管道的对接焊	—				

编号	隐患排查内容	标准分	检修方面	运行方面	评分标准	扣分	存在问题	改进建议
11	6.1.2.2　主蒸汽堵阀焊缝开裂		缝,其接头型式应符合规范要求。对于壁厚差较大的焊接接头,应加强监督检查。 (2)对该管系支吊架的冷热态情况进行检查,发现偏斜、变形、断裂等情况,及时进行维修调整。 (3)加强焊接管理。针对壁厚差较大的焊接接头,应制定专门的工艺措施,保证预热效果和焊后热处理温度均匀。 (4)缺陷修复时,应先对阀体和管系进行固定,防止缺陷处理中,发生管系移位;裂纹打磨完全消除后,按照近似"U"型,修正坡口区域,利于焊缝填充。所有施焊前,应经过无损检测,确认裂纹消除,并记录形貌尺寸(长度、深度),便于后期跟踪检查;施焊热处理后,无损检测和硬度检测合格	—				
12	6.1.2.3　省煤器集箱排气管爆破		(1)集箱排气管就近平行于集箱穿出大包,避免其穿过高位再热器集箱上方的高温区域。 (2)若继续保持省煤器排气管原布置不变,建议升级排气管材质等级。此外,建议结合检修排查其他低温过热器集箱及低温再热器集箱排气管是否出现胀粗,开裂等现象,及时发现及时处理	—				
	6.2　汽轮机金属部件事故隐患排查							
13	6.2.1　20Cr1Mo1VNbTiB螺栓断裂		(1)对于20Cr1Mo1VNbTiB材料的备品新螺栓,应按照DL/T 439《火力发电厂高温紧固件技术导则》的要求在端面抽样进行晶粒级别检验。 (2)按照DL/T 438《火力发电厂金属技术监督规程》对于运行中的螺栓应在机组每次A级检修时,对20Cr1Mo1VNbTiB钢制螺栓进行100%的硬度检查、20%的金相组织抽查;同时对硬度高于上限的螺栓也应进行金相检查,如晶粒度粗于5级应予更换	—				

编号	隐患排查内容	标准分	检修方面	运行方面	评分标准	扣分	存在问题	改进建议
14	6.2.2 Alloy 783 螺栓断裂		（1）加强对运行机组的再热主汽阀、再热调速汽阀的巡检，发现温度异常升高，及时采取必要措施。利用机组停机机会，在每个阀门保温夹层上部安装热电偶，便于专业人员定期监视温度变化情况。在机组启停和再热汽门活动试验时，加强对汽门的检查，发现异常，及时采取措施。 （2）加强设备的检修管理工作，根据设备状况，合理地安排设备检修计划和检修项目，对超标和不能满足安全生产要求的螺栓要及时进行更换。检查内容包括外观目视检查，敲击检查，采用内窥镜对加热孔进行内部检查，采用超声、着色探伤等手段进行无损检验以及100%的硬度检查。 （3）在隐患未彻底消除之前，为防止机组运行中螺栓断裂造成阀门阀盖突然脱出，应采取确保现场安全的临时措施和运行监视措施，避免出现安全事故。制订并落实事故应急预案。考虑在阀盖处增加临时加固措施。 （4）严格控制螺栓制造工艺。严格把控原材料质量。螺栓加热孔切削刀具进行改进，使加热孔底部为平面，减小可能出现的应力集中现场，螺栓制造过程中增加加热孔内壁检验，热处理前对螺栓表面清洁处理、螺栓热处理由外包转为上汽厂实施。同制造单位进行沟通，提供材料替代的可行性方案。 （5）DL/T 438《火力发电厂金属技术监督规程》14.8条要求："IN783、GH4169合金制螺栓，安装前应按数量的10%进行无损检测，光杆部位进行超声波检测，螺纹部位渗透检测；安装前应按100%进行硬度检测，若硬度超过370HB，应对光杆部位进行超声波检测、螺纹部位渗透检测；	—				

编号	隐患排查内容	标准分	检修方面	运行方面	评分标准	扣分	存在问题	改进建议
14	6.2.2　Alloy 783 螺栓断裂		安装前对螺栓表面进行宏观检验,特别注意检查中心孔表面的加工粗糙度。"及时按照标准要求开展检验监督工作	—				
15	6.2.3　1Cr5Mo 螺母失效		(1)采用 1Cr5Mo 材质螺母的超临界机组甚至亚临界机组,一旦发现 1Cr5Mo 螺母性能明显下降,应尽快升级换为更高等级、性能更稳定的螺母。 (2)加强机组运行过程中的温度监控,防止螺母因温度过高而导致组织性能急剧劣化	—				
16	6.2.4　高压旁路 P92 热挤压三通开裂		(1)对于热挤压成型的 P91、P92 三通,应不定期对三通肩部内壁进行超声检测,对三通腹部进行表面检测。 (2)如发现开裂应尽快予以更换	—				
17	6.2.5　高压旁路三通冲刷减薄泄漏		(1)定期对高压旁路管道弯头、直管段、疏水管进行测厚。 (2)对阀门进行解体检修提高其严密性,同时考虑加装手动隔离阀。 (3)加强高压旁路阀后温度、压力的监控,发现异常及时检查阀门严密性	—				
18	6.2.6　高加疏水管道冲刷减薄泄漏		(1)落实《防止电力生产事故的二十五项重点要求》第 6.5.5.6 "对于易引起汽水两相流的疏水、空气等管道,应重点检查其与母管相连的角焊缝、母管开孔的内孔周围、弯头等部位的裂纹和冲刷,其管道、弯头、三通和阀门,运行 10 万 h 后,宜结合检修全部更换。"结合机组检修,检查运行 10 万 h 以上易引起汽水两相流的管道、弯头、三通和阀门,根据检查情况进行更换。 (2)举一反三开展现场隐患排查治理工作。对机组炉外汽水疏水管路包含管件及直管段进行全面检测,发	—				

编号	隐患排查内容	标准分	检修方面	运行方面	评分标准	扣分	存在问题	改进建议
18	6.2.6 高加疏水管道冲刷减薄泄漏		现减薄问题及时处理。强化易引起汽水两相流的疏水管道可能冲刷减薄的风险，及时排查长期存在的炉外管爆破风险。 （3）加强专业技术管理，完善炉外管台账，确定机组检修期间金属监督检测项目，特别是存在冲刷可能性较大的直管段检测。机组检修期间检测项目应包括异径管及弯头、三通等管件及焊缝，还应包括直管段	—				
19	6.2.7 给水泵小汽轮机叶片断裂		（1）改进末叶片的锁紧形式，尤其要优化销孔周围的铆点工艺，以排除因铆点造成的叶片损伤。 （2）加强运行中的振动监测和检修过程中的监督检查	—				
20	6.2.8 EH油管道泄漏故障 6.2.8.1 EH油管道焊缝开裂，造成EH油压力低保护动作跳机		（1）针对EH油系统管道焊口检验不合格、存在焊接质量缺陷问题，利用机组检修对机组EH油等油系统管道中的对接焊缝进行射线检查。 （2）对所有机组EH油系统管道进行普查，重点检查油管夹具完整、管道碰磨与振动、管道与热源间距等问题，并做好检查记录，提高巡检质量。 （3）加强高压油管、高压疏水管等重要小管径管道新安装焊口的金属监督工作，提前预控风险，避免承插焊缝	—				
21	6.2.8.2 EH油站供油管道法兰螺栓断裂，造成EH油压低停机		（1）提高机组EH油站供油管道法兰螺栓更换为高强度螺栓（12.9级）。 （2）检查机组EH油系统管路，发现振动异常等情况，进行减振处理。 （3）对机组EH油系统法兰螺栓全面排查，机组停运时更换为高强度螺栓，更换时严格工艺纪律和安装标准。 （4）将机组EH油系统法兰螺栓紧固情况作为日常检查范围，发现问题及时处理	—				

编号	隐患排查内容	标准分	检修方面	运行方面	评分标准	扣分	存在问题	改进建议
22	6.2.8.3 油泵出口活节焊口断裂，造成EH油泄漏，机组跳闸		（1）针对EH油系统管道振动问题，应逐台机组落实方案进行治理。利用检修时机，对EH油管道焊口进行射线探伤，进一步排查设备隐患。 （2）对安装阶段油管道安装焊缝未进行100%射线检测的油管路或当油管路安装焊缝质量不明的，应利用A级检修机会，对安装焊缝进行20%的射线检测；当发现存在超标缺陷情况时，应扩大抽查比例，如仍然发现存在超标缺陷的焊缝，则应对油管道安装焊缝进行100%的射线检测	—				
23	6.2.8.4 油动机活接焊缝频繁泄漏导致多次停运		（1）电厂EH油管路三通与管路的连接方式分为插入式角接焊缝（三通机加工或锻造有插入接口）、焊接大小头过渡对接、冲压式有大小头过渡对接。目前电厂EH油管路运行期间三通焊缝发生开裂泄漏失效的主要是插入式。其主要原因是插入式角焊缝部位存在结构突变引起的应力集中，在焊接质量不良，震动应力长期作用下，在角焊缝管侧熔合线部位发生疲劳开裂泄漏。 （2）对于油管路三通焊缝或其他插入式角接焊缝应在每次大修中进行表面无损检测，尤其对于震动现象明显的管路三通与管路连接焊缝应重点检查。同时建议对于曾经发生开裂泄漏，或震动明显的高压油管路，利用检修机会改造为对接形式。 对油管路插入式角接焊缝存在结构突变引起的应力集中，焊缝质量差，振动应力作用下发生开裂失效。应利用检修时机对焊缝进行表面无损检测。 （3）EH油管路对接焊缝的失效，其主要原因是焊缝内部存在未熔合、未焊透等超标缺陷，在振动应力作用	—				

编号	隐患排查内容	标准分	检修方面	运行方面	评分标准	扣分	存在问题	改进建议
23	6.2.8.4 油动机活接焊缝频繁泄漏导致多次停运		下缺陷扩展发生疲劳开裂泄漏。对对接焊缝质量情况不明的,应利用检修机会进行射线探伤抽查,发现问题扩大检查,并返修处理。 (4)对EH油系统中结构不合理、存在隐患的管路进行处理或改造。在存在隐患的管路未处理或改造之前,要编制相关定期工作及检查清单,对EH油系统中存在结构性缺陷、发生过异常的同类部位及新增焊口,利用机组停备或检修机会进行射线探伤。建立和完善EH油系统台账,绘制管道焊缝布置图,对管道、焊缝、弯头、活接、丝头等检修检查情况进行详细记录,以便于进行隐患排查和技术性评估	—				
	6.3 发电机金属部件事故隐患排查							
24	6.3.1 发电机护环断裂		(1)由于18Mn-5Cr护环钢对应力腐蚀比较敏感,优先选用18Mn-18Cr材料的护环。 (2)发电机冷却介质的相对湿度对18% Mn-5% Cr护环的应力腐蚀开裂影响极大,应控制机内冷却介质的湿度,注意发电机转子停机及检修时的防潮。 (3)应对护环材质应进行复核,确认与设计材质相符后采取相应的监督方式。 (4)为排查应力腐蚀裂纹,护环不拆卸时金相点建议设置在端面,拆卸后建议选取紧力面、R角变截面等容易发生应力腐蚀的部位进行分析。 (5)护环内壁的应力明显大于外壁,应力腐蚀裂纹主要发生在变截面圆角处和护环两端及中间的配合面处,在检测时应重点探查护环内壁	—				
25	6.3.2 发电机风扇叶片断裂		(1)风扇叶拆卸后、安装前应对螺杆和螺母进行宏观检查,严格按照制造厂提供的力矩值进行拆装,并记录规范	—				

续表

编号	隐患排查内容	标准分	检修方面	运行方面	评分标准	扣分	存在问题	改进建议
25	6.3.2　发电机风扇叶片断裂		（2）机组每次 A 修应对风冷扇叶进行表面检验，叶片表面应无裂纹、严重划痕、碰撞痕印。 （3）机组每次 A 修风冷扇叶叶根螺纹根部应进行检测，无裂纹缺陷	—				
	6.4　压力容器事故隐患排查							
26	6.4.1　除氧器筒体开裂		（1）在机组运行条件允许的情况下，降低除氧器运行水位，增大蒸汽通道面积，确保除氧器安全稳定运行。 （2）除氧器安全状况等级仍处于较低水平，除正常定期检验外，应结合检修加强除氧器筒体内外壁的检查和检测	—				
27	6.4.2　蒸汽冷却器壳体焊缝开裂		（1）由检验机构根据蒸汽冷却器的整体检验结果，确定是否缩短检验周期。 （2）除正常定期检验外，应结合检修自行开展蒸汽冷却器筒体内外壁的检查和检测	—				
28	6.4.3　液氨罐罐体开裂		（1）氨罐定期检验之前，应制订严谨的倒罐置换方案并对排空、充水、蒸汽加热、充氮置换等操作进行演练。 （2）从事该类容器重大修理的单位应具备相应资质，重大修理方案应经原设计单位或具备相应设计能力的单位书面同意。 （3）修理过程应进行监督检验，修后应进行耐压试验	—				
29	6.4.4　除氧器备用管盲板爆裂		（1）排查锅炉、压力容器压力管道接口方式和封堵型式。对不符合标准的结构型式和计算强度不合格的，应及时进行更换；并按照标准要求，进行监督检验。 （2）严禁带压堵漏工作。 （3）压力容器依法定检和注册、使用，加强运行、检修安全管控，完善安全警示标示，消除设备隐患	—				

附录 A-7　环　　保

编号	隐患排查内容	标准分	检修方面	运行方面	评分标准	扣分	存在问题	改进建议
	7.1　除尘器及输灰系统事故隐患排查							
1	7.1.1　除尘设备垮塌及事故放灰事故案例及防范要求		【涉及专业】：环保，共6条 （1）检查除尘器灰斗等设备的结构强度。按照设计图纸，对除尘器灰斗、输灰、储灰等设备本身及其支撑和悬吊部件进行检查，对与设计图纸不符，应尽快联系原设计单位，研究制定相应的整改处理方案。对无相关设计资料的，应尽快联系设计单位，明确相关要求及标准。 （2）应利用机组检修及停备机会，检查除尘器灰斗、输灰、储灰等设备本身，及其支撑和悬吊部件钢结构及焊缝质量状况，钢结构的检查以宏观和测厚检查为主，焊缝的检查除扒开保温进行宏观通光检查外，还应依据焊缝自身结构特点选择合适的无损检测方法。 （3）当入炉煤的煤质偏离设计值、灰分增加较多时，应对除灰系统进行运行安全的分析评估。当入厂煤和入炉煤灰分发生重大变化时，应对除灰系统出力进行校核，根据需要制定防范措施，必要时，开展除灰系统增容改造。 （4）检查灰斗卸灰及输送装置是否正常运行。检查进料阀、平衡阀、出料阀的密封状况，检查仓泵流化装置状况，检查各进气阀是否能正常进气，检查仓泵出料情况，检查仓泵料位计是否正常报警，检查输灰原始参数是否被修改。 （5）检查灰斗上的紧急卸灰口，在紧急情况时是否能够正常打开。 （6）应定期检查除尘器灰斗及输灰管道外观是否正常，是否存在漏灰现象。若发现异常应及时汇报，特别	【涉及专业】：环保，共8条 （1）对于水平布置在电除尘器入口前的烟气冷却器（或低低温省煤器），应重点监视其烟气侧差压、出口烟气温度及除尘器运行状态，加强巡检，以及时发现泄漏并进行隔离，防止烟尘凝聚结块造成灰斗堵塞。此外，应根据燃用煤质和电除尘器运行情况合理控制低（低）温省煤器（烟气冷却器）的出口烟温，防止电除尘器发生严重腐蚀。 （2）电除尘器灰斗壁应设加热装置，采用电加热器时，其应有故障报警功能，防止灰斗内部灰温下降，受潮凝结，造成堵塞。除尘器灰斗加热温度应不低于120℃。灰斗加热运行方式和控制温度可根据工况变化和输灰方式进行优化。 （3）电除尘器灰斗应配备合格的高、低料位计，在料位不正常时应有声光报警装置，以提醒运行、检修人员及时处理，保证灰斗料位正常。 （4）对于气力输灰系统，应对空气压缩机干燥器和储气罐定期疏水，防止输灰气源带水，造成输灰系统堵灰。净化处理后，压缩空气的品质要求可参照 JB/T 8470《正压浓相飞灰气力输送系统》4.2.8条的要求："含油率≤3ppm；含尘最大粒径 1μm；常压露点温度≤-20℃"。 （5）根据输灰管道的压力变化，判断输灰管中灰的流动状况。一旦发生堵灰，应立即进行吹堵或人工处理。 （6）检查空气压缩机干燥器和储气罐，保证压缩空气品质，气源压力不小于				

编号	隐患排查内容	标准分	检修方面	运行方面	评分标准	扣分	存在问题	改进建议
1	7.1.1　除尘设备垮塌及事故放灰事故案例及防范要求		是对于存在可能垮塌风险的场所(如尾部烟道、灰斗等)，要立即组织加装硬隔离措施，并悬挂警示牌，禁止人员逗留和通过	0.6MPa，气量充足。 (7)运行人员应根据机组负荷及煤种变化，及时调整仓泵的下料时间。当电除尘器某一电场因故障停运时，运行人员应将这一电场仓泵的进料时间相应缩短。 (8)针对灰斗积灰处理，可参考 HJ 2028《电除尘器工程通用技术规范》12.2.11： a)当灰斗积灰至高料位报警时，必须检查输灰系统的运行情况，并采取措施保证输灰通畅，对该灰斗实行优先排灰，以降低灰位，解除高料位报警； b)当灰斗积灰至电场跳闸时，在停止向相应电场供电的同时，必须关闭相应电场的阳极振打，以防阳极系统发生故障，同时必须进行强制排灰，以保证设备安全； c)强制排灰时必须做好安全措施，确保人身安全，严防灰搭桥时，由于受到外力作用，突然下坠而造成事故； d)事后应分析积灰原因，检查输灰系统，料位计、灰斗加热和保温是否完好，彻底清除故障，防止事故重复发生； e)在没有采取可靠措施的情况下，严禁开启灰斗人孔门放灰				
2	7.1.2　湿式电除尘起火事故案例及防范要求		【涉及专业】环保，共11条 (1)应编制湿式电除尘施工防火专项施工方案，由各方共同讨论审核后批准实施。 (2)在湿式电除尘器防腐作业期间以及玻璃鳞片防腐未完全固化前，应禁止动火作业。动火作业前，必须按规定要求办理动火工作票，并做好动火作业过程的监护。 (3)在阳极模块吊装完成后进行的动火作业，必须做	【涉及专业】环保，共3条 (1)湿式电除尘器在调试前，要求在逻辑中增加锅炉 MFT 动作或浆液循环泵全部跳闸，必须同时跳停湿式电除尘器，这两个保护未消除前，湿式电除尘器应处于无法启动状态。 (2)湿式电除尘器空载升压须与脱硫系统连锁运行，尽量在风机运行的条件下进行。 (3)运行期间须定期对阳极进行冲洗，低负荷期间可				

编号	隐患排查内容	标准分	检修方面	运行方面	评分标准	扣分	存在问题	改进建议
2	7.1.2 湿式电除尘起火事故案例及防范要求		好阳极模块的隔离措施,避免焊接过程中火星或残渣掉落,引燃阳极模块。 (4)湿式电除尘器空载升压前,必须先对烟道内壁防腐、喷淋系统及相应水循环系统进行验收,烟道内壁防腐完全凝固并验收合格。 (5)湿式电除尘器空载升压前应对除尘器内部进行检查,确保阴阳极放电间距在规定范围内,确保阴阳极间无杂物,以防杂物被火花点燃。 (6)湿式电除尘器检修结束,必须先测量电场绝缘,绝缘电阻应大于200Ω,排除设备内部接地点。 (7)空载升压启动前对极板进行冲洗,确保极板干净,防止杂物被火花点燃。 (8)湿式电除尘进行空载升压,升压严禁突升,最好以5kV一档逐级进行,密切关注闪络值,坚决不能强制升压,尤其是机组冷态情况下的空载升压,一旦有闪络,应立即停运电源,重点进去检查内部杂物是否造成短路,空载升压二次电压控制在40kV以下,每个电场时间控制在1min以下。 (9)空载升压结束后,应再次对极板进行冲洗。 (10)对于非金属材质的湿式电除尘,检修过程中应重点检查有无灼烧痕迹,如果有灼烧痕迹点.证明运行中此处有放电过热现象。对于那些金属板式湿式电除尘,当冲洗喷淋系统是非金属材质时,也同样应该引起注意,必要时更换冲洗喷淋系统。 (11)湿式电除尘器内部部件优先选用金属材料,内部喷淋管路及喷嘴宜采用双相不锈钢材质,在满足耐腐蚀性能的基础上,避免使用非阻燃的PP材质。非金属材料则应具备阻燃特性并设置事故喷淋系统	适当增加冲洗频次。具体可按湿式电除尘器厂家说明书要求进行冲洗				

编号	隐患排查内容	标准分	检修方面	运行方面	评分标准	扣分	存在问题	改进建议
3	7.1.3　除尘效率下降事故案例及防范要求		【涉及专业】：环保，共5条 （1）电除尘器入口断面气流分布均匀性应达到设计值或断面气流速度相对均方根值σ≤0.25，同一电除尘器不同室烟气量偏差小于5%。如不满足要求，应重新进行气流分布试验，对气流分布装置的结构和尺寸进行优化。应保证进气烟箱前直管段长度不小于两倍进气烟箱直管段当量直径。 （2）检查除尘器人孔门、烟道、伸缩节、绝缘套管等壳体连接处，消除漏点，避免冷空气进入静电除尘器，减少电晕极线结垢肥大、绝套管爬电和腐蚀等问题。 （3）利用检修机会，检查放电极、收尘极的积灰情况，并处理已断的放电级线，检查调整变形的收尘极板，检查振打系统各轴，锤的紧固情况，保险销断裂损坏的应及时更换，并更换损坏的振打锤。 （4）利用检修机会，全面检查调整极距，确保异极距在误差范围内。 （5）对灰斗加热系统及输灰系统进行彻底检查，确保灰斗加热系统和输灰系统工作正常	【涉及专业】：环保，共5条 （1）燃用高灰分煤种或飞灰比电阻高时，应缩短振打周期，加强集尘板和放电极的清灰，防止集尘板积灰过厚产生反电晕，降低除尘效率。 （2）监视灰斗料位，输灰系统无堵塞，各加热装置运行正常。 （3）高压硅整流设备的运行电压，电流值应在正常范围内，当工况变化时应及时根据运行规程或运行优化指导意见进行合理调整。 （4）对于电除尘器前安装低（低）温省煤器（烟气冷却器）的机组，应根据燃用煤质和电除尘器运行情况合理控制低（低）温省煤器（烟气冷却器）的出口烟温，防止电除尘器发生严重腐蚀。 （5）脱硝系统运行异常，氨逃逸浓度增高时，可采取提高灰斗加热温度，加强振打，加强输灰、改变锅炉运行方式提高电除尘器入口烟气温度等措施防止电场内部出现故障				
4	7.1.4　电袋除尘器差压高及布袋破损事故案例及防范要求		【涉及专业】：环保，共7条 （1）当布袋除尘器中布袋出现破损或脱落时，对破损或掉落的滤袋及时进行更换并记录该位置。同时应保证新滤袋的安装质量。滤袋安装前应对施工人员进行培训。安装时严禁动火、吸烟。对箱体内部的灰渣清扫干净，检查合格后方可安装滤带。且安装滤袋时应按由里向外的顺序进行，避免踩踏滤袋袋口。滤袋安装时应小心轻放，防止滤袋划伤。滤袋安装结束应逐个检查袋口的安装质量，确认无误后方可安装滤袋框架。滤袋框架安装时，应逐个检查框	【涉及专业】：环保，共5条 （1）对于袋式除尘器烟气温度应控制在技术协议规定的限制范围内，并应高于酸露点温度15℃以上，防止烟气温度过低结露，造成糊袋，出现烟气温度超过技术协议规定的瞬时运行温度时应记录超温起止时间。 （2）袋式除尘器清灰压力应在标准范围内，固定式喷吹袋式除尘器的清灰压力宜不大于0.4MPa，必要时清灰可大于0.4MPa，不宜超过0.6MPa，应记录喷吹时间；旋转式低压脉冲喷吹清灰压力宜不大于0.1MPa；				

编号	隐患排查内容	标准分	检修方面	运行方面	评分标准	扣分	存在问题	改进建议
4	7.1.4 电袋除尘器差压高及布袋破损事故案例及防范要求		架质量,对变形和脱焊的应予以剔除。滤袋框架安装完成后在滤袋的底部进行观察,对偏斜、间距过小的滤袋应进行调整。 (2)利用检修机会,对袋式除尘器花板进行检查,花板应平整,光洁,不应有挠曲,凹凸不平等缺陷。花板平面度偏差不大于其长度的2/1000。各花板孔中心与加工基准线的偏差应不大于1.0mm,且相邻花板孔中心位置的偏差小于0.5mm。花板孔径偏差为0~+0.5mm。花板厚度宜大于5mm。 (3)对弯曲变形的挡风板进行更换。 (4)对新建的袋式除尘器、批量换袋后的袋式除尘器或长期停运的袋式除尘器,在除尘器热态运行前必须进行预涂灰。预涂灰的粉剂可采用粉煤灰。 预涂灰时,以下条件同时满足方为合格: 1)每个仓室预涂灰不少于30min; 2)过滤仓室阻力增加300~500Pa; 3)袋式除尘器首次预涂灰,应检查涂粉的效果,确保预涂灰剂均匀覆盖于滤袋表面。 (5)对于压缩空气系统,压缩空气参数应稳定,并应有除油、脱水、干燥、过滤装置。防止喷吹气源带油带水,造成滤袋堵塞。寒冷地区可考虑采用保温或伴热措施。 (6)加大对系统漏风治理,袋式除尘器或电袋复合式除尘器的旁路烟道及阀门应零泄漏。 (7)利用停机机会,对脉冲喷吹管的位置进行全面检查,一旦发现有脉冲喷吹管松动,错位,连接脱落现象,应及时处理。并对脉冲喷吹阀进行检查,防止脉冲阀故障等影响清灰,引起差压升高	必要时清灰可大于0.1MPa,不宜超过0.15MPa,应记录喷吹时间;大布袋清灰压力宜在0.01~0.1MPa之间,必要时增大清灰频率。 (3)脱硝系统运行异常,氨逃逸浓度增高时,可采取提高灰斗加热温度,加强振打,加强输灰、改变锅炉运行方式提高电除尘器入口烟气温度等措施防止电场内部出现故障。 (4)烟气冷却器泄露故障时,应立即将其停运隔离,并根据运行情况采取提高灰斗加热温度、加强振打、加强输灰等措施防止电场出现故障。 (5)对于袋式除尘器运行期间,滤袋备件不少于5%,滤袋框架备件不少于1%。滤袋寿命期前6个月应批量采购滤袋				

编号	隐患排查内容	标准分	检修方面	运行方面	评分标准	扣分	存在问题	改进建议
	7.2　脱硫系统事故隐患排查							
5	7.2.1　脱硫塔起火事故案例及防范要求		【涉及专业】：环保，共8条 （1）加强脱硫防腐工程的施工管理，严格执行动火工作票制度，切实做好防火措施，防止脱硫系统着火事故。 （2）编制脱硫吸收塔火灾事故应急预案，必要时开展实际火灾事故演练，提高现场作业人员对脱硫吸收塔火灾事故的防范和处置能力。 （3）编制符合施工实际的各项施工方案、作业指导书和一级动火方案。实际施工前，做好各项方案及预案的审核批准工作，确保各项方案预案准确、有针对性。 （4）进行安全资格审查和人员安全教育培训。对全体施工人员进行安全资格审核，外委承包商必须具备高空作业、衬胶防腐作业资质，安全生产许可资格证和连续近三年来的安全生产业绩。全体施工人员在施工前必须进行入厂三级安全教育和《电业安全工作规程》《电力设备典型消防规程》《工作票管理实施细则》、吸收塔改造施工的风险预控措施、有关吸收塔改造施工规程规范和作业指导书等内容的学习培训。 （5）所有焊接、气割作业人员、动火负责人、监护人在施工前应掌握吸收塔防腐衬胶作业特性，熟悉消防器材部署情况，熟悉作业现场环境，尤其是逃生通道。由电气专业人员安装设置焊接、照明等检修临时电源，进入吸收塔内的电源电压等级（低于36V）符合安全规范要求，并由专人负责管理临时电源；焊接、气割人员不得进行交叉施工作业，衬胶作业期间不能进行焊割作业。 （6）吸收塔内进行防腐衬胶施工使用的丁基胶水是极易挥发、燃点很低的物	—				

编号	隐患排查内容	标准分	检修方面	运行方面	评分标准	扣分	存在问题	改进建议
5	7.2.1 脱硫塔起火事故案例及防范要求		质,胶板也是易燃物质,如有疏漏就可能引起火灾。衬胶作业前应进行下列检查: 1)气体浓度检测设备已悬挂到位。 2)所有喷沙、衬胶作业人员、监护人在施工前掌握吸收塔防腐衬胶作业的规范;熟悉消防器材部署情况;熟悉作业现场环境,尤其是逃生通道。 3)对进入喷沙区作业人员进出进行严格登记,严禁一切非衬胶施工人员进入。进入吸收塔塔内喷沙、衬胶作业人员必须穿着防静电服,佩戴好防护眼镜、防护手套、防护口罩等个人安全防护用品。 (7)动火作业结束后,施工单位、监理单位和电厂相关人员要对施工区域内以及可能影响的其他区域进行火隐患检查,及时清理易燃杂物和火源隐患,并在现场留守两小时以上,防止死灰复燃火灾事故。 (8)严格执行脱硫改造重点防火区域的封闭管理,在吸收塔周围区域完全封闭隔离,设专人管理,对进出人员要检查、登记,防止携带火种进入防火区域工作					
6	7.2.2 脱硫效率下降事故案例及防范要求		【涉及专业】:环保,共2条 (1)利用检修机会,对吸收塔托盘进行全面检查,检查托盘有无磨损、脱落、变形、结垢及开裂等情况。发现问题及时修复并重新做好防腐,并对托盘做好加固定措施、螺母止退措施等。 (2)加强脱硫系统设备检修工艺、过程管理。充分利用每次检修机会,对吸收塔喷淋层、吸收塔浆液循环泵及其管道等关键设备进行全面仔细检查,对堵塞问题进行彻底的修补和清理,做到有堵必清,清必清通	【涉及专业】:环保,共6条 (1)严格控制吸收塔浆液密度和 pH 值在规定范围内,避免吸收塔浆液值大幅波动。确保吸收塔内脱硫各反应良好、平稳,避开结垢区间。 (2)做好脱硫系统理化分析工作。定期对入厂石灰石,石灰石浆液、吸收塔浆液、石膏等项目进行化验。确保石灰石品质合格,MgO、SiO_2 含量使其符合设计要求。 (3)监督工艺水水质,降低 COD、BOD 含量,确保补充水指标在设计值范围之内。直接进入脱硫塔的工				

编号	隐患排查内容	标准分	检修方面	运行方面	评分标准	扣分	存在问题	改进建议
6	7.2.2　脱硫效率下降事故案例及防范要求			艺水，水质指标建议参照DL/T 5196《火力发电厂石灰石-石膏湿法烟气脱硫系统设计规程》表 8.0.1-2 的要求，即 pH 为 6.5～9.0；总硬度（以 $CaCO_3$ 计），不宜超过 450mg/L；COD 不宜超过 30mg/L；氨氮（以 N 计）不宜超过 10mg/L；总磷（以 P 计）不宜超过 5mg/L；阴离子表面活性剂不宜超过 0.5mg/L；油类宜为 0.00mg/L。 （4）适度降低吸收塔浆液密度，加大石膏排出量，保证新鲜浆液的不断补充。 （5）增大脱硫废水排放量，降低吸收塔浆液重金属离子、Cl^-、有机物、悬浮物及各种杂质的含量，保证吸收塔内浆液的品质，参照DL/T 1477—2015《火力发电厂脱硫装置技术监督导则》中第 6.7.1 条的规定，将石膏浆液 Cl^- 含量控制在 $1.0×10^4$mg/L 以内。 （6）监督入炉煤含灰量，控制低低温省煤器出口烟气温度，提高电除尘器效率，降低进入脱硫系统的烟尘浓度				
7	7.2.3　浆液循环泵异常事故案例及防范要求		【涉及专业】：环保，共 2 条 （1）加强吸收塔浆液循环泵膨胀节的检修质量和采购管理，保证其可靠性，避免因吸收塔浆液膨胀节突然爆裂造成吸收塔浆液排空被迫停机。 （2）由于吸收塔浆液腐蚀性较强，膨胀节、进出口大小头等处易发生损坏，应对易损坏配件准备好备品。当发现膨胀节发生老化、破损时，能及时进行更换	【涉及专业】：环保，共 5 条 （1）加强脱硫系统联锁保护逻辑组态及定值管理。当浆液循环泵全停，且吸收塔出口净烟气温度不小于 75～80℃，延时 30～120s 触发锅炉 MFT。 （2）脱硫系统浆液循环泵电源应分段设置，吸收塔入口应设置事故喷淋系统并定期进行试验，避免高温烟气对塔内设备的冲击。 （3）避免或减少单台浆液循环泵的运行方式。若只有 1 台浆液循环泵运行时，应确保至少有另外 1 台浆液循环泵处于随时启动的备用状态。 （4）增加浆液循环泵启停操作"二次确认"功能，在手动停运最后一台循环泵				

编号	隐患排查内容	标准分	检修方面	运行方面	评分标准	扣分	存在问题	改进建议
7	7.2.3 浆液循环泵异常事故案例及防范要求			时，可增设置负荷限制，如低于 20MW。 （5）不同机组的脱硫系统两台操作员站之间应加装隔离板和显著标识，防止走错间隔。同时应确保本机组操作员站只能对本机组设备进行操作				
8	7.2.4 除雾器异常事故案例及防范要求		【涉及专业】：环保，共 3 条 （1）对脱硫装置除雾器冲洗水系统做到逢停必查，查除雾器冲洗水管道固定情况、查喷嘴脱落情况、查喷嘴堵塞情况、查冲洗水门阀芯脱落、开启情况。修复所有缺陷。加强监督、考核检修维护施工人员的检修效果，杜绝敷衍了事、走过场的检修作业。 （2）除雾器及冲洗水系统检修作业完成后，启动除雾器冲洗水泵，进行喷水运行检查，对喷嘴逐个进行检查，检查喷嘴出水情况、喷水角度，检查其在除雾器表面覆盖情况，避免出现冲洗死角。对不合格的喷嘴应及时做出调整和修复。 （3）加强对除雾器的检修维护工作，做到脱硫装置除雾器逢停必冲，加强监督、考核检修维护施工人员的冲洗质量，杜绝敷衍了事、走过场的冲洗作业	【涉及专业】：环保，共 8 条 （1）做好除雾器差压监视，确保除雾器差压测点的准确性和可靠性。只有测点准确，才能及时发现系统运行的异常情况并加以分析处理。 （2）除雾器冲洗水压力应进行监视和控制，冲洗水母管应设置恒压阀，保持冲洗水压稳定，冲洗水压力宜不小于 0.2MPa。冲洗水母管的布置应能使每个喷嘴基本运行在平均水压。除雾器冲洗用水宜由单独设置的除雾器冲洗水泵提供。 （3）确保运行过程中，除雾器得到全面有效冲洗，不能有未冲洗到的表面。应按除雾器截面分不同区域，按一定程序设置冲洗。除雾器冲洗程序应使平均冲洗水量、最大冲洗水量、冲洗时间最优。前级除雾器前后方和最后一级除雾器前方均应设置水冲洗系统，用作除雾器的日常运行冲洗。最后一级除雾器后方如果设置冲洗喷淋层，应仅用于脱硫装置停运时冲洗除雾器。 （4）除雾器冲洗不宜过于频繁，以防烟气带水增加，但也不能间隔太长，防止产生结垢，除雾器的冲洗周期时间主要根据烟气特征及吸收剂确定，一般以不超过 2h 为宜。 （5）保证除雾器用水质量，建议其水质主要指标为：pH=7～8，总悬浮固形物＜1000mg/L，Ca^{2+}≤200mg/L，SO_4^{2-} ≤400mg/L， SO_3^{2-} ≤10mg/L。				

编号	隐患排查内容	标准分	检修方面	运行方面	评分标准	扣分	存在问题	改进建议
8	7.2.4　除雾器异常事故案例及防范要求			（6）加强脱硫吸收塔水平衡管理，如尽量采用滤液制浆，循环泵、石膏排出泵、石灰石供浆泵、工艺水泵、除雾器冲洗水泵等设备机械密封水应循环利用或进入工艺水箱，减少脱硫系统进水量；避免其他系统废水或地面冲洗水进入脱硫系统；并加大脱硫废水处理力度，适当予以外排。以确保脱硫吸收塔液位满足除雾器冲洗需求，保证除雾器冲洗频次，除雾器可以正常有效的进行冲洗。 （7）吸收塔入口应设置事故喷淋系统并定期进行试验，当吸收塔出口净烟气温度不小于 75～80℃时，事故喷淋系统自动启动，同时除雾器冲洗水也自动启动，并尽快投运浆液循环泵或降低机组负荷，确保除雾器不发生变形、融化或者坍塌。 （8）确保进入脱硫吸收塔的物质满足系统设计要求，避免引入有害物质，影响脱硫系统的正常稳定运行。如中水污泥掺配进入脱硫吸收塔，应先开展试验进行评估分析，对中水污泥进行检验，分析其中有害物质对吸收塔浆液品质的影响，并确定最优掺配比，考察是否会对脱硫系统造成危害				
9	7.2.5　脱硫系统在线表计异常事故案例及防范要求		【涉及专业】：环保，共 3 条 （1）定期对吸收塔液位计进行校验及检查，保证其指示的准确性。 （2）应在原烟道低点设置疏水管路，当浆液返流时能够及时发现和排出。 （3）防止液位计算值突降或突升，应加强与液位计相关的逻辑设置和检查	【涉及专业】：环保，共 3 条 （1）运行中加强吸收塔液位监视。吸收塔液位调整时应考虑吸收塔浆液起泡造成的虚假液位影响，防止液位控制不合理造成吸收塔浆液返流至原烟道威胁机组安全。 （2）通过除雾器冲洗或工艺水补水维持吸收塔的液位处于正常范围，在保证足够的浆池容积的同时也保证了足够的循环泵的吸入侧压力。 （3）加强脱硫系统联锁保护逻辑组态及定值管理。当				

续表

编号	隐患排查内容	标准分	检修方面	运行方面	评分标准	扣分	存在问题	改进建议
9	7.2.5 脱硫系统在线表计异常事故案例及防范要求			浆液循环泵全停,且吸收塔出口净烟气温度不小于75～80℃,延时 30～120s 触发锅炉 MFT				
10	7.2.6 脱硫吸收塔出口净烟气挡板异常事故案例及防范要求		【涉及专业】:环保,共1条 应彻底拆除脱硫吸收塔出口净烟气挡板全部控制及电动执行机构,仅保留就地手动和定位装置,且定位销处于锁定状态,以避免净烟气挡板门误动引起的机组异常停运	无				
11	7.2.7 湿法脱硫烟囱防腐失效事故案例及防范要求		【涉及专业】:环保,共4条 (1)根据烟囱防腐方式和运行条件,定期对烟囱内壁和结构腐蚀情况进行检查。采用金属内衬层防腐材料的烟囱排烟内筒改造检修维护周期比较长,检修维护应以巡查为主;采用无机内衬层防腐材料和有机内衬层防腐材料的烟囱排烟内筒应定期进行检修维护,检修维护的重点应考虑防腐层的局部脱落和失效,以及由此引起的烟囱或烟囱中排烟内筒结构的渗漏腐蚀,维护检查周期宜 1 年进行一次。当发现烟囱出现明显腐蚀情况时须委托有资质单位进行结构评估。 (2)机组及脱硫系统运行应平稳可靠,应减少由烟气运行温度和湿度变化造成的不利状况。烟囱或烟囱中的排烟内筒和内烟道作为排放烟气的设备,应与外接的水平烟道同步检修和维护。 (3)定期对脱硫系统吸收塔、换热器、烟道等设备的腐蚀情况进行检查,做到逢停必检,防止发生大面积腐蚀。 (4)若对烟囱进行防腐施工改造,应从设计、防腐材料选择、施工工艺及过程等方面加以监督,确保烟囱防腐施工质量,保证烟囱得以安全长周期运行	无				

编号	隐患排查内容	标准分	检修方面	运行方面	评分标准	扣分	存在问题	改进建议
	7.3　脱硝系统事故隐患排查							
12	7.3.1　催化剂积灰磨损事故案例及防范要求		【涉及专业】：环保，共3条 （1）设计时应保证脱硝系统入口烟气流场均匀，顶层催化剂入口烟气速度分布相对标准偏差应小于15%；烟气入射角偏差小于±10°。应加强对脱硝入口导流板的检修维护，结合脱硝催化剂的检查情况及时调整导流板角度，必要时进行流场优化。 （2）定期进行催化剂活性检测，掌握催化剂性能状况，跟踪催化剂性能变化情况，不能达到标准要求的应及时加装、再生或更换催化剂。催化剂运行过程中，一般每年定期进行一次检测，常规为运行后8000、16000h和24000h。如遇脱硝催化剂运行异常等特殊情况，可缩短检测间隔时间。 （3）机组检修期间应加强对脱硝系统进出口烟道内积灰情况、导流板磨损情况、支撑杆等内部支撑件磨损情况的排查。此外加强对脱硝反应器漏点的治理，杜绝冷风、水汽漏入反应器，降低催化剂的强度及硬度	【涉及专业】：环保，共4条 （1）应加强脱硝催化剂吹灰管理，合理控制吹灰蒸汽参数及吹灰周期，应保证蒸汽吹灰器的蒸汽不带水、减压阀后压力控制在0.6～0.9MPa，过热度不小于20℃。必要时调整吹灰器安装位置，防止因蒸汽吹灰不当导致催化剂冲蚀磨损。对声波吹灰器，应控制合适的声强和安装距离，防止吹损催化剂。当SCR反应器（含催化剂模块）出现明显积灰、堵塞或磨损时，应对吹灰系统、吹灰参数和烟气流场进行分析，必要时进行流场优化或吹灰器改造。 （2）锅炉启停阶段，油枪点火、燃油及煤油混烧、等离子投入等工况下，应做好锅炉运行调整，保证尾部烟道吹灰器正常投入，防止催化剂区域可燃物堆积燃烧。 （3）应做好入炉煤的掺配工作，控制燃煤灰分、硫分以满足脱硝系统设计要求，防止因灰分过高堵塞、磨损催化剂。或因三氧化硫过高增加硫酸氢铵生成几率，造成催化剂堵塞。 （4）当机组低负荷运行，SCR入口烟气温度低于最低连续喷氨温度10～20℃时，宜优先通过锅炉运行调整来满足催化剂运行要求。根据催化剂硫酸氢铵失活与升温恢复特性，机组可4h内短时间低负荷运行，但之后需在0.5h内快速提升机组负荷，使SCR入口烟气温度提高到活性运行恢复温度，并至少运行2h，使沉积的硫酸氢铵挥发以恢复催化剂活性				
	7.3.2　供氨系统异常事故案例及防范要求							
13	7.3.2.1　尿素制氨系统异常事故		【涉及专业】：环保，共5条 （1）对于采用尿素为还原	【涉及专业】：环保，共7条 （1）控制尿素原料品质，				

527

编号	隐患排查内容	标准分	检修方面	运行方面	评分标准	扣分	存在问题	改进建议
13	7.3.2.1 尿素制氨系统异常事故		剂的氨制备系统,伴热保温设计施工应遵循相关规范的要求。选用硬质或半硬质圆形保温材料制品,如选用软质材料时,应在伴热管与保温层之间加铁丝网以保证加热空间;根据允许最大散热损失小于$104W/m^2$,计算保温层厚度,合理选择伴热管数量、管径、有效伴热长度等参数。 (2)对于采用尿素为还原剂的氨制备系统,机组每次停运应对热解炉(水解器)内部、出口管道内部、尿素喷嘴等部位进行检查,发现问题及时处理。同时加强整个系统伴热保温情况的检查及维护,确保伴热良好,保温正常。 (3)定期对尿素的溶解水和喷枪冲洗水进行水质化验,定期对水管道上的滤网进行清理,确保水质合格。 (4)定期检查清理尿素喷枪喷口部位,进行尿素喷枪雾化试验,确保雾化正常、效果良好。 (5)定期对提供尿素喷枪雾化压缩空气的气源或空压机进行检查,避免由于空压机出现故障导致压缩空气中水分,杂质较多,进而影响雾化效果	工业用尿素品质要求可参照 GB/T 2440《尿素》4.3节表2的要求。但该标准中未规定氯离子和灼烧减量指标要求,建议采用尿素水解制氨的电厂增加尿素氯离子和灼烧减量的监测。建议尿素中氯化物含量(以Cl计)应小于0.5%,500℃灼烧减量大于99.0%。 (2)在尿素溶解罐中用除盐水或冷凝水配置 40%～50%的尿素溶液。当尿素溶液温度过低时,启动蒸汽加热系统,使溶液温度保持在设定的温度,防止尿素低温结晶,影响尿素溶解。 (3)监视尿素溶液储罐,尿素热解炉(水解器),供氨管路等处伴热温度指示是否正常,当温度明显偏低时应联系检修处理。 (4)根据尿素水解反应器的运行状况确定排污频率和排污时间,如水解反应器液位是否波动过大、水解器排水氯离子含量是否过高。 (5)合理控制运行参数。对于水解反应器,在运行过程中控制蒸汽流量,使尿素水解反应器温度满足设计要求,防止尿素溶液超温。将水解器压力、尿素溶液流量、水解器液位等工艺参数控制在允许范围内,避免运行参数大幅度波动,减小工艺参数调整对尿素水解系统的影响。同时根据锅炉负荷的变化,预判并调整尿素水解反应器的操作,减小锅炉负荷调整对尿素水解系统的影响。 (6)对于热解反应器,尿素热解分解反应温度宜为350～650℃,运行应加强监视热解炉各部位温度,尤其是喷嘴和热解炉下部出口温度较低的部位。防止出现热解不完全情况。 (7)加强对尿素溶液雾化压缩空气流量的监视,避免因雾化空气流量过低雾化不良导致热解炉内壁结晶				

编号	隐患排查内容	标准分	检修方面	运行方面	评分标准	扣分	存在问题	改进建议
14	7.3.2.2　液氨蒸发系统异常事故		【涉及专业】：环保，共5条 （1）氨区与储罐相连的管道、法兰、阀门、仪表等材质的选择建议参照国能安全〔2014〕328号《燃煤发电液氨罐区安全管理规定》第十九条的有关要求。并考虑相应的防腐措施。 （2）做好液氨储罐、蒸发槽和缓冲罐的定期排污工作，并定期对液氨储罐、氨气缓冲罐、液氨蒸发槽内部进行人工清理。 （3）定期对液氨蒸发系统进行吹扫。蒸汽吹扫时注意控制蒸汽的压力，以免蒸发槽换热器盘管损坏；不可连续吹扫，不得外力撞击、野蛮敲打，以免换热器盘管出现热应力损伤、肋板脱焊等情况；吹扫时检修部和运行部有关人员应相互配合，制定严格的吹扫措施并加以落实；吹扫时应做好安全防护，避免吸入氨气造成人身伤害。 （4）对于采用液氨为还原剂的脱硝系统，机组检修期间应对氨空混合器、烟道内喷氨母管及喷嘴等部位进行检查，发现问题及时处理。 （5）控制液氨品质，建议采用李森科承受器对每一辆槽车液氨进行取样分析，化验出样品的参数，保证进入系统的液氨品质合格。若槽车内液氨品质不合格，拒绝接收。若较多辆槽车液氨品质不合格时需及时更换品质更优的液氨供应商	—				
15	7.3.3　氨逃逸过大导致空气预热器堵塞事故案例及防范要求		【涉及专业】：环保，共2条 （1）机组B级及以上检修后，或者当SCR反应器出口与烟囱入口 NO_x 浓度偏差超过±15mg/m³，或者空气预热器、烟冷器等下游设备出现硫酸氢铵严重堵塞现象时，应进行喷氨优化调整试验，保证喷氨均匀性。	【涉及专业】：环保，共3条 （1）运行中严格控制氨逃逸浓度，确保喷氨调门调节性能良好，喷氨量应尽可能稳定，避免因SCR系统出口 NO_x 浓度反应滞后导致的喷氨量过调，从而造成尾部受热面堵塞，威胁机组安全运行。				

529

续表

编号	隐患排查内容	标准分	检修方面	运行方面	评分标准	扣分	存在问题	改进建议
15	7.3.3 氨逃逸过大导致空气预热器堵塞事故案例及防范要求		(2)加强氨逃逸在线监测仪表、SCR系统CEMS表计的定期维护保养工作,当机组仪表出现失准时,及时处理,提高仪表的准确度	(2)运行中应根据脱硝效率对应的最大喷氨量设定稀释风流量,使氨/空气混合物中的氨体积浓度小于5%。 (3)应做好入炉煤的掺配工作,控制燃煤灰分,硫分以满足脱硝系统设计要求,防止因灰分过高堵塞、磨损催化剂,或因三氧化硫过高造成机组尾部受热面的腐蚀、堵塞。同时严格控制锅炉低氮燃烧稳定运行,严格控制脱硝系统入口氮氧化物浓度在合理范围之内				
16	7.3.4 脱硝烟道垮塌事故案例及防范要求		【涉及专业】:环保,共4条 (1)日常巡检时注意省煤器仓泵处是否有异常形变,如烟道外形不规则、下移、凸起等。 (2)日常巡检时就地测量省煤器仓泵入口管道温度、仓泵本体温度,对比仓泵实际运行情况。 (3)仓泵出现缺陷时,应及时处理,避免单一或多个仓泵长时间退出运行。 (4)SCR反应器进出口烟道宜设置灰斗及排灰装置	【涉及专业】:环保,共2条 (1)运行时应加强对SCR系统进出口烟道灰斗的除灰运行管理,避免灰斗排灰不畅造成烟道内大量积灰。若遇灰量大时,应适当提高输灰频率。 (2)若机组长期处于低负荷运行,保证一定的烟气流速,保持合理的一、二次风配比,避免将二次风量控制过低。避免因风速低造成烟道大量积灰				
17	7.3.5 脱硝氨区事故案例及防范要求		【涉及专业】:环保,共10条 (1)对氨区的降温喷淋系统、消防水喷淋系统和氨气泄漏检测装置,应定期进行试验。储罐区宜设置遮阳棚等防晒措施,每个储罐应单独设置用于罐体表面温度冷却的降温喷淋系统。建议当液氨储罐表面温度高于40℃或罐内温度高于38℃时,降温喷淋系统应自动启动,对罐体自动喷淋降温,或手动启动降温喷淋系统,对罐体进行喷淋降温。 (2)氨区应设置事故报警系统和氨气泄漏检测装置。氨气泄漏检测装置应覆盖生产区并具有远传、就地报警功能。并定期对氨气泄漏检测装置等有关设备进行检测、试验工作,并做好记录。	【涉及专业】:环保,共6条 (1)加强液氨储罐的运行管理,严格控制液氨储罐充装量,液氨储罐的储存体积不应大于50%~80%储罐容器,严禁过量充装,防止因超压而发生罐体开裂或阀门顶脱、液氨泄漏伤人。同时运行人员应加强对储罐温度、压力、液位等重要参数的监控,严禁超温、超压、超液位运行。 (2)运行人员应按规定巡视检查氨区设备和系统运行状况,定期测定空气中氨含量,并做好记录,发现异常及时处理。 (3)加强进入氨区车辆管理,严禁未装阻火器机动车辆进入火灾、爆炸危险区。输送液氨车辆在厂内运输				

编号	隐患排查内容	标准分	检修方面	运行方面	评分标准	扣分	存在问题	改进建议
17	7.3.5　脱硝氨区事故案例及防范要求		（3）对储罐、管道、阀门、法兰等必须严格把好质量关，并定期校验、检测、试压。应确保氨区的卸料压缩机、液氨供应泵、液氨蒸发槽、氨气缓冲罐、氨气稀释罐、储氨罐、阀门及管道等无泄漏。 （4）检修时应做好防护措施，严格执行动火工作票审批制度，并加强监护；空罐检修时，应采取措施防止空气漏入罐内形成爆炸性混合气体；严禁带压修理和紧固法兰等设备，氨系统经过检修后，应进行严密性试验；严禁在运行中的氨管道，容器外壁进行焊接、气割等作业。 （5）完善储运等生产设施的安全阀、压力表、放空管、氮气吹扫置换口等安全装置的管理工作，并做好日常维护。 （6）严禁使用软管卸氨，万向充装系统应使用干式快速接头，周围设置防撞设施。 （7）氨区所有电气设备、远程仪表、执行机构、热控盘柜等均应选用相应等级的防爆设备，防爆结构选用隔膜防爆型 Ex-d，防爆等级不低于 IIAT1。 （8）氨区内进行明火作业时，必须严格执行动火工作票制度，办理一级动火工作票。按一级动火要求，安全监察部门等相关人员必须到场，做好安全措施。 （9）氨系统动火作业前后应应用氮气进行置换吹扫，直至合格后方可进行动火作业。同时，消防人员在场并准备好相应的消防器材。应每隔 2～4h 测定一次现场可燃气体的含量是否合格，当发现不合格或异常升高时应立即停止动火，在未查明原因或排除险情前不得重新动火。 （10）氨区应具备风向标、洗眼池及人体冲洗喷淋设备，同时氨区现场应放置防	应严格按照制定的路线、速度行进，同时输送车辆及驾驶人员应有运输液氨相应的资质及证件等。 （4）卸氨结束，应静置 10min 后方可拆除槽车与卸料区的静电接地线，并检测空气中氨浓度小于 35ppm 后，方可启动槽车。 （5）当进行氨系统气体置换时，应遵循以下原则： 1）确保连接管道、阀门有效隔离； 2）氮气转氨气时，取样点氨气含量应不大于 35ppm； 3）压缩空气置换氮气时，取样点含氧量应达到 18%～21%； 4）氮气置换压缩空气时，取样点含氧量小于 2%。 （6）设有液氨储存设备、采用燃油热解炉的脱硝系统应制订事故应急预案，同时定期进行环境污染的事故预想、防火、防爆处理演习，每年至少一次				

编号	隐患排查内容	标准分	检修方面	运行方面	评分标准	扣分	存在问题	改进建议
17	7.3.5 脱硝氨区事故案例及防范要求		毒面具、防护服、药品以及相应的专用工具。氨区应配备完善的消防设施，定期对各类消防设施进行检查与保养，禁止使用过期消防器材					
	7.4 废水系统事故隐患排查							
18	7.4.1 废水排放异常事故案例及防范要求		【涉及专业】：环保，共4条 （1）电厂废水回收系统应满足环境影响评价报告书及其批复的要求，同时满足电厂排污许可证要求。环评批复或排污许可证允许设置废水排放口的企业，其废水排放口应规范化设置，满足环保部门的要求。设置污水排放口提示图形标志。 （2）对电厂废水处理设施应制定严格的运行维护和检修制度，加强对废水处理设备的维护、管理，确保废水处理系统设施运转正常。废水处理设施故障时，应及时检修处理，防止在水量、水质异常时，可能通过溢流、下渗、地表径流、地下径流污染周围环境或地下水。 （3）应保证各废水系统中的仪表正常运行，在线监测pH值、浊度和流量等表计指示准确，定期校验。 （4）电厂排污许可证允许排放的废水排污口应安装废水自动监控设施，应满足地方环保局的要求，并严格执行HJ/T 353《水污染源在线监测系统（CODCr、NH$_3$-N等）安装技术规范》，定期进行比对、校验、维护，做好记录。每月至少进行一次实际水样比对试验和质控样试验，进行一次现场校验，同时应有明确的管理制度	【涉及专业】：环保，共4条 （1）废水处理设备必须保证正常运行。根据全厂节水和废水综合治理技术改造路线，做到废水分类收集、分级梯度利用。按电厂排污许可证的要求，不允许排放的废水不应外排，允许排放的废水不应超标外排，避免对环境造成污染。 （2）做好电厂废（污）水处理设施运行记录，并定期监督废水处理设施的投运率、处理效率和废水排放达标率。应做到雨污分离，清污分离，各类废水分类处理。煤场周边排水与雨水隔离，沉煤池容积满足设计需求，防止悬浮物含量高的煤水进入到地表水系统，导致环境污染事件。 （3）应按照监测点位、监测项目、监测频次的要求，定期开展电厂废水水质监测工作。 （4）锅炉进行化学清洗时，必须制订废液处理方案，并经审批后执行。对照《国家危险废物名录》（2021版），锅炉酸洗后的废液属于危险废物（废物类别HW34 废物代码 900-300-34）。应严格按照危险废物的处置方式要求，进行转运处置，并在属地"固体废物管理平台"上完成申报登记。锅炉进行化学清洗应制定事故应急预案（综合性应急预案有要求或有专门应急预案），防止发生环境污染事故。电厂应对处理过程进行监督，并且留下记录				

编号	隐患排查内容	标准分	检修方面	运行方面	评分标准	扣分	存在问题	改进建议
	7.5　烟气在线连续监测系统事故隐患排查							
19	7.5.1　烟气在线连续监测系统事故案例及隐患排查		【涉及专业】：环保，共12条 （1）室外的 CEMS 应设置独立站房，监测站房与采样点之间距离应尽可能近，原则上不超过 70m。 （2）监测站房的基础荷载强度应不小于 2000kg/m²。若站房内仅放置单台机柜，面积应不小于 2.5m×2.5m。若同一站房放置多套分析仪表的，每增加一台机柜，站房面积应至少增加 3m²，便于开展运维操作。站房空间高度应不小于 2.8m，站房建在标高不小于 0m 处。 （3）监测站房内应安装空调和采暖设备，室内温度应保持在 15～30℃，相对湿度应不大于 60%，空调应具有来电自动重启功能，站房内应安装排风扇或其他通风设施。 （4）监测站房内配电功率能够满足仪表实际要求，功率不少于 8kW，至少预留三孔插座 5 个、稳压电源 1 个、UPS 电源 1 个。 （5）监测站房内应配备不同浓度的有证标准气体，且在有效期内。标准气体应当包含零气（即含二氧化硫、氮氧化物浓度均不大于 0.1μmol/mol 的标准气体，一般为高纯氮气，纯度不小于 99.999%；当测量烟气中二氧化碳时，零气中二氧化碳不大于 400μmol/mol，含有其他气体的浓度不得干扰仪器的读数）和 CEMS 测量的各种气体（SO_2、NO_x、O_2）的量程标气，以满足日常零点、量程校准、校验的需要。低浓度标准气体可由高浓度标准气体通过经校准合格的等比例稀释设备获得（精密度不大于 1%），也可单独配备。 （6）监测站房应有必要的防水、防潮、隔热、保温措施，在特定场合还应具备防爆功能。	—				

编号	隐患排查内容	标准分	检修方面	运行方面	评分标准	扣分	存在问题	改进建议
19	7.5.1 烟气在线连续监测系统事故案例及隐患排查		（7）监测站房应具有能够满足 CEMS 数据传输要求的通信条件。 （8）对于氮氧化物监测单元，NO_2 可以直接测量，也可通过转化炉转化为 NO 后一并测量，但不允许只监测烟气中的 NO。NO_x 分析仪器或 NO_2 转换器中 NO_2 转换为 NO 的效率不小于 95%。 （9）CEMS 在完成安装、调试检测并和主管部门联网后，应进行技术验收，包括 CEMS 技术指标验收和联网验收。 （10）CEMS 日常运行质量保证是保障 CEMS 正常稳定运行、持续提供有质量保证监测数据的必要手段。当 CEMS 不能满足技术指标而失控时，应及时采取纠正措施，并应缩短下一次校准、维护和校验的间隔时间。具体 CEMS 系统日常维护、校准、校验的有关内容可参照 HJ 75《固定污染源烟气（SO_2、NO_x、颗粒物）排放连续监测技术规范》第 10 章和第 11 章的相关内容。 （11）做好 CEMS 仪表各组件寿命的评估，建立设备各组件寿命评估表，对于易损易坏件进行定期更换。 （12）不得篡改伪造 CEMS 数据	—				
	7.6 其他环保事件隐患排查							
20	7.6.1 危险废物管理不当环保事件及防范要求		【涉及专业】：环保，共 8 条 （1）应依据国家相关法律法规和标准规范的有关要求制定危险废物管理计划。原则上管理计划按年度制定，并存档 5 年以上。 （2）建立危险废物管理台账，如实记录有关信息，并通过国家危险废物信息管理系统向所在地生态环境主管部门申报危险废物的种类、产生量、流向、贮存、处置等有关资料。	—				

534

编号	隐患排查内容	标准分	检修方面	运行方面	评分标准	扣分	存在问题	改进建议
20	7.6.1　危险废物管理不当环保事件及防范要求		（3）危险废物设计建设方面应参照如下要求： 1）按照国家有关规定和环境保护标准要求建立危险废物储存仓库，危险废弃物专用储存仓库应建在易燃、易爆等危险品仓库、高压输电线路防护区域以外。按照危险废物特性分类进行收集、贮存，不得擅自随意倾倒、堆放。 2）应建有堵截泄漏的裙脚，地面与裙脚要用坚固防渗的材料建造。应有隔离设施、报警装置和防风、防晒、防雨设施。 3）基础防渗层为黏土层的，其厚度应在 1m 以上，渗透系数应小于 1.010～7cm/s；基础防渗层也可用厚度在 2mm 以上的高密度聚乙烯或其他人工防渗材料组成，渗透系数应小于 1.010～10cm/s。 4）须有泄漏液体收集装置及气体导出口和气体净化装置。 5）用于存放液体、半固体危险废物的地方，还须有耐腐蚀的硬化地面，地面无裂隙。 6）不相容的危险废物堆放区必须有隔离间隔断。 7）衬层上需建有渗滤液收集清除系统、径流疏导系统、雨水收集池。 8）贮存易燃易爆的危险废物的场所应配备消防设备，贮存剧毒危险废物的场所必须有专人 24h 看管。 （4）贮存危险废物应当采取符合国家环境保护标准的防护措施。禁止将危险废物混入非危险废物中贮存。 （5）贮存危险废物必须采取符合国家环境保护标准的防护措施，并不得超过一年；确需延长期限的，必须报经原批准经营许可证的环境保护行政主管部门批准；法律、行政法规另有规定的除外。	—				

编号	隐患排查内容	标准分	检修方面	运行方面	评分标准	扣分	存在问题	改进建议
20	7.6.1 危险废物管理不当环保事件及防范要求		（6）转移危险废物的，应当按照国家有关规定填写、运行危险废物电子或者纸质转移联单。跨省、自治区、直辖市转移危险废物的，应当向危险废物移出地省、自治区、直辖市人民政府生态环境主管部门申请。 （7）应当依法制定意外事故的防范措施和应急预案，并向所在地生态环境主管部门和其他负有固体废物污染环境防治监督管理职责的部门备案。 （8）做好危险废物仓库管理工作 1）按照 GB 15562.2《环境保护图形标志 固体废物贮存（处置）场》4.1 条相关要求设置警示标志。 2）按照 GB 18597《危险废物贮存污染控制标准》（2013 年修订版）中 8.1.3 条的要求配备防火设施、手套、口罩等安全防护装备。 3）按照 GB 18597《危险废物贮存污染控制标准》附录 A 的要求在危险废弃物的容器上粘贴相关标识	—				
21	7.6.2 灰场运维管理不当环保事件及防范要求		【涉及专业】：环保，共10 条 （1）必须制定落实严格的防止扬尘污染的管理制度，配备必要的防尘设施，避免扬尘对周围环境造成污染。 （2）加强灰场植被和灰场周边的防尘绿化带维护管理，对裸露灰面采取覆土、抑尘网等措施，防止扬尘污染。 （3）应定期检查维护防渗工程，定期监测地下水水质，发现防渗功能下降，应及时采取必要措施。 （4）定期对灰管进行检查，重点包括灰管的磨损和接头、各支撑装置（含支点及管桥）的状况等，防止发生管道断裂事故。灰管道泄漏时应及时停运，以防蔓延形成污染事故。	—				

编号	隐患排查内容	标准分	检修方面	运行方面	评分标准	扣分	存在问题	改进建议
21	7.6.2 灰场运维管理不当环保事件及防范要求		（5）应对运行及闭库后的贮灰场定期组织开展安全评估，并将安全评估报告报所在地电力监管机构。不具备安全评估能力的发电企业，可以委托具备相应能力的单位开展安全评估工作。安全评估原则上每三年进行一次。 （6）应加强贮灰场安全巡查，认真开展隐患排查治理工作，保障贮灰场安全。贮灰场存在重大隐患且无法保证安全的，应停止继续排灰，及时采取有效措施予以控制，并制定相应应急预案。 （7）制定和完善灰场的专项应急预案并开展应急演练。 （8）应加强安全监测数据分析和管理，发现监测数据异常或通过监测分析发现坝体有裂缝或滑坡征兆等严重异常情况时，应立即采取措施予以处理并及时报告。 （9）每年汛期前应对贮灰场排洪设施进行检查、维修和疏通。汛后应对贮灰场坝体和排洪构筑物进行全面检查与清理，发现问题及时处理。 （10）配备具有专业技能的灰场运行人员，负责贮灰场的运行操作、巡回检查、缺陷记录，缺陷处理应执行本厂的缺陷管理制度，贮灰场运行状况按时上报并记入值班记录中	—				
22	7.6.3 未执行环境影响评价制度与环保"三同时"原则环保事件及防范要求		【涉及专业】环保，共8条 （1）电厂改、扩建项目应开展环境影响评价，按照由国务院生态环境主管部门制定并公布的环境影响评价分类管理名录，编制环境影响报告书或环境影响报告表或环境影响登记表。 （2）可委托技术单位对其建设项目开展环境影响评价，也可以自行对其建设项目开展环境影响评价，编制项目环境影响报告书、环境	—				

编号	隐患排查内容	标准分	检修方面	运行方面	评分标准	扣分	存在问题	改进建议
22	7.6.3 未执行环境影响评价制度与环保"三同时"原则环保事件及防范要求		影响报告表。编制应当遵守国家有关环境影响评价标准、技术规范等规定。 （3）应当在报批建设项目环境影响报告书前，举行论证会、听证会，或者采取其他形式，征求有关单位、专家和公众的意见。建设单位报批的环境影响报告书应当附具对有关单位、专家和公众的意见采纳或者不采纳的说明。 （4）项目的环境影响报告书、报告表，应按照国务院的规定报有审批权的生态环境主管部门审批。 （5）建设项目的环境影响评价文件经批准后，建设项目的性质、规模、地点、采用的生产工艺或者防治污染、防止生态破坏的措施发生重大变动的，建设单位应当重新报批建设项目的环境影响评价文件。建设项目的环境影响评价文件自批准之日起超过五年，方决定该项目开工建设的，其环境影响评价文件应当报原审批部门重新审核；原审批部门应当自收到建设项目环境影响评价文件之日起十日内，将审核意见书面通知建设单位。 （6）建设项目建设过程中，建设单位应当同时实施环境影响报告书、环境影响报告表以及环境影响评价文件审批部门审批意见中提出的环境保护对策措施。 （7）建设项目的环境影响评价文件未依法经审批部门审查或者审查后未予批准的，建设单位不得开工建设。 （8）在项目建设、运行过程中产生不符合经审批的环境影响评价文件的情形的，建设单位应当组织环境影响的后评价，采取改进措施，并报原环境影响评价文件审批部门和建设项目审批部门备案；原环境影响评价文件审批部门也可以责成建设单位进行环境影响的后评价，采取改进措施	—				

编号	隐患排查内容	标准分	检修方面	运行方面	评分标准	扣分	存在问题	改进建议
23	7.6.4　未执行排污许可管理办法环保事件及防范要求		【涉及专业】：环保，共14条 （1）排污许可证是对排污单位进行生态环境监管的主要依据。排污单位应当向其生产经营场所所在地设区的市级以上地方人民政府生态环境主管部门申请取得排污许可证。 （2）排污许可证的申请、受理、审核、发放、变更、延续、注销、撤销、遗失补办应当在全国排污许可证管理信息平台上进行。排污单位自行监测、执行报告及环境保护主管部门监管执法信息应当在全国排污许可证管理信息平台上记载，并按照本办法规定在全国排污许可证管理信息平台上公开。 （3）排污许可证申请表应当包括下列事项：①排污单位名称、住所、法定代表人或者主要负责人、生产经营场所所在地、统一社会信用代码等信息；②建设项目环境影响报告书（表）批准文件或者环境影响登记表备案材料；③按照污染物排放口、主要生产设施或者车间、厂界申请的污染物排放种类、排放浓度和排放量，执行的污染物排放标准和重点污染物排放总量控制指标；④污染防治设施、污染物排放口位置和数量，污染物排放方式、排放去向、自行监测方案等信息；⑤主要生产设施、主要产品及产能、主要原辅材料、产生和排放污染物环节等信息，及其是否涉及商业秘密等不宜公开情形的情况说明。 （4）排污许可证应当记载下列信息：①排污单位名称、住所、法定代表人或者主要负责人、生产经营场所所在地等；②排污许可证有效期限、发证机关、发证日期、证书编号和二维码等；③产生和排放污染物环节、	—				

编号	隐患排查内容	标准分	检修方面	运行方面	评分标准	扣分	存在问题	改进建议
23	7.6.4 未执行排污许可管理办法环保事件及防范要求		污染防治设施等；④污染物排放口位置和数量、污染物排放方式和排放去向等；⑤污染物排放种类、许可排放浓度、许可排放量等；⑥污染防治设施运行和维护要求、污染物排放口规范化建设要求等；⑦特殊时段禁止或者限制污染物排放的要求；⑧自行监测、环境管理台账记录、排污许可证执行报告的内容和频次等要求；⑨排污单位环境信息公开要求；存在大气污染物无组织排放情形时的无组织排放控制要求；⑩法律法规规定排污单位应当遵守的其他控制污染物排放的要求。 （5）排污许可证有效期为5年。排污许可证有效期届满，需要继续排放污染物的，应当于排污许可证有效期届满60日前向审批部门提出申请。 （6）排污单位变更名称、住所、法定代表人或者主要负责人的，应当自变更之日起30日内，向审批部门申请办理排污许可证变更手续。 （7）在排污许可证有效期内，排污单位有下列情形之一的，应当重新申请取得排污许可证：①新建、改建、扩建排放污染物的项目；②生产经营场所、污染物排放口位置或者污染物排放方式、排放去向发生变化；③污染物排放口数量或者污染物排放种类、排放量、排放浓度增加。 （8）排污单位应当按照生态环境主管部门的规定建设规范化污染物排放口，并设置标志牌。污染物排放口位置和数量、污染物排放方式和排放去向应当与排污许可证规定相符。 （9）排污单位应当按照排污许可证规定和有关标准规范，依法开展自行监测，	—				

编号	隐患排查内容	标准分	检修方面	运行方面	评分标准	扣分	存在问题	改进建议
23	7.6.4　未执行排污许可管理办法环保事件及防范要求		并保存原始监测记录。原始监测记录保存期限不得少于 5 年。应当对自行监测数据的真实性、准确性负责，不得篡改、伪造。 （10）应当依法安装、使用、维护污染物排放自动监测设备，并与生态环境主管部门的监控设备联网。发现污染物排放自动监测设备传输数据异常的，应当及时报告生态环境主管部门，并进行检查、修复。 （11）排污单位应当建立环境管理台账记录制度，按照排污许可证规定的格式、内容和频次，如实记录主要生产设施、污染防治设施运行情况以及污染物排放浓度、排放量。环境管理台账记录保存期限不得少于 5 年。 （12）排污单位发现污染物排放超过污染物排放标准等异常情况时，应当立即采取措施消除、减轻危害后果，如实进行环境管理台账记录，并报告生态环境主管部门，说明原因。超过污染物排放标准等异常情况下的污染物排放计入排污单位的污染物排放量。 （13）排污单位应当按照排污许可证规定的内容、频次和时间要求，向审批部门提交排污许可证执行报告，如实报告污染物排放行为、排放浓度、排放量等。 （14）排污单位应当按照排污许可证规定，如实在全国排污许可证管理信息平台上公开污染物排放信息。污染物排放信息应当包括污染物排放种类、排放浓度和排放量，以及污染防治设施的建设运行情况、排污许可证执行报告、自行监测数据等	—				

附录 A-8 化　　学

编号	隐患排查内容	标准分	检修方面	运行方面	评分标准	扣分	存在问题	改进建议
	8.1　防止凝汽器泄漏事故							
1	8.1.1　防止凝汽器泄漏导致锅炉爆管事故		【涉及专业】：化学，共8条 （1）湿冷机组应制定凝汽器泄漏处理措施，并严格执行。 （2）湿冷机组检修后冷态启动，应进行凝汽器汽侧灌水查漏，长期备用机组冷态启动宜进行凝汽器汽侧灌水查漏。机组冷态启动过程中，应加强对凝结水氢电导率和钠含量的监督。 （3）如凝汽器发生泄漏，未在规定的时间内恢复至正常值，机组检修时对水冷壁、低过和低再割管检查结垢、腐蚀情况。 （4）锅炉水冷壁结垢量达到化学清洗条件时应及时进行化学清洗。 （5）水冷壁发生氢腐蚀爆管后，应对检测出有缺陷的水冷壁管进行彻底处理。更换水冷壁管后，尽快对锅炉进行化学清洗，化学清洗介质采用复合有机酸。 （6）凝结水在线氢电导率表应定期检验，其信号应引至化学辅网及集控DCS，并设置声、光报警。 （7）海水冷却或循环冷却水电导率大于 2000μS/cm 的机组宜安装并连续投运凝汽器检漏设备，并设置手工取样，检漏设备应能同时在线检测每侧凝汽器凝结水的氢电导率并进行定期检验，该氢电导率信号应引至化学辅网及集控DCS，并设置声、光报警。 （8）机组停、备用时，应按 DL/T 956《火力发电厂停（备）用热力设备防锈蚀导则》的要求，进行保护	【涉及专业】：化学，共4条 （1）当运行机组水汽质量劣化时，严格按GB/T 12145《火力发电机组及蒸汽动力设备水汽质量》要求执行三级处理原则。当炉水pH值低于7.0时，应立即停炉。 （2）按GB/T 12145《火力发电机组及蒸汽动力设备水汽质量》及相关行业标准对机组启动、运行、停用等阶段的水汽品质进行监督、控制。 （3）凝汽器采用海水冷却或循环冷却水电导率大于 2000μS/cm 的亚临界及以上参数的机组，应安装全流量凝结水精除盐设备，凝结水精除盐设备阳树脂应氢型方式运行。 （4）汽包锅炉，凝汽器泄漏且导致汽水品质超标，应加大炉水磷酸盐加入量，必要时混合加入氢氧化钠，以维持炉水 pH 值。加大锅炉排污，确保炉水电导率和pH 值合格				
2	8.1.2　防止凝汽器泄漏导致汽轮机积盐和腐蚀事故		【涉及专业】：化学，共9条 （1）湿冷机组应制定凝汽器泄漏处理措施，并严格执行。	【涉及专业】：化学，共5条 （1）当运行机组水汽质量劣化时，严格按GB/T 12145《火力发电机组及蒸汽动力				

编号	隐患排查内容	标准分	检修方面	运行方面	评分标准	扣分	存在问题	改进建议
2	8.1.2　防止凝汽器泄漏导致汽轮机积盐和腐蚀事故		（2）机组检修后冷态启动，应进行凝汽器汽侧灌水查漏，长期备用机组冷态启动宜进行凝汽器汽侧灌水查漏。机组冷态启动过程中，应加强对凝结水氢电导率和钠含量的监督。 （3）如凝汽器发生泄漏，未在规定的时间内恢复至正常值，机组检修时对水冷壁、低过和低再割管检查结垢、腐蚀情况。 （4）锅炉水冷壁结垢量达到化学清洗条件时应及时进行化学清洗。 （5）酸性水或大量生水或海水进入水汽系统，为防止水冷壁发生"氢脆"爆管的风险，应尽快安排化学清洗。 （6）当海水或苦咸水泄漏导致汽轮机积盐和腐蚀时，开缸清洗应采用加氨调整pH值大于10.5的除盐水进行高压水冲洗；汽轮机不开缸，可通过汽轮机本体疏水管灌水（加氨调整pH值大于11）至中轴，维持汽轮机盘车，进行冲洗，直至排水钠离子小于50μg/L。 （7）凝结水在线氢电导率表应定期检验，其信号应引至化学辅网及集控DCS，并设置声、光报警。 （8）海水冷却或循环冷却水电导率大于2000μS/cm的机组宜安装并连续投运凝汽器检漏设备，并设置手工取样，检漏设备应能同时在线检测每侧凝汽器凝结水的氢电导率并进行定期检验，该氢电导率信号应引至化学辅网及集控DCS，并设置声、光报警。 （9）机组停、备用时，应按DL/T956《火力发电厂停（备）用热力设备防锈蚀导则》的要求，进行保护	设备水汽质量》要求执行三级处理原则。 （2）凝汽器采用海水冷却或循环冷却水电导率大于2000μS/cm的亚临界及以上参数的机组，应安装全流量凝结水精除盐设备，凝结水精除盐设备阳树脂应氢型方式运行。 （3）一旦发现凝汽器泄漏，应确认凝结水精处理旁路门全关，全部凝结水经过精处理进行处理，阳树脂应氢型方式运行，确保给水氢电导率满足标准值。 （4）海水或电导率大于5000μS/cm的苦咸水冷却的直流机组，当凝结水中的钠含量大于400μg/L或氢电导率大于10μS/cm，并且给水氢电导率大于0.5μS/cm时，应紧急停机。 （5）处理过泄漏凝结水的精处理树脂，应该采用双倍剂量的再生剂进行再生				
	8.2　防止热网系统运行事故							
3	8.2.1　防止热网换热器泄漏事故		【涉及专业】：化学，共7条 （1）每台热网换热器疏水和疏水至机组的母管上应	【涉及专业】：化学，共7条 （1）当运行机组水汽质量劣化时，严格按GB/T				

续表

编号	隐患排查内容	标准分	检修方面	运行方面	评分标准	扣分	存在问题	改进建议
3	8.2.1 防止热网换热器泄漏事故		设计取样检测装置，取样检测装置应包含冷却器、人工取样点、在线氢电导率表，氢电导率表应定期检验，其信号应引至化学辅网和集控室 DCS，并设置声、光报警。因疏水压力偏低导致无法取到水样时，宜增加取样管道增压泵，或将取样装置设置在就地零米层，确保仪表连续取样监测。 （2）机组供热前应对每台热网换热器进行查漏消缺。 （3）在运行和停用的热网循环水系统中添加防腐阻垢专用药剂前，应进行小型试验，以确定是否适用于热网系统的设备材质和温度。 （4）如热网换热器发生泄漏，未在规定的时间内恢复至正常值，机组检修时对水冷壁、低过和低再割管检查结垢、腐蚀情况。 （5）热网停运后，应对热网系统特别是热网换热器、管道、过滤器滤网及其他有泄漏隐患处进行检查、清洗、清理、更换和恢复。 （6）热网停运后，可考虑分别对热网换热器水侧门前和本体汽侧门前加堵板，对热网换热器水侧和汽侧均进行充氮保护或干风吹干系统。 （7）热网停运后，可考虑将添加氨水调节 pH 值至 9.5～10.0 的除盐水加入热网换热器汽侧进行湿法保护，满水保持压力 0.03～0.05MPa	12145《火力发电机组及蒸汽动力设备水汽质量》要求执行三级处理原则。当炉水 pH 低于 7.0 时，应立即停炉。 （2）应连续检测热网疏水氢电导率，并每周取样检测一次硬度、二氧化硅、钠和铁含量。当发现凝结水或给水指标异常时，应检查热网疏水氢电导率表流量、温度和指示值是否正常，并取样分析热网疏水的硬度、二氧化硅和钠含量，以确定热网换热器是否发生泄漏。 （3）应每周对热网循环水氯离子、pH 值、电导率、钙硬、总硬、碱度、浊度和铁等指标进行分析检测。 （4）热网循环水系统运行中宜添加磷酸三钠或氢氧化钠控制 pH 为 8.5～9.5，循环水硬度超 600μmol/L 时，应防止换热器结垢，硬度较低时可控制 pH 为 9.5～10.5。不宜加氨控制热网循环水 pH 值。 （5）热网疏水回收至除氧器时，应以不影响给水水质为前提，当热网疏水氢电导率超过标准值，并且导致炉水氯离子含量、氢电导率上升时，炉水采用低磷酸盐和氢氧化钠处理，并加强排污。 （6）当全部热网疏水回收至凝汽器，导致凝汽器热负荷超过要求时，应部分排放，并调整供热热负荷。经精除盐后仍然不能满足给水水质要求时，应全部或部分排放。 （7）热网疏水因换热器泄漏被污染时，应手工分析钠含量、硬度，判断存在泄漏的换热器，并根据对机组汽水品质的影响程度进行处理				
4	8.2.2 防止热网循环水水质问题事故		【涉及专业】：化学，共 4 条 （1）机组供热前应对每台热网换热器进行查漏消缺。 （2）在运行和停用的热网循环水系统中添加防腐阻垢专用药剂前，应进行小型试验，以确定是否适用于热网系统的设备材质和温度。	【涉及专业】：化学，共 3 条 （1）热网循环水氯离子的控制标准应根据热网换热器的管材和最高运行温度确定。 （2）应每周对热网循环水氯离子、pH 值、电导率、钙硬、总硬、碱度、浊度和				

编号	隐患排查内容	标准分	检修方面	运行方面	评分标准	扣分	存在问题	改进建议
4	8.2.2　防止热网循环水水质问题事故		（3）热网停运后，应对热网系统特别是热网换热器、管道、过滤器滤网及其他有泄漏隐患处进行检查、清洗、清理、更换和恢复。 （4）热网系统应加入碱化剂后满水保护	铁等指标进行分析检测。 （3）热网循环水系统运行中宜添加磷酸三钠或氢氧化钠控制 pH 为 8.5~9.5，循环水硬度超 600μmol/L 时，应防止换热器结垢，硬度较低时可控制 pH 为 9.5~10.5。不宜加氨控制热网循环水 pH 值				
5	8.3　防止变压器油油质异常事故		【涉及专业】：化学，共 3 条 （1）规范变压器油的监督项目、监督周期、分析方法、异常处理和跟踪监督。 （2）330~1000kV 电压等级的变压器和电抗器等设备应每年至少检测一次油中含气量，超标时应跟踪检测。500~1000kV 电压等级的变压器油中含气量超过 5% 时应安排机组停运、检修、消除缺陷和真空脱气处理。 （3）110kV 及以上电压等级的变压器应在投运 1 年内、运行中每 5 年以及必要时检测油中糠醛含量	【涉及专业】：化学，共 2 条 （1）应对变压器油在投运前、新投运、运行中以及必要时的油中溶解气体和油质进行检测，应关注乙炔含量的变化。 （2）发现变压器油中溶解气体或其他油质指标不合格时，应缩短检测周期，书面通知并督促电气等相关专业人员及时排查原因和消除缺陷，必要时应采取停电措施进行检修以消除故障				
6	8.4　防止涡轮机油油质异常事故		【涉及专业】：化学，共 5 条 （1）确保汽轮机主油箱油位计和主油箱油位报警准确可靠性，动作正常，应按照反措设置低油位跳机保护。 （2）加强检修管理水平，严格按照标准化检修导则进行检修全过程管理，并进行三级验收。机组检修时，对涡轮机油系统的滤网、油箱底部和死角等容易沉积油泥和杂质的重要部位进行人工清理并经验收合格。 （3）油系统检修后，应清理检修过的管道和设备并经验收合格。 （4）机组检修后，应进行油循环至颗粒度合格，并将回油滤网清理干净后启动。 （5）规范涡轮机油的监督项目、监督周期、分析方法、异常处理和跟踪监督。严格执行火力发电厂化学监督标准和汽轮机监督标准，加强油质监督管理	【涉及专业】：化学，共 3 条 （1）应对涡轮机油在新油验收、投运前、运行中、机组启动前、补油后、换油后以及必要时的油质进行检测。发现油质不合格时，应缩短检测周期，书面通知并督促汽轮机等相关专业人员及时排查原因、消除缺陷及滤油处理，化学专业跟踪监测，直至油质合格。 （2）涡轮机油在补油前应符合油的相容性要求。补油时应通过滤油机进行补油，补油后滤油机继续滤油，24h 后应进行油质全分析，颗粒度合格后滤油机可停止滤油。 （3）冷态启动时，涡轮机油的水分和颗粒度指标不合格，机组不应启动；油系统进行过检修时，涡轮机油的运动黏度、颗粒度、水分和酸值等指标不合格，机组不应启动				

编号	隐患排查内容	标准分	检修方面	运行方面	评分标准	扣分	存在问题	改进建议
7	8.5 防止抗燃油油质异常事故		【涉及专业】：化学，共3条 （1）加强检修管理水平，严格按照标准化检修导则进行检修全过程管理，并进行三级验收。充分利用机组检修时间，对抗燃油系统的滤网、油箱底部和死角等容易沉积油泥和杂质的重要部位进行人工机械清理。 （2）采用化学清洗时，药品应与运行油有良好的相容性；对药品进行检验，确认其不含对系统与运行油有害的成分；不应使用含氯离子的清洗介质。化学专业应参与对油泥清理、新油冲洗和补（换）油等过程的现场监督和油质检测监督。 （3）规范抗燃油的监督项目、监督周期、分析方法、异常处理和跟踪监督。严格执行火力发电厂化学监督标准和汽轮机监督标准，加强油质监督管理	【涉及专业】：化学，共4条 （1）应对抗燃油在新油验收、投运前、运行中、机组启动前、补油后、换油后以及必要时的油质进行检测。发现油质不合格时，应缩短检测周期，书面通知并督促汽轮机等相关专业人员及时排查原因、消除缺陷及滤油处理，化学专业跟踪监测，直至油质合格。 （2）抗燃油在补油前应符合油的相容性要求。补油时应通过滤油机进行补油，补油后滤油机继续滤油，24h后进行油质全分析，颗粒度合格后滤油机可停止滤油。 （3）冷态启动时，抗燃油的水分和颗粒度指标不合格，机组不应启动；油系统进行过检修时，抗燃油的运动黏度、颗粒度、水分和酸值等指标不合格，机组不应启动。 （4）在机组运行的同时应投入抗燃油在线再生脱水装置，除去运行抗燃油老化产生的酸性物质、油泥、杂质颗粒以及油中水分等有害物质				
8	8.6 防止超滤设备异常事故		【涉及专业】：化学，共3条 （1）应采用预处理合格的水，压力式超滤进水浊度应小于5NTU，其他超滤进水水质应满足膜厂家的设计要求，防止超滤进水浊度高，引起超滤膜的快速污堵。 （2）超滤应有防止膜断丝的措施，超滤应装设虹吸破坏阀、母管排气阀等防水锤的设施。 （3）超滤压差达到化学清洗条件时，应及时进行化学清洗。化学清洗前编写化学清洗方案，满足清洗质量要求。化学清洗过程中应全程监督清洗时的水温、流量、药品浓度及pH值等指标	【涉及专业】：化学，共3条 （1）超滤膜过滤进水宜为砂滤出水。 （2）过滤设备的压差或出水水质达到反洗条件时，应及时进行反洗。超滤反洗水量应达到设计值。 （3）超滤化学加强反洗时，根据产品手册选择酸、碱和杀菌剂的种类及药量，反洗入口和反洗出口的药品浓度，应符合产品手册的要求。采用海水水源，超滤化学加强反洗工艺应避免钙、镁离子结垢导致污堵				

编号	隐患排查内容	标准分	检修方面	运行方面	评分标准	扣分	存在问题	改进建议
9	8.7　防止反渗透设备异常事故		【涉及专业】：化学，共4条 （1）反渗透与超滤系统公用化学清洗装置时，在反渗透清洗入口门处加堵板，防止清洗隔断阀门不严，氧化性杀菌剂漏到反渗透系统。在反渗透化学清洗前，恢复清洗管路并将其冲洗干净。 （2）二级反渗透浓水应回收至超滤水箱顶部，防止反渗透浓水止回阀不严，超滤水箱中氧化性水经过回水管进入反渗透系统。 （3）反渗透短期停运时，每天及时冲洗。长时间停运时，按照膜厂家的要求，充入保护液进行保护。 （4）反渗透在压差、出水水质等指标达到化学清洗条件时，应及时进行化学清洗。化学清洗前编写化学清洗方案，满足清洗质量要求。化学清洗时，药品选择及清洗参数控制应符合反渗透厂家推荐的要求，清洗过程中应全程监督清洗时的水温、流量、药品浓度及pH值等指标	【涉及专业】：化学，共6条 （1）在预处理系统投加氧化性杀菌剂后，应计算和杀菌剂反应所需的还原剂量，在反渗透入口加投过量的还原剂，确保反渗透入口余氯为0mg/L。 （2）不应单纯根据反渗透进水的在线氧化还原电位仪表数值自动加入还原剂，应手工取样分析余氯含量，并定期校验氧化还原电位仪表，找出氧化还原电位仪表和所用水源中各种不同药剂及不同余氯的对应关系，作为监测余氯含量的参考，并在上位机设置报警。 （3）应根据反渗透进水水质，选用合适的阻垢剂种类和药量，按要求投加阻垢剂，防止反渗透膜结垢后引起压差增大、脱盐率下降的问题。 （4）更换阻垢剂前，应向阻垢剂供应商提供水质全分析报告和预处理所使用的混凝剂种类，供应商应提供阻垢方案和类似水质的应用证明。 （5）反渗透系统应调整合适的产水回收率。 （6）反渗透每次停运时应进行冲洗				
10	8.8　防止电除盐设备异常事故		【涉及专业】：化学，共3条 （1）应保证电除盐设备的仪表正常运行，能准确监控电除盐设备的运行压力、压差、流量、水质、回收率和脱盐率等参数。 （2）电除盐与超滤系统公用化学清洗装置时，在电除盐清洗入口门处加堵板，防止清洗隔断阀门不严，氧化性杀菌剂漏到电除盐系统。 （3）电除盐在压差、出水水质等指标达到化学清洗条件时，应及时进行化学清洗。化学清洗前编写化学清洗方案，满足清洗质量要求。化学清洗时，药品选择	【涉及专业】：化学，共2条 （1）在预处理系统投加氧化性杀菌剂后，应计算和杀菌剂反应所需的还原剂量，在反渗透入口加投过量的还原剂，确保反渗透和电除盐入口余氯应为0mg/L。 （2）电除盐流量必须高于最低值时才能通电，流量低于设定的最低值时，应紧急保护停运设备				

编号	隐患排查内容	标准分	检修方面	运行方面	评分标准	扣分	存在问题	改进建议
10	8.8 防止电除盐设备异常事故		及清洗参数控制应符合电除盐厂家推荐的要求，清洗过程中应全程监督清洗时的水温、流量、药品浓度及pH值等指标					
11	8.9 防止粉末树脂过滤器异常事故		【涉及专业】：化学，共2条 （1）过滤器检修时，应仔细检查滤元绕线是否存在断裂、松脱，底部端盖和接头是否有损坏或松动等问题。 （2）加强对滤元和粉末树脂的入厂验收工作，确保其质量满足要求	【涉及专业】：化学，共4条 （1）优化凝结水泵从变频到工频的切换过程，防止出现瞬时流量突增导致过滤器压差超标。 （2）增设或完善过滤器压差联锁保护逻辑和定值，当过滤器压差超过0.175MPa（或根据设备厂、滤元厂家的规定），延时1～3s，开启旁路门后关闭过滤器进水门，或在凝结水泵切换前提前旁路过滤器。 （3）过滤器铺膜时，应再循环充分，并取循环回水检查，要求无粉末树脂、纤维粉。 （4）过滤器投运前，执行低压满水步序液位开关动作后，应延时30s或现场检查确认过滤器为满水状态，过滤器升压过程中当进水母管和过滤器内部压差满足要求时，再开启进水门				
	8.10 防止混床异常事故							
12	8.10.1 防止混床出水水质异常事故		【涉及专业】：化学，共3条 （1）通过窥视孔查看精除盐设备运行时树脂面的平整情况，若存在运行偏流现象及时处理。 （2）防止再生设备缺陷导致树脂泄漏。确认再生系统中废水树脂捕捉器的筛管安装到位，滤元缝隙符合要求，不应旁路废水树脂捕捉器。 （3）机组检修时，应对精处理混床、再生设备中水帽的间隙、垫片的完整性和严密性以及树脂捕捉器筛管的间隙进行检查和消缺	【涉及专业】：化学，共3条 （1）凝结水精除盐设备应能正常运行，精除盐设备阳树脂应氢型方式运行。混床出水电导率应不大于0.1μS/cm；串联阳床+阴床（阳床+阴床+阳床）系统，控制一级阳床出水电导率应不大于0.3μS/cm，末级设备出水电导率应不大于0.1μS/cm。 （2）体外再生应保证气、水的输送压力和流量达到设计值，同时定期检查树脂输送效果，确保失效树脂完全输出。应充分反洗，确保阴、阳树脂的完全分离。树脂分离时，锥体、高塔法输送阳树脂，中抽法输送混脂				

续表

编号	隐患排查内容	标准分	检修方面	运行方面	评分标准	扣分	存在问题	改进建议
12	8.10.1 防止混床出水水质异常事故			应现场或视频确认，以控制好输送终点，保证分离树脂正确、定量输送至再生塔。 （3）阳再生塔、阴再生塔中树脂擦洗前，水位排放至设计树脂上方 200～500 mm；注水和反洗时，控制流速，避免树脂从顶部排水口带出				
13	8.10.2 防止混床泄漏树脂事故		【涉及专业】：化学，共 3 条 （1）树脂漏入水汽系统后，对除氧器、凝汽器内树脂人工清理干净，以防系统内树脂对水质产生不良影响。 （2）在混床进口门处加装逆止阀，防止凝结水泵事故跳闸或者断电导致混床进口门发生树脂倒吸现象。 （3）机组检修时，应对精处理混床、再生设备中水帽的间隙、垫片的完整性和严密性以及树脂捕捉器筛管的间隙进行检查和消缺	【涉及专业】：化学，共 3 条 （1）优化凝结水泵从变频到工频的切换过程，防止出现瞬时流量突增导致混床压差超标，树脂漏过混床底部水帽。 （2）在正常运行时，加强监督树脂捕捉器的压差；精除盐设备投运前，应观察树脂捕捉器排水是否有树脂排出，发现问题及时处理。 （3）应设置混床的注水流量在合理值				
14	8.10.3 防止混床进水装置损坏事故		【涉及专业】：化学，共 2 条 （1）通过窥视孔查看精除盐设备运行时树脂面的平整情况，若存在运行偏流现象及时处理。 （2）对变形的进水分配装置进行维修处理，使其保持平整。或更换为不易损坏的进水分配装置	【涉及专业】：化学，共 3 条 （1）混床投运前，应严格执行低压满水、高压升压程序，宜到现场确认，防止混床投运中进水分配装置受"水锤"冲击而损坏。 （2）混床完成升压后，开启混床进水门后，再关闭进水升压门。 （3）优化凝结水泵从变频到工频的切换过程，防止出现瞬时流量突增导致混床压差超标				
15	8.11 防止内冷水树脂更换事故		【涉及专业】：化学，共 3 条 （1）发电机内冷却水离子交换器应设置进水端除盐水进水管及出水端排污管，并设置电导率测点，用于树脂正洗。 （2）制定操作卡，规范内冷水小混床及电导率测量仪的投退操作，并制定应急预防措施。要求投运小混床后，应在现场观察运行一段时间后方可离开现场。	【涉及专业】：化学，共 2 条 （1）发电机内冷却水旁路离子交换器处理的树脂再生后或新树脂在加装进离子交换器前，应使用合格除盐水进行充分冲洗至电导率小于 1.0μS/cm。 （2）离子交换器投运前，应采用除盐水正洗树脂，出水电导率不大于 2.0μS/cm，pH 值不大于 9.0 时并入系统				

编号	隐患排查内容	标准分	检修方面	运行方面	评分标准	扣分	存在问题	改进建议
15	8.11 防止内冷水树脂更换事故		（3）加强对供货商物资采购和验收管理，对新到厂的离子交换树脂应根据 DL/T 519《发电厂水处理用离子交换树脂验收标准》要求进行验收，及时排除不合格产品，确保树脂质量					
16	8.12 防止内冷水加碱事故		【涉及专业】：化学，共3条 （1）内冷水补水管路应单独设置，防止其他水源串入污染内冷水。 （2）内冷水系统投入运行前进行大流量冲洗，保证内冷水品质合格。 （3）及时开展内冷水树脂再生工作或者采购树脂备品进行更换	【涉及专业】：化学，共2条 （1）内冷水加碱溶液箱应配置低浓度碱液，机组停运后应将加碱泵入口门关闭，防止碱液渗入管路系统。在加碱时，应确保加碱泵出口门为开启状态，防止短时过量投入。 （2）碱化剂溶液应采用自动控制加药装置加入，防止人工加药，无法对加碱量进行精确控制				
17	8.13 防止内冷水铜含量超标事故		—	【涉及专业】：化学，共3条 （1）在水汽查定中，及时取样分析内冷水的铜含量，发现内冷水铜含量超标时及时进行排污处理。 （2）内冷水系统运行时，离子交换器应连续运行，离子交换树脂失效时，及时更换离子交换树脂。 （3）建议增加一套自动加碱装置，提高 pH 值可有效抑制铜的腐蚀。控制 pH 值为 8.0～8.9，电导率为 0.4～2.0μS/cm。使铜含量小于 10μg/L，达到期望值的要求				
18	8.14 防止氢气系统设备异常事故		【涉及专业】：化学，共6条 （1）控制干燥塔气体流速，不能过快或过慢。确保干燥塔外层保温棉的质量。 （2）增加干燥塔底部温度和电加热丝温度超温连锁保护。 （3）需要明确气动调节阀零位的设定，并进行定位调整。 （4）制氢、供（储）氢场所应按规定配备消防器材，并定期检查和试验。	【涉及专业】：化学，共7条 （1）氢站或氢气系统附近进行明火作业时，应有严格的管理制度，并应办理一级动火工作票。 （2）制氢站应采用性能可靠的压力调整器，并加装液位差越限联锁保护装置和氢侧氢气纯度仪表，在线氢中氧量、氧中氢量监测仪表。 （3）氢气使用区域空气中氢气体积分数不应超过1%，				

编号	隐患排查内容	标准分	检修方面	运行方面	评分标准	扣分	存在问题	改进建议
18	8.14 防止氢气系统设备异常事故		（5）氢系统（包括储氢罐、电解装置、干燥装置、充（补）氢汇流排）中的安全阀、压力表、减压阀等应按压力容器的规定定期进行检验。 （6）供（制）氢站和氢冷系统配备的在线氢气纯度仪、露点仪和检漏仪表、便携式氢气纯度仪和露点仪，每年应由相应资质的单位进行一次检定	氢气系统动火检修，系统内部和动火区域的氢气体积分数应不超过 0.4%。 （4）制氢站、供氢站、氢气罐区有爆炸危险房间的上部空间均应设置漏氢检测装置及事故排风机，且可联锁启动。 （5）氢气系统应保持正压状态，不应负压或超压运行。同一储氢罐（或管道）不应同时进行充氢和送氢操作。 （6）当发电机内氢气纯度超标时，应及时对发电机内氢气进行排补等处理。当发电机漏氢量超标时，应对发电机氢气相关系统进行检查处理。 （7）制氢设备中的氢气纯度应不低于 99.8%，含氧量应不高于 0.2%。氢冷系统氢气纯度应不低于 96%，含氧量应不高于 2%				
19	8.15 防止在线化学仪表异常事故		【涉及专业】：化学，共 7条 （1）安排专人负责在线化学仪表的维护和校验工作，在线化学仪表维护人员参加电力行业的培训，取得在线化学仪表维护、校验资质。 （2）应依靠在线化学仪表实现水汽品质的实时监督，应保证在线化学仪表投入率不低于 98%，机组水汽系统主要在线化学仪表准确率不低于 96%。 （3）主要在线化学仪表信号应送至化学辅网和集控 DCS，并增加声、光报警。 （4）在线化学仪表检验维护规程和检验记录应符合要求。 （5）每周至少对高温取样架排污一次。 （6）电厂应根据在线化学仪表配置和损坏情况，在年度计划中制订仪表配件购买计划，以保证仪表损坏时能及时更换。 （7）标准表或移动检验装置应每年定期送检	【涉及专业】：化学，共 3条 （1）按照在线化学仪表说明书的规定对仪表进行校准、维护，使用符合 DL/T 677《发电厂在线化学仪表检验规程》的标准仪器仪表，对在线化学仪表进行定期检验。 （2）主要在线化学仪表工作不正常，应采取处理措施。 （3）在线化学仪表不能满足监控要求时，化学运行人员按照要求定期对水质进行人工检测分析				

编号	隐患排查内容	标准分	检修方面	运行方面	评分标准	扣分	存在问题	改进建议
	8.16　防止机组停炉保护异常事故							
20	8.16.1　防止过热器腐蚀事故		【涉及专业】：化学，共2条 （1）加强机组长期停备用时的保养，保养方式有：氨碱化、热炉放水、余热烘干配合干风干燥；充氮覆盖；充氮密封；受热面充满用氨调节 pH 值大于 10.5 的溶液，电厂可根据实际情况加以选择。 （2）采用热炉放水、余热烘干措施时，注意尽可能在锅炉允许放水的最高温度进行放水，并注意关闭炉膛的风门、挡板，防止炉膛热量过快散失	【涉及专业】：化学，共2条 （1）应合理安排机组停用后启动时间，为冷态冲洗、热态冲洗预留足够的时间，真正做到给水水质不合格，冷态冲洗不停止，锅炉不点火；炉水（分离器排水）不合格，热态冲洗不停止、锅炉不升压；蒸汽不合格不冲转、不并网，确保达到上一阶段水质不达标，不能进行下一阶段工作的要求。 （2）机组运行时，应加强水汽品质的监测，尤其是精处理高混出水质的监测，高速混床应采用氢型运行，按照出水直接电导率上升至 0.1μS/cm 时解列高速混床。控制出水钠离子、氯离子和铁的含量满足标准的要求				
21	8.16.2　防止再热器腐蚀事故		【涉及专业】：化学，共2条 （1）加强机组长期停备用时的保养，保养方式有：氨碱化、热炉放水、余热烘干配合干风干燥；充氮覆盖；充氮密封；受热面充满用氨调节 pH 值大于 10.5 的溶液，电厂可根据实际情况加以选择。 （2）采用热炉放水、余热烘干措施时，注意尽可能在锅炉允许放水的最高温度进行放水，并注意关闭炉膛的风门、挡板，防止炉膛热量过快散失	【涉及专业】：化学，共3条 （1）及时解决热网换热器渗漏问题和提高热网循环水水质两个方面来改善供热期间热网疏水水质，同时增设一路热网疏水回收至凝汽器管路。 （2）应合理安排机组停用后启动时间，为冷态冲洗、热态冲洗预留足够的时间，真正做到给水水质不合格，冷态冲洗不停止，锅炉不点火；炉水（分离器排水）不合格，热态冲洗不停止、锅炉不升压；蒸汽不合格不冲转、不并网，确保达到上一阶段水质不达标，不能进行下一阶段工作的要求。 （3）机组运行时，应加强水汽品质的监测，尤其是精处理高混出水质的监测，高速混床应采用氢型运行，按照出水直接电导率上升至 0.1μS/cm 时解列高速混床。控制出水钠离子、氯离子和铁的含量满足标准的要求				

编号	隐患排查内容	标准分	检修方面	运行方面	评分标准	扣分	存在问题	改进建议
	8.17　防止化学清洗异常事故							
22	8.17.1　防止锅炉化学清洗不当事故		【涉及专业】：化学，共5条 （1）电厂应对锅炉本体、过热器、再热器、凝汽器、热网加热器及辅机冷却器化学清洗进行全过程的质量监督。包括：化学清洗小型模拟试验监督，清洗药品的抽检分析和验收，清洗临时系统安装质量监督和验收，清洗系统的隔离，清洗过程清洗剂浓度、pH 值、Fe^{3+}、Fe^{2+}等参数的分析和监督，化学清洗效果评价和监督，清洗废液的处理和监督。 （2）化学清洗单位应具有电力行业电力锅炉压力容器安全监督管理委员会颁发的"发电厂热力设备化学清洗资质证书"。 （3）清洗单位的项目负责人、技术负责人和化验人员应经过专业培训，考核合格后持证上岗，不应无证操作。 （4）应根据锅炉系统特点、受热面结垢量、材料和小型模拟试验确定清洗工艺条件，制定详细的化学清洗方案，化学清洗方案应进行审核、批准，并报上级公司备案。 （5）锅炉水冷壁发生氢脆爆管或酸性腐蚀时，应选用有机酸化学清洗	【涉及专业】：化学，共8条 （1）锅炉水冷壁割管应具有代表性，避免发生因垢量、成分分析结果与实际情况偏差大而导致过洗或清洗不彻底的问题。 （2）在化学清洗时，清洗液温度应根据清洗药剂的种类确定合适的范围。 （3）当清洗液中 Fe^{3+} 浓度大于 300mg/L 时，应在清洗液中添加还原剂。 （4）运行锅炉化学清洗的除垢率不小于 90%为合格。 （5）过热器、再热器化学清洗时，应防止发生堵管、气塞、晶间腐蚀。 （6）锅炉本体及过热器、再热器化学清洗钝化结束后，应用加氨调整 pH 值至10.0 左右的除盐水彻底冲洗，至排水铁含量小于1mg/L。冲洗合格后，再对与化学清洗相连的阀门隔离的系统进行充分水冲洗，确保可能与清洗液接触系统全部冲洗干净。 （7）锅炉水冷壁、省煤器化学清洗结束后应检查并清理水冷壁、省煤器各集箱内沉积物。 （8）过热器、再热器化学清洗结束后，应逐一检查过热器、再热器弯管处沉积物情况，判断是否需要割管清理；应检查并清理各集箱内沉积物，避免氧化皮堵塞爆管				
23	8.17.2　防止热网换热器化学清洗不当事故		【涉及专业】：化学，共2条 （1）热网换热器为不锈钢材质时，不应采用含有盐酸成分的清洗剂进行酸洗。 （2）热网换热器酸洗前应进行小型试验，并对配制好的清洗液进行氯离子含量检测，应保证清洗液中的氯离子含量低于换热器材质的氯离子耐受量	—				

附录 B　引用法律法规及标准规范文件

以下文件对于本实施细则的应用是必不可少的。凡是注明日期的引用文件，仅所注日期的版本适用于本实施细则。凡是不注明的引用文件，其最新版本适用于本实施细则。

附录 B-1　电 气 一 次

[1] 国能安全〔2014〕161 号《防止电力生产事故的二十五项重点要求》

[2] GB 1094.1《电力变压器　第 1 部分 总则》

[3] GB 1094.5《电力变压器　第 5 部分：承受短路的能力》

[4] GB 1094.11《电力变压器　第 11 部分：干式变压器》

[5] GB 7674《额定电压 72.5kV 及以上气体绝缘金属封闭开关设备》

[6] GB 11032《交流无间隙金属氧化物避雷器》

[7] GB 20840.3《互感器　第 3 部分：电磁式电压互感器的补充技术要求》

[8] GB 50065《交流电气装置的接地设计规范》

[9] GB 50147《电气装置安装工程　高压电器施工及验收规范》

[10] GB 50148《电气装置安装工程　电力变压器、油浸电抗器、互感器施工及验收规范》

[11] GB 50150《电气装置安装工程　电气设备交接试验标准》

[12] GB 50168《电气装置安装工程　电缆线路施工及验收规范》

[13] GB 50169《电气装置安装工程 接地装置施工及验收规范》

[14] GB 50217《电力工程电缆设计规范》

[15] GB 50660《大中型火力发电厂设计规范》

[16] GB/T 755《旋转电机　定额和性能》

[17] GB/T 7064《隐极同步发电机技术要求》

[17] GB/T 7595《运行中变压器油质量》

[19] GB/T 20140《隐极同步发电机定子绕组端部动态特性和振动测量方法及评定》

[20] GB/T 20835《发电机定子铁芯磁化试验导则》

[21] GB/T 26218.1《污秽条件下使用的高压绝缘子的选择和尺寸确定　第 1 部分》

554

[22] GB/T 26218.2 《污秽条件下使用的高压绝缘子的选择和尺寸确定　第 2部分》

[23] GB/T 26218.3 《污秽条件下使用的高压绝缘子的选择和尺寸确定　第 3部分》

[24] GB/T 50064《交流电气装置的过电压保护和绝缘配合设计规范》

[25] DL/T 265《变压器有载分接开关现场试验导则》

[26] DL/T 345《带电设备紫外诊断技术应用导则》

[27] DL/T 402《高压交流断路器》

[28] DL/T 404《3.6kV ～ 40.5kV 交流金属封闭开关设备和控制设备》

[29] DL/T 417《电力设备局部放电现场测量导则》

[30] DL/T 475《接地装置特性参数测量导则》

[31] DL/T 555《气体绝缘金属封闭开关设备现场耐压及绝缘试验导则》

[32] DL/T 572《电力变压器运行规程》

[33] DL/T 573《电力变压器检修导则》

[34] DL/T 574《变压器分接开关运行维修导则》

[35] DL/T 596《电力设备预防性试验规程》

[36] DL/T 603《气体绝缘金属封闭开关设备运行及维护规程》

[37] DL/T 651《氢冷发电机氢气湿度技术要求》

[38] DL/T 664《带电设备红外诊断应用规范》

[39] DL/T 722《变压器油中溶解气体分析和判断导则》

[40] DL/T 727《互感器运行检修导则》

[41] DL/T 801《大型发电机内冷却水质及系统技术要求》

[42] DL/T 911《电力变压器绕组变形的频率响应分析法》

[43] DL/T 984《油浸式变压器绝缘老化判断导则》

[44] DL/T 1054《高压电气设备绝缘技术监督规程》

[45] DL/T 1164《汽轮发电机运行导则》

[46] DL/T 1474《标称电压高于 1000V 交、直流系统用复合绝缘子憎水性测量方法》

[47] DL/T 1516《相对介损及电容测试仪通用技术条件》

[48] DL/T 1522《发电机定子绕组内冷水系统水流量超声波测量方法及评定导则》

[49] DL/T 1525《隐极同步发电机转子匝间短路故障诊断导则》

[50] DL/T 1768《旋转电机预防性试验规程》

[51] DL/T 1848 《220kV 和 110kV 变压器中性点过电压保护技术规范》

[52] DL/T 1884.1 《现场污秽度测量及评定　第 1 部分：一般原则》

[53] DL/T 1884.3《现场污秽度测量及评定　第 3 部分：污秽成分测定方法》

[54] JB/T 6228《汽轮发电机绕组内部水系统检验方法及评定》

[55] JB/T 8446《隐极式同步发电机转子匝间短路测量方法》

附录 B-2 电 气 二 次

［1］国能安全〔2014〕161 号《防止电力生产事故的二十五项重点要求》

［2］GB 9361《计算机场地安全要求》

［3］GB 50171《电气装置安装工程盘、柜及二次回路接线施工及验收规范》

［4］GB 50172《电气装置安装工程蓄电池施工及验收规范》

［5］GB/T 2887《计算机场地通用规范》

［6］GB/T 7409.3《同步电机励磁系统大、中型同步发电机励磁系统技术要求》

［7］GB/T 14285《继电保护和安全自动装置技术规程》

［8］GB/T 31464《电网运行准则》

［9］GB/T 50976《继电保护及二次回路安装及验收规范》

［10］DL/T 279《发电机励磁系统调度管理规程》

［11］DL/T 684《大型发电机变压器继电保护整定计算导则》

［12］DL/T 724《电力系统用蓄电池直流电源装置运行与维护技术规程》

［13］DL/T 781《电力用高频开关整流模块》

［14］DL/T 843《大型汽轮发电机励磁系统技术条件》

［15］DL/T 995《继电保护和电网安全自动装置检验规程》

［16］DL/T 1166《大型发电机励磁系统现场试验导则》

［17］DL/T 1231《电力系统稳定器整定试验导则》

［18］DL/T 1502《厂用电继电保护整定计算导则》

［19］DL/T 1648《发电厂及变电站辅机变频器高低电压穿越技术规范》

［20］DL/T 5044《电力工程直流电源系统设计技术规程》

［21］DL/T 5153《火力发电厂厂用电设计技术规程》

［22］DL 5277《火电工程达标投产验收规程》

［23］Q/CSG 1204025《南方电网大型发电机变压器继电保护整定计算规程》

附录 B-3 锅 炉

［1］国能安全〔2014〕161 号《防止电力生产事故的二十五项重点要求》

［2］GB 26164.1《电业安全工作规程 第 1 部分：热力和机械》

［3］GB 50974《消防给水及消火栓系统技术规范》

［4］DL 5027《电力设备典型消防规程》

［5］DL 5190.2《电力建设施工技术规范 第 2 部分：锅炉机组》

［6］DL/T 435《电站煤粉锅炉炉膛防爆规程》

［7］DL/T 466《电站磨煤机及制粉系统选型导则》

［8］DL/T 586《电力设备监造技术导则》

［9］DL/T 611《300MW ～ 600MW 级机组煤粉锅炉运行导则》

［10］DL/T 748.2《火力发电厂锅炉机组检修导则　第 2 部分：锅炉本体检修》

［11］DL/T 748.4《火力发电厂锅炉机组检修导则　第 4 部分：制粉系统检修》

［12］DL/T 748.8《火力发电厂锅炉机组检修导则　第 8 部分：空气预热器检修》

［13］DL/T 750《回转式空气预热器运行维护规程》

［14］DL/T 831《大容量煤粉燃烧锅炉炉膛选型导则》

［15］DL/T 852《锅炉启动调试导则》

［16］DL/T 855《电力基本建设火电设备维护保管规程》

［17］DL/T 1091《火力发电厂锅炉炉膛安全监控系统技术规程》

［18］DL/T 1127《等离子体点火系统设计与运行导则》

［19］DL/T 1316《火力发电厂煤粉锅炉少油点火系统设计与运行导则》

［20］DL/T 1326《300MW 循环流化床锅炉运行导则》

［21］DL/T 1445《电站煤粉锅炉燃煤掺烧技术导则》

［22］DL/T 1683《1000MW 等级超超临界机组运行导则》

［23］DL/T 5121《火力发电厂烟风煤粉管道设计技术规程》

［24］DL/T 5145《火力发电厂制粉系统设计计算技术规定》

［25］DL/T 5187.1《火力发电厂运煤设计技术规范　第 1 部分：运煤系统》

［26］DL/T 5203《火力发电厂煤和制粉系统防爆设计技术规程》

［27］JB/T 12990《湿式电除尘器运行技术规范》

［28］NB/T 34064《生物质锅炉供热成型燃料工程运行管理规范》

附录 B-4　汽 轮 机

［1］国能安全〔2014〕161 号《防止电力生产事故的二十五项重点要求》

［2］能源安保〔1991〕709 号《电站压力式除氧器安全技术规定》

［3］GB 26164.1《电业安全工作规程　第 1 部分：热力和机械》

［4］GB 50660《大中型火力发电厂设计规范》

［5］GB/T 6075.2《机械振动在非旋转部件上测量评价机器的振动　第 2 部分：功率 50MW 以上，额定转速 1500r/min、1800r/min、3000r/min、3600r/min 陆地安装的汽轮机和发电机》

［6］GB/T 7596《电厂运行中矿物涡轮机油质量》

［7］GB/T 11348.2《机械振动在旋转轴上测量评价机器的振动　第 2 部分：功率大于 50MW，额定工作转速 1500r/min、1800r/min、3000r/min、3600r/min 陆地安装的汽轮机和发电机》

　［8］GB/T 14541《电厂用矿物涡轮机油维护管理导则》

　［9］DL/T 338《并网运行汽轮机调节系统技术监督导则》

　［10］DL/T 438《火力发电厂金属技术监督规程》

　［11］DL/T 439《火力发电厂高温紧固件技术导则》

　［12］DL/T 571《电厂用磷酸酯抗燃油运行维护导则》

　［13］DL/T 607《汽轮发电机漏水、漏氢的检验》

　［14］DL/T 711《汽轮机调节保安系统试验导则》

　［15］DL/T 834《火力发电厂汽轮机防进水和冷蒸汽导则》

　［16］DL/T 838《燃煤火力发电企业设备检修导则》

　［17］DL/T 996《火力发电厂汽轮机控制系统技术条件》

　［18］DL/T 1055《发电厂汽轮机、水轮机技术监督导则》

　［19］DL/T 1270《火力发电建设工程机组甩负荷试验导则》

　［20］DL 5190.3《电力建设施工技术规范　第 3 部分：汽轮发电机组》

　［21］DL/T 5428《火力发电厂热工保护系统设计规定》

附录 B-5　热工（含监控自动化）

　［1］国能安全〔2014〕161 号《防止电力生产事故的二十五项重点要求》

　［2］国家发改委第 14 号令《电力监控系统安全防护规定》

　［3］GB 50217《电力工程电缆设计标准》

　［4］GB 50660《大中型火力发电厂设计规范》

　［5］GB/T 6075.2《机械振动在非旋转部件上测量评价机器的振动　第 2 部分：功率 50MW 以上，额定转速 1500r/min、1800r/min、3000r/min、3600r/min 陆地安装的汽轮机和发电机》

　［6］GB/T 11348.2《机械振动在旋转轴上测量评价机器的振动　第 2 部分：功率大于 50MW，额定工作转速 1500r/min、1800r/min、3000r/min、3600r/min 陆地安装的汽轮机和发电机》

　［7］GB/T 22239《信息安全技术网络安全等级保护基本要求》

　［8］GB/T 25070《信息安全技术网络安全等级保护安全设计技术要求》

　［9］GB/T 28448《信息安全技术 网络安全等级保护测评要求》

　［10］GB/T 28566《发电机组并网安全条件及评价》

　［11］GB/T 33008.1《工业自动化和控制系统网络安全　可编程序控制器（PLC）第 1 部分：系统要求》

　［12］GB/T 33009.1《工业自动化和控制系统网络安全集散控制系统（DCS）　第 1 部分：防护要求》

　［13］DL 5190.4《电力建设施工技术规范　第 4 部分：热工仪表及控制装置》

[14] DL/T 261《火力发电厂热工自动化系统可靠性评估技术导则》

[15] DL/T 338《并网运行汽轮机调节系统技术监督导则》

[16] DL/T 435《电站锅炉炉膛防爆规程》

[17] DL/T 655《火力发电厂锅炉炉膛安全监控系统验收测试规程》

[18] DL/T 659《火力发电厂分散控制系统验收测试规程》

[19] DL/T 711《汽轮机调节保安系统试验导则》

[20] DL/T 774《火力发电厂热工自动化系统检修运行维护规程》

[21] DL/T 822《水电厂计算机监控系统试验验收规程》

[22] DL/T 996《火力发电厂汽轮机控制系统技术条件》

[23] DL/T 1091《火力发电厂锅炉炉膛安全监控系统技术规程》

[24] DL/T 1210《火力发电厂自动发电控制性能测试验收规程》

[25] DL/T 1340《火力发电厂分散控制系统故障应急处理导则》

[26] DL/T 1393《火力发电厂锅炉汽包水位测量系统技术规程》

[27] DL/T 5174《燃气 - 蒸汽联合循环电厂设计规定》

[28] DL/T 5175《火力发电厂热控控制系统设计技术规定》

[29] DL/T 5428《火力发电厂热工保护系统设计规定》

[30] DL/T 5455《火力发电厂热工电源及气源系统设计技术规程》

附录 B-6 金 属

[1] 主席令〔2014〕第 4 号《特种设备安全法》

[2] 国务院令〔2009〕第 549 号《特种设备安全监察条例》

[3] 国能安全〔2014〕161 号《防止电力生产事故的二十五项重点要求》

[4] 国质检锅〔2002〕207 号《锅炉压力容器使用登记管理办法》

[5] TSG 08《特种设备使用管理规则》

[6] TSG 21《固定式压力容器安全技术监察规程》

[7] TSG G0001《锅炉安全技术监察规程》

[8] TSG G7001《锅炉监督检验规则》

[9] TSG G7002《锅炉定期检验规则》

[10] TSG ZF001《安全阀安全技术监察规程》

[11] TSG D0001《压力管道安全技术监察规程 工业管道》

[12] GB 150.1 ~ 4《压力容器》

[13] GB 26164.1《电业安全工作规程 第 1 部分：热力和机械》

[14] GB/T 5310《高压锅炉用无缝钢管》

[15] GB/T 16507.1《水管锅炉 第 1 部分：总则》

[16] GB/T 16507.2《水管锅炉 第 2 部分：材料》

［17］GB/T 16507.3《水管锅炉　第 3 部分：结构设计》

［18］GB/T 16507.4《水管锅炉　第 4 部分：受压元件强度计算》

［19］GB/T 16507.5《水管锅炉　第 5 部分：制造》

［20］GB/T 16507.6《水管锅炉　第 6 部分：检验、试验和验收》

［21］GB/T 16507.7《水管锅炉　第 7 部分：安全附件和仪表》

［22］GB/T 16507.8《水管锅炉　第 8 部分：安装与运行》

［23］DL 647《电站锅炉压力容器检验规程》

［24］DL 5027《电力设备典型消防规程》

［25］DL/T 297《汽轮发电机合金轴瓦超声波检测》

［26］DL/T 438《火力发电厂金属技术监督规程》

［27］DL/T 586《电力设备监造技术导则》

［28］DL/T 612《电力行业锅炉压力容器安全监督规程》

［29］DL/T 616《火力发电厂汽水管道与支吊架维修调整导则》

［30］DL/T 654《火电机组寿命评估技术导则》

［31］DL/T 694《高温紧固螺栓超声检测技术导则》

［32］DL/T 715《火力发电厂金属材料选用导则》

［33］DL/T 717《汽轮发电机组转子中心孔检验技术导则》

［34］DL/T 819《火力发电厂焊接热处理技术规程》

［35］DL/T 869《火力发电厂焊接技术规程》

［36］DL/T 884《火电厂金相检验与评定技术导则》

［37］DL/T 939《火力发电厂锅炉受热面管监督技术导则》

［38］DL/T 940《火力发电厂蒸汽管道寿命评估技术导则》

［39］DL/T 1113《火力发电厂管道支吊架验收规程》

［40］NB/T 47013.1 ～ 47013.13《承压设备无损检测》

［41］NB/T 47052《简单压力容器》

附录 B-7　环　　保

［1］《中华人民共和国大气污染防治法》

［2］《中华人民共和国水污染防治法》

［3］《中华人民共和国固体废物污染环境防治法》

［4］《中华人民共和国环境影响评价法》

［5］中华人民共和国国务院令　第 682 号《建设项目环保保护管理条例》

［6］国务院令　第 736 号《排污许可管理条例》

［7］国能安全〔2014〕161 号《防止电力生产事故的二十五项重点要求》

［8］国能安全〔2014〕328 号《燃煤电厂液氨罐区安全管理规定》

［9］国能安全〔2016〕234 号 国家能源局《燃煤发电厂贮灰场安全评估导则》

［10］电监安全〔2013〕3 号《燃煤发电厂贮灰场安全监督管理规定》

［11］《国家危险废物名录》（2021 版）

［12］GB 8978《污水综合排放标准》

［13］GB 15562.1《环境保护图形标志—排放口（源）》

［14］GB 15562.2《环境保护图形标志　固体废物贮存（处置）场》

［15］GB 18597《危险废物贮存污染控制标准》

［16］GB/T 2440 《尿素》

［17］GB/T 4272《设备及管道绝热技术通则》

［18］DL/T 335 《火电厂烟气脱硝（SCR）系统运行技术规范》

［19］DL/T 461 《燃煤电厂电除尘器运行维护导则》

［20］DL/T 1121 《燃煤电厂锅炉烟气袋式除尘工程技术规范》

［21］DL/T 1477 《火力发电厂脱硫装置技术监督导则》

［22］DL/T 1514 《火力发电厂袋式除尘器用滤料寿命管理与评价方法》

［23］DL/T 5196《火力发电厂石灰石 - 石膏湿法烟气脱硫系统设计规程》

［24］DL/T 5480 《火力发电厂烟气脱硝设计技术规程》

［25］DL/Z 1262 《火电厂在役湿烟囱防腐技术导则》

［26］HJ 75《固定污染源烟气（SO_2、NO_x、颗粒物）排放连续监测技术规范》

［27］HJ 2028《电除尘器工程通用技术规范》

［28］HJ/T 353《水污染源在线监测系统（COD_{Cr}、NH_3-N 等）安装技术规范》

［29］JB/T 8470《正压浓相飞灰气力输送系统》

［30］JB/T 10989 《湿法烟气脱硫装置专用设备 除雾器》

［31］SH/T 3040 《石油化工管道伴管和夹套管设计规范》

［32］Q/HN-1-0000.19.006《火电机组脱硝催化剂检测与评价技术导则》

［33］Q/HN-1-0000.19.010 《中国华能集团公司火电机组 SCR 烟气脱硝设备运行优化技术导则》

［34］Q/HN-1-0000.19.013《中国华能集团公司燃煤机组烟气脱硫装置运行优化技术导则》

附录 B-8　化　　学

［1］国能安全〔2014〕161 号《防止电力生产事故的二十五项重点要求》

［2］GB 26164.1《电业安全工作规程　第 1 部分：热力和机械》

［3］GB 50140《建筑灭火器配置设计规范》

［4］GB/T 7595《运行中变压器油质量》

［5］GB/T 7596《电厂运行中矿物涡轮机油质量》

［6］ GB/T 12145《火力发电机组及蒸汽动力设备水汽质量》

［7］ GB/T 14541《电厂用矿物涡轮机油维护管理导则》

［8］ GB/T 14542《变压器油维护管理导则》

［9］ DL/T 246《化学监督导则》

［10］ DL/T 333.1《火电厂凝结水精处理系统技术要求　第 1 部分：湿冷机组》

［11］ DL/T 422《火电厂用工业合成盐酸的试验方法》

［12］ DL/T 424《发电厂用工业硫酸试验方法》

［13］ DL/T 425《火电厂用工业氢氧化钠试验方法》

［14］ DL/T 561《火力发电厂水汽化学监督导则》

［15］ DL/T 571《电厂用磷酸酯抗燃油运行维护导则》

［16］ DL/T 677《发电厂在线化学仪表检验规程》

［17］ DL/T 712《发电厂凝汽器及辅机冷却器管选材导则》

［18］ DL/T 722《变压器油中溶解气体分析和判断导则》

［19］ DL/T 794《火力发电厂锅炉化学清洗导则》

［20］ DL/T 805.1《火电厂汽水化学导则　第 1 部分：锅炉给水加氧处理导则》

［21］ DL/T 805.2《火电厂汽水化学导则　第 2 部分：锅炉炉水磷酸盐处理》

［22］ DL/T 805.3《火电厂汽水化学导则　第 3 部分：汽包锅炉炉水氢氧化钠处理》

［23］ DL/T 805.4《火电厂汽水化学导则　第 4 部分：锅炉给水处理》

［24］ DL/T 805.5《火电厂汽水化学导则　第 5 部分：汽包锅炉炉水全挥发处理》

［25］ DL/T 806《火力发电厂循环水用阻垢缓蚀剂》

［26］ DL/T 889《电力基本建设热力设备化学监督导则》

［27］ DL/T 956《火力发电厂停（备）用热力设备防锈蚀导则》

［28］ DL/T 977《发电厂热力设备化学清洗单位管理规定》

［29］ DL/T 1115《火力发电厂机组大修化学检查导则》

［30］ DL/T 1717《燃气 - 蒸汽联合循环发电厂化学监督技术导则》

［31］ DL/T 1928《火力发电厂氢气系统安全运行技术导则》

［32］ DL/T 5068《发电厂化学设计规范》

参 考 文 献

[1] 能源局安监司 . 防止电力生产事故的二十五项重点要求辅导教材 [M]，电力出版社，
2015.

[2] 肖彬 . 聊城电厂静电除尘器除尘效率下降原因分析及改造方案 [J]. 山东电力技术，
2009，6（170）：44-47.

[3] 刘明，孟桂祥，严俊杰，等 . 火电厂除尘器前烟道流场性能诊断与优化 [J]. 中国电机
工程学报，2014，33（11）：1-6.

[4] 祁延强 . 燃煤火电厂电袋除尘器差压高分析与处理 [J]. 青海电力，2021，40（1）：
57-60.

[5] 赵海江，刘黎伟大，聂海涛 . 1000MW 机组脱硫吸收塔浆液起泡溢流的影响因素 [J].
电力科学与工程，2017，33（6）：67-71.

[6] 刘顺望 . 1000MW 机组脱硫效率低原因分析及解决方案 [J]. 2013 年发电企业节能减
排技术论坛，2013：394-399.

[7] 华电电力科学研究院有限公司 . 火力发电机组设备故障停运典型案例分析 [M]. 北京：
中国电力出版社，2021：127.

[8] 袁正荣 . 浆液循环泵出口膨胀节损坏原因分析 [J]. 热电技术，2015，2（126）：24-
25，38.

[9] 李振生，叶春明 . 700MW 机组湿法脱硫塔除雾器堵塞分析 [J]. 资源节约与环保，
2018，5：6，12.

[10] 李壮，胡姐，朱跃 . 双塔双循环脱硫除雾器故障分析及对策研究 [J]. 中国电力，
2019，52（2）：172-177.

[11] 陆斌，李佳 . 某电厂脱硫除雾器垮塌原因分析 [J]. 电站系统工程，2012，28（1）：
69-70，73.

[12] 雷嗣远，孔凡海，王乐乐，等 . 燃煤电厂 SCR 脱硝催化剂磨损诊断及对策研究 [J].
中国电力，2018，51（1）：158-163.

[13] 王放放，李敏，许佩瑶 . 660 MW 超超临界机组脱硝催化剂不均匀磨损治理 [J]. 中
国电力，2016，49（7）：162-167.

[14] 张晓敏 . 锅炉烟气脱硝催化剂积灰堵塞分析及处理 [J]. 大氮肥，2017，40（4）：

240-243.

[15] 丁得龙 . 尿素水解反应器内溶液起泡原因分析及对策 [J]. 能源与节能，2022，3：137-140.

[16] 王登香 . SCR 脱硝系统热解炉内结晶脱落堵塞处理措施 [J]. 电力安全技术，2016，18（7）：49-51.

[17] 徐书德，卢泓樾 . 燃煤锅炉脱硝系统供氨管路堵塞原因分析及对策 [J]. 浙江电力，2015，8：45-48.

[18] 任治民，白秀春，黄静波，等 . 岱海电厂脱硝氨区系统堵塞原因分析及处理 [J]. 信息化建设，2015，10：202，204.

[19] 邢希东 . 燃煤机组烟气脱硝供氨中断异常原因分析 [J]. 技术与工程应用，2015，3：24-27.

[20] 贺栋红 . 火电厂 SCR 脱硝系统氨管道污堵治理及优化控制 [J]. 中国电力，2016，49（6）：161-165.

[21] 高炜，李广富 . 1000MW 燃煤锅炉空气预热器堵塞原因分析及解决方案 [J]. 上海电力大学学报，2021，37（12）：22-25.

[22] 张野，李鹏厚 . 4×320MW 机组锅炉空预器阻塞原因分析及其解决方案 [J]. 中国设备工程，2020，11：160-161.

[23] 张益群 . 某火电厂脱硝装置运行异常及空预器频繁堵塞的原因辨析 [J]. 山东工业技术，2021，4：124-127.

[24] 丁波，罗琳 . SCR 锅炉空预器堵塞的原因及处理 [J]. 重庆电力高等专科学校学报，2021，26（3）：17-19，30.